ENCYCLOPÉDIE

DES

TRAVAUX PUBLICS

Fondée par M.-C. LECHALAS, Inspr génl des Ponts et Chaussées

Médaille d'or à l'Exposition universelle de 1889

RÉSUMÉ DU COURS

DE

MACHINES A VAPEUR

ET LOCOMOTIVES

PROFESSÉ A L'ÉCOLE NATIONALE DES PONTS ET CHAUSSÉES

PAR

J. HIRSCH

INSPECTEUR GÉNÉRAL HON DES PONTS ET CHAUSSÉES

PROFESSEUR AU CONSERVATOIRE DES ARTS ET MÉTIERS

SECONDE ÉDITION

(Voir au verso du premier titre intérieur)

PARIS

GAUTHIER-VILLARS ET FILS, IMPRIMEURS-LIBRAIRES

DU BUREAU DES LONGITUDES, DE L'ÉCOLE POLYTECHNIQUE, ETC.

Quai des Grands-Augustins, 55

1898

ENCYCLOPÉDIE DES TRAVAUX PUBLICS

RÉSUMÉ DU COURS DE MACHINES A VAPEUR

DE L'ÉCOLE DES PONTS ET CHAUSSÉES

Une première édition de ce cours a été autographiée par l'Ecole des ponts et chaussées en 1878 ; elle est entièrement épuisée. Ayant été informé que nous pensions à la faire réimprimer, M. le Directeur de l'Ecole a bien voulu nous écrire qu'en publiant une nouvelle édition de cet ouvrage important nous rendrions service au public et spécialement aux élèves de l'Ecole.

ENCYCLOPÉDIE

DES

TRAVAUX PUBLICS

Fondée par M.-C. LECHALAS, Inspr génᵉˡ des Ponts et Chaussées

Médaille d'or à l'Exposition universelle de 1889

RÉSUMÉ DU COURS

DE

MACHINES A VAPEUR
ET LOCOMOTIVES

PROFESSÉ A L'ÉCOLE NATIONALE DES PONTS ET CHAUSSÉES

PAR

J. HIRSCH

INGÉNIEUR EN CHEF, PROFESSEUR A L'ÉCOLE DES PONTS ET CHAUSSÉES
ET AU CONSERVATOIRE DES ARTS ET MÉTIERS

SECONDE ÉDITION

GAUTHIER-VILLARS ET FILS, IMPRIMEURS-LIBRAIRES

DU BUREAU DES LONGITUDES, DE L'ÉCOLE POLYTECHNIQUE, ETC.

Quai des Grands-Augustins, 55

1898

INTRODUCTION

1. Généralités. — *Rôle de la machine à vapeur dans l'industrie moderne. Ses emplois variés.* — C'est un instrument d'un usage vulgaire, et dont l'ingénieur doit bien connaître le fonctionnement.

Principales applications de la machine à vapeur dans les services publics :

Sur les *chantiers* : épuisements, battage des pieux, élévation des matériaux, fabrication des mortiers et bétons, cylindrage des chaussées, transport des terrassements, dragages sous l'eau ou à sec, etc.

Comme *machine fixe* : élévation des eaux pour l'alimentation des canaux et les distributions d'eau ; mise en mouvement des manufactures de l'État.

Applications des plus importantes et des plus variées dans les chemins de fer, en particulier sous la forme de *machines locomotives*.

Les Ingénieurs de l'État sont chargés de la surveillance et du contrôle des appareils à vapeur de l'industrie. Ils sont fréquemment appelés à diriger de grandes usines ou des exploitations de chemins de fer, ou consultés de divers côtés sur l'emploi des moteurs mécaniques.

2. Objet et caractère du cours. — Le cours sera à la fois théorique et pratique, mais la partie pratique sera la plus importante et la plus développée. Les études théoriques devront être complétées par la lecture des ouvrages sur la matière. Les études pratiques devront être suivies de l'examen de machines en fonction ou démontées et de visites d'usines.

3. Principaux ouvrages à consulter. — *Gérardin.* Cours de machines à vapeur professé à l'Ecole des Ponts et Chaussées.

Jacqmin. Cours de machines à vapeur professé à l'Ecole des Ponts et Chaussées.

Clapeyron. Cours de machines à vapeur professé à l'Ecole des Ponts et Chaussées. Clapeyron a fait à l'Ecole le cours de machines à vapeur de 1852 à 1864. Il donnait à ses leçons un caractère éminemment pratique. Il a été un des initiateurs de la construction mécanique en France et l'un des fondateurs de la théorie mécanique de la chaleur.

Guide du Constructeur, par *Lechatelier, Flachat, Petiet* et *Polonceau.*

Traité des machines à vapeur, par *Tresca* et *Morin.*

Cours de machines, professé à l'Ecole des Mines, par *Callon,* Inspecteur général.

Cours de machines à vapeur, par *de Fréminville*, Professeur à l'Ecole du génie maritime.

Voie, exploitation et matériel roulant des chemins de fer, par *Couche*, Inspecteur général des mines.

Album du Constructeur et publications diverses, par *Armengaud*.

Appareils à vapeur de navigation, par *Ledieu*.

Traité de mécanique générale, par *Résal*, Ingénieur en Chef des mines.

Mémoires et traités relatifs à la théorie physique des vapeurs et à la théorie mécanique de la chaleur, par *Clausius*, *Combes*, *Hirn*, *Zeuner*, *Cazin*, *Bourget*, *Verdet*, *Briot*, *Moutier*, etc.

Mémoires et documents divers dans les *Annales des Ponts et Chaussées* et celles des *Mines*, et dans diverses publications techniques françaises ou étrangères, parmi lesquelles il convient de citer les *Mémoires de la Société industrielle* de Mulhouse.

CHAPITRE PREMIER

COMPOSITION GÉNÉRALE ET NOMENCLATURE

Nous prenons comme exemple une machine à vapeur fixe, horizontale, à connexion directe, alimentée par une chaudière à bouilleurs.

4. Chaudière *(fig. 1).* — A. *Corps de la chaudière,* comportant des formes cylindriques et sphériques qui offrent le maximum de résistance.

B. B. *Bouilleurs.* Entièrement plongés dans la flamme.

C. C. *Cuissards.* D. *Réservoir de vapeur.* E. *Dôme de prise de vapeur.*

Surface de chauffe, partie léchée par la flamme.

Surface de chauffe directe : partie de la surface de chauffe qui voit le combustible enflammé et est chauffée par rayonnement.

Surface de chouffe indirecte, qui n'est chauffée que par le contact de la flamme et de la fumée.

5. Appareils de sûreté. — F, F. *Soupapes de sûreté, Soupape du vide* pour chaudières à basse pression. *Rondelles fusibles.*

G. *Tube indicateur* du niveau de l'eau.

g_1. *Flotteur* et g_2 *Sifflet d'alarme.*

g_3. *Robinets de jauge.*

Pompe d'alimentation ou *Giffard.*

H. *Soupape de retenue* sur la conduite alimentaire h h.

6. Appareils de nettoyage et organes divers. — I. *Robinets de vidange ; Tampons de nettoyage.*

J, J. *Trous d'homme.*

Oreilles supportant la chaudière et glissant sur des plaques en fer.

K. *Chandeliers* en fonte.

L. *Prise de vapeur,* sous forme de robinet ou de vanne.

Enveloppes isolantes.

7. Foyer. — M. *Grille,* forme des barreaux. *Cadre* qui les supporte.

N. *Porte du foyer* à double paroi.

O. *Devanture du massif.*

P. *Pont* ou *autel.*

Q. *Cendrier* avec sa porte pour régler le tirage.

R R R. *Carneaux.* Circulation de la flamme.

Rampant.

r. *Registre* et sa transmission.

Vue de face.

Coupe transversale.

Détail d'un trou d'homme.

Coupe longitudinale.

Coupe horizontale.

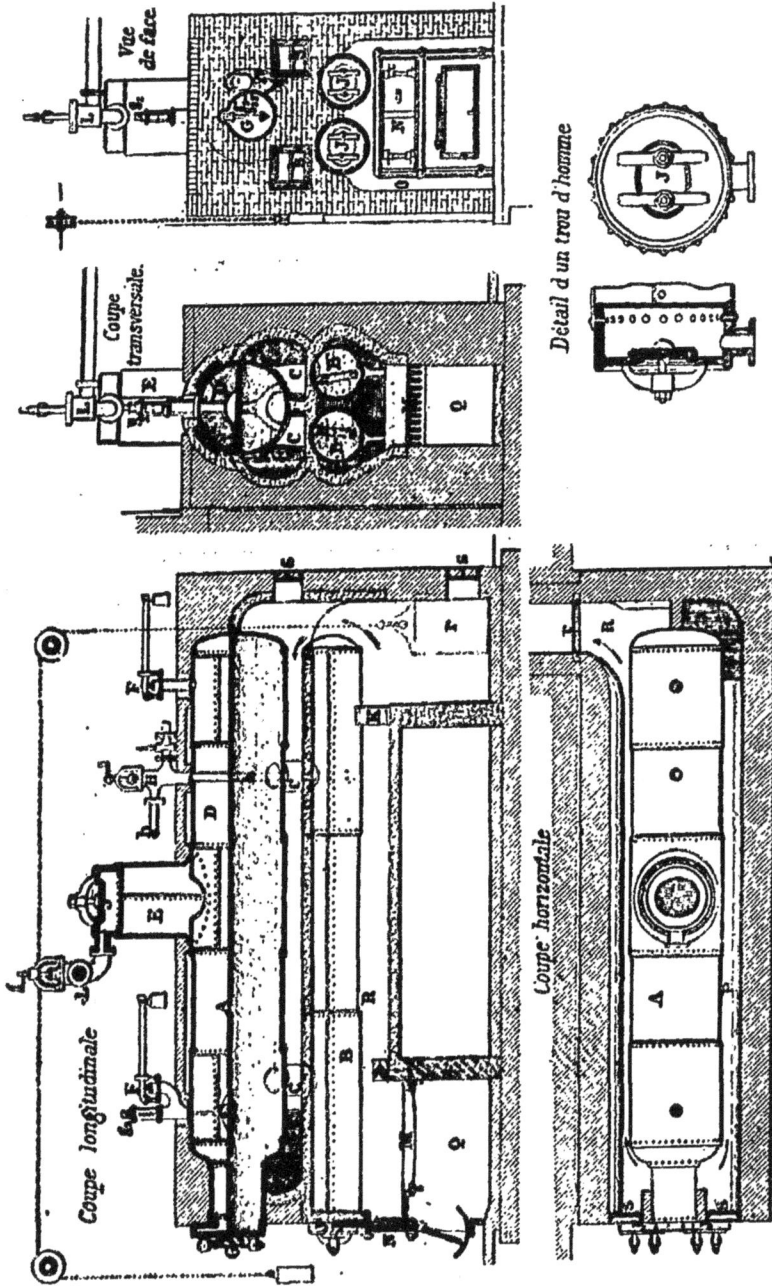

Fig. 1. — Chaudière à bouilleurs.

S. *Ouvreaux* pour le nettoyage.

Armatures. Tirants, poutrelles.

8. Machine proprement dite (*fig. 2*). — A. *Piston*. a, Cercles du piston ou *segments*.

B. *Cylindre*. C C. *Lumières*.

D. *Tige* du piston.

d. *P resse-étoupe*

F, F. *Fonds* du cylindre.

E. *Arbre de couche*.

G. *Coussinets et palier*.

H. *Bâti*. Boulons de fondation.

K. *Bielle*. Petite tête et grosse tête de bielle.

L. *Crosse* du piston.

M. *Manivelle*.

m. *Bouton de manivelle*.

La course du piston = le double du rayon de la manivelle.

Vitesse variable du piston.

Points morts.

V. *Volant*.

Efforts obliques sur la crosse du piston.

N. N. *Glissières. Patins*.

La machine marchant dans le sens indiqué par la flèche, c'est toujours la glissière inférieure qui travaille.

Contreguides.

Efforts de pression, de tension et de flexion sur le bâti.

Diverses positions des paliers : manivelle en porte-à-faux, ou *manivelle proprement dite* ; manivelle entre deux paliers avec arbre coudé ou vilebrequin.

9. Organes de distribution. — O. *Glace, miroir* ou *table*.

P. *Tiroir* ; p p, *barrettes*.

Q. *Boîte à vapeur*.

Pression sur le tiroir. Espaces *neutres* ou *nuisibles*.

P_1 P_1. *Cadre du tiroir*.

R, R. *Tige* et *bielle* du tiroir.

S, *Excentrique* ; S_1, *Bielle d'excentrique* (1).

L'excentrique peut être assimilé à un bouton de manivelle dont le diamètre serait assez grand pour embrasser l'arbre de couche. *Le rayon d'excentricité* est le rayon de cette manivelle, ou la distance du centre de l'excentrique à l'axe de l'arbre de couche. *L'angle de calage* est l'angle que

(1) Afin de rendre la figure plus claire, on a placé la boîte de distribution au-dessus du cylindre et parallèlement à l'axe de la machine, ce qui conduit à commander le tiroir au moyen d'un balancier S_1. Cette disposition existe dans quelques machines.

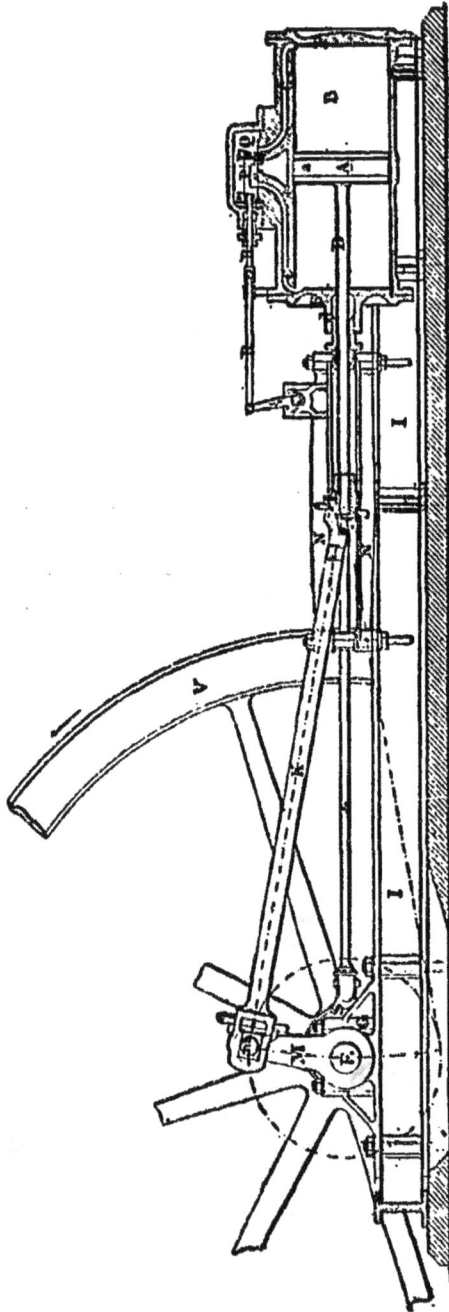

Fig. 2. — Machine à vapeur horizontale.

fait le rayon d'excentricité avec le rayon de la manivelle, en projection sur un plan normal à l'arbre de couche.

10. Organes divers et accessoires. — *Condenseur.* Utilité de cet organe.

Pompe à air. Bâche à eau froide. Bâche à eau chaude. Robinet d'injection.

Pompe alimentaire. Elle puise le plus souvent dans la bâche à eau chaude.

Pompe de puits. Crépines.

Commande des diverses pompes.

Régulateur.

Valve.

Modérateur à force centrifuge et sa transmission.

Graisseurs. Robinets de purge. Appareil de mise en marche. Robinet de purge du condenseur.

Formes et dispositions variées à l'infini que prennent les organes des machines à vapeur.

11. Réglementation normale. — On dit que la réglementation de la distribution est *normale* lorsque les organes sont disposés de telle sorte que l'admission et l'échappement se produisent à l'instant où le piston est à l'extrémité de sa course.

On s'écarte en pratique de ce mode de réglementation.

12. Idée générale de la détente. — Si l'admission est fermée avant la fin de course, la vapeur agit d'abord à pleine pression, puis par détente. Or le travail à pleine pression est égal au produit de la pression par le volume engendré par le piston. Pour une pression donnée, le travail par mètre cube de vapeur dépensée est donc constant, et tout le travail par détente constitue un bénéfice net, sans dépense de vapeur.

13. Autres améliorations. — *Avances* à l'échappement, à l'admission, à la fermeture de l'échappement. Enveloppes de vapeur. Détente dans plusieurs cylindres. Vapeur surchauffée.

CHAPITRE II

RAPPEL DES NOTIONS DE MÉCANIQUE

14. Du travail des forces en général. — L'exécution d'un ouvrage matériel quelconque, quels que soient l'outil et la manière dont il agit, comporte un déplacement de la partie agissante et une résistance surmontée. Exemples divers : Élévation de l'eau ou des fardeaux, travail du bois et des métaux, traction sur les routes ou les chemins de fer, etc., etc. Le travail exécuté est proportionnel, à la fois, à la résistance surmontée et au déplacement du point d'application de la résistance. De là découle la notion du *travail mécanique*. C'est le produit de la force appliquée à l'outil par le chemin parcouru suivant la direction de cette force.

Dans une machine quelconque, chaque pièce peut être considérée comme un outil agissant sur la pièce suivante ; celle-ci transmet à son tour à celle qui vient après, et plus ou moins intégralement, le travail qu'elle a reçu de la première. Le même enchaînement se produit de molécule à molécule. L'ensemble des pièces servant à transmettre, et souvent à transformer le travail des forces extérieures s'appelle *transmission*. L'organe recevant directement le travail des forces extérieures est le *récepteur* ; l'organe qui agit directement sur la matière à élaborer est l'*opérateur*. Ces définitions peuvent se restreindre à une partie quelconque de la machine ou s'étendre à tout un atelier.

15. Travail élémentaire. — Le *travail élémentaire* d $\mathcal{C}$ d'une force F est le produit de cette force par la projection sur sa direction du déplacement élémentaire de son point d'application :

$$\text{d}\,\mathcal{C} = F \times \text{ds cos } \alpha$$

α, angle de la force avec la direction du déplacement.

Travail *moteur* et travail *résistant*.

On peut écrire :

$$\text{d}\,\mathcal{C} = \text{ds} \times F \cos \alpha$$

C'est-à-dire, le travail élémentaire est le produit du déplacement élémentaire du point d'application par la projection de la force F sur la direction de ce déplacement.

16. Travail total. — En intégrant l'expression ci-dessus entre deux positions du point d'application, on a le travail total de la force entre ces deux positions.

Extension au cas où plusieurs forces sont appliquées au point considéré, et au cas où l'on a à considérer un système de points matériels sollicités par des forces quelconques :

$$\Delta \mathfrak{C} = \Sigma \int F \cos \alpha . \, ds.$$

17. Force vive. — La *force vive* d'un point matériel est le produit de sa masse m par le carré de sa vitesse v :

$$m \, v^2.$$

18. Équation du travail et des forces vives. — La demi-variation de force vive d'un point matériel, entre deux de ses positions, est égale au travail total, entre ces deux positions, des forces qui lui sont appliquées.

Ce théorème s'étend à un système quelconque de points matériels, sollicités par des forces :

$$\Sigma \Delta \mathfrak{C} = \Sigma \Delta \frac{1}{2} m v^2, \text{ ou}$$

$$\Sigma \Delta \mathfrak{C} = \frac{1}{2} \Delta \Sigma \, m v^2$$

19. Des liaisons. — Les *liaisons* sont des conditions que les systèmes matériels sont assujettis à remplir. On ne considérera que les trois espèces de liaisons suivantes :

1° Certains points du système considéré restent à des distances invariables les uns des autres ; c'est le cas des solides indéformables ;

2° Certains points sont obligés à se mouvoir, sans frottement, suivant des courbes ou des surfaces fixes ; exemples : guides, glissières, pivots, tourillons, etc. ;

3° Certaines parties du système, considérées comme solides invariables, sont obligées, sans frottement, à rester en contact les unes avec les autres ; exemples : engrenages divers, bielle et bouton de manivelle, etc.

Ces conditions théoriques ne sont jamais remplies qu'approximativement, à cause des frottements.

Dans un système à liaisons, le théorème des forces vives peut être appliqué en ne tenant compte que des forces extérieures, et non des forces représentant les liaisons, dont le travail est nul.

Importance de cette remarque, dont l'objet est de faire disparaître de l'équation des forces vives toutes les forces moléculaires.

Résistances dites *passives* ; elles proviennent des déformations des solides naturels, des frottements, vibrations, etc.

On les introduit, sous forme de résistances extérieures, dans l'équation du travail et des forces vives.

20. Application aux machines. — Appliquons à l'ensemble d'une

machine l'équation du travail et des forces vives, établie comme il est dit
ci-dessus : soit $\mathcal{C}_m$ la somme des travaux moteurs, $\mathcal{C}_r$ la somme des travaux résistants, y compris les travaux des résistances passives :

$$\Sigma \frac{m\,v^2}{2} - \Sigma \frac{m\,v_0^2}{2} = \mathcal{C}_m - \mathcal{C}_r$$

21. Mouvement uniforme. — Si toutes les pièces de la machine ont
un mouvement uniforme, $\mathcal{C}_m = \mathcal{C}_r$; la transmission a lieu sans que le
travail soit modifié comme quantité ; les deux facteurs du travail, force et
déplacement, peuvent être tout différents dans $\mathcal{C}_m$ et dans $\mathcal{C}_r$, mais leur
produit est le même ; *ce que l'on gagne en force, on le perd en vitesse.*

22. Mouvement périodique. — Dans une machine à vapeur, arrivée
à l'état de mouvement régulier, les vitesses des divers points sont *périodiques*. Il y a dès lors égalité entre le travail moteur et le travail résistant
dans l'intervalle d'un nombre entier de périodes ; autrement dit, le travail
moteur est, en moyenne, égal au travail résistant.

23. Effet du volant. — Dans un volant, la matière est distribuée sous
forme d'une couronne massive et de grand rayon ; sa force vive peut donc
s'écrire :

$$M\,\omega^2\,\rho^2$$

ω vitesse de rotation de l'arbre.

M masse de la couronne.

ρ rayon de giration.

Le facteur $M\rho^2$ étant très grand, une faible variation de ω correspondra à
une grande variation de force vive. Si, pendant un certain temps, le travail
moteur l'emporte, la vitesse de rotation va en s'accroissant lentement,
l'excédent de travail moteur s'emmagasinant dans le volant sous forme de
force vive. Cette force vive se dépensera à son tour sous forme de travail,
quand les résistances viendront à l'emporter ; le volant est un réservoir de
travail.

Suppression des volants dans les locomotives, les machines marines,
etc.

24. Mise en train et arrêts. — Pendant la mise en train, le travail
moteur est en excès, et la vitesse s'accélère jusqu'à l'état de régime ; la
force vive, accumulée ainsi dans le volant, se dépense lorsque la machine
se ralentit pour arriver à l'arrêt. Le travail moteur dépensé est complètement équivalent au travail résistant, pour tout l'intervalle compris entre
le moment où la machine part du repos et celui où elle revient au repos.

Ainsi donc, la machine transmet intégralement le travail moteur sans en
changer la valeur, comme dans le cas du mouvement uniforme.

25. Des modérateurs. — Les modérateurs sont des organes spéciaux
qui agissent sur les puissances motrices ou résistantes, de telle sorte que
la vitesse ne dépasse pas certaines limites. Modérateurs agissant sur le

travail moteur ; modérateurs agissant sur le travail résistant ou *freins*. Cas où l'on peut se passer de modérateurs (locomotives, machines marines, etc.).

Rôles distincts du volant et du modérateur.

26. Résistances passives. — Le travail résistant se divise en deux parties : le travail *utile* $\mathcal{T}_u$ et le travail des *résistances passives* $\mathcal{T}_f$

$$\mathcal{T}_m = \mathcal{T}_r = \mathcal{T}_u + \mathcal{T}_f$$

Ainsi une partie du travail moteur, celle qui correspond aux résistances passives, est mal employée.

Les résistances passives sont intérieures ou extérieures à la machine.

Les résistances passives intérieures résultent de ce que les conditions théoriques des liaisons ne sont pas réalisées, à savoir : les pièces solides ne sont pas invariables de forme, et les pièces en contact ne se meuvent pas sans frottement les unes sur les autres.

Les résistances passives extérieures comprennent la pesanteur et la résistance des milieux.

27. Déformation des pièces solides. — Définition de la déformation élastique ; déformation permanente ; perte de travail lorsque la limite d'élasticité est dépassée.

Les déformations élastiques, produites lentement et progressivement, n'entraînent pas, en général, de perte de travail. Les déformations brusques et les chocs entraînent toujours perte de travail. Exemple d'un diapason : le travail alors est transformé en force vive, sous forme de vibrations, qui s'éteignent en se transmettant dans l'air et dans les masses avoisinantes.

Les vibrations sont quelquefois sensibles à la vue et à la main (*broutement*), ou simplement sonores (*ferraillement*), ou bien sont purement calorifiques (*chauffage*). Expériences d'Edlund. Le chauffage des pièces entraîne souvent le *grippement*, qui est une déformation permanente.

28. Frottement. — Sa définition : il peut être représenté dans les équations par des forces appliquées à chacun des corps en contact et dirigées suivant les vitesses relatives des points d'application.

Loi de Coulomb : le frottement est proportionnel à la pression normale. Coefficient de frottement. Influence des corps gras interposés.

Le frottement produit des vibrations de même nature que les déformations élastiques, sensibles à la main, sonores ou calorifiques. Expériences de Joule. *Grippement*.

29. Pesanteur. — Dans une machine de rotation, le travail de la pesanteur en un tour est nul.

Il n'en est plus de même des machines animées d'autres mouvements non périodiques : ex. : une locomotive s'élevant sur une rampe.

30. Résistance des milieux. — Il faut tenir compte de la résistance de l'air chaque fois qu'il y a des pièces présentant une grande surface et se mouvant rapidement ; exemple : les trains de chemins de fer.

31. Calcul des résistances passives. — Les données numériques bien exactes sur les diverses résistances passives manquent jusqu'à ce jour ; les plus importantes de ces résistances sont ordinairement les frottements. Le calcul rigoureux en serait souvent fort difficile ; le travail qu'elles consomment varie avec de nombreuses circonstances, notamment l'état de graissage et d'entretien. Le plus souvent, on se contente de le représenter en bloc par un coefficient appliqué au travail moteur, et établi d'après l'expérience de machines analogues à celle que l'on étudie : coefficient de *rendement organique*.

32. Unités dynamiques usuelles. — Les unités dynamiques habituellement employées sont :

Le *kilogrammètre*, travail dépensé pour élever un poids d'un kilogramme à un mètre de hauteur.

Le *cheval-vapeur*, puissance motrice pouvant développer 75 kilogrammètres en une seconde.

Remarques sur la composition de ces unités, comme force, comme espace et comme temps.

Conditions d'homogénéité des formules dans lesquelles elles figurent.

CHAPITRE III

RAPPEL DES PROPRIÉTÉS PHYSIQUES DES FLUIDES

33. Caractères de l'état liquide et de l'état gazeux. — Les liquides sont très peu compressibles ; ils se réunissent dans le bas des vases qui les renferment ; leur densité est comparable à celle de l'eau ; leur dilatation par la chaleur est faible.

Les fluides gazeux ont une compressibilité étendue ; ils occupent la totalité des vases qui les contiennent et exercent des pressions sur toutes leurs parois ; densité très petite ; dilatation considérable par la chaleur.

34. Vaporisation et condensation. — La plupart des liquides se transforment en vapeur par l'élévation de température ; la plupart des fluides gazeux se condensent par le refroidissement. L'augmentation de pression favorise la condensation ; la diminution de pression favorise la vaporisation.

35. Gaz permanents et vapeurs. — Certains gaz n'ont pu, jusqu'ici, être liquéfiés : hydrogène, oxygène, azote, oxyde de carbone, etc. ; on les appelle *gaz permanents*. D'autres, considérés longtemps comme permanents, se condensent sous forte pression et basse température : exemples : acide carbonique, acide sulfureux, protoxyde d'azote, etc.

Dans un gaz permanent, la densité, la pression et la température sont reliées par deux lois physiques très simples, dites de Mariotte et de Gay-Lussac. Ces lois s'appliquent presque exactement aux gaz permanents, moins exactement à ceux qu'on a pu liquéfier ; l'écart est plus grand quand on s'approche de la liquéfaction.

On peut considérer les gaz comme des vapeurs plus ou moins éloignées du point de liquéfaction.

36. Définitions diverses. — *Densité* ou poids spécifique, poids de l'unité de volume.

On prend d'ordinaire :

Pour les liquides, le poids du litre en kilogrammes ;

Pour les fluides gazeux, le poids du mètre cube en kilogrammes.

Densité tabulaire d'un fluide gazeux : rapport de son poids à celui du même volume d'air, dans les mêmes conditions de température et de pression.

Volume spécifique d'un fluide gazeux : volume en mètres cubes du kilogramme de fluide ; c'est l'inverse du poids spécifique.

37. Pression. — La pression est la propriété la plus importante au point de vue de la mécanique.

La *pression totale* d'un fluide sur une portion de paroi est la résultante des forces exercées par le fluide sur cette surface, égale et directement opposée à la force nécessaire pour maintenir au repos cette portion de paroi supposée mobile.

La *pression* ou *tension* est la pression totale par unité de surface plane. Définition de la pression dans le cas d'une surface courbe.

Pour les applications mécaniques, on exprime souvent les pressions en kilogrammes par mètre carré ou par centimètre carré.

38. Température. — Un corps a une température plus élevée lorsqu'il est plus chaud.

Les températures se comparent par le *thermomètre*, instrument permettant de mesurer les dilatations d'un corps aussi chaud que celui que l'on éprouve. Différentes espèces de thermomètres.

On supposera que les températures sont mesurées par le *thermomètre à air à volume constant* de Regnault, et exprimées en *degrés centigrades*. La graduation centigrade s'obtient en prenant comme points fixes la température de la glace fondante, marquée 0°, et celle de l'eau bouillante sous la pression moyenne de l'air atmosphérique, marquée 100', et divisant l'intervalle en 100 parties égales. Entre 0° et 100°, les indications du thermomètre à air coïncident sensiblement avec celles du thermomètre à mercure.

39. Dilatation. — *Dilatation linéaire des solides*. — Étant donnée une barre qui a 1 mètre de longueur à 0°, son allongement entre t° et $(t + 1)$° s'appelle *coefficient de dilatation*. Extension au cas d'un solide de longueur quelconque :

L_0 longueur de la barre à 0°.

L   »   »   à t°.

α coefficient de dilatation.

$$\alpha = \frac{\frac{dL}{dt}}{L_0}$$

Souvent α est sensiblement constant pour des températures modérées ; on a alors :

$$\frac{dL}{dt} = \alpha L_0, \quad L = L_0 (1 + \alpha t)$$

Dilatation des liquides. — Étant donné un fluide qui, à 0°, occupe 1 mètre cube, son augmentation de volume entre t et t + 1 s'appelle coefficient de dilatation. Extension au cas d'un volume quelconque :

V_0 volume à 0°

V   à t°

α coefficient de dilatation :

$$\alpha = \frac{\frac{dV}{dt}}{V_0}$$

si α est constant $V = V^0 (1 + \alpha t)$

Dilatation des fluides gazeux. — Ces corps étant éminemment compressibles, il y a lieu de faire intervenir les variations de pression.

Quand la pression reste constante, la quantité

$$\alpha = \frac{\frac{dV}{dt}}{V_0}$$

s'appelle *coefficient de dilatation sous pression constante*, V et V_0 étant définis comme ci-dessus.

Si on suppose le fluide renfermé dans une enveloppe invariable, l'élévation de température produit un accroissement de pression.

p_0 pression du fluide considéré supposé à 0°

p   α   α   à t° dans la même enveloppe.

Le coefficient

$$\alpha' = \frac{\frac{dp}{dt}}{p_0}$$

s'appelle *coefficient de dilatation sous volume constant*, dénomination assez impropre.

40. Calorimétrie. — Notion des *quantités de chaleur*, dépendant à la fois de l'élévation de température, de la masse et de la nature du corps considéré.

Calorie. — Quantité de chaleur nécessaire pour élever de 0° à 1° la température de 1 kilogramme d'eau.

Méthode des mélanges. — Comment on peut, au moyen de cette méthode, mesurer le nombre de calories nécessaires pour faire passer un corps d'une température quelconque t à une autre température t'.

41. Chaleur spécifique. — C'est le nombre de calories nécessaires pour élever de 1° la température de 1 kilogramme du corps considéré : d Q quantité de chaleur à fournir à 1 kilogramme du corps pour élever sa température de dt.

C. Chaleur spécifique :

$$C = \frac{dQ}{dt}$$

Cas des fluides gazeux. — Il y a à tenir compte des changements de volume; de là, deux chaleurs spécifiques :

Chaleur *spécifique sous pression constante*.
Chaleur *spécifique sous volume constant*.

42. Chaleurs de fusion et de vaporisation. — *Chaleur de fusion.* — Nombre de calories à fournir à 1 kilogramme du corps considéré pour le faire passer de l'état solide à l'état liquide, sans changement de température.

Chaleur de vaporisation. — Nombre de calories à fournir à 1 kilogramme du corps considéré pour le faire passer de l'état liquide à l'état de vapeur, sans changement de température.

GAZ PERMANENTS.

43. Loi de la compression des gaz. — *Loi de Mariotte.* — Les volumes occupés, à température constante, par un gaz permanent, sont en raison inverse des pressions.

V_0, V volumes successif

p_0, p pressions successives.

$$\frac{V}{V_0} = \frac{p}{p_0} \text{ ou } p\,V = p_0\,v_0$$

44. Loi de la dilatation des gaz. — *Loi de Gay-Lussac.* — Le coefficient de dilatation sous pression constante est constant à toute température et à toute pression, et le même pour tous les gaz permanents. Il est égal à $\frac{1}{273}$

45. Conséquences de ces lois. — Si V_0 est le volume d'un gaz à la température 0° et à la pression p_0,

V son volume à t° et à la pression p,

α le coefficient de dilatation,

on déduit de ces lois combinées :

$$p\,V = p_0\,V_0\,(1 + \alpha\,t)$$
$$\frac{p\,V}{273 + t} = \frac{p_0\,V_0}{273}$$

46. Températures absolues. — En posant pour simplifier $T = 273 + t$.

T s'appelle la *température absolue* ; c'est la température centigrade augmentée de 273° ;

Et la formule ci-dessus devient :

$$\frac{p\,V}{T} = \frac{p_0\,V_0}{273}$$

En opérant sur une masse de gaz de 1 kilogramme, la quantité $\frac{p_0\,V_0}{273}$ est spécifique pour chaque gaz ; sa valeur est :

Air	29,28
Azote	30,13
Oxygène	26,48
Hydrogène	422,52

(p_0 en kilogrammes par mètre carré, V_0 en mètres cubes.)

47. Coefficient de dilatation sous volume constant. — De la formule $p V = p_0 V_0 (1 + \alpha t)$, si l'on suppose que le volume $V = V_0$, on déduit

$$p = p_0 (1 + \alpha t)$$

c'est-à-dire : le coefficient de dilatation sous volume constant est le même que sous pression constante.

48. Chaleur spécifique des gaz. — La *chaleur spécifique* des gaz permanents sous pression constante est constante.

On déduit de cette loi expérimentale, par les méthodes de la théorie mécanique de la chaleur, que la chaleur spécifique à volume constant est aussi constante.

Le rapport de ces deux chaleurs spécifiques est le même pour tous les gaz et égal à **1,41**.

Chaleurs spécifiques sous pression constante :

Air **0,2375**
Oxygène. **0,2175**
Azote **0,2438**
Hydrogène. **3,4090**
Acide carbonique. **0,2169**
Oxyde de carbone. **0,245**

49. Remarques sur ces diverses lois. — Les recherches expérimentales sont dues à M. Regnault (1).

Ces lois sont suffisamment exactes pour les fluides gazeux éloignés du point de liquéfaction ; exemple : la loi de Mariotte appliquée à l'air est exacte à 1/8 0/0 près jusqu'à 2 atmosphères et à 1 1/2 0/0 près à 20 atmosphères.

VAPEURS.

50. Vapeur d'eau saturée. — Dans un récipient vide de toute matière pondérable et maintenu à température constante, si l'on introduit de l'eau à la même température, une partie de cette eau se transforme en vapeur ; la tension de cette vapeur ne dépend que de la température et non du volume occupé, tant qu'il reste de l'eau liquide. Si le volume est augmenté, il se forme instantanément de nouvelle vapeur ; s'il est diminué, il s'en condense instantanément. Dans ces conditions, on dit que la vapeur est *saturée* ; la tension est dite *tension de saturation* pour la température considérée. Les conditions à remplir sont : 1° température uniforme dans toutes les parties de l'enceinte ; 2° excédent d'eau liquide ; 3° absence de toute matière pondérable mélangée à la vapeur.

51. Température inégale dans l'enceinte. — Si une partie de la

(1) *Mémoires de l'Académie des sciences.*

paroi du récipient est au-dessous de la température générale, la vapeur s'y condense instantanément ; les dispositions étant prises pour que l'eau condensée ne retombe pas dans l'eau existant au fond du vase, celle-ci se vaporise à son tour et finit par disparaître entièrement. C'est *la distillation*. Le récipient est alors rempli de vapeur non saturée à la tension de saturation correspondant à la température de la paroi froide. Le phénomène semble théoriquement instantané : sa durée ne dépend que du temps dépensé dans les mouvements du fluide et le passage de la chaleur à travers les parois.

52. Absence d'eau liquide. — Si la température de l'enceinte restant uniforme, il n'y a pas assez d'eau pour remplir cette enceinte de vapeur saturée, la vapeur sera *surchauffée* ; pour des variations de volume et de température, elle se comportera comme un gaz permanent, tant qu'on restera assez loin du point de saturation.

53. Présence d'un gaz. — Si le récipient contient de l'air ou un autre gaz sans action chimique sur la vapeur d'eau, les mêmes phénomènes se produiront, mais avec une lenteur d'autant plus grande que la pression du gaz sera plus forte ; la tension de la vapeur finira par être égale à celle de la vapeur saturée dans le vide et s'ajoutera à celle du gaz préexistant (1) ; celui-ci est dit alors saturé de vapeur.

54. Circonstances diverses. — Dans ces expériences, l'émission de vapeur ne se produit qu'à la surface de l'eau : c'est l'évaporation. Si la tension du fluide pressant sur la surface de l'eau est diminuée brusquement, il y a ébullition : c'est la *vaporisation*. L'ébullition a lieu aussi quand on chauffe le liquide par dessous. Si l'ébullition est active, une partie de l'eau peut être entraînée sous forme *vésiculaire*.

55. Eau impure. — Les matières solides *mélangées* à l'eau n'influent pas sur les phénomènes ; elles peuvent être partiellement entraînées par l'eau vésiculaire, le surplus se concentre dans le liquide en excès.

Les sels dissous dans l'eau abaissent la tension de saturation ; pour le reste, ils se comportent comme les corps mélangés.

56. Autres vapeurs. — Les autres liquides se comportent d'une manière analogue à l'eau, mais les tensions de saturation sont différentes : les liquides sont plus ou moins *volatiles*.

57. Données numériques. — Les données numériques relatives aux vapeurs seront rappelées à la suite des considérations sur la théorie mécanique de la chaleur.

58. Travail des pressions. — Si p est la pression d'un fluide sur son

---

(1) L'exactitude rigoureuse de cette loi semble mise en doute par des expériences récentes.

enveloppe, v le volume, le travail élémentaire pour un accroissement de volume dv est

$$d\mathcal{C} = pdv$$

et le travail total entre deux volumes v_0 et v_1 est

$$\mathcal{C} = \int_{v_0}^{v_1} pdv$$

Les variations de volume des liquides et des solides sont très faibles et ne peuvent produire que peu de travail ; c'est tout le contraire pour les fluides gazeux, qui sont très compressibles et très dilatables par la chaleur.

La vaporisation des liquides développe aussi beaucoup de travail : c'est là le principe de la machine à vapeur.

CHAPITRE IV

RAPPEL DES PRINCIPES DE LA THÉORIE MÉCANIQUE DE LA CHALEUR

On se contentera, dans ce chapitre, de rappeler sommairement les principes de la thermodynamique qui sont les plus essentiels à connaître pour comprendre le jeu de la chaleur dans les machines thermiques. L'étude de la théorie mécanique de la chaleur a été faite à l'École polytechnique ; elle est du ressort des ouvrages spéciaux sur la matière (1).

58. Idée générale du jeu d'une machine thermique. — Dans le fonctionnement d'une machine thermique, d'une machine à vapeur prise comme exemple, on trouve deux ordres de phénomènes :

1° *Phénomènes thermiques* : de la chaleur est prise au foyer et transportée au condenseur ;

2° *Phénomènes mécaniques* : il y a production de travail moteur.

Il est impossible que la chaleur transmise au condenseur soit équivalente, comme modalité et comme quantité, à celle empruntée au foyer ; car alors, le travail développé aurait été produit avec rien ; il y aurait eu *création*.

On doit donc trouver, simultanément à la production du travail, une-

---

(1) La bibliographie de la théorie mécanique de la chaleur a été établie d'une manière très complète par *M. Violle*, et publiée à la suite des œuvres de *Verdet* (G. Masson, 1872). Cette bibliographie s'étend jusqu'à l'année 1870. Parmi les auteurs qui ont le plus contribué à fonder la théorie dont il s'agit, nous trouvons sur cette liste les noms de *Sadi-Carnot*, *Clapeyron*, *Mayer*, *Joule*, *Thomson*, *Clausius*, *Rankine*, *Combes*, *Hirn* et *Zeuner*. Verdet a fait à la Société chimique de Paris un exposé, fort remarquable dans sa concision, de la nouvelle théorie.

Parmi les ouvrages récents, nous pouvons citer :

Éléments de thermodynamique par *Moutier* (Gauthier-Villars, 1872), petit traité facile à lire et clairement écrit.

Nouvelle mécanique industrielle, par *L. Pochet* (Dunod, 1874).

Cours de machines (École des Mines), par *Callon* (Dunod, 1875).

Feuilles lithographiées du Cours de Machines à vapeur, par *Gérardin* (École des Ponts et Chaussées, 1875-1876).

Enfin, la remarquable *Exposition analytique et expérimentale*, par *G. A. Hirn* (Gauthier-Villars, 1876), nouvelle édition, ou plutôt nouvel ouvrage, où se trouve pour la première fois, croyons-nous, exposée la vraie théorie du fonctionnement des machines à vapeur, fondée, non plus sur des hypothèses, mais sur des expériences précises.

modification, soit dans la *modalité*, soit dans la *quantité* de la chaleur transportée.

De là deux hypothèses :

1re *hypothèse* : proposée par Sadi-Carnot en 1824. Il admettait, avec ses contemporains, que le calorique est une *matière* indestructible, et dont la quantité ne peut varier. Dès lors, il faut admettre une modification dans la modalité ; et cette modification se manifeste sous forme d'*abaissement de température* : la température du condenseur est inférieure à celle de la chaudière. Comparaison entre un moteur thermique et un moteur hydraulique ; chute de chaleur.

2° *hypothèse* : la chaleur n'est pas une matière ; dans le jeu des machines thermiques, il y a à la fois modification dans la quantité et dans la qualité de la chaleur, à savoir : disparition d'une certaine quantité de chaleur, correspondant au travail développé, et abaissement de température.

Cette double conception, généralisée et étendue à toutes les modifications calorifiques et mécaniques de la matière, forme la base de la thermodynamique. Elle se traduit par deux principes fondamentaux.

59. Premier principe fondamental ou principe de l'équivalence. — Il y a *équivalence entre la chaleur, le travail et la force vive* ; lorsqu'il y a consommation de travail, il y a production d'une quantité proportionnelle de chaleur, à défaut de force vive et réciproquement.

L'équivalent mécanique d'une calorie est $E = 424$ kilogrammètres (1).

Inversement, *l'équivalent thermique d'un kilogrammètre* est $A = \dfrac{1}{424}$

Proposé en 1842 par Mayer et par Colding, le principe de l'équivalence a été démontré par Joule, à partir de 1843, dans une suite d'expériences remarquables sur le frottement des solides et des liquides et sur l'expansion des gaz, puis ultérieurement par Hirn (*expériences sur les machines à vapeurs et autres*), Favre, Regnault, etc.

60. Représentation figurative de Clapeyron. — Dans un fluide homogène, la pression p, le volume v, et la température t sont liés par une équation

$$\varphi\,(p,\ v,\ t) = 0$$

qui laisse deux des trois variables indépendantes. Si l'on prend v et p pour variables indépendantes, l'état du fluide peut être représenté, comme l'a fait Clapeyron (2), par la pression et le volume du fluide pris comme coordonnées d'un point dit *figuratif*.

(1) Il existe quelque incertitude sur la valeur exacte de E. Le chiffre 424 résulte des expériences de Joule sur le frottement, il a servi de base à Zeuner pour le calcul de ses tables de la vapeur, c'est pourquoi nous le conservons.

M. Hirn, dans son traité, regarde le chiffre 432 comme le plus correct.

M. Regnault propose 436 à la suite d'expériences très précises sur la vitesse du son.

(2) Clapeyron. Mémoire sur la puissance motrice de la chaleur. *Journal de l'École Polytechnique*, 1834.

Entre deux positions (fig. 3) a et b du point figuratif, le travail développé est représenté par l'aire $a\,a'\,b'\,b$ comprise entre la courbe décrite $a\,b$, l'axe des volumes O V et les deux ordonnées (*pressions*) extrêmes $a\,a'$, $b\,b'$.

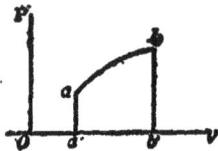

Fig. 3.

Dans une machine à *mouvements périodiques*, on peut admettre] qu'à la fin de chaque période tous les corps fonctionnant ont repris le même état qu'au commencement; le point *figuratif* des états *successifs* du fluide aura donc décrit une courbe fermée, et le fluide aura parcouru un *cycle fermé*. L'aire du cycle représente le travail engendré.

C'est Sadi-Carnot qui a introduit la notion de ces séries de modifications constituant des cycles. Il étudie, en particulier, un genre de cycles dans lesquels l'on évite toute perte de travail et toute chute inutile de chaleur : les frottements sont supposés nuls, les mouvements assez lents pour qu'on puisse admettre que les forces agissant sur le système soient toujours en équilibre; enfin, le fluide n'est mis en contact qu'avec des corps dont la température ne diffère pas sensiblement de la sienne.

Supposons réalisée une pareille machine, et faisons-la tourner en sens inverse : le point figuratif décrira évidemment la même courbe, mais en sens contraire; il y aura travail absorbé et chaleur remontée des corps froids aux corps chauds; mais, les phénomènes seront équivalents, en valeur absolue, à ceux de la marche directe.

Un pareil cycle est dit *reversible*.

64. Cycle de Carnot. — Le *cycle de Carnot* (fig. 4) est un cycle fermé *reversible*, dans lequel on ne met, en présence du fluide, que deux corps à température constante : l'un chaud ou *foyer*, l'autre froid ou *réfrigérant*. Voici comment il est composé :

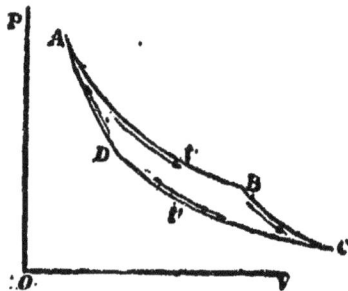

Fig. 4.

Pendant la détente A B, le fluide est maintenu à la température constante t par le contact avec le foyer; pendant la compression C D il est maintenu à la température constante t' par le contact avec le réfrigérant; A B et C D sont des *lignes isothermiques* (Rankine).

Pendant la détente B C et la compression D A, le fluide est soustrait à toute influence calorifique extérieure; il change de volume *sans variation de chaleur*, et ces deux lignes s'appellent *lignes de nulle transmission* (Rankine), ou *adiabatiques* (α, $\delta\iota\alpha$, $\beta\alpha\iota\nu\omega$).

Le cycle étant parcouru dans le sens des flèches, le fluide emprunte au foyer, pendant sa détente isothermique A B, une quantité de chaleur Q', et pendant sa compression isothermique C D, il cède au réfrigérant une quantité de chaleur Q.

Dans les idées de Carnot Q' = Q et le travail, représenté par l'aire A B C D, est dû à la chute de la quantité de chaleur Q entre la température t' et la température t.

Partant de là, il compare cette machine à une autre machine fonctionnant à l'aide d'un fluide différent, mais entre les mêmes sources, parcourant un cycle analogue, et développant le même travail. Il démontre qu'il est impossible que cette seconde machine donne lieu par tour, à un transport de chaleur plus grand que Q. Car, si on emploie la première machine à faire tourner la seconde en sens inverse, ce qui est possible, puisque les travaux sont égaux, on restituera au foyer une quantité de chaleur plus grande que celle qui lui est empruntée ; cette chaleur, accumulée dans le foyer, sans effet dynamique extérieur, pourra servir à son tour à produire du travail, qui se trouvera ainsi *créé* avec rien.

On en déduit que la quantité de chaleur Q tombant dans un cycle de Carnot, de la température t' à la température t, donne toujours lieu à la production de la même quantité de travail, quel que soit le fluide employé.

62. Postulatum de Clausius. — Clausius a adapté, sous une autre forme, le principe de Carnot à celui de l'équivalence.

Il admet que *la chaleur ne peut passer d'elle-même d'un corps sur un corps plus chaud.*

Par un procédé tout à fait analogue à celui de Carnot, il déduit de ce *postulatum* la proposition suivante, qui constitue le 2° principe fondamental de la théorie mécanique de la chaleur.

63. 2° principe fondamental ou principe de Carnot. — *Dans un cycle de Carnot, la quantité de travail développée est proportionnelle à la quantité de chaleur empruntée à la source de chaleur et la proportion entre ces deux quantités ne dépend que des températures extrêmes, mais non de la nature de fluide.*

Ainsi la quantité de chaleur Q' fournie par le foyer à la température absolue T', se divise en deux parties : une partie q correspond au travail du cycle ; l'autre partie Q est transmise au réfrigérant, à la température absolue T. Le rapport $\frac{q}{Q'}$ ne dépend que de T' et T.

64. Coefficient économique. — Ce rapport, qui donne la mesure de l'utilisation de la chaleur, s'appelle *coefficient économique*. Sa valeur, dans le cas des gaz parfaits, est, comme nous le verrons plus bas :

$$\frac{q}{Q'} = 1 - \frac{T}{T'}$$

En vertu du principe ci-dessus, ce coefficient a la même valeur pour toute espèce de corps parcourant un cycle de Carnot.

65. Propriétés du cycle de Carnot. — On démontre que, *de tous les cycles fermés, reversibles ou non, le cycle de Carnot est celui qui a le coefficient économique le plus élevé, entre deux températures déterminées.*

66. Équation de Clausius. — L'équation ci-dessous :

$$\frac{q}{Q'} = 1 - \frac{T}{T'} \text{ ou } \frac{Q'-Q}{Q'} = \frac{T'-T}{T'} \text{ peut s'écrire : } \frac{Q'}{T'} - \frac{Q}{T} = 0$$

Clausius l'a étendue à un cycle fermé reversible quelconque, en le divisant en un nombre infini de cycles de Carnot infiniment petits.

Si dQ représente la quantité de chaleur fournie au fluide pendant un parcours infiniment petit, et prise avec le signe + ou — suivant qu'elle est communiquée ou soustraite au fluide ; si T est la température absolue du fluide à ce moment, on a

$$\int \frac{dQ}{T} = 0$$

Cette équation est exacte, même si les températures des corps extérieurs mis en rapport avec le fluide diffèrent de quantités finies de celles du fluide.

67. Remarque sur les deux principes fondamentaux. — L'exactitude du principe de l'équivalence semble bien démontrée par les vérifications expérimentales nombreuses auxquelles il a été soumis. Le 2e principe paraît très probable ; jusqu'ici aucun fait connu n'est venu le contredire ; il serait peut-être à désirer que des expériences nombreuses et précises permissent d'en contrôler la parfaite généralité. Nous en admettrons l'exactitude, avec les auteurs qui ont traité ce sujet.

68. Travail intérieur. — Lorsqu'un corps a parcouru un cycle fermé, c'est-à-dire qu'il est revenu à son état physique initial, le travail extérieur développé correspond exactement à la chaleur qu'on a dû lui fournir, en vertu du principe de l'équivalence.

Mais pour tout autre changement il y a lieu de tenir compte des modifications qui surviennent à l'intérieur même du corps, c'est-à-dire élévation de température et travail des forces moléculaires surmontées. La quantité de chaleur Q fournie au corps se retrouve donc sous les trois formes suivantes :

1° Travail extérieur $\mathcal{C}_e$, ou, en l'exprimant en chaleur . . . . . A $\mathcal{C}_e$.

2° Travail des forces moléculaires ou travail intérieur $\mathcal{C}_i$, représenté en calories par. A $\mathcal{C}_i$,

3° Élévation de température, représentée par une quantité de chaleur. . . . . F

On a donc :

$$Q = A \, \mathcal{C}_e + A \, \mathcal{C}_i + F.$$

Exemple : vaporisation de l'eau, où le travail extérieur ne représente qu'une très petite partie de la chaleur fournie.

Il est souvent difficile de distinguer $A\mathfrak{C}_i$ de F ; la somme de ces deux termes est la variation de la *chaleur interne* .

THÉORIE DES GAZ PERMANENTS.

69. Lois des gaz permanents. — Nous admettrons que les gaz permanents obéissent exactement aux quatre lois suivantes :

1° Loi de Mariotte ;

2° Loi de Gay-Lussac ;

3° La chaleur spécifique sous pression constante est constante (Expériences de Regnault).

4° Le travail intérieur est toujours nul.

Cette dernière loi résulte de l'expérience de Joule : deux ballons, l'un vide, l'autre rempli d'air comprimé, sont placés dans un calorimètre, et mis en communication ; quand l'équilibre des pressions s'est établi, on constate que la température du calorimètre n'a pas varié.

Appliquant à cette expérience l'équation du § 68, nous voyons que $Q = 0$, $\mathfrak{C}_e = 0$, $F = 0$; donc $\mathfrak{C}_i$ est également nul.

Ces lois se traduisent par les formules suivantes, dans lesquelles nous désignerons par :

π le poids du gaz considéré ;

p, v, t, sa pression, son volume, sa température :

T sa température absolue $= 273 + t$;

v_0 son volume sous la pression p_0 moyenne de l'atmosphère et à la température 0° correspondant à la température absolue $T_0 = 273$;

$\alpha = \dfrac{1}{273}$ le coefficient de dilatation ;

C la chaleur spécifique sous pression constante ;

c   —   —   sous volume constant.

70. Conséquences de ces lois.—Des deux premières lois, on déduit :

$$pv = p_0 v_0 (1 + \alpha t) \text{ ou } \frac{p\,v}{T} = \alpha\, p_0 v_0$$

Soit (fig. 5) le cycle 1-2-3 dans lequel :

1-2 est une isothermique à la température t,

2-3 est une ligne de pression constante,

3-1 est une ligne de volume constant.

Menons les ordonnées extrêmes 3-a, 2-b, et mettons les indices 1, 2, 3 aux signes des quantités correspondant à chaque sommet, p_1, v_1, p_2, v_2, etc.

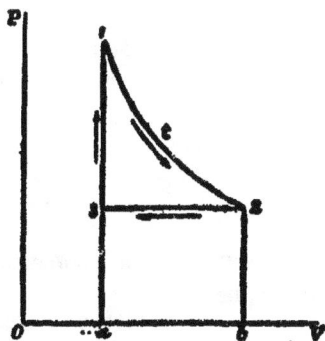

Fig. 5.

Calcul du travail.

Aire (1.2.3) $=$ aire (1. a. b. 2) $-$ aire (3. a. b. 2).

$$\text{travail } \mathcal{C} = \int_{v_1}^{v_2} p \, dv - p_2 (v_2 - v_1)$$

Calcul de la chaleur.

La température en 3 s'obtient par comparaison avec la température t en 2, la pression de 2 à 3 restant constante.

$$\frac{T_3}{v_3} \text{ ou } \frac{T_3}{v_1} = \frac{T}{v_2}$$

d'où $\qquad T - T_3 = T \frac{v_2 - v_1}{v_2}$.

Chaleur retirée au gaz pour maintenir la pression constante entre 2 et 3 :

C ω (T $-$ T$_3$) ou (avec le signe $-$) . . . . $\quad C \omega T \dfrac{v_2 - v_1}{v_2}$

Chaleur fournie au gaz entre 3 et 1 sous volume constant : c ω (T $-$ T$_3$), ou . . . . $\quad C \omega T \dfrac{v_2 - v_1}{v_2}$

Chaleur fournie au gaz pendant la détente isothermique 1-2 ; la température étant maintenue constante et le travail intérieur nul, la chaleur est l'équivalent

du travail extérieur $\int_{v_1}^{v_2} p \, dv$ ou . . . . $\quad \dfrac{A \int_{v_1}^{v_2} p \, dv}{\rule{3cm}{0.4pt}}$

Total : $A \int_{v_1}^{v_2} p \, dv - (C - c) \omega T \dfrac{v_2 - v_1}{v_2}$

Établissant l'équation d'équivalence entre cette chaleur et le travail développé :

$$A \int_{v_1}^{v_2} p \, dv - (C - c) \pi T \frac{v_2 - v_1}{v_2} = A \int_{v_1}^{v_2} p \, dv - A p_2 (v_1 - v_1)$$

d'où :

$$C - c = \frac{A}{\pi} \frac{p_2 \, v_2}{T} = \frac{A}{\pi} \alpha p_0 v_0$$

71. Chaleur spécifique sous volume constant. — Et comme le 2e membre est une quantité constante, on en déduit que : *la chaleur spécifique sous volume constant c, est constante.*

La valeur de c se déduit de l'équation ci-dessus ; et l'on a :

$$\frac{C}{c} = m = 1,41$$

72. Détente isothermique. — Lorsque la température est maintenue constante, on a :

$$p \, v = \text{const} = p_0 \, v_0 (1 + \alpha t)$$

Le travail, entre deux valeurs v et v_1 du volume est :

$$T = \int_{v_1}^{v} p\,dv = \int_{v_1}^{v} p_1\,v_1\,\frac{dv}{v}$$

$$T = p_1\,v_1\,\text{log. nep.}\cdot\frac{v}{v_1}$$

La quantité de chaleur à fournir (le travail intérieur étant nul) est :

$$Q = A\,T$$

73. Détente élémentaire. — Supposons une modification caractérisée par une variation infiniment petite quelconque de deux des trois variables p, v, t ; prenons, par exemple, pour variables indépendantes p et v ;

En se donnant dp et dv, on déduira dt de l'équation :

$$\varphi\,(p,\ v,\ t) = 0,\ \text{qui est ici :}\ \frac{pv}{T} = \alpha\,p_0\,v_0$$

La quantité dQ de chaleur à fournir sera :

$$dQ = \frac{dQ}{dv}\,dv + \frac{dQ}{dp}\,dp$$

$\dfrac{dQ}{dv}\,dv$ est la quantité de chaleur à fournir pour une variation de volume dv, p restant constant ; on a donc

$$\frac{dQ}{dv}\,dv = \pi\,C\,dt\ ;\ \frac{dQ}{dv} = \pi\,C\,\frac{dt}{dv}$$

De $\dfrac{pv}{T} = \alpha\,p_0 v_0$ on tire (p étant constant) :

$$dT\ \text{ou}\ dt = \frac{pdv}{\alpha\,p_0\,v_0}\ ;\ \frac{dt}{dv} = \frac{p}{\alpha\,p_0\,v_0}$$

donc :

$$\frac{dQ}{dv} = \pi\,\frac{Cp}{\alpha\,p_0\,v_0}$$

On aurait de même :

$$\frac{dQ}{dp} = \pi\,C\,\frac{v}{\alpha\,p_0\,v_0}$$

$$dQ = \frac{\pi}{\alpha\,p_0\,v_0}\,(Cpdv + cvdp)$$

74. Détente adiabatique. — Si la modification se fait *sans varia-tion de chaleur*, il faut poser $dQ = 0$ ou $Cpdv + cvdp = 0$

et comme $\dfrac{C}{c} = m$:

$$m\,\frac{dv}{v} + \frac{dp}{p} = 0\ \ .$$

$$p\,v^m = \text{const} = p_0\,v_0^m.$$

De cette équation, jointe à $\dfrac{pv}{T} = \alpha\,p_0\,v_0$, on tire facilement les rela-tions entre v et T, p et T :

$$T\,v^{m-1} = \text{const} = \alpha\,v_0^{m-1}\ ;\ T\,p^{\frac{1-m}{m}} = \text{const} = \alpha\,p_0^{\frac{1-m}{m}}$$

Prenant les différentielles logarithmiques, on peut écrire :

$$\frac{dt}{T} + (m-1)\frac{dv}{v} = 0 \; ; \; \frac{dt}{T} + \frac{1-m}{m}\frac{dp}{p} = 0$$

Le travail dansla détente adiabatique entre deux valeurs, v_1 et v, du volume, est :

$$\mathcal{C}_{v_1}^{v} = \int_{v_1}^{v} pdv = \int_{v_1}^{v} pv^m \frac{dv}{v^m} = p_1 \, v_1^m \int_{v_1}^{v} \frac{dv}{v^m}$$

$$\mathcal{C}_{v_1}^{v} = \frac{p_1 \, v_1^m}{m-1}\left(1 - \frac{v_1^{\,m-1}}{v^{\,m-1}}\right)$$

On peut l'écrire sous une forme simple, en remarquant que

$$T \, v^{m-1} = \text{const} = T_1 \, v_1{}^{m-1} \text{ et } \frac{p_1 v_1}{T_1} \propto p_0 \, v_0$$

il vient

$$\mathcal{C}_{t_1}^{t} = \frac{\alpha \, p_0 \, v_0}{m-1}(T_1 - T) = \frac{\alpha \, p_0 \, v_0}{m-1}(t_1 - t)$$

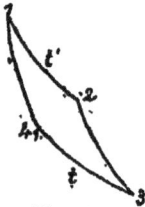

75. Cycle de Carnot. — Soit un cycle de Carnot (fig. 6) composé de deux isothermiques 1-2 à la température t', et 3-4 à la température t, et de deux adiabatiques 2-3 et 4-1.

En désignant, comme ci-dessus, par les indices 1, 2, 3, 4 les quantités relatives à chacun des sommets du cycle, nous aurons :

Fig. 6.

Chaleur à fournir suivant l'isothermique 1-2 : A $p_1 v_1$ log. nép. $\frac{v_2}{v_1}$.

Chaleur à soustraire suivant l'isothermique 3-4 : A $p_4 v_4$ log. nép. $\frac{v_3}{v_4}$.

La différence est la chaleur transformée en travail.

Mais on a successivement :

sur l'adiabatique 2-3 : $T' \, v_2^{m-1} = T \, v_3^{m-1}$

sur l'adiabatique 1-4 : $T' \, v_1^{m-1} = T \, v_4^{m-1}$

Divisant membre à membre, il vient :

$$\frac{v_2}{v_1} = \frac{v_3}{v_4}.$$

Les deux logarithmes népériens sont donc égaux et la chaleur transformée en travail est

$$A(p_1 v_1 - p_4 v_4) \text{ log. nép. } \frac{v_2}{v_1}$$

Le rapport de cette quantité à la chaleur fournie par le foyer : A $p_1 v_1$ log. nép. $\frac{v_2}{v_1}$ est précisément le coefficient économique. Sa valeur est donc :

$$1 - \frac{p_4 v_4}{p_1 v_1}$$

et comme on a $\dfrac{p_4 \, v_4}{T} = \dfrac{p_4 \, v_4}{T'}$, il vient pour le coefficient économique :

$$1 - \frac{T}{T'}$$

résultat annoncé plus haut.

DES VAPEURS.

Nous nous occuperons spécialement de la vapeur d'eau saturée, les vapeurs des autres liquides et les vapeurs surchauffées n'étant employées qu'exceptionnellement.

76. Données numériques sur la vapeur d'eau saturée. Tension.

Formule de Tredgold : $P = \left(\dfrac{t + 75}{85}\right)^6$

P, pression en centimètres de mercure,

t, température centigrade.

Travaux de Dulong et Arago.

Formules de M. Regnault, révisées, comme calculs par *Zeuner* (1).

de 0° à 100°

log. P = a − B + C

a = 4,7393707

log. B = 0,6117408 − 0,003274463 t

log. C = − 1,8680093 + 0,00686493 t.

de 100° à 200°

log. P = a' − B' − C'

log. B' = 0,6593123 − 0,001656138 t

log. C' = 0,0207601 − 0,005950708 t.

Dans lesquelles :

P est la pression de la vapeur saturée en millim. de mercure,

t la température centigrade.

Pour passer de la pression P en millim. de mercure à la pression en kilog. par mètre carré, il suffit de multiplier P par 13,596.

Il est plus commode de se servir des tables.

Remarques sur ces tables. — La pression croît d'abord très lentement avec la température (à 0° elle n'est que de 0ᵏ006 par centimètre carré, de 0ᵏ13 à 50°, de 0ᵏ48 à 80° et de 1ᵏ033 à 100°) ; elle s'élève ensuite rapidement (2ᵏ075 à 120°, 3ᵏ69 à 140°, 4ᵏ87 à 150°, 6 32 à 160°, etc.), vers

(1) Nous nous servirons, dans la suite, des résultats numériques *obtenus par le Dʳ Zeuner* (*Théorie mécanique de la chaleur*, traduit de l'allemand par Arnthal et Cazin, Gauthiers-Villars, 1869) : les tables jointes à cet ouvrage donnent des résultats *très suffisamment approchés* pour les calculs de la pratique.

200° une augmentation de 1° correspond à un accroissement de 1/3 d'atmosphère.

77. Chaleur de l'eau. — La quantité de chaleur à fournir à 1 ^{k} d'eau pour porter sa température de 0° à t° est :

$$q = t + 0.2 \left(\frac{t}{100}\right)^2 + 0.3 \left(\frac{t}{100}\right)^3$$

Elle diffère très peu de t jusqu'à 100°.

La chaleur spécifique de l'eau

$$c = \frac{dq}{dt} = 1 + 0.004 \left(\frac{t}{100}\right) + 0.009 \left(\frac{t}{100}\right)^2$$

78. Chaleur de vaporisation. — La quantité de chaleur nécessaire pour faire passer 1 $_k$ d'eau, de l'état liquide à la température 0°, à l'état de vapeur saturée à la température t°, est :

$$\lambda = 606.5 + 0.305\, t.$$

On en déduit pour la *chaleur de vaporisation* :

$$r = \lambda - q$$

$$r = 606.5 - 69.5 \frac{t}{100} - 0.2 \left(\frac{t}{100}\right)^2 - 0.3 \left(\frac{t}{100}\right)^3$$

Les deux premiers termes sont suffisants pour la plupart des calculs pratiques.

79. Détente isothermique. — Lorsqu'un récipient, maintenu à température constante, et contenant de l'eau et de la vapeur saturée, augmente de volume, la pression reste constante.

La ligne de détente isothermique est donc une droite parallèle à l'axe des volumes, à une hauteur donnée par l'équation (§ 76)

$$p = f(t)$$

qui relie la pression p de la vapeur saturée à la température constante t.

Il en est ainsi tant qu'il reste de l'eau en excès.

Une fois toute l'eau vaporisée, la vapeur devient surchauffée, et les lois des gaz permanents s'y appliquent avec plus ou moins d'exactitude.

80. Densité. — Si on traite la vapeur saturée comme un gaz permanent, on peut calculer son poids spécifique à une température quelconque, en multipliant par un coefficient constant (densité tabulaire) le poids spécifique de l'air à la même température et à la même pression. On peut prendre pour densité tabulaire de la vapeur d'eau le chiffre 0,622 résultant de sa composition chimique (1).

(1) A 0° et sous la pression atmosphérique moyenne, 1 mc. d'oxygène pèse   1^k,4298
2 mc. d'hydrogène pèsent 0, 1792
        Total égal au poids de deux mètres cubes de vapeur d'eau 1, 6090
Poids de 1 mc. de vapeur. 0, 8045
Le poids de 1 mc. d'air étant. 1, 2932
Le rapport donne la densité tabulaire de la vapeur d'eau = ... 0, 622

Cette méthode, longtemps appliquée, est d'une exactitude fort douteuse, la vapeur saturée ne se comportant nullement comme un gaz parfait.

La mesure directe et expérimentale de la densité est difficile. On la calcule par le principe de Carnot (Clausius).

Supposons (fig. 7) un cycle de Carnot 1-2-3-4 compris entre deux températures infiniment voisines t et $t + dt$, et appliqué à 1 k. de vapeur.

Il est composé de deux isothermiques, 1-2 et 3-4,

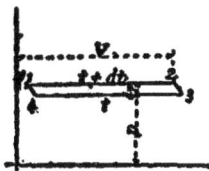

Fig. 7.

qui sont ici des droites horizontales, et de deux adiabatiques, 2-3 et 1-4.

Le coefficient économique $1 - \dfrac{T}{T + dT} = \dfrac{dt}{T}$ est, en vertu du principe de Carnot, égal au rapport de la chaleur transformée en travail à celle fournie par la source.

Supposons que de 1 à 2, le liquide se transforme complètement en vapeur saturée; la distance 1-2 est donc égale au volume V de la vapeur saturée moins le volume v du liquide; d'autre part la hauteur du cycle est la différence des pressions des vapeurs saturées à t^o et à $t + dt$, c'est donc $\dfrac{dp}{dt}\, dt$; l'aire du cycle ou le travail sera donc $(V - v)\, \dfrac{dp}{dt}\, dt$ et son équivalent calorifique $A (V - v)\, \dfrac{dp}{dt}\, dt$.

La quantité de chaleur fournie par la source n'est autre que la chaleur de vaporisation r. On a donc :

$$\frac{A (V - v)\, \dfrac{dp}{dt}\, dt}{r} = \frac{dt}{T}$$

d'où le volume spécifique de la vapeur saturée à t^o

$$V = v + \frac{r}{AT\, \dfrac{dp}{dt}}$$

Le poids spécifique est égal à $\dfrac{1}{V}$.

C'est ainsi qu'ont été établies les tables de Zeuner.

Les poids spécifiques ainsi calculés sont plus forts que ceux obtenus par l'ancienne méthode; les écarts, toutefois, ne sont importants qu'au-dessus de 100° :

Température :	100°	120°	145°	180°
Écarts :	3 0/0	4,3 0/0	6,9 0/0	8,9 0/0.

Si, au lieu de E = 424 (Zeuner), on admet E = 436 (Regnault), les poids spécifiques se trouvent réduits de 2,8 0/0, ce qui atténue les écarts ci-dessus.

81. Détente adiabatique d'un mélange d'eau et de vapeur. — Supposons une enceinte imperméable à la chaleur contenant à l'état initial 1 kilogramme d'eau, dont une partie x' est à l'état de vapeur saturée, le surplus (1 - x') à l'état liquide, à la température t'. Si le volume de l'enceinte augmente, la température va baisser : comment va se comporter le mélange d'eau et de vapeur ?

Soit (fig. 8) CA'AB un cycle composé comme il suit :

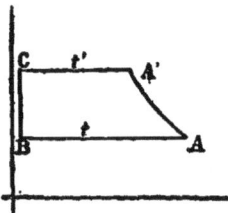

Fig. 8.

C, point figuratif du kilogramme d'eau supposé liquide à la température t'. L'abscisse de C est le volume de 1 kilogramme d'eau à t'.

A', le point figuratif du mélange à l'état initial (eau $= (1-x)$, vapeur $= x'$).

A, l'état à la fin de la détente adiabatique (eau $= (1-x)$, vapeur $= x$) à la température t.

B, eau réduite complètement à l'état liquide à la température t.

C A' et A B sont des horizontales.

Appliquons l'équation de Clausius : $\int \dfrac{dQ}{T} = 0$; il vient :

Entre C et A', vaporisation de x' à température constante t' : $\dfrac{x' \, r'}{T'}$.

Entre A et B, condensation de x à température constante t : $- \dfrac{x \, r}{T}$.

De B en C, échauffement de l'eau liquide de t à t' : $\int_t^{t'} \dfrac{dq}{T}$

(q, chaleur de l'eau).

Donc :

$$\frac{x' \, r'}{T'} - \frac{x \, r}{T} + \int_t^{t'} \frac{dq}{T} = 0.$$

On tire de là la proportion de vapeur existant à la fin de la détente adiabatique :

$$x = \frac{T}{r} \left(\frac{x' \, r'}{T'} + \int_t^{t'} \frac{dq}{T} \right)$$

Cette équation, bien entendu, n'est applicable que tant qu'il reste de l'eau en excès.

Exemple : 1 kilogramme de vapeur saturée à 5 atm. se détend adiabatiquement jusqu'à 1/2 atm.

État initial : $t' = 152°22$; $T' = 425.22$; $r' = 499.19$; $x' = 1$; $\dfrac{x' \, r'}{T'} = 1,174$.

État final : $t = 81,71$; $T = 354.71$; $r = 549.40$; x inconnu; $\dfrac{r}{T} = 1,549$.

$$\int_{81,71}^{152,23} \frac{dq}{T} = 0,1842$$

Il vient . . . . $x = 0,883$.

Il y a donc eu *condensation* d'une partie de la vapeur, pendant la détente adiabatique ; la portion condensée est de 11,7 0/0 du poids initial. Ce fait est d'une haute importance.

82. Condensation dans la détente adiabatique. — Pour voir s'il est général, écrivons l'équation sous la forme suivante :

$$\frac{x' r'}{T'} - \frac{x r}{T} + \int_0^{t'} \frac{dq}{T} - \int_0^{t} \frac{dq}{T} = 0$$

ou :

$$\frac{x r}{T} + \int_0^{t} \frac{dq}{T} = \frac{x' r'}{T'} + \int_0^{t'} \frac{dq}{T} = \text{const.}$$

Différentions, il vient : $\dfrac{r}{T} dx + x d \dfrac{r}{T} + \dfrac{dq}{T} = 0$.

Si la quantité de vapeur x décroît quand la température baisse, c'est-à-dire si $\dfrac{dx}{dt}$ est positif, il y aura condensation ; dans le cas contraire, il y aurait vaporisation.

Tirons la valeur de dx, il vient :

$$dx = - \frac{Tx}{r} d \frac{r}{T} - \frac{dq}{r};$$

Pour voir en gros la marche du phénomène, nous pouvons prendre $q = t$ et la formule linéaire $r = a + b T$ (1).

d'où $dq = dt$, $\dfrac{r}{T} = \dfrac{a}{T} + b$ et d. $\dfrac{r}{T} = - \dfrac{a}{T^2} dt$.

Il vient :

$$dx = \frac{\dfrac{ax}{T} - 1}{r} dt$$

$\dfrac{dx}{dt}$ est positif et il y a condensation quand ax est $> T$, et vaporisation d'une partie de l'eau dans le cas contraire.

Les proportions de vapeur par kilogramme de mélange, qui ne donneront lieu ni à condensation ni à vaporisation pour une détente infiniment petite, résultent de l'équation

$$ax = T \quad \text{ou} \quad x = \frac{T}{a}$$

soit en chiffres : $x = 0.34 + 0.12\,t$.

Températures :	0°	50°	100°	150°
Proportions de vapeur :	0.34	0.40	0.46	0.52

(1) Voir ces valeurs §§ 77 et 78.

La valeur approximative : $r = 606,5 + 0,695\,t$

devient, en posant $t = T - 273$:

$$r = 796,2 - 0,695\,T.$$

3

Pour atteindre le point où la vapeur saturée sèche se détend sans condensation, il faudrait (hypothétiquement), une température de plus de 500°.

Un calcul analogue appliqué à la vapeur d'éther montre que cette vapeur supposée sèche, se surchauffe dans la détente adiabatique.

Expériences de M. Hirn prouvant l'exactitude de ces résultats.

83. Formules approximatives. — Les formules ci-dessus sont longues à calculer. Voici quelques formules approximatives.

Pour le calcul des volumes spécifiques de la vapeur d'eau saturée (Zeuner) :

$$p \, V^n = 1.704$$

p, pression en atmosphères
V, volume spécifique
$n = 1.0646$.

Détente adiabatique de la vapeur d'eau humide :

$$p \, V^\mu = p_1 \, V_1{}^\mu$$

p, pression pendant la détente
V, volume du mélange d'eau et de vapeur
$p_1 \, V_1$, mêmes quantités à l'origine de la détente
$\mu = 1.035 + 0,1 \, x_1$
x_1, poids de vapeur par kilog. de mélange à l'origine.

Formule très suffisante quand la proportion d'eau à l'origine ne dépasse pas 30 0/0.

Le travail dans la détente adiabatique s'en déduit immédiatement :

$$\mho^V_{V_1} = \frac{p_1 \, V_1}{\mu - 1} \left[1 - \left(\frac{V_1}{V} \right)^{\mu - 1} \right].$$

84. Autres vapeurs. — Les données numériques relatives aux autres vapeurs se trouvent dans les mémoires de Regnault et dans le livre de Zeuner.

Quant à ce qui concerne les *vapeurs surchauffées,* on n'a que peu de résultats précis. M. Regnault propose 0.4805 pour la chaleur spécifique sous pression constante de la vapeur d'eau surchauffée.

85. Tables numériques. — Nous donnons ci-après diverses tables numériques relatives aux gaz permanents et aux vapeurs saturées.

Table I.   — Coefficients numériques relatifs aux gaz permanents.
Table II.   — Détente et compression isothermiques des gaz permanents.
Table III.   — Détente et compression adiabatiques des gaz permanents.
Table IV.   — Vapeur d'eau saturée de 0° à 100°.
Table V.   — Vapeur d'eau saturée au-dessus de 100°.

TABLE I

GAZ PERMANENTS LES PLUS USUELS

COEFFICIENTS NUMÉRIQUES DIVERS

Coefficient de dilatation . . . . $\alpha = \dfrac{1}{273}$

Rapport des deux chaleurs spécifiques $\dfrac{\text{sous pression constante } C}{\text{à volume constant } c} = 1{,}41 = m$

	Air atmosphérique	Hydrogène	Oxygène	Azote	Acide carbonique	Oxyde de carbone
Densités tabulaires (La densité de l'air étant prise pour unité).	1,0000	0,06926	1,1056	0,971	1,529	0,968
Poids spécifiques à 0° et sous la pression 0m76 de mercure	1k293	0k0896	1k430	1k256	1k977	1k250
Volumes spécifiques (v₀) à 0° et sous la pression (p₀) 0m76 de mercure.	0m37733	11m3162	0m36993	0m3796	0m3506	0m3800
Chaleurs spécifiques sous pression constante. . .	0,238	3,409	0,218	0,244	0,216	0,245
$R = \alpha\, p_0\, v_0$ ($p_0 = 10333$, $\alpha = \dfrac{1}{273}$, $v_0 =$ vol. spécifique). . .	29,28	422,52	26,48	30,13	19,16	30,28

TABLE II

GAZ PERMANENTS

DÉTENTE OU COMPRESSION ISOTHERMIQUES
(*Loi de Mariotte*)

Rapports des volumes 1	Rapports des pressions 2	Diff.	Logarithmes népériens 3	Diff.	Rapports des volumes 1	Rapports des pressions 2	Diff.	Logarithmes népériens 3	Diff.
1	1		0						
1.10	0.9091	758	0.0953	870	7.00	0.1429	109	1.9459	742
1.20	0.8333	641	0.1823	800	7.50	0.1333	96	2.0148	689
1.30	0.7692	549	0.2623	741	8.00	0.1250	83	2.0793	645
1.40	0.7143		0.3364		8.50	0.1176	74	2.1400	607
					9.00	0.1111	65	2.1972	572
1.50	0.6667	476	0.4053	689	9.50	0.1053	58	2.2512	540
1.60	0.6250	417	0.4699	646					
1.70	0.5850	370	0.5306	607	10	0.1000	53	2.3026	514
1 80	0.5556	324	0.5876	570	11	0.0909	91	2.3978	952
1.90	0.5263	293	0.6417	541	12	0.0833	76	2.4849	871
					13	0.0769	64	2.5649	800
2.00	0.5000	263	0.6931	514	14	0.0714	55	2.6390	741
2.25	0.4444	556	0.8108	1177					
2.50	0.4000	444	0.9162	1054	15	0 0667	47	2.7080	690
2.75	0.3636	364	1.0115	953	16	0.0625	42	2.7726	646
3.00	0.3333	303	1.0986	871	17	0.0588	37	2.8332	606
3.25	0.3077	256	1.1785	799	18	0.0555	33	2.8903	571
3.50	0.2857	220	1.2526	741	19	0.0526	29	2.9444	541
3.75	0.2667	190	1.3217	691					
					20	0.0500	26	2.9957	513
4.00	0 2500	167	1.3862	645	22	0.0455	45	3.0910	953
4.50	0.2222	278	1.5041	1179	24	0.0417	38	3.1781	871
5.00	0.2000	222	1.6093	1052	26	0.0385	32	3.2581	800
5.50	0.1818	182	1.7047	957	28	0.0357	28	3.3322	741
6.00	0.1667	151	1.7917	870	30	0.0333	24	3.4012	690
6.50	0.1538	129	1.8717	800					

Observations sur la table II.

On a admis, dans la construction de cette table, que les gaz suivent la loi de Mariotte, c'est-à-dire que la pression est en raison inverse du volume.

La colonne 3 donne les logarithmes népériens des nombres contenus dans la colonne 1, ou de l'*inverse* des nombres de la colonne 2.

Exemple : — Une masse de gaz occupe un volume de 4^{m3} sous une pression de 5^k par centim. carré. Quelle pression aura-t-elle, la température étant maintenue constante, si on la laisse se détendre jusqu'à 12^{m3}, et quel travail développera-t-elle ?

Le rapport des deux volumes extrêmes $\frac{12}{4} = 3$ correspondant à (colonne 2) 0,3333.

Pression finale $5 \times 0,3333 = 1^k6665$ par cent. carré.

Le rapport des volumes extrêmes étant 3, dont le logarithme népérien est col. 3, 1,0986, le travail développé sera égal au produit du volume initial, 4^{m3}, par la pression initiale par mètre carré, 50000^k, et par le logarithme népérien ci-dessus.

Trav. $= 4 \times 50000 \times 1.0986 = 219.720$ kilogrammètres.

Le calcul des pressions finales et du travail absorbé, dans le cas d'une compression isothermique, se ferait par des procédés analogues, au moyen de la même table.

Remarque : Les nombres de la colonne 2 sont les inverses de ceux de la colonne 1.

TABLE III

GAZ PERMANENTS.

DÉTENTE OU COMPRESSION ADIABATIQUES

Rapports des volumes	Rapports inverses des pressions	Diff.	Coefficient du Travail.	Diff.	Rapports des températures absolues extrêmes.	Diff.	Températures contigrades.	
1	2		3		4		5	6
1.00	1.0000	1.438	0.0000	934	1.0000	383	827.8	0
1.10	1.1438	1.493	0.0934	822	0.9617	337	785.6	— 40.5
1.20	1.2931	1.545	0.1756	732	0.9280	300	748.5	— 19.7
1.30	1.4476	1.595	0.2488	656	0.8980	269	715.5	— 29.9
1.40	1.6071	1.641	0.3144	592	0.8711	243	685.9	— 35.2
1.50	1.7712	1.688	0.3736	539	0.8468	221	659.1	— 41.8
1.60	1.9400	1.732	0.4275	493	0.8247	202	634.8	— 47.8
1.70	2.1132	1.773	0.4768	456	0.8045	187	612.6	— 53.3
1.80	2.2905	1.814	0.5224	420	0.7858	172	592.0	— 58.4
1.90	2.4719	1.855	0.5644	390	0.7686	160	573.1	— 63.1
2.00	2.6574	4.800	0.6034	866	0.7526	335	555.5	— 67.5
2.25	3.1374	5.025	0.6900	739	0.7171	303	516.4	— 77.2
2.50	3.6399	5.236	0.7639	641	0.6868	263	483.0	— 85.5
2.75	4.1635	5.434	0.8280	564	0.6605	231	451.1	— 92.6
3.00	4.7069	5.624	0.8844	502	0.6374	206	428.6	— 98.9
3.25	5.2693	5.804	0.9346	451	0.6160	185	405.9	— 104.6
3.50	5.8497	5.977	0.9797	407	0.5983	167	385.6	— 109.6
3.75	6.4474	6.136	1.0204	368	0.5816	152	367.2	— 114.2
4.00	7.061	1.276	1.0562	764	0.5664	267	350.5	— 118.3
4.50	8.337	1.335	1.1226	566	0.5397	228	321.1	— 125.6
5.00	9.672	1.392	1.1782	484	0.5169	198	296.0	— 131.8
5.50	11.064	1.444	1.2266	424	0.4971	174	274.2	— 137.2
6.00	12.508	1.495	1.2690	378	0.4797	155	255.1	— 142.0

TABLE III

GAZ PERMANENTS

DÉTENTE OU COMPRESSION ADIABATIQUES (Suite)

Rapports des volumes	Rapports inverses des pressions	Diff.	Coefficient du Travail	Diff.	Rapports des températures absolues extrêmes.	Diff.	Températures centigrades	
1	2		3		4		5	6
6.50	14.003	1.495	1.3068	378	0.4642	155	238.9	— 146.3
7.00	15.545	1.542	1.3407	339	0.4503	139	222.7	— 150.0
7.50	17.133	1.588	1.3714	307	0.4377	126	208.8	— 153.5
8.00	18.765	1.632	1.3993	279	0.4263	114	196.3	— 156.6
8.50	20.440	1.675	1.4248	255	0.4158	105	184.7	— 159.4
9.00	22.155	1 715	1.4483	235	0.4062	96	174.4	— 162.1
9.50	23.910	1.755	1.4700	217	0.3973	89	164.4	— 164.5
		1.794		202		83		
10	25.704		1.4902		0.3890		155.2	— 166.8
		3.697		364		149		
11	29.401		1.5266		0.3741		138.8	— 170.8
		3.838		319		131		
12	33.239		1.5585		0.3610		124.4	— 174.4
		3.971		283		116		
13	37.210		1.5868		0.3494		111.6	— 177.6
		4.099		256		105		
14	41.309		1.6124		0.3389		100.1	— 180.4
		4.220		229		94		
15	45.529		1.6353		0.3295		89.7	— 183.0
		4.338		209		86		
16	49.867		1.6562		0.3209		80.3	— 185.3
		4.450		193		79		
17	54.317		1.6755		0.3130		71.5	— 187.5
		4.558		179		73		
18	58.875		1.6934		0.3057		63.5	— 189.5
		4.664		163		67		
19	63.539		1.7097		0.2990		56.1	— 191.3
		4.771		151		62		
20	68.31		1.7248		0.2928		49.3	— 193.0
		9.82		274		112		
22	78.13		1.7522		0.2816		37.0	— 196.1
		10 20		241		99		
24	88.33		1.7763		0.2717		26.1	— 198.8
		10.55		215		88		
26	98.88		1.7978		0.2629		16.4	— 201.2
		10.89		190		78		
28	109.77		1.8168		0.2551		7.8	— 203.3
		11.22		173		71		
30	120.99		1.8341		0.2480		0	— 205.3

Observations sur la table III.

La table III a été calculée au moyen des formules suivantes :

Si v, p, t et T sont le volume, la pression, la température centigrade et la température absolue d'une masse de gaz ;

$m = 1,41$, le rapport des deux chaleurs spécifiques ;

On a, dans le changement de volume adiabatique :

$$p\, v^m = \text{const.} \qquad T\, v^{m-1} = \text{const.} \qquad T = 273 + t.$$

Le fluide occupant successivement :

le volume v_1 et le volume plus grand V auxquels correspondent p_1, t_1, T_1 et, respectivement, p_2, t_2, T_2 ; on a :

$$\frac{p_1}{p_2} = \left(\frac{V}{v_1}\right)^m \qquad , \qquad \frac{T_2}{T_1} = \left(\frac{v_1}{V}\right)^{m-1}$$

Et le travail (développé si la masse passe de v_1 à V, ou absorbé si elle passe de V à v_1) aura pour expression

$$\mathcal{C} = \frac{p_1\, v_1}{m-1}\left[1 - \left(\frac{v_1}{V}\right)^{m-1}\right]$$

La colonne 1 donne les valeurs successives de $\dfrac{V}{v_1}$;

les autres colonnes donnent vis-à-vis chacun de ces nombres les valeurs correspondantes de (col. 2) $\dfrac{p_1}{p_2}$, du coefficient

$$(\text{col. 3})\ \frac{1}{m-1}\left[1 - \left(\frac{v_1}{V}\right)^{m-1}\right] \text{ et de (col. 4) } \frac{T_2}{T_1}.$$

La colonne 5 donne les températures centigrades d'un gaz qui se détend à partir de la température 827°,8 jusqu'à 0° (où il occupe 30 fois son volume initial).

La colonne 6 donne les températures centigrades d'un gaz qui se détend à partir de la température 0°.

Remarques sur le calcul du travail. — 1° Étant donné un volume en litres et une pression en kilogrammes par centimètre carré, le produit des deux nombres multiplié par 10 donne en kilogrammètres le travail correspondant.

2° Le coefficient donné par la col. 3 doit toujours être multiplié *par la pression la plus grande* p_1 et *le volume le plus petit* de ceux correspondant aux deux états successifs considérés.

Exemple de détente. — 100 litres d'air à la pression de 20 k. par centimètre² et à la température de 37° se détendent jusqu'au volume de 750 litres ; on demande la pression et la température à la fin de la détente ainsi que le travail développé.

Le rapport des volumes $\dfrac{V}{v_1} = \dfrac{750}{100} = 7,5$ se trouve col. 1.

Pression. — La pression finale sera $\dfrac{20}{17.133} = 1^k168$ par centimètre².

Travail. — Le travail aura pour valeur :

$$10 \times 20 \times 100 \times 1.3714 = 27.428 \text{ kgmt.}$$

Température finale. — La température absolue initiale sera :

$$37 + 273 = 310.$$

La température absolue finale sera donc $310 \times 0,4377 =$ 135,7
retranchant 273
Température centigrade finale $= -$ 137,3

La température finale peut aussi se calculer au moyen des colonnes 5 et 6.

A la température initiale 37° (col. 5) correspond le rapport des volumes (col. 1) 22.

La détente donnée, dans le rapport de $\frac{7.50}{1}$ peut se remplacer par une détente dans le rapport $\frac{7.50 \times 22}{22}$, se décomposant elle-même en deux détentes successives :

l'une du volume 7.50×22 au vol. 30, rapport $\frac{7.50 \times 22}{30} = 5,5$;

l'autre du volume 30 au vol. 22 ;

cette dernière, en partant de la température initiale 37°, donne pour température finale 0° ; la première donne (col. 6), en partant de la température 0°, une température finale correspondant à 5,5 . . . .— 137° 2.

Telle sera donc la température finale cherchée.

Exemple de compression. — 100 litres d'air à la pression de 3 k. par centim.² et à la température de 37° sont comprimés de manière à n'occuper plus qu'un volume de 25 litres ; on demande la pression et la température finale, ainsi que le travail absorbé.

Le rapport des volumes $\frac{V}{v_1} = \frac{100}{25} = 4$ se trouve (col. 1).

Pression. — La pression finale sera (col. 2) $3 \times 7.061 = 21$ k 183 par centimètre ².

Travail. — Le travail aura pour valeur :
$$10 \times 21.183 \times 25 \times 1.0562 = 5593 \text{ kilogrammètres.}$$

Température finale. — La température absolue initiale étant : $273 + 37 = 310$, la température absolue finale sera

$$\frac{310}{0.5664} = 547,2$$
retranchant. . . . 273

Température centigrade finale. . . . 274° 2

On peut aussi se servir de la col. 5.

A 37° correspond un rapport de vol. $= 22$.

Par une compression dans le rapport de 4 : 1, le volume 22 serait réduit à $\frac{22}{4} = 5,5$, auquel correspond une température de . . . . 274° 2

qui est la température cherchée.

TABLE IV

VAPEUR D'EAU SATURÉE

au-dessous de 100°

Température.	Pressions en kilogram. par centimètre carré.	Diff.	Poids du mètre cube en kilogrammes.	Diff.	Chaleur du liquide.	Chaleur de vaporisation.	Diff.
1	2		3		4	5	
0	0.006		0.005		0.0	606.5	
		3		2			35
5	0.009		0.007		5.0	603.0	
		3		2			35
10	0.012		0.009		10.0	599.5	
		5		4			34
15	0.017		0.013		15.0	596.1	
		7		4			35
20	0.024		0.017		20.0	592.6	
		8		6			35
25	0.032		0.023		25.0	589.1	
		11		7			35
30	0.043		0.030		30.0	585.6	
		14		9			35
35	0.057		0.039		35.0	582.1	
		18		12			35
40	0.075		0.051		40.1	578.6	
		22		14			34
45	0.097		0.065		45.1	575.2	
		28		18			35
50	0.125		0.083		50.1	571.7	
		35		22			35
55	0.160		0.105		55.1	568.2	
		42		26			35
60	0.202		0.131		60.1	564.7	
		52		31			35
65	0.254		0.162		65.2	561.2	
		63		37			36
70	0.317		0.199		70.2	557.6	
		75		44			35
75	0.392		0.243		75.2	554.1	
		90		53			35
80	0.482		0.296		80.3	550.6	
		107		61			35
85	0.589		0.357		85.3	547.1	
		125		71			35
90	0.714		0.428		90.4	543.6	
		148		83			36
95	0.862		0.511		95.4	540.0	
		171		95			35
100	1.033		0.606		100.5	536.5	

Observations sur la table IV.

Les nombres inscrits dans la table IV sont tirés des tables de Zeuner (Théorie mécanique de la chaleur, traduction Cazin et Arnthal, 1869)

Cette table s'applique à la vapeur d'eau saturée entre 0° et 100° centigrades.

On y entre (col. 1) par les températures, croissant de 5 en 5°.

La col. 2 donne les pressions absolues de la vapeur saturée en kilogrammes par centimètre carré.

La col. 3 donne le poids du mètre cube de vapeur saturée en kilogrammes.

La col. 4, intitulée « chaleur du liquide », indique le nombre de calories à fournir à 1 k. d'eau pour porter sa température de 0° à la température indiquée par la col. 1.

Exemple : Pour porter 1 k. d'eau de 0° à 85°, il faut 85,3 calories.

La col. 5, « chaleur de vaporisation », donne la quantité de chaleur à fournir à 1 k. d'eau, à la température indiquée dans la col. 1, pour transformer cette eau en vapeur saturée à la même température.

Exemple : Étant donné 1 k. d'eau à 85°, pour vaporiser cette eau, il faudra lui fournir 547,1 calories.

Par conséquent, pour transformer 1 k. d'eau pris à 0° en vapeur saturée à 85°, il faudra lui fournir :

$$85,3 + 547,1 = 632,4 \text{ calories.}$$

TABLE V

VAPEUR D'EAU SATURÉE AU-DESSUS DE 100°

Pressions en kilogr. par cent.2 1	Températures centigrades 2		Poids du mètre 3 en kilogrammes. 3		Chaleur du liquide 4	Chaleur de vaporisation 5	
		Diff.		Diff.			Diff.
1k00	99.1		0k588		99.6	537.1	
		2.7		55			1.9
1.10	101.8		0.643		102.3	535.2	
		2.5		55			1.7
1.20	104.3		0.698		104.8	533.5	
		2.3		54			1.7
1.30	106.6		0.752		107.2	531.8	
		2.1		54			1.5
1.40	108.7		0.806		109.3	530.3	
		2.0		54			1.4
1.50	110.7		0.860		111.8	528.9	
		2.0		54			1.3
1.60	112.7		0.914		113.3	527.6	
		1.9		54			1.3
1.70	114.6		0.968		115.3	526.2	
		1.7		54			1.3
1.80	116.3		1.022		117.0	524.9	
		1.7		53			1.2
1.90	118.0		1.075		118.8	523.7	
		1.6		53			1.1
2.00	119.6		1.128		120.4	522.6	
		3.7		132			2.6
2.25	123.3		1.260		124.1	520.0	
		3.4		131			2.4
2.50	126.7		1.391		127.6	517.6	
		3.2		131			2.3
2.75	129.9		1.522		130.8	515.3	
		2.9		129			2.1
3.00	132.8		1.651		133.8	513.2	
		2.7		129			2.0
3.25	135.5		1.780		136.6	511.2	
		2.6		128			1.8
3.50	138.1		1.908		139.2	509.4	
		2.4		128			1.8
3.75	140.5		2.036		141.7	507.6	
		2.3		127			1.6
4.00	142.8		2.163		144.0	506.0	
		2.2		127			1.6
4.25	145.0		2.290		146.3	504.4	
		2.1		126			1.6
4.50	147.1		2.416		148.5	502.8	
		2.0		126			1.2
4.75	149.1		2.542		150.4	501.6	
		1.9		125			1.5
5.00	151.0		2.667		152.5	500.1	
		1.9		125			1.4
5.25	152.9		2.792		154.4	498.7	
		1.7		125			1.2

TABLE V

VAPEUR D'EAU SATURÉE AU-DESSUS DE 100° (Suite).

Pressions en kilogr. par cent.²	Températures centigrades.	Diff.	Poids du mètre³ en kilogrammes.	Diff.	Chaleur du liquide.	Chaleur de vaporisation.	Diff.
1	2		3		4	5	
5.50	154.6	1.7	2.917	125	156.2	497.5	1.2
5.75	156.3	1.7	3.041	124	158.0	496.2	1.3
6.00	158.0	1.7	3.165	124	159.7	495.0	1.2
6.25	159.6	1.6	3.289	124	161.3	493.9	1.1
6.50	161.1	1.5	3.412	123	162.8	492.8	1.1
6.75	162.6	1.5	3.535	123	164.3	491.8	1.0
7.00	164.0	1.4	3.658	123	165.8	490.7	1.1
7.25	165.4	1.4	3.780	122	167.2	489.7	1.0
7.50	166.8	1.4	3.902	122	168.7	488.7	1.0
7.75	168.2	1.4	4.024	122	170.2	487.6	1.1
8.00	169.5	1.3	4.146	122	171.5	486.7	9
8.25	170.8	1.3	4.267	121	172.8	485.8	9
8.50	172.0	1.2	4.388	121	174.1	484.9	9
8.75	173.2	1.2	4.509	121	175.4	483.9	1.0
9.00	174.4	1.2	4.630	121	176.7	483.0	9
9.25	175.6	1.2	4.751	121	177.8	482.3	7
9.50	176.7	1.1	4.872	121	179.0	481.4	9
9.75	177.8	1.1	4.992	120	180.1	480.6	8
10	178.9	1.1	5.112	120	181.2	479.9	7
11	183.0	4.1	5.590	478	185.5	476.8	3.1
12	186.9	3.9	6.066	476	189.5	474.0	2.8
13	190.6	3.7	6.540	474	193.3	471.3	2.7
14	194.0	3.4	7.011	471	196.8	468.9	2.4
15	197.2	3.2	7.480	469	200.1	466.6	2.3

Observations sur la table V.

Les nombres inscrits dans la table V sont tirés, par interpolation, des table de Zeuner (*Théorie mécanique de la chaleur*, traduction Cazin et Arnthals, 1869).

Cette table s'applique à la vapeur d'eau saturée au-dessus de 100°.

On y entre (col. 1) par les pressions absolues en kilog. par centim.²

La colonne 2 donne les températures.

La colonne 3, le poids du mètre cube de vapeur saturée.

La colonne 4, (chaleur du liquide) donne le nombre de calories nécessaires pour élever la température de 1 kil. d'eau liquide de 0° à la température indiquée par la col. 2.

Exemple : pour porter 1 kil. d'eau de 0° à la température 145° il faut 146,3 calories.

La colonne 5 (chaleur de vaporisation), donne le nombre de calories nécessaires pour vaporiser 1 kil. d'eau déjà échauffée jusqu'à la température de vaporisation.

Exemple : Étant donné 1 kil.d'eau à la température de 145°, il faudra, pour le vaporiser sous la pression de 4 kil. 25, lui fournir 504,4 calories.

Par conséquent,1 kil. d'eau prise à 0° exigera, pour se vaporiser sous la pression 4 kil. 25, une quantité de chaleur de

$$146,3 + 504,4 = 650,7 \text{ calories.}$$

CHAPITRE V

DU MODE D'ACTION DE LA VAPEUR
DANS LES MACHINES

86. Faible utilisation de la chaleur dans les machines à vapeur.
— Un cheval-vapeur correspond à une consommation de chaleur par
seconde

$$\text{de } \frac{75}{424} = 0,176 \text{ calories.}$$

Une bonne houille développe 8000 calories par kilog. : pour une consommation de 1 kilog. par heure, elle produit par seconde

$$\frac{8000}{3600} = 2,22 \text{ calories}$$

Si toute la chaleur était convertie en travail, ce chiffre correspondrait à

$$\frac{2,22}{0,176} = 12,6 \text{ chevaux vapeur.}$$

Les meilleures machines consommant, au minimum, 1 kilog. par heure et

par cheval, leur rendement calorifique n'est que de $\frac{1}{12,6}$.

Le plus souvent, il descend à $\frac{1}{20}$, $\frac{1}{50}$ ou moins.

87. Comment se disperse la chaleur produite dans le foyer. —
Exemple : Machine à vapeur à détente au 1/6, et condensation, pression
initiale 4^{at} 5 ; pression au condenseur 0^{at} 10 (Zeuner).

D'où température à la chaudière environ 148°.

     —   —   au condenseur   —   46°.

1° Chute de chaleur, de 12 ou 1300° dans le foyer, à 148° dans la chaudière, non utilisée. La machine, supposée parfaite, n'utiliserait qu'une
fraction de la chaleur qui la traverse représentée par le coefficient économique :

$$\eta = \frac{148 - 46}{273 + 148} = 0.24$$

2° Pertes de chaleur dans la transmission du foyer à la chaudière, sous
forme de rayonnement, fumées chaudes, escarbilles, fuites, etc. On peut
admettre que le rapport de la chaleur transmise à la chaleur développée est
de 0.52.

3° Pertes dans la machine même, défectuosités du cycle, pertes de charge rayonnement, résistances passives : le rendement de la machine, comparé à celui d'une machine parfaite, n'est que de 0.50.

Fraction utilisée de la chaleur totale

$$0.24 \times 0.52 \times 0.50 = 0,0624, \text{ soit } \frac{1}{16}$$

correspondant à une consommation d'environ 1 k. 25. C'est encore une excellente machine.

Ces trois coefficients atteignent assez rarement une valeur aussi élevée ; on doit chercher à les augmenter. Perfectionnements importants apportés depuis les premières machines, par l'emploi de la haute pression et des meilleures distributions.

88. Coefficient économique. — Il faut chercher à augmenter l'écart des températures ; avantage des hautes pressions et de la condensation.

Valeurs du coefficient économique pour diverses valeurs de t' (température de la chaudière), la température de l'échappement étant successivement t = 40° (machines à condensation) et t = 100° (machines sans condensation.

Pressions kilog. par cm²	Température de la chaudière t' degré centig.	COEFFICIENT ÉCONOMIQUE	
		t = 40°	t = 100°
1.033	100°	0.16	0
2.371	125	0.21	0.063
4.869	150	0.26	0.12
9.133	175	0.30	0.17
15.892	200	0.34	0.21
»	300	0.45	0.35
»	500	0.60	0.52
»	1000	0.75	0.71
»	2000	0.86	0.83
»	∞	1.00	1.00

Comme abaissement de la température t, pas de progrès depuis Watt.

Comme accroissement de t', progrès importants par l'emploi des hautes pressions. On est limité dans cette direction par la rapide augmentation de la pression de la vapeur d'eau saturée. On a tenté, parfois avec succès, l'emploi de vapeurs surchauffées ; difficultés pratiques. Essais d'autres fluides qui ont échoué jusqu'ici, sauf pour les petits moteurs, où ils ont donné des résultats remarquables (1).

_____

(1) La petite machine à gaz Otto et Langen, dans les forces de 1/2 à 2 chevaux, ne con-

89. Utilisation de la chaleur du foyer. — On n'utilise pas beaucoup mieux le combustible aujourd'hui que du temps de Watt ; quelques progrès dans ces dernières années, dus à une étude attentive des conditions de la combustion et de la transmission de la chaleur (Expériences de la Société Industrielle de Mulhouse, etc.). Nous reviendrons sur ce sujet à propos des chaudières.

90. Rendement de la Machine proprement dite. — Progrès importants au point de vue du fonctionnement de la machine ; amélioration du jeu de la vapeur par la détente et les avances et diminution des résistances passives. Nous allons examiner cette question.

91. Principe de l'indicateur de Watt. — Pour étudier le fonctionnement d'une machine, on se sert de *l'indicateur de Watt*. C'est un petit piston glissant dans un cylindre qui communique avec un des fonds du cylindre de la machine ; le piston est chargé par un ressort dont les flexions sont proportionnelles à la pression dans le cylindre ; il porte un crayon qui indique ses déplacements sur un papier, celui-ci est animé d'un mouvement alternatif perpendiculaire à celui du crayon et proportionnel au mouvement du piston de la machine. La courbe fermée ainsi décrite a donc ses abscisses proportionnelles aux déplacements des pistons, ses ordonnées proportionnelles aux pressions ; elle indique les principales circonstances du jeu de la vapeur ; son aire est *proportionnelle au travail moteur*.

Cette courbe est *un diagramme*.

92. Diagramme d'une machine à vapeur. — Le diagramme d'une machine à vapeur se compose donc (fig. 9), comme il suit :

AB Admission à pression constante,

BE Courbe de détente,

EE' Échappement,

E'D Retour du piston contre la pression du condenseur,

DA Accroissement de la pression au commencement de l'admission.

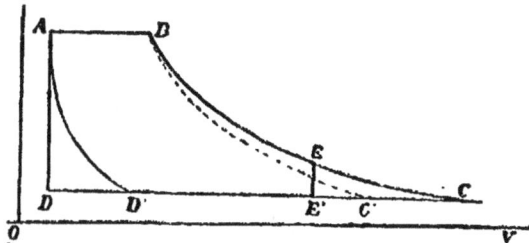

Fig. 9.

Il diffère du cycle d'une molécule d'eau par la partie ECE', car une molécule prise, par exemple dans le condenseur (D) est refoulée dans la chaudière (DA), elle se vaporise (A B), se détend jusqu'à la pression du condenseur (BC) pour se liquéfier ensuite sous cette pression (CD). — Ce cycle diffère

somme par heure et par cheval qu'un mètre cube de gaz, correspondant comme chaleur développée à 0 k. 700 de houille ; malgré des transmissions et un cycle fort défectueux, elle est, au point de vue de l'utilisation de la chaleur, supérieure aux machines à vapeur les plus puissantes et les plus perfectionnées.

4

lui-même du cycle de Carnot, qui comporte, au lieu de la verticale DA et de la courbe de détente BC, deux adiabatiques A D', BC'.

93. Avantages des hautes pressions et de la condensation. — Les trois éléments essentiels du diagramme sont : pression à la chaudière, pression à l'échappement, degré de détente.

Soit (fig. 10) ABEE'D le diagramme d'une machine *sans condensation* ; E'e est la pression à l'échappement, pression de l'atmosphère.

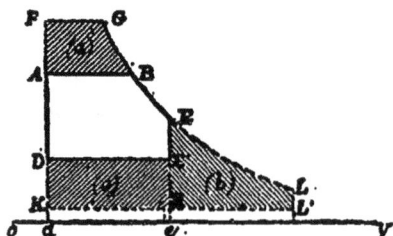

Fig. 10.

(a) Travail gagné par l'augmentation de pression.

(c) Travail gagné par la condensation

(b) Travail gagné par le prolongement de la détente rendu possible par la condensation.

Si on ajoute un condenseur, la pression à l'échappement devient He et on gagne, comme travail, l'aire E'HKD, sans dépenser (théoriquement) plus de vapeur.

Si l'on augmente la pression de A F, on gagne comme travail l'aire AFGB obtenue en prolongeant, suivant BG, la courbe de détente.

La dépense de vapeur est la même, puisque en AB le volume est le même ainsi que la pression et, par suite, le poids spécifique de la vapeur saturée.

Ces deux moyens améliorent le coefficient économique.

On n'est limité, dans l'emploi de la condensation, que par la difficulté de se procurer de l'eau froide et, dans certains cas, par le poids des appareils.

On est limité du côté de la pression par des conditions pratiques de résistance et de construction facile.

Les hautes pressions sont moins utiles quand il y a condensation et réciproquement.

94. De la détente. — Les détentes prolongées constituent un des perfectionnements les plus importants des machines modernes. Nous avons vu que, théoriquement, la détente donne un bénéfice net de travail obtenu sans dépense de vapeur. Il semble donc avantageux de prolonger indéfiniment la détente ; il y a une première limite, c'est le point où le travail moteur élémentaire devient plus petit que les travaux élémentaires de la pression dans le condenseur et des résistances passives. On se tient même beaucoup en deçà, comme nous le verrons plus tard.

La détente peut être poussée plus loin lorsque la pression à la chaudière s'élève (F G, fig. 10, est plus petit que A B), et lorsqu'on fait usage de la condensation (travail gagné E L L' H).

95. Des diverses causes de pertes. — Etranglements. — Pertes de charge. — Pour passer de la chaudière au cylindre, lors de l'admission, et du cylindre au condenseur, lors de l'échappement, la vapeur subit des pertes de pression dues aux frottements, aux coudes, mais surtout aux grandes vitesses qu'elle prend dans l'*étranglement* dû aux lumières. Si δ est le poids spécifique de la vapeur dans ce passage, v sa vitesse, la perte de charge h aura pour mesure :

$$h = \delta \, \frac{v^2}{2g}$$

Elle est donc proportionnelle au carré de v, qui dépend lui-même de la section et de la vitesse du piston, ainsi que de la dimension des lumières. Le diagramme réel est donc au-dessous du diagramme théorique A B E (fig. 11) pendant l'admission et la détente, et au-dessus pendant l'échappement.

De plus, les orifices ne se démasquant que progressivement, les angles du diagramme sont tous arrondis.

Le diagramme théorique A B E C D est donc remplacé par le diagramme A' B' E' D' qui lui est inscrit, et la différence entre les aires de ces deux figures représente le travail perdu par le *laminage* de la vapeur.

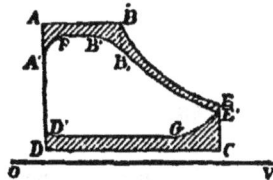

Fig. 11.

La perte de travail pendant l'admission et la détente est, en partie, compensée par une diminution de la consommation de vapeur, la vapeur saturée en B', au moment de la fermeture de l'admission ayant une plus faible pression, et par conséquent, une moindre densité qu'en B. La perte de travail à l'échappement est, au contraire, sans compensation.

L'échappement se fait en deux périodes : la première E'G, dans laquelle la pression baisse brusquement ; la deuxième G D', dans laquelle le piston pousse dans le condenseur ce qui reste de vapeur.

L'influence des pertes de charge croît avec la vitesse du piston et un peu avec la pression ; elle est plus grande avec la vapeur humide qu'avec la vapeur sèche ; elle croît rapidement quand les lumières sont trop étroites ou ne sont ouvertes qu'incomplètement, surtout à l'échappement. Ces pertes sont quelquefois considérables.

96. Pertes de chaleur. — Les pertes de chaleur dues au *rayonnement* sont très faibles dans les machines bien enveloppées. Si les conduites sont longues et mal couvertes, elles donnent lieu à des *condensations* importantes.

Les machines bien faites et bien entretenues ne donnent pas lieu à des *fuites* notables.

97. Espaces nuisibles. — Soit A A' (fig. 12) le volume des *espaces nuisibles*. Le travail pendant la pleine pression A B ne sera pas modifié ; mais la courbe de détente sera relevée de B E' en B E ; travail perdu

A D D' A' ; travail gagné B E E' ; il y a compensation partielle, et d'autant plus complète que la détente est plus prolongée.

98. Avances dans la distribution. — On corrige en partie les inconvénients des étranglements et des espaces nuisibles en donnant de l'*avance* aux différentes phases de la distribution.

L'échappement (fig. 13) commençant en F au lieu de C, la pression tombe

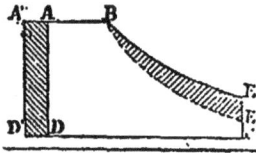

Fig. 12.

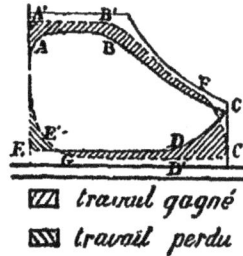

▨ *travail gagné*
▧ *travail perdu*

Fig. 13.

rapidement en C', et se maintient, pendant le retour du piston, en C' D' au-dessous de C D E.

L'admission commençant un peu avant le départ du piston, les espaces nuisibles se trouvent remplis dès le commencement de la course et la pression se maintient pendant l'admission et la détente en A' B' F, au-dessus de A B C.

L'échappement se fermant en G avant la fin de la course rétrograde, la vapeur est comprimée derrière le piston, et les espaces nuisibles sont remplis de vapeur à plus haute pression, ce qui diminue d'autant la dépense de vapeur à faire pour les remplir : il y a, il est vrai, travail consommé par cette compression, mais il est, en grande partie, restitué pendant la détente. En outre, les avances, convenablement réglées, permettent d'atténuer les chocs aux extrémités de la course, et de corriger, en partie, les effets de la dilatation et du jeu que prennent les organes de transmission du mouvement au tiroir.

Les avances à l'admission et à l'échappement doivent être plus grandes quand les lumières sont petites, les mouvements de la machine rapides, les espaces nuisibles importants.

L'avance à l'échappement est plus grande que celle à l'admission.

L'avance à la fermeture de l'échappement est plus grande dans les machines à condensation que dans celles sans condensation. Elle croît avec les espaces nuisibles ; elle ne doit jamais être assez forte pour que la pression dans les espaces nuisibles dépasse celle de la chaudière.

99. Poids de vapeur par coup de piston. — Jusqu'ici, nous avons admis implicitement que la vapeur se comporte à peu près comme un gaz permanent. Dans cette hypothèse, le poids dépensé par coup de piston est égal au produit du volume à l'admission par le poids spécifique de la vapeur saturée (plus les espaces nuisibles en totalité ou en partie, et l'eau en poussière).

Cette méthode de calcul, longtemps employée, donne toujours une consommation trop faible.

Exemples (Hirn) (1) : Résultats d'expériences très soignées faites par M. Hirn avec le concours de MM. Leloutre et Hallauer sur des machines de grande puissance sans enveloppe de vapeur et à condensation.

	1re MACHINE	2e MACHINE
Diamètre du cylindre	0m 51	0m 605
Course du piston...............	1m 06	1m 702
Nombre de tours par minute	55	60
Pression absolue à l'admission ...	5k155 par cent.²	3k78 par cent.²
Dépenses de vapeur par coup de piston :		
D'après les jaugeages directs.....	112gr	373gr
A défalquer : eau vésiculaire.......	5gr (4.5 %)	4gr (1 %)
Vapeur réelle	107gr	369gr
Vapeur calculée d'après la densité.	42gr	257gr
Ecart.................	65gr	112gr
Erreur sur l'évaluation théorique.	155 %	43 %

Ainsi donc, là où le calcul théorique donne 1 k. de vapeur consommée, la consommation réelle est de 2 k. 55 dans le cas de la première machine et de 1 k. 43 dans le cas de la seconde. L'écart entre la consommation théorique et la consommation réelle était connu depuis longtemps des praticiens. On l'attribuait aux fuites ou à la présence d'eau vésiculaire.

100. Influence des parois et de l'eau liquide. — L'explication est toute simple, si l'on tient compte de l'influence des parois et de l'eau qui ruisselle à leur surface, ainsi que du principe de la paroi froide.

Soit un récipient renfermant de l'eau liquide et mis alternativement en

(1) Les considérations qui suivent sont tirées en grande partie de l'*Exposition analytique et expérimentale* de G.-A. Hirn (Gauthier-Villars, 1876), 2e vol.

Dans cet ouvrage, on trouve exposée, pour la première fois, une théorie de la machine à vapeur, fondée sur des expériences précises et détaillées. — M. Hirn cite avec éloge un mémoire de M. d'Hautuille qui a paru dans le premier *Bulletin de la société industrielle de Marseille* et dans lequel l'auteur a défini très clairement le rôle que joue l'eau mêlée à la vapeur, au moment de la condensation.

communication avec une chaudière et avec un condenseur ; supposons d'abord les parois imperméables à la chaleur. La communication étant établie avec la chaudière, de la vapeur se condensera dans l'eau du récipient, jusqu'à ce que celle-ci ait acquis la température de la chaudière. Si alors on établit la communication avec le condenseur, l'eau, devenue chaude, distille dans le condenseur, jusqu'à ce que la température de l'eau qui reste devienne égale à celle du condenseur. Les choses continueront ainsi et à chaque opération analogue, il passera de la chaudière au condenseur une certaine quantité de vapeur, d'autant plus importante qu'il y a plus d'eau dans le récipient (1).

Ces phénomènes se produisent avec une extrême rapidité. Les parois participeront sur une petite épaisseur, à ces échanges de chaleur. Leur influence sur les résultats de chaque opération n'est pas très considérable, elle est d'autant plus faible que les opérations se succèdent plus rapidement ; toutefois, si les parois laissent perdre de la chaleur, même en petite quantité, le résultat final sera une accumulation progressive d'eau dans le récipient (voir la note) ; si, au contraire, elles sont réchauffées même légèrement par l'extérieur la quantité d'eau contenue dans le récipient ira en décroissant indéfiniment.

Les considérations ci-dessus expliquent complètement l'excédent de dépense de vapeur précédemment constaté.

101. Différentes manières d'être de l'eau liquide.— L'eau liquide peut se présenter sous trois formes :

1° *A l'état de poussière ou de nuage* : elle existe sous cette forme, en quantité variable, dans la vapeur prise dans la chaudière, et a pour effet d'augmenter un peu le travail et de réduire légèrement le rendement ; elle se produit naturellement au sein de la vapeur par l'effet même de la détente et de l'échappement. Elle est entraînée dans tous les mouvements de la vapeur.

2° *A l'état de rosée ou de gouttelettes* adhérant aux parois du cylindre ; une petite quantité de cette rosée suffit pour amener de grandes condensations à l'admission.

---

(1) En réalité, la quantité d'eau emmagasinée dans le récipient diminue un peu à chaque opération : chaque gramme de vapeur envoyé au condenseur emporte avec lui sa chaleur de vaporisation : chaque gramme de vapeur envoyé de la chaudière au récipient lui cède, non seulement sa chaleur de vaporisation (ce qui donnerait l'eau résultant de la condensation à la température de la chaudière), mais encore la chaleur due à l'écart entre la température de la chaudière et celle de l'eau du récipient ; pour compenser la différence, il faut qu'il y ait plus d'eau envoyée au condenseur que d'eau empruntée à la chaudière. L'écart est très faible : prenons la chaudière à 150°, le condenseur à 40°, il serait de 5 0/0 de l'eau contenu dans le récipient, pour peu qu'il y ait refroidissement intérieur, il y a accumulation progressive et indéfinie d'eau dans le récipient : elle diminuerait, au contraire, s'il y avait réchauffement à travers les parois.

Exemple : machine calculée par Zeuner ;

Piston { diam. . . . . 0^{m}55
{ course 1.06

Pressions { à la chaudière. . . 4^{at}5
{ au condenseur. . . 0^{at}1

Détente au 1/6, d'où, volume à l'admission. . . . 49 litres

Espaces nuisibles évalués. 15   »

Volume offert à la vapeur . . . . 64 litres

Une couche de rosée de 1/2 millimètre d'épaisseur moyenne suffirait pour condenser à l'admission 35 litres de vapeur.

Dès les premiers coups de piston, il y a condensation, sous forme de rosée, sur les parois, naturellement froides, ou précédemment refroidies par le contact de la vapeur détendue ; cette rosée joue le même rôle que l'eau du récipient du paragraphe précédent.

3° Si par suite des circonstances étudiées plus haut, la rosée vient à s'accroître, l'eau finit par se réunir en *masses* dans les points bas du cylindre ; les résultats, au point de vue du rendement, sont désastreux ; de plus, ce liquide incompressible peut donner lieu à des *coups d'eau* et causer la rupture du cylindre ou d'autres organes. On pare aux *coups d'eau* par des *soupapes de sûreté* sur les cylindres et divers systèmes de purgeurs placés aux points bas (robinets de purge, purge automatique par l'échappement, tiroirs de purge, etc.).

102. Effets de la présence de l'eau dans le cylindre. — La présence, dans le cylindre, d'eau à l'état de rosée ou en masses a deux effets principaux.

En premier lieu, la dépense de vapeur se trouve augmentée, ainsi qu'on l'a vu ci-dessus.

En second lieu, une partie de cette eau se réduit en vapeur pendant la détente : la courbe de détente se trouve donc plus élevée que si les parois restaient sèches et, par conséquent, le travail est augmenté.

Analogie avec les effets des espaces nuisibles.

103. De la courbe de détente. — La condensation à l'admission est plus intense dans les machines à condensation ; elle croît dans une certaine mesure avec la pression. Lorsque la détente est très prolongée et, par conséquent, l'admission faible, la surface condensante à l'admission est grande relativement au volume de vapeur, et la condensation augmente. Elle est généralement plus faible dans les machines à grande vitesse, parce qu'une épaisseur moindre des parois intervient, à chaque révolution, comme masse condensante ; en outre, une partie de l'eau liquide est entraînée mécaniquement par les courants rapides de vapeur.

Influences de la conductibilité et de l'épaisseur des parois, de la nature du revêtement extérieur, etc.

Pendant la détente, à mesure que le piston s'avance, il découvre de nouvelles parois froides et humides, et il se produit une distillation partielle dans le cylindre même, laquelle tend à abaisser la courbe des pressions ; celle-ci est donc fonction à la fois de la quantité d'eau liquide et des diverses circonstances qui peuvent influer sur les condensations intérieures.

Ces circonstances sont trop variées pour être accessibles au calcul.

Les praticiens ont l'habitude de calculer la courbe de détente en admettant que les pressions p sont en raison inverse des volumes occupés (*Loi de Mariotte*).

Formule de la pratique : p v = const.

La plupart des auteurs qui ont tenté d'appliquer la théorie mécanique de la chaleur admettent que la détente est adiabatique ; dans cette hypothèse, les pressions sont données par la formule de Zeuner ;

$$p \, v^m = \text{const} = p_1 v_1^m$$

$m = 1,035 + 0,1 \, x_1$ (x_1, poids de vapeur par kilogramme de mélange d'eau et de vapeur à l'origine de la détente ; v_1 volume et p_1 pression à l'admission).

Cette formule donne une courbe de détente plus basse que celle résultant de la loi de Mariotte. Les courbes relevées à l'indicateur sont, sauf cas tout à fait exceptionnels, toujours au-dessus de celle de la loi de Mariotte. Les circonstances qui tendent à relever la courbe de détente sont celles qui favorisent la condensation pendant l'admission et atténuent la distillation pendant la détente. En adoptant la loi de Mariotte, on est sûr d'évaluer le travail un peu trop bas, ce qui n'offre généralement pas d'inconvénient dans la pratique.

104. Enveloppes de vapeur.— Watt disposait autour de ses cylindres une enveloppe, et faisait circuler entre cette enveloppe et les parois extérieures du cylindre la vapeur de la chaudière. L'enveloppe était elle-même entourée de corps isolants.

Cette disposition a été fort discutée. On a dit que la surface rayonnante est plus grande que lorsque le cylindre est simplement protégé par une couche non conductrice :

L'efficacité de l'enveloppe a été mise hors de doute par des expériences précises.

Exemple : Expériences de M. Hirn sur deux machines identiques comme dimensions et dispositions, l'une avec enveloppe de Watt, l'autre sans enveloppe de vapeur :

Dimensions des deux machines :

Piston { diamètre.... .... 0 m 51
       { course....... ...... 1 06

Nombre de tours.............. 55

	Machine sans enveloppe	Machine avec enveloppe
ADMISSION :		
Pression à l'admission	5^{k}155 par cent.^{2}	5^{k}22 par cent.^{2}
Volume à l'admission	16 litres	24 litres
Dépense de vapeur par coup de piston	112^{gr}	125^{gr}
Condensation à l'admission . . .	65^{gr} (60 %)	56^{gr} (46 %)
Poids de vapeur condensée dans l'enveloppe	»	5^{gr}
Poids de vapeur par litre à l'admission	7^{gr}00	5^{gr}02
DÉTENTE :		
Pression finale	0^{k}501 par cent.^{2}	0^{k}802
Travail de la détente.	2.417 kilgmt.	3.317 kilgmt.
RÉSULTATS GÉNÉRAUX :		
Consommation de vapeur par heure et par force de cheval	10^{k}573	8^{k}067

L'enveloppe de vapeur agit de deux manières :

1º En déterminant un flux de la chaleur (*peu important*) du dehors en dedans à travers l'enveloppe, elle tend à réduire indéfiniment la quantité de rosée adhérente aux parois et, par conséquent, à diminuer la dépense à l'admission. Cet effet ne se produit, d'ailleurs, que sur les fonds et le pourtour du cylindre, mais non sur les faces du piston.

2º Elle atténue les distillations intérieures pendant la détente, et par conséquent elle soutient la courbe des pressions et accroît le travail.

Ce dernier effet est augmenté quand le diamètre est petit par rapport à la course.

L'influence des enveloppes de vapeur est plus grande dans les machines à condensation, à grande détente, à vitesse modérée.

Les enveloppes ne sont pas employées dans les locomotives.

L'enveloppe de vapeur doit toujours être munie de purgeurs évacuant au condenseur. Quand la chaudière est placée plus bas que la machine, le retour dans la chaudière de l'eau condensée dans l'enveloppe peut se faire par un simple tuyau.

105. Vapeur surchauffée. — Si, avant d'introduire la vapeur dans la machine, on la fait circuler dans des tuyaux chauffés par les fumées chaudes, elle se surchauffe.

La vapeur fortement surchauffée agirait à peu près comme un gaz permanent. Mais l'emploi en est impossible avec les méthodes de construction actuelle ; les garnitures seraient brûlées et les graisses détruites.

Avec une surchauffe modérée (80 ou 100°), il y a condensation à l'admission et les organes se maintiennent en bon état. Dans ces conditions, la surchauffe remplace avantageusement l'enveloppe de vapeur : elle réchauffe les faces du piston aussi bien que les fonds du cylindre.

Exemple : Mémoire de M. Hallauer présenté à la Société Industrielle de Mulhouse en 1877 :

Machine sans enveloppe de vapeur, de 140 chevaux environ à l'indicateur, introduction 1/4 — nombre de tours par minute 30. La chaudière fournissait à volonté de la vapeur saturée ou surchauffée.

	Vapeur saturée	Vapeur surchauffée à 231°
Pression à la chaudière	4^k63 par cent.²	4^k89
Température correspondante . .	148° 20	150°15 (surch.=81°85)
Travail par coup de piston	10030 kgmt.	10765 kgmt.
Consommation de vapeur par coup de piston.	$373^{gr}2$	$306^{gr}5$
Proportion d'eau condensée à l'admission	30.4 %	6.5 p. %
Poids de vapeur consommée par heure par cheval	10 kil.	7^k66

Pour surchauffer la vapeur par les gaz de la fumée, il faut de grandes surfaces bien nettoyées. La conduite des appareils est délicate ; trop de chaleur dans les gaz ou un courant de vapeur trop faible amènent une surchauffe exagérée.

106. Détente dans deux ou plusieurs cylindres. — On peut, après avoir fait agir la vapeur à pleine pression et avec une détente modérée, produire l'échappement, non dans le condenseur ou l'atmosphère, mais dans un 2ᵉ cylindre plus grand que le premier, où elle achève de se détendre avant l'échappement définitif.

Tel est le principe du système *Woolf* ou *Compound* (1).

_____

(1) En 1804, date de la patente de Woolf, on ne connaissait guère que la distribution de Watt, sans détente. Woolf pensait utiliser une seconde fois dans un grand cylindre la vapeur ayant agi dans un premier cylindre plus petit, en se servant de la distribution ordinaire.

Le même but sembla atteint plus simplement dès que l'on eut imaginé des organes de distribution permettant de réaliser de grandes détentes dans un seul cylindre, à une époque où le fait de la condensation à l'admission n'était pas connu.

Néanmoins, en 1860, M. Normand fils, constructeur au Havre, transforma avec succès une machine ordinaire en machine Woolf sur le bateau à vapeur *Le Furet*. Ces essais furent poursuivis en Angleterre, et donnèrent les meilleurs résultats. Les machines à cylindres multiples nous sont revenues de l'Angleterre avec le nom nouveau de Com-

Importance considérable de ce système, spécialement au point de vue de la navigation maritime. Malgré les sujétions multiples auxquelles elles sont soumises, les machines marines sont aujourd'hui les plus économiques comme consommation de vapeur.

107. Système Woolf. — Soit deux cylindres, l'un plus petit a, l'autre plus grand A (fig. 14) réunis par deux tuyaux croisés $m\,n$, $n\,m$, qui font communiquer a et A', a' et A.

Les tiges des deux pistons sont réunies par une traverse qui les rend solidaires. L'admission se fait par les deux lumières b, c du petit cylindre ; l'échappement par les deux lumières d, e du grand. Les pistons étant au bas de leur course, on ferme n, n, e et b ; on

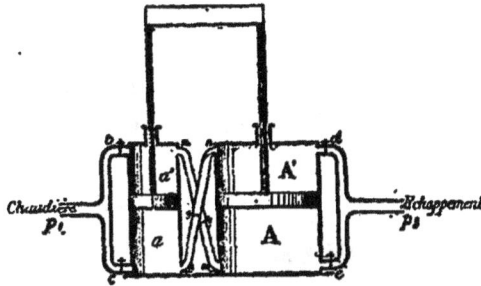

Fig. 14.

ouvre c, $m\,m$ et d. La vapeur agit en a à pleine pression d'abord, puis par détente, une fois c fermé.

Les deux pistons étant arrivés au haut de leur course, fermons m, m et d, ouvrons b, n, n et e. Les deux pistons redescendront, et la vapeur placée en a, se répandant en A', occupera un volume plus grand ; il y aura donc détente.

Soit une molécule de vapeur prise à la pression p_1 de la chaudière sous le volume v_1 : elle agit d'abord à pleine pression dans le petit cylindre en donnant un travail. . . . . $p_1\,v_1$.

Elle se détend ensuite, partie dans le petit, partie dans le grand cylindre jusqu'au volume v_2 et à la pression p_2 ; travail correspondant. . $\int_{v_1}^{v_2} pdv$

enfin elle est refoulée contre la pression p_3 du condenseur en absorbant le travail. . . . . $\underline{\quad p_3\;v_2\quad}$

$$\text{Travail total} \quad \mathfrak{C} = p_1\,v_1 - p_3\,v_2 + \int_{v_1}^{v_2} pdv$$

Si nous admettons la loi de Mariotte, l'on aura :

$$\mathfrak{C} = p_1\,v_1 - p_3\,v_2 + p_1\,v_1 \log.\ \text{nép.}\ \frac{v_2}{v_1}$$

Cette expression est la même que dans le cas de la détente dans un seul cylindre.

pound et sont appliquées aujourd'hui dans toutes les marines et sur la plus vaste échelle.
  Voir un très bon historique de ces essais dans la brochure : *Etude sur les nouvelles machines à vapeur marines*, par A. Mallet (Arthus-Bertrand, 1873).

Cette conséquence est générale si l'on suppose qu'il existe une relation définie $v = \varphi (p)$ entre le volume et la pression pendant la détente.

Dans cette hypothèse, longtemps admise, l'avantage du système ne saurait s'expliquer ; car à un volume initial v de vapeur, se détendant jusqu'à v_2, correspond une quantité de travail dépendant uniquement de φ.

Mais il faut remarquer que le petit cylindre n'est jamais en communication avec le condenseur ; le refroidissement considérable résultant de ce fait est donc beaucoup atténué, et la dépense de vapeur réduite en conséquence.

L'influence de l'enveloppe de vapeur sur le grand cylindre est ici plus marquée, parce que l'écart entre la température moyenne de ce cylindre et celle de la vapeur de l'enveloppe est plus grand ; il y a condensation notable dans l'enveloppe : la pression est donc plus soutenue dans le grand cylindre.

Exemple : machine système Woolf :

$$\text{Volume du petit cylindre} \quad \ldots \ldots \ldots \quad 179 \text{ l.}$$
$$\text{— du grand —} \quad \ldots \ldots \ldots \quad 789 \text{ l.}$$
$$\text{Rapport, environ.} \ldots \quad 1/4,5$$

Admission à pleine pression pendant toute la course du petit piston. Nombre de tours, 46 par minute. Cette machine pouvait marcher à volonté avec enveloppe ou sans enveloppe de vapeur (*Hirn*).

	Sans enveloppe	Avec enveloppe
Consommation par coup de piston . .	436 gr.	412gr. dans le cylindre 45gr. condensés dans l'enveloppe. 457gr.
Condensation à l'admission dans le cylindre	26 gr.	5 gr.
Pression initiale	3^k875 par cent.²	3^k875 par cent.²
Pression finale.	0. 71 »	0. 84 »
Travail à pleine pression	6637 kgmt.	6637 kgmt.
» de la détente	3683 »	6080 »
Travail total.	10320 kgmt.	12717 kgmt.
Consommation de vapeur par heure et par force de cheval	11^k41	0^k68

On remarquera que, dans les deux cas, mais surtout dans le second, la condensation à l'admission est faible ; la courbe des pressions est bien plus soutenue avec l'enveloppe.

Autre avantage du système Woolf : le travail y est plus régulier.

Soit (fig. 10) 4 k. la pression initiale, 1 la surface du petit piston, 4 celle du grand ; négligeons la contre-pression du condenseur et les espaces nuisibles et admettons la loi de Mariotte. Calculons les pressions totales d'abord quand l'admission a lieu, les pistons étant au bas de leur course, puis lorsqu'ils sont vers la fin de leur course, *en supposant que le petit piston travaille sans détente* :

	Pistons bas			Pistons hauts		
	Pressions	Sections	Pressions totales	Pressions	Sections	Pressions totales
Sous le petit piston	$4 \times 1 =$		4	$4 \times 1 =$		4
Sur id.	$4 \times 1 =$		-4	$1 \times 1 =$		-1
Sous le grand piston	$4 \times 4 =$		16	$1 \times 4 =$		4
Sur id.	$0 \times 4 =$		0	$0 \times 4 =$		0
			16			7

Le rapport des pressions totales extrèmes est de 7 à 16 ; dans le cas du grand cylindre fonctionnant seul à la détente 1/4, ce rapport serait de 1 à 4, ou de 7 à 28.

108. Dispositions diverses du système Woolf. — Le système de détente dans plusieurs cylindres peut revêtir des dispositions très diverses : les deux pistons attelés sur une même traverse (*voir ci-dessus*) ou reliés à un même balancier, ou fixés à la suite l'un de l'autre sur une même tige, ou attelés sur deux manivelles de l'arbre de couche, calées à 180°, etc. La détente peut se faire tout entière dans le grand cylindre, ou commencer dans le petit etc.

On réserve souvent le nom de système *Woolf* aux machines dans lesquelles les deux pistons arrivent en même temps à fond de course (points morts opposés aux points morts concordants). Dans ce système, les deux cylindres sont réunis par des conduites de petit volume (*pour diminuer les espaces nuisibles*) et le petit piston est soumis successivement à la pression à la chaudière et à la pression de la vapeur à fin de détente.

109. Système Compound. — On peut aussi atteler les deux pistons sur deux manivelles dont l'angle de calage est quelconque, de telle sorte qu'ils n'arrivent pas simultanément à fin de course (points morts discordants) ; il y a alors entre les deux cylindres un réservoir intermédiaire, dans lequel se fait l'échappement du petit cylindre et la prise de vapeur du grand cylindre.

On donne préférablement à cette disposition le nom de *Compound* ou *Machines combinées*.

Dans ce système, le petit cylindre passe successivement de la pression de la chaudière à celle du réservoir intermédiaire ; il est donc moins refroidi que dans le système Woolf.

Le système Compound se prête aux combinaisons les plus variées ; il est fort employé dans la marine sous forme de grandes machines à trois cylindres, un admetteur et deux détendeurs (*Dupuy de Lôme*), permettant une équilibration parfaite des moments de rotation autour de l'arbre de couche et la suppression des points morts. Locomotives Compound de M. Mallet, etc...

110. Propriétés particulières. — En outre de leurs deux propriétés essentielles : économie, régularité, les machines Woolf ou Compound présentent des avantages pratiques : les fuites sont moindres, la chute de pression entre la chaudière et le condenseur étant partagée en deux étages. On peut, dans des cas pressants, décombiner les deux cylindres, par de simples modifications de la tuyauterie, et les faire agir séparément, ce qui permet, soit de faire, sans arrêter, les réparations urgentes, soit d'accroître beaucoup la puissance de l'appareil.

CHAPITRE VI

RÈGLES PRATIQUES POUR LE CALCUL DES MACHINES A VAPEUR

On trouvera résumées, dans ce chapitre, les règles simples appliquées par les constructeurs pour l'établissement des dimensions principales des machines à vapeur.

111. Définitions diverses. — On appelle *une atmosphère* la pression d'une colonne de mercure de 0 m. 76 de hauteur, équivalente à la pression moyenne de l'air atmosphérique.

Une atmosphère représente une pression de 1 k. 0333 par centimètre². Dans les calculs approximatifs, on prend souvent, pour une atmosphère, une pression de 1 k. par centimètre ².

Timbre des chaudières. — Prescrit par les ordonnances de police ; c'est la pression qui ne doit pas être dépassée ; elle est comptée en kilog. par centimètre², défalcation faite de la pression atmosphérique (1 k. 0333). Dans une chaudière timbrée à 4 k. la pression intérieure peut atteindre 4 k. + 1 k. 0333 = 5 k. 033 par centimètre².

La pression ainsi calculée s'appelle *pression effective*, par opposition aux pressions absolues, comptées sans défalcation aucune.

Mesures anglaises. — Un kilogramme par centimètre carré correspond à 14,70 livres par pouce carré (mesures anglaises). Les pressions données en livres anglaises sont toujours des pressions effectives.

112. Puissance des moteurs. — La puissance en chevaux d'un moteur est le nombre de chevaux-vapeur de 75 kilogrammètres par seconde, qu'il développe à son allure normale (1).

On dit quelquefois : force en chevaux ; inconvénients de cette dénomination ; il vaut mieux dire : *puissance en chevaux.*

La puissance d'un appareil n'est déterminée que s'il s'agit d'une allure déterminée comme vitesse, pression et détente.

(1) Calcul rapide du nombre de chevaux :
K Nombre de kilogrammètres par seconde.
F Force en chevaux :

$$F = \frac{K}{75} = \frac{K}{100} \times \frac{4}{3}$$

Exemple :
1000 kgmt. par seconde correspondent à 10 × 1,333 = 13,33 chevaux.

En modifiant l'un et l'autre de ces éléments, on modifie le travail développé par seconde dans des limites extrêmement larges. Elasticité remarquable des moteurs à vapeur.

Exemple : Une locomotive développe une puissance qui varie de 3 ou 400 chevaux à 0 k. et qui même devient négative quand on emploie la contre-vapeur. Les bons constructeurs livrent à l'industrie des machines pouvant, à une allure modérée et dans des conditions économiques, développer un travail un peu supérieur à celui strictement nécessaire, de manière à suffire aux besoins imprévus ; l'allure effective peut s'écarter notablement de cette allure moyenne sans que le rendement soit sensiblement affecté.

Quand la puissance développée varie, l'appareil vaporisateur doit répondre à la variation dans la consommation de vapeur.

Puissance indiquée. — Puissance résultant de la vitesse de la machine et du travail des pressions sur les pistons, mesuré au moyen de l'indicateur.

Puissance effective. — Puissance mesurée sur l'arbre de couche ; elle est égale à la puissance indiquée diminuée des résistances passives.

Puissance nominale. — Ancienne dénomination appliquée aux machines marines ; son expression est :

$$\frac{D^2\,L\,N}{0.59}$$

D diamètre, L course du piston, N nombre de tours par minute ; c'est la formule du gouvernement (1).

113. Calcul du travail. — Le calcul d'un appareil à vapeur (2)

(1) Les anciennes machines de Watt, dans l'allure à toute puissance, fonctionnaient dans les conditions suivantes :

Pression absolue aux chaudières   1 et 2
Admission (valve en partie fermée)   0, 87 de la course.

En tenant compte des pertes de charge, de la contrepression et des résistances passives transformées en pression, on trouve que la pression moyenne corrigée est d'environ 0 k. 49 par centimètre2 ou 4900 k. par mètre2, la puissance de l'appareil a donc pour mesure le volume dépensé multiplié par cette pression moyenne et divisé par 75 :

$$\frac{2.\ \frac{\pi D^2}{4}\ L\,N \times 4900}{60 \times 75} = \frac{D^2\,L\,N}{0.59}$$

Les appareils récents fonctionnant à des pressions plus élevées, la puissance ainsi calculée est trop faible : on a été ainsi amené à prendre des chevaux nominaux de 100, 150, 200 et jusqu'à 600 kgmt. par seconde. Aujourd'hui l'expression de puissance nominale est à peu près tombée en désuétude.

(2) Calcul rapide du nombre de kilogrammètres résultant des produits d'une pression en kilog. par centim.2 par un volume en litres : un piston de 1 décim.2 de section se déplaçant de 1 décim. sous une pression de 1 k. par centim.2 développe 10 kilogrammètres et engendre un volume d'un litre ; d'où la règle suivante :

Multipliez par 10 le produit de la pression exprimée en kilogr. par centim.2, par le volume exprimé en litres. Exemple : Un piston de 0 m. 50 de diamètre (section 19 décim.2, 63) ayant une course de 0 m. 90 (9 décim.) sous une pression moyenne de 4 k. par centim.2 développera 10 × 19,63 × 9 × 4 = 7067 kilogrammètres.

devant marcher à une allure donnée comporte : d'une part la détermination de la puissance, d'autre part, la détermination de la dépense de vapeur.

Pour le calcul de la puissance, on négligera d'abord les pertes de charge, les résistances passives et les espaces nuisibles ; on calculera ainsi une puissance théorique, que l'on multipliera ensuite par des coefficients convenables pour obtenir la puissance indiquée ou effective ; ces coefficients se déterminent empiriquement par la comparaison entre l'appareil étudié et les appareils analogues déjà exécutés.

Appelons :

V le volume engendré par le piston dans sa course, produit de la section du cylindre par la longueur de la course ;

v_i le volume à l'admission, non compris les espaces nuisibles ;

p_i la pression à la chaudière ;

p_0 la pression à l'échappement ;

$m = \dfrac{V}{v_i}$ le coefficient de détente.

Le travail théorique $\mathcal{C}$ en un tour, sur une des faces du piston, se décomposera comme il suit :

Travail à l'admission $p_i v_i$

Travail pendant la détente $\displaystyle\int_{v_i}^{V} pdv$

Travail négatif de la contrepression à l'échappement pendant la course rétrograde $- p_0 V$

$$\text{Total } \mathcal{C} = p_i v_i + \int_{v_i}^{V} pdv - p_0 V$$

Nous admettrons que les pressions, pendant la détente, peuvent se calculer d'après la loi de Mariotte ; on aura donc :

$$\int_{v_i}^{V} pdv = p_i v_i \log.\ nép.\ \frac{V}{v_i}\ (1)$$

Remarquant ensuite que $\dfrac{V}{v_i} = m$, nous pouvons mettre le travail sous la forme :

$$\mathcal{C} = V\left[\frac{p_i}{m}(1 + \log.\ nép.\ m) - p_0\right]$$

Appelons :

D le diamètre et L la course du piston

N le nombre de tours par minute

et remarquons que, la machine étant supposée à double effet, le travail en un tour est le double de $\mathcal{C}$.

_____

(1) Les valeurs du coefficient de travail ou du log. nép. sont données dans la Table II, chap. IV ci-dessus.

La puissance théorique en *chevaux-vapeur* sera donc

$$F = \frac{2 \frac{\pi D^2}{4} L N}{60 \times 75} \left(\frac{p_1}{m} (1 + \text{log. nép. } m) - p_0 \right)$$

Cette expression se compose de deux facteurs :

Le premier $\dfrac{2 \frac{\pi D^2}{4} L N}{60 \times 75}$ est proportionnel au *volume engendré* par le pis-

ton en une minute.

Le deuxième $\left[\dfrac{p_1}{m} (1 + \text{log. nép. } m) - p_0 \right]$ est la pression constante

qu'il faudrait exercer sur le piston pour qu'il développât un travail égal à celui réellement produit ; on l'appelle la *pression moyenne* p_m.

114. Pression moyenne. — La pression moyenne dépend de trois éléments, p_1, p_0 et m.

Pression à la chaudière p_1. — Les basses pressions (de 1 à 3 atm.) sont presque abandonnées ; les moyennes pressions (de 2 à 5) sont les plus employées ; les machines fixes de l'industrie travaillent de 4 à 7 atmosphères ; les locomobiles de 6 à 9, les locomotives de 8 à 10 et même 12 atmosphères. Dans la marine, les hautes pressions se sont généralisées avec l'usage des condenseurs par surface. Les hautes pressions exigent des appareils plus parfaits et mieux entretenus.

Pression à l'échappement p_0. — La condensation est en usage dans les machines fixes, toutes les fois qu'on a assez d'eau à sa disposition, et presque toujours dans les machines de navigation ; elle n'est pas en usage dans les locomobiles et les locomotives, sauf cas exceptionnels. On doit éviter avec soin les rentrées d'air au condenseur.

Coefficient de détente m. — En exagérant la détente au delà de certaines limites, on diminue, au lieu de l'augmenter, l'effet utile de la vapeur consommée. Ces limites sont indiquées par la pratique ; les voici approximativement :

Valeurs pratiques du coefficient de détente $m = \dfrac{V}{v_1}$ pour	Moyenne pression.	Haute pression.
Machines sans condensation	3	4 à 5
Machines à condensation.	5 à 7	6 à 8
Machines Woolf ou Compound	6 à 9	7 à 10

Ces chiffres s'appliquent au cas où l'on recherche l'économie dans la consommation. Les machines à longue détente étant plus lourdes et plus chères à égalité de puissance, on sacrifie fréquemment l'économie de co m bustible, surtout dans les petites machines, en poussant moins loin la détente. Ce sacrifice peut être mal entendu s'il conduit à exagérer la consommation de vapeur, c'est-à-dire, les dimensions des chaudières.

On peut, du reste, s'écarter assez notablement de ces moyennes, sans réduire beaucoup le rendement de la vapeur.

Le travail pendant la détente, relevé à l'indicateur, est presque constamment supérieur aux résultats de la formule logarithmique.

Le travail à l'admission est toujours inférieur et le travail à l'échappement toujours supérieur à ceux calculés ci-dessus, à cause des pertes de charge.

Pour les machines lentes, à longue détente, à larges lumières et à enveloppe de Watt, la pression moyenne constatée à l'indicateur peut être supérieure à celle calculée. Elle lui *est généralement inférieure, pour les bonnes machines de l'industrie, dans le rapport de 0.80 ou 0.90 à 1.* Ce coefficient de réduction devient 0.60 à 0.70 dans les machines à grande vitesse de la marine ; il descend plus bas encore dans les locomotives, où la distribution donne lieu, dans certains cas, à des étranglements excessifs. Il est relativement peu élevé dans les machines à grande vitesse et à faible détente.

115. Résistances passives. — Le *rendement organique* est fort élevé dans les machines modernes :

Machines très bien construites et entretenues.   0.85 jusqu'à 0.94

— en bon état. . . . . 0.75   à   0.85

Dans les machines en mauvais état, il peut descendre fort bas.

On peut admettre qu'une bonne machine fixe rend, pertes de charge et résistances passives défalquées, de 0.75 à 0.80 du travail théorique.

116. Volume engendré par le piston. — Le volume engendré en une minute par le piston, dépend du diamètre D et de la course L du piston, ainsi que du nombre de tours N.

Le rapport $\frac{L}{D}$ était de 2 dans les machines de Watt ; il est compris entre 1.5 et 2 dans les machines fixes modernes ; c'est souvent l'emplacement dont on dispose qui règle ce rapport.

Pour un diamètre donné, tous les organes croissent avec L, tige, bielle, manivelle, bâti, etc.

Les machines allongées sont plus douces, un peu plus économiques comme consommation (surtout celles à enveloppe de Watt), mais plus lourdes et plus chères.

Les machines à grande vitesse sont toujours plus ramassées.

Les exigences impérieuses d'emplacement et de légèreté ont conduit, dans les machines marines, à des dispositions très ramassées :

$$\frac{D}{L} = 1, 1.20 \text{ et même } 2$$

La *vitesse moyenne* du piston $\frac{2\,LN}{60}$ était d'environ 1 m.20 dans les machines de Watt ; elle est aujourd'hui, dans les grandes machines de manufactures, de 1 m. 20 à 2 mètres, et de 1 mètre dans les petites machines ; la
nécessité a amené pour les locomotives à des vitesses de 3 mètres, 4 mètres
et plus, et l'on a reconnu qu'il n'en résultait pas d'inconvénient pour le
rendement : cet exemple a été suivi dans la marine.

Toutes choses égales, la puissance est, dans de certaines limites, presque proportionnelle à la vitesse moyenne du piston ; les machines rapides
sont donc légères et peu coûteuses d'achat ; mais il faut de grandes lumières, dont la section ne dépend guère que de la puissance à produire et non
des dimensions du cylindre ; d'où espaces nuisibles ; en outre, les avantages de la vitesse sont largement compensés par une usure rapide et des
chances de grippement exigeant un entretien soigné et très cher.

Exemple : Locomotives et machines marines.

La vitesse est limitée aussi par les efforts dus à l'inertie des pièces, efforts
considérables dans les machines rapides (1).

Les machines fixes ordinaires font par minute . . . de 30 à 60 tours
Les machines soufflantes de hauts-fourneaux. . . . de 11 à 25 »
Les locomobiles. . . . . de 60 à 180 »
Les locomotives. . . . . .jusqu'à   250 »
Les grandes machines marines à hélice . . . . . . de 50 à 80 »

Certaines machines commandant directement des ventilateurs ou des
pompes centrifuges font jusqu'à 800 tours et plus.

Les divers éléments déterminant le volume engendré laissent ainsi une
grande latitude pour l'appropriation de chaque machine au service à faire.

117. Consommation de vapeur. — La consommation de vapeur par
coup de piston se calcule théoriquement en multipliant le volume à l'admission par le poids spécifique de la vapeur saturée ; le résultat ainsi obtenu

---

(1) Exemple : locomotive d'express ; vitesse 90 kilomètres à l'heure ; diamètre des
roues 2 mètres ; course du piston 0 m. 65 ; deux essieux couplés.

Vitesse par seconde $\frac{90.000}{3.600} = 25$ mètres.

Vitesse relative d'un point de *la bielle d'accouplement* :
$$\frac{25 \times 0.65}{2.00} = 8 \text{ m. } 12$$

π étant le poids de la bielle, la force centrifuge due à la bielle sera :
$$\frac{\pi}{g} \times \frac{\overline{8.12}^2}{\frac{0.65}{2}} = 20.6\,\pi,$$

c'est-à-dire plus de 20 fois le poids de la bielle. La vitesse moyenne du piston serait de
5 m. 10.

est toujours trop faible, à cause de la condensation à l'admission, et doit être multiplié par un coefficient variable avec les conditions de la machine. On pourra admettre :

	Machines sans condensation	Machines à condensation
Machines sans enveloppe de Watt. . .	1.25 à 1.50	1.40 à 1.70
» avec » . . .	1.15 à 1.30	1.20 à 1.40
» Woolf ou Compound		1.10 à 1.25

Ces chiffres ne se rapportent qu'à des machines bien construites et bien entretenues.

Nous avons analysé plus haut les circonstances qui favorisent la condensation à l'admission.

On peut compter, pour la consommation de vapeur par heure et par force de cheval effectif, ies chiffres suivants :

Pour les machines les plus parfaites et les mieux entretenues.   7 k. 5
Excellentes machines à condensation. . . . .   9 à 12 k.
Bonnes machines à condensation en état ordinaire d'entretien   12 à 14 k.
Bonnes machines sans condensation. . . . .   16 à 20 k.
Machines ordinaires à condensation . . . .   16 à 20 k.
Machines médiocres, au delà de. . . . .   20 k.

Pour le calcul de l'eau d'alimentation, ces résultats seront majorés, en tenant compte de l'eau liquide entraînée (généralement de 4 à 10 0/0 pour les machines fixes).

118. Dimensions des lumières. — Les orifices que traverse la vapeur doivent être assez larges pour ne pas donner lieu à des pertes de charge exagérées.

Pour les calculer, on part de la *vitesse moyenne* que prend la vapeur au passage de ces orifices en traitant ce fluide comme un liquide incompressible ; les résultats ainsi obtenus, fort inexacts en eux mêmes, sont évidemment comparables entre eux.

La vitesse moyenne u de la vapeur est le quotient du volume moyen V, engendré par le piston en une seconde, par la section s de l'orifice traversé :

$$u = \frac{V}{s}, \text{ d'où } s = \frac{V}{u}$$

On donne à u, dans les machines ordinaires, une valeur de 35 à 40 mètres à l'admission, et de 20 à 30 mètres à l'échappement.

On voit que, si les lumières sont entièrement découvertes à l'échappement, elles peuvent ne l'être que partiellement à l'admission, ce qui réduit les dimensions et la course des tiroirs. Des dimensions des lumières dépend la vitesse à l'échappement. Les dimensions des lumières, et par suite celles de toute la distribution croissent, non seulement avec les dimensions du cylindre, mais encore avec la vitesse de rotation ; de sorte que les machines rapides sont munies d'organes de distribution d'un très grand volume relatif.

Si D est le diamètre, L la course du piston, N le nombre de tours par minute, p_m la pression moyenne, nous aurons :

$$V = 2 \frac{\pi D^2}{4} L \frac{N}{60}$$

d'où

$$s = \frac{1}{u} 2 \frac{\pi D^2}{4} L \frac{N}{60}$$

D'autre part, la force en chevaux a pour valeur :

$$F = \frac{2 \pi D^2}{4.75} L \frac{N}{60} p_m$$

Divisant membre à membre, il vient :

$$\frac{s}{F} = \frac{75}{u. p_m}$$

Si la pression est exprimée en kilogrammes par centimètre^2, s sera exprimé en centim.^{2}.

Posons par exemple u = 25, il viendra :

$$\frac{s}{F} = \frac{3}{p_m}$$

c'est donc une section de 3 centim.^{2} par force de cheval théorique et pour un kilogramme de pression moyenne.

Dans les locomotives, les chiffres que nous avons donnés pour u sont de beaucoup dépassés, principalement à l'admission (1).

La perte de pression h, causée par un étranglement, est sensiblement proportionnelle au carré de la vitesse v^2 et à la densité δ du fluide qui le traverse :

$$h = \delta \frac{v^2}{2g}$$

Mais la vitesse u, calculée plus haut, est loin d'être la même que v ; pour obtenir exactement v, il faudrait tenir compte dans le calcul des circonstances suivantes :

(1) Les étranglements à l'échappement sont toujours fort nuisibles ; il n'en est pas de même à l'admission. D'un travail fort remarquable, et déjà cité, de MM. Leloutre et Ha'lauer, il semblerait résulter que l'influence fâcheuse du laminage de la vapeur à l'admission a été jusqu'ici fort exagérée : dans une même machine, fonctionnant à la même détente, la pression, qui était d'environ 5 k. absolus à la chaudière, a été réduite, par des étranglements, à 2 k. 31 puis à 1 k. 75 à l'admission, et le rendement, dans les deux cas, a été trouvé sensiblement le même. Cette question des étranglements est encore fort discutée.

1° Vitesse du piston non uniforme, passant de o à la vitesse maxima, qui est à la vitesse moyenne u dans le rapport de

$$\frac{\pi}{2} = 1.57 ;$$

2° La contraction de la veine fluide ;

3° Les espaces nuisibles et les condensations à l'admission ;

4° Enfin, les lumières plus ou moins fermées pendant une partie de la course.

Les pertes de charge sont donc de beaucoup supérieures aux résultats de la formule

$$h = \delta \; \frac{u^2}{2g}$$

119. Eau de condensation. — Si t est la température de la vapeur à l'échappement,

t_1 la température du condenseur,

t_0 la température de l'eau de condensation,

$\lambda = 606.5 + 0.305 \, t$, la chaleur totale de la vapeur à t^0,

la quantité d'eau à injecter au condenseur pour condenser 1 k. de vapeur sera (en prenant la chaleur spécifique de l'eau $= 1$) :

$$\frac{606,5 + 0.305 \, t - t_1}{t_1 - t_0}$$

pour $t = 80°$, $t_1 = 50°$, $t_0 = 15°$, la formule ci-dessus prend la valeur 16 k. 6.

Suivant la quantité d'eau froide dont on disposera, on condensera plus ou moins froid et on obtiendra un vide plus ou moins parfait.

Dans les machines ordinaires, on compte sur 25 à 30 fois le poids de vapeur dépensé, soit 3 à 400 litres par heure et par force de cheval pour de bonnes machines.

120. Pompe à air et condenseur. — La contrepression due à l'air en dissolution dans l'eau froide est d'autant plus faible que le condenseur ainsi que la pompe à air ont un plus grand volume.

Dans les machines de Watt, la course de la pompe à air (à simple effet) était égale à la moitié et le diamètre au tiers des dimensions analogues du piston à vapeur. D'où rapport entre les volumes débités par les pistons de la pompe à air et du moteur : $\frac{1}{2} \times \left(\frac{2}{3}\right)^2 = \frac{2}{9}$.

Le condenseur était de même volume que la pompe à air.

On prend actuellement le rapport 1/4 (*pompe à simple effet*), ou à peu près ; le volume des pompes à double effet est moitié moindre. Dans les machines Woolf et Compound, le rapport s'établit avec le ou les cylindres détendeurs seulement. La pompe à air a souvent une vitesse égale à celle du piston à vapeur.

Les condenseurs par surface sont calculés par des règles spéciales.

Quand la hauteur d'aspiration dépasse 2 à 3 mètres, on élève l'eau au moyen d'une pompe spéciale, dite *pompe de puits.*

Si h est la hauteur d'aspiration, q le poids d'eau de condensation par cheval, le travail théorique de la pompe de puits sera   q h.

Celui de la pompe à air sera $\cdot$ 10 q.

10 représentant à peu près la pression en eau de l'atmosphère moins la pression au condenseur :

Prenant q = 350 litres à l'heure, et comptant que le rendement des pompes est environ de 1/3, on aura, pour le travail par heure :

$$3 \times 350 \, q \, (h + 10)$$

soit en chevaux : $\dfrac{3 \times 350 \, q \, (h + 10)}{3600 \times 75}$, ou environ $\dfrac{4}{1000}(h + 10)$.

Pour h = 30 mètres, le travail ainsi absorbé représente 16 0/0 de celui de la machine.

On n'emploie plus la condensation quand la hauteur d'aspiration dépasse 30 à 40 mètres.

121. Pompe alimentaire. — On calcule les dimensions de la pompe d'alimentation de telle sorte qu'elle débite un volume théorique égal à 3 à 5 fois le volume strictement nécessaire. Cette pompe ne marche pas constamment à plein débit.

CHAPITRE VII

DES ORGANES DE DISTRIBUTION

122. Généralités. — Dans les premières machines à vapeur (Newcommen) la distribution était faite au moyen de robinets manœuvrés à la main ; disposition usitée encore aujourd'hui dans quelques cas (pilons, grues Chrétien, etc.). On imagine facilement quatre orifices au cylindre, deux à l'admission, deux à l'échappement, fermés par des robinets manœuvrés en temps opportun ; cette distribution à quatre orifices a été reproduite dans les machines les plus modernes (Corliss, Sulzer, Ingliss, etc.).

On simplifie la manœuvre en réunissant toutes les communications dans un seul robinet à quatre voies (distribution inventée par Denis Papin et renouvelée par Maudslay) (fig. 15).

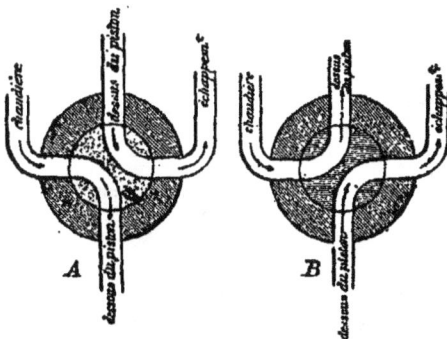

Fig. 15.

Le robinet étant tourné comme l'indique A, le dessus du piston communique avec l'échappement et le dessous avec la chaudière ; en tournant le robinet de 90° (B), les communications sont interverties.

La distribution avec un pareil robinet peut se faire en imprimant à la clef un mouvement de rotation continue.

Applications aux foyers à gaz et à régénérateurs de Siemens.

Les systèmes de distribution sont extrêmement nombreux. Nous n'étudierons que les plus usuels.

123. Distribution par excentrique circulaire et tiroir en coquille. — Le plus simple est le système de distribution par tiroir en coquille et excentrique circulaire, déjà sommairement décrit.

L'excentrique n'est autre chose qu'un vilebrequin, dans lequel le diamètre de la fusée est assez grand pour embrasser l'arbre, de manière à éviter de couder cet arbre ; il est quelquefois en une pièce, le plus souvent en deux pièces (fonte, fer ou bronze) serrées sur l'arbre (fig. 16) par deux goujons et fixées en place par une clavette.

L'excentrique est embrassé à frottement doux par le *collier d'excentrique* en deux pièces (bronze, fer ou fonte, souvent garnis d'*antifriction*), réunies par des boulons, avec écrou, contre-écrou, ergot, goupille, rosettes, cales ajustées pour le rattrapage du jeu, godet graisseur, pattes d'araignées pour la répartition de l'huile ; des rainures correspondantes pratiquées sur le collier et l'excentrique empêchent les déplacements latéraux.

Le collier d'excentrique est assemblé à la *bielle d'excentrique* par des boulons, ou bien au moyen d'un goujon avec clavette.

La barre d'excentrique est réunie à *la tige* du tiroir, par un assemblage à fourche. Cette dernière est guidée, s'il y a lieu, et pénètre dans la boîte à vapeur par un presse-étoupe ; l'assemblage de cette tige avec le tiroir est tel que celui-ci puisse céder à la pression de la vapeur en s'appliquant sur la glace, sans que la tige soit faussée : *cadre du tiroir a a* dans les loco-

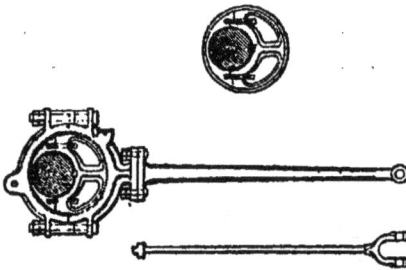

Fig. 16.

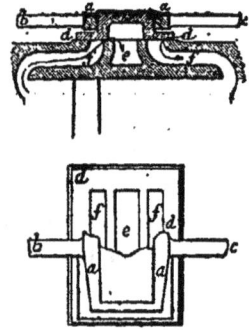

Fig. 17.

motives (fig. 17) soudé à la tige *b* ; souvent on met une contretige *c*, passant à travers un guidage ou un presse-étoupe.

La glace est percée de trois lumières : deux d'admission *f f*, une d'échappement *e*, en forme de rectangles très allongés, de manière à diminuer la course du tiroir ; le tiroir est en bronze, ou en fonte, quelquefois garnie de bronze ou d'antifriction ; c'est une pièce exposée à gripper.

Il y a toujours entre l'excentrique et le tiroir, des moyens de rattraper le jeu : dans la figure 16, ce sont des cales interposées entre les brides d'assemblage de la bielle et du collier d'excentrique.

124. Réglementation normale. — Si la distribution est réglée de telle sorte que l'admission sur une face du piston et l'échappement sur l'autre face durent pendant toute la course, on dit que la réglementation est normale ; la réglementation normale est seule possible dans les machines à colonne d'eau. Pour la réaliser, il faut évidemment (fig. 18) :

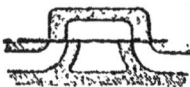

Fig. 18.

1° Que les barrettes du tiroir aient exactement la largeur des lumières.

d'admission et qu'elles recouvrent simultanément ces deux lumières ;

2º Que cette dernière circonstance ait lieu quand le piston est à bout de course, c'est-à-dire, que le tiroir soit au milieu de sa course lorsque le piston est à l'extrémité de la sienne. On y arrive en donnant à l'excentrique un calage convenable ; si la glace du tiroir est parallèle au cylindre, et que le piston et le tiroir soient attelés directement sur l'arbre, l'angle de calage devra être droit.

C'est ainsi qu'étaient réglées les anciennes machines (sauf une légère garde que l'on ménageait aux barrettes pour éviter le passage direct entre la chaudière et l'échappement).

Les avantages d'une réglementation avec avances et détente ont été mis hors de doute par les travaux de Reech et de Clapeyron (1).

125. Avance angulaire et recouvrement. — Dans le système de distribution que nous étudions, on réalise ces avantages au moyen de l'*avance angulaire* de l'excentrique et des *recouvrements*.

Les barrettes sont plus larges que les lumières ; le tiroir étant dans sa position moyenne (fig. 19), la quantité *a b* dont la barrette déborde la lèvre extérieure de la lumière d'admission est le *recouvrement exté-*

Fig. 19.

rieur; la quantité *c d* dont elle déborde la lèvre intérieure est le *recouvrement intérieur*.

Une machine étant supposée réglée normalement, si l'on fait tourner l'excentrique d'un certain angle par rapport à la manivelle, cet angle est l'*avance angulaire*. Dans les machines à connexion directe du piston et du tiroir, si les mouvements de ces deux organes sont parallèles, l'avance angulaire est égale à l'angle de calage de l'excentrique diminué de 90°.

En général, l'*avance angulaire* est *l'angle que la manivelle a encore à décrire pour arriver au point mort, à l'instant où le tiroir est dans sa position moyenne*. Ex. : (fig. 20).

(1) Ainsi que Clapeyron l'a prouvé, Watt avait reconnu, dès 1805, la possibilité d'améliorer le rendement des machines à vapeur en modifiant légèrement la réglementation normale, jusqu'alors exclusivement pratiquée ; il se contentait de donner à l'excentrique une légère avance angulaire. Ce perfectionnement fut tenu secret. Il fut révélé à Reech, à la suite d'une étude approfondie sur la machine du *Sphinx*, livrée par Muner, élève de Watt. Premier mémoire de Reech au ministre de la marine (1836). — 2ᵉ Mémoire à l'Académie des sciences (1838), retiré en 1839 pour être remis au ministère de la marine.

En 1840, *Clapeyron*, appliquant ses idées théoriques à la machine *Le Creuzot*, du chemin de fer de St-Germain, obtint des résultats plus remarquables encore.

Ses recherches sont consignées dans un *Mémoire sur le règlement des tiroirs dans les machines locomotives et sur la détente* (mai 1842). Il ne s'agit plus ici seulement de l'*avance angulaire* de l'excentrique, dont les propriétés avaient été précédemment constatées, mais aussi des recouvrements et de la détente pratiquée dans une large mesure.

O M. Manivelle.

O E. Rayon d'excentricité.

$\beta = $ M O E. Angle de calage.

E_0. Position du centre de l'excentrique quand le tiroir est à mi-course ; la position correspondante de la manivelle est O M_1.

M_0. Position du bouton de manivelle au point mort.

$\alpha = M_1$ O M_0, avance angulaire.

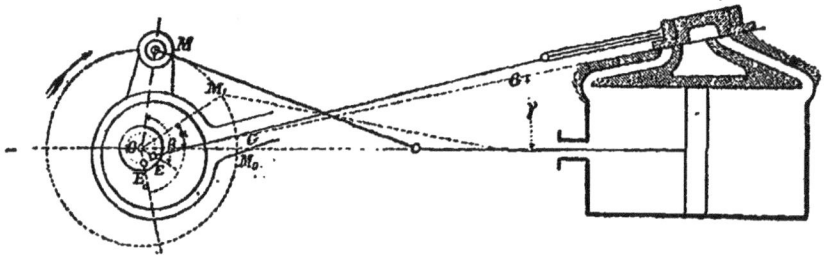

Fig. 20.

La position O E_0 du rayon d'excentricité correspondant au tiroir à mi-course s'obtient en abaissant du point O une perpendiculaire sur le plan de la glace (l'obliquité de la bielle d'excentrique étant négligée).

Les mouvements des organes sont plus faciles à étudier dans une machine à connexions directes dont la glace est parallèle au cylindre ; on ramènerait la machine (fig. 20) à cette disposition, en supposant qu'on fasse tourner l'ensemble de la distribution (excentrique, bielle d'excentrique, tige du tiroir et glace) autour de l'arbre de couche O, de l'angle γ que fait la glace avec le cylindre.

Une transformation analogue peut se faire facilement, quelles que soient les dispositions cinématiques de la machine (machines à balancier, commande du tiroir par mouvements de sonnettes, etc.).

Nous supposerons dans ce qui va suivre, que cette transformation préalable a été opérée.

Remarque. — Dans une machine ramenée à ce type uniforme, le sens de la rotation de l'arbre de couche est tel que le rayon d'excentricité *précède* la manivelle (voir la flèche, fig. 20). Il est aisé de s'en rendre compte en suivant, pendant une révolution, le mouvement des divers organes.

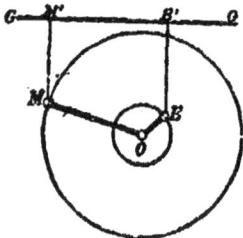

Fig. 21.

126. Epure circulaire de Reech. — Projetons (fig. 21) sur un plan perpendiculaire à l'arbre de couche les mouvements des diverses pièces qui sont attachées.

Le bouton de manivelle M et le centre d'excentricité E décriront des cercles autour de l'axe O de l'arbre de couche, l'angle M O E de calage restant constant. Si les bielles qui servent à atteler ces deux points au piston et au tiroir sont assez longues pour qu'on en puisse négliger l'obliquité, les déplacements du piston d'une part, du tiroir de l'autre, seront respectivement égaux à ceux des projections M', E' de M et de E sur l'axe G de la machine (plan de la glace ou axe du cylindre).

Pour avoir le mouvement d'un point quelconque du tiroir, par exemple de la lèvre extérieure (fig. 22) il suffira de faire coïncider cette lèvre avec la projection A sur le plan GG de la glace (que nous supposerons horizontale) du centre d'excentricité A_1; celui-ci se déplaçant sur le cercle qu'il décrit, la

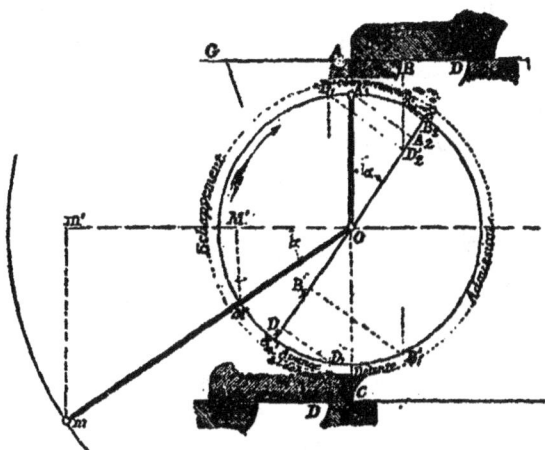

Fig. 22.

lèvre du tiroir coïncidera toujours avec la projection de ce point. Comme position initiale, on choisit la position moyenne du tiroir, qui a lieu lorsque le rayon d'excentricité A_1 O est perpendiculaire au plan de la glace. La situation correspondante de la lumière se dessine en prenant A B = au recouvrement extérieur, et B D = la largeur de la lumière.

L'admission commence évidemment quand la lèvre du tiroir dépasse B, c'est-à-dire quand le centre de l'excentrique est en B_1 sur la verticale de B ; l'admission se termine quand il est en B'_1, également sur la verticale de B.

Les mouvements de la lèvre intérieure du tiroir C par rapport à la lèvre intérieure de la lumière D se déterminent de même (voir le bas de la figure) en portant de C en D le recouvrement intérieur ; les deux points D_1 et D'_1 du cercle placés sur la verticale de D déterminent, l'un (D_1) le commencement de l'échappement, l'autre (D'_1), la fin de l'échappement.

Pour figurer les mouvements du piston, on peut tracer la position O m de la manivelle correspondant à la position O A_1 du rayon d'excentricité, au moyen de l'angle A_1 O m = l'angle de calage, puis amener le bouton de manivelle m dans les situations successives qu'il occupe, autour du centre O, et projeter ces points sur l'horizontale O m'.

On rend plus rapide cette construction au moyen des deux artifices suivants :

1º On réduit l'échelle de la course du piston, de telle sorte que m vienne en M et que le bouton de manivelle décrive le même cercle que le centre d'excentricité.

2º On suppose que la manivelle ainsi que le plan de projection O m' tournent autour du point O d'un angle égal à l'angle de calage, de telle sorte que M vienne coïncider avec A_i. Le plan de projection viendra alors en O X faisant avec O A_i un angle α égal à l'avance angulaire, et les projections successives sur O X du centre d'excentricité représenteront les positions correspondantes du piston.

Ainsi :

A_2 position du piston quand le tiroir est à mi-course ;

B_2 »   »   au commencement de l'admission ;

  B_2 X avance à l'admission

B'_2 position du piston à la fin de l'admission

  X B'_2 admission ;

D_2 position du piston au commencement de l'échappement ;

  B'_2 D_2 détente ;

  D_2 X' avance à l'échappement ;

D'_2 position du piston à la fin de l'échappement ;

  X' D'_2 échappement ;

  D'_2 B_2 compression.

127. Effets de l'avance et des recouvrements. — De l'examen de cette épure, on déduit les conséquences suivantes :

1º En augmentant le *recouvrement extérieur*, on réduit l'avance à l'admission, et surtout l'admission, ce qui tend à accroître la détente ;

2º L'augmentation du *recouvrement intérieur* a pour effet de réduire l'avance à l'échappement et d'augmenter la compression ;

3º En augmentant l'*avance angulaire*, on augmente l'avance à l'admission, la détente, l'avance à l'échappement et la compression.

Remarques. — Le recouvrement intérieur est toujours beaucoup plus petit que le recouvrement extérieur : il peut même y avoir *découvrement intérieur* (c'est-à-dire recouvrement négatif).

L'avance angulaire doit être réglée sur le recouvrement extérieur, de telle sorte qu'il n'y ait pas retard à l'admission. A une grande valeur du recouvrement extérieur correspond donc une grande valeur de l'avance angulaire.

L'économie d'une distribution dépend de quatre éléments : ouverture et fermeture à l'admission, ouverture et fermeture à l'échappement. Or on ne dispose que de trois variables : avance angulaire, recouvrement extérieur, recouvrement intérieur ; le problème d'établir une distribution déterminée, par avances et recouvrements, est donc généralement impossible.

Pour avoir une grande détente, il faut donner beaucoup d'avance angulaire et de recouvrement extérieur, ce qui conduit à exagérer l'avance à l'échappement ou la compression.

Ces inconvénients sont franchement acceptés dans la distribution des locomotives.

Dans les machines fixes, avec la distribution dont il s'agit, on n'étend guère la détente à plus des 2/3 de la course.

128. Correction relative à l'obliquité des bielles. — En supposant la bielle très longue, nous avons commis une erreur facile à corriger ; cela revient, en effet, à supposer (fig. 23) que la longueur M' B de la projection de la bielle est constante ; l'erreur sur la position exacte du piston

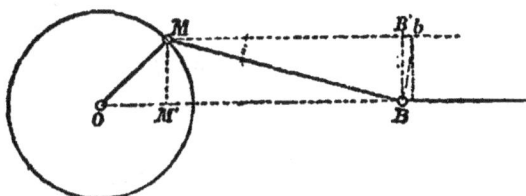

Fig. 23.

est égale à la flèche horizontale B' b de l'arc B b décrit du bouton M de manivelle comme centre avec la bielle M B pour rayon. Pour la corriger, il suffit de prendre (fig. 22) pour lignes projetantes sur O X, non pas des droites, mais des arcs de cercle ayant leur centre sur O X et un rayon égal à la longueur de la bielle mesurée à l'échelle de la figure.

L'obliquité de la bielle a pour résultat de rapprocher le piston de l'arbre de couche ; l'admission sera donc plus courte sur la face du piston qui regarde l'arbre que sur la face opposée ; cet inconvénient se corrige en retouchant les recouvrements extérieurs. Une correction analogue peut s'appliquer aux recouvrements intérieurs.

On pourrait aussi tenir compte de l'obliquité de la bielle d'excentrique, mais elle est généralement négligeable.

129. Épure en œuf. — Un grand nombre de procédés graphiques sont en usage pour représenter les circonstances de la distribution.

Pour tracer l'épure en œuf (fig. 24) ou ellipsoïdale, on prend pour abscisses les déplacements du piston et pour ordonnées ceux du tiroir. La courbe qui en résulte est une ellipse, si l'on néglige l'obliquité des bielles, et une courbe fermée ovale si on en tient compte.

On trace l'horizontale AA à égale distance entre les tangentes horizontales extrêmes BB, CC ; on mène au-dessus de AA l'horizontale D₁ D'₁ à une distance égale au recouvrement extérieur, et au dessous de AA l'horizontale E₁ E'₁ à une distance égale au recouvrement intérieur : les quatre points D_4, D'_4 E_4, E'_4, d'intersection avec la courbe ellipsoïdale correspondent au commencement et à la fin de l'admission et de l'échappement.

L'épure en œuf est facile à lire, mais n'est pas très commode comme moyen de recherche.

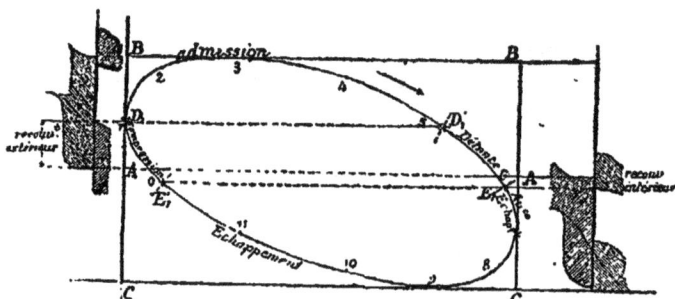

Fig. 24.

130. Épure sinusoïdale. — Si l'on prend comme abscisses les angles décrits par l'arbre de couche et comme ordonnées les déplacements du tiroir, on a l'épure sinusoïdale (fig. 25).

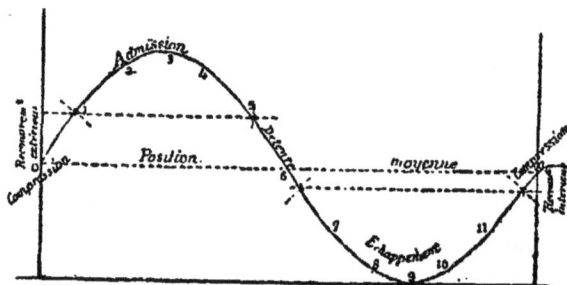

Fig. 25.

Souvent on porte en abscisses, non seulement les déplacements du tiroir, mais aussi ceux du piston.

Cette épure est commode pour les appareils à plusieurs cylindres, en ce qu'elle permet de se rendre compte à simple vue des mouvements relatifs des divers organes.

131. Épure de Zeuner. — Zeuner trace une épure polaire, en prenant comme pôle l'arbre de couche, comme direction du rayon vecteur celle du rayon d'excentricité, et comme longueur de ce rayon le déplacement du tiroir par rapport à sa position moyenne.

Soit O l'arbre de couche, O E le rayon d'excentricité, B B' le plan de la glace, la distance $O E_1$ de la projection de E sur B B' représentera le déplacement du tiroir à partir de sa position moyenne O; prenons $O E_2 = O E_1$

sur le rayon O E, E_2 sera un point de la courbe de Zeuner. Si nous joignons E_2 B, les deux triangles O E E_1, O B E_2 sont évidemment égaux ; donc l'angle E_2 est droit, et E_2 se trouve sur un cercle tracé sur O B comme diamètre. Dans une révolution complète, le point figuratif décrira deux cercles tracés sur .O B et O B' comme diamètres. Cette épure est assez complexe et ne présente pas d'avantage sur l'épure circulaire.

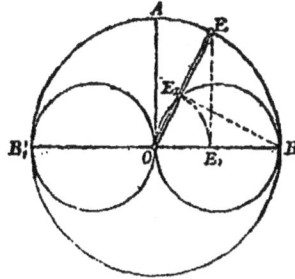

Fig. 26.

132. Formes diverses des tiroirs. — Le frottement du tiroir, pressé sur la glace par la vapeur, occasionne dans les grandes machines une perte de travail importante et rend les changements d'allure pénibles. On y remédie de diverses manières.

1° *Réduction de la surface pressée par la vapeur. Compensateur Mazeline* (fig. 27). — Le dos du tiroir A B est dressé et percé d'une ouverture par laquelle se fait l'échappement ; un cadre dressé C C s'appuie sur ce dos ; le joint avec la boîte à vapeur est tenu par un large presse-étoupe D D.

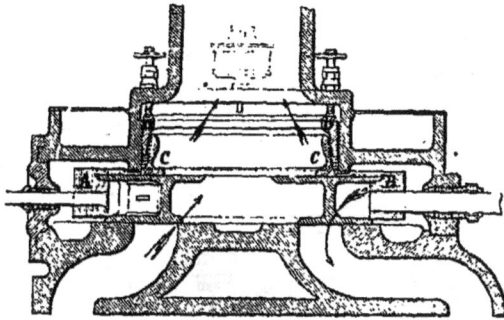

Fig. 27.

La surface active des *compensateurs* doit être telle qu'il reste un excès de pression suffisant pour bien appliquer le tiroir sur la glace.

Tiroir de Watt (1) (fig. 28). — La section transversale du tiroir de Watt a la forme d'un D. Le plus souvent, l'arrivée de vapeur se fait par le milieu et l'échappement par l'extérieur des lèvres ; la vapeur d'échappement traverse le tiroir dans toute sa longueur.

D D, presse-étoupes manœuvrés du dehors par les vis H H.

Dans ce système les espaces nuisibles sont peu considérables, mais les parois du tiroir, très développées, donnent lieu à des condensations.

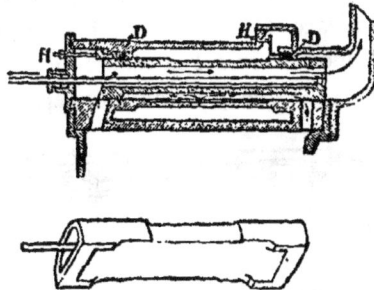

Fig. 28.

(1) Cette forme de tiroir a été imaginée, non pas par Watt, mais par Williams Murdock, qui, en 1800, à l'époque où Watt quitta l'établissement de Soho, prit la direction de la partie mécanique de cette usine.

Tiroirs en D Dupuy de Lôme (fig. 29). — L'arrivée de vapeur se fait par le milieu et l'échappement par les deux extrémités.

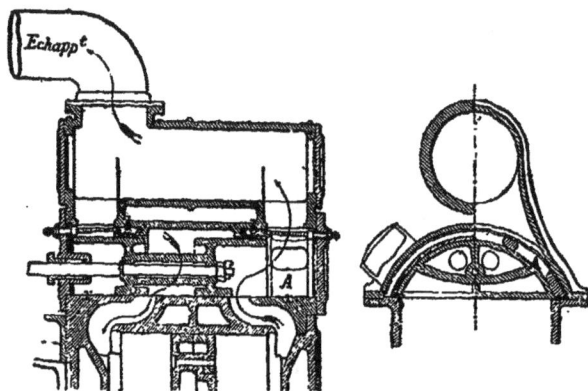

Fig. 29.

A, cage pour agir sur les presse-étoupes *bb* sans interrompre la communication avec l'échappement.

Il existe encore un grand nombre d'autres systèmes de compensateurs de la pression.

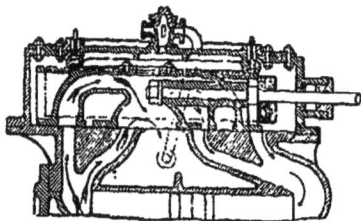

Fig. 30.

2° *Réduction de la course du tiroir* au moyen de *tiroirs à plusieurs orifices* (fig. 30). — Système employé surtout dans les machines à grande vitesse, c'est-à-dire à larges lumières. Dans la figure on voit représenté un compensateur appliqué sur le dos du tiroir.

Dans les machines à long cylindre, on emploie quelquefois le système suivant :

La glace (fig. 31) et le tiroir sont coupés en deux parties et chaque moitié est reportée vers l'extrémité du cylindre, les lumières deviennent ainsi très courtes, ce qui réduit les espaces nuisibles.

Fig. 31.

Les deux tiroirs se meuvent dans des boîtes à vapeur séparées et sont réunis par une tige, qui traverse au moyen de presse-étoupes les parois de ces boîtes.

Souvent aussi la boîte à vapeur est unique et s'étend sur toute la longueur du cylindre, enveloppant les deux tiroirs.

133. De la détente variable. — Le système de distribution par excentrique circulaire commandant un tiroir en coquille, présente ce grave inconvénient de ne pouvoir se prêter à une détente prolongée. Cet inconvénient résulte des propriétés cinématiques du système et les modifications apportées à la forme du distributeur ne sauraient en rien l'atténuer. Le système dont il s'agit doit donc être modifié toutes les fois que la question de l'économie de vapeur devient importante ; aussi est-il assez rarement employé dans les machines à condensation à un seul cylindre.

Les moyens usités pour améliorer cette distribution défectueuse se prêtent généralement à l'emploi de la *détente variable* ; nous allons en expliquer l'objet et le principe.

Les résistances qu'une machine doit surmonter varient d'un instant à l'autre ; exemples : machine d'atelier, suivant le nombre d'outils en activité ; locomotive suivant les pentes et la charge du train ; machine marine, suivant la vitesse, etc. Le travail moteur doit suivre les variations du travail résistant. Faire varier le travail moteur, c'est faire varier la pression moyenne.

On obtient ce résultat par deux moyens principaux :

1º Modifier la pression à l'admission, ce que l'on réalise, le plus souvent, en créant sur la conduite d'amenée, des étranglements qui déterminent une chute de pression. Nous reviendrons sur ce sujet.

2º Modifier la détente ; à une admission plus longue correspond une pression moyenne plus élevée.

Les appareils destinés à remplir cette dernière fonction sont les organes de *détente variable.*

Les variations dans la distribution peuvent être commandées soit par des manœuvres exécutées par le mécanicien, soit au moyen des mouvements mêmes des modérateurs à force centrifuge. Lorsque les résistances varient très rapidement, le second mode doit être préféré ; mais il est d'une réalisation plus difficile, le modérateur ne pouvant exercer que des efforts très limités.

Les systèmes de détente variable sont extrêmement nombreux. Ceux qui dérivent directement de la distribution par tiroir et excentrique circulaire se rapportent à trois types principaux :

1º *Type Farcot* (ou *détente par entraînement*) : tiroir percé de lumières, portant sur la face supérieure des *tuiles* qui ferment ces lumières lorsqu'elles viennent en contact avec un arrêt fixe ;

2º *Type Meyer* : deux tiroirs superposés, mus par des excentriques circulaires ;

3º *Détente* par obturation de l'arrivée de vapeur.

134. Distribution Farcot. — La distribution si largement et si heureusement appliquée par la maison Farcot, dérive d'une distribution plus ancienne imaginée par Edwards. En voici le principe :

Le tiroir est un bloc de fonte (fig. 32) dressé sur ses deux faces inférieure et supérieure ; la face inférieure A B glisse sur la glace, la face su-

périeure C D porte une *tuile* E F ou obturateur, qu'elle entraîne, mais qui
peut glisser sur elle en sur-
montant le frottement produit
par la pression d'un petit res-
sor'.; cette tuile, en se déplaçant, vient fermer une lumière
E H G percée à travers le tiroir. L'appareil est figuré dans
sa position moyenne : I K est
la lumière d'admission, G I le
recouvrement extérieur.

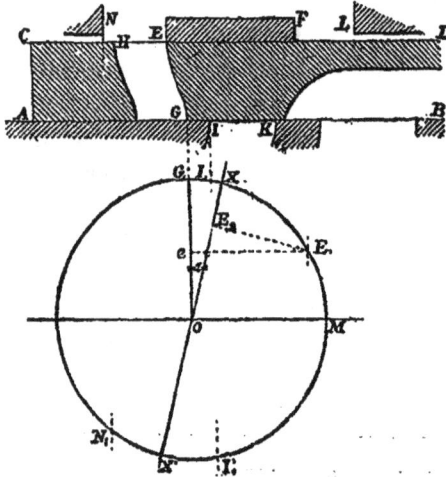

Fig. 32.

Supposons le tiroir mar-
chant vers la droite ; l'admission commencera quand la
lèvre G du tiroir dépassera la
lèvre I de la lumière d'admission ; un instant après, la tuile

E F rencontre un arrêt fixe L ; le tiroir continuant à s'avancer glisse
sous la tuile devenue fixe ; l'arête H atteint la lèvre E de la tuile ; dès lors
l'ouverture E H se trouve fermée et l'admission cesse.

Ces diverses phases se suivent facilement sur l'epure circulaire.

En I, commence l'admission. La situation du point E_1 où la tuile ferme la
lumière se détermine facilement, la distance E_1 e du point E_1 à la verticale
O G_1, étant égale à H E $+$ F L.

Continuons à suivre le mouvement.

L'admission cessant en E_1, la détente commence. Elle se continue jusqu'à l'ouverture de l'échappement, qui se produit comme pour un tiroir
en coquille.

A partir de M, situé sur le diamètre horizontal du cercle, le tiroir recule
vers la gauche, par conséquent, la tuile est emportée dans ce mouvement
rétrograde et cesse d'être en contact avec L, elle continue ainsi jusqu'en
N_1, où elle rencontre un 2e obstacle fixe N qui l'arrête et la force à découvrir la lumière H E pour préparer une nouvelle admission.

Faisons l'angle G_1 O X $=$ l'angle d'avance α, X X' représentera la course
du piston, l'admission aura lieu de X en E_2, elle sera d'autant plus grande
que e E_1 sera plus grand et l'angle d'avance α plus petit. Si e $E_1 =$ le rayon
d'excentricité O M et $\alpha =$ o, l'admission sera de la moitié de la course. Si
e $E_1 >$ O M, la lumière E H ne serait jamais fermée et le tiroir se compor-
terait comme un tiroir simple, sauf l'étranglement de la vapeur entre H et
la lèvre de la tuile.

Ainsi, le système en question ne permet pas une admission dépassant
en théorie la moitié, et en pratique le tiers de la course. L'admission sera

fort petite, pour peu que l'angle d'avance ait une valeur notable ; la distribution Farcot ne comporte donc ni avance angulaire, ni recouvrements
considérables.

Les proportions du tiroir et de la tuile doivent être calculées de manière
à éviter les inconvénients suivants :

Si vers la fin de la course du tiroir, l'arète A du tiroir dépasse la lèvre
extérieure I de la lumière d'admission, ou si l'arète F de la tuile dépasse
la lèvre intérieure E de la lumière du tiroir, il se produit vers le milieu
de la course du piston une nouvelle admission ; c'est de la vapeur mal
employée.

Lorsque la lumière H E est en partie fermée, la vapeur est fortement
étranglée ; on évite cet inconvénient par une disposition à *jalousies* (fig. 33)
qui réduit beaucoup le temps nécessaire à l'ob-
turation ; les bords des ouvertures de la tuile
doivent être évasés, et l'arrêt N, ajusté de telle
sorte que les fentes de la tuile viennent, à
chaque révolution, se placer exactement vis-à-
vis celles du tiroir.

Fig. 33.

Pour faire varier la détente, il suffira évidemment de déplacer l'arrêt L;
on y arrive par divers moyens faciles à imaginer.

La figure 34 est le dessin d'une distribution Farcot.

Il y a deux tuiles A et A',
une pour chaque bout du tiroir, serrées contre le dos du
tiroir par les ressorts a et a'.
L'arrêt est constitué par une
came c contre laquelle viennent heurter deux ergots N,
N' venus de fonte avec les
tuiles ; en tournant plus ou
moins la came au moyen de
l'arbre C D qui la porte, on
fait varier la détente ; cette
manœuvre peut être faite sans
arrêter la machine ; elle peut
être commandée par le modérateur, qui n'a ici à surmonter

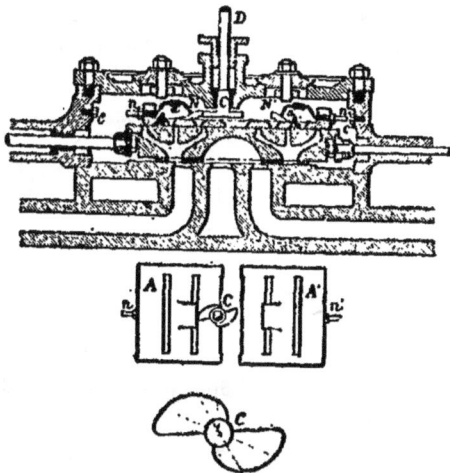

Fig. 34.

que le frottement du presse-étoupe. Les arrêts extérieurs sont constitués
par les têtes c, c' de deux boulons de réglage, contre lesquelles viennent
buter deux petites tiges n, n' fixées aux tuiles.

Dans la distribution Edwards, il n'y avait qu'une seule tuile, butant
alternativement à droite et à gauche contre les bouts de deux crochets plus

ou moins déplacés par le modérateur. Cette disposition s'accommode malaisément avec l'emploi de tuiles à jalousies.

En résumé, la distribution Farcot permet des détentes prolongées, variant des 2/3 à la totalité de la course du piston ; la détente variable peut être commandée par le modérateur ; les orifices sont rapidement fermés à la fin de l'admission.

D'autre part, l'avance angulaire et les recouvrements sont toujours petits ; donc peu d'avance à l'admission et à l'échappement et peu de compression ; ce qui ne convient pas aux machines à grande vitesse. Les chocs alternatifs des tuiles contre les arrêts rendraient également dangereuse une marche rapide. On se tient d'habitude au-dessous de 50 tours pour les machines fixes et de 80 tours pour les locomobiles. La faiblesse des avances occasionne quelquefois des chocs assez forts aux fins de course, à l'instant où la pression est brusquement renversée.

La distribution Farcot bien construite est excellente pour les grandes machines de manufacture à vitesse modérée, longue détente et condensation.

135. Distribution Meyer. — Dans la distribution Meyer, le tiroir a la même disposition que dans le type Farcot sans tuiles à jalousies (fig. 32) ; seulement, la tuile butant successivement contre deux arrêts est remplacée par un obturateur glissant sur le dos du tiroir, ou *glissière*, mue par un

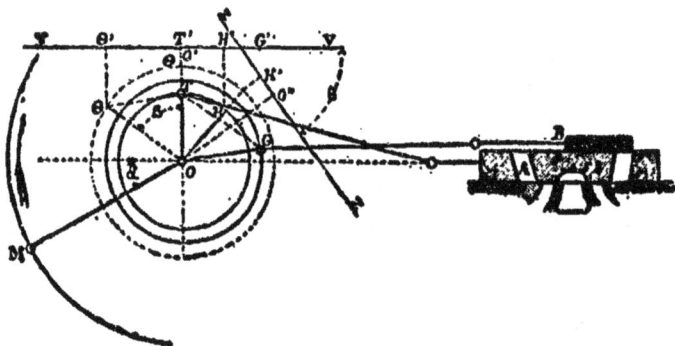

Fig. 35.

excentrique circulaire spécial accolé à celui du tiroir.

Soit (fig. 35), O M la grande manivelle, T le centre de l'excentrique conduisant le tiroir A, G le centre de l'excentrique conduisant la glissière B ou *excentrique de détente*. Négligeons l'obliquité des bielles d'excentrique. Les déplacements du tiroir et de la glissière sont les mêmes que ceux des projections T' et G' de T et de G sur une horizontale Y Y.

Pour nous rendre compte des effets de la glissière, nous allons étudier le mouvement relatif du tiroir par rapport à la glissière, c'est-à-dire de T' par rapport à G'. Reportons la droite T G parallèlement à elle-même en

O θ ; le mouvement relatif cherché sera celui de la projection θ' de θ par rapport à la projection O' de O, laquelle est fixe ; ce sera donc le mouvement absolu de θ'.

Par un artifice déjà employé, nous ferons tourner autour du point O tout le système de la glissière, d'un angle à θ O T = β, de telle sorte que θ vienne en Θ sur le prolongement de O T ; la droite de projection viendra en Z Z faisant avec Y Y un angle égal à β.

Si O H est une situation quelconque du rayon d'excentricité, le déplacement du tiroir sur la glace à partir de sa position moyenne, s'obtiendra en projetant H sur Y Y en H' ; O' H' sera la longueur cherchée.

Quant au déplacement du tiroir par rapport à la glissière, ces deux organes se trouveront dans leur position relative moyenne quand les rayons d'excentricité superposés des deux excentriques seront sur la droite O O' perpendiculaire à Z Z. Pour une position O H K quelconque de ces rayons, l'écart du tiroir par rapport à cette position moyenne sera K' O", K' étant la projection de K sur Z Z.

Ces constructions sont réalisées dans l'épure (fig. 36).

Pour la tracer, on commence par dresser l'épure circulaire du tiroir, en

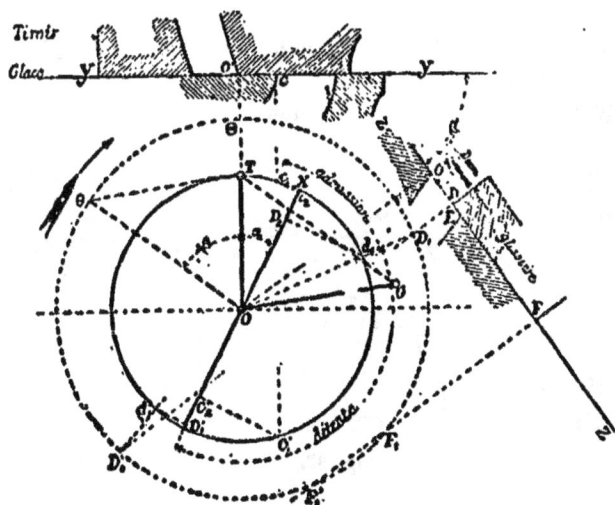

Fig. 36.

menant la droite O X qui fait avec la verticale O T, un angle α égal à l'avance angulaire, puis on mène la verticale $C_1 C_1'$ à une distance de O T égale au recouvrement extérieur ; les projections C_1, C_2' de C_1 et C_1' représentent les points où commence et finit l'admission, abstraction faite de la glissière, ou admission naturelle.

Traçons le rayon d'excentricité O G de la glissière correspondant à la situation O T de l'excentrique du tiroir ; puis complétons le parallélogramme

O θ T G, et décrivons du centre O, un cercle passant par θ, enfin traçons Z Z faisant avec l'horizontale un angle $\beta = \theta$ O T.

Pour étudier la fermeture de la lumière qui traverse le tiroir, figurons en O"E cette lumière, en portant en O"D le découvrement de la glissière : D représentera l'arête de la glissière dans sa position moyenne par rapport au tiroir.

La fermeture de l'admission aura lieu quand la lèvre extérieure de la lumière, actuellement en O", viendra rencontrer D, ce qui correspond à la siuation O D_1 et Od_1 des rayons d'excentricité et à la position D_2 du piston.

On voit sur cette figure que plus la distance O" D est grande, plus l'admission est prolongée. Elle ne saurait toutefois dépasser C'_2, c'est-à-dire l'admission naturelle résultant du recouvrement extérieur du tiroir.

Ainsi donc, pour faire varier la détente, il suffit de faire varier le découvrement de la glissière, et on peut ainsi porter l'admission de O à l'admission naturelle.

Il y a encore deux autres moyens de faire varier la détente :

Modifier l'excentricité O G de l'excentrique de la glissière ;

Modifier l'angle T O G des deux excentriques.

Dans la distribution Meyer, la variation de la détente est produite par celle du découvrement de la glissière.

La figure 37 représente cette distribution .

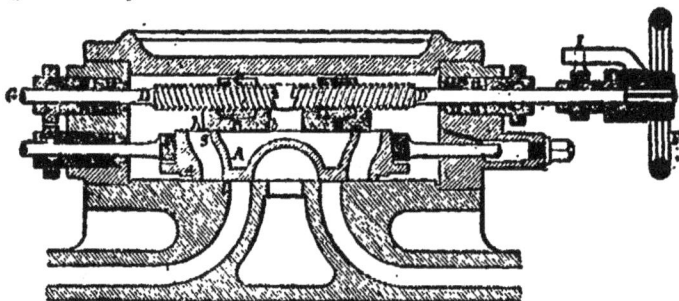

Fig. 37.

A. Tiroir.

B B'. Glissières ou blocs de détente, généralement en bronze, entraînés par deux écrous C, C' en fer.

D D'. Double vis à filets contrariés, qui éloigne ou rapproche les deux blocs lorsqu'on la manœuvre au moyen du petit volant F ; cette vis s'assemble par son autre extrémité G, avec la bielle de l'excentrique de détente. La manœuvre de la vis D D' a pour effet d'augmenter ou de diminuer le découvrement des blocs, c'est-à-dire l'admission.

1. Index.

Si les proportions de la distribution ne sont pas convenablement établies ; les inconvénients suivants peuvent se présenter :

1° Le tiroir étant à fin de course, l'arête *a* du tiroir peut découvrir la lèvre *l* de la lumière, il y a alors remplissage du cylindre par une vapeur fort mal employée.

2° Le même inconvénient peut se produire entre l'arête *b* et la lèvre *g* dans les grandes détentes.

3° Enfin dans les grandes admissions (fig. 36), la glissière se reculant jusqu'en F, il peut y avoir réadmission en F'$_1$, par l'arête *h* (fig. 37) avant la fin de la course.

On voit que, pour établir une distribution Meyer, on dispose de six éléments, savoir :

Pour le tiroir : avance angulaire, recouvrement extérieur, recouvrement intérieur ;

Pour la glissière : angle de calage, rayon d'excentricité, découvrement.

Les trois premiers éléments servent à déterminer d'une manière fixe les avances à l'admission, à l'échappement et à la fermeture de l'échappement.

Les trois derniers éléments donnant la fermeture de l'admission, on a ainsi une marge plus que suffisante pour éviter les inconvénients que nous venons de signaler.

Souvent l'excentrique de détente est calé à l'opposé de la grande manivelle, ce qui permet de renverser la marche sans troubler la distribution.

En résumé, la distribution Meyer permet une détente variable dans les plus larges mesures ; la vapeur est coupée rapidement ; cette distribution laisse toute liberté pour les diverses avances ; elle peut s'appliquer avec avantage pour les marches rapides.

Son inconvénient capital est de mal se prêter à la manœuvre de la détente variable par le modérateur.

Les machines dont le travail comporte des intermittences fréquentes (machines d'extraction, de levage), pourront être armées de cette distribution, qui permet le départ à peu près dans toutes les positions de la manivelle ; le démarrage se fait presque à pleine pression, puis la machine une fois lancée, la détente se règle sur les résistances à surmonter.

130 Distributions dérivées du type Meyer. — Au lieu de la double vis, on peut employer tout autre mécanisme. Ainsi les orifices des lumières sur le dos du tiroir étant taillés obliquement (fig. 38), la glissière a la forme d'un trapèze ; en la poussant vers le haut, on réduit le découvrement.

On peut aussi agir soit sur le rayon d'excentricité, soit sur l'angle de calage, de l'excentrique de la glissière.

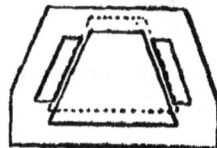

Fig. 38.

Distribution Duvergier (fig. 39). — La bielle d'excentrique E G commande une coulisse B A oscillant autour d'un point fixe A ; la tige D F de la glissière est commandée par une bielle C D fixée en un point C de la coulisse B A.

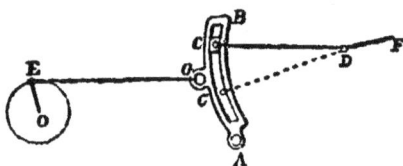

Fig. 39.

La coulisse est taillée suivant un arc de cercle ayant C D pour rayon.

Si l'on fait varier la position du point C sur la coulisse, cela revient évidemment à faire varier le rayon d'excentricité.

Ce système peut facilement être commandé par le modérateur, qui soulève ou abaisse la bielle C D.

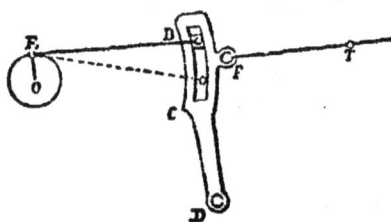

Fig. 40.

Si l'on renverse ce dispositif, on obtient celui de la figure 40 : O E excentrique, E B bielle d'excentrique, terminée par un coulisseau B qui peut se déplacer dans une coulisse B C taillée suivant un arc de cercle ayant B E pour rayon. La coulisse B C oscille autour du point fixe D ; la bielle de la glissière F T est attachée en un point quelconque de la coulisse.

Modifier la position du coulisseau B revient à faire varier à la fois l'angle de calage et le rayon d'excentricité. Ce système se prête moins bien que le précédent à la commande par le modérateur, à cause du frottement notable de l'excentrique sur son collier.

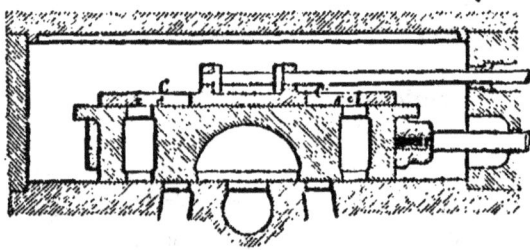

Fig. 41.

Dans certaines distributions (fig. 41), l'obturation des lumières du tiroir est produite par une glissière portant 2 ouvertures, et c'est la lèvre *extérieure c, c'* de ces lumières qui, venant rencontrer la lèvre *intérieure d, d'* des lumières du tiroir, détermine la fin de l'admission.

L'étude de cette distribution, qui présente à peu près les mêmes propriétés et les mêmes variétés que le type primitif, se fait par les mêmes procédés.

137. Détente par l'obturation de l'arrivée de vapeur. — Si l'orifice par lequel la vapeur arrive dans la boîte de distribution est fermé quand le piston a parcouru une partie de sa course, il y a détente dans la boîte et dans le cylindre à partir de cet instant.

L'inconvénient évident de cette disposition, c'est que les espaces nuisibles sont augmentés de tout le volume de la boîte de distribution, que l'on réduit d'ailleurs le plus possible.

La forme et la commande de l'obturateur peuvent être très variées.

Obturateur en glissière conduit par un excentrique circulaire (fig. 42). — L'épure circulaire se trace facilement.

Soient O T, O g l'excentrique du tiroir et celui de la glissière, faisant un angle β.

On trace d'abord l'épure circulaire du tiroir en prenant T' A = le recouvrement extérieur, T O X = α avance angulaire, et projetant sur O X en A_2 et A'_2 les points A_1 et A'_1 d'intersection du cercle avec la verticale de A.

Puis ensuite, on fait tourner autour de O d'un angle β le système de la glissière, de telle sorte que g vienne en G sur le prolongement de O T ; la ligne de projection viendra en Z Z, faisant avec Y Y un angle β. On porte alors, à partir de la projection O' de O, O'C = le recouvrement de la glissière ; relevant alors C en

Fig. 42.

C'_1 et C_1 sur le cercle Gg_1, C'_1 sera le point d'ouverture, C_1 celui de fermeture de la lumière. Ramenant C_1 en c_1 et projetant c_1 sur O X, on trouve en C_3 le point où cesse l'admission.

Il faut faire attention que la vapeur, coupée du côté C, ne soit pas ouverte du côté B' vers la fin de la course, ce qui se présentera forcément, avec une admission un peu étendue.

Les variations de la détente sont donc fort limitées.

Malgré son infériorité, ce système est quelquefois préféré, dans les machines rapides, à la distribution Meyer, à cause des dimensions considérables que prendrait le tiroir avec cette dernière distribution. Dans ce cas, la glissière et la glace sur laquelle elle se meut prennent souvent la disposition de jalousies et le rayon de l'excentrique est fort réduit.

Ex : machine pour l'alimentation des eaux de Lyon, construite par le Creusot en 1865 (fig. 43).

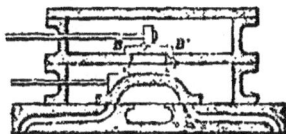

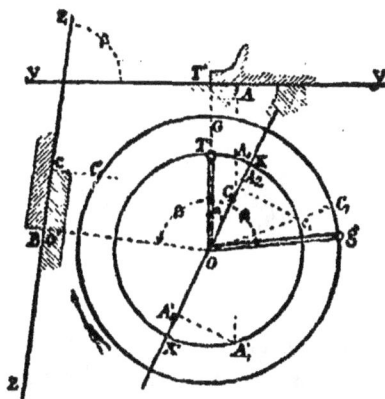

138. Formes diverses de l'excentrique. — L'excentrique circulaire est seul admissible dans les machines à mouvements rapides.

Dans les machines à vitesse modérée, la même nécessité n'existe pas, le problème de la distribution devient alors très facile.

On rencontre fréquemment (fig. 44) l'*excentrique triangulaire* se mou-

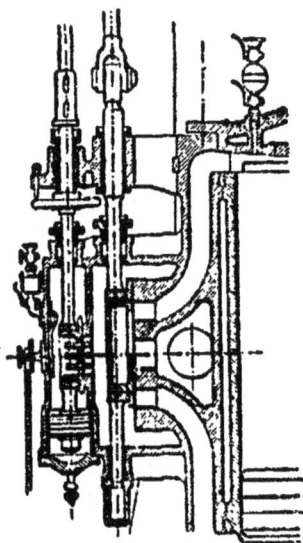

Fig. 43.

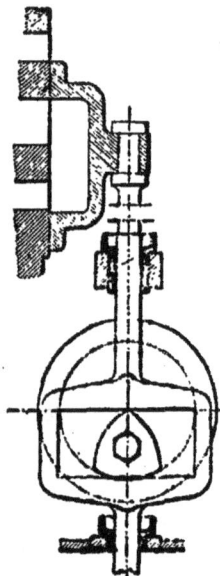

Fig. 44.

vant dans un cadre; le plus souvent, l'axe de rotation passe par un des sommets; dans ce cas, l'excentrique faisant une révolution, le cadre reste immobile pendant tout le temps que l'un ou l'autre de ses côtés est en contact avec la pointe qui forme l'axe de rotation, c'est-à-dire pendant un temps correspondant au parcours de 2/6 de la circonférence; ses mouvements pendant le reste de la révolution sont plus rapides que dans le cas de l'excentrique circulaire, ce qui permet de couper plus promptement la vapeur.

On emploie souvent l'*excentrique à ondes* agissant sur un galet pressé contre lui par un ressort ou un poids. Les ondes peuvent être tracées de manière à produire dans le galet un mouvement donné à l'avance et accommodé, comme on le désire, aux conditions de la distribution; exemples : machines soufflantes de l'aciérie au Creusot (fig. 45).

En accolant les uns aux autres plusieurs excentriques à ondes, on forme un manchon continu dit *manchon à bosses*, qui peut se déplacer le long de son axe tout en tournant avec lui; suivant la zone du manchon qui est en prise sur le galet, les conditions de la distribution changent, ce qui permet d'obtenir la détente variable soit à la main, soit par le modérateur.

Voici un exemple de ce dernier cas (fig. 46) appliqué à une distribution par obturation de l'arrivée de vapeur.

A A, cadre guidé par les deux tiges B et C ; la tige C commande la soupape D d'arrivée de vapeur, la tige B est constamment repoussée vers la droite par un ressort en spirale contenu dans la boîte E.

F, manchon à bosses enfilé sur l'axe G G du modérateur à force centrifuge, et tournant avec lui ; il est soulevé plus ou moins par la double tringle H suspendue au collier du modérateur ; les bosses mordent sur le butoir I.

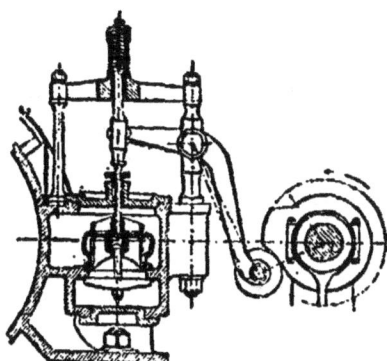

Fig. 45.

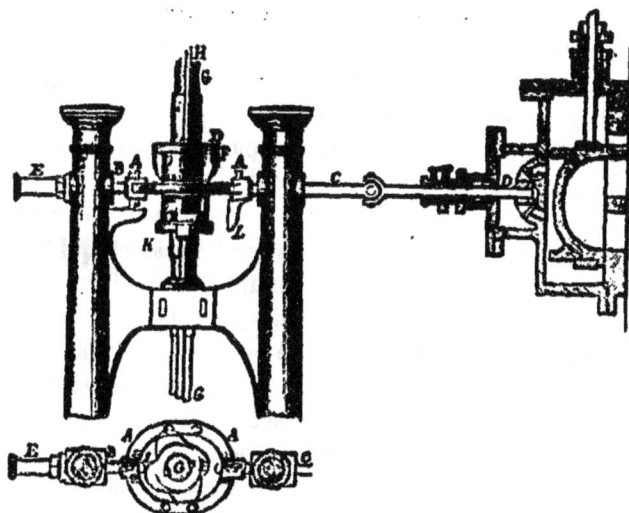

Fig. 46.

K, excentrique à ondes fixe, qui agit sur le butoir L si l'action du ressort E devient insuffisante.

La soupape D s'ouvre et se ferme deux fois dans une révolution de la machine.

Disons cependant qu'il serait plus simple et plus rationnel d'agir directement sur le tiroir au moyen du manchon à bosses.

Les excentriques à ondes et manchons à bosses sont le plus souvent placés, non pas sur l'arbre de couche, mais sur un arbre de plus faible diamètre, actionné par un engrenage.

139. Soupapes équilibrées. — Aux excentriques à ondes, on voit souvent associées des *soupapes équilibrées* (fig. 45 et 47).

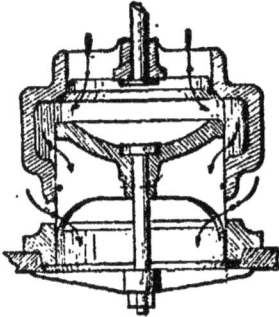

Cet organe donne de larges ouvertures pour un faible déplacement et n'oppose au mouvement qu'une résistance très petite, qu'on peut d'ailleurs amoindrir autant qu'on veut en donnant aux deux sièges des diamètres presque égaux ; il exige une construction soignée et solide.

Il faut éviter que l'excentrique tende à appuyer la soupape sur son siège, car le moindre défaut d'ajustage déterminerait soit des fuites importantes, soit des arcboutements dangereux ; l'excentrique doit agir seulement pour la soulever, puis la laisser retomber doucement d'une faible hauteur, sous l'action d'un ressort ou d'un poids.

Fig. 47.

La figure 47 représente un type de soupape équilibrée.

140. Détentes par déclenchement. — Les détentes par déclenchement sont fort usitées depuis quelques années.

Ces sortes de distribution comportent généralement quatre distributeurs : deux pour l'admission, deux pour l'échappement.

Les distributeurs d'échappement sont commandés comme à l'ordinaire.

Les distributeurs d'admission sont actionnés par des ressorts qui tendent toujours à les placer dans la position de fermeture. Chacun d'eux est commandé par une tige brisée, dont les deux parties peuvent être rendues solidaires par une clenche ; l'enclenchement se produit avant l'arrivée du piston à fond de course, et le distributeur s'ouvre avec l'avance voulue ; en un point donné de la course, la clenche touche un arrêt, le déclenchement a lieu, et le distributeur, poussé par son ressort, ferme brusquement l'admission ; ce mouvement est modéré par un frein à air solidaire du distributeur.

L'arrêt qui produit le déclenchement peut être déplacé, pour faire varier la détente ; ce déplacement est commandé par le modérateur.

Les avantages de ce système sont :

Fermeture très rapide de l'admission ;

Détente variable commandée par le modérateur ;

Faibles espaces nuisibles, même avec de larges lumières, ce qui permet une marche assez rapide ;

Indépendance des quatre distributeurs au point de vue du réglage ;

L'inconvénient capital est la complication de tout le système.

Bien construites, bien réglées, et bien entretenues, les machines de ce système font un fort bon service, malgré la délicatesse de leurs organes

Machine Corliss. — La machine américaine Corliss peut être considérée comme le prototype de ce mode de distribution.

Les distributeurs (fig. 48) sont cylindriques et enfilés sur un arbre méplat qui se manœuvre au moyen d'une manivelle.

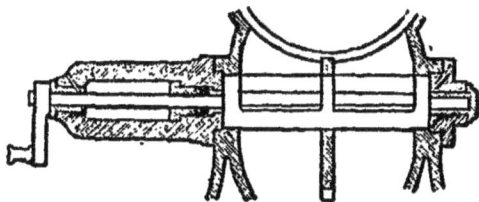

La figure 49 représente la commande des distributeurs d'admission. T, tige d'un distributeur d'admission, constamment tirée vers la gauche par le ressort R r agissant sur la menotte R D. En F est le petit piston à air formant frein ; l'air enfermé entre ce piston et son cylindre peut s'échapper plus ou moins lentement par le petit orifice *f* qu'on règle à volonté.

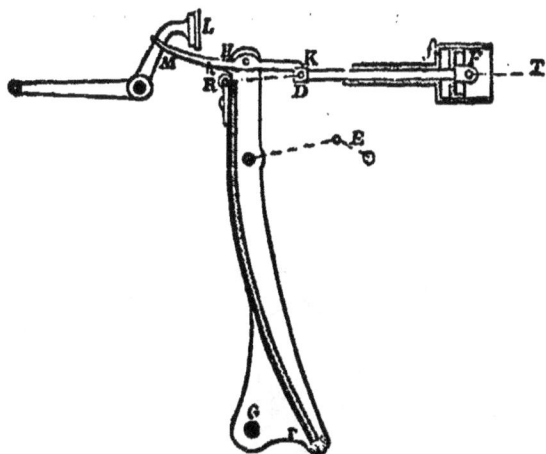

K M, pièce d'enclenchement basculant autour du point H, et qui vient mordre en K sur la tête D de la tige du tiroir sous la pression du

Fig. 48.

Fig. 49.

petit ressort *h* ; elle est portée par la potence G r H oscillant autour du point G sous l'action de l'excentrique E.

L, touche manœuvrée par le modérateur et produisant le déclenchement lorsque la queue M de la pièce M K vient au contact.

La distribution *Inglis* comporte également quatre distributeurs cylindriques ; les distributeurs d'admission sont manœuvrés par des ressorts à boudin et un système de déclenchement un peu différent, comme forme, de celui de Corliss.

La machine *Sulzer* (fig. 50), dont un exemplaire, construit en Suisse, a figuré avec honneur à l'Exposition de Vienne, en 1873, comporte une distribution par soupapes équilibrées, savoir : deux soupapes *b b* pour l'admission, deux soupapes *a, a* pour l'échappement.

A, arbre de couche commandant par engrenages l'arbre de distribution B et le modérateur C. La soupape d'échappement, appuyée sur son siège par le ressort à boudin *e*, est manœuvrée par la transmission D E, commandée par l'excentrique à ondes T, calé sur l'arbre B. La soupape d'admission, appuyée par le ressort avec frein à air *f*, est commandée par l'excentrique

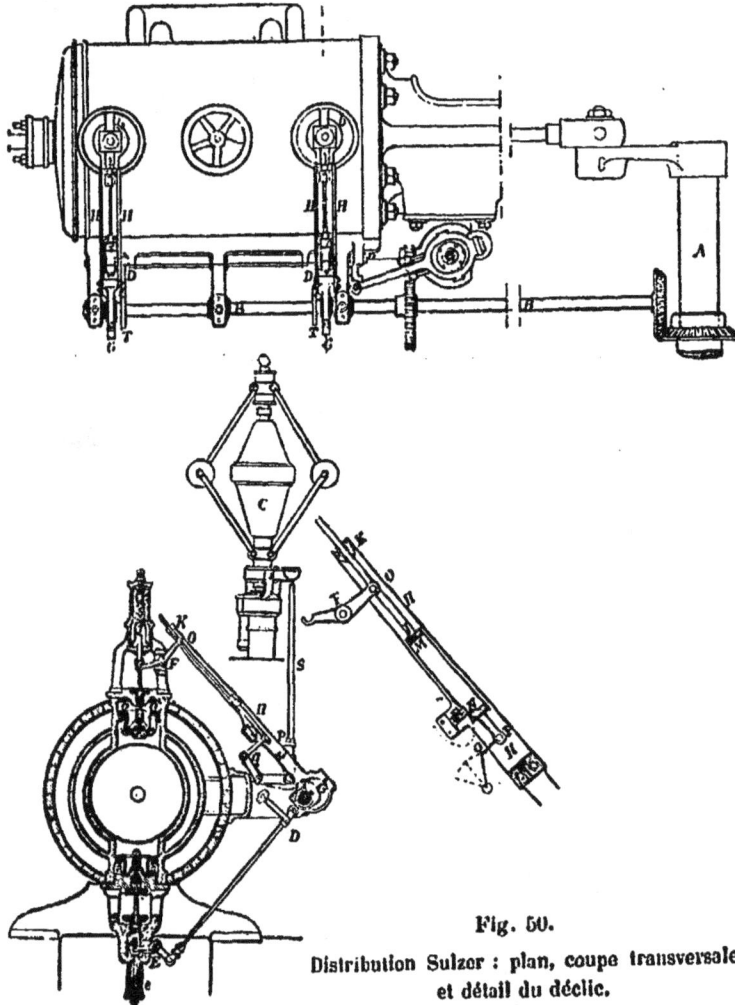

Fig. 50.

Distribution Sulzer : plan, coupe transversale
et détail du déclic.

circulaire G au moyen du système à déclenchement G H O F, composé d'une bielle d'excentrique K H à deux flasques, courant en K sur la tige K N manœuvrée en P par le modérateur ; l'enclenchement se produit quand la pièce R, fixée à la bielle d'excentrique, vient mordre sur le talon N ; lorsque cette pièce échappe au talon, la soupape *b*, devenue libre, tombe sur son siège par l'action du ressort.

DES CHANGEMENTS DE MARCHE

141. — Un grand nombre de machines doivent être organisées de telle sorte qu'on puisse rapidement changer le sens du mouvement de l'arbre de couche ; exemples : locomotives, machines marines, machines d'extraction. Dans ce cas, elles comportent d'ordinaire deux cylindres, actionnant des manivelles calées à angle droit sur l'arbre de couche ; quelquefois, il y a trois cylindres.

On a vu qu'une machine, ramenée au type simple déjà mentionné, tourne dans un sens tel que l'excentrique précède l'arbre de couche. Pour changer le sens du mouvement, il suffira donc de modifier le calage de l'excentrique.

On y arrive par deux moyens :

1° *Excentrique à toc*. L'excentrique est fou sur l'arbre, mais il est entraîné dans un sens ou dans l'autre au moyen d'un *toc* ou arrêt fixé à l'arbre et s'appuyant successivement sur deux butoirs fixés sur l'excentrique.

2° *Double excentrique*. Chaque excentrique a un calage spécial et peut être attelé séparément à la tige du tiroir.

142. Changement de marche à toc. — Voici le changement de marche employé dans les anciens steamers à roues (fig. 51) :

O M, manivelle ; T T', encoche de l'excentrique, dont les faces T et T' forment butoirs ; F, toc.

Dans la situation de la figure, la machine tourne dans le sens de la flèche et *appuie* le toc contre le flanc T. La machine étant stoppée, on vire à bras en sens inverse, jusqu'à ce que le toc F vienne en contact avec T', la manivelle venant en O M', il est clair alors que la machine partira dans le sens opposé à celui de la flèche, en continuant à appliquer le toc contre T'.

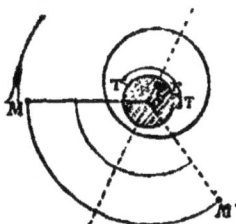

Fig. 51.

Au lieu de virer à bras, on peut faire la manœuvre comme il suit : déclencher la bielle d'excentrique, organisée *ad hoc*, faire mouvoir le tiroir à bras, de manière à déterminer le départ rétrograde ; le mouvement se continuera de lui-même.

Le déclenchement usité est le suivant (fig. 52) :

B, bielle d'excentrique ; T, manneton venu sur la tige du tiroir.

Fig. 52.

Le déclenchement est produit quand le levier A D a la situation de la figure ; si l'on dégage l'arrêt E, le bras A C du levier se couche horizontalement, et la bielle d'excentrique, en retombant, saisit le manneton T.

7

Pour renverser sans stopper, il faut donner à l'excentrique un mouvement relatif par rapport à l'arbre dans le sens du mouvement de la machine, c'est-à-dire un mouvement absolu de rotation *plus rapide* que celui de l'arbre. On emploie pour cela les trains épicycloïdaux.

Changement de marche Mazeline (fig. 53). — L'excentrique O E fait corps avec un pignon A fou sur l'arbre ; le train épicycloïdal, composé d'une roue dentée B engrenant avec A et d'un pignon C solidaire de cette roue, est commandé par une roue D calée sur l'arbre O et engrenant avec C.

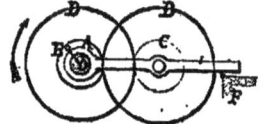

Fig. 53.

La distance des centres O et C est maintenue par un levier dont le mouvement peut être arrêté par un obstacle F ; dès lors le pignon A tourne dans le sens de la flèche avec une vitesse plus grande que la roue D, ce qui produit le décalage de l'excentrique.

Dans la pratique, le levier O C fait partie d'un volant à main concentrique à l'arbre.

Dans les machines marines du type Mazeline, l'arbre de distribution B (fig. 54) est parallèle à l'arbre de couche, qui le commande par deux roues

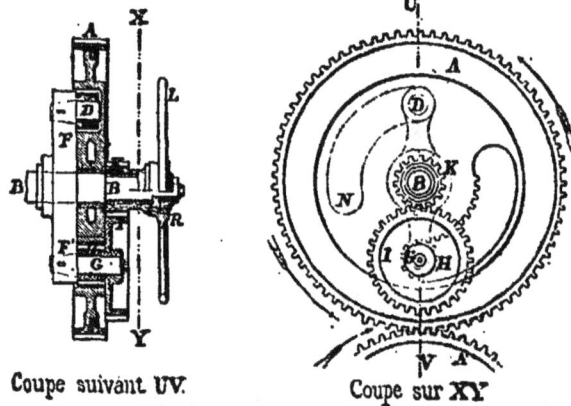

Coupe suivant UV.   Coupe sur XY

Détail de l'assemblage du Volant.

Fig. 54.

dentées égales A et A' ; la roue A' est calée sur l'arbre de couche ; la roue A est folle sur l'arbre B, mais elle entraîne un manneton ou *toc* D fixé

par une manivelle F sur l'arbre B ; le manneton peut prendre successivement les deux positions D, N, en parcourant une rainure en arc circulaire,
pratiquée dans la roue A. Le train épicycloïdal H I tourne sur l'axe G fixé
à la contre-manivelle F' ; le pignon K est fou sur l'arbre B et réuni à frottement très dur au volant à main L par un cône de friction M, dont le
calage est réglé de telle sorte, qu'un effort trop considérable exercé sur le
volant détermine un glissement et non la rupture de l'arbre.

Malgré cette précaution et d'autres analogues employées dans la marine,
le renversement en pleine marche est une opération qui peut devenir dangereuse à cause des chocs qui se produisent au moment où le toc arrive
au contact. On préfère aujourd'hui la coulisse de Stephenson, dont nous
allons parler.

143. Changement de marche à deux excentriques. — Deux excentriques à calages différents sont fixés à l'arbre ; la bielle de chacun
d'eux peut être mise en prise avec la tige du tiroir ; l'un détermine la
marche en avant, l'autre la *marche en arrière*.

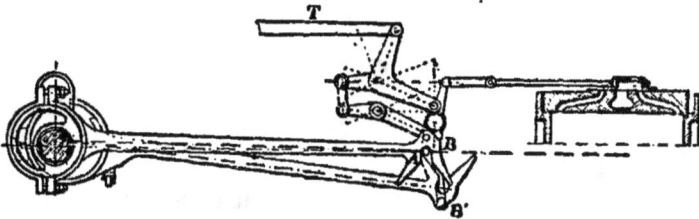

Fig. 55.

Dans les anciennes locomotives (fig. 55), chaque bielle est terminée par
un pied de biche B, B', qui vient successivement en prise avec le manneton A, commandant le tiroir ; un seul déplacement de la tringle de relevage T, en avant ou en arrière, renvoyé par des mouvements de sonnette
aux deux bielles, suffit pour déterminer le renversement de marche.

144. Coulisse de Stephenson. — Le système des deux pieds de biche
ne tarda pas à être remplacé par la coulisse de Stephenson (fig. 56) plus
simple et d'une manœuvre plus sûre.

On s'aperçut bientôt qu'en plaçant le *coulisseau* C en des points intermédiaires entre les deux extrémités de la coulisse, on modifie la distribution et l'on augmente la détente.

Dès lors, on adopta pour opérer le relevage un *levier de changement de
marche*, muni d'un verrou à ressort qui mord dans les crans de détente pratiqués sur un arc fixe A ; on peut ainsi arrêter le levier en diverses positions ; ce levier agit *sur l'arbre de relevage B*, par l'intermédiaire de la
tringle T.

Le frottement du tiroir sur sa glace est considérable et se transmet par

les divers organes, jusqu'au levier L. Si donc, pendant la marche, on vient
à déclencher le verrou, le levier est violemment projeté et blesse le mécanicien. La manœuvre du·levier doit donc toujours être précédée de la
fermeture du régulateur de prise de vapeur, afin de décharger les tiroirs;
ce qui occasionne une perte de temps souvent dangereuse.

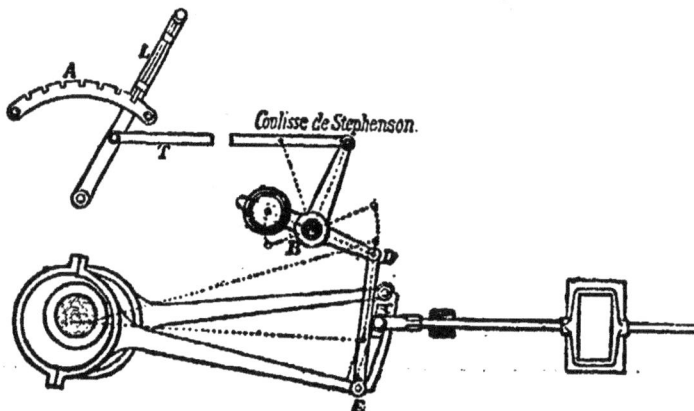

Fig. 56.

Aujourd'hui, le levier à verrou est remplacé par le *changement de marche à vis* (fig. 57), qui se
manœuvre avec toute sé-
curité, même en pleine
marche : un petit verrou
V, mordant sur un man-
chon à crans, permet d'arrêter le volant; une réglette
R porte l'indication des détentes.

Cet appareil a rendu réellement pratique l'emploi

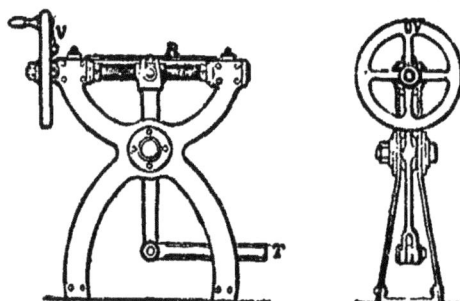

Fig. 57.

de la détente variable et de la marche à *contre-vapeur* sur les pentes.
   Avec l'ancien appareil, les variations de puissance ne s'obtenaient qu'en
étranglant la vapeur au moyen du régulateur et la *contre-vapeur* n'était
presque jamais pratiquée.
   145. Epure approximative de la coulisse. — Les mouvements des
diverses pièces d'une distribution par coulisse sont fort compliqués (1) ;
mais il est facile de se rendre compte approximativement du jeu de l'appareil, en négligeant l'obliquité des bielles d'excentrique et de la coulisse.

   (1) Consulter : Phillips, *Théorie de la coulisse*, Annales des mines, 1833 ; Zeuner, *Distributions par tiroirs*, traduction Debize et Mérijot, Dunod, 1869 ; Couche, *Voie et matériel roulant*, Dunod, 1876.

Dans cette hypothèse, les deux articulations de la coulisse décrivent des droites horizontales, et leurs mouvements sont les mêmes que ceux des projections horizontales des centres d'excentricité.

Traçons (fig. 58) deux horizontales Y Y, Z Z, à la hauteur moyenne des centres d'articulation de la coulisse.

O M étant la manivelle, traçons les deux excentriques O A et O B (supposés, dans la figure, égaux et faisant avec la manivelle des angles égaux); dans la rotation de l'arbre, les projections verticales $A_1 B_1$ de A et de B parcourront Y Y et Z Z entre aa' et bb' et figureront les excursions du tiroir, mis en prise avec l'une ou l'autre des extrémités de la coulisse. Les déplacements sur l'horizontale cc' de la projection verticale d'un point quelconque ($c_1 c$) pris sur la droite ($A_1 B_1$, A B) figureront les mouvements du point correspondant pris sur la corde de la coulisse. Si donc le tiroir est attaché à la coulisse à une hauteur $D c_1$ au-dessous de l'articulation supérieure, ce sera comme s'il était conduit par un excentrique *fictif* ayant O C pour rayon et M O C pour angle de calage (1).

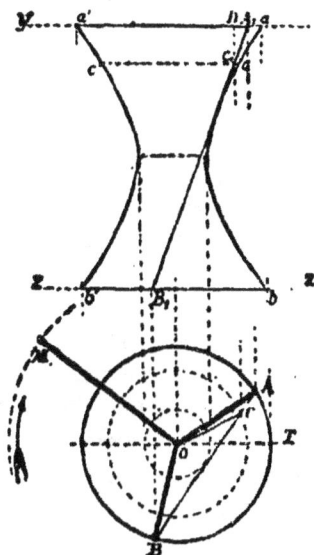

Fig. 58.

La fig. 59 est l'épure circulaire de la distribution pour diverses positions du levier de changement de marche.

A, B, excentriques réels.

α, leurs avances angulaires.

A_1, A_2, excentriques fictifs correspondant à diverses situations du levier de changement de marche.

A_0, Excentrique fictif cor-

(1) Cette épure n'est autre que celle de l'hyperboloïde de révolution engendré par une droite (A B, $A_1 B_1$) tournant autour de l'axe O. — Le contour apparent de cette surface, ainsi que son cercle de gorge, ont été tracés sur la fig. 58.

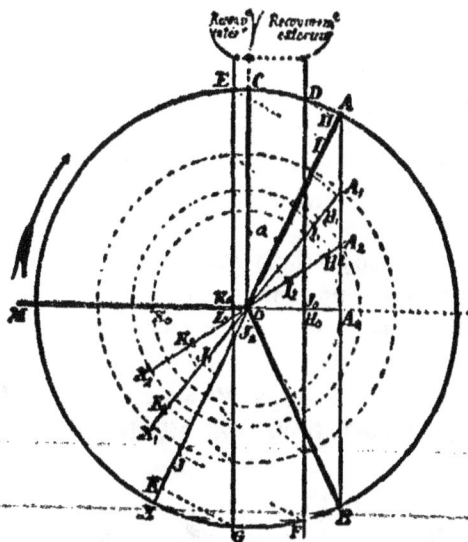

Fig. 59.

respondant au *point mort* (c'est-à-dire au milieu) de la coulisse.

H, commencement de l'admission.

J, fin de l'admission.

K, commencement de l'échappement.

I, fin de l'échappement.

H A, avance à l'admission.

A J, pleine pression.

J K, détente.

K X, avance à l'échappement.

X I, échappement.

I H, compression.

Les mêmes lettres, avec des indices, se rapportent aux diverses situations du levier de changement de marche.

On voit sur cette épure qu'à mesure que le coulisseau se rapproche du milieu de la coulisse (appelé *point mort de la coulisse*) :

Les avances à l'admission et à l'échappement augmentent ;

La détente augmente beaucoup ;

La compression augmente aussi, mais moins rapidement que la détente (sauf tout près du point mort).

146. Coulisseau au point mort. — Quand le coulisseau est à mi-course (on dit improprement : *au point mort*), l'avance à l'admission est égale à la pleine pression, l'avance à l'échappement est égale à l'échappement, et la détente égale à la compression.

Voici la figure du diagramme correspondant (fig. 60) :

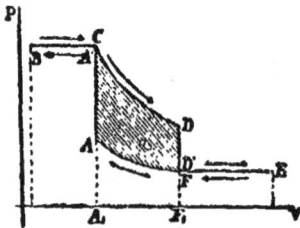

Fig. 60.

A A', commencement de l'admission.

A' B, admission anticipée.

B C coïncidant avec A' B, pleine pression.

C D, détente.

D D', avance à l'échappement.

E F, échappement, coïncidant avec E D'.

D' A, compression.

Le travail développé est positif (1) et égal à l'aire C D D' A.

Ainsi, une machine étant lancée, si l'on place le coulisseau au point mort, la machine continuera à produire du travail, quel que soit le sens de la marche. La même chose a lieu à une petite distance de part et d'autre du point mort.

147. Corrections diverses. — Dans l'épure (fig. 58), nous avons supposé que le tiroir était attaché directement à la coulisse et qu'il se

(1) Sauf le cas, qui ne se rencontre pas dans la pratique, où, l'abscisse du point C étant très petite, D passerait au-dessous de D'.

mouvait parallèlement à la droite U T, joignant le centre de l'arbre au milieu de la coulisse.

Les moyens employés pour faire voyager le coulisseau varient beaucoup, et il y a lieu d'en tenir compte pour obtenir une réglementation exacte.

Dans la figure 56, la bielle de relevage D E agit sur la coulisse, en faisant tourner l'ensemble de la coulisse et des deux bielles autour de l'arbre de couche ; dans cette rotation, le mouvement relatif des diverses pièces de la distribution par rapport à la glace sera le même que si, la coulisse restant immobile, la glace, le tiroir et la tige tournaient en sens contraire autour de l'arbre de couche ; dans ce mouvement, les arêtes des lumières décrivent des arcs concentriques à l'arbre.

Soit (fig. 61), O A, O B les deux excentriques, G le coulisseau au point mort, le tiroir L étant dans sa position moyenne ; la droite verticale E G F d'après l'épure du § 145 représente le lieu des positions du coulisseau correspondant à la position moyenne du tiroir. Mais si nous don-

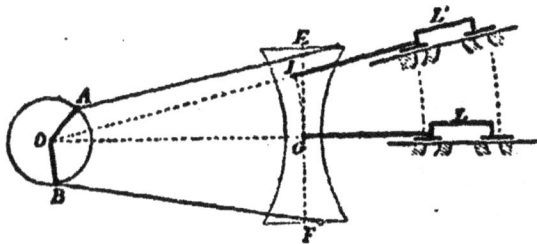

Fig. 61.

nons à l'ensemble du tiroir et de sa tige un mouvement de rotation autour du point O, représentant un déplacement de l'arbre de relevage, le coulisseau viendrait en I en décrivant autour de O l'arc de cercle G I.

La coulisse rectiligne que nous avons supposée, aurait donc pour effet de déplacer la position moyenne du tiroir sur sa glace. Pour éviter cet inconvénient, on donne à la coulisse la forme d'un arc de cercle, dont le rayon est égal à la longueur des bielles d'excentrique (prise du centre d'excentricité au centre d'articulation sur la coulisse).

D'autres corrections, d'une moindre importance, doivent être apportées, qui dépendent des circonstances suivantes :

1° Position du point de suspension de la coulisse : dans la figure 56, la suspension a lieu par le bas, et par le milieu dans la figure 62 ; souvent le point de suspension est placé en dehors de la ligne moyenne ; la longueur de la bielle de suspension joue aussi un rôle.

2° Longueur des bielles et de la coulisse, et mode d'articulation des bielles : sur l'axe ou en dehors de l'axe de la coulisse.

3° Mode de guidage de la tige du tiroir.

Ces corrections ne peuvent bien être exécutées que sur des modèles à grande échelle ; l'épure approximative sert à indiquer dans quel sens elles doivent être faites et à simplifier les recherches.

Enfin il y a lieu de tenir compte de l'obliquité de la grande bielle, dont on corrige les effets comme dans le cas de l'excentrique simple.

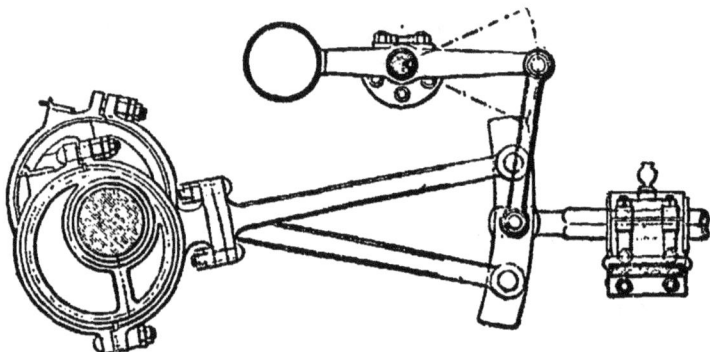

Fig. 62.

148. Variétés de la coulisse de Stephenson.—*Coulisse de Gooch, ou coulisse renversée.* La bielle de suspension A B (fig. 63) oscille autour d'un point fixe B et la bielle de relevage C D agit sur une bielle E F articulée à la tige T du tiroir.

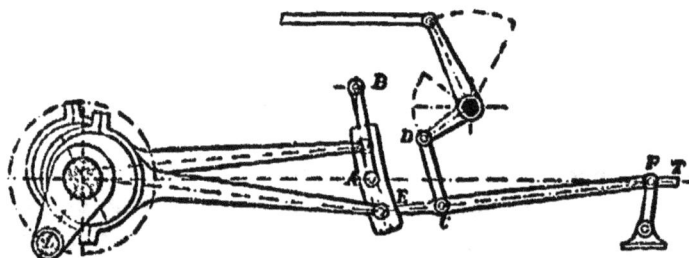

Fig. 63.

La concavité de la coulisse doit être ici tournée du côté du tiroir et son rayon égal à la longueur de la bielle E F.

Cette disposition atténue certaines perturbations presque inévitables avec la coulisse *droite* (coulisse de Stephenson ordinaire). Son principal avantage est de charger moins l'arbre de relevage et de donner plus de fixité à la suspension de la coulisse, de manière à mieux résister aux efforts des bielles qui tendent à la rejeter hors du plan vertical dans lequel elle doit se mouvoir.

Dans la *coulisse d'Allan* (fig. 64), la bielle du tiroir s'élève quand la coulisse s'abaisse ; ce double mouvement permet, avec des proportions convenables, de donner à la coulisse une forme rectiligne.

La coulisse, sous ces différentes formes, donne, en somme, une distribution assez irrégulière, aussi défectueuse, pour les grandes détentes, que la distribution par excentrique simple et tiroir en coquille, dont elle dérive.

On a tenté d'appliquer aux locomotives la distribution Meyer, soit sous sa forme ordinaire (anciennes locomotives bavaroises), soit, d'une manière

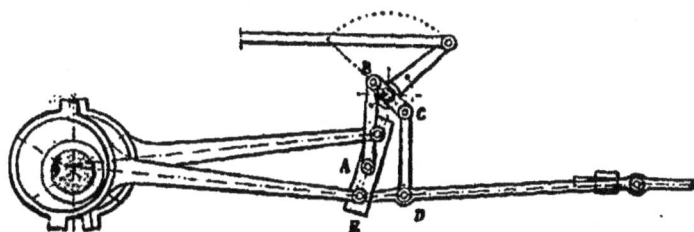

Fig. 64.

plus pratique, sous la forme représentée figure 65, qui constitue la *distribution Polonceau*, laquelle a fonctionné longtemps, non sans succès, au chemin de fer d'Orléans.

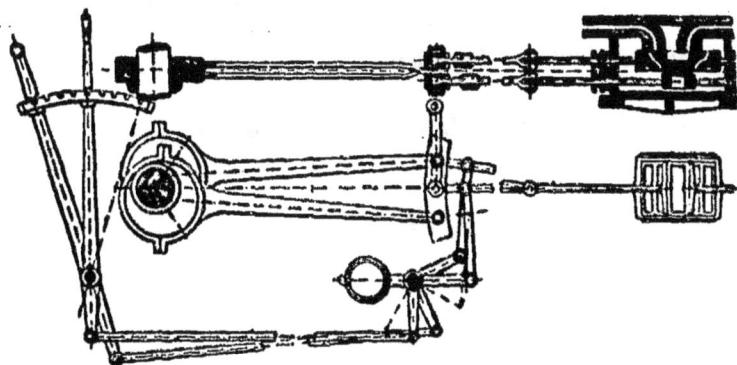

Fig. 65.

Cette distribution n'est autre que la distribution Meyer, dans laquelle la variation de la détente est obtenue, non plus par une modification dans le découvrement de la glissière, mais par le changement du rayon et du calage de l'excentrique.

A cet effet, le tiroir est commandé par une coulisse (de Gooch), mais le levier ne peut s'arrêter qu'aux deux situations extrêmes, de sorte que le tiroir n'est jamais en prise qu'avec l'un des deux excentriques, ce qui constitue une détente fixe. La glissière est commandée par un coulisseau glissant dans une coulisse accolée à la première, et peut y occuper diverses positions, ce qui revient à faire mouvoir la glissière par un excentrique à calage et à rayon variables.

Les divers éléments de cette distribution étant convenablement combinés, donnent une solution très satisfaisante de la détente variable avec changement de marche.

Néanmoins cette disposition a été abandonnée dans les locomotives à cause de sa complication et des grandes dimensions du tiroir et de la boîte à vapeur. On en est revenu, presque exclusivement, à la coulisse ordinaire (droite ou renversée), qui constitue, jusqu'ici, l'appareil le plus simple et le plus sûr de changement de marche, s'accommodant, dans une mesure suffisante, avec la variation de la détente.

On remarquera d'ailleurs que les grandes détentes ne s'emploient, dans les locomotives, que lorsque l'on marche à grande vitesse ; et alors, les avances exagérées que donne la coulisse cessent d'être un inconvénient et deviennent même nécessaires.

Avec les machines Compound de la marine, dans lesquelles la détente dans chaque cylindre est toujours modérée, la coulisse répond bien aux conditions du problème, et son emploi est de plus en plus répandu.

149. Autres systèmes de distribution. — Nous n'avons mentionné que les systèmes de distribution consacrés par la pratique. Nous en verrons quelques autres appliqués à des machines spéciales, notamment aux machines qui ne comportent pas d'arbre de couche animé d'un mouvement de rotation.

Une étude plus étendue des distributions dépasserait les bornes de ces leçons.

CHAPITRE VIII

VOLANTS ET MODÉRATEURS DE VITESSE

VOLANTS

150. Équation des forces vives. — Le théorème des forces vives (chap. II), appliqué à une machine en mouvement entre deux positions successives, se réduit à l'équation :

$$\frac{1}{2}\left(\Sigma\, m\, v_1^2 - \Sigma\, m\, v_0^2\right) = \mathcal{C}_m - \mathcal{C}_r$$

m, masse d'un point du système.

v_1, v_0, vitesse de ce point à la fin et au commencement de l'intervalle considéré.

$\mathcal{C}_m$, $\mathcal{C}_r$, travail moteur et travail résistant dans l'intervalle considéré ; l'un et l'autre, en vertu des théorèmes relatifs aux liaisons, ne comprennent que les travaux des forces extérieures, en tenant compte, dans le travail résistant, des travaux des résistances passives.

151. Premier membre de l'équation. — Soit, à un instant donné, α l'angle que fait la manivelle avec sa position initiale, prise arbitrairement, ω la vitesse angulaire de l'arbre de couche. La vitesse v d'un point quelconque de la machine sera $K\omega$, la constante K ne dépendant que des relations cinématiques des divers organes. La force vive sera donc :

$$\Sigma\, m\, v^2 = \omega^2\, \Sigma\, m\, K^2$$

Le signe Σ s'étend à tous les points de la machine.

Le plus souvent, dans les machines à rotation, les masses et les vitesses des divers organes peuvent être négligées devant celles du volant.

Pour un point du volant situé à une distance r de l'arbre, la vitesse $v = r\,\omega$; on aura donc pour le volant :

$$\Sigma\, m\, v^2 = \omega^2\, \Sigma\, m\, r^2$$

$\Sigma\, m\, r^2$ est le moment d'inertie du volant.

L'équation des forces vives peut donc s'écrire :

$$\frac{1}{2}\left(\omega^2 - \omega_0^2\right) \Sigma\, m\, r^2 = \mathcal{C}_m - \mathcal{C}_r$$

ω_1 et ω_0 étant les vitesses de rotation au commencement et à la fin de l'intervalle considéré.

152. Deuxième membre de l'équation. — La machine ayant atteint sa vitesse de régime, nous supposerons d'abord que les résistances soient constantes ; les résistances seront donc représentées par un moment constant M autour de l'arbre de couche.

Le moment moteur sera, au contraire, périodiquement variable.

Supposons d'abord qu'il s'agisse d'une machine sans détente à bielle assez longue pour qu'on en puisse négliger l'obliquité. L'effort F sur le bouton de manivelle sera constant et parallèle à lui-même.

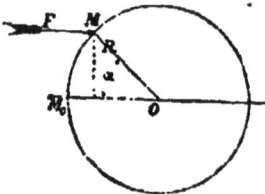

Soit (fig. 66) O M₀ parallèle à F la position initiale de la manivelle ; α l'angle variable de la manivelle O M avec O M₀. Le moment moteur sera, en posant $OM = R$:

$$y = FR \sin \alpha$$

Le travail moteur en un tour étant égal au travail résistant, on aura :

$$2\pi M = 4 FR$$

$$M = \frac{2FR}{\pi}$$

Fig. 66.

Portons (fig. 67) en abscisses, les angles décrits par la manivelle, en ordonnées les valeurs du moment moteur y, nous aurons deux arcs de sinusoïde ; les aires représentent les travaux moteurs. Traçons l'horizontale A A₄ qui représente le moment résistant ; elle coupe la sinusoïde en quatre points A₀, A₁, A₂, A₃ ; en ces points il y a équilibre entre les forces motrices et résistantes, par conséquent, la vitesse est maxima ou minima.

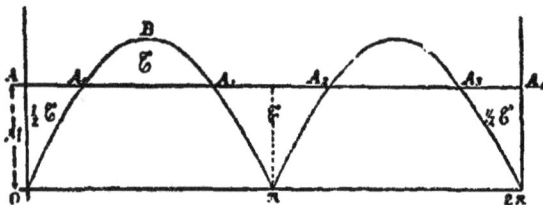

Fig. 67.

Elle est maxima en A₁ et A₃ et minima en A₀ et A₂.

Appelons ω_0 et ω_1 les vitesses en A₀ et A₁, $\mathcal{C}$ le travail représenté par l'aire A₀ BA₁, on aura :

$$\frac{1}{2}\left(\omega_1^2 - \omega_0^2\right) \Sigma m r^2 = \mathcal{C}$$

Les points A₀, A₁... se déterminent en posant :

$$y = M \text{ ou } \frac{2FR}{\pi} = FR \sin \alpha ; \sin \alpha = \frac{2}{\pi}$$

Equation qui donnera les valeurs α_0 et α_1 en A₀ et A₁, et le travail $\mathcal{C}$ aura pour valeur :

$$\mathcal{C} = \int_{\alpha_0}^{\alpha_1} (y - M)\, d\alpha = \int_{\alpha_0}^{\alpha_1} FR \sin \alpha\, d\alpha - \frac{2FR}{\pi}\, d\alpha$$

$$\mathcal{C} = 2FR \int_{\alpha_0}^{\alpha_1} \left(\frac{\sin \alpha}{2} - \frac{1}{\pi}\right) d\alpha$$

Il vient, tout calcul fait :

$$\mathfrak{C} = 0,210 . 2\,F\,R$$

Le coefficient 0,210 serait différent s'il s'agissait d'une machine à détente, à bielle de longueur modérée, ou d'une machine à plusieurs cylindres ; le calcul se ferait par des moyens analogues.

On a donc dans le cas qui nous occupe :

$$\frac{1}{2}\left(\omega_0^2 - \omega_1^2\right) \Sigma\, m\, r^2 = 0,210 . 2\,F\,R$$

153. Calcul du volant. — Nous allons introduire dans cette équation les données ordinaires des machines sous leur forme habituelle.

Moment d'inertie. On a :

$$\Sigma\, m\, r^2 = \frac{P}{g}\,\rho^2$$

P, poids du volant

ρ, rayon de giration, qui coïncide à très peu près avec le rayon moyen de la couronne du volant.

Coefficient de régularité.

$\omega_1 - \omega_0$ est l'écart des vitesses extrêmes pendant une révolution ; le rapport de $\omega_1 - \omega_0$ à la vitesse moyenne Ω de la machine caractérise la régularité plus ou moins grande de la marche.

Si l'on pose

$$\frac{\omega_1 - \omega_0}{\Omega} = \frac{1}{K}$$

K s'appellera le coefficient de régularité.

On a, d'autre part :

$$\frac{1}{2}\left(\omega_0^2 - \omega_1^2\right) = (\omega_1 - \omega_0)\left(\frac{\omega_1 + \omega_0}{2}\right)$$

et si la vitesse de la machine n'est pas trop irrégulière, on aura sensiblement :

$$\frac{\omega_1 + \omega_0}{2} = \Omega$$

On a, d'autre part :

$$\omega_1 - \omega_0 = \frac{\Omega}{K}$$

donc :

$$\frac{1}{2}\left(\omega_1^2 - \omega_0^2\right) = \frac{\Omega^2}{K}$$

Travail. — $4\,F\,R$ est le travail moteur en un tour. Si n représente le nombre de tours par minute, N le nombre de chevaux, on aura :

$$\frac{4\,F\,R . n}{60 \times 75} = N$$

d'où

$$2\,F\,R = \frac{60 \times 75 . N}{2\,n}$$

L'équation du paragraphe précédent peut donc s'écrire :

$$\frac{\Omega^2}{K} \cdot \frac{P}{g} \cdot \rho^2 = 0{,}210 \times 60 \times 75 \frac{N}{2n}$$

et comme $\rho\,\Omega$ représente la vitesse moyenne V de la jante, il vient en définitive (1) :

$$P\,V^2 = 0{,}210\; g.\; K \times 60 \times 75\; \frac{N}{2n}$$

ou, en faisant le calcul :

$$P\,V^2 = 4600 \frac{K\,N}{n}.$$

154. Valeurs des divers coefficients. — On prend le coefficient de régularité $K = 20$ à 30 pour les petites machines ;

30 à 50 pour les machines ordinaires de manufacture (Watt prenait 32) ;

50 à 60 et au delà pour les filatures de fil fin.

Le poids du volant, calculé comme ci-dessus, doit être corrigé pour tenir compte de la détente, de l'obliquité de la bielle, etc. On le multipliera par l'un des coefficients suivants :

Machines sans détente avec bielle, = 5 fois la manivelle **1.20**

Même bielle, détente au 1/5 . . . . **1.65**

Même bielle, même détente, 2 cylindres conjugués, manivelles à angle droit **0.40**

Machine à balancier de Woolf, détente au 1/7,5 . . . . **1.30**
etc., etc.

Si la machine comporte des pièces lourdes ou animées de grandes vitesses, il conviendra d'en tenir compte dans le calcul. Exemple : balanciers.

155. Observations diverses. — On supprime le volant lorsque la résistance croît très rapidement avec la vitesse de la machine ; exemple : machines marines ; ou bien lorsque la machine entraîne avec elle des masses considérables animées d'une grande vitesse ; exemple : trains de chemin de fer.

En dehors de leur fonction la plus usuelle étudiée ci-dessus, les volants agissent souvent comme accumulateurs de travail ; ils ont alors à dépenser,

---

(1) Cette équation peut se mettre sous une autre forme : désignons par L le travail moteur en un tour, x le nombre de tours que devrait faire la machine partant du repos et tournant à vide pour arriver à sa vitesse moyenne Ω.

On a évidemment

$$\frac{1}{2} \frac{P}{g} V^2 = x\,L = \frac{1}{2}\,0{,}210 \cdot K.\, 2\,F\,R$$

d'où

$$x = \frac{1}{4}\,0.210\;K\,.$$

Si, par exemple, le coefficient de régularité $K = 30$
on aura : $x = 1\,1/2$ tours environ.

dans un temps très court, une grande quantité de travail, emmagasinée dans leur masse, sous forme de force vive, par une puissance relativement faible agissant pendant un temps suffisamment long. Exemple : poinçonneuses, cisailles, presses monétaires, etc.

Dans ce cas, les organes commandés par le volant doivent être beaucoup plus robustes que ceux qui lui communiquent le mouvement ; les premiers sont calculés sur la résistance à vaincre, les autres sur la puissance motrice. Souvent, alors, on interpose, entre le volant et la résistance, des pièces faciles à remplacer et destinées à se briser les premières, dans le cas d'un surcroît de résistance imprévue ;

Exemple : rallonges en fonte pour laminoirs.

156. Construction des volants. — Les volants sont presque toujours en fonte ; ceux de petit diamètre (au-dessous de 2 m. 50 environ) sont en une pièce, moyeu, jante et brassure ; un pareil volant à bras droits se brise presque toujours, même avant le démoulage, à cause du retrait inégal des diverses parties ; il faut recourir à des tours de main de fonderie, moulage en coquille, arrosage du moyeu, ou mieux refroidissement très lent de toute la pièce. Il est plus sûr de faire les bras courbes.

Souvent le moyeu est moulé avec deux ou trois fentes (fig. 68) ; après le

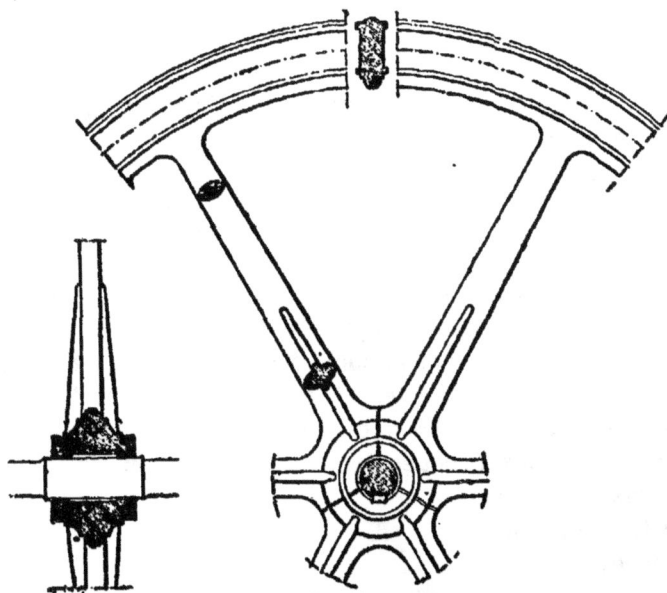

Fig. 68.

démoulage, les fentes sont remplies par des cales en fer ; le moyeu est alors alésé, tourné, et on pose à chaud de fortes frettes en fer.

Les grands volants sont le plus souvent en deux pièces (fig. 69) assemblées à la jante et au moyeu ; on évite ainsi les difficultés de fonderie et de transport par chemin de fer ; l'assemblage des deux parties de la jante se fait au moyen de clefs et de couvre-joints en queue d'hironde (fig. 70) ;

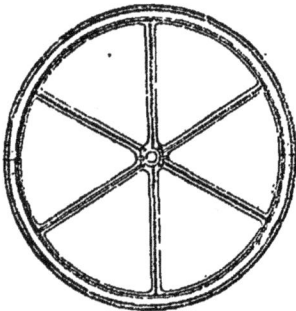

Fig. 69.

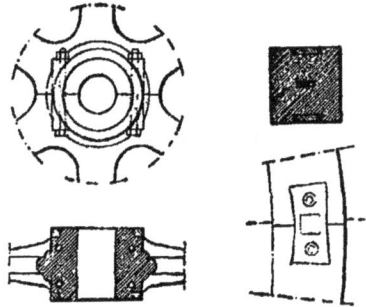

Fig. 70.

l'assemblage au moyeu est obtenu par de forts boulons avec frettes posées à chaud.

Pour les puissants volants de forge, la brassure se coule à part et s'assemble ensuite (fig. 71) avec la jante au moyen de queues d'hironde et de cales en bois de chêne, qui donnent plus d'élasticité à l'assemblage.

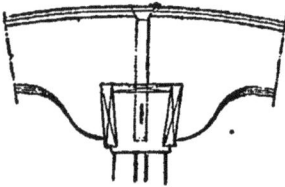

Fig. 71.

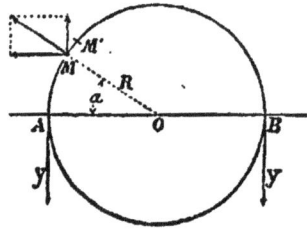

Fig. 72.

Les volants sont exposés à éclater sous l'action de la force centrifuge.

Soit (fig. 72) la jante d'un volant supposée réduite à sa ligne moyenne, et A B un diamètre, horizontal par exemple. Sous l'action de la force centrifuge, la moitié supérieure A M B tend à se séparer de la moitié inférieure, et n'est retenue que par les forces moléculaires développées en A et B, dont les résultantes Y Y sont égales et verticales en vertu de la symétrie ; nous allons les calculer :

Soit V la vitesse à la jante,

R le rayon,

p le poids par mètre courant,

M un point de la jante dont le rayon M O fait avec O A un angle α.

La force centrifuge d'un élément M M' $=$ ds aura pour valeur

$$\frac{pds}{g}\frac{V^2}{R}$$

Décomposons cette force en deux autres :

l'une, parallèle à A B, n'entrera pas dans le calcul de Y ;

l'autre, perpendiculaire à A B, a pour valeur

$$\frac{pds}{g} \frac{V^2}{R} \sin \alpha$$

On aura donc

$$2\,y = \int_0^\pi \frac{pds}{g} \frac{v^2}{R} \sin \alpha = \frac{p}{g} \frac{v^2}{R} \int_0^\pi ds \sin \alpha$$

mais ds sin α est la projection de M M' sur A B ;

donc $\int_0^\pi ds \sin \alpha = $ A B $= 2$ R ; d'où

$$y = \frac{p}{g}\, v^2$$

Si S est la section de la jante, δ le poids spécifique du métal, T l'effort de rupture par unité de surface, on a :

$$y = ST, \quad p = S\,\delta$$

$$T = \delta\,\frac{V^2}{g}$$

Avec une vitesse de 30 mètres, on obtient ainsi pour une jante en fonte, un effort de traction de 0 k. 71 par millimètre carré.

Mais si le volant est en deux pièces, le joint est très affaibli, et l'effort de traction se reporte tout entier sur les boulons ou clavettes.

Pour de pareils volants, il n'est pas prudent de dépasser une vitesse de 25 mètres à la jante.

Si l'on a besoin de vitesses plus considérables, on fait la jante en pièces de fer soigneusement assemblées ; on peut alors arriver à des vitesses de 40 et 50 mètres (1), c'est ainsi qu'on construit quelquefois les volants de laminoirs.

Les ruptures de volants sont presque toujours accompagnées d'accidents graves ; elles proviennent de ce que le volant est mal centré ou ne tourne pas rond ; mais, bien plus souvent encore, de ce que, par une diminution brusque de la résistance, l'inattention du mécanicien ou un mauvais fonctionnement du modérateur, la machine s'est emportée ; ou enfin de ce que l'arbre ayant rencontré une résistance accidentelle considérable, les bras du volant se sont rompus.

Souvent les volants sont tournés à la circonférence et servent de poulies pour transmettre la puissance au moyen de courroies ; ou bien armés, dans le même but, de dents d'engrenages.

Le volant est quelquefois placé, non sur l'arbre de la machine, mais sur un arbre intermédiaire commandé par engrenages. Il arrive alors qu'aux

(1) Pour un volant en fer animé d'une vitesse de 60 mètres à la jante, la force centrifuge développerait un effort de traction T de 2 k. 81 par millimètre carré.

8

environs des points morts, c'est le volant qui entraîne la machine ; la roue dentée, calée sur l'arbre de couche, est ainsi tantôt menante et tantôt menée ; ces renversements brusques dans le sens de la pression réciproque entre les dents de l'engrenage amènent des chocs et occasionnent des ruptures fréquentes ; on évite cet inconvénient en donnant à la roue calée sur l'arbre une masse et un diamètre suffisants pour qu'elle fasse volant par elle-même et assure toujours les contacts des dents dans le même sens.

DES MODÉRATEURS

157. Objet et description générale. — L'étude des modérateurs est assez délicate et exige quelque attention.

Le modérateur a pour objet de régler l'allure de la machine, de telle sorte qu'elle ne s'écarte pas beaucoup d'une vitesse moyenne déterminée. Cet écart ne tarderait pas à se produire en dépit du volant, même avec une machine bien réglée, par suite des variations inévitables des résistances et de la puissance.

Dans les appareils industriels, c'est presque toujours sur le travail moteur qu'agit le modérateur, en l'augmentant ou en le diminuant, pour le mettre en harmonie avec la résistance. Cette opération s'exécute quelquefois à la main (locomotives, machines marines, etc.), lorsque le service exige la présence assidue du mécanicien.

Le plus souvent, elle est confiée à un appareil *self-acting*.

Le modérateur le plus employé est celui de Watt.

Le modérateur de Watt se compose de deux boules pesantes A A (fig. 73),

suspendues à deux bras, articulés en O à l'arbre vertical O X, commandé, au moyen d'engrenages ou de courroies, par l'arbre de couche qui lui imprime un mouvement de rotation ; sous l'action de la force centrifuge, ces boules s'écartent plus ou moins, et leur mouvement radial est renvoyé à la valve ou aux organes de distribution variable par une transmission composée de bielles B C, de la *douille* (ou *manchon*) C, qui coulisse sur l'arbre, et d'une série de leviers tels que M N ; l'arc S S sert à transmettre aux bras le mouvement de rotation. Si la machine s'accélère, les boules s'écartent et déplacent la valve

Fig. 73.

ou les organes analogues, de manière à réduire le travail moteur ; l'inverse a lieu si le mouvement se ralentit.

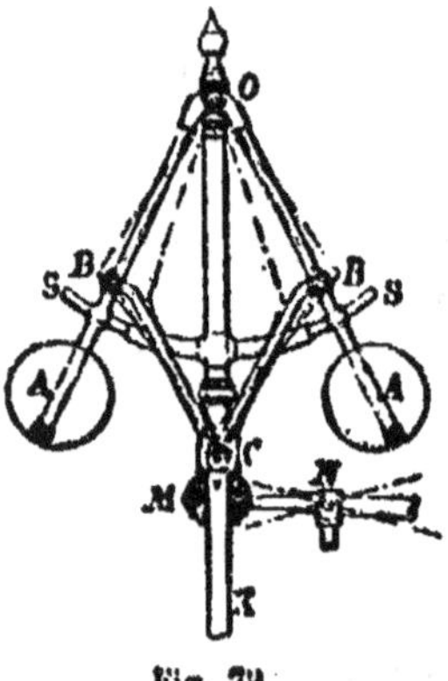

On voit, d'après cette description, que l'ensemble des organes régulateurs de la vitesse, que nous appellerons la *chaîne régulatrice*, comprend :

1° *La transmission de mouvement* de l'arbre de couche au modérateur ;

2° *Le modérateur* proprement dit ;

3° *Le distributeur variable*, valve ou organes de détente ;

4° *La commande* de ces organes par le modérateur.

Il faut tenir compte aussi du rôle important du volant, ainsi que nous allons le voir.

158. Equation générale des modérateurs. — Si l'on rapproche les deux anneaux extrêmes de cette chaîne un peu complexe, on voit que : *le travail moteur par demi-révolution est fonction de la vitesse actuelle de la machine.*

Pour préciser davantage cet énoncé, il y aurait à faire une distinction, suivant que le distributeur variable est une valve ou un organe de détente variable.

Avec la détente variable, le travail moteur dépend de la vitesse de la machine *à l'instant où commence la détente.*

Avec la valve, le travail par demi-tour dépend *des vitesses successives de la machine pendant toute l'admission.*

Pratiquement, une pareille précision serait superflue ; on peut se contenter de prendre les points morts comme origine de chaque demi-révolution ; nous dirons donc :

Le travail moteur pendant une demi-révolution est fonction de la vitesse de la machine au commencement de cette demi-révolution ;

Ce que l'on peut facilement traduire par l'analyse :

Appelons ω_0 et ω_1 les vitesses angulaires de l'arbre de couche au commencement et à la fin d'une demi-révolution (les vitesses du modérateur sont proportionnelles à celles de l'arbre de couche) ;

Ω la vitesse moyenne ;

$\mathfrak{C}_0$ et R_0 le travail moteur et le travail résistant pendant la demi-révolution ;

$\Sigma\, m r^2$ le moment d'inertie du volant.

On aura, d'après ce qui précède,

$$\mathfrak{C}_0 = \varphi\,(\omega_0)$$

La fonction φ, résultant des relations des anneaux de la chaîne régulatrice entre eux et avec la distribution, est telle que $\mathfrak{C}_0$ doit décroître quand ω_0 augmente et réciproquement.

En vertu du principe des forces vives, on a :

$$\frac{1}{2}\left(\omega_1^2 - \omega_0^2\right)\Sigma\, m\, r^2 = \varphi\,(\omega_0) - R_0$$

Remarquons que $\frac{1}{2}\left(\omega_1^2 - \omega_0^2\right)$ peut être remplacé approximativement par $(\omega_1 - \omega_0)\,\Omega$; on a donc, pour l'accroissement relatif de vitesse, dans le demi-tour considéré :

$$\frac{\omega_1 - \omega_0}{\Omega} = \frac{\varphi(\omega_0) - R_0}{\Omega^2\,\Sigma\,m\,r^2}.$$

Cette opération met bien en évidence l'influence de la force vive du volant ; elle permet de calculer, de demi-tour en demi-tour, la vitesse de la machine.

159. Des fonctions du modérateur. — Nous allons l'appliquer à l'étude du fonctionnement des modérateurs.

Les circonstances diverses qui peuvent se rencontrer dans la marche d'une machine se ramènent à trois cas simples.

On peut supposer que le travail résistant par demi-tour est constant ; ou bien qu'il est variable ; ou bien qu'il est nul (ou très faible) ;

1° *Résistance constante.* Le modérateur doit agir à chaque demi-tour, sur le travail moteur, de manière à atténuer les écarts accidentels de régime et à ramener toujours la machine à son allure moyenne.

2° *Résistance variable.* Si la résistance vient à varier, le modérateur doit produire une nouvelle allure de régime, plus ou moins différente de la première, et ensuite la maintenir, jusqu'à ce qu'il s'introduise une nouvelle variation de la résistance.

3° *Résistance nulle.* Si une courroie vient à tomber, la machine tend à s'emporter ; le modérateur intervient alors comme *appareil de sûreté*, en fermant presque complètement l'arrivée de vapeur.

160. Résistance constante. — Supposons d'abord le travail résistant par demi-tour R constant. A l'allure normale, la vitesse à chaque point mort sera ω et l'on aura pour le travail moteur

$$\mathfrak{G} = \varphi(\omega) = R.$$

Si, par une cause accidentelle, l'allure vient à s'accélérer, de telle sorte qu'au point mort, la vitesse devienne $\omega_0 > \omega$, la vitesse ω_1, au bout d'un demi-tour, sera donnée par l'équation

$$\frac{\omega_1 - \omega_0}{\Omega} = \frac{\varphi(\omega_0) - R}{\Omega^2\,\Sigma\,m\,r^2}.$$

Or on a, en négligeant les puissances supérieures, des quantités suffisamment petites :

$$\varphi(\omega_0) = \varphi(\omega) + \frac{d\varphi}{d\omega}(\omega_0 - \omega) = R + \frac{d\varphi}{d\omega}(\omega_0 - \omega) ;$$

Puisque le travail par demi-tour, φ, décroît quand la vitesse augmente, $\frac{d\varphi}{d\omega}$ est négatif.

Mettons les signes en évidence, en posant $\frac{d\varphi}{d\omega} = -\frac{d\mathfrak{G}}{d\omega}$

L'équation ci-dessus devient

$$\frac{\omega_0 - \omega_1}{\Omega} = \frac{d\,\mathfrak{C}}{d\,\omega} \times \frac{1}{\Omega^2\,\Sigma\,m\,r^2}(\omega_0 - \omega)$$

Ou bien, remplaçant (approximativement) Ω par ω

$$\frac{\omega_0 - \omega_1}{\omega_0 - \omega} = \frac{d\,\mathfrak{C}}{\omega\,d\,\omega\,\Sigma\,m\,r^2}$$

Le dénominateur du 2e membre $\omega\,d\,\omega\,\Sigma\,m\,r^2$ est la demi-variation de force vive du volant pour un accroissement de vitesse $d\,\omega$.

Le numérateur $d\,T$ est la diminution du travail moteur correspondant à $d\,\omega$.

Posons le rapport de ces deux quantités $\dfrac{d\,\mathfrak{C}}{\omega\,d\,\omega\,\Sigma\,m\,r^2} = K$

et discutons l'équation ci-dessus.

1° $K = 1$; il vient $\omega_1 = \omega$; ainsi donc :

Si la chaîne régulatrice est proportionnée de telle sorte que, pour un accroissement de vitesse $d\omega$, le travail par demi-tour soit diminué d'une quantité équivalente à la moitié de la force vive gagnée par le volant, la machine, écartée accidentellement de sa vitesse de régime, y revient en *moins d'un tour.*

2° $K < 1$

L'équation ci-dessus peut s'écrire

$\omega_0 - \omega_1 = K(\omega_0 - \omega)$, ou bien : $\omega_1 - \omega = (1 - K)(\omega_0 - \omega)$

Après le 2e demi-tour on aura de même : $\omega_2 - \omega = (1 - K)(\omega_1 - \omega)$

Après le 3e — $\omega_3 - \omega = (1 - K)(\omega_2 - \omega)$

Après le n^e — $\omega_n - \omega = (1 - K)(\omega_{n-1} - \omega)$

Multipliant membre à membre et supprimant les facteurs communs, on trouve : $\omega_n - \omega = (1 - K)^n(\omega_0 - \omega)$

Le 2e membre tend vers 0 quand n augmente. Ainsi l'allure de la machine se rapprochera indéfiniment de l'allure moyenne, et d'autant plus vite que K sera plus voisin de l'unité.

3° K compris entre 1 et 2.

On aura comme ci-dessus :

$$\omega_n - \omega = (1 - K)^n(\omega_0 - \omega)$$

$1 - K$ étant négatif et < 1 en valeur absolue, les puissances croissantes de ce facteur sont alternativement positives et négatives, et décroissent en valeur absolue.

Ainsi, la vitesse de la machine, de demi-tour en demi-tour, sera alternativement plus grande et plus petite qu'à l'allure de régime, dont elle se rapprochera indéfiniment.

4° $K > 2$; d'où $K - 1 > 1$ et $1 - K$ négatif.

Ici les puissances croissantes de $1 - K$, alternativement positives et négatives, vont en croissant indéfiniment en valeur absolue ; de demi-tour en demi-tour, la machine prendra alternativement des vitesses inférieures et supérieures à l'allure de régime, et ces écarts iront en croissant indéfiniment ; elle sera affolée.

Ainsi donc, la manière dont les organes régulateurs font leur service dépend du rapport entre la diminution du travail moteur et la demi-variation de force vive du volant pour un accroissement de vitesse donné. L'allure de régime est d'autant plus promptement rétablie que ces deux quantités sont plus près d'être égales ; si la première surpasse le double de la deuxième, la marche régulière devient impossible.

Remarque. — Cette conclusion n'est toutefois rigoureuse que si les frottements sont négligeables, de telle sorte, qu'à une valeur donnée de ω corresponde une valeur déterminée de T. S'il n'en est pas ainsi, les conséquences ci-dessus doivent être modifiées, et l'on verra plus loin (§ 168) quel parti ingénieux l'on a su tirer de cette remarque.

Pour le moment, continuons à appliquer les équations précédentes, en négligeant les frottements.

161. Résistance variable. — Le cas de la résistance variable se ramène au précédent.

Soit une machine marchant à l'allure caractérisée par la vitesse ω, correspondant au travail résistant R, de telle sorte que l'on ait :

$$\mathfrak{C} = \varphi(\omega) = R.$$

La résistance vient à s'accroître et devient R' > R. La nouvelle allure, caractérisée par ω' < ω, qui tend à s'établir, est donnée par l'équation :

$$\mathfrak{C}' = \varphi(\omega') = R'.$$

Les choses se passeront comme si, la machine étant au régime ω', une cause accidentelle l'avait dérangée de cette allure et avait produit momentanément la vitesse ω ; elle y reviendra, soit en un tour, soit progressivement, soit par une série d'oscillations, suivant qu'on aura :

$$K' = \frac{d\mathfrak{C}'}{\omega' \, d\omega' \, \Sigma \, m \, r^2} = 1, \text{ ou } < 1, \text{ ou } > 1$$

Nous écartons le cas où K' est > 2, car alors la machine est affolée.

On a approximativement :

$$\mathfrak{C}' - \mathfrak{C} = \frac{d\varphi}{d\omega'}(\omega' - \omega)$$

La fonction φ étant décroissante $\frac{d\varphi}{d\omega'}$ est négatif ; mettons les signes en évidence en posant $\frac{d\varphi}{d\omega'} = -\frac{d\mathfrak{C}'}{d\omega'}$; il vient :

$$\omega - \omega' = \frac{1}{\dfrac{d\mathfrak{C}'}{d\omega'}}(\mathfrak{C}' - \mathfrak{C}) \text{ ou } \omega - \omega' = \frac{1}{\dfrac{d\mathfrak{C}'}{d\omega'}}(R' - R)$$

L'écart entre la vitesse initiale et la vitesse finale de régime sera donc d'autant plus grand, pour un même écart de la résistance, que le rapport $\dfrac{d\,\mathcal{C}'}{d\,\omega'}$ sera plus faible, c'est-à-dire que le travail moteur diminuera moins pour un accroissement donné de vitesse.

Mais ce rapport $\dfrac{d\,\mathcal{C}'}{d\,\omega'}$ ne peut être petit qu'autant que le volant est puissant ; en effet, on a : $K' = \dfrac{d\,\mathcal{C}'}{\omega'\,d\,\omega'\,\Sigma\,mr^2} < 2$, sans quoi la machine est déréglée ; prenons la valeur limite

$$\frac{d\,\mathcal{C}'}{\omega'\,d\,\omega'\,\Sigma\,m\,r^2} = 2$$

d'où

$$\frac{d\,\mathcal{C}'}{d\,\omega'} = 2\,\omega'\,\Sigma\,m\,r^2$$

Il vient alors

$$\omega - \omega' = (R' - R)\,\frac{1}{2\,\omega'\,\Sigma\,m\,r^2}$$

Or, si la résistance $R' - R$ agissait seule sur le volant, elle produirait un ralentissement donné par l'équation des forces vives

$$\frac{1}{2}\,(\omega^2 - \omega'^2)\,\Sigma\,m\,r^2 = R' - R$$

qu'on peut écrire approximativement :

$$\omega'\,\Delta\,\omega\,\Sigma\,m\,r^2 = R' - R$$

ou

$$\Delta\,\omega = \frac{R' - R}{\omega'\,\Sigma\,m\,r^2}$$

Comparant cette équation à la précédente, nous en tirons cette conséquence :

Lorsque la résistance passe d'une valeur à une autre, l'écart des vitesses de régime, entre les deux allures correspondantes, est au moins égal à la moitié de la variation de vitesse qu'imprimerait à la machine un travail égal à la différence des deux valeurs de la résistance, agissant seule sur le volant pendant une demi-révolution.

C'est là une limite inférieure à laquelle l'écart des vitesses ne saurait s'abaisser.

Ainsi donc, en résumé, si l'on veut qu'une machine ait une allure très stable, il faut faire $K = 1$ ou à peu près ; mais alors, lors des variations de résistance, les variations de vitesse sont assez prononcées.

Si l'on veut réduire ces variations de vitesse, il faut prendre K presque égal à 2 ; mais alors la machine sera exposée à des oscillations incessantes. On atténue ces deux inconvénients en augmentant la puissance du volant.

Remarque. — Nous ferons ici la même réserve qu'à la fin du paragraphe précédent, au sujet des frottements, normaux ou artificiels.

Nous étudierons ultérieurement le modérateur considéré comme organe de sécurité.

103. Distributeurs variables. — Les organes de détente variable ont été étudiés précédemment ; nous n'y reviendrons pas.

Le *papillon* ou *valve* (fig. 74) a pour objet de modifier le travail en créant un étranglement sur l'arrivée de vapeur. Le principe est le même que celui des clefs de poêle. La valve est enfilée sur un carré porté par un axe C D,

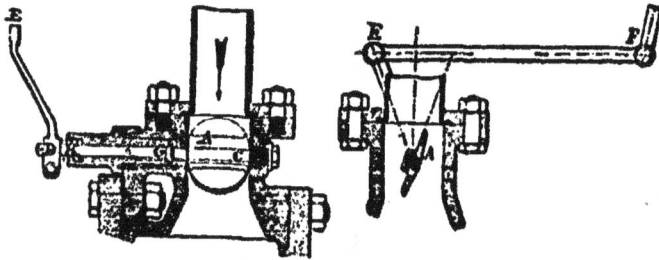

Fig. 74.

qui est manœuvré par la douille du modérateur, au moyen d'une manette D E et d'une série de tringles et de leviers coudés E F. L'étanchéité est assurée, non par un presse-étoupe, dont le frottement est variable, mais par un cône G poussé par le ressort K.

La valve doit être bien équilibrée et réglée de telle sorte que, lorsque la douille du modérateur est au bas de sa course, l'étranglement soit encore très notable ; sans cette précaution, les mouvements de la douille ne produiraient que des modifications insuffisantes du travail moteur.

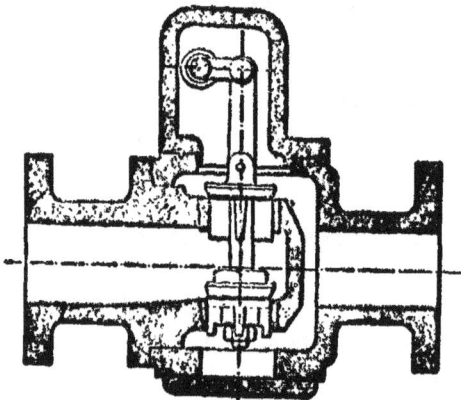

Fig. 75.

Elle doit se fermer entièrement lorsque la machine tend à s'emporter.

On remplace quelquefois la valve par une soupape équilibrée (fig. 75).

Les distributeurs variables par étranglement ne se prêtent pas à une régulation aussi précise de l'allure que les organes de détente variable Farcot, Corliss, etc., dans lesquels on peut découper les cames suivant des profils exactement calculés. Mais ils sont plus simples de construction.

Quant à la question d'économie de vapeur, elle n'est guère à considérer que si les variations de la résistance sont considérables.

Ces organes doivent, les uns et les autres, ne présenter qu'un très faible obstacle au mouvement de la douille qui les entraîne.

De la proportion convenable entre les déplacements de cette douille et ceux du distributeur variable, dépend le rapport $\frac{d\varphi}{d\omega}$ (§ 161), c'est-à-dire la régularité de l'allure ; et cette proportion résulte des rapports des bras des différents leviers qui servent à la commande du distributeur.

163. Calcul du modérateur de Watt. — Si l'on néglige les frottements, le calcul du modérateur proprement dit est fort simple.

Chaque boule (fig. 76) est en équilibre sous l'action de son poids P et de la force centrifuge résultant de la vitesse ω (1) de rotation.

Moment du poids P autour de   O : Pr

»   de la force centrifuge $\frac{P}{g}\omega^2 rh$.

donc $Pr = \frac{P}{g}\omega^2 rh$

ou · $\frac{\omega^2 h}{g} = 1,$ d'où $\omega = \sqrt{\frac{g}{h}}.$

ce qu'on écrit souvent comme il suit :

Appelant T la durée d'une révolution, on a :

$$T\omega = 2\pi, \qquad T = \frac{2\pi}{\omega}$$

$$T = 2\pi\sqrt{\frac{h}{g}}$$

ce qui est la durée de l'oscillation du pendule simple de longueur h (2).

Pour les calculs pratiques, il faut prendre le nombre n de tours par minute :

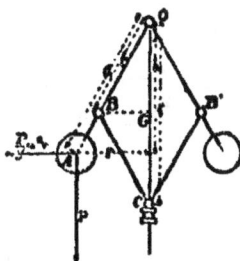

Fig. 76.

$$\omega = \frac{2\pi n}{60}, \ n = \frac{60}{2\pi}\sqrt{\frac{g}{h}}$$

Ou, faisant les calculs :

$$n = \frac{29.88}{\sqrt{h}}$$

Pour un déplacement vertical dh des boules, le déplacement du manchon se calcule comme suit :

(1) Nous employons la même lettre ω pour désigner la vitesse de rotation de l'arbre de couche et celle du modérateur, ces deux vitesses étant toujours dans un rapport constant. Nous supposons la masse des boules concentrée à leur centre de gravité, il serait facile de faire le calcul précis en tenant compte des masses des diverses pièces articulées.

(2) C'est pour cela qu'on donne souvent à l'appareil le nom de pendule conique.

O B C B' étant un losange (1), on a C O $= c = 2$ O G ; puis $\dfrac{OG}{h} = \dfrac{b}{a}$

d'où O G $= \dfrac{b}{a} h$, $c = \dfrac{2b}{a} h$, $dc = \dfrac{2b}{a} dh$ ou $\dfrac{dc}{c} = \dfrac{dh}{h}$

De l'équation $\dfrac{\omega^2 h}{g} = 1$ on tire $\dfrac{2 d\omega}{\omega} = -\dfrac{dh}{h}$, $\dfrac{2 d\omega}{\omega} = -\dfrac{dc}{c}$

La valeur de dc ainsi obtenue permettra de calculer le déplacement du distributeur, et par suite, la variation d $\mathfrak{T}$ du travail moteur, et le rapport $\dfrac{d\,\mathfrak{T}}{d\,\omega}$ (§ 159).

Exemple (fig. 77) : On a dans un modérateur $c = 0^m82$, $h = 0^m65$. Le nombre de tours par minute est donc de

$$\frac{29.88}{\sqrt{0.65}} = 37$$

Pour diminuer de 5 0/0 le travail de la machine par demi-tour, il faut que le manchon s'élève de 0^m03 ; quelle sera l'augmentation de vitesse $\dfrac{d\,\omega}{\omega}$ correspondante ?

On aura $\dfrac{d\,\omega}{\omega} = \dfrac{1}{2} \dfrac{0.03}{0.82} = 1,8$ o/o.

On voit, d'après ce qui précède, que, pour un même déplacement de la douille, $\dfrac{d\,\omega}{\omega}$ est d'autant plus grand que c est plus petit. Les dimensions du modérateur devront donc être en harmonie avec celles de toutes les parties de la machine.

Remarque. — Il existe toujours, sur la commande du distributeur variable, des moyens de réglage ; par exemple, une vis à double filet, permettant de modifier la longueur de la tringle E F (fig. 74). Si, la machine étant réglée pour un certain travail, on retouche la commande de telle sorte que, par exemple, la valve soit plus ouverte pour une même position du pendule, le travail par tour, à la même vitesse, se trouvera augmenté.

101. Perturbations dues au frottement. — Les appareils dont il s'agit n'ont qu'une puissance assez petite, et les frottements peuvent en troubler notablement le jeu.

Si la vitesse vient à s'accroître, les boules ne commenceront à se mouvoir que lorsque la force centrifuge sera devenue assez grande pour surmonter le frottement ; cette résistance supplémentaire peut être représentée par une force f verticale, appliquée à chacune des boules.

Soit $\omega + d_1\omega$ la vitesse à l'instant où les boules commencent à s'élever, écrivons l'équation des moments autour de O (fig. 76) :

_____

(1) Il n'est pas plus difficile de traiter le cas d'un quadrilatère quelconque ; les conclusions générales sont les mêmes.

$$\frac{P}{g} (\omega + d_i \omega)^2 \, r \, h = (P + f) \, r$$

ou

$$\frac{P}{g} (\omega + d_i \omega)^2 \, h = P + f$$

mais nous avions déjà :

$$\frac{P}{g} \omega^2 h = P$$

d'où, en négligeant le carré de $d_i \omega$:

$$\frac{d_i \omega}{\omega} = \frac{1}{2} \frac{f}{p}$$

Quant à la valeur de f, elle se déduira des conditions de la commande du distributeur variable :

Soit 2 F (1) l'effort pour déplacer le distributeur, ε le déplacement de ce distributeur pour une élévation d h des boules ; on aura, par le théorème du travail virtuel :

$$F \varepsilon = f \, d \, h \qquad f = \frac{F \varepsilon}{d \, h} \qquad \frac{d_i \omega}{\omega} = \frac{1}{2} \frac{\varepsilon}{P} \frac{F}{P}$$

Exemple (fig. 77). Dans le modérateur cité plus haut, le poids des boules est de 55 k., un déplacement de 2 centimètres du distributeur correspond à un déplacement de 1 centimètre de la douille ; de plus, l'effort nécessaire pour vaincre le frottement du distributeur est de 2 kilogrammes (F = 1 k.).

On a ici pour $\varepsilon = 2$, $d c = 1$; d'autre part

$$\frac{d c}{c} = \frac{d h}{h}, \qquad d h = \frac{h}{c} \, d c = \frac{0.65}{0.82} \, d c = \frac{1}{2} \frac{0.65}{0.82} \varepsilon$$

$$f = 1^k \frac{1}{\frac{1}{2} \frac{0.65}{0.82}} = 2^k 50$$

$$\frac{d_i \omega}{\omega} = \frac{1^k 25}{55} = 2.25 \text{ o/o}$$

correspondant à un accroissement de $\frac{5 \times 2.25}{1.8} = 6,2$ 0/0 de la résistance.

165. Modérateur avec surcharge. — On donne plus de puissance au modérateur, sans augmenter ses dimensions, en chargeant le manchon d'un poids assez fort, 2 M. Cela revient à appliquer à chacune des boules une force verticale Q déterminée par l'équation des vitesses virtuelles :

$$M d c = Q \, d \, h$$

$$Q = M \frac{d c}{d h} = M \frac{c}{h} = M \frac{2 h}{a}$$

Et l'équation d'équilibre s'établit facilement :

(1) Nous mettons 2 F, et non pas F, parce que chaque moitié du modérateur agit de la même manière.

$$\frac{P}{g}\,\omega^2\,rh = (P+Q)\,r, \qquad \text{ou}\; \frac{P}{g}\,\omega^2\,h\,P+Q$$

$$\omega = \sqrt{\frac{g}{h}}\;\sqrt{1+\frac{Q}{P}}$$

Si nous supposons, comme ci-dessus, le frottement représenté par une force verticale f appliquée aux boules, nous obtenons facilement :

$$\frac{d_1\,\omega}{\omega} = \frac{1}{2}\,\frac{f}{P+Q}$$

La valeur du frottement et la puissance du modérateur ne peuvent guère se calculer que par comparaison, en prenant comme modèles les proportions d'appareils déjà construits et fonctionnant bien.

Exemple : Voici les dimensions d'un modérateur pour une machine d'environ 80 chevaux, détente Farcot (fig. 77), figuré dans sa position moyenne ; l'angle des bras avec la verticale est d'environ 30°.

On aura pour un pareil modérateur :

$$n = 37 \times \sqrt{1+\frac{85}{55}} = 61\ \text{tours.}$$

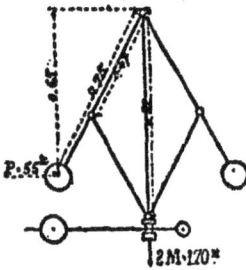

Fig. 77.

Pour une valeur du frottement correspondant, comme plus haut, à une force verticale de 1 k. 25 appliquée à chaque boule, l'accroissement relatif de vitesse nécessaire pour enlever le modérateur ne sera plus que de :

$$\frac{d_1\,\omega}{\omega} = \frac{2.25}{1+\frac{85}{55}} = 0.82\ \text{o/o, au lieu de } 2.25\ \text{o/o.}$$

Quant aux conditions des modifications du travail, elles seront les mêmes qu'avec le modérateur sans surcharge, et l'on aura, comme plus haut :

$$\frac{2\,d\,\omega}{\omega} = \frac{-d\,c}{c}$$

Il est commode de faire agir le contrepoids à l'extrémité d'un grand levier (fig. 77) ; on peut ainsi, en le déplaçant le long de ce levier, modifier la valeur de la surcharge sur la machine en marche, c'est-à-dire changer la vitesse correspondant à une résistance donnée.

160. Modérateurs à grande vitesse. — Le principe de la surcharge sur le manchon a été poussé très loin ; on a construit des modérateurs de petites dimensions, avec une forte surcharge, tournant très vite et, par cela même, très puissants.

Le modérateur Porter (voir § 140, fig. 50, le modérateur de la machine Sulzer) tourne à des vitesses de 300 à 500 tours.

Voici, sous d'autres formes, diverses applications du même principe.

Modérateur Buss (fig. 78).— La boule A et le contrepoids B sont solidaires

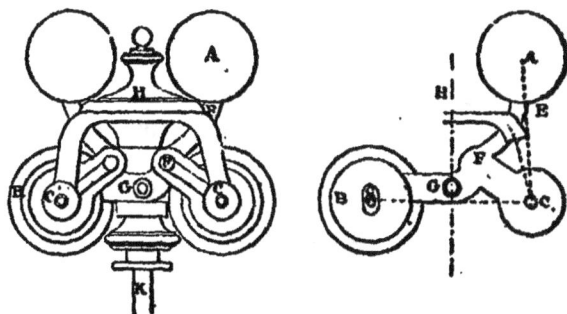

Fig. 78.

par l'intermédiaire du système E F G qui forme un tout rigide ; le T a qua-tre branches H C C', solidaire de l'arbre H K, tourne avec lui et porte les articulations C C', en G se trouve la cheville par laquelle le levier F G agit sur le manchon M.

On a dessiné à part le système d'une boule et de son contrepoids, débar-rassé de l'enchevêtrement des pièces.

Modérateur Proëll (fig. 79).— La construction de ce modérateur se comprend à première vue.

Le calcul de détail de ces modérateurs s'éta-blit facilement.

Ces modérateurs, comme toutes les machines à grande vitesse, présentent des avantages de légèreté et de faible volume qui les rendent pré-cieux dans bien des cas.

167. De l'isochronisme.— Maintenir à une machine une vitesse très peu variable, quelles que soient les variations de la résistance, c'est là un problème qui présente un intérêt considé-rable pour certaines industries, notamment les filatures.

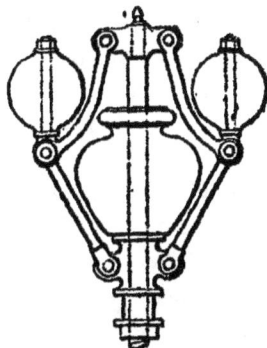

Fig. 79.

La solution la plus immédiate a été donnée, paragraphe 161 ; elle con-siste à donner à la machine un volant très puissant et à mettre toute la chaîne régulatrice en harmonie avec ce volant.

La question dont nous nous occupons n'a pas toujours été envisagée dans son ensemble ; on s'est souvent attaché à perfectionner le modérateur, con-sidéré isolément, et même à le douer de qualités qui sont, en réalité, in-compatibles avec son rôle de régulateur de vitesse.

Dans le modérateur de Watt, plus la valve est fermée, plus les boules sont hautes ; par conséquent, une fois le régime établi, la vitesse est d'au-tant plus grande que la résistance est plus petite.

On peut imaginer des modérateurs qui, à une vitesse donnée ω, sont en équilibre quelle que soit la position des boules. En voici un exemple :

Modérateur à bras croisés de Farcot (fig. 80). — Le bras, au lieu d'être articulé sur l'axe, l'est en un point K porté par un té L K, fixé à l'axe.

Dans la position A de la boule, on a

$$\frac{\omega^2 h}{g} = 1$$

Dans la position A', on aura de même :

$$\frac{\omega'^3 h'}{g} = 1$$

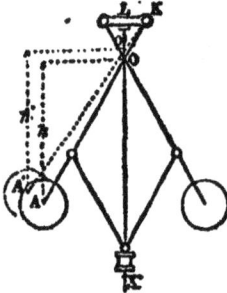

Fig. 80.

Si $h = h'$, on aura $\omega = \omega'$, c'est-à-dire que la vitesse de rotation correspondant à l'équilibre du pendule sera constante.

Cette condition géométrique, $h = h'$, est facile à réaliser, pour des déplacements très petits, par un choix convenable du point K ; on peut même l'étendre à une amplitude quelconque du mouvement des boules : remarquons que A O est la normale à la courbe décrite par A ; donc h est la sous-normale de cette courbe sur l'axe L X du pendule ; il suffit donc, pour que h soit constant, que les boules soient assujetties à parcourir une parabole à axe vertical, ce qui pourrait être réalisé de bien des manières. En pratique, il suffit de placer l'articulation K au centre de courbure de la partie moyenne de l'arc de parabole décrit par la boule entre ses excursions extrêmes.

Un pendule ainsi construit n'est en équilibre que pour une vitesse déterminée, quelle que soit du reste la position des boules.

On a cru trouver réunies, dans un pareil modérateur, toutes les conditions pour assurer à une machine une allure constante, quelle que soit la résistance ; de là les noms, tout à fait impropres, de *pendule isochrone*, d'isochronisme.

Il est facile de voir qu'avec un pendule isochrone, le rapport $\dfrac{d\mathcal{C}}{d\omega}$ (§ 160) est infini ; par suite une machine qui en serait munie serait complètement affolée.

Ainsi, un pendule isochrone ne saurait, en aucun cas, servir à gouverner une machine, et c'est ce que la pratique a bien vite démontré.

Considéré en lui-même, un pendule peut être isochrone, ou se rapprocher plus ou moins de l'isochronisme ; il sera comme une balance, indifférent (isochrone), fou, sensible ou paresseux, suivant que le point K sera plus ou moins rapproché de l'axe.

Un pendule sensible peut servir à gouverner une machine, si la commande est organisée de telle sorte, qu'à un grand déplacement $d h$ de la douille ne corresponde qu'un faible déplacement ε du distributeur variable ;

le rapport $\dfrac{d\,\mathfrak{C}}{d\,\omega}$ reste alors compris dans des limites convenables (§ 160) ;

mais alors, le rapport $\dfrac{\varepsilon}{dh}$ étant petit (§ 164) l'influence perturbatrice du frottement sera réduite, propriété commune avec les modérateurs à grande vitesse.

168. Freins à huile. — Un modérateur, dit sensible, appliqué sans cette précaution, produit une marche désordonnée, qui se traduit par des soubresauts continuels dans la douille et dans les bras ; on a cru pouvoir attribuer ces soubresauts à ce que les boules, lors d'un changement d'allure, dépassent leur position d'équilibre, en vertu de la vitesse acquise. Il est facile de voir que cette vitesse est trop faible pour exercer une influence sensible sur les phénomènes.

Toutefois, cette idée erronée a conduit à un perfectionnement remarquable.

Attachons à la douille (fig. 81) un petit piston p qui se meut dans un cylindre plein d'huile ; ce liquide ne peut passer d'un côté à l'autre du piston qu'en traversant des orifices très étroits, qui lui opposent une grande résistance, de telle sorte que la douille ne se déplace que lentement ; on peut du reste régler à la main l'ouverture de ces orifices.

Un pareil pendule n'aura qu'une position d'équilibre pour une vitesse déterminée ; mais, lors d'un changement d'allure, les déplacements de la douille seront beaucoup moins rapides qu'avec un pendule libre.

Soit donc un pendule très sensible, c'est-à-dire presque isochrone ; établissons la commande du distributeur de telle sorte que, dans l'équation

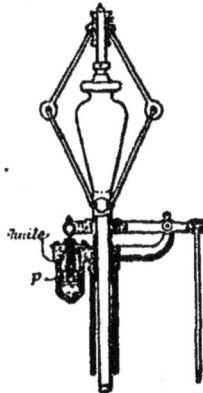

Fig. 81.

$\mathfrak{C} = \varphi\,(\omega)$ (§ 160), à une très petite variation de la vitesse ω corresponde une grande variation du travail moteur $\mathfrak{C}$. Un pareil système, pris en lui-même, ne donnerait qu'une marche désordonnée.

Mais ajoutons un frein à huile, en réglant convenablement les orifices

traversés par l'huile ; dans le passage d'une vitesse à l'autre, la valeur $\dfrac{d\mathfrak{C}}{d\,\omega}$

sera plus petite, en valeur absolue, que $\dfrac{d\,\varphi}{d\,\omega}$ à cause de la résistance de

l'huile ; nous réglerons, par tâtonnement, ces orifices, de manière que

$$\mathrm{K} = \frac{d\mathfrak{C}}{\omega\,d\,\omega\,\Sigma\,m\,r^2}$$ soit voisin de l'unité.

En se reportant aux résultats des §§ 160 et 161, on voit tout de suite que le système jouira des propriétés suivantes :

1° Pour une résistance constante, les oscillations autour de l'allure moyenne seront très réduites ;

2° Si la résistance vient à varier, la vitesse de régime qui tendra à s'établir s'écartera très peu de la vitesse primitive.

Ainsi, ce dispositif remarquable, résultat d'idées inexactes sur le jeu des modérateurs, conduit à la solution complète du problème si délicat dont nous nous occupons.

Observons que le réglage des orifices se fait sur la machine en marche, et non par des calculs plus ou moins hypothétiques ; cet avantage est considérable dans la pratique.

169. Modérateurs Foucault. — On a imaginé un grand nombre de modérateurs dits isochrones.

Voici quelques-uns de ceux inventés par L. Faucault ; nous les étudierons comme modérateurs isochrones, mais il va de soi qu'on peut modifier cet isochronisme parfait, et faire de ces pendules des modérateurs plus ou moins sensibles.

Reprenons l'équation du modérateur avec surcharge (§ 165).

$$\frac{P}{g} \omega^2 h \ P + Q \qquad \text{avec } Q = M \ \frac{2\,b}{a}$$

dans laquelle M est la surcharge du manchon.

Supposons M et par suite Q variables.

Le pendule étant supposé isochrone, ω est constant ; différentions l'équation ci-dessus, il vient :

$$\frac{d\,h}{h} = \frac{d\,Q}{P + Q}$$

c'est-à-dire que les variations de la surcharge seront proportionnelles à celles de la hauteur du pendule.

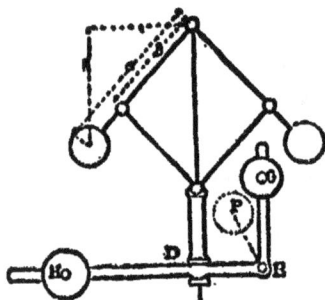

Fig. 82.

On obtient ce résultat en chargeant la douille au moyen d'un levier coudé D E F (fig. 82) : il est évident que, pour de petits déplacements, le moment du poids F, et par suite la surcharge du manchon, varient proportionnellement à ces déplacements.

Une disposition très commode en pratique consiste à employer deux contrepoids, pouvant se déplacer à volonté le long des leviers qui les portent : l'un H, porté par un levier horizontal, sert à régler la vitesse de la machine pour une résistance donnée ; l'autre G, porté par un levier vertical, sert à produire l'isochronisme plus ou moins complet ; en y joignant un frein à huile, on a tous les moyens de régler comme on l'entend l'allure, en agissant sur la machine en marche.

Voici un autre modérateur inventé par Foucault, et dans lequel l'axe du modérateur peut n'être pas vertical (fig. 83) : X X est l'axe du modérateur ; les leviers A A et B B, terminés à leurs extrémités par des boules égales, sont équilibrés autour de leur centre d'articulation C ; les boules sont donc soustraites à l'action de la pesanteur, et ne sont plus soumises qu'à l'effet de la force centrifuge, qui est contrebalancée par un ressort D E. Le

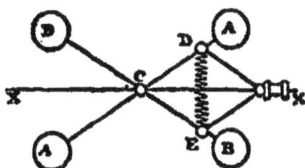

Fig. 83.

système peut facilement être rendu isochrone par un réglage convenable du ressort.

170. Commande du distributeur par embrayage. — La distribution Meyer ne se prête pas à la commande directe par le modérateur. On a essayé de tourner la difficulté par le dispositif (fig. 84), emprunté aux moulins hydrauliques.

Le manchon porte deux roues d'angles C, D assez écartées pour n'être pas simultanément en prise avec la roue A qui commande la vis de détente variable. Suivant la position des boules, l'une ou l'autre de ces roues sera embrayée avec la roue A, et les blocs de détente s'approcheront ou s'éloigneront.

On voit qu'avec un pareil système, la réduction de travail par demi-tour est complètement indépendante de la vitesse.

Si la résistance varie peu, si aucune cause accidentelle ne vient troubler la marche de la machine, ce modérateur pourra gouverner convenablement.

Mais si la résistance vient à diminuer (par exemple) notablement, les choses se passeront tout autrement : la roue D venant en prise, le travail moteur diminue lentement ; avant qu'il ne fasse équilibre à la résistance, la machine a fait plusieurs tours et acquis une grande vitesse ; la roue D continue donc à être en prise jusqu'à ce que cet excès de vitesse soit amorti ; mais alors le travail moteur par demi-tour est devenu très inférieur au travail résistant et ainsi de suite, et la machine

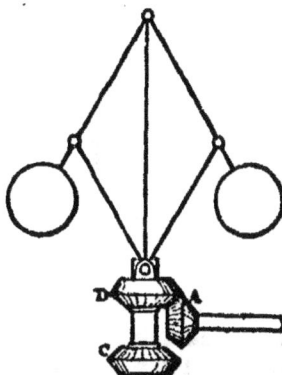

Fig. 84.

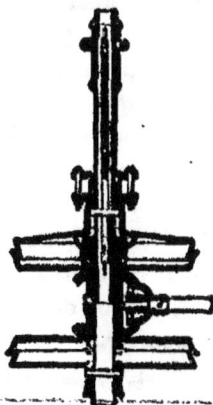

Fig. 84.

continuera indéfiniment à exécuter des oscillations lentes et fort étendues autour de sa vitesse moyenne.

Les mêmes inconvénients se présentent avec le système (fig. 85), dans lequel l'embrayage est obtenu par deux cônes de friction opposés.

171. Modérateur Denis. — Dans le système Denis (fig. 86), la commande du distributeur est mixte; le modérateur A commande directement

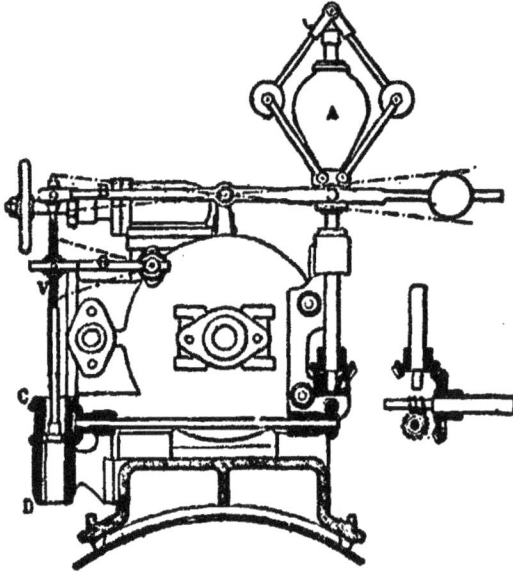

Fig. 86.

le distributeur variable par les leviers B et G; mais le déplacement du levier B détermine l'embrayage de la vis V avec l'un ou l'autre des deux manchons C et D qui tournent en sens contraires.

Ainsi, lors d'une variation de la résistance, le modérateur agit comme d'ordinaire, c'est-à-dire qu'il tend à établir une nouvelle allure de régime; mais ensuite la vis V agit à son tour, en modifiant peu à peu la distance E F, et règle ainsi le travail moteur (voir la remarque à la fin du § 163), jusqu'à ce que le modérateur ait repris sa position moyenne et, par conséquent, que la machine soit revenue à son allure normale.

172. Des modérateurs comme appareils de sûreté. — Les modérateurs doivent fermer presque complètement l'arrivée de vapeur dès que la vitesse dépasse certaines limites. Le dispositif fig. 84 est impropre à remplir cet office; si, par exemple, la courroie de la commande vient à tomber, l'action de ce dispositif est trop lente pour empêcher la machine de s'emporter.

Quelquefois, les modérateurs n'ont pas d'autre objet que de rendre impossible une vitesse exagérée; exemple (fig. 87); modérateur de machine pour laminoir, construit par le Creusot ; si par suite de circonstances quelconques, le laminoir tourne quelque temps à vide, la machine ne rencontrant pas de résistance s'accélère ; alors le manchon M s'élève, la came C qu'il porte touche le doigt D et ferme complète ment la valve ; dès lors, la machine ne marche plus que sur les fuites. Dès qu'on met une barre en prise au laminoir, la résistance devient considérable, la vitesse diminue, le manchon M s'abaisse et la came C, rencontrant le doigt E, ouvre complètement la valve.

Cette commande, simple et brutale, convient très bien au genre de travail dont il s'agit.

Si l'on songeait à appliquer des modérateurs aux machines marines, il serait bon de les installer dans cet esprit.

Au point de vue de la sécurité surtout, il est utile que l'axe du modérateur soit commandé par engrenages, plutôt que par courroie.

173. Modérateurs Larivière et Allen. — Dans le modérateur Larivière (fig. 88), un piston A, chargé d'un poids P, est soulevé par le vide partiel produit dans le cylindre par une pompe aspirante mue par la machine ; la rentrée d'air se fait par une petite ouverture que l'on règle au moyen d'une vis à tête graduée V ; la menotte M, qui commande

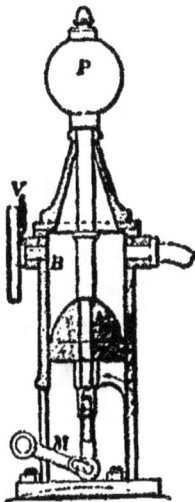

Fig. 87.

le distributeur variable, est plus ou moins soulevée suivant le vide qui règne dans le cylindre, lequel dépend de la vitesse de la machine et de l'ouverture de rentrée d'air.

Ce modérateur, simple et sensible, peut rendre de bons services.

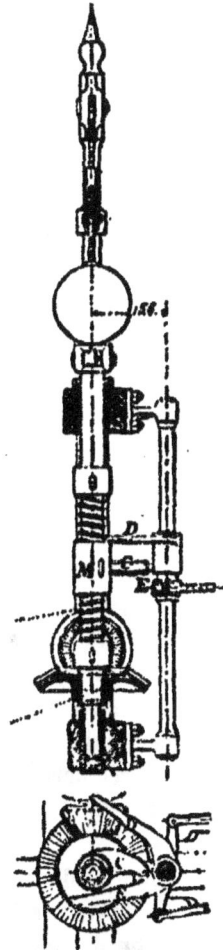

Fig. 88.

Dans le modérateur *Allen* (fig. 89) le cylindre cannelé A est rempli d'eau ; à l'intérieur se meut une roue à palettes B mise en mouvement par l'arbre de couche au moyen d'une courroie passant sur la poulie C. Le cylindre A peut tourner sur son axe ; le liquide, battu par la roue B, tend à entraîner le cylindre A ; cette tendance est équilibrée par l'action du contre-poids P qu'on règle à volonté ; le pignon et l'arc denté D transmettent les mouvements du cylindre au distributeur variable, qui est ici une soupape équilibrée F.

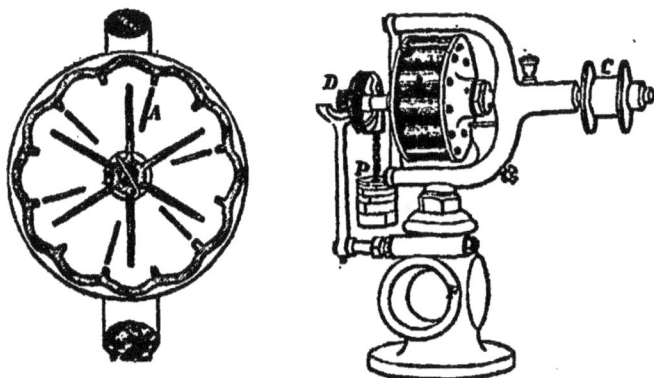

Fig. 89.

174. Observations diverses. — En résumé :

Le bon fonctionnement d'un système régulateur de vitesse dépend, avant tout, de l'harmonie entre la force vive du volant et les proportions de la chaîne régulatrice. Les écarts de vitesse augmentent quand la puissance du volant décroît, et le choix du système de modérateur ne saurait, en aucune façon, les réduire ; il faut excepter cependant le frein à huile et le système Denis, qui, employés judicieusement, permettent d'arriver à une grande régularité de marche.

Un modérateur est un organe de sécurité, et assez souvent, il n'a pas d'autre rôle.

Enfin, on n'oubliera pas que l'action du modérateur n'empêche nullement la dépense de vapeur de croître en même temps que le travail développé ; en définitive, en dehors des organes *self-acting* qui disposent des réserves de force motrice accumulées dans la chaudière, il est indispensable que le chauffeur ne se laisse pas surprendre, et sache maintenir sa pression, malgré les variations dans la consommation de vapeur.

CHAPITRE IX

DÉTAILS DE CONSTRUCTION DES MACHINES A VAPEUR

175. Indications générales. — Pour la construction des parties essentielles des machines, on emploie la fonte, le fer, l'acier et le bronze.

Fonte. — La fonte sert principalement à construire les pièces ayant surtout à résister à la flexion et à la compression ; on l'emploie pour les organes d'un grand poids ou de formes compliquées.

Les pièces en fonte s'obtiennent par moulage.

Les fontes sont, suivant les besoins, douces (faciles à travailler aux outils), dures (s'usant peu) ou résistantes.

Fer. — Employé pour les pièces soumises à des efforts énergiques de compression, de traction et de torsion ; les pièces en fer s'obtiennent à la forge et sont de formes plus simples que celles en fonte.

Acier. — Remplace le fer pour les organes ayant à résister à des efforts exceptionnels ; presque toujours l'acier est forgé, même celui obtenu d'abord par fusion ; on augmente sa résistance, mais aussi sa fragilité, par la trempe suivie de recuit.

Le fer et l'acier, combinés à la forge, forment un métal intermédiaire appelé *étoffe* ; la *trempe au paquet* sert à couvrir les pièces de fer d'une légère couche aciéreuse.

Bronze. — S'emploie dans deux cas principaux :

1° Parties frottantes : dans le glissement de fer ou fonte sur bronze, l'usure est reportée sur le bronze ; la pièce en bronze, de petites dimensions, se remplace à peu de frais.

2° Organes exposés à l'oxydation, robinets, pompes, clapets, etc.

Le bronze se moule par fusion ; les vieux bronzes se refondent sans perte bien notable.

Le bronze est remplacé quelquefois par divers alliages.

Ajustage. — Les pièces préparées à la forge ou à la fonderie, sont ensuite *ajustées* au moyen d'outils coupants, dans les parties qui réclament de la précision ; on a soin de ménager à l'avance, dans le travail de forge ou le moulage, des *portées* d'ajustage et le *gras* nécessaire.

Montage. — Les pièces ajustées sont ensuite assemblées ; dans le *montage d'essai* à l'atelier, l'on complète les petites retouches d'ajustage, et les pièces sont exactement *repérées* ; puis on procède au montage définitif sur place.

Les *clefs* ou *clavettes, cales, boulons, goujons, prisonniers* sont des éléments d'assemblage très employés.

Entretien. — L'entretien d'une machine se divise en *petit entretien* et *gros entretien*. Le petit entretien est fait par le mécanicien qui conduit la machine ; celui-ci graisse les articulations, refait les *joints*, donne aux organes le *jeu* nécessaire, etc.

Le gros entretien comporte le renouvellement des pièces usées ou détériorées.

Dans l'étude des dispositions d'une machine, on doit tenir compte de toutes ces conditions ; on calcule d'abord les dimensions de chaque organe et on en détermine les formes principales, de telle sorte qu'il soit en état de répondre au service qu'il a à faire, et de résister aux diverses actions : efforts de traction, de compression, de torsion, de cisaillement, de flexion, usure et oxydation pendant une durée convenable ; puis on étudie de plus près les formes de détail, de manière à rendre faciles la construction et l'entretien.

Voici à cet égard quelques précautions à prendre :

Les pièces coulées ne doivent pas présenter de variations brusques d'épaisseur, qui en occasionneraient la rupture ; dans l'établissement des modèles de fonderie, il faut tenir compte du retrait, et organiser le modèle pour que ce retrait puisse se faire sans obstacle, prévoir les *dépouilles* pour le démoulage, et les tenons destinés à tenir les *noyaux*, réserver le gras pour l'ajustage, etc.

Les pièces forgées doivent se prêter à un travail de forge facile ; on évitera les angles rentrants, qui préparent les ruptures, et on les remplacera par des congés ; cette précaution est surtout importante pour l'acier.

La qualité et le mode de travail des matériaux devront être choisis avec discernement, suivant le service à faire ; on réservera les fontes douces pour les pièces exposées aux chocs et ayant à recevoir un travail d'ajustage important ; on coulera en fonte dure celles qui ont à subir des frottements ; on prendra, suivant les cas, des fers forts, tendres ou aciéreux ; on aura soin que les fibres des fers nerveux soient comprimées, à la forge, dans le sens transversal, et non debout, et qu'elles travaillent suivant leur longueur.

Certaines précautions, bien élémentaires, sont pourtant quelquefois négligées, ce qui cause de graves mécomptes : il faut ménager la place pour que les outils d'ajustage puissent arriver jusqu'au point à travailler et que les copeaux se dégagent sans obstacle ; disposer les portées pour que le montage soit facile ; veiller à ce que chaque pièce puisse être, sans difficulté, démontée, retirée ou remise en place, et l'oubli de cette dernière précaution oblige assez souvent à mettre au rebut des pièces d'ajustage entièrement finies et même à remanier des parties importantes d'une machine.

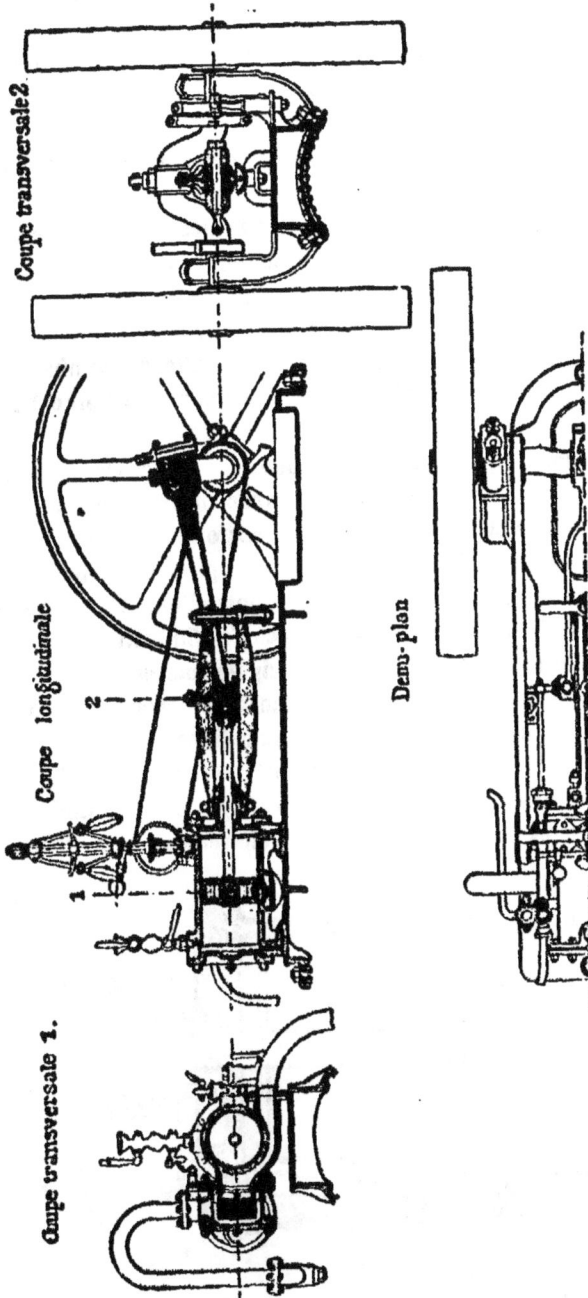

Fig. 20. — Machine locomobile Calla (montée sur une chaudière).

Les assemblages se font le plus souvent en serrant entre elles les pièces au moyen de boulons : il faut que les pièces ainsi réunies puissent céder à l'appel de ces boulons, soit par élasticité, soit par un agencement spécial.

Exemple : une file rectiligne de tuyaux, assemblée à ses extrémités à des pièces fixes, ne peut être composée uniquement de tuyaux à brides. On veillera à ce que la dilatation des parties exposées à la chaleur puisse se faire librement.

On ménagera entre toutes les parties frottantes des moyens de rattraper le jeu inévitable résultant de l'usure.

Toutes les parties de la machine devront être facilement accessibles ; il faut ménager des moyens de graisser, même pendant la marche ; dans les points où la main du mécanicien ne pourrait pénétrer sans danger quand la machine est en mouvement, on disposera des réservoirs contenant une provision d'huile suffisante ; on évitera que cette huile ne tombe avant d'avoir fait son office, et l'on organisera des bassins pour recevoir celle qui est en excès.

Enfin, l'on n'oubliera pas la sécurité des ouvriers qui circulent autour des organes en mouvement : on placera des garde-corps convenables, des ponts et escaliers solides et munis de tôles striées ; on supprimera les saillies qui peuvent saisir les vêtements ; on rendra, le plus possible, la besogne des mécaniciens sûre, facile et même attrayante ; l'importance de cette dernière recommandation est bien connue des chefs d'industrie.

Nous allons étudier la construction des principales pièces des machines.

La figure 90, ci-dessus, représentant une machine locomobile de Calla montée sur chaudière, servira à suivre les explications.

176. Cylindre. — Le cylindre (fig. 91) est en fonte et parfaitement alésé. La partie cylindrique porte généralement la glace et les lumières. La lumière d'échappement se retourne perpendiculairement pour déboucher

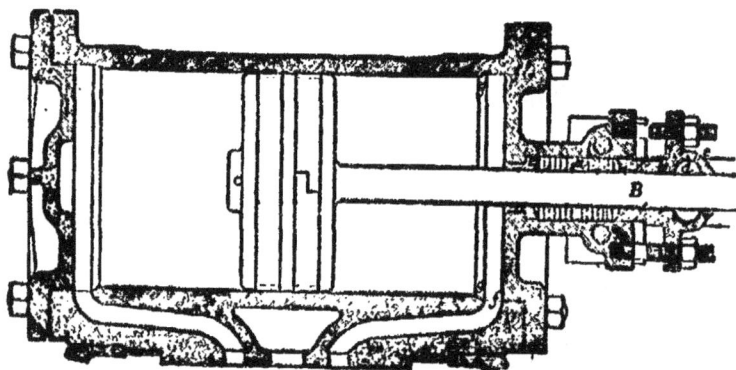

Fig. 91.

sur le côté du cylindre, où elle se raccorde avec le tuyau d'échappement (fig. 90, coupe 1). Les deux fonds sont souvent rapportés ; quelquefois le fond antérieur, celui qui porte le presse-étoupe, est venu de fonte avec le cylindre.

Le cylindre porte des *pattes* ou *oreilles* pour le fixer au bâti ; cet assemblage se fait entre surfaces rabotées, avec clavettes ou autre moyen de fixation, indépendamment des boulons, qui ne doivent servir qu'à serrer les pièces, mais non pas travailler au cisaillement.

On donne au cylindre une épaisseur de 18 millimètres au moins après alésage ; cette épaisseur est nécessaire pour obtenir une fonte saine et permettre un réalésage après usure. Pour les grands cylindres de machines marines, il faut faire entrer en compte la résistance du métal à la pression intérieure, à raison d'environ 1 k. par millimètre carré.

On prend souvent pour l'épaisseur

$$e = 20^{\text{m.m.}} + \frac{1}{100} \text{(Diam. du piston)} \ldots \text{(Reuleaux)}$$

Des nervures raidissent le contour du cylindre.

Le cylindre est une pièce de fonte importante et délicate. La fonte doit être dure et résistante ; elle est obtenue en seconde fusion ; le lit de fusion comporte souvent un mélange de fonte grise et de vieilles fontes ou bocards ; les fontes légèrement arsenicales conviennent bien ; elles ont du corps et de la dureté. Le moule doit être étudié avec soin pour faciliter le démoulage et éviter les surépaisseurs dangereuses ; il doit comporter le gras (3 à 6 millim.) nécessaire pour l'alésage. La pièce est coulée en sable d'étuve et chargée d'une lourde masselotte.

L'alésage se fait en plusieurs passes, pour éviter la conicité résultant de l'usure des outils ; il est souvent suivi d'un polissage à l'émeri. Les grands cylindres s'alèsent dans la position qu'ils doivent occuper dans les machines, horizontalement ou verticalement, pour éviter l'*ovalisation*.

Les fonds rapportés sont assujettis par des boulons ou, plus souvent, des goujons, qui demandent moins de place ; le joint se fait entre surfaces dressées, portant des stries concentriques ; on enduit ces surfaces de céruse et on y étend un boudin de mastic de minium, qui s'écrase sous la pression des boulons ; l'épaulement *f* (fig. 91) empêche le mastic de foirer à l'intérieur ; le cône *g g* facilite l'entrée du piston et donne aux parois le gras nécessaire pour réaléser après usure.

L'enveloppe sèche se fait en chiffons imbibés d'alun ou en feutre ; on la recouvre d'une mince feuille de tôle ou de douves en acajou assemblées à rainure et languettes, et fixées sur les nervures par des vis que l'on dissimule ensuite sous des bandelettes de laiton. Souvent on se contente d'une simple enveloppe séparée du cylindre par une couche d'air isolante.

L'enveloppe de vapeur est quelquefois venue de fonte avec le cylindre ; mais la pièce est alors difficile à obtenir saine, et on s'enlève la facilité de remplacer le cylindre usé. Il vaut mieux faire l'enveloppe avec les lumières, pattes et accessoires, en fonte grise et y rapporter intérieurement le cylindre, coulé en fonte dure. Celui-ci se réduit alors à un bout de tuyau qu'on coule trop long, et dont on coupe les extrémités pour ne conserver que la partie médiane, toujours la plus saine.

Le joint (fig. 92) *a a* se fait au moyen de portées cylindriques correspondantes, avec serrage convenable ; le cylindre intérieur est entré de force, puis le joint est complété avec du mastic de fonte ou des cercles en cuivre

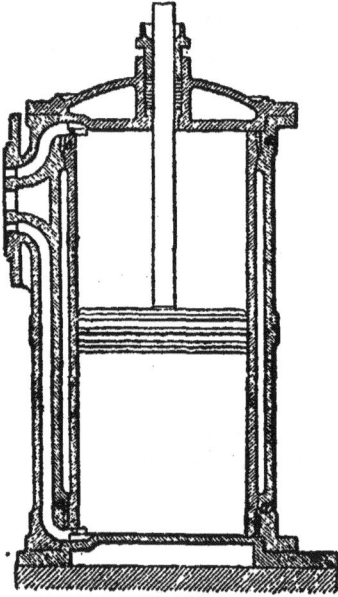

Fig. 92.

rouge fortement matés ; quelquefois aussi, on se contente d'un simple joint sec obtenu par l'ajustage soigné des parties et par un serrage suffisant. On doit avoir soin que le cylindre ne puisse se déplacer par rapport à l'enveloppe.

Dans les machines soignées, le courant de vapeur circule aussi dans les fonds.

L'enveloppe doit être purgée avec soin ; le courant de vapeur qui la parcourt forme quelquefois une circulation spéciale ; quelquefois il passe à la boîte de distribution ; cette dernière disposition, moins à recommander, doit être rejetée quand on emploie la vapeur surchauffée.

Par dessus l'enveloppe de Watt, il convient toujours d'appliquer une enveloppe sèche.

177. Piston. — Le corps du piston (fig. 93) est d'ordinaire en fonte ; il porte au centre la tige et sur le bord les rainures destinées à recevoir les segments. Dans les petites machines, il a la forme d'un plateau à deux

Fig. 93.

fonds plats ; les trois ou quatre trous destinés à maintenir le noyau pendant le moulage sont fermés par des bouchons en fer vissés et rivés.

Quelquefois, l'un des fonds est rapporté au moyen de boulons (fig. 94).

Fig. 94.

Les pistons de locomotives se font toujours en fer ; ils ont souvent la forme (fig. 95) obtenue à l'étampage sous le marteau.

Cette forme conduit à donner aux fonds du cylindre une disposition compliquée.

Le piston en fer à deux fonds plats (fig. 93) est aujourd'hui d'un usage général ; les deux moitiés séparées par le plan A A sont obtenues à part à l'étampage ; puis on les superpose, on les chauffe au blanc, et on les soude sous le pilon.

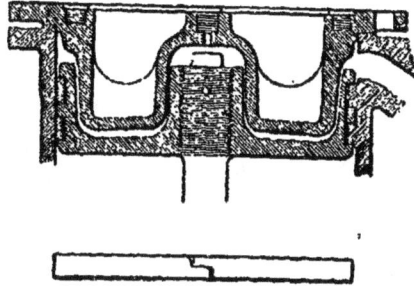

Fig. 95.

L'assemblage du piston avec sa tige doit être très solide. On en voit divers exemples dans les figures ci-jointes. On l'obtient souvent par un pas de vis avec goupille ou clavette (fig. 95). Le meilleur assemblage consiste en un emboîtement conique à faible inclinaison (fig. 97) avec rappel éner-

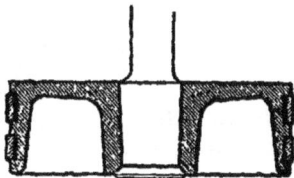

Fig. 96.

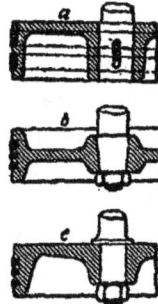

Fig. 97.

gique, par un fort boulon (b, c) ou par une clavette (a); on obtient un meilleur serrage (fig. 96) en introduisant le tenon conique froid dans sa mortaise légèrement chauffée et rivant ensuite à froid l'extrémité du tenon; ce dernier moyen est applicable aussi bien aux pistons à une toile (fig. 97) qu'à ceux à deux toiles (fig. 93).

Dans les machines exposées à des chocs (pilons), le piston est souvent forgé d'une seule pièce avec sa tige.

Le joint étanche entre le piston et le cylindre s'obtenait, dans les anciennes machines, au moyen de cordes de chanvre suiffées et serrées par une couronne, comme dans les presse-étoupe (fig. 98).

Fig. 98.

La substitution au cordon de chanvre de cercles métalliques a été un progrès considérable, mais qui n'a pu être réalisé que grâce à un alésage très parfait.

Ces cercles ont été mis en œuvre de bien des manières. La fig. 99 représente une disposition qui a été longtemps usitée.

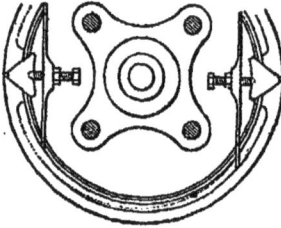

Fig. 99.

Aujourd'hui, on n'emploie plus guère, dans les machines ordinaires, que la garniture *Ramsbotton* ou la garniture dite *suédoise.*

Dans le piston Ramsbotton (fig. 100) la garniture est formée par trois à six cercles en acier doux, cintrés à la demande du cylindre; chacun d'eux est coupé de telle sorte que, le piston une fois entré dans le cylindre, les deux abouts du cercle arrivent presque au contact; les joints sont croisés d'un cercle à l'autre.

Fig. 100

Dans le piston suédois (fig. 90, 91, 92, 95, 96) les cercles sont en fonte douce; il y a quelquefois un seul, souvent deux cercles; lorsqu'il y a deux cercles, parfois on les superpose simplement, mais d'habitude chacun d'eux joue dans une rainure ou gorge spéciale.

Les cercles s'obtiennent de fonte sous forme de tuyaux d'un diamètre plus grand que le diamètre définitif; on les alèse intérieurement, on les découpe à la hauteur voulue, puis on les fend suivant une arête; les lèvres de la fente sont taillées en forme de baïonnette (fig. 95); on serre le cercle et on le tourne extérieurement au diamètre du cylindre; lorsqu'il est mis en place, l'élasticité de la fonte donne un joint suffisant contre les parois du cylindre. Cependant la courbure du cercle est moins forte aux environs de la fente; on doit donc, avant de mettre les cercles en place, les rebattre à l'intérieur jusqu'à une certaine distance de la fente; on peut aussi excentrer légèrement la paroi intérieure du cercle (fig. 101) de manière à avoir moins d'épaisseur près de la fente que dans la partie opposée.

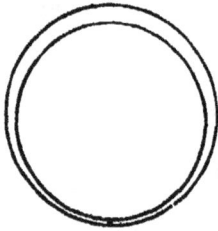

Fig. 101.

Cette méthode n'est applicable que si le cercle est assez mince; on peut ainsi l'ouvrir suffisamment pour le faire passer par dessus les talons qui limitent les gorges.

Il faut néanmoins qu'il soit assez raide, afin de bien s'appliquer contre les parois; une pression de 1 kil. à 1 kil. 1/2 par centimètre carré, due au serrage, suffit dans tous les cas.

Quelques constructeurs emploient des cercles de fonte minces, dont l'élasticité propre serait insuffisante, et les doublent intérieurement par un contre-cercle en acier, qui forme seul ressort.

Dans les grands cylindres de la marine, la mise en place des cercles par les moyens indiqués serait mal commode ; les cercles sont maintenus par un chapeau en fonte A A rapporté au moyen de boulons (fig. 102) ; quelques ressorts servent à assurer le contact avec les parois du cylindre. Pour obtenir une étanchéité plus parfaite, le joint porte en arrière un petit couvre-joint en acier rapporté avec des vis (fig. 103).

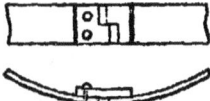

Fig. 103.

Fig. 102.

Dans les machines horizontales, le piston est supporté, en porte-à-faux, par sa tige, dont la direction est assurée par les glissières et le grain en bronze du presse-étoupe. Ce guidage n'est pas très efficace ; il suffit d'un peu d'usure pour en détruire l'effet. Souvent on excentre l'intérieur des gorges, de telle sorte que le bas du piston porte sur l'arète inférieure du cylindre par l'intermédiaire des cercles ; cette disposition augmente l'usure du cylindre. Dans les grandes machines, on prolonge la tige par une contre-tige, qui traverse le 2e fond du cylindre au moyen d'un presse-étoupe.

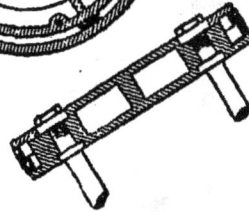

Il est facile de s'assurer de l'étanchéité du piston : on cale la machine, puis on ouvre l'un des purgeurs et on introduit la vapeur sur la face opposée du piston ; si le joint est étanche, le purgeur ne doit pas laisser passer de vapeur. L'étanchéité est rarement parfaite.

178. Tige du piston et presse-étoupe. — La tige du piston est un cylindre en fer, souvent en acier, parfaitement tourné ; elle transmet à la crosse la pression que la vapeur exerce sur le piston. Elle traverse le fond du cylindre au moyen du *presse-étoupe* ou *stuffing-box* B (fig. 91) :

a corde de chanvre lâche suiffée, serrée entre le *chapeau b* du presse-étoupe et le grain *c* ;

d petit réservoir dans lequel on introduit de l'huile par la lumière *e*.

Le grain *c* en bronze, ajusté exactement, est ensuite rivé contre la fonte ; il sert de guidage à la tige du piston ; quand le piston est lourd, on donne au grain une grande longueur.

La garniture se fait d'habitude en chanvre suiffé ou enduit d'un mélange de suif et de blanc de Meudon. Elle s'use promptement ; on la remplace quelquefois par un alliage dit *antifriction*, (au chemin de fer de la Méditerranée, l'alliage employé comporte : plomb 76,étain 14,antimoine 10) qui se ramollit par l'action de la chaleur, et se moule alors exactement sur la tige, sous la pression du chapeau du presse-étoupe ; pour que cette garniture métallique tienne le joint, il faut que la tige du piston soit très exactement guidée.

Dans les machines verticales, le godet d'huile a une forme un peu différente (fig. 104).

Les boulons qui agissent sur le chapeau doivent porter bien également ; dans les grandes machines, ils sont rendus solidaires par un engrenage.

Dans les petits presse-étoupe, le chapeau à oreille est remplacé par un écrou borgne a (fig. 105).

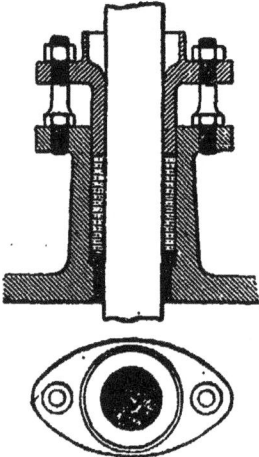

Fig. 104.

Fig. 105.

Les joints de vapeur sont assez faciles à tenir ; il n'en est pas de même des joints d'air ; aussi, dans les machines à condensation, faut-il des soins particuliers pour empêcher les rentrées d'air si nuisibles dans le condenseur.

Si la machine est verticale, la disposition (fig. 104) suffit, le petit godet plein d'huile formant joint hydraulique.

Dans les machines horizontales, à condensation, on met un double presse-étoupe (fig. 106) ; l'huile est introduite par un petit canal a dans l'espace annulaire ménagé entre les deux presse-étoupe.

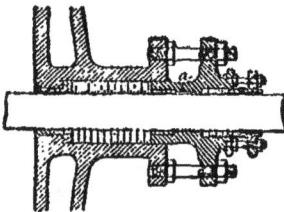

Fig. 106.

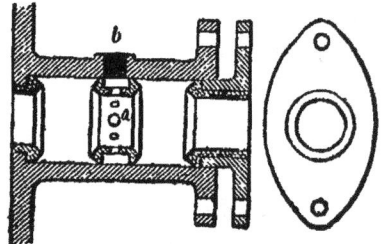

Fig. 107.

La disposition suivante (fig. 107) peut être employée dans le même cas : un anneau percé de trous, a, est interposé entre deux épaisseurs d'étoupes, et reçoit l'huile par le graisseur vissé en b.

179. Crosses et glissières. — La crosse s'assemble à l'extrémité de la tige du piston et porte le tourillon de la bielle et les patins frottant sur les glissières. Elle prend diverses formes.

La figure 108 représente la crosse de la machine figure 90 ; elle est en fonte.

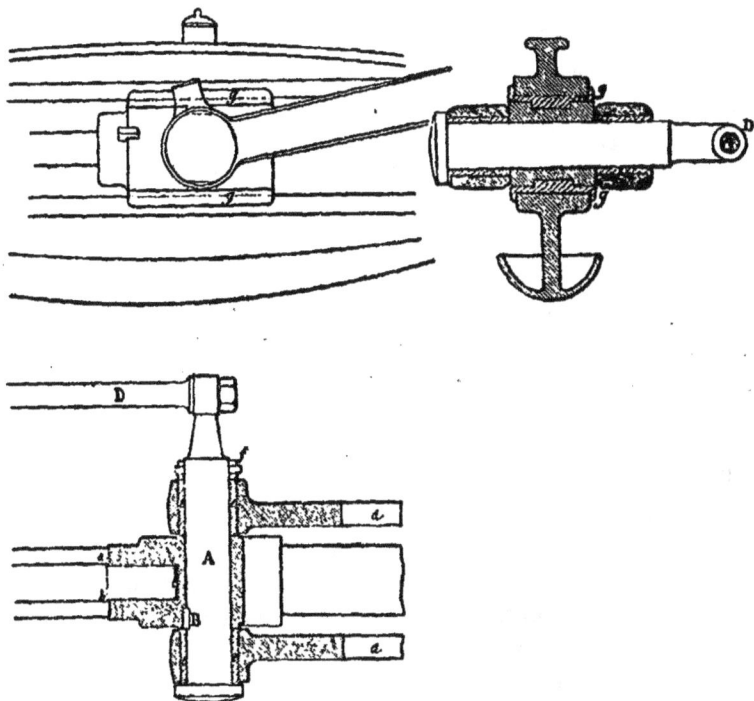

Fig. 108.

L'assemblage avec la tige du piston est fait ici par une clavette ; la portée a lieu, non sur l'épaulement *a b*, qui n'a pour but que d'assurer la précision de l'assemblage, mais sur le fond *c* de la mortaise sur lequel on place une ou deux rondelles minces de cuivre ou d'acier. Cet assemblage se fait aussi par l'un des moyens employés pour réunir le piston à sa tige (fig. 93, 95, 96, 97), lorsque les dispositions de la crosse le permettent ; c'est de toute la machine l'assemblage qui fatigue le plus, à cause de l'affaiblissement de la tige du piston, résultant du passage de la clavette ; si, d'autre part, on renforce cette tige pour l'assemblage, il devient impossible de retirer le piston du cylindre, le renfort ne pouvant plus passer à travers le chapeau et le grain du presse-étoupe. La clavette, qui porte toute la charge de la machine, est exposée à être déformée par cisaillement ou mâchée sur ses bords, que l'on arrondit d'ailleurs, pour éviter cet effet ; enfin, la fonte de la crosse du manchon et le fer de la tige peuvent être aussi mâchés ou arrachés.

On prend quelquefois le parti de renforcer la tige du piston au droit de l'assemblage ; mais alors le grain du presse-étoupe, ainsi que le chapeau, sont coupés diamétralement en deux pièces.

Dans la figure 108, l'articulation de la crosse avec la bielle est obtenue par un grand boulon A ; un prisonnier B l'empêche de tourner ; la bielle fourchue, *d d*, embrasse le coulisseau, et vient saisir par deux bagues de bronze, *e e*, rivées sur la bielle, les extrémités du boulon A ; le déplacement latéral est prévenu par une clef *f*. Les coulisseaux *g g*, en bronze ou en fonte douce, sont simplement posés sur les portées de la crosse, et maintenus par des saillies carrées.

Les glissières ont une section en double T, et la glissière inférieure porte une petite cuvette pour recueillir l'huile en excédent.

Le boulon A se prolonge par un bras qui conduit la tige D du piston de la pompe alimentaire.

Les glissières ont à résister à la composante normale à leur longueur de la réaction oblique de la bielle, composante qui est maxima lorsque le piston est à mi-course ; elles doivent être très rigides pour bien guider la crosse.

On les fait d'ordinaire en fonte.

La partie dressée sur laquelle glisse le patin est raidie par une nervure surhaussée vers le milieu de la longueur (fig. 90). Quelquefois on leur donne une section en double T (fig. 108). Elles s'assemblent à un bout sur le presse étoupe (fig. 109) et à l'autre sur un appui fixé au bâti (fig. 90) ; l'assemblage se fait à boulons, avec interposition de cales minces en cuivre *a a* (fig. 109) qu'on lime pour rattraper le jeu.

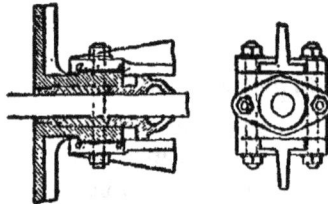

Fig. 109.

Quelquefois, pour éviter de fourcher la bielle, on dispose quatre glissières *a a* (fig. 110) entre lesquelles passe la bielle ; la crosse porte alors un

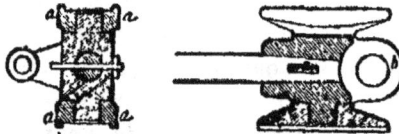

Fig. 110.

double anneau *b*, la bielle se termine par un anneau simple, garni de bronze, et l'articulation se fait par un gros boulon.

Dans les locomotives (fig. 111) on ne met que deux glissières, en fer ou en acier ; mais elles sont assez écartées l'une de l'autre pour ne

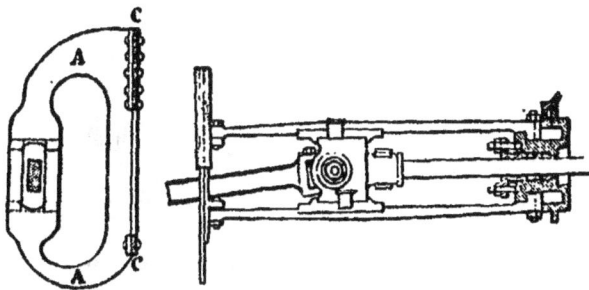

Fgi. 111.

pas gêner les oscillations de la bielle. L'une des extrémités se fixe au presse-étoupe, l'autre à une pièce de fer A A, convenablement découpée, fixée sur le châssis C.

Souvent dans les machines fixes, la crosse prend la forme d'une traverse (fig. 112) terminée à ses extrémités par deux tourillons sur lesquels s'enfilent les patins pp ; il y a alors, pour chaque patin, deux glissières, fixées directement au bâti ; la bielle à fourche vient saisir la traverse sur les parties rondes A A, qui souvent aussi servent de points

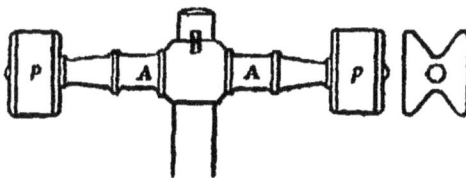

Fig. 112.

d'attache à de petites bielles pour la commande de la condensation.

Nous avons vu que, dans les machines sans renversement de marche, c'est toujours la même glissière qui travaille. Convient-il que ce soit la glissière inférieure ou la glissière supérieure ?

Quelquefois le sens de la marche est commandé par les circonstances locales et alors il n'y a pas à choisir.

Si la glissière inférieure travaille seule, elle est chargée non seulement par la composante normale de la réaction oblique de la bielle, mais aussi par le poids de la crosse et d'une partie de la tige. D'autre part, le graissage se fait dans de meilleures conditions et l'on n'est pas exposé à perdre l'huile inutilement. Aussi, c'est souvent le parti que l'on adopte.

Le dessin de glissière (fig. 113) est alors très convenable ; la partie plane sur laquelle glisse le patin forme le fond d'un bassin contenant de l'huile et les frottements sont très doux. Cette forme convient bien, lorsque la tige du piston traverse les deux fonds du cylindre, pour soutenir l'extrémité de la contre-tige.

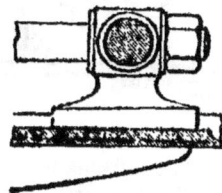

Fig. 113.

10

Il est toujours plus prudent de s'opposer au soulèvement possible du patin : on emploie alors la disposition (fig. 114).

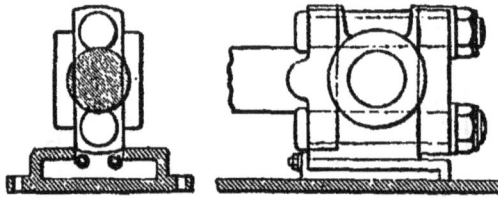

Fig. 114.

Voici (fig. 115) le *joug* employé pour les machines à bielle en retour de la marine.

Les ouvertures A A reçoivent les têtes des deux tiges du piston, la tête de bielle roule sur la partie tournée B B, les patins C C, en fonte, sont rappor-

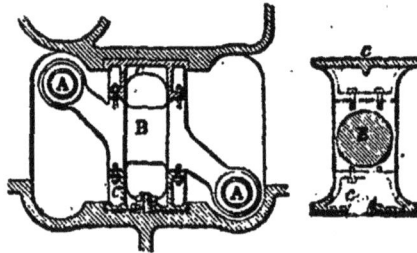

Fig. 115.

tés ; le patin inférieur, qui travaille seul en marche ordinaire, est garni de bronze.

180. Bielle. — La forme générale de la bielle est en harmonie avec celle de la crosse et des glissières.

Avec des glissières doubles et peu écartées (fig. 90, 108, 109) on ne peut employer que la bielle à grande fourche (fig. 90, 116) embrassant le sup-

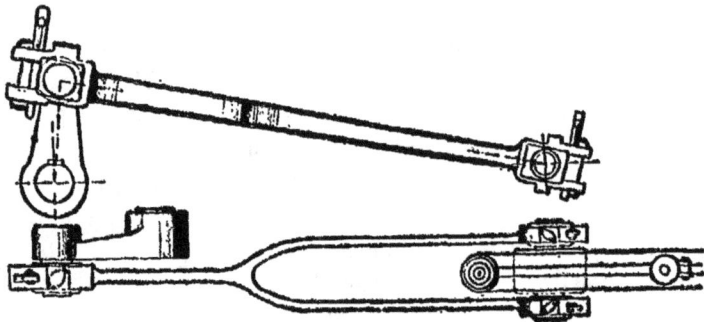

Fig. 116.

port des coulisseaux.

Avec la disposition de traverse (fig. 112), on prendra la bielle à petite fourche (fig. 117); il en sera de même avec la glissière simple (fig. 113 et

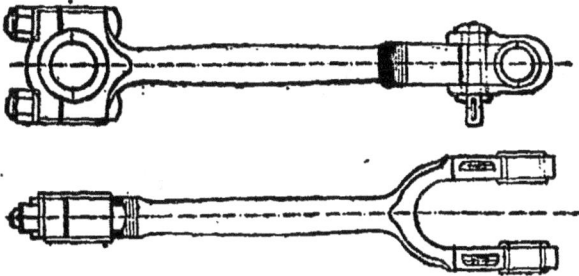

Fig. 117.

114), si la crosse est suffisamment élevée.

Enfin, la bielle droite s'emploiera avec la glissière quadruple (fig. 110) ou avec les glissières doubles suffisamment écartées (fig. 111-115); elle pourrait aussi être appliquée avec la traverse (fig. 112) et la glissière simple (fig. 113, 114), en disposant convenablement l'articulation avec la petite tête de bielle.

Le corps de la bielle se fait généralement en fer, quelquefois en acier.

On lui donne d'ordinaire une section circulaire ; on ménage du *galbe* (fig. 117) c'est-à-dire que le diamètre au milieu est plus fort qu'aux extrémités, forme convenable pour résister à la compression et combattre la tendance au fouettement.

Dans les anciennes machines, la bielle était en fonte ; on la fait encore quelquefois ainsi, on donne alors au corps une section en forme de croix, qui, à égalité de poids, possède un plus grand moment d'inertie que le cercle.

Dans les machines à grande vitesse, il faut tenir compte de la force centrifuge qui tend à courber la bielle (1). On donne alors à la section la forme d'un rectangle allongé (fig. 90, 111, 116) dont la hauteur va en croissant depuis la petite tête jusqu'à la grosse.

La grosse tête de bielle est l'articulation de la bielle avec l'arbre de couche ; la petite tête est l'articulation avec la crosse. Ces deux articulations doivent satisfaire aux conditions suivantes : donner lieu à peu de frottement, être faciles à démonter et à remonter, permettre le rattrapage du jeu.

_____

(1) Soit une bielle d'accouplement d'une locomotive à grande vitesse : course du piston 0 m. 65, diamètre des roues accouplées 2 m. 10 ; vitesse maxima 110 kilomètres à l'heure ; la force centrifuge serait égale à 15 fois le poids de la bielle ; celle-ci doit donc, à ce point de vue, être regardée comme une barre suspendue par ses extrémités et supportant une charge qui va jusqu'à 16 fois son propre poids, répartie sur sa longueur proportionnellement à chaque section transversale.

La tête de bielle représentée fig. 118 est composée comme il suit :

A, corps de la bielle en fer ; sur l'extrémité B, renflée, viennent s'assem-

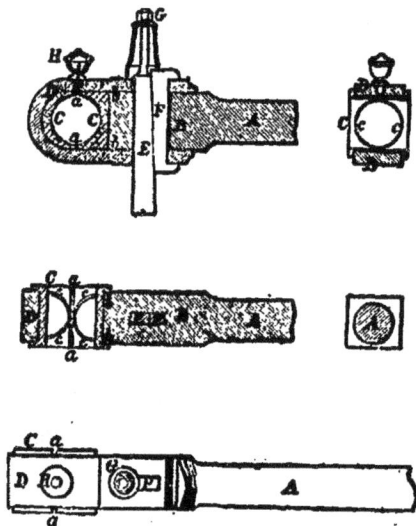

bler les pièces de l'articulation, savoir : deux demi-coussinets *c c* en bronze embrassent à frotte-ment doux le bouton de mani-velle ou le vilebrequin ; ils sont entourés par une bride en fer DD, tenue en place par la clavette E et la contre-clavette F ; la contre-clavette porte deux talons pour empêcher la bride de s'ouvrir. La clavette E, taillée avec un fruit, serre à la demande au moyen de l'écrou G ; on tourne cet écrou jusqu'à ce que les deux coussi-nets portent légèrement sur le bouton de manivelle, sans ballot-tement, et au fur et à mesure de

Fig. 118.

l'usure des coussinets, on serre davantage l'écrou.

Les mécaniciens soigneux intercalent dans les fentes *a a* qui séparent les deux demi-coussinets de petites cales en cuivre rouge, limées à l'épais-seur voulue, pour que la clef E puisse être serrée à bloc, sans que le bouton de manivelle soit trop fortement pressé ; par ce moyen, on rend solidaires toutes les pièces de la tête de bielle, et l'on évite le ferraillement. On peut aussi prolonger les bords des coussinets jusqu'au contact, de manière à supprimer les intervalles *a a* ; on lime ces bords jusqu'à ce que les coussi-nets, amenés à toucher, embrassent à frottement doux le bouton de mani-velle, et l'on serre à bloc la clef E.

L'appel déterminé par la clef E, au fur et à mesure de l'usure, a pour effet de rapprocher l'articulation du corps de la bielle, ce qui tend à dimi-nuer la distance entre les centres des deux têtes de bielle. Quand l'usure devient un peu forte, on place en *b b*, entre le coussinet et le corps de la bielle, de petites plaques de tôle limées (1).

Nous verrons des moyens analogues de rattrapage du jeu employés dans toutes les articulations.

Le godet de graissage H communique, par une mèche de coton, avec les *pattes d'oie c c*, qui répartissent l'huile sur toute la surface du coussinet.

(1) Dans les bielles d'accouplement de locomotives, il importe que la distance des cen-tres d'articulation reste rigoureusement constante ; le rattrapage du jeu se fait alors de telle sorte que l'une des articulations se rapproche du corps de la bielle quand l'autre s'en éloigne ; l'usure étant sensiblement la même aux deux têtes, la distance des deux boutons de manivelle ne change pas.

Les fig. 116, 117 représentent deux autres formes de têtes de bielle. La disposition très simple, fig. 117, est très employée dans la marine.

Voici (fig. 119) une tête de bielle, légère et solide, fort en usage pour les locomotives ; l'extrémité de la bielle a la forme d'un cadre, *a a a*, dans lequel se placent les deux demi-coussinets *b b*, appuyés par une pièce de fer *c*, contre laquelle vient buter la clef *f f*.

Celle-ci est maintenue en place comme il suit : une pièce de fer *g g* vient se loger latéralement à la clef dans l'entaille du cadre ; elle porte une rainure dans laquelle peut circuler le boulon à

Fig. 119.

écrou *h* ; la clef mise en place, on serre le boulon et toutes les pièces deviennent solidaires.

Pour débieller, on enlève l'écrou *h*, la pièce *g*, et la clef *f*, on écarte les deux coussinets et l'on retire le bouton de manivelle ; afin qu'on puisse retirer les coussinets du cadre, il est nécessaire que les rebords tels que *k k* soient supprimés dans leur partie horizontale sur la face des coussinets qui regarde la manivelle (voir la coupe transversale).

Cette disposition ne peut évidemment pas s'appliquer pour un vilebrequin, le montage serait impossible.

Les dispositions des petites têtes de bielle ressemblent beaucoup à celles que nous venons d'examiner ; comme l'amplitude des glissements est ici beaucoup plus faible, l'usure est bien moindre et l'on se contente souvent comme garniture, de simples anneaux de bronze (fig. 108, 111) sans rattrapage de jeu.

Pour les bielles de faible longueur (pour parallélogrammes, commande de pompe à air, etc.), on emploie souvent la disposition fig. 120 : la colonne centrale *a* ne travaille qu'à la compression et la bride *b* qu'à la traction.

181. Arbres. — L'arbre de couche est à vilebrequin ou

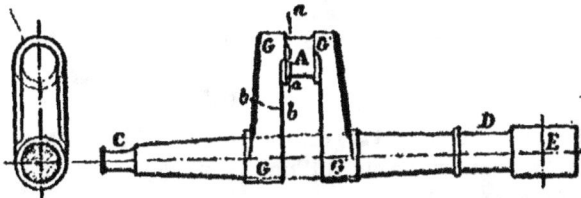

Fig. 120.   Fig. 121.

à manivelle. Dans les arbres coudés (fig 121), le vilebrequin A est compris entre deux portées C et D pour paliers, le volant se cale en E à l'extérieur des paliers, et il est bon que cette partie soit assez longue pour qu'on puisse au besoin placer une poulie en dehors du volant.

Souvent l'arbre est symétrique et porte deux volants extérieurs (fig. 90).

Il convient de ménager un jeu longitudinal notable dans l'une des portées C et D, de telle sorte que, dans les dilatations inévitables de l'arbre ou du bâti, l'épaulement ne vienne pas forcer contre les joues du coussinet ; souvent même les épaulements sont supprimés à l'une des portées.

L'arbre coudé est soumis à un effort de flexion et à un effort de torsion. Le moment de flexion est maximum au droit du vilebrequin A, qui doit, par suite, avoir un diamètre un peu supérieur à celui du corps de l'arbre ; le moment de torsion, presque nul entre C et A, est constant entre A et E, ce qui explique la forme de l'arbre conique d'un côté, cylindrique ou à peu près de l'autre.

Les arbres coudés sont exposés à la rupture, surtout dans les locomotives, où l'on est obligé de les faire légers. On les forge en fer de la meilleure qualité (fers de riblons) ou même en étoffe ; rarement en acier parce que ce métal *ne prévient pas*, c'est-à-dire qu'il casse brusquement, sans que la rupture soit, comme dans le fer, annoncée par des criques et des gerçures. La rupture se fait souvent suivant les directions *a a*, ou *b b* ; on combat ce dernier mode de rupture en entourant les joues G G et G' G' du vilebrequin par de fortes frettes en fer, posées à chaud.

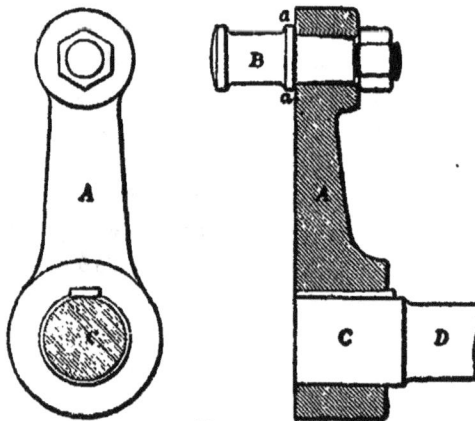

Fig. 122.

La manivelle A (fig. 122) est une pièce de fer, rarement de fonte, dans laquelle viennent s'encastrer, d'une part le bouton de la manivelle B, d'autre part l'arbre C ; elle résiste à la flexion et à la torsion, ce qui motive la forme trapézoïdale du corps de manivelle A ; les masses de métal accumulées aux extrémités servent à assurer une portée convenable aux encastrements.

L'encastrement C de l'arbre D se fait à chaud et est consolidé par une clavette. L'encastrement du bouton de manivelle se fait, soit de la même manière, soit par l'un des moyens usités pour assembler le piston à sa tige (§ 175).

Si l'on emploie un cône, il convient, pour avoir un bon serrage, que l'épaulement a a ne vienne pas à toucher le corps de la manivelle.

En D est la portée pour le palier fixé au bâti. Le volant est placé entre ce palier et celui qui porte l'autre extrémité de l'arbre ; ce dernier est fixé solidement à un fort massif en maçonnerie ; la portée dans le palier d'extrémité doit permettre le jeu longitudinal de l'arbre. Si le volant est lourd, l'arbre est galbé entre ses deux portées.

Lorsqu'un arbre est trop long pour n'être porté que par deux appuis, l'intercalation de nouveaux appuis exige des précautions : si l'arbre est mince et flexible, comme les arbres de transmission des ateliers, on met le nombre de paliers nécessaires ; mais s'il est rigide, il faut éviter de le faire porter par plus de deux points, car un tassement ou un défaut de montage dans les paliers intermédiaires suffirait pour amener la rupture, ou, tout au moins, le chauffage de l'arbre.

Dans les locomotives, la portée se fait par l'intermédiaire de ressorts, ce qui supprime la difficulté.

Elle existe, au contraire, dans toute son étendue, pour les machines marines, à cause de la flexibilité de la coque ; aussi l'arbre est-il toujours en plusieurs tronçons ; chacun de ces tronçons n'est porté que par deux, ou même un seul palier, et articulé au tronçon suivant par un joint à la Cardan ou par le joint fig. 123 qui permet de petits mouvements de chaque tronçon d'arbre par rapport au suivant, tout en transmettant le moment de torsion résultant de l'action de la machine.

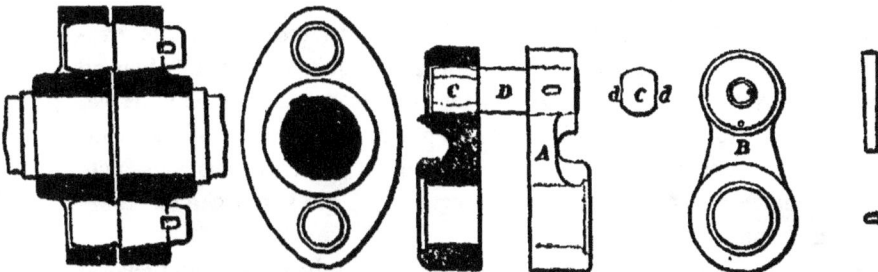

Fig. 123.   Fig. 124.

La fig. 124 représente une disposition très usitée dans les steamers à roues.

La manivelle A est calée sur l'arbre de couche qui reçoit à ses extrémités deux manivelles pareilles à angle droit, commandées par deux machines conjuguées ; la manivelle B est calée sur l'arbre qui porte la roue ; elle est

commandée par un téton C, porté par le bouton D, encastré dans la manivelle A ; ce téton joue librement dans la mortaise qui le reçoit et qui est
garnie de bronze ; les faces dd déterminent l'entraînement de la manivelle B.

Des dispositions analogues se rencontrent dans toutes les transmissions
soignées, lorsqu'il s'agit d'assurer la liberté des mouvements relatifs de
solides inégalement déformables.

182. Paliers. — Voici (fig. 125) le dessin d'un palier ordinaire.

Le corps A A du palier est en fonte ; il s'appuie, par un large patin
dressé B B, sur une portée ménagée au bâti, et y est fixé par des clavettes

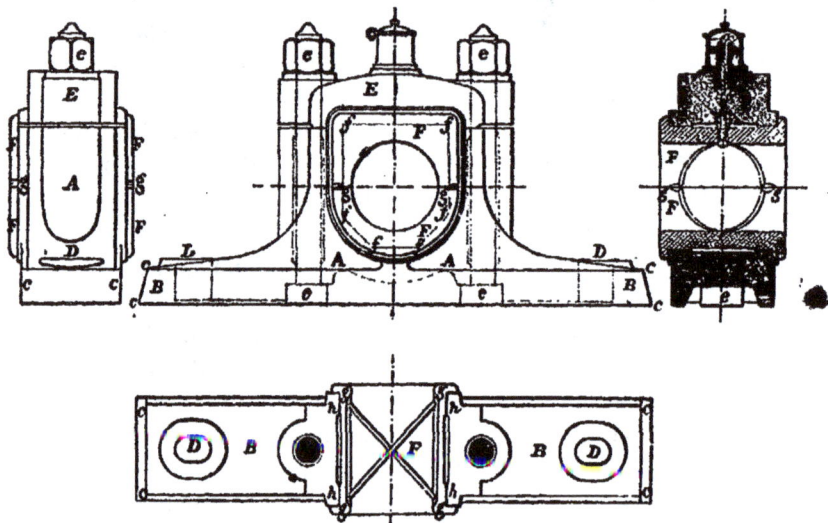

Fig. 125.

coincées sur les flancs $c c$ et par de forts boulons traversant les trous ovales D D ; ces boulons ne sont serrés à bloc qu'une fois le palier mis bien en
place au moyen des clavettes. Le *chapeau* E est serré par les boulons $e e$,
et maintient, de concert avec le corps du palier, les deux demi-coussinets,
F F, qui embrassent l'arbre à frottement doux ; le corps des coussinets
est taillé extérieurement suivant un polygone fff, qui l'empêche de tourner dans le palier.

La disposition figurée s'applique au cas d'un arbre horizontal chargé
verticalement ; l'usure se produisant sur le haut ou le bas des coussinets,
on rattrape le jeu en limant, à la demande, les faces $g g$ par lesquelles
deux demi-coussinets portent l'un sur l'autre, et en serrant les boulons $e e$.

Si, comme dans les machines à vapeur, les efforts sont surtout horizontaux, il convient de disposer la fente $g g$ verticalement et le rattrapage du
jeu se fait en glissant des feuilles de cuivre mince derrière les demi-coussinets, en $h h$.

Mais il vaut mieux alors employer, comme dans le coussinet en trois pièces (fig. 126), des coins de rattrapage C, manœuvrés par des vis de rappel D.

Dans cette figure, la pièce inférieure A porte le poids du volant, et les pièces latérales B résistent aux poussées alternatives de la bielle ; la pièce A s'use peu, et on se contente de la remonter de temps à autre, en glissant par dessous de petites lames de cuivre mince.

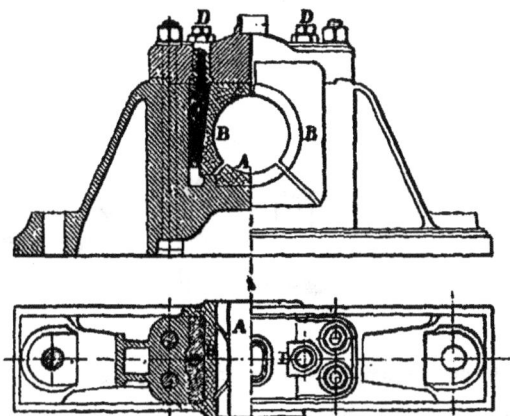

Fig. 126.

Voici (fig. 127) le palier avec coussinet en quatre pièces d'une machine

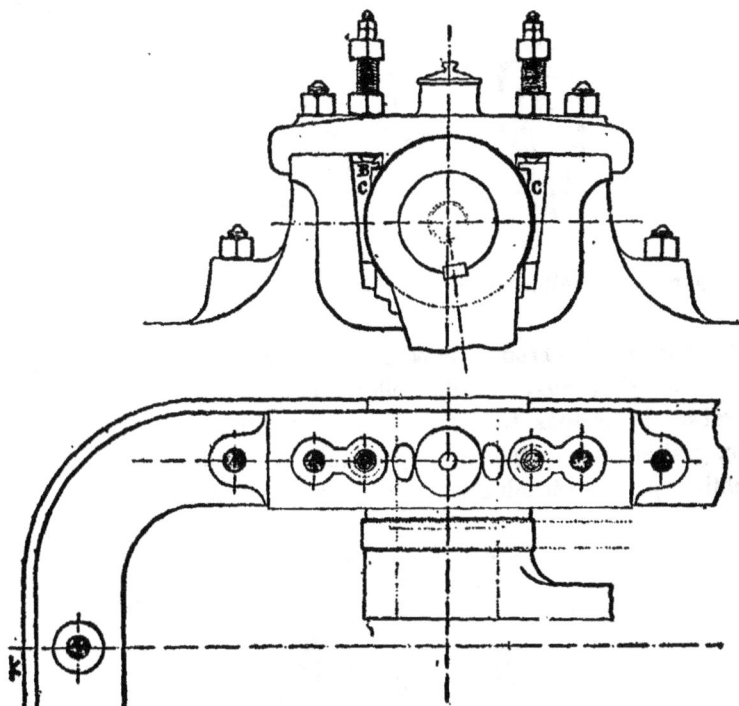

Fig. 127.

de forge puissante construite par le Creusot ; les deux pièces latérales B B sont rapprochées par les coins en acier e e ; il y a en outre un coussinet supérieur et un coussinet inférieur ; ici le corps du palier est venu de fonte avec le bâti de la machine.

Dans les navires à hélice, le tronçon d'arbre le plus rapproché de l'arrière supporte tout entier la poussée de l'hélice ; un simple épaulement ne suffirait pas pour résister sans chauffer à une charge aussi considérable ; on donne aux coussinets la disposition fig. 128 ; l'arbre de l'hélice porte

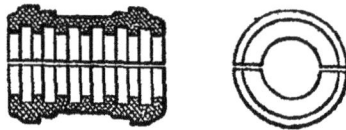

Fig. 128.

des saillies correspondant aux cannelures des coussinets, entre lesquelles se répartit la poussée.

183. Graissage. — On graisse les machines à l'huile dans les parties froides, au suif ou à l'huile dans les parties chaudes.

Les organes qui doivent être graissés abondamment sont pourvus de *graisseurs,* petits réservoirs (fig. 129-130) remplis d'huile ; une mèche de

Fig. 129.   Fig. 130.

coton, agissant par capillarité, amène le liquide au contact des parties frottantes.

Les graisseurs sont en bronze, rapportés par un pas de vis, ou bien taillés dans le corps des chapeaux, têtes de bielles, etc.

Pour graisser les pistons, tiroirs et organes travaillant sous pression, on donne aux graisseurs la disposition d'écluses à sas. L'introduction du liquide s'obtient par un véritable sassement (fig. 131-132).

 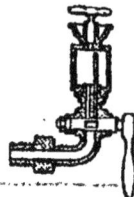

Fig. 131.   Fig. 132.

Le cylindre doit être graissé au suif, quand il est chaud, et après avoir été bien purgé, sans cela la graisse est entraînée par l'eau lors de l'échappement ; du reste le véritable graissage du cylindre est donné par l'émulsion de graisse et d'eau chaude qui se dépose sur les parois ; quand il n'y a pas d'eau condensée, le graissage se fait mal.

M. Girard a proposé de graisser par l'eau sous forte pression, introduite, par exemple, dans un palier (fig. 133) par la cavité A ; cette eau, retenue par une série de cannelures pratiquées dans le coussinet, soulève l'arbre B, et ne s'échappe que très lentement. Ce moyen est très bon pour les arbres pesamment chargés.

Dans les machines marines, qui doivent marcher longtemps sans arrêt, on installe des *lécheurs*, mèches imbibées d'huile, qui en déposent quelques gouttes sur les articulations à chaque révolution de la machine.

Pour les longues transmissions des ateliers, dont les nombreuses articulations ne sont pas très accessibles, on emploie des paliers dits *graisseurs* ; l'huile placée dans des réservoirs au-dessous de l'arbre de transmission, est remontée

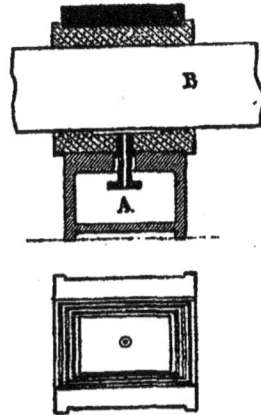

Fig. 133.

par un artifice quelconque, par le fait même du mouvement de l'arbre, et le palier n'a besoin d'être visité qu'à de rares intervalles. La description de ces organes se rattache plus spécialement à l'étude des transmissions.

Les pistons de pompes à eau ne doivent être graissés qu'à la graisse et ceux à eau chaude ne doivent pas être graissés du tout, car les corps gras feraient coller les clapets sur leurs sièges.

Quand le graissage est insuffisant, les articulations chauffent, puis grippent ; il faut alors arrêter la machine, refroidir à grande eau, desserrer les articulations qui n'ont pas assez de jeu, et remettre lentement en mouvement en graissant avec abondance.

184. Bâti et fondations. — Le bâti est la plaque d'assise sur laquelle sont assemblées toutes les pièces de la machine. Il est généralement en fonte, quelquefois (locomotives) en fer, ou (machines de bateaux) en fonte et fer.

La fig. 90 donne les diverses vues d'un bâti.

Le bâti doit résister aux efforts de compression et de traction résultant de l'action de la vapeur sur le fond du cylindre et de la bielle sur la manivelle ; ces actions n'étant pas dirigées suivant l'axe du bâti, produisent des moments de flexion, que l'on combat en donnant à la section transversale du bâti un moment d'inertie suffisant (fig. 134) : A A section du bâti, B cylindre, *c c* pattes d'attache du cylindre, F section du bâti au droit d'un boulon de fondation.

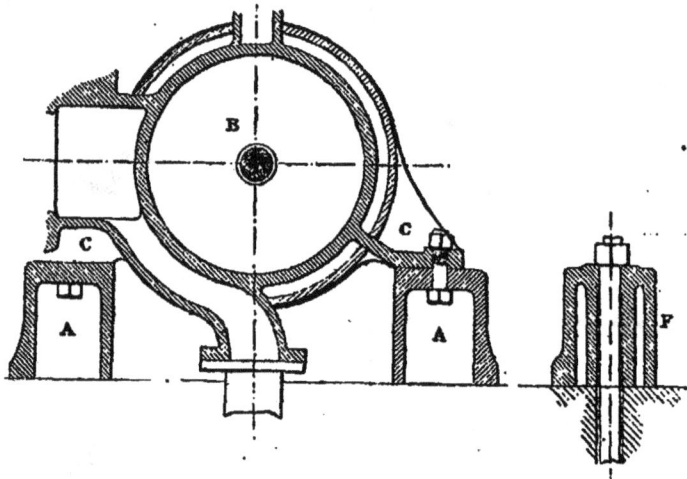

Fig. 134.

Souvent aussi le bâti a la forme d'un double T ou d'un E à branches inégales (fig. 135).

Le bâti dit *Américain* (fig. 136) est aujourd'hui fort à la mode ; c'est une simple poutre creuse, reliant le palier au cylindre et portant, sur le côté, les glissières ; le cylindre et le palier sont fixés séparément sur le massif ; l'ensemble de la machine ne porte, pour ainsi dire, que sur deux points ; ainsi le bâti se trouve, dans une

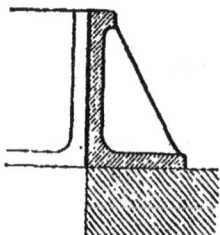

Fig. 135.

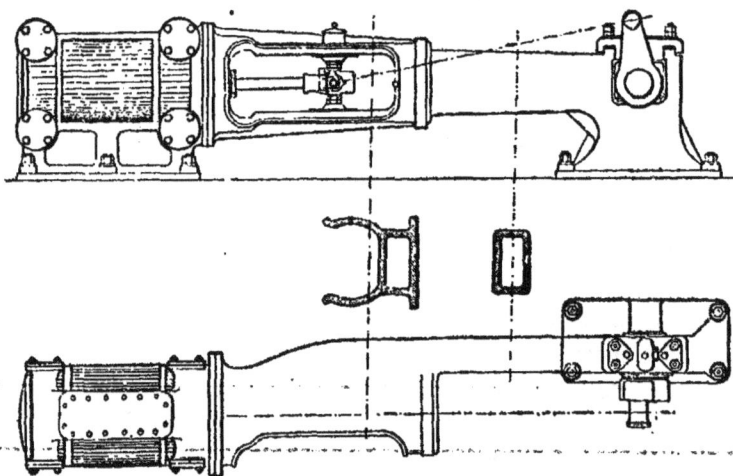

Fig. 136.

certaine mesure, indépendant des tassements irréguliers de la maçonnerie, et ne sert qu'à assurer d'une manière invariable les positions relatives de l'arbre et du cylindre.

La composante verticale de la réaction oblique de la bielle, agissant en dehors de l'axe de la poutre, peut déterminer dans celle-ci des effets de torsion assez sensibles.

Le bâti des machines fixes repose sur un solide massif de maçonnerie, dont les dispositions et la construction doivent être étudiées avec soin.

La fonte est ancrée au massif par les boulons de fondation (fig. 137) amarrés, par le bas, dans des chambres convenables au moyen de clavettes et de rondelles de fonte. On doit avoir soin de ménager dans le massif des passages pour le service du condenseur et la visite des tuyaux. On interpose entre la pierre de taille qui couronne le massif et la face inférieure du bâti une bonne couche de mortier de Portland, ou quelquefois des feuilles de plomb, et l'on ne serre les boulons à bloc que lorsque la maçonnerie a fait bonne prise.

Pour les machines montées sur chaudières, il faut ménager une liberté convenable aux dilatations inégales du bâti et de la chaudière, soit en ovalisant les trous des boulons dans le bâti (locomobiles), soit (locomotives) en faisant porter la chaudière sur des glissières ajustées. Dans les locomotives, la dilatation est toujours ménagée de l'avant vers l'arrière, les cylindres devant rester fixes par rapport à la boîte à fumée, afin de ne pas exposer les tuyaux de prise de vapeur et d'échappement à des flexions dangereuses.

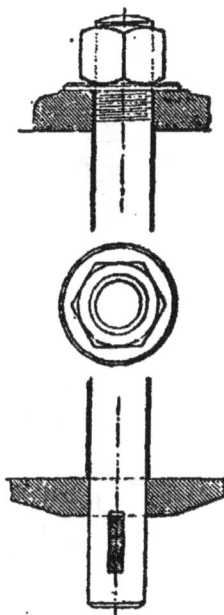

Fig. 137.

185. Condensation. — Pour que la condensation s'opère promptement il faut que la vapeur affluant au condenseur soit intimement mélangée à l'eau froide, et qu'il n'y ait pas de rentrée d'air.

La fig. 138 représente l'ensemble du condenseur, de la pompe à air, de la bâche à eau chaude et de la commande de la pompe à air dans une machine horizontale construite par le Creusot.

L'injection d'eau froide a lieu par le robinet M disposé de manière à lancer l'eau avec vitesse, par l'effet de la pression atmosphérique, sous forme de deux lames minces, traversées par la vapeur arrivant en L au condenseur.

On réalise des effets analogues par diverses dispositions.

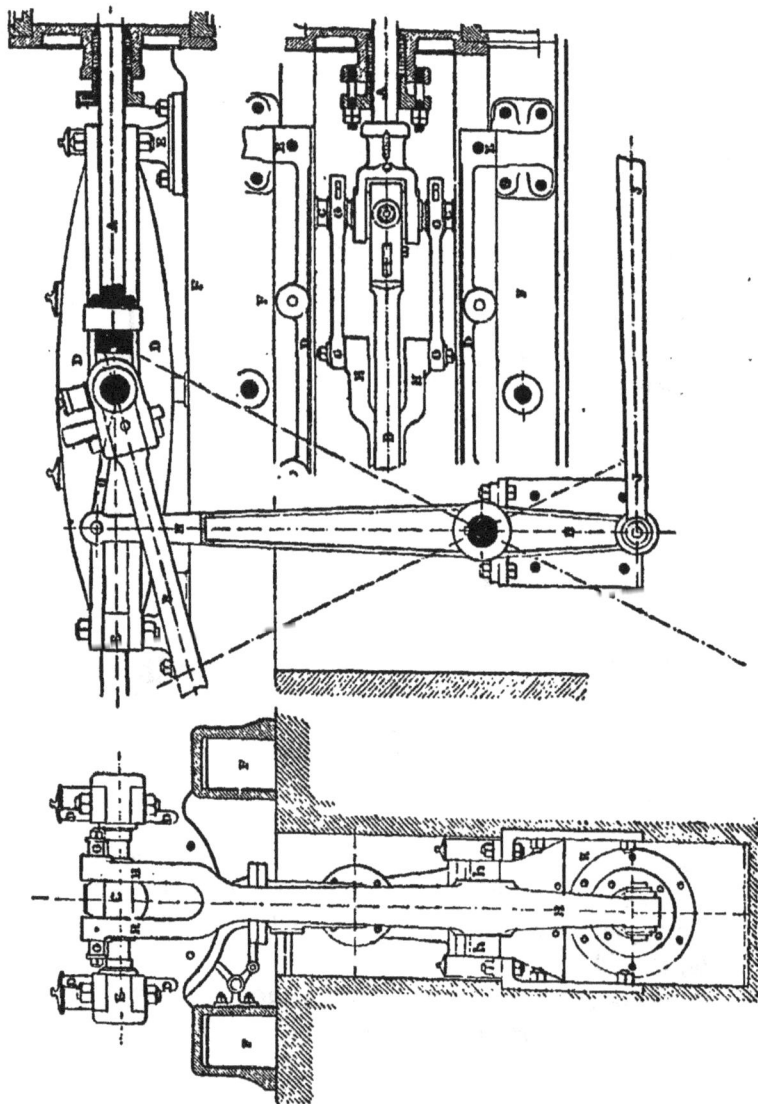

Fig. 138.

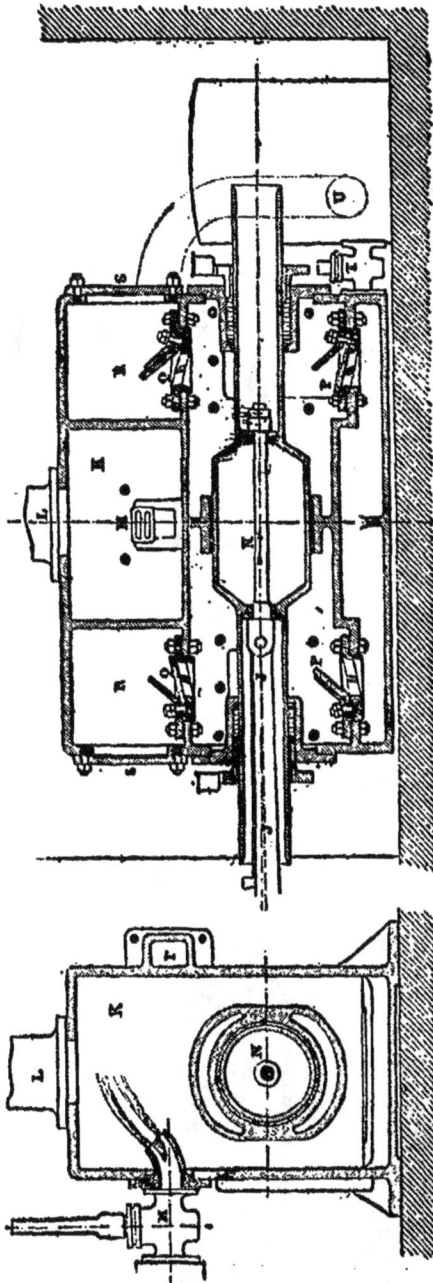

Fig. 138.

A Tige du piston.
B Grande bielle.
CCC Traverse.
DDD Glissières.
EEE Supports des glissières.
FFF Bâti.
GGG Petites bielles.
HHH Balancier vertical.
h h Axe de ce balancier.
IJ Tringle commandant la pompe à air.
K Condenseur.

L Arrivée de vapeur dans le condenseur.
M Arrivée d'eau.
N Piston de la pompe à air.
PP Clapets d'aspiration.
QQ Clapets de refoulement.
RR Bâche à eau chaude.
r Communication entre les deux comparti-
    ments de la bâche à eau chaude.
SS Plaques de visite.
T Robinet de vidange.
U Décharge d'eau chaude.

Dans la fig. 139, ce sont deux tuyaux superposés et percés de trous nombreux ; souvent, au-dessous de tuyaux pareils, on place une large tôle

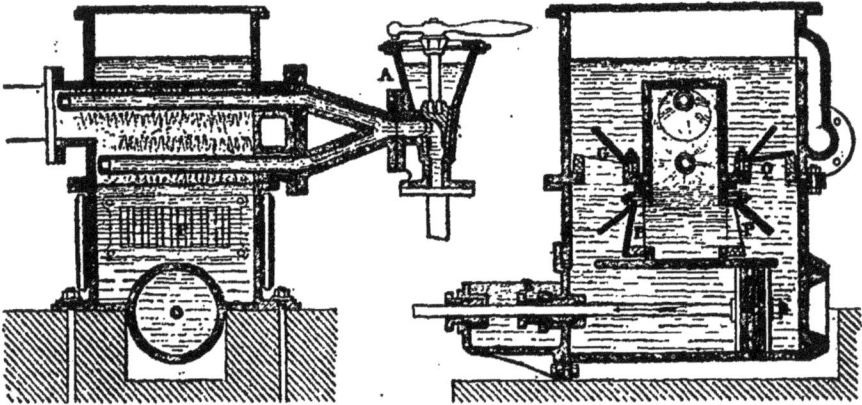

Fig. 139.

trouée, pour augmenter les contacts ; de pareils dispositifs ne sont efficaces
que si la section des conduits d'amenée d'eau froide est notablement plus
grande que les petits trous, sans cela, le jaillissement devient paresseux ;
le réglage de l'arrivée d'eau froide par étranglement du robinet ne peut
donc se faire sans nuire notablement à la condensation.

Il vaut mieux employer un des moyens suivants, qui ont pour effet de serrer la veine d'eau affluente dans des orifices étroits, pour la faire jaillir avec
force:

(Fig.140) Un orifice conique A est fermé par un cône plein que l'on écarte

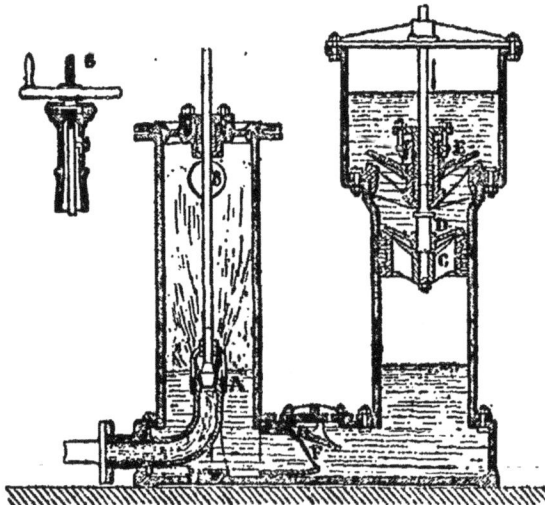

Fig. 140.

plus ou moins de son siège au moyen d'une tige à vis. B arrivée de vapeur.

(Fig. 141) Condenseur d'une machine du Creusot ; l'étranglement de la
veine liquide est produite par un tiroir à jalousie ; la vapeur arrive en B
par un large évasement.

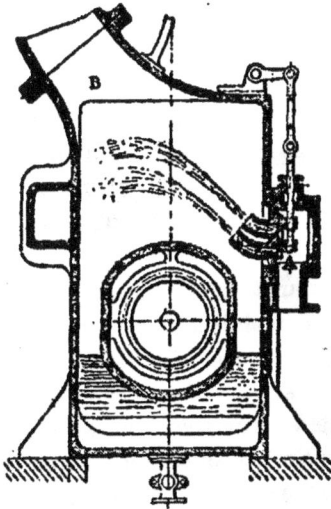

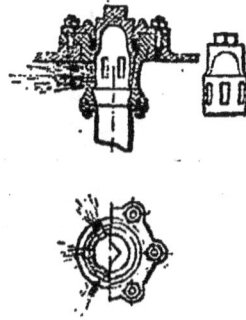

Fig. 141.   Fig. 142.

(Fig. 142) Injecteur Dupuy de Lôme, robinet à noix creuse, fonctionnant
d'après un principe analogue à celui de l'injecteur précédent.

Il est indispensable d'éviter avec soin les rentrées d'air ; dans la fig. 139,
le robinet d'injection A est, à cet effet, placé au fond d'un réservoir maintenu plein d'eau ; il en est de même du presse-étoupe B de la pompe à air ;
l'eau est fournie à ce dernier réservoir par la bâche à eau chaude.

Le piston de la pompe à air (fig. 139, 140) est le plus souvent garni de
cordes ; il est important de ne pas le graisser, pour éviter de faire coller les
clapets.

Il est souvent plein (fig. 139) ; d'autres fois, il est percé et fermé par un
clapet (fig. 140).

La forme de piston plongeur (fig. 138, N) est aujourd'hui très employée :
le piston est alors un simple cylindre plein et assez long, qui glisse dans
une bague en bronze fixe : le joint ainsi obtenu est très suffisant, car il n'a
à tenir que de l'eau sous une assez faible charge.

Arrivons aux clapets ; on ne saurait les faire en cuir, cette matière ne
résiste pas à l'eau chaude.

Quand les mouvements de la pompe à air sont lents, les clapets sont en
bronze (fig. 140). Les clapets D, E, sont de simples plaques de bronze, glis-

sant à leur centre, sur l'axe qui les enfile et portant par leurs bords sur des sièges coniques en bronze convenablement rodés.

En F, on voit un clapet oscillant représenté à plus grande échelle (fig. 143) ; *a b* est le siège, *d* le buttoir, destiné à limiter les oscillations ;

Fig. 143.

A l'axe autour duquel le clapet doit être très libre, pour pouvoir bien s'appuyer sur son siège.

Dans la fig. 140, l'eau extraite du condenseur doit passer par trois étages de clapets F, D et E. On pourrait à la rigueur supprimer F ou E ; mais la présence de ces clapets évite les oscillations du liquide dans le condenseur ou dans la bâche à eau chaude. Le clapet F s'appelle *clapet de pied*. Il peut être supprimé sans inconvénient quand la pompe à air est à double effet (fig. 138, 139).

Avec les pompes à mouvements rapides, les clapets métalliques donneraient lieu à des claquements insupportables ; on emploie alors des clapets en caoutchouc (fig. 138, 139) P P et Q Q. Le siège du clapet est formé d'une plaque plane percée de nombreuses ouvertures assez étroites pour ne pas découper le clapet ; celui-ci est une simple lame de caoutchouc pincée par un de ses bords ; un buttoir, formé d'une plaque métallique, limite les oscillations ; ce buttoir est percé de trous pour éviter l'adhérence du caoutchouc.

On donne souvent aux clapets en caoutchouc la forme ronde (fig. 144) :

Fig. 144.

A A siège en bronze, B clapet, C buttoir.

L'usage du bon caoutchouc, pour clapets de pompes à air, donne d'excellents résultats ; il a permis d'augmenter dans une large mesure la vitesse des pistons de ces pompes.

La faible pression qui règne dans le condenseur ne permet pas, comme à l'air libre, d'aspirer l'eau qu'il contient ; cette eau ne se rend dans la pompe à air que par son propre poids. Il convient donc que le piston de cette pompe descende au-dessous du niveau de l'eau dans le condenseur. Les orifices des clapets doivent être larges ; la section doit être assez grande pour que la vitesse moyenne du fluide à leur passage, calculée d'après le volume engendré par le piston de la pompe à air (voir un calcul analogue § 118), ne dépasse guère 2 mètres par seconde.

Il est bon que le condenseur soit placé en contrebas du cylindre ; que les tuyaux qui y amènent la vapeur aient une pente générale vers ce récipient, pour y verser les eaux qui se condensent sur leur parcours ; il est même utile que les lumières du cylindre produisent naturellement la purge au condenseur.

Ces conditions ne peuvent pas être toujours remplies ; elles sont d'ailleurs moins nécessaires avec les enveloppes de Watt.

Dans tous les cas, il faut éviter que les tuyaux conduisant la vapeur au condenseur forment un siphon renversé, dans le bas duquel l'eau pourrait s'accumuler.

La commande de la pompe à air se fait de diverses manières, suivant la position du condenseur.

Dans la fig. 138, le condenseur est au-dessous du cylindre et la pompe est commandée par un balancier H H H prenant son mouvement sur la traverse du piston au moyen de deux petites bielles G G ; les vitesses du grand piston et du piston de pompe à air sont dans le rapport de 1 à 2,5.

On place aussi le condenseur :

En arrière du cylindre, la pompe à air est commandée par le prolongement de la tige du piston ;

Au delà de l'arbre de couche (machines marines), la commande se fait par une tige fixée à la crosse du piston ;

A côté et en contrebas du cylindre ; la pompe est horizontale et commandée par l'intermédiaire d'un balancier ; ou bien inclinée et commandée par un excentrique ou une contre-manivelle... etc.

Souvent, une machine est disposée pour marcher à volonté à condensation ou sans condensation ; on passe d'un des modes de fonctionnement à l'autre au moyen d'une valve a (fig. 145), manœuvrée par un volant à vis et qui s'appuie à volonté sur le siège b, pour l'échappement à l'air libre, ou sur le siège c pour la marche à condensation ; il faut ménager, au-dessus du siège c, une petite chambre e, qu'on remplit d'eau pour éviter les rentrées d'air dans la marche à condensation.

Dans la marine, on a renoncé à la condensation obtenue par *mélange* de l'eau froide et de la vapeur ; on n'emploie que la condensation par *surface* ; le condenseur est formé par un faisceau de petits tuyaux

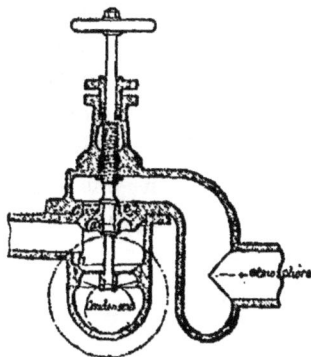

Fig. 145.

traversés par un courant d'eau froide, et contenus dans une capacité close, dans laquelle arrive la vapeur d'échappement. Nous reviendrons sur ce sujet.

Lorsque l'eau est rare ou très impure, on opère quelquefois la condensation par *surface* en faisant arriver la vapeur d'échappement dans des jeux de tuyaux refroidis extérieurement soit par le contact de l'air, soit par un arrosage à l'eau froide.

186. Pompe alimentaire. — La pompe alimentaire est d'ordinaire à piston plongeur parce que le volume qu'elle engendre étant très limité, les fuites en rendraient le jeu incertain ; il convient, par conséquent, de pouvoir retoucher la garniture.

Le piston est généralement en bronze (fig. 146-147) et se meut à travers un presse-étoupe. Les clapets sont en bronze : ce sont des organes assez délicats, dont le fonctionnement est quelquefois capricieux ; le plus souvent,

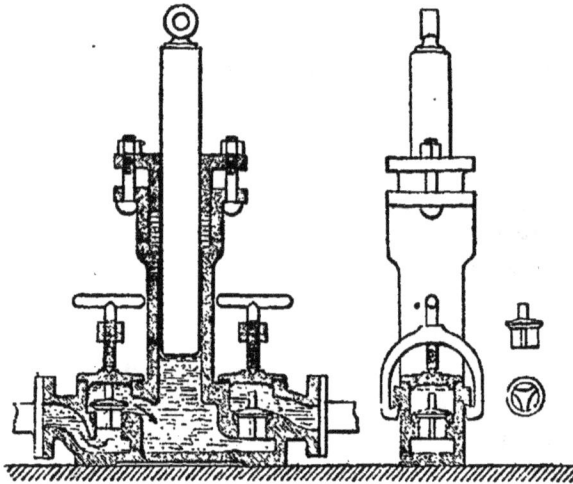

Fig. 146.

ils ont la forme (fig. 146) de soupapes avec trois ailettes qui servent de guidage ; ces ailettes doivent être assez longues afin que la pièce ne puisse pas biaiser et s'arc-bouter, au-dessus de la soupape s'élève un buttoir pour limiter la course, qui doit être petite. Cette soupape est rodée sur son siège, et placée sous un couvercle facile à démonter pour permettre la visite.

La fig. 147 montre une autre disposition de clapets analogue aux clapets en bronze des pompes à air (fig. 143).

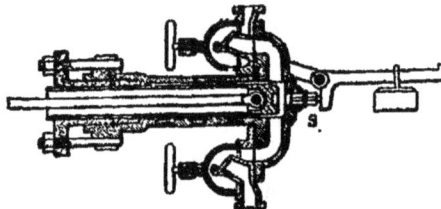

Fig. 147.

Dans les locomotives, on emploie de préférence la soupape à boulet (fig. 148) dont le jeu est plus sûr. Le *boulet* A est en bronze, et creux ; il est maintenu librement dans une *chapelle*. Pour monter la boîte ci-contre, on met en place le siège en bronze *a*, le boulet A, puis la chapelle B, on serre ensuite le joint *c c* au moyen de la bride D et du boulon E, en ayant soin de desserrer légèrement le boulon F ; puis on serre à bloc E et F, de manière à appuyer à la fois la chapelle et le joint *c c* sur leurs sièges ; on achève en serrant le contre-écrou G.

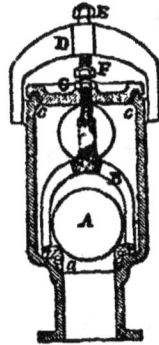

Fig. 148.

On place d'ordinaire sur le refoulement un réservoir d'air régulateur, mais cet organe fonctionne rarement bien ; le petit volume d'air qu'il renferme disparaît promptement, soit par les fuites, soit en dissolution dans l'eau.

Les pompes alimentaires, à cause de leurs grands espaces nuisibles, ne sauraient aspirer à plus d'un ou deux mètres de hauteur. L'air se cantonne facilement dans les parties hautes, et alors la pompe cesse d'aspirer ; pour éviter cet accident, on place quelquefois au point le plus élevé du volume compris entre les deux clapets, un *robinet d'épreuve* ; quand la pompe s'est désamorcée, on ouvre ce robinet et on bouche légèrement l'orifice avec le doigt, qui forme soupape ; au refoulement, l'air comprimé soulève le doigt et s'échappe et, après quelques coups de piston, la pompe est réamorcée.

La quantité d'eau injectée se règle de diverses manières :

Souvent l'alimentation est intermittente : on arrête le mouvement du piston ou on le remet en marche par un embrayage quelconque ; par exemple, la bielle du piston est en deux parties réunies par un manchon avec vis de serrage ; avec ces dispositions, sitôt que la pompe est débrayée, elle se désamorce promptement, si l'on n'a eu soin de mettre *un clapet de pied* au bas du tuyau d'aspiration.

D'ordinaire, l'alimentation se règle au moyen d'un robinet, placé sur le tuyau d'aspiration, et qu'on ouvre plus ou moins.

Si la même pompe doit donner l'eau à plusieurs chaudières, il est nécessaire de placer un robinet de réglage sur chaque refoulement ; il faut alors ajouter à la pompe une soupape de sûreté S (fig. 147) pour éviter la rupture des tuyaux, en cas de fermeture de tous les robinets.

Dans tous les cas, il est indispensable de placer un *clapet de retenue* au point d'insertion du tuyau de refoulement dans la chaudière, pour empêcher que celle-ci ne se vide en cas d'avarie à la pompe ou à la tuyauterie.

La pompe alimentaire est commandée, soit par un excentrique spécial, soit, comme dans beaucoup de locomotives, par l'excentrique de distribution, au moyen d'un anneau (fig. 16) venu sur le collier d'excentrique, soit (fig. 90) par la crosse du piston.

Il convient souvent que l'alimentation soit indépendante de la marche de la machine ; la pompe alimentaire est alors commandée par une petite machine spéciale, qui forme, avec la pompe, un ensemble appelé *petit-cheval*.

Aujourd'hui, on fait grand usage, pour l'alimentation, de l'*injecteur Giffard*, sur lequel nous aurons à revenir.

187. Proportions des pièces de machines. — Les proportions de détail se déterminent par la méthode empirique ; on compare les pièces à étudier avec les pièces analogues de machines fonctionnant bien ; cette comparaison permet de déterminer, soit directement les proportions cherchées, soit, tout au moins, des coefficients applicables avec sécurité.

Les indications qui suivent sont tirées de bons ouvrages sur la matière (1) et de relevés directs sur de bonnes machines de types variés ; elles n'ont du reste rien d'absolu.

Clavettes pour assemblage d'une tige avec un manchon :

1° Clavettes en fer :

> Hauteur = Diamètre de la tige ;
> Largeur = 1/4 de la hauteur ;
> Fruit = 1/30 à 1/50.

2° Clavettes en acier : réduire les dimensions ci-dessus d'environ 20 0/0. Ces clavettes sont généralement arrondies sur leur tranche.

Clavettes de rappel, pour têtes de bielle, etc. :

> Fruit 1/20, 1/10, jusqu'à 1/8.

Boulons. — Les proportions des boulons varient d'un atelier à l'autre ; voici quelques indications approximatives :

En désignant par d le diamètre de la tige du boulon, on peut prendre pour le boulon en métal poli :

Tête hexagonale, diamètre du cercle inscrit. . .	5 mm. + 1,4 d
Hauteur de la tête	2/3 d
Hauteur de l'écrou	d

Filets triangulaires avec arêtes abattues :

Profondeur du filet, égale à sa hauteur.	0 mm. 65 $+ \dfrac{d}{20}$
d'où diamètre au fond des filets.	0,9 d — 1 mm. 3

Ces proportions ne s'appliquent qu'au cas des boulons ordinaires ; ceux ayant à subir des efforts exceptionnels (presses, culasses de canon, grandes têtes de bielle, etc.) doivent être calculés directement dans toutes leurs dimensions.

Pour serrer un boulon, on tient la tête pour l'empêcher de tourner et on saisit l'écrou avec une clef. Lorsque l'assemblage est tel que l'on ne puisse

(1) Notamment : publications diverses d'Armengaud, Reuleaux, le *Constructeur*, traduction Debize et Mérijot, Savy, 1873.

tenir la tête, celle-ci doit porter un ergot, entrant dans une mortaise, qui s'oppose à la rotation.

Suivant les cas, la tête est carrée, hexagonale, en goutte de suif ou plate et se logeant dans un trou fraisé.

Pour les pièces exposées à des vibrations, il faut empêcher les écrous de se desserrer ; on y parvient au moyen de contre-écrous, de goupilles fendues, de clavettes, de roues à rochet ou autres artifices analogues, appelés souvent *freins* de l'écrou.

Quand la place manque pour loger la tête d'un boulon, on le visse directement dans l'une des pièces à réunir préalablement taraudée ; le taraudage pratiqué dans la fonte doit avoir, au moins, comme longueur, 1 fois 1/2 la hauteur de l'écrou.

188. Coefficients relatifs à la résistance des métaux. — Il est souvent difficile de se rendre un compte exact des efforts auxquels un organe doit résister ; exemple : les boulons d'attache du fond d'un cylindre ont à résister, non seulement à la pression de la vapeur sur le fond, mais aussi à la traction longitudinale résultant du fait même du serrage. On peut admettre que ces efforts inconnus sont proportionnels aux efforts mesurables, et, en étudiant les machines bien faites, on trouve, en effet, que les dimensions de leurs organes répondent à peu près à cette hypothèse.

On est ainsi amené à la méthode empirique suivante :

Relever sur de bonnes machines les dimensions des pièces analogues à celles que l'on étudie et l'effort maximum auquel elles sont exposées *par l'action seule de la vapeur* (ou des forces mesurables quelconques) ; en déduire ainsi des coefficients relatifs à la résistance, que l'on applique dans les mêmes conditions aux organes à déterminer.

Cette méthode conduit aux coefficients suivants, calculés *d'après l'effort maximum que l'action de la vapeur puisse produire* ; ils expriment le travail du métal en *kilogrammes par millimètre carré.*

Boulons tenant les fonds du cylindre. Travail à la traction dans la partie la plus mince (fonds des filets) 2 k. à 3 k.

Tige du piston, au point où elle est le plus découpée, travail maximum à la traction ou à la compression :

Tiges en fer	3 à 4 k.
« en acier	4 à 6 k.

ce qui donne, pour le travail du corps de la tige, lorsqu'il n'y a pas de renflement pour l'assemblage avec la crosse :

Tiges en fer	2 k. à 2 k. 70
« en acier	2 k. 70 à 4 k.

Lorsque la tige est très longue, il convient de s'assurer qu'elle ne fléchira pas, en la calculant comme une colonne chargée debout.

La bielle, dans sa partie la plus mince, doit avoir une section au moins égale à celle du corps plein de la tige.

Arbre coudé, considéré comme un solide chargé par la pression s'exerçant sur le piston, appliquée au milieu du vilebrequin et soutenu au droit des faces intérieures des deux paliers ; travail maximum du métal résultant du moment de flexion :

$$\begin{array}{ll}
\text{Arbre en fer} \ldots\ldots\ldots\ldots\ldots & 3 \text{ à } 4 \text{ k.} \\
\text{« \quad en acier} \ldots\ldots\ldots\ldots & 4 \text{ à } 6 \text{ k.}
\end{array}$$

Arbre de couche coudé ou à manivelle, considéré au point de vue de la torsion, travail maximum au cisaillement :

$$\text{Arbre en fer} \ldots\ldots\ldots\ldots\ldots \quad 2 \text{ k. } 5 \text{ à } 4 \text{ k.}$$

Bouton de manivelle, travaillant à la flexion, considéré comme encastré dans la manivelle, et soumis à la pression totale sur le piston, appliquée au milieu de la portée du coussinet de la grosse tête de bielle ; travail maximum résultant de ce moment :

$$\begin{array}{ll}
\text{Fer} \ldots\ldots\ldots\ldots\ldots\ldots & 4 \text{ à } 5 \text{ k.} \\
\text{Acier} \ldots\ldots\ldots\ldots\ldots\ldots & 7 \text{ à } 10 \text{ k.}
\end{array}$$

Assemblage de la tige du piston avec la douille de la crosse. Pression sur la tranche de la clavette à l'intérieur de la tige du piston :

$$\begin{array}{ll}
\text{Fer} \ldots\ldots\ldots\ldots\ldots\ldots & 6 \text{ à } 9 \text{ k.} \\
\text{Acier} \ldots\ldots\ldots\ldots\ldots\ldots & 9 \text{ à } 12 \text{ k.}
\end{array}$$

Pression sur la tranche de la clavette, dans l'épaisseur des parois de la douille :

$$\begin{array}{ll}
\text{Douille en fer.} \ldots\ldots\ldots\ldots & 8 \text{ à } 12 \text{ k.} \\
\text{Douille en fonte.} \ldots\ldots\ldots\ldots & 5 \text{ à } 7 \text{ k.}
\end{array}$$

Travail de la clavette au cisaillement :

$$\begin{array}{ll}
\text{Fer..} \ldots\ldots\ldots\ldots\ldots\ldots & 3 \text{ à } 5 \text{ k.} \\
\text{Acier.} \ldots\ldots\ldots\ldots\ldots\ldots & 4 \text{ à } 7 \text{ k.}
\end{array}$$

Ces divers coefficients sont souvent dépassés dans les locomotives ; dans ces machines, la question de légèreté a une grande importance ; d'autre part, elles sont l'objet d'un entretien fort minutieux et ne travaillent jamais d'une manière continue pendant plus de quelques heures. Les essieux coudés de locomotives sont exposés à des ruptures assez fréquentes.

Les coefficients ci-dessus ne se rapportent, bien entendu, qu'aux pièces des machines à vapeur travaillant dans les conditions normales ; on se gardera, par exemple, de les appliquer aux arbres de transmission d'un atelier, qui se calculent par des règles toutes différentes.

180. Coefficients relatifs aux pièces frottantes. — La méthode empirique employée pour calculer les dimensions des pièces ayant à résister à des efforts, s'applique également au calcul des surfaces soumises à des frottements.

Quand, entre deux surfaces frottantes, la pression est trop élevée, l'huile est expulsée et le grippement se produit.

Au point de vue de la douceur du frottement, de la facilité du graissage, de la diminution de l'usure, il y a toujours avantage à répartir les efforts sur de larges surfaces, c'est-à-dire, à réduire la *charge moyenne par centimètre carré* des surfaces frottantes.

Voici les principales circonstances auxquelles il faut avoir égard dans cette détermination.

On réduira cette charge :

Si les vitesses relatives sont grandes ;

Si la chaleur développée par le frottement ne peut se dissiper rapidement.

On pourra au contraire l'augmenter :

Si les vitesses relatives sont faibles ;

Si les corps frottants sont constamment refroidis ;

Si les pressions sont intermittentes ou changent fréquemment de direction, ce qui facilite beaucoup la circulation de l'huile.

Les coefficients que nous donnons ci-dessous se rapportent à l'effort maximum produit par la pression de la vapeur ; ils donnent les *limites de charg.: pratique en kilogrammes par centimètre carré.*

Glissières. On calcule la composante, normale à la glissière, de la réaction oblique de la bielle, la manivelle étant à angle droit sur la tige et le piston marchant à pleine pression. Cette composante, répartie sur la surface d'un patin, ne dépasse pas, par centimètre carré . . . . 3 à 6 ':.

Tourillons. Il y a intérêt, pour diminuer le travail du frottement, à donner aux fusées un petit diamètre ; pour réduire la charge unitaire, on a avantage à allonger la portée ; ainsi, au point de vue du frottement, il conviendrait que les tourillons fussent minces et longs ; et cela est d'autant plus nécessaire que la vitesse est plus grande ; mais on est limité par la question de solidité et, souvent, par l'emplacement disponible.

Pour les tourillons très chargés et tournant lentement, la longueur peut être plus petite que le diamètre.

Pour des vitesses ordinaires (40 à 150 tours par minute), on peut prendre la longueur égale à 1 diamètre et demi.

La longueur peut être un peu plus grande pour les tourillons en acier.

Les coefficients suivants donnent la charge pratique par centimètre carré, calculée en divisant la charge totale sur le tourillon par l'aire du plan diamétral de la fusée (produit du diamètre par la longueur de la portée), pour tourillons en fer tournant dans des coussinets en bronze bien graissés :

Tourillons supportant une charge permanente,

vitesses ordinaires . . . . 35 à 50 k.

grandes vitesses jusqu'à 10 tours par seconde   20 à 30 k.

Paliers ordinaires de machines, charge calculée d'a-

près la résultante de la pression de la vapeur sur le
piston. . . . . 20 à 30 k.

Coussinets de locomotives, dans les mêmes conditions. 35 à 50 k.

Coussinets de grande tête de bielle, calcul comme ci-
dessus, pour machines fixes. . . . . 25 à 40 k.

pour locomotives. . . . . 60 jusqu'à 100 k.

Coussinets de petite tête de bielle, calcul comme ci-
dessus, pour machines fixes . . . . 80 à 100 k.

pour locomotives, jusqu'à. . . . . 200 k.

Les coefficients ci-dessus ne sont que des moyennes générales, que l'on peut dépasser assez notablement, si les moyens de graissage et de refroidissement sont très parfaits ; d'autre part, rien n'oblige à atteindre des charges aussi élevées, et l'on a, au contraire, tout avantage, quand l'emplacement ou les autres circonstances le permettent, à assurer des frottements très doux, au moyen de larges surfaces de contact.

CHAPITRE X

PRINCIPAUX TYPES DE MACHINES A ROTATION

190. Généralités. — Le travail résultant de l'expansion de la vapeur peut être recueilli au moyen de mécanismes extrêmement variés.

Nous n'examinerons, dans ce chapitre, que les machines dans lesquelles le travail est reçu par un piston se mouvant dans un cylindre, d'un mouvement rectiligne alternatif, puis transmis à un arbre de couche, animé d'un mouvement de rotation continue.

Ce n'est que par une série de simplifications que l'on en est arrivé à la transmission simple, qui constitue *la machine à connexion directe* étudiée dans les chapitres précédents.

191. Machine à balancier de Watt. — Les premières machines à vapeur à rotation étaient celles de Watt à balancier (fig. 149) :

A Cylindre avec enveloppe de vapeur sur le fond supérieur et sur les parois cylindriques ;

B Piston ;

C C Tiroir en forme de D ;

D Tige du piston ;

E E Bielles pendantes ;

F F Balancier en fonte, oscillant autour de l'axe G G qui le traverse ;

H Grande bielle, généralement en fonte ;

K Manivelle ;

L L Arbre de couche ;

V V Volant ;

M Excentrique commandant le tiroir par l'intermédiaire des pièces suivantes :

a a Bielle d'excentrique ;

b c c Levier à déclanche, avec contrepoids d pour équilibrer le tiroir ;

e e Petites bielles verticales ;

f Traverse et tige du tiroir ;

N Condenseur ;

O Pompe à air ;

P P Socle en fonte, formant bâti, et qui constitue, dans la partie Q Q, la bâche à eau froide ;

R Bâche à eau chaude ;

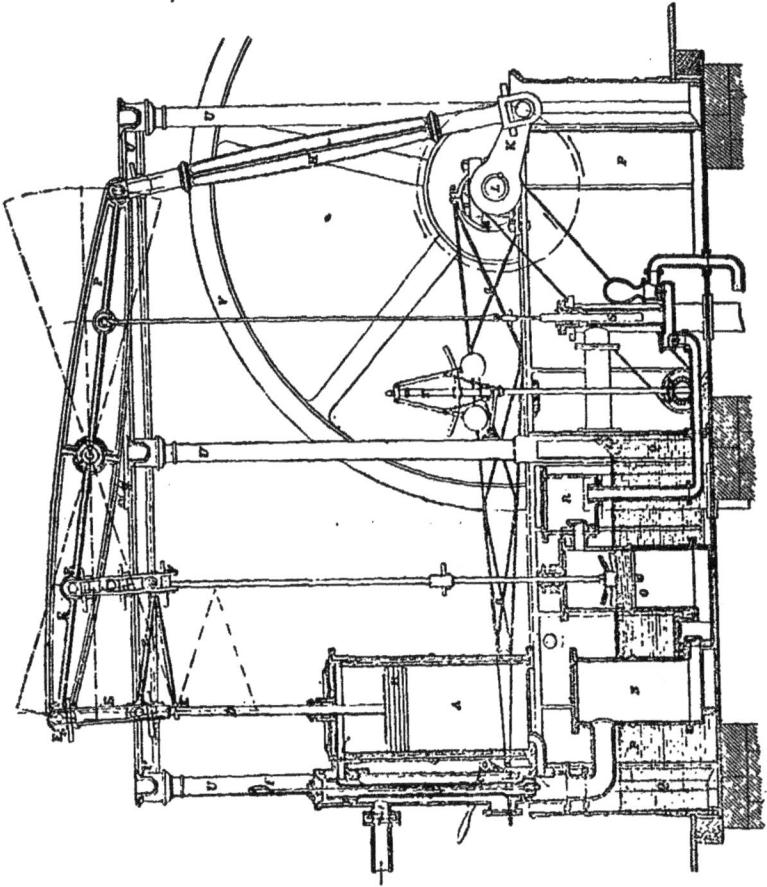

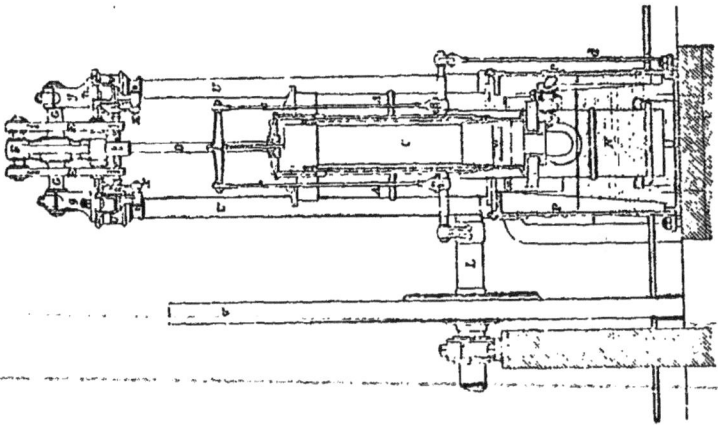

Fig. 149.

S Pompe alimentaire ;

T Modérateur à force centrifuge, commandant la valve t ;

U U Colonnes et bâti supérieur, en fonte, supportant par les paliers $g\,g$ l'axe G du balancier.

Ce type de moteur représente la transformation des anciennes machines à simple effet employées à l'épuisement des mines. Dans ces machines, la liaison entre le balancier (souvent en bois) et le piston était obtenue par une chaîne s'enroulant sur un arc de cercle fixé au balancier ; celui-ci était, alternativement, tiré dans un sens ou dans l'autre par le piston et par un contrepoids fixé à l'extrémité opposée du balancier.

192. Parallélogramme de Watt. — La recherche d'un lien inextensible entre le balancier et la tige du piston, et du guidage en ligne droite de cette dernière, préoccupa longtemps Watt. La glissière rectiligne eût été difficile à exécuter avec les moyens d'ajustage dont il disposait. Il s'arrêta à la disposition appelée *parallélogramme de Watt*.

L'idée prit naissance de la manière suivante (1) : « Comme je trouvais « l'emploi des doubles chaînes ou des arcs dentés avec crémaillères très peu « satisfaisant pour passer du mouvement rectiligne du piston au mouvement « angulaire du balancier, je m'avisai de rechercher s'il ne serait pas possi-« ble de réaliser cette transformation en ayant recours à des mouvements « autour d'axes de rotation, et, au bout de quelque temps, j'arrivai à trou-« ver que, si A B et C D (fig. 150) sont deux rayons égaux, mobiles autour « des centres B et C et réunis par une « bielle A D, ces rayons en tournant « d'un certain angle, éprouvent, par « rapport aux lignes horizontales pas-« sant par leurs centres, des déplace-« ments égaux, de sens contraire, en « même temps que le point E décrit

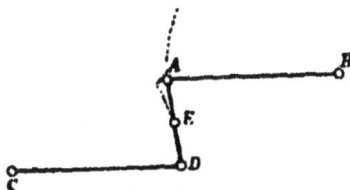

Fig. 150.

« une ligne sensiblement droite. Je me suis ainsi trouvé conduit au dispositif « qu'on a désigné plus tard sous le nom de *parallélogramme*. »

La courbe décrite par le point E possède une inflexion à faible courbure et l'on peut l'assimiler à une droite, sur une longueur assez grande de l'arc qui avoisine la situation qu'occupe le point H lorsque les deux balanciers sont parallèles ; on l'appelle courbe à *longue inflexion* ; elle a, dans son ensemble, la forme d'un 8 allongé.

Les deux rayons étant supposés horizontaux, dans leur position moyenne, et leurs oscillations assez faibles, le point E décrit très sensiblement une droite verticale.

(1) Lettre de Watt à son fils, novembre 1808, extraite de la *Cinématique* de Reuleaux, traduction Debize. Savy, 1877.

Le brevet relatif au parallélogramme est de 1784.

Si (fig. 151) on prolonge le balancier en A F et qu'on complète le parallé-

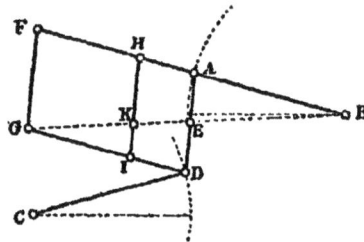

Fig. 151.

logramme articulé A D G F, de telle sorte que G se trouve sur le prolongement de B E, on constituera le système appelé *pantographe* et G décrira
une courbe semblable à E par rapport à B, c'est-à-dire une droite verticale.

En ce point G, on attache la tige du piston, et en E celle de la pompe à
air.

Remarque. — Il est facile de trouver autant de points que l'on veut
décrivant des courbes semblables à E ; articulons en H et I une bielle H I
parallèle à A D ; le point K de cette bielle qui se trouve sur la droite B G
satisfera à la condition posée.

Dans la fig. 149, X Y est le contrebalancier (double) oscillant autour des
points X X fixés au bâti supérieur ; la tige Z correspond à la droite G D de
la fig. 151.

193. Proportions habituelles. — Voici les proportions adoptées par
Watt :

Course du piston = le double du diamètre ;

Longueur du balancier = 3 fois la course ;

Longueur de la grande bielle H (fig. 149) = celle du balancier ;

Le point F d'attache de la petite bielle est au milieu du bras G F du balancier :

Le contrebalancier X Y = $F_1G = F_1F_2$;

La bielle pendante E égale la demi-course ;

La tige D prolongée coupe par moitiés la flèche de l'arc décrit par le point
F_2, de telle sorte que la bielle E s'incline également de part et d'autre de
la verticale.

Ces proportions ont été généralement suivies par les constructeurs.

Les machines de ce type ont toujours une vitesse modérée ; le balancier
est une pièce lourde qui s'accommoderait mal d'oscillations rapides ; Watt
donnait au piston une vitesse moyenne de 1 m. 20 au plus.

On applique souvent à ces machines le système Woolf en attachant la
tige du grand piston au point G (fig. 151) et celle du petit piston en un point
tel que K.

194. Détails de construction. — Le balancier (fig. 152) peut être considéré comme une poutre portée en son milieu et chargée à ses extrémités ; on le fait en fonte et on lui donne la forme d'un solide d'égale résistance et la section en double T avec renforts au droit des assemblages des divers axes ; ceux-ci sont en fer aciéreux, posés à chaud et consolidés par des clavettes. Les renforts sont réunis par une nervure médiane.

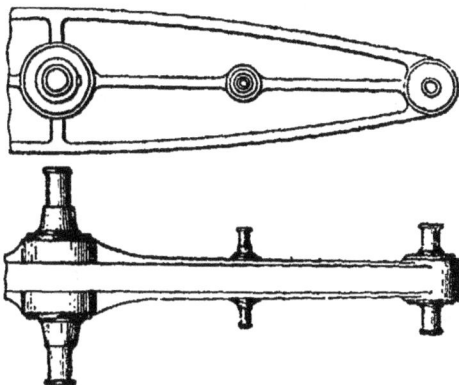

Fig. 152.

Les pièces du parallélogramme (fig. 149) sont doubles, la grande bielle est à petite fourche.

Quelquefois (fig. 153) dans les grandes machines, le balancier est à deux flasques, réunies par des entretoises creuses ; les pièces du mécanisme se logent entre les deux flasques.

Les rattrapages de jeu sur la grande et la petite bielle devraient être réglés de manière à s'équilibrer ; cette précaution est assez rarement observée.

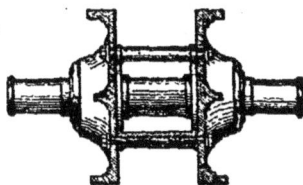

Fig. 153.

Les colonnes U (fig. 149) portant le bâti supérieur n'offrent qu'une résistance insuffisante à la poussée oblique de la bielle ; il convient de prolonger les poutres longitudinales du bâti supérieur et de les encastrer dans de solides maçonneries. Il vaut mieux encore donner aux deux supports des paliers g g la forme de triangles indéformables, solidement entretoisés et assujettis par le pied.

Dans les grandes machines, il serait fort coûteux de donner au bâti inférieur une rigidité suffisante. Il faut emprunter aux maçonneries des massifs de fondation la stabilité nécessaire ; le bâti se réduit alors à une simple semelle, peu rigide par elle-même, et les maçonneries se font assez puissantes pour résister à l'effort de la vapeur.

195. Emplois des machines à balancier. — Le grand avantage de ces machines est la suspension verticale du piston, ce qui rend l'usure du cylindre faible et bien uniforme et donne une étanchéité très satisfaisante.

Leur grand inconvénient, c'est d'être chères, de tenir beaucoup de place, d'exiger des fondations très solides et des bâtiments coûteux.

Avec leurs organes développés, leurs mouvements lents et amples, elles sont faciles à entretenir et s'usent peu.

Elles trouvent leur emploi dans les usines où la régularité de l'allure et la continuité du service sont des nécessités de premier ordre.

196. Parallélogrammes dérivés de celui de Watt. — Il n'est pas nécessaire (fig. 151) que A B soit égal à C D :

Soit (fig. 154) deux rayons A B et C D de longueur R et r, horizontaux dans leur position initiale, oscillant autour des points fixes B et C et réunis

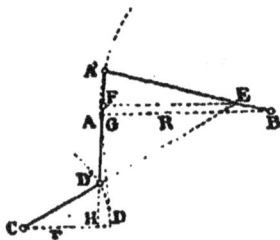

Fig. 154.

par la bielle A D ; ces rayons prenant les positions A'B, C D', de telle sorte que A'D' = A D, cherchons le point F de cette bielle A' D' qui décrit une droite verticale. Ce point sera sur l'horizontale du centre instantané de rotation E de la bielle, lequel se trouve à l'intersection E des normales aux courbes décrites par ses extrémités, c'est-à-dire des rayons C D' (prolongé) et A'B.

La droite A'D' est coupée en G et en H par A B et C D, et, si son inclinaison sur la verticale est petite, on a A' G = D'H.

Mais d'autre part :

$$\frac{A'F}{A'G} = \frac{FE}{GB}$$

$$\frac{FD'}{D'H \text{ ou } A'G} = \frac{FE}{CH}$$

donc :

$$\frac{A'F}{FD'} = \frac{CH}{GB} = \text{à peu près } \frac{r}{R}$$

Donc le point F décrivant une verticale sera sensiblement fixe sur la bielle.

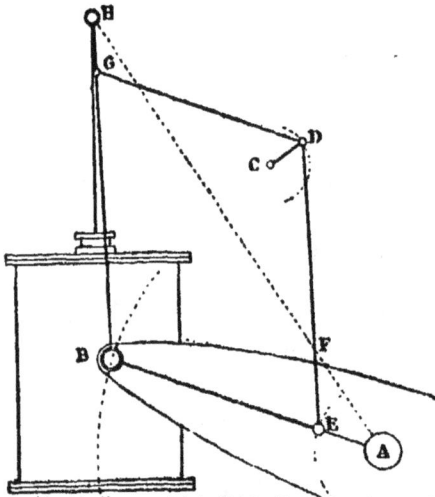

Fig. 155.

197. Parallélogramme des bateaux. — Dans les steamers à roue, le balancier A B (fig. 155) est en deux flasques embrassant le cylindre ; le petit contrebalancier C D, oscillant autour de C, est réuni par son extrémité D, au moyen d'une bielle pendante D E, à un point E du balancier, de telle sorte que F décrive une courbe à longueinfle xion ; le parallélogramme articulé B E D G étant complété, le point H de la bielle pendante B G prolongée, situé sur le prolongement de A F, décrit sensiblement une ligne droite, et on y attache la tige du piston.

198. Machine de bateaux. — La figure 156 représente une machine de steamer à roues établie d'après ces principes :

Machine à balanciers latéraux
pour steamer à roues

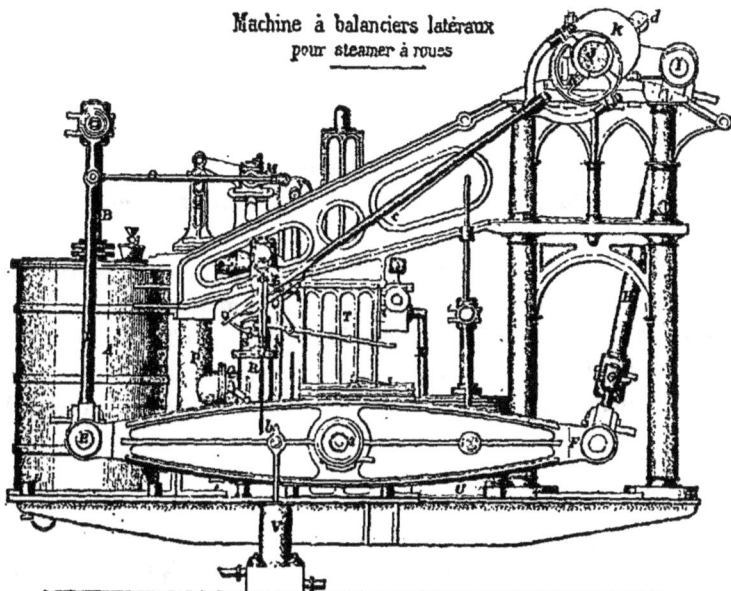

Echelle 1/60

Type d'Indret.

Pression aux chaudières. 1ᵏ 44 (absolu)
Admission 0 53
Nombre de tours 22 ½
Puissance indiquée aux essais 188ᵗʰᵉᵛ ᵐ

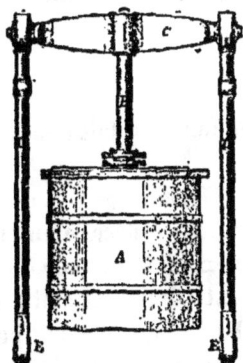

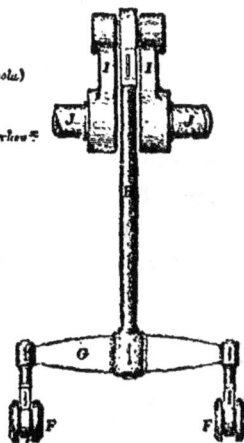

Fig. 156.

A Cylindre :

B Tige du piston ;

C Té ou traverse du piston ;

D D Bielles pendantes ;

E F Balancier double (une flasque de chaque côté du cylindre) oscillant autour de l'axe *a* ;

G Traverse de la grande bielle ;

H Grande bielle ;

I I Manivelles ;

J Arbre de couche ;

K Excentrique avec son contrepoids *k* ;

L Débrayage de la distribution ;

M Contrebalancier ;

N Bielle pendante, articulée en *b* au balancier ;

O Lien ; le parallélogramme est constitué par le balancier, les bielles N et D et le lien O ; le mouvement est réglé par le contrebalancier M et la portion *ab* du balancier ;

P Boîte à vapeur renfermant un tiroir en D de Watt en deux parties ;

Q Boîte de la valve ; la valve est manœuvrée à la main ;

R Boîte d'une soupape équilibrée, pour la détente par obturation de l'arrivée de vapeur ; cette soupape est commandée par la tige *c*, qui est elle-même mise en mouvement par un excentrique à cames dont on voit le chariot en *d* ;

S Arrivée de vapeur ;

T Condenseur et bâche ;

e Un des conduits d'échappement ;

U Pompe à air (la pompe alimentaire est cachée derrière la pompe à air et conduite par la même traverse) ;

V Pompe d'épuisement de la cale ;

X Tuyau conduisant l'eau de la bâche à eau chaude à la pompe alimentaire ;

Y Contrepoids du tiroir ;

Z Tige du tiroir.

Les machines de ce type, aujourd'hui presque abandonnées, faisaient un service fort régulier, si ce n'est très économique.

199. Parallélogramme d'Evans. — Soit (fig. 157), une tige C B, dont le milieu D est assujetti à décrire un arc de cercle de rayon $=$ C D, autour d'un point fixe A, et dont l'autre extrémité B décrit une droite horizontale passant par A : je dis que C décrira une verticale passant par A.

En effet, si du point D comme centre, avec D C $=$ D A $=$ D B comme rayon, nous décrivons un demi-cercle, il passera par C, A et B ; donc l'angle C A B sera droit et le point C se mouvra sur la verticale de A.

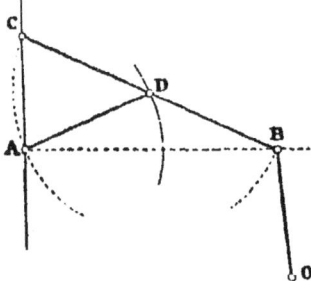

Fig. 157.

C'est en ce point qu'on attache la tige du piston.

Pratiquement, la trajectoire rectiligne du point B est remplacée par un petit arc de cercle obtenu en reliant ce point, par une bielle B O suffisamment longue, à un centre fixe O placé sur la verticale de sa position moyenne.

Cette disposition a été inventée par Olivier Evans.

200. Parallélogramme de Peaucellier. — Le dispositif remarquable imaginé par le colonel Peaucellier a donné, pour la première fois, la solution rigoureuse du problème consistant à transformer, au moyen d'articulations, le mouvement circulaire en mouvement rectiligne et réciproquement.

Il se compose d'un losange articulé BC B'C' relié par deux tiges BA, B'A au centre fixe A.

Joignant B B' qui coupe en D la diagonale C C' prolongement de A C, on a :

$$\overline{D\,A}^2 = \overline{A\,B}^2 - \overline{B\,D}^2$$
$$\overline{C\,D}^2 = \overline{B\,C}^2 - \overline{B\,D}^2$$

retranchant :
$$\overline{D\,A}^2 - \overline{C\,D}^2 = \overline{A\,B}^2 - \overline{B\,C}^2$$

Le 2e membre est constant, le 1er membre peut s'écrire :

$(D\,A + C\,D)\,(D\,A - C\,D)$ ou $A\,C' \times A\,C$

donc $\qquad A\,C \times A\,C' =$ const.

Par suite, le point C décrivant une courbe, le point C' décrira une autre courbe qui est la *transformée de la première par rayons vecteurs réciproques* autour du centre A.

On a donné à ce dispositif le nom de *réciprocateur.* Il jouit de propriétés géométriques

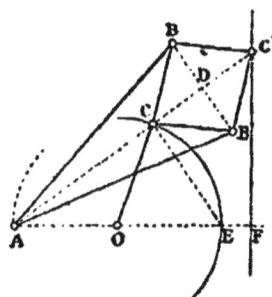

Fig. 158.

remarquables ; nous n'examinerons que la suivante : Relions le sommet C à un point fixe O, tel que O A = O C : C décrivant un cercle A C E autour de O, je dis que C' décrira une droite perpendiculaire à A O. En effet, joignons C avec le point d'intersection E du cercle avec le prolongement de A O, et abaissons C' F perpendiculaire sur A O ; dans les triangles semblables A C E, A F C', on a :

$$\frac{A\,E}{A\,C'} = \frac{A\,C}{A\,F}$$

$$A\,F = \frac{A\,C \times A\,C'}{A\,E}$$

Mais A C A C' est constant ainsi que A E ; donc le point F est fixe, et C' décrit une perpendiculaire à A F (1).

(1) La découverte du réciprocateur fut publiée en 1864 par M. le colonel Peaucellier (alors capitaine) dans les *Nouvelles Annales de mathématiques.*

En 1871, M. Lipkin, jeune étudiant à l'université de St-Petersbourg, étant arrivé à la même solution, M. Tchebuchef lui fit obtenir une pension du gouvernement. M. Tché-

201. Machines à cylindre oscillant. — C'est dans les constructions navales que les exigences de l'emplacement sont les plus impérieuses ; pour y satisfaire, on a dû recourir à des combinaisons très variées et créer des types de machines adaptées à chaque cas particulier.

Ces types se sont ensuite répandus et ont été appliqués à des cas où ils étaient peut-être moins nécessaires. Nous décrirons seulement les plus usités.

Dans le type à *cylindre oscillant* (fig. 159) la bielle est supprimée.

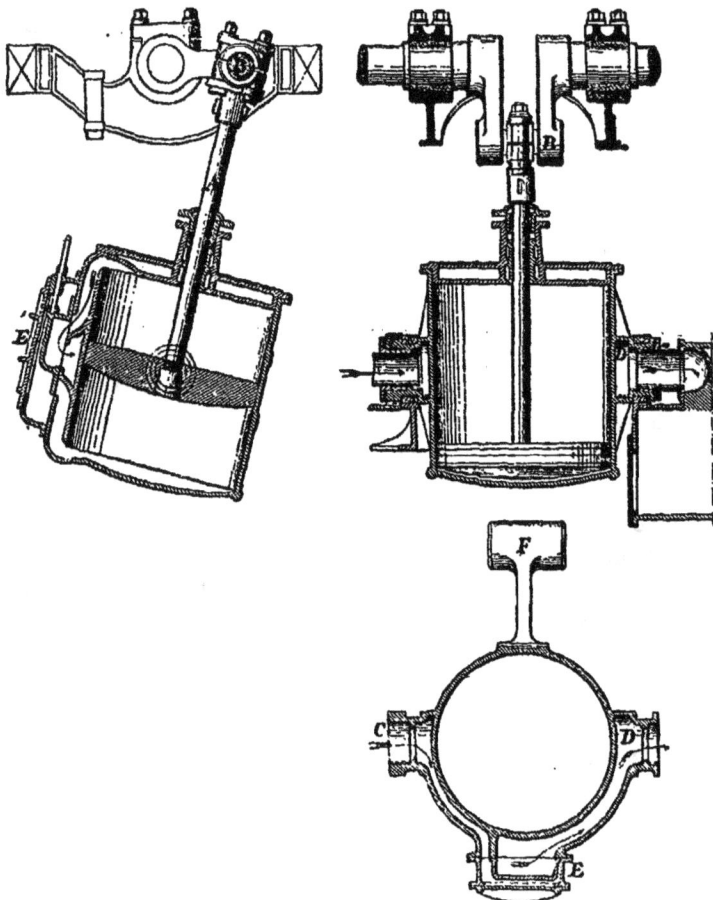

Fig. 159.

bichef avait vainement poursuivi le même problème ; il ignorait, du reste, les travaux de M. Peaucellier.

Voir, sur ce sujet intéressant :

Lemoine, Communication à la Société des Ingénieurs civils en 1873.

Liguine, Association française pour l'avancement des sciences, Congrès de Nantes, 1875.

La tige du piston A commande directement la manivelle B ; le cylindre oscille en tournant sur deux tourillons creux C D venus de fonte avec lui.

La vapeur arrive en C et s'échappe en D, par des tuyaux réunis aux tourillons au moyen de presse-étoupes. Quelquefois, le poids de la boîte à vapeur E, placée sur le dos du cylindre, est équilibré par un contrepoids F.

Les machines de ce type tiennent peu de place, c'est là leur avantage capital. Sauf les presse-étoupes des tourillons et la commande de la distribution, elles sont d'une construction assez simple.

Elles ne se prêtent pas à une allure rapide, à cause de la grande masse du cylindre ; l'application d'enveloppes de vapeur augmenterait dans des proportions exagérées cet inconvénient.

Elles s'emploient avec avantage dans les steamers à roues, et ont remplacé à peu près partout, dans cette application, les anciennes machines à balancier.

Ce type est parfois adopté pour de petites machines, à cause de la simplicité de sa construction.

202. Machines à fourreau. — Les machines à fourreau répondent aux mêmes nécessités que les précédentes.

La bielle A (fig. 160) s'articule directement sur le piston D ; celui-ci porte un fourreau B B, assez large pour permettre les oscillations de la

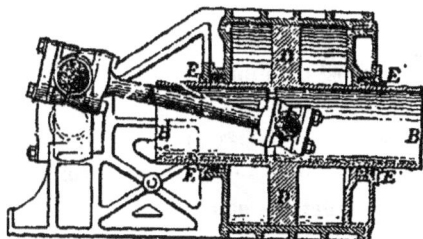

Fig. 160.

bielle, et qui sort du cylindre en traversant de larges presse-étoupes E E, E E'.

Quelquefois, le fourreau est ovale.

Dans quelques machines, on arrête le fourreau au droit du piston et l'on supprime le presse-étoupes d'arrière E'E', mais alors les actions de la vapeur ne sont plus symétriques sur les deux faces du piston.

Les machines de ce type ne tiennent pas beaucoup plus de place que celles à cylindre oscillant ; elles se prêtent aux grandes vitesses.

Leurs principaux inconvénients sont :

La nécessité d'augmenter le diamètre du cylindre, pour compenser la partie de l'aire du piston prise par le fourreau ;

Le refroidissement du fourreau au contact de l'air extérieur, amenant des condensations importantes à chaque admission, et tendant à augmenter indéfiniment la masse d'eau qui se dépose dans le cylindre ;

La difficulté de monter et de tenir étanches les larges presse-étoupes, surtout dans les machines à condensation. Ces presse-étoupes sont souvent à garniture métallique.

203. Machines à bielle en retour. — Le type à bielle en retour est celui qui répond le mieux aux exigences de la marine militaire.

Le piston A (fig. 161) porte deux tiges B B, placées suivant une ligne

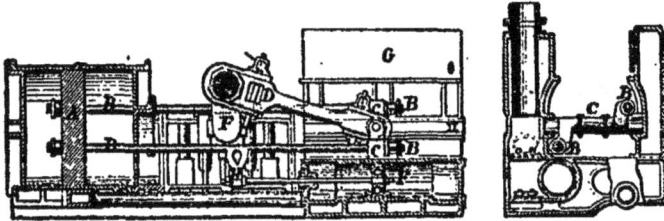

Fig. 161.

oblique, et qui viennent attaquer une traverse C, sur laquelle s'articule la bielle D ; l'arbre de couche F est placé tout près du fond du cylindre, à la distance nécessaire pour permettre le passage du vilebrequin E et de la grosse tête de bielle.

Dans la figure ci-dessus, le condenseur G est placé symétriquement au cylindre, la pompe à air F est conduite par une potence H, venue sur une des tiges du piston.

La commande de la distribution se fait presque toujours par engrenages (voir § 142), même lorsqu'on fait usage de la coulisse de Stephenson pour renverser la marche ou modifier la détente.

On se sert à peu près exclusivement de machines de ce type pour conduire les hélices des bâtiments de guerre. Elles se prêtent bien aux grandes vitesses ; les masses des cylindres et des condenseurs sont équilibrées autour de l'axe longitudinal du navire ; enfin tout l'appareil est en contrebas du niveau de l'eau, et par conséquent, à l'abri des projectiles ennemis.

Dans quelques machines fixes, l'arbre est placé en arrière du cylindre ; le piston, à tige unique, porte une traverse aux extrémités de laquelle s'attachent deux bielles en retour ; celles-ci, passant de chaque côté du cylindre, attaquent deux manivelles parallèles calées sur l'arbre de couche.

204. Remarques sur ces divers types. — Les résultats auxquels nous a conduits l'étude de la machine à connexion directe peuvent s'étendre facilement aux autres types de machines à rotation. On peut appliquer à ces types tout ce qui a été dit sur le mode d'action de la vapeur, ainsi que les règles pratiques pour le calcul des dimensions principales. Les organes de distribution sont les mêmes, sauf quelques détails dans la commande des distributeurs. Les proportions des volants et modérateurs se calculent de la même manière. A part quelques détails spéciaux au balancier et au parallélogramme, nous n'aurons rien à modifier aux indications données relativement à la construction et à l'entretien.

Toutes ces machines peuvent être attelées par deux ou par trois sur un même arbre ; elles admettent : l'enveloppe de vapeur (sauf les machines oscillantes); la détente dans plusieurs cylindres, à points morts concordants ou non ; la vapeur surchauffée dans une juste mesure.

205. Classification des types de machines. — Les types étudiés jusqu'ici, peuvent se classer comme il suit, d'après le dessin d'ensemble des machines :

A Machine à connexion directe ;

B Machine à balancier ;

a) balancier supérieur ;

b) balanciers latéraux ;

C Machines à cylindre oscillant ;

D Machines à fourreau ;

E Machines à bielle en retour ;

a) arbre en avant du cylindre ;

b) arbre en arrière du cylindre.

Telles sont les formes les plus usitées aujourd'hui pour les machines à rotation.

En outre, dans chacune de ces classes, le cylindre peut être placé dans l'une des positions suivantes :

1° Horizontal ;

2° Vertical au-dessus de l'arbre de couche ;

3° Vertical au-dessous de l'arbre de couche ;

4° Incliné au-dessus de l'arbre de couche ;

5° Incliné au-dessous de l'arbre de couche.

206. Principales applications de chaque type. — De cette double classification résulte un nombre considérable de dispositions diverses.

Nous nous contenterons d'énumérer sommairement celles qui se sont le plus répandues dans la pratique.

207. A. Machines à connexion directe. — Les machines à connexion directe sont employées dans toutes les positions :

1° Type *horizontal*, il est extrêmement usité : machines de manufactures, élévatoires, d'épuisement, d'extraction, locomotives, locomobiles, etc.

2° Type *vertical, cylindre en dessus* ; il est généralement adopté aujourd'hui pour les navires de commerce à hélices à cause de la faible place qu'il occupe sur le plan horizontal ; il est usité aussi bien pour les plus grands navires que pour les petits canots ; c'est le type dit *à pilon.*

Dans la machine figurée ci-contre (fig. 162), le cylindre A est supporté

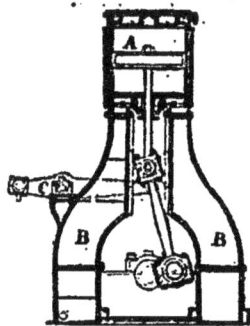

Fig. 162.

par deux jambages B B, renfermant le condenseur et les bâches, et portant les glissières ;
la pompe à air est conduite par le petit balancier en fer C. Deux ou trois de ces machines
accolées forment un ensemble Compound. Souvent aussi, en dessus du cylindre, on place un
petit cylindre admetteur, dont le piston est fixé
sur le prolongement de la tige du piston principal.

Le type *à pilon* est aussi quelquefois employé
pour machines fixes ou pour locomobiles.

3° Type *vertical, cylindre en dessous* ; ou machines à volant en l'air : d'assez nombreux exemples comme machines fixes d'ateliers, machines soufflantes, etc.

4° Type *oblique, cylindre en dessus* ; pour petites embarcations à hélice ;
quelques-unes des *Mouches de Paris* sont pourvues de ces machines : deux
cylindres inclinés à 45° et faisant entre eux un angle droit, attaquent par
une seule manivelle l'arbre de l'hélice ; l'ensemble est compact, tient peu
de place et épouse bien les formes fines de l'arrière.

5° Type *oblique, cylindre en dessous* : machines de bateaux à roues, le
cylindre trouve facilement appui au fond de la cale (fig. 163).

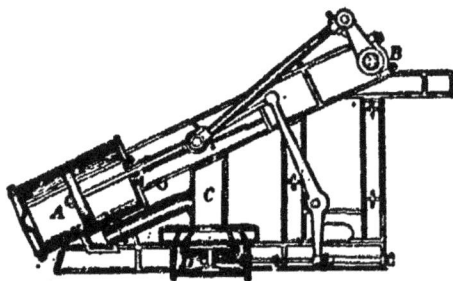

Fig. 163.

A Cylindre ;
B Arbre des roues ;
C Condenseur ;
D Pompe à air.

Quelques exemplaires pour manufactures ; ateliers du chemin de fer
P.-L.-M. à Paris : deux machines de ce type, inclinées de part et d'autre de
la verticale, attaquent une même manivelle calée sur l'arbre de couche.

209. B. Machines à balancier. — A quelques rares exceptions près,
les machines de la classe B sont à cylindre vertical, avec presse-étoupe au-
dessus du cylindre.

La machine à balancier supérieur est fort en usage dans les grands centres manufacturiers. Elle est souvent du système Woolf, le piston détendeur attaché à l'extrémité du balancier, le piston admetteur articulé en un point intermédiaire du parallélogramme.

La machine à balanciers latéraux était le type à peu près exclusif adopté sur les anciens navires à roue. Elle est presque abandonnée à cause de son poids et de son volume.

Les grands steamers qui parcourent les fleuves de l'Amérique sont poussés par des machines à balancier supérieur, souvent en bois, oscillant au sommet d'un échafaudage fort élevé au-dessus du pont.

209. C. Machines à cylindre oscillant. — Dans les steamers à roue, l'arbre tourne lentement ; il faut donc de grands cylindres, et par suite, pour économiser l'emplacement, un type ramassé : les machines oscillantes conviennent bien pour cette application ; les cylindres se placent en dessous de l'arbre, verticaux ou inclinés.

On rencontre quelquefois la machine oscillante dans les ateliers (verticale ou horizontale), ou sur les petites locomobiles à bon marché.

210. D. Machines à fourreau. — Les machines de la classe D, ont reçu de nombreuses applications dans la marine ; elles ont été mises en vogue, pour les navires à hélice, par Penn et Maudslay ; le plus souvent, le cylindre était horizontal. Depuis que la question d'économie de combustible a pris une grande importance, ce type de machine est à peu près aband né.

211. Machines à bielle en retour. — *a)* La machine horizontale à bielle en retour, avec détente Woolf ou Compound et condenseur par surface, est aujourd'hui le type généralement adopté pour la marine militaire. La détente se produit dans un admetteur et un ou deux détendeurs placés côte à côte ; les très grands appareils se composent de deux à quatre couples de cylindres formés d'un admetteur et d'un détendeur placés bout à bout.

b) Dans un grand nombre de machines soufflantes ou élévatoires, le piston à air ou à eau est commandé directement par la tige du piston à vapeur ; cette tige porte, entre les deux cylindres, une traverse articulée à ses deux extrémités avec deux bielles en retour, qui viennent attaquer l'arbre de couche, placé en arrière du cylindre à vapeur. Tout le système se place horizontalement ou verticalement, le cylindre en dessous (grandes machines soufflantes de Seraing et du Creusot).

COMBUSTION ET COMBUSTIBLES [1]

212. Pouvoir calorifique. — La chaleur s'obtient, dans l'industrie, comme résultat de la combinaison de l'oxygène de l'air avec le carbone ou l'hydrogène.

Les combustibles, naturels ou artificiels, se composent essentiellement de carbone ou d'hydrogène, soit purs, soit combinés ou mélangés à d'autres corps. Le pouvoir calorifique d'un combustible est la quantité de chaleur que dégage la combustion de 1 kilogramme du corps étudié, en supposant que les produits de la combustion ainsi que les éléments qui entrent en combinaison, soient ramenés aux mêmes conditions de température et de pression.

Cette dernière restriction est très importante, si l'on veut une définition précise du pouvoir calorifique.

Dans les opérations industrielles, il est rare que l'on puisse ramener les produits de la combustion à la température ambiante : les gaz brûlés, s'échappant par la cheminée à une température élevée, emportent avec eux une quantité de chaleur considérable, sans autre effet utile que de produire le très faible travail du tirage.

213. Hydrogène. — 1 kilogramme d'hydrogène pur se combine à 8 kilogrammes d'oxygène pour faire de l'eau. A la température et à la pression ordinaires, le pouvoir calorifique de l'hydrogène est d'environ 34.800 calories.

La température et la pression ont une certaine influence sur ce résultat.

Si, par exemple, l'expérience se fait dans des conditions telles que la vapeur d'eau produite ne se condense pas, il est clair qu'on recueillera en moins, dans le calorimètre, toute la chaleur de vaporisation de cette vapeur non condensée.

On peut calculer théoriquement la température de la combustion. Si nous combinons dans un calorimètre 1 kilogramme d'hydrogène avec 8 kilogram-

---

[1] Voir : Péclet, *Traité de la chaleur*, V. Masson, 1878.
Demondésir, *Cours sur la production et l'emploi de la chaleur* (Ecole des tabacs), 1863.
Grüner, *Traité de métallurgie*, Dunod, 1875. Excellent ouvrage, auquel nous avons fait d'importants emprunts.
Voir aussi : passim, les *Annales des mines* et les *Bulletins de la Société industrielle de Mulhouse*.

mes d'oxygène, pris à 0°, lorsque la vapeur d'eau produite sera revenue à 0°, elle aura cédé au calorimètre 34.500 calories. La température de la combustion est donc celle à laquelle il faudrait porter 9 kilogrammes d'eau prise à 0° et sous la pression atmosphérique pour absorber 34.500 calories. On trouve ainsi une température de près de 7.000°.

Ce chiffre est un pur résultat de calcul : nous avons supposé, pour l'établir, que la combinaison pouvait se faire à toute température, il n'en est pas ainsi. L'eau se décompose, *se dissocie* à une température bien inférieure à 7.000° et la combinaison ne peut évidemment pas s'effectuer à une température supérieure à celle de dissociation ; cette température dépend elle-même de la pression, et est d'autant plus élevée que la pression est plus forte.

Sous la pression atmosphérique, la température de dissociation est, d'après M. Sainte-Claire Deville, d'environ 2.600°.

Si les gaz qui doivent se combiner sont mélangés d'autres gaz, azote, hydrogène ou oxygène en excès, acide carbonique, ou même vapeur d'eau, la température de dissociation correspondra à la tension plus faible qu'aurait le mélange d'oxygène et d'hydrogène s'il occupait seul la totalité de l'enceinte où se fait l'expérience.

La flamme de l'hydrogène est bleue et à peine visible.

214. Carbone. — Le carbone forme avec l'oxygène deux combinaisons principales : l'oxyde de carbone et l'acide carbonique.

1 kilogramme de carbone se combinant avec 1 kil. 333 d'oxygène produit 2 kil. 333 d'oxyde de carbone et développe. . . . . . 2.473 calories.

1 kilogramme de carbone se combinant avec 2 kil. 667 d'oxygène produit 3 kil. 667 d'acide carbonique et développe . . . . . . 8.080 calories (1).

1 kilogramme d'oxyde de carbone se combinant avec 0.57 d'oxygène produit 1 kil. 57 d'acide carbonique et développe . . . . 2.403 calories.

Enfin, si l'on fait passer au rouge de l'acide carbonique sur du carbone, l'acide carbonique dissout le carbone et il y a formation d'oxyde de carbone. Dans ces conditions, 1 kilogramme de carbone se combine avec 3 kil. 667 d'acide carbonique pour former 4 kil. 667 d'oxyde de carbone et il y a *absorption* de 2.034 calories.

Ces résultats doivent être entendus sous les réserves spécifiées précédemment, c'est-à-dire que tous les corps, avant et après la réaction, sont supposés ramenés à la pression et à la température ordinaire.

215. Combustibles usuels. — Les combustibles employés dans l'industrie sont généralement formés :

1° De carbone libre ;

(1) Ces pouvoirs calorifiques ne se rapportent qu'au carbone pris à l'état de charbon de bois : les autres variétés du carbone, graphite, diamant, etc., ont des pouvoirs calorifiques notablement plus faibles.

2° De combinaisons diverses pouvant se rapporter à trois types :

Carbone et hydrogène (hydrocarbures) ;

Carbone, hydrogène et oxygène ;

Carbone, hydrogène, oxygène ou azote.

3° D'humidité, de matières terreuses et inertes qui forment les cendres.

La puissance calorifique d'un combustible ne peut pas se déduire de sa composition chimique. Sous l'action de la chaleur, les combinaisons de carbone se dédoublent, se transforment et ces décompositions peuvent, suivant les cas, soit absorber de la chaleur, comme dans l'électrolyse de l'eau, soit en dégager, comme dans la déflagration du chlorure d'azote ou de la nitro-glycérine. Si l'on calculait la puissance calorifique d'un combustible en faisant la somme des puissances calorifiques des éléments chimiques, on commettrait une erreur notable.

Un combustible qui contient beaucoup de *cendres et d'humidité* brûle difficilement, il laisse perdre beaucoup de chaleur par la cheminée, il encrasse les grilles et rend la conduite du feu difficile.

Un combustible est plus ou moins *inflammable* suivant sa porosité : l'amadou est plus inflammable que le charbon de bois, celui-ci que la houille, puis viennent le coke et l'anthracite.

A l'état de *menu* ou de poussière, le combustible brûle avec peine et passe à travers les grilles : on est obligé quelquefois de le mouiller ou d'en faire des briquettes.

Certains combustibles *décrépitent* au feu et passent à l'état de menu.

Un combustible peut donner une *flamme plus ou moins longue*, un feu plus ou moins ardent. Les combustibles qui, comme le bois ou le coke, conservent leur forme en brûlant, sont dits *maigres* ou *secs*. Certaines houilles, appelées *grasses*, fondent, s'agglomèrent et se collent sous forme de gâteaux.

Les houilles sulfureuses ont l'inconvénient de ronger rapidement les grilles et les chaudières.

Toutes ces circonstances ont une grande influence sur la conduite du feu, sur les dispositions des grilles et des fourneaux.

216. Etude d'un combustible. — L'étude d'un combustible se fait par des expériences de laboratoire et des essais de chauffage.

Les expériences de laboratoire sont pratiquées sur de petites quantités de matières qu'on appelle prises d'essai. Une prise d'essai est difficile à bien faire; elle doit représenter exactement la moyenne de l'approvisionnement total à examiner, ce qui exige des manipulations nombreuses et des soins multipliés, sans lesquels on n'obtient que des résultats complètement incertains.

Voici les épreuves auxquelles on soumet la prise d'essai :

1° *Dessiccation* au-dessus de 100° pour obtenir la proportion d'humidité.

2° *Calcination en vase clos*, ce qui donne des renseignements utiles sur la nature du charbon et la proportion du coke.

3° *Calcination à l'air libre*, pour le dosage des cendres.

Ces trois opérations se pratiquent couramment dans l'industrie.

Pour des recherches plus précises, on fait en outre :

L'analyse chimique complète du combustible et celle des cendres.

Enfin, dans certains cas, on procède à des mesures *calorimétriques* rigoureuses : mais ce sont là des recherches scientifiques très délicates, exigeant un outillage spécial et d'une extrême précision.

L'essai industriel se fait en mesurant la quantité d'eau que peut vaporiser, dans des circonstances déterminées, un poids donné du combustible étudié.

On fait toujours des essais pareils lorsque l'on a à passer des marchés pour des fournitures importantes de houille. Les résultats qu'ils donnent n'ont évidemment qu'une valeur comparative ; mais ces renseignements, même incomplets, sont fort intéressants pour l'industriel.

Une chaudière spéciale est affectée à ces expériences ; on la remplit d'eau jusqu'à son niveau normal, on charge les soupapes à une pression déterminée, puis on chauffe avec le combustible à essayer. Lorsque la chaudière est à la pression voulue, on décrasse en ne laissant sur la grille que la quantité de charbon enflammé nécessaire pour maintenir l'allumage. C'est à ce moment que commence l'expérience proprement dite.

On a mis à part un tas exactement pesé du combustible à essayer. On commence alors à charger la grille avec ce combustible. On a soin de maintenir la pression et le niveau de l'eau constants, la vapeur produite s'échappant soit dans l'atmosphère, soit dans une machine à marche très régulière. Lorsque tout le tas de houille est brûlé, on laisse tomber le feu, et on l'éteint tout à fait au moment où l'on juge qu'il reste sur la grille autant de charbon qu'au commencement de l'expérience. Le jaugeage de l'eau consommée comparé au poids de houille brûlée, en tenant compte de diverses corrections, donne un aperçu de la valeur industrielle de cette houille.

On note avec soin pendant l'expérience, la manière dont le combustible se comporte, la nature et la quantité des cendres, etc.

Pour avoir quelque valeur comparative, les expériences faites sur diverses houilles doivent toujours avoir lieu dans la même chaudière, maintenue dans le même état de propreté et d'entretien, et être exécutées par un même chauffeur, habile et expérimenté, connaissant bien le maniement des charbons de diverses natures.

217. Combustion par l'air. — La composition de l'air atmosphérique pur et desséché est la suivante :

	Volumes	Poids
Azote	79.2	77,0
Oxygène	20.8	23,0
	100.0	100,0

1 kilogramme d'oxygène dans l'air correspond à :

Un volume d'air de	3ᵐᶜ 363
Un poids d'azote de	3ᵏ 348
Un volume d'azote de	2ᵐᶜ 665
Les volumes étant ramenés à 0° et à la pression. . .	0ᵐ. 76

On déduit de ces données les chiffres contenus dans le tableau suivant :

Un kilogramme des divers combustibles ci-dessous, supposés chimiquement purs, brûlant dans l'air pur et desséché, donne :

	ÉLÉMENTS de la combustion		PRODUITS DE LA COMBUSTION				
	Oxygène	Volume d'air	Poids élémentaires	Azote	Poids total	Volume	Poids spécifique
	kilog.	mèt.cub	kilog.	kilog.	kilog.	mèt. cube	kilog.
Hydrogène..............	8ᵏ	26.912	H O = 9ᵏ	26ᵏ78	35ᵏ78	32.50	1ᵏ100
Carbone en acide carbonique.............	2.666	8.965	C O² = 3.666	8.920	12.59	8.955	1.405
Carbone en oxyde de carbone.............	1.333	4.482	C O = 2.333	4.461	6.79	5.418	1.254
Oxyde de carbone en acide carbonique.............	0.571	1.920	C O² = 1.571	1.911	3.48	2.317	1.503

La combustion est supposée complète et les volumes ramenés à 0° et à 0 m. 76.

Dans la pratique, on peut admettre (Péclet) que l'air ordinaire à 15° moyennement humide, renferme, par mètre cube :

Acide carbonique.	1 gramme
Vapeur d'eau	10 —

et que 1 k. d'oxygène correspond à 3ᵐ.36, ou 4 k. 37 d'air.

Ces données permettent de calculer les différentes circonstances de la combustion d'un combustible dont on connaît la composition chimique.

La combustion est presque toujours imparfaite et a lieu avec admission d'une quantité fort variable d'air en excès.

Nous allons passer en revue les combustibles les plus usuels (1).

242. Bois. — Le bois est un combustible de moins en moins employé en France à cause de son prix élevé. Pour brûler dans les foyers de machines, on préfère les bois durs, chêne, hêtre, orme, frêne, qui donnent plus de chaleur sous le même volume ; les bois blancs ou résineux, pin, sa-

(1) La plupart des renseignements qui suivent sont extraits de l'ouvrage de M. Grüner.

pin, bouleau, tremble, peuplier, donnent une flamme plus vive, mais qui tombe rapidement.

Le bois fraîchement coupé est toujours très humide ; les brindilles contiennent plus de la moitié de leur poids d'eau ; de sorte que le bois vert ne donne que très peu de chaleur. Après un an de coupe, le bois contient de 18 à 25 pour cent d'eau, proportion qu'une plus longue exposition à l'air ne diminue pas sensiblement.

Le bois donne environ 3000 calories par kilogramme ; par une dessiccation préalable, sa puissance calorifique s'élève de 25 pour cent.

Les bois durs pèsent 400 à 500 k. au stère, les bois résineux 300 à 400 k. et les bois tendres 200 à 300 k. Le mètre cube de fagots ne pèse que 125 k. en moyenne.

La sciure de bois et les chutes, copeaux, etc., sont le combustible ordinaire des scieries ; ce combustible exige des dispositions spéciales de foyer.

219. Tourbe. — La tourbe est le produit de l'altération spontanée des plantes herbacées et aquatiques dans des marécages.

A la surface du sol, la tourbe est d'un tissu lâche formé de fibres, de feuilles et de racines ; à une plus grande profondeur, elle devient plus compacte, et finit par prendre l'aspect d'un terreau brun-noirâtre, toujours très spongieux. On l'extrait sous forme de briquettes qu'on laisse sécher en plein air ; en cet état, la bonne tourbe brune pèse de 350 à 400 k. le mètre cube, contient 30 pour cent d'eau et de cendres et dégage environ 3000 calories au kilogramme ; c'est un combustible très encombrant. En Bavière, on comprime les briquettes et on les réduit ainsi au tiers de leur volume primitif. Quelquefois, on carbonise la tourbe avant de l'employer.

220. Lignites. — Les lignites sont des végétaux dont la décomposition est plus avancée que celle des tourbes et moins avancée que celle des houilles. On les distingue en diverses espèces suivant l'état de décomposition.

Les *bois fossiles*, à la Tour du Pin (Isère) et en divers points de l'Ain, sont des troncs d'arbres plus ou moins aplatis et brunis qui conservent encore la texture du bois. En Bohème, on en trouve passant à l'état bitumineux.

Les *lignites terreux* (Soissonnais, Halle en Prusse), masse tendre et pulvérulente, mêlée de beaucoup de matières stériles : ce sont les tourbes de l'époque tertiaire.

Les *lignites secs* ou lignites proprement dits, sont un combustible dur, tenace, à cassure unie ou conchoïdale, pesant à l'hectolitre, environ 70 k. On les trouve à Dax, à Aix en Provence (lignite du Rocher bleu), à Manosque (Basses-Alpes). Ils brûlent avec une flamme longue et fuligineuse, répandant une odeur désagréable. A la distillation, ils ne changent pas de forme, donnent de l'eau légèrement acide ou ammoniacale et des huiles brunes, et laissent comme résidus 40 à 50 pour cent d'un charbon de même forme que les fragments qui l'ont produit, mais fissuré et friable.

Les gaz sont abondants et brûlent avec une flamme vive. Ces lignites sont un bon combustible ; ils donnent jusqu'à 6500 calories par kilogramme ; ils sont souvent sulfureux.

Les *lignites gras* ont, comme les lignites secs, une cassure conchoïdale ; mais ils sont moins durs, moins denses, d'un éclat plus vif et plus gras ; ils sont plus inflammables et brûlent avec une flamme vive, abondante et fuligineuse. Au feu, ils se ramollissent, se fendent et se boursouflent, et laissent 30 pour cent d'un coke volumineux. On les trouve aux environs de Manosque (Basses-Alpes) et en Bohème, au pied de l'Erzgebirge, dans les environs d'Ellenbogen et de Tœplitz.

A propos des lignites, il est bon de mentionner certaines houilles très riches en hydrogène, le *bog-head*, le *cannel-coal* (Ecosse, bassin de la Loire) qui laissent, à la distillation, dégager de grandes quantités d'un gaz fort éclairant, et sont fort employées par les usines à gaz d'éclairage.

221. Houilles. — La houille est, de nos jours, le combustible le plus important. On la trouve répandue en gisements plus ou moins abondants sur divers points de la surface du globe. La France possède deux bassins de houille considérables : celui de la Loire (St-Etienne, Rive de Gier) et celui du Nord (Valenciennes, Denain, Anzin, etc.), et divers bassins moins importants : le Creusot, Montceau et Blanzy, Alais, Aubin, Commentry, Epinac, Ronchamp, etc.

La Belgique nous envoie beaucoup de charbons de diverses qualités, provenant des bassins de Mons, de Charleroi et de Liège.

Les gisements de houille sont très importants en Angleterre, et nos côtes s'approvisionnent de charbons anglais qui viennent dans tout l'Ouest et le Nord en concurrence avec les houilles belges et indigènes.

Les charbons anglais de Cardjff et de Newcastle sont fort employés dans la marine.

La Prusse nous envoie dans l'Est, des houilles des bassins de Sarrebrück, et de la Ruhr.

Une bonne houille moyenne contient de 7 à 12 pour cent de cendres et d'humidité, elle donne environ 8000 calories et peut vaporiser sous une chaudière bien construite, bien entretenue et bien conduite, 7 à 8 k. d'eau froide par kilogramme.

L'hectolitre de houille pèse de 75 à 88 k., en moyenne 80 k.

La houille avant d'être livrée à l'industrie, est triée suivant la grosseur des morceaux ; la houille en gros morceaux est toujours la plus pure, la moins cendreuse, et se vend plus cher : c'est le '*gros* ou le *pérat*. Les morceaux gros comme le poing sont *la grèle*, *la gaillette* ; plus petits, ils s'appellent *la petite gaillette* ; puis viennent le *menu* et enfin le *poussier* ou *fin.* Les houilles non triées sont dites *tout-venant.*

Le menu, qui se vend beaucoup moins cher que les autres catégories, et qui renferme le plus de schistes et de cendres, forme habituellement 1/3 et souvent plus de la moitié des produits d'une houillère ; c'est souvent un embarras pour les exploitants : on en fait du coke ou des briquettes ; ou bien on le brûle dans des foyers spéciaux.

Soumise à la distillation, la houille laisse échapper d'abord de la vapeur d'eau, puis des vapeurs formées de goudron, de divers carbures d'hydrogène plus ou moins oxygénés, puis des hydrogènes carbonés et de l'oxyde de carbone mélangés d'un peu d'azote ; il reste un coke composé de carbone, de cendres et d'un peu d'hydrogène.

La marche de la distillation influe notablement sur la nature et la proportion des divers produits. Dans les usines à gaz, on pousse vivement la distillation, pour obtenir un gaz plus abondant et plus riche en carbone, c'est-à-dire plus éclairant.

Dans les usines à coke, on modère le feu, on mouille le charbon et on agit sur de grandes masses afin de décomposer les hydrocarbures et de retenir à l'état de carbone fixe, une partie du carbone des hydrocarbures.

Les houilles qui donnent à la distillation beaucoup de produits volatils sont à *longue flamme.*

Si l'hydrogène est prédominant dans ces produits, la houille est *grasse* ; si c'est l'oxygène, elle est *sèche.*

La houille contenant peu de matières volatiles est toujours *maigre.*

La réaction qui a peu à peu transformé en houille les produits végétaux enfermés dans le sol depuis des milliers de siècles, a eu pour effet d'éliminer progressivement d'abord l'oxygène puis l'hydrogène. On doit donc rencontrer dans les terrains les plus anciens des combustibles ne renfermant presque que du carbone pur : ce sont les *anthracites* ; puis au fur et à mesure qu'on s'élève dans l'échelle géologique, les houilles anthraciteuses, sèches ou demi maigres, puis les houilles grasses à flammes de plus en plus longues ; au fur et à mesure que l'oxygène devient plus abondant, on arrive aux houilles maigres à longue flamme ; puis on passe aux lignites des terrains tertiaires, qui ne donnent qu'un coke pulvérulent, et enfin à la tourbe et au bois moderne, dans lequel l'oxygène est en proportion importante et qui, à la calcination, donnent un charbon conservant la forme et la texture du bois qui l'a produit.

Ces règles ne sont pas absolues et présentent quelques exceptions.

Passons rapidement en revue les diverses variétés de houille.

222. Classification des houilles. — *Houilles sèches à longue flamme.* — Elles sont dures, compactes, peu friables, cassure unie et conchoïdale ou esquilleuse. Calcinées, elles tombent en morceaux qui ne se collent pas, et donnent 50 à 60 pour cent de coke ; les produits volatils sont de l'eau ammoniacale, des goudrons et des carbures gazeux d'un pouvoir éclairant médiocre.

Principaux gisements à Blanzy (bassin du Centre) et à Louisenthal (Sarrebrück). Le Derbyshire, le Straffordshire et l'Ecosse en fournissent aussi.

Houilles grasses à longue flamme. — Cassure plus lamelleuse, coke bien lié, léger et poreux, 60 à 68 pour cent : ces houilles, à la distillation, donnent par kilog. 220 à 320 litres d'un gaz très éclairant : ce sont par excellence les charbons à gaz.

Principaux gisements : couches élevées du Pas-de-Calais et de la Loire, bassins de Commentry et de Blanzy ; bassin de Mons, où on connaît ces houilles sous le nom de *flénus gras* ; Newcastle (Angleterre) ; bassins de Sarrebrück (Dudweiller, Altenwald, Heinitz).

Houilles grasses proprement dites. — Noires, éclat vif, structure feuilletée et lamelleuse, dureté médiocre, coke bien pris, compact, formant 68 à 74 pour cent du poids du combustible ; donnent moins de gaz que les précédentes.

Ces houilles sont les meilleures pour la forge.

Elles forment voûte au-dessus du trou de vent et concentrent la chaleur sur le fer. Aussi les appelle-t-on *houilles maréchales* ou *charbons de forge.*

Principaux gisements : Ronchamp, Denain, Anzin, bassin de la Loire, partie moyenne des bassins du Nord et du Pas-de-Calais, Liège, bassins de Sarrebrück et de la Rühr, Newcastle.

Houilles grasses à courtes flammes. — Généralement friables. Donnent 74 à 82 pour cent d'un coke très dense et très dur.

C'est le *charbon à coke* par excellence. Flamme courte et peu éclatante, rayonnement très intense. Excellentes pour les chaudières, qu'elles attaquent cependant quelquefois au coup de feu.

Gisements : Base des bassins de St-Etienne, du Gard, de Brassac, d'Ahun, du Nord ; bassins du Creusot, de Charleroi (Belgique), Cardiff (pays de Galles) en Angleterre.

Houilles maigres et anthraciteuses. — Noires, généralement striées, cohésion faible. 82 à 90 pour cent d'un coke pulvérulent. Brûlent difficilement et presque sans flamme ; souvent décrépitent au feu.

Principaux gisements : Lisière nord du bassin de Valenciennes, bassins de la Sarthe, du Roannais, de la Basse-Loire, du Creusot, de Charleroi (Belgique) ; Cardiff, Swansea (ouest du pays de Galles).

223. Anthracites. — L'anthracite est un charbon minéral presque pur, car des échantillons contiennent jusqu'à 95 pour cent de carbone.

L'anthracite est noire ou d'un noir grisâtre avec un certain éclat métallique.

Elle donne 90 à 92 pour cent d'un coke pulvérulent. Elle brûle difficilement, presque sans flamme, en décrépitant et se réduisant en petits morceaux.

Gisements : terrains houillers des Alpes, Swansea (pays de Galles), Pensylvanie (Amérique).

224. Charbons de bois et coke. — Pour certains usages, avant de brûler des combustibles naturels, on les soumet à une calcination préalable, afin de chasser les parties volatiles.

Le bois calciné donne le charbon de bois, qui n'est guère employé que dans les usages domestiques et dans la métallurgie.

La houille calcinée donne le coke. Les hauts-fourneaux modernes sont alimentés, à peu près exclusivement, avec du coke, que l'on obtient au moyen des menus de houille, convenablement broyés, mélangés et même lavés, s'il y a lieu. Le coke métallurgique est dur, brillant, argentin ; il ne brûle qu'en grandes masses.

Le coke est aussi un produit accessoire de la fabrication du gaz d'éclairage ; mais alors il est poreux, assez friable, et s'emploie surtout aux usages domestiques et, à Paris et dans les grandes villes, pour la production de la vapeur. Pendant longtemps, on ne brûlait que du coke dans les locomotives, afin de n'avoir pas de fumée ; aujourd'hui, on ne brûle presque plus que de la houille.

Le coke ne donne guère que la moitié de la chaleur qu'aurait pu fournir la houille dont on le tire.

225. Agglomérés. — On emploie aujourd'hui sur une grande échelle les agglomérés, qui permettent de brûler sous une forme commode les menus de houille. On fabrique les agglomérés en comprimant dans des moules en fonte convenablement chauffés un mélange intime de brai et de houille finement pulvérisée.

Les menus de houille doivent être soigneusement lavés avant le broyage.

Le brai s'emploie en qualités variables suivant que la houille est plus ou moins grasse ; avec de la houille mi-grasse, on emploie 7 à 8 pour cent de brai gras, ou bien 10 pour cent de brai sec. Le brai gras est du goudron de houille concentré, dont on a retiré par distillation de 20 à 25 pour cent de matières volatiles. Le brai sec s'obtient en poussant la distillation à 280° ou 300°, ce qui ne laisse qu'un résidu de 60 à 65 pour cent.

Les briquettes forment un combustible excellent, facile à employer et à emmagasiner ; c'est une très bonne utilisation des déchets des houillères, autrefois presque sans valeur.

La Compagnie parisienne du Gaz utilise, sous forme de briquettes, les poussiers de coke qu'elle produit en quantité considérable : ces poussiers sont agglomérés au moyen de 10 pour cent de brai sec.

226. Combustibles gazeux. — Le gaz de l'éclairage est fréquemment employé comme combustible dans les petites industries. On a essayé de s'en servir pour chauffer de petites machines à vapeur.

On emploie sur une grande échelle, dans les forges et les verreries, les mélanges gazeux et combustibles que l'on fabrique en faisant passer lentement de l'air à travers de la houille en couches épaisses dans des appareils appelés gazogènes. On obtient ainsi de l'oxyde de carbone, de l'hydrogène et des hydrocarbures, le tout mélangé de beaucoup d'azote : la puissance calorifique de ce combustible gazeux est assez médiocre, mais il est facile à manier et à doser, et au moyen d'artifices convenables, on arrive à lui faire produire les hautes températures qu'exigent la fusion de l'acier et le travail du verre.

Les gaz des hauts-fourneaux contiennent une notable proportion d'oxyde de carbone ; dans les forges, on les brûle soit sous des chaudières, soit dans les appareils destinés à chauffer l'air qu'on injecte dans le haut-fourneau.

227. Combustibles divers. — En Amérique, on emploie le pétrole pour le chauffage des chaudières. M. Sainte-Claire Deville a imaginé des formes de grilles qui permettent de brûler avantageusement les huiles lourdes que l'on trouve en grande quantité dans les condenseurs des usines à gaz ; c'est un produit fort encombrant et livré à bas prix. On emploie les brûleurs de M. Deville dans les laboratoires pour produire de hautes températures ; M. Deville en a aussi essayé l'emploi avec succès pour chauffer le bateau à vapeur *le Puebla* et sur des locomotives du chemin de fer de l'Est. M. Agnellet, fabricant de chapeaux à Paris, emploie les huiles lourdes dans un chalumeau où un vif courant d'air les réduit en poussières liquides.

Dans certains pays, on brûle les schistes bitumineux et les asphaltes naturelles.

Dans les exploitations agricoles, on trouve avantage à brûler, dans des foyers spéciaux, la paille provenant du battage du blé : la locomotive qui active la batteuse est alimentée par ce combustible.

228. Résumé sur les combustibles. — Voici quelques tableaux résumant les principales propriétés des combustibles.

Composition et pouvoirs calorifiques de divers combustibles desséchés à 110° et privés de cendres.

DÉSIGNATION DES COMBUSTIBLES	POUVOIRS CALORIFIQUES 1	COMPOSITION EN POIDS			CALCINATION EN VASE CLOS	
		Carbone 2	Hydrogène 3	Oxygène et Azote 4	Poids du Coke 5	Nature du Coke 6
		kilog.	kilog.	kilog.	kilog.	
Hydrogène.........	34.500	»	100,00	»	»	
Carbone (transformé en CO²).........	8.080	100,00	»	»	»	
Oxyde de carbone (transformé en CO²)...	2.403	42.80	»	57,20	»	
Carbone (transformé en CO).........	2.473	100,00	»	»	»	
Cellulose(C¹²H¹⁰O¹⁰)	3.622	44.44	6,17	49,39	0.28 à 0.30	Conserve la forme de la matière
Bois.............	3.800	50 à 52	6 à 6.30	44 à 42	0.30 à 0.35	id.
Tourbe...........	3.800	50 à 63	6.5 à 5.5	36 à 31	0.35 à 0.40	id.
HOUILLES						
Sèches à longue flamme	8.000 à 8.500	75 à 80	5.5 à 4.5	19.5 à 15	0.50 à 0.60	Pulvérulent ou à peine fritté.
Grasses id. (Charbon à gaz).	8.500 à 8.800	80 à 85	5.8 à 5	14.2 à 10	0.60 à 0.68	Fondu, très fendillé.
Grasses proprement dites........... (Maréchales).	8.800 à 9.300	84 à 89	5 à 5.5	11 à 5.5	0.68 à 0.74	id. moyennement compact.
Grasses à courte flamme .... (Charbon à coke).	9.300 à 9.600	88 à 91	5.5 à 4.5	6.5 à 4.5	0.74 à 0.82	Coke métallurgique.
Anthraciteuses maigres ou demi-maigres...........	9.200 à 9.500	90 à 93	4.5 à 4	5.8 à 3	0.82 à 0.90	Fritté ou pulvérulent.
Anthracites........	9.000 à 9.200	93 à 95	4 à 2	3	0.90 à 0.92	Pulvérulent, brillant ou presque nul.
Pétroles bruts......	10.000	80 à 85	15 à 14	3 à 1	Nul	

Colonne 1. Pour les combustibles naturels, les pouvoirs calorifiques sont indiqués en chiffres ronds.

Colonne 4. Dans les combustibles naturels, l'azote est en général en très petite quantité, ne dépassant guère 1 pour cent du poids du combustible.

Les chiffres de ce tableau ne se rapportent, nous le répétons, qu'à des combustibles desséchés et privés de cendres.

229. Combustion du coke. — Nous allons actuellement aborder l'étude des phénomènes de la combustion.

Nous examinerons séparément ce qui se passe dans la combustion du carbone et dans celle des carbures d'hydrogène.

Supposons d'abord un foyer chargé avec du charbon ne contenant pas de produits volatiles, du coke par exemple.

Lorsque l'air arrive sur le coke incandescent, il se produit deux phénomènes successifs.

D'abord, formation d'acide carbonique avec *dégagement* de 8080 calories par kilogramme de carbone brûlé ;

En second lieu, formation d'oxyde de carbone avec *absorption* de 2034 calories par kilogramme de carbone dissous.

S'il ne se forme que de l'acide carbonique, chaque kilogramme de carbone fournit 8080 calories. S'il ne se forme que de l'oxyde de carbone, chaque kilogramme de carbone ne dégage que 2473 calories.

La formation de l'oxyde de carbone est favorisée par les circonstances suivantes :

Faible vitesse de l'air, qui tend à prolonger le contact entre le carbone et l'acide carbonique déjà formé ;

Grande épaisseur de combustible, agissant de la même manière ;

Enfin porosité du charbon et petites dimensions des morceaux, ce qui multiplie les surfaces de contact.

230. Combustion du gaz d'éclairage. — Voyons maintenant ce qui se passe lorsqu'on fera brûler un combustible à l'état gazeux, et prenons pour type le gaz d'éclairage.

Il se compose principalement d'hydrogène et de carbure d'hydrogène.

La flamme d'un bec de gaz peut être divisée en trois parties :

1° Vers la base de la flamme, une partie bleue dans laquelle la combustion commence ;

2° Vers le milieu, la partie brillante, dont l'éclat est dû à la présence de molécules de carbone solide, résultant de la dissociation des hydrocarbures par l'effet de la haute température ;

3° Enfin, une gaine extérieure d'un éclat rougeâtre, où s'achève la combustion du carbone en présence de l'oxygène de l'air.

Si l'on plonge un corps froid dans la partie brillante de la flamme, il se couvre de noir de fumée.

Si l'on interpose une toile métallique, la flamme est coupée, mais les gaz peuvent être rallumés de l'autre côté de la toile, ce qui prouve qu'ils contiennent encore des parties combustibles.

Lorsqu'on mélange au gaz d'éclairage avant de l'allumer, de faibles quantités d'air, la partie bleue de la flamme augmente aux dépens de la partie brillante ; avec une proportion d'air assez grande, mais cependant tout à fait insuffisante pour brûler le gaz, la partie brillante de la flamme disparaît complètement ; la flamme devient bleue. Dès lors, sur un corps froid ou une toile métallique interposée dans la flamme, il ne se dépose plus de noir de fumée, mais il se dégage des hydrogènes carbonés plus ou moins oxydés, liquides ou gazeux, et d'une odeur extrêmement forte.

Si l'on introduit dans un tube de verre de 15 millimètres de diamètre, un mélange d'air et de gaz d'éclairage, et qu'on l'allume par un bout, la flamme se propage le long du tube avec une vitesse variable, suivant la proportion du mélange. La vitesse est d'environ 2 m. 85 par seconde, lorsque la proportion est telle que tous les éléments soient complètement brûlés (en eau et acide carbonique) c'est-à-dire lorsque le volume du gaz est de 16 pour cent environ de celui du mélange. La vitesse d'inflammation décroît rapidement lorsque le mélange s'éloigne de ces proportions ; elle n'est plus que de 0 m. 25 environ, lorsque le volume du gaz est de 9 pour cent ou de 22 pour cent de celui du mélange.

Le mélange cesse de s'enflammer s'il contient moins de 6 pour cent ou plus de 27 pour cent de gaz ; toutefois, dans une capacité plus vaste, l'inflammation se propage même lorsque les proportions du gaz dépassent notablement les limites que nous venons d'indiquer.

231. Combustion dans les foyers industriels. — Résumant ce qui précède, nous dirons :

Dans la combustion du carbone solide, il y a formation d'oxyde de carbone d'autant plus abondante que l'air et l'acide carbonique formés dès le début ont un contact plus prolongé et plus intime avec le charbon à une température élevée.

La combustion des combustibles gazeux devient incomplète :

1° S'il y a défaut d'air ;

2° Si le mélange de l'air avec les gaz n'est pas assez intime ;

3° Si les flammes sont refroidies avant que les réactions soient complètes.

Toutes ces circonstances se retrouvent dans le fonctionnement des foyers de chaudières. Dans ces foyers on charge la houille par intermittence à d'assez longs intervalles ; il en résulte que les réactions ne sont pas permanentes.

Dans un foyer qui n'a pas été chargé depuis quelque temps, le charbon forme une couche de coke assez mince ; il y a excès d'air, haute température, il se produit surtout de l'acide carbonique. Au moment de la charge, l'accès de l'air est réduit et le foyer refroidi : donc formation d'oxyde de carbone, combustion incomplète des carbures distillés, fumée épaisse dénotant une combustion défectueuse.

Dans l'intervalle de deux chargements, la combustion passe par tous les intermédiaires entre ces états extrêmes.

L'admission d'un excès d'air ne suffit pas pour brûler les gaz combustibles, s'il ne leur est intimement mélangé dans une enceinte à haute température.

Le pouvoir calorifique est loin de donner une mesure exacte de la quantité de chaleur qui peut être industriellement utilisée.

En premier lieu, le combustible marchand contient des cendres et de l'humidité.

En second lieu, la combustion est toujours plus ou moins imparfaite : il y a dégagement d'oxyde de carbone, de carbures non brûlés et de noir de fumée ; une partie du charbon tombe dans le cendrier à l'état d'escarbilles ;

Enfin, une partie notable de la chaleur développée est perdue sous les formes suivantes :

Rayonnement et conduction par les parois des fourneaux ;

Gaz chauds et vapeurs non condensées s'échappant par la cheminée.

On peut compter pratiquement qu'une bonne chaudière ordinaire, bien construite, bien conduite, utilise 50 à 55 0/0, rarement 60 0/0 de la chaleur virtuellement contenue dans le combustible.

Exemple : Une bonne houille grasse à courte flamme, a un pouvoir calorifique de 9400

Or pour vaporiser à 150° 1 k. d'eau prise à 15°, il faut une quantité de chaleur : 606,5 + 0.305 × 150 — 15 = ... 637 calories.

Chaque kilogramme de houille, supposée sèche et pure, vaporiserait donc $\frac{9.400}{637}$ = ... 14 k. 7 d'eau.

Si la houille contient 10 0/0 de cendres et d'humidité, et si la chaudière utilise 55 0/0 de la chaleur théorique, la vaporisation sera de

14,7 × (1 — 0,10) (0,55) = 0,495 × 14,7 = 7 k. 28.

par kilog. de houille marchande.

232. Air et produits de la combustion. — Il faut compter, dans la combustion industrielle, sur un excès d'air notable, que l'on peut évaluer à 50 0/0 de la quantité d'air théoriquement nécessaire à une combustion parfaite.

Avec cette donnée, le tableau suivant résume les conditions ordinaires de la combustion (Péclet).

On a supposé successivement que les gaz s'échappant par la cheminée avaient une température de 150 ou de 300°.

COMBUSTION INDUSTRIELLE

UN KILOG. des combustibles suivants :	Pouvoir calorifique du combustible par et sec	Volume d'air pratique	FUMÉE A 150°		FUMÉE A 300°	
1	2	3	Volume des gaz 4	Chaleur emportée 5	Volume des gaz 6	Chaleur emportée 7
			m. c.	m. c. Calories	m. c.	Calories
(a) Bois.	3.800	5.226	9.466	651	12.822	918
(b) Tourbe	3.800	6.205	10.245	682	13.988	1.020
(c) Houille sèche à longue flamme	8.200	10.914	16.607	758	22.685	1.285
(d) Houille grasse à longue flamme	8.700	11.592	17.538	747	23.659	1.296
(e) Houille maréchale	0.400	12.714	19.181	822	26.094	1.420
(f) Houille grasse à courte flamme	9.400	12.873	19.405	829	26.399	1.377
(g) Houille anthraciteuse.	9.200	13.000	19.492	786	26.517	1.295
(h) Anthracite.	0.000	13.765	20.553	783	27.061	1.410
(i) Pétrole brut.	10.000	17.596	27.056	1.501	36.804	2.345
(j) Coke.	8.000	13.189	20.140	633	27.400	1.241

Observations

Col. 1. — Composition admise pour les divers combustibles.

	a	b	c	d	e	f	g	h	i	j
	Bois	Tourbe	Houille sèche longue flamme	Houille grasse longue flamme	Houille maréchale	Houille grasse courte flamme	Houille anthraciteuse	Anthracite	Pétrole	Coke
Cendres	14	70	80	100	100	100	100	40	»	50
Humidité	300	250	40	20	20	20	20	20	»	20
Combustible pur .	686	780	880	880	880	880	880	940	»	930
	1.000	1.000	1.000	1.000	1.000	1.000	1.000	1.000	»	1.000
COMPOSITION DU COMBUSTIBLE PUR										
Carbone	510	575	780	830	880	890	920	940	835	975
Hydrogène	61	65	50	50	50	50	40	30	133	5
Oxygène et azote .	429	360	170	120	70	60	40	30	32	20
	1.000	1.000	1.000	1.000	1.000	1.000	1.000	1.000	1.000	1.000

Col. 2. — Pouvoirs calorifiques moyens.

Col. 3. — On suppose l'air à 15° à la pression 0.76 et moyennement humide (3/4 de saturation) ; on admet un excès de 50 0/0 sur la quantité d'air théoriquement nécessaire à la combustion parfaite.

On remarquera que le volume des produits de la combustion s'accroît notablement quand l'hydrogène est en excès (Pétrole), qu'il est plus faible au contraire, quand il y a un notable excès d'oxygène (Bois et Tourbe).

Les pertes de chaleur par la cheminée sont relativement moindres quand le combustible contient beaucoup de carbone.

CHAPITRE XII

FOYERS ET CHEMINÉES

233. Répartition de la chaleur dégagée dans les foyers. — Dans les généralités qui suivent, nous nous occuperons plus particulièrement du chauffage à la houille.

Dans la combustion industrielle, la quantité de chaleur résultant du pouvoir calorifique du combustible se répartit comme il suit :

1° *Chaleur utilisée* dans la chaudière ;

2° Pertes de chaleur par *combustion incomplète* sous les formes suivantes :

Escarbilles ;

Gaz combustibles : oxyde de carbone, hydrogène et carbures existant dans la fumée ;

Suie ou noir de fumée.

3° *Pertes par la cheminée*, chaleur sensible des gaz chauds et chaleur de vaporisation de la vapeur d'eau ;

4° *Pertes par rayonnement et conduction*, à travers les portes, les parois, le sol, cendres chaudes, etc.

234. Expériences de Mulhouse. — La Société industrielle de Mulhouse a étudié la combustion et la vaporisation au moyen de longues séries d'expériences du plus haut intérêt. Voici un court extrait de celles exécutées par MM. Scheurer-Kestner et Charles Meunier ; elles ont été faites sur une chaudière à 3 bouilleurs, dont les dimensions principales étaient :

Surface de grille . . . . 1 m². 70

Surface de chauffe. { Chaudières. . . . . 12 } 40 m². 0
{ Bouilleurs. . . , . . 28 }

Surface des réchauffeurs . . . . 71 m². 0

La houille de Ronchamp employée était assez impure (21 0/0 de cendres). La combustion était extrêmement soignée et les meilleurs résultats ont été obtenus quand la quantité d'air surpassait de 50 0/0 environ celle théoriquement nécessaire.

Dans ces conditions, on a trouvé qu'en moyenne 100 calories théoriques dégagées dans le foyer, se répartissaient comme suit :

Chaleur utilisée.		61 calories	
Combustion in-complète.	Gaz combustibles.		
	Dans la fumée . . .	5.50	7.50
	Noir de fumée . . .	0.50	
	Escarbilles	1.50	
Chaleur de la fu-mée.	Vapeur d'eau . . .	2,50	8.00
	Gaz permanents . .	5.50	
Pertes par rayonnement (par différence). . .		23.50	
		100.00	

Ce résultat, l'utilisation de 61 0/0 de la chaleur théorique, ne peut être atteint que dans des circonstances exceptionnellement favorables et les chiffres de pertes doivent être considérés comme des minimums.

235. Pertes par combustion incomplète. — *Escarbilles.* — La perte par les escarbilles est favorisée par les circonstances suivantes :

Barreaux de grilles trop espacés ;

Combustible menu ou en poussière, qui filtre à travers les barreaux ; les menus maigres et surtout les charbons qui décrépitent sont fort exposés à cet inconvénient ; pour les menus gras ou demi-gras, on peut l'atténuer en mouillant légèrement le charbon avant de le charger.

Dans les grandes usines, on utilise les escarbilles, après les avoir épurées par triage et lavage, sous forme d'agglomérés ou dans des gazogènes spéciaux. La perte par les escarbilles atteint quelquefois des proportions notables.

Gaz combustibles dans la fumée. — Si la quantité d'air qui traverse le foyer se rapproche de celle théoriquement nécessaire, la combustion reste fort incomplète et l'on trouve dans la fumée à la fois de l'oxygène libre et des gaz combustibles représentant jusqu'à 15 0/0 et plus de la chaleur du combustible. Cette perte diminue quand la quantité d'air augmente, mais il n'est pas possible de la supprimer complètement, même avec beaucoup d'air en excès.

Voici les principales circonstances qui tendent à accroître cette perte :

Trop grande épaisseur de charbon sur la grille ; l'épaisseur de la couche de houille doit être proportionnée au tirage ;

Chargements trop rares ou irréguliers ; pour avoir une bonne combustion il faut charger fréquemment et par petites quantités ; c'est là une pratique fort importante, mais qu'on réussit rarement à imposer aux chauffeurs, si la grille est chargée irrégulièrement, il passe à certaines places de l'air en excès et à d'autres des gaz combustibles, qui ne se brûlent pas ;

Insuffisance d'air : par défaut de tirage ou quand la grille est mal décrassée ; une combustion trop active amène la scorification des cendres qui obstruent les passages d'air. Les menus, les charbons collants se laissent mal traverser par l'air ;

Refroidissement des flammes avant la combustion complète résultant de ce que la chambre de combustion est trop petite ou mal disposée.

Fumée noire et suie. — La quantité pondérable de charbon contenue dans la fumée la plus noire est toujours très petite ; mais une fumée épaisse dénote une combustion défectueuse.

236. Pertes par la cheminée. — Les pertes de chaleur par la cheminée sont d'autant plus importantes que la combustion est plus active, l'air en plus grand excès et la surface de chauffe plus petite. Pour bien dépouiller les gaz de leur chaleur, on les fait circuler, au sortir de la chaudière, autour de tuyaux parcourus par l'eau d'alimentation (réchauffeurs d'eau d'alimentation) et l'on peut ainsi les refroidir assez pour qu'ils laissent condenser une partie de la vapeur d'eau qu'ils renferment. C'est par ce procédé que les expérimentateurs de Mulhouse ont pu réduire les pertes par la cheminée à 8 0/0, chiffre très faible. Ces pertes sont plus grandes avec les combustibles riches en hydrogène, et avec ceux contenant de l'eau hygrométrique.

237. Pertes par rayonnement. — Dans les expériences de Mulhouse, le chiffre des pertes par rayonnement a été obtenu par différence ; il n'est donc pas absolument sûr ; d'ailleurs, dans les expériences dont il s'agit, la combustion était lente et le massif de chaudière très développé, ce qui tend à exagérer le rayonnement.

Les pertes par rayonnement comprennent la chaleur rayonnée par le massif, par la porte, par le dessous de la grille, par les parties saillantes de la chaudière, la chaleur perdue par conduction et celle emportée par les cendres chaudes retirées du cendrier. Elles sont moins importantes avec les chaudières *à foyer intérieur* (§ 266), qui utilisent mieux le rayonnement direct et surtout avec les chaudières tubulaires (§ 267), qui présentent moins de volume extérieur ; mais, dans ces chaudières, la chambre de chauffe et la grille sont généralement petites et la combustion moins bonne.

Des expériences de Mulhouse, il résulte que, tout compte fait, les divers systèmes de chaudières sont très sensiblement équivalents au point de vue de la bonne utilisation du combustible.

238. Dimensions des grilles. — L'activité de la combustion se règle par le tirage ; elle peut varier dans de très larges limites, sans que la combustion cesse d'être bonne, si l'épaisseur du combustible sur la grille est maintenue en rapport avec l'intensité du tirage.

La combustion est dite *lente* pour une consommation de 0 k. 15 à 0 k. 30 de houille par heure et par décimètre carré de grille ; elle est *moyenne* pour 0 k. 40 à 0 k. 80 ; *très active* au delà de 1 k. 50.

Pour brûler une quantité donnée de houille par heure, il est clair qu'on peut employer une petite grille avec combustion active ou une grande grille avec combustion lente.

Un foyer est plus facile à conduire à une allure modérée ; la besogne du chauffeur est plus commode et moins assujettissante ; les décrassages sont moins fréquents et les cendres moins scorifiées ; la chaleur rayonnante est mieux utilisée, les flammes moins vite refroidies par le contact de la chaudière.

Voici quelques données correspondant à une bonne marche moyenne :

	CONSOMMATION par heure et par décimètre ² de grille.	ÉPAISSEUR du combustible sur la grille.
CHAUDIÈRES FIXES.		
Houilles grasses ou menues.	0ᵏ4 à 0ᵏ9	0ᵐ06 à 0ᵐ10
Gaillettes et tout-venant ordinaire	0.6 à 1ᵏ	0.08 à 0.16
Bois et tourbe.	3ᵏ	0.40 à 0.50
Coke.	1ᵏ5 à 2ᵏ	0.20 à 0.30
LOCOMOTIVES.		
Anciennes locomotives. coke	jusqu'à 4ᵏ30	0ᵐ40 à 0ᵐ60
Locomotives récentes, houille.	2ᵏ5 à 3ᵏ	0.10 à 0.15
CHAUDIÈRES DE LA MARINE.		
Mélange de gaillettes, gras et maigre. . .	0ᵏ5 à 0ᵏ6	0ᵐ10 à 0ᵐ15
Et en poussant les feux.	0.8 à 1ᵏ	

L'avantage des grands foyers, dans les locomotives, est aujourd'hui bien reconnu.

239. Dimensions diverses des foyers. — Pour que le service soit facile, la grille ne doit pas avoir plus de 1 m. de largeur et 2 m au maximum, ou mieux 1 m. 40 de profondeur.

Dimensions de la porte 0 m. 22 à 0 m. 35 de hauteur,
0 m. 35 à 0 m. 45 de largeur.

La hauteur de la chambre de chauffe (distance verticale de la grille à la chaudière) dépend de l'activité de la combustion et de la nature du combustible ; si elle est trop petite, la flamme s'éteint et la chaudière est exposée aux coups de feu ; si elle est trop grande, les pertes par rayonnement sont augmentées.

CHAUDIÈRES FIXES ORDINAIRES	Hauteur de la chambre de chauffe.
Tout-venant ordinaire, combustion modérée. . . .	0ᵐ30 à 0ᵐ40
Gailleterie à longue flamme	0ᵐ40 à 0ᵐ50
Tourbe.	0ᵐ50 à 0ᵐ75
Bois.	0ᵐ60 à 0ᵐ75
Coke.	0ᵐ60 à 0ᵐ80

La grille est horizontale ou légèrement inclinée (1/6 à 1/10) vers l'arrière, ce qui facilite le service et le dégagement des flammes.

On donne à l'ouverture du cendrier au moins le 1/5 de la surface de la grille.

240. Détails de construction. — Les barreaux de grille (fig. 1) reposent à leurs extrémités, et quelquefois au milieu, s'ils sont très longs, sur des sommiers en fonte ou en fer avec le jeu nécessaire pour la dilatation :

Ils sont en fonte (fig. 164) à section trapézoïdale, avec renforts en deux ou trois points pour maintenir l'écartement.

Largeur des vides, suivant que le combustible est plus ou moins menu ou décrépitant. . . . . . . 6 à 15 mm.

Largeur des pleins. . . . . 10 à 20 mm.

Les barreaux minces sont quelquefois fondus par groupes de 4 ou 5.

Les barreaux pour locomotives sont souvent en tôle, assemblés en paquets de 4 ou 5 ; l'espacement est tenu par des bagues ou des têtes de rivet saillantes.

La porte de foyer (fig. 1) est en fonte ou en tôle forte, renforcée par des nervures ; elle est à un ou deux vantaux, suivant sa dimension, et rattachée par des gonds à la devanture ; elle ferme sur de bonnes portées ; on la tient un peu en arrière du foyer et on la garantit contre le rayonnement par un écran de tôle, tenu à quelques centimètres par des rivets.

L'autel n'a que la hauteur nécessaire pour maintenir le combustible ; il ne doit pas créer d'étranglement au passage de la flamme.

Fig. 164.

Le cendrier forme poche ; on y maintient une couche d'eau pour rafraîchir la grille et éteindre les escarbilles ; cette eau sert au chauffeur de miroir pour bien voir le feu ; la porte en tôle du cendrier sert, concurremment avec le registre, à régler le tirage.

241. Dispositions diverses des grilles. — A la Compagnie parisienne du gaz, on emploie pour les grilles de chaudières, des barreaux ronds creux (fig. 165) percés de trous, l'air arrive par l'axe et par les trous inférieurs ; le décrassage s'opère en faisant tourner les barreaux autour de leur axe. Ce système convient bien pour des combustibles très cendreux et une combustion lente : on l'emploie pour brûler des agglomérés de poussier de coke.

La fig. 166 représente un foyer de locomotive.

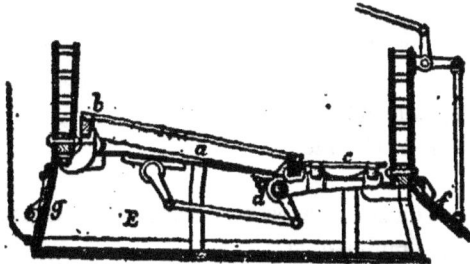

Fig. 166.

Fig. 165.

a Barreaux de grille, supportés par les deux sommiers *bb* ;

c Jette-feu, portion de grille pivotant autour de l'axe *d* et que le chauffeur peut abaisser pour vider le foyer en cas de danger ;

E Cendrier, fermé par le bas, afin d'éviter la projection des escarbilles ;

f, g Portes d'avant et d'arrière du cendrier ; on ouvre plus ou moins l'une ou l'autre suivant le sens de la marche et l'activité qu'on veut donner au tirage (1).

La grille de MM. de Marsilly et Chobrzinski (fig. 167) permet de brûler les fines sans déchet ; le combustible, chargé dans le haut, est repoussé méthodiquement par le chauffeur de gradin en gradin ; les cendres se rassemblent sur la petite grille *a* d'où on les retire facilement.

Fig. 167.

(1) L'influence des grandes vitesses sur le tirage n'est nullement négligeable ; une vitesse de 90 kilomètres à l'heure correspond à une charge d'eau de plus de 2 centimètres 1/2 et représente une cheminée de plus de 50 mètres de hauteur.

Dans la grille Langen (fig. 168), les gradins sont plus espacés et formés

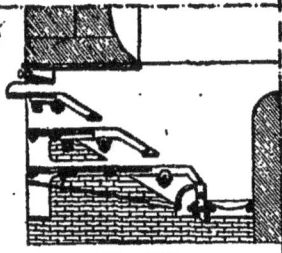

de barreaux inclinés ; chaque gradin est pré-cédé d'une plate-forme sur laquelle le chauf-feur dépose le combustible et le laisse s'é-chauffer avant de le repousser sur la grille proprement dite en dessous du coke précé-demment formé.

242. De la fumivorité. — La fumée qui se dégage des cheminées est souvent fort gênante pour le voisinage ; des ordonnances

Fig. 168.

de police en prescrivent fréquemment la suppression. Il est clair d'ailleurs que le noir de fumée est du carbone emporté en pure perte ; mais cette perte est toujours très petite.

On a essayé, par bien des moyens, de rendre les foyers *fumivores* ; ce résultat serait évidemment obtenu par une combustion bien complète ; nous citerons les plus répandus des systèmes fumivores.

Ils procèdent de l'un des principes suivants :

1° Chargement méthodique ;

2° Brassage des produits gazeux dans une enceinte à haute température ;

3° Admission d'air au-dessus du combustible.

243. Appareils à chargement méthodique. — Si la houille fraîche est introduite en dessous du combustible en partie brûlé et passé à l'état de coke incandescent, les hydrocarbures provenant de la distillation s'é-chauffent en traversant ce coke et se brûlent plus complètement.

Tel est le principe de la grille Langen (fig. 168).

Il existe un grand nombre de dispositifs mécaniques ayant pour objet de le réaliser.

Dans celui de M. Juches, connu en France sous le nom de *système Tailfer*

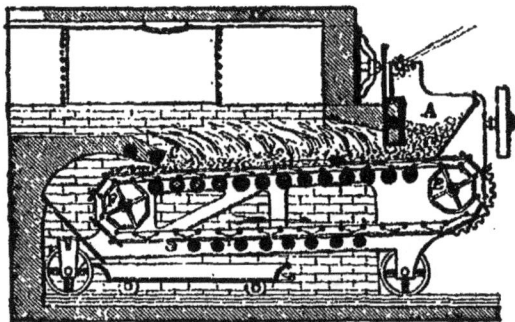

Fig. 169.

(fig. 169), la houille est distribuée par une trémie A sur une grille animée d'un mouvement très lent de translation d'avant en arrière.

L'épaisseur du chargement, réglée par la hauteur de la porte mobile B, est combinée avec la vitesse de translation, de telle sorte que le combustible soit complètement brûlé quand il arrive en C, à l'autel. Il y a donc mélange des hydrocarbures, distillés près de la trémie, avec l'air chaud en excès passant à travers le coke incandescent qui garnit l'extrémité opposée de la grille.

La grille a, dans son ensemble, la forme d'une chaîne continue, portée par deux grands tourteaux E et F, dont le premier E est mû par la machine au moyen d'une transmission ; dans l'intervalle, la grille repose sur des rouleaux. Tout l'appareil peut être retiré en roulant sur un petit chemin de fer. S'il est bien proportionné et bien conduit, et moyennant un tirage suffisant, il donne de bons résultats.

244. Brassage des flammes. — Le système Thierry (fig. 170), sous sa forme la plus simple, consiste en un tube horizontal percé de trous qui donnent issue à de nombreux jets de vapeur remplissant la chambre de combustion et brassant énergiquement les gaz combustibles avec l'air en excès.

Employé sur les locomotives, il permet de faire disparaître la fumée qui se produit dans les stationnements. La dépense de vapeur de cet appareil est assez importante.

Avec les combustibles à longue flamme, on peut faire disparaître la fumée en empêchant, par une chemise réfractaire, le contact de la flamme avec le fond de la chaudière, et disposant dans les carneaux des chicanes en briques réfractaires, qui complètent le brassage à haute température ; ce moyen a l'inconvénient de réduire l'efficacité de la surface de chauffe.

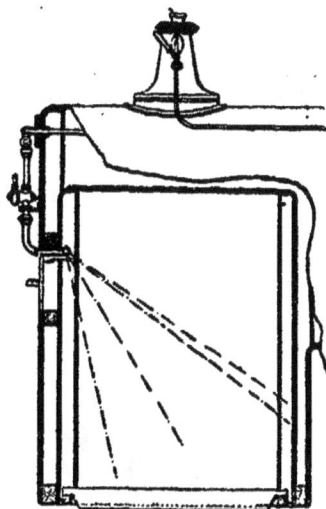

Fig. 170.

245. Admission d'air sur le combustible. — Ce n'est pas, d'ordinaire, la quantité d'air qui fait défaut dans un foyer ; il y a presque toujours un excès d'oxygène présent, qui ne se combine pas avec les gaz combustibles, faute de les rencontrer dans des conditions favorables ; si l'on amenait de l'air au-dessus de la grille en ouvrant, par exemple, la porte, on augmenterait fortement la fumée en même temps que la déperdition de chaleur. Il faut que l'air admis se mélange aux gaz à haute température, c'est-à-dire très près de la surface du combustible.

Ces conditions sont bien remplies par les foyers *Ten-Brink*.

(Fig. 171) Foyer Ten-Brink appliqué à une chaudière de locomotive.

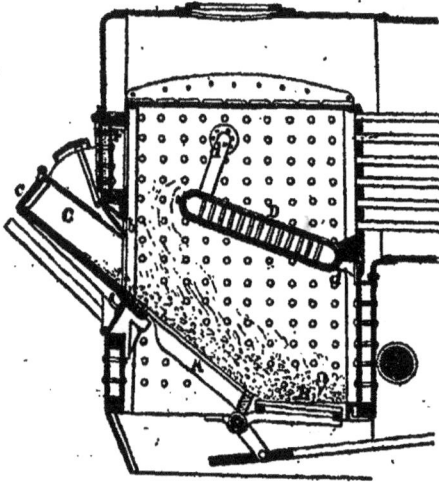

Fig. 171.

A Grille, fortement inclinée;

B Jette-feu;

C Trémie de chargement, fermée par un clapet c; elle occupe presque toute la largeur du foyer;

D Bouilleur en cuivre rouge relié aux parois du foyer par deux tubulures en cuivre rouge d', d'' qui permettent aux dilatations de s'opérer librement; on garnit avec quelques briques réfractaires l'intervalle d'entre le bas du bouilleur et la paroi du foyer;

b Clapet d'admission d'air, de même largeur que la trémie, et dont on règle à volonté l'ouverture;

F Porte du foyer, presque inutile avec ce système. L'air, appelé par le tirage de la cheminée, s'élance sous forme de lame mince par l'ouverture du clapet, rase la surface incandescente du combustible et tourbillonne avec les flammes dans l'espace compris entre la grille et le bouilleur.

Ce dispositif rend de fort bons services au chemin de fer d'Orléans, où il a été appliqué à un grand nombre de locomotives.

La fig. 172 représente un foyer Ten-Brink appliqué à une chaudière fixe :

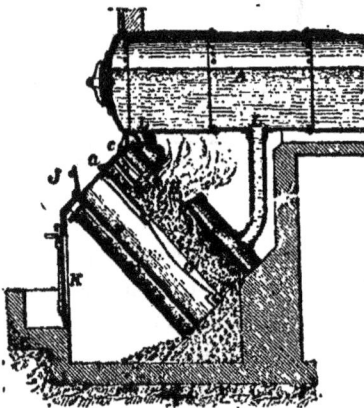

Fig. 172.

A Corps de chaudière;

D Bouilleur à foyer intérieur;

F F Foyer;

G Grille;

a Trémie de chargement du combustible;

c Clapet pour régler l'admission de l'air, par le couloir b, au-dessus du combustible;

J Clapet pour régler l'arrivée de l'air sous la grille;

K Portes du cendrier.

Les flammes s'échappent par la large ouverture H, les deux tuyaux L L établissent une circulation active entre la chaudière et le bouilleur.

Le fonctionnement est analogue à celui du foyer pour locomotive.

La proportion entre l'air admis sous la grille et celui envoyé au-dessus du combustible se règle par les clapets c et J.

246. Observations sur les divers systèmes de foyers. — Les divers foyers que nous venons de décrire, ainsi que beaucoup d'autres des systèmes les plus variés, ont donné de fort bons résultats entre les mains de leurs inventeurs et souvent d'assez médiocres dans la pratique courante. Il est certain que n'importe quel système de foyer est insuffisant à produire une bonne combustion, si la construction, les proportions ou la conduite du feu sont défectueuses. Il semble même, en l'état des choses, que ces dernières conditions soient prépondérantes ; les foyers les plus simples, lorsqu'ils sont bien agencés, bien proportionnés, eu égard à la nature du combustible et à l'activité du tirage, et conduits surtout par un chauffeur habile, sont peut-être les meilleurs dans la plupart des cas.

247. Gazogènes. — Si l'on charge sur une grille une très grande épaisseur de combustible, la plus grande partie de l'acide carbonique sera transformée en oxyde de carbone ; on obtient ainsi un gaz combustible formé d'un mélange d'azote, d'oxyde de carbone et des produits de la distillation de la houille crue ; on peut commodément le diriger sur divers points d'une usine et le brûler dans des chambres de combustion appropriées.

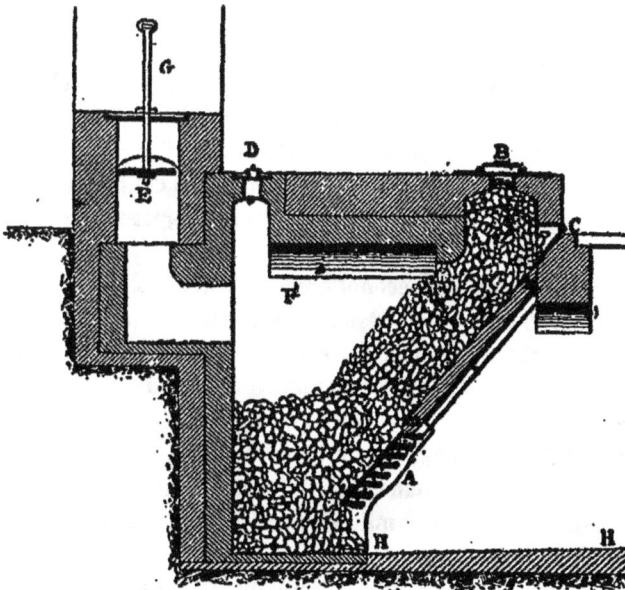

Fig. 173.

La fig. 173 représente la coupe d'un gazogène de Siemens :

A Grille ;

B Trémie de chargement ;

C Trou de travail ;

D Regard ;

E Registre.

Le combustible distille d'abord en descendant sur la partie pleine *m,m* ; une fois transformé en coke, il arrive sur la grille A où se produit l'oxyde de carbone ; le gaz inflammable se réunit dans la chambre F d'où il est puisé par la cheminée G. Souvent on répand de l'eau sur la sole H H du cendrier ; la vapeur qui s'en dégage se décompose au contact du charbon, en hydrogène et oxyde de carbone, ce qui ajoute à la richesse du gaz.

Voici une analyse de gaz ainsi fabriqué avec de la houille demi-grasse :

Oxyde de carbone	23.7 volumes
Hydrogène.	8.0 »
Carbures d'hydrogène	2.2 »
Acide carbonique.	4.1 »
Azote.	61.5 »
Oxygène.	0.4 »
	99.9 »

Un kilogramme de houille brûlée ainsi en deux fois donnera-t-il plus de chaleur que dans un foyer ordinaire ? Evidemment non. La somme des quantités de chaleur dégagées dans le gazogène et dans la chambre de combustion est précisément égale à la chaleur que dégagerait le combustible brûlé directement.

Dans l'appareil de Siemens, la température des gaz au sortir du gazogène est d'environ 600° ; elle ne peut descendre plus bas, car au-dessous du rouge, le carbone cesse de se dissoudre dans l'acide carbonique. La chaleur sensible correspondant à cette température est employée uniquement pour produire le tirage du gazogène ; elle est perdue pour le chauffage proprement dit.

Cet appareil ne saurait donc économiquement être appliqué à la production de la vapeur. On l'emploie dans les forges, les verreries, etc., pour obtenir des températures élevées. La chaleur perdue des fours est emmagasinée dans de vastes chambres remplies de briques réfractaires, et appelées *régénérateurs* ou *récupérateurs* ; cette chaleur est reprise par l'air et les gaz sortant du gazogène, qui arrivent ensuite, séparément et fortement échauffés, se combiner dans la chambre de combustion ; la température ainsi produite n'a d'autre limite que celle que la dissociation empêche de franchir.

Le système Siemens, en permettant d'obtenir pratiquement de très hautes températures, a amené une transformation profonde dans un grand nombre d'industries.

MM. Müller et Fichet, pour le chauffage des chaudières, produisent les gaz dans un gazogène *a* (fig. 174) qui se charge par une trémie *b* *b* ;

ces gaz, très chauds, arrivent dans la chambre *d* et se distribuent, par-une série de fentes *f*, en lames verticales dans la chambre de combustion *g* ; d'autre part, l'air échauffé dans son parcours *h h h* au contact de la maçonnerie chaude du massif, est lancé en veines horizontales dans la chambre *g*, dans laquelle la température devient fort élevée. De là, les produits circulent sous la chaudière.

La chaleur rayonnée par la grille tombe sur une porte à double paroi *e*, et est recueillie par l'air qui traverse cette porte pour arriver au gazogène.

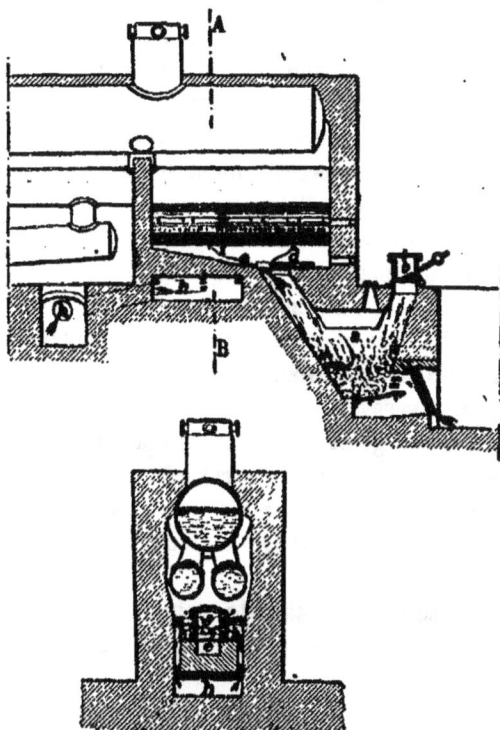

Coupe sur AB

Fig. 174.

Les proportions de l'air et du gaz se règlent par le registre de la cheminée et par un registre placé sur la conduite d'amenée de l'air, de sorte qu'on peut obtenir une combustion presque parfaite dans la chambre *g*.

Avec cet appareil, la chaleur rayonnante est moins directement utilisée qu'avec les foyers ordinaires. Mais son plus grave inconvénient est la nécessité de le tenir en feu jour et nuit.

248. Procédés divers de combustion. – On emploie, pour le chauffage des chaudières, les gaz des hauts-fourneaux, qui contiennent une assez forte proportion d'oxyde de carbone.

Ces gaz, comme du reste ceux des gazogènes, sont dilués de beaucoup d'azote et d'acide carbonique, ce qui en rend l'allumage difficile et l'utilisation assez imparfaite.

Quelquefois, pour tirer parti de combustibles de rebut, escarbilles, fraisil, etc., on les transforme en gaz dans des gazogènes soufflés, qui sont de véritables hauts-fourneaux de dimensions réduites.

M. Perret brûle des combustibles contenant jusqu'à 75 0/0 de cendres, en les étalant sur une série de tablettes réfractaires disposées en étages superposés. Pour faire une charge, on fait descendre le combustible de chaque tablette sur la tablette inférieure, et l'on place du combustible frais sur la tablette la plus élevée ; quand l'appareil est en régime régulier, la tablette inférieure ne contient que des cendres chaudes, et la richesse du combustible va en croissant de bas en haut.

L'air arrive par le bas, se réchauffe au contact des cendres, dont il emporte la chaleur, puis lèche successivement les charges de toutes les tablettes ; sa température s'élève d'étage en étage.

Cet appareil doit être maintenu à une allure lente et rester en fonction nuit et jour ; il convient bien pour le chauffage des serres.

M. Crampton lance dans un four métallurgique un mélange d'air et de houille finement pulvérisée et obtient ainsi une combustion complète.

249. Brûleurs pour combustibles divers. — Le bois et la tourbe se brûlent dans des foyers analogues à ceux pour la houille, mais on donne plus de hauteur à la charge et plus d'espacement aux barreaux de grille.

Pour la paille, le chargement à bras est très pénible, à cause du volume énorme de ce combustible ; on emploie quelquefois deux cylindres mus mécaniquement, comme des cylindres de laminoir, pour pousser la paille dans le foyer.

La sciure de bois se brûle d'habitude en mélange avec de la houille. On est arrivé, cependant, à utiliser ce combustible seul, malgré son faible pouvoir calorifique.

Les huiles lourdes de gaz, qui se vendaient naguère à bas prix et pos-

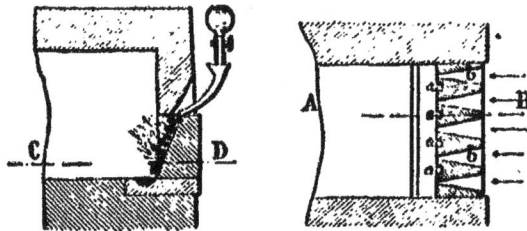

Fig. 175.

sèdent un pouvoir calorifique considérable, se brûlent dans l'appareil de *M. Sainte-Claire Deville*. L'huile (fig. 175) est amenée lentement par des entonnoirs dans une série de rigoles *a a* fortement inclinées et creusées dans des pièces de fonte massives ; celles-ci laissent arriver l'air par les fentes *b b*.

Après avoir été essayé sur une locomotive et sur le yacht *Le Puebla*, ce système a rendu des services sérieux pendant le siège de Paris.

MM. Aguellet brûlent les huiles lourdes en les pulvérisant au moyen d'un jet d'air comprimé, qui entraîne la poussière inflammable dans la chambre de combustion.

En Amérique, la même méthode est employée pour brûler les pétroles bruts ; mais l'air comprimé est remplacé par un jet de vapeur.

L'usage du gaz d'éclairage pour produire de la chaleur devenant chaque jour plus général, disons un mot sur l'emploi de ce nouveau combustible.

Pour supprimer la partie éclairante de la flamme, et par conséquent, les dépôts de suie, il suffit de mélanger préalablement un peu d'air au gaz. On y arrive au moyen du *bec Bunsen*, très usité dans les laboratoires et dans les ménages : le gaz, sous une pression de quelques millimètres d'eau, est lancé par une petite buse dans l'axe d'un tuyau ouvert aux deux bouts, et ce jet détermine, par entraînement, un appel d'air ; le mélange gazeux est alors dirigé vers des ouvertures, de formes variées selon les besoins, où il brûle avec une flamme bleue. Si la quantité d'air entraînée est trop forte, la vitesse d'inflammation devient supérieure à la vitesse d'écoulement du mélange et la flamme remonte jusqu'à la buse. L'accès de l'air est réglé par un petit registre placé à la buse du bec.

Dans le chalumeau *Schlœsing*, une buse centrale, alimentée d'air comprimé sous une pression de quelques décimètres de mercure, détermine dans un tuyau un appel d'air très vif ; cet air se mélange dans le tuyau même avec du gaz d'éclairage, arrivant par une tubulure latérale. Ici les proportions d'air et de gaz sont à peu près celles qui conviennent, pour une combustion complète ; toutefois, le mélange ne saurait s'enflammer au bec du chalumeau, à cause de sa grande vitesse ; il faut, pour pouvoir l'allumer, le lancer dans un petit fourneau, dont la section est beaucoup plus grande que celle du chalumeau. La température ainsi obtenue est suffisante pour fondre le fer très rapidement.

Nous avons cru devoir mentionner ces deux derniers appareils, à cause de la netteté des phénomènes qui s'observent dans leur fonctionnement.

250. Cheminées. — L'appel de l'air à travers les foyers s'obtient le plus souvent au moyen d'une cheminée. Les gaz chauds qui remplissent la cheminée étant moins denses que l'air froid extérieur, déterminent le mouvement connu sous le nom de *tirage*.

L'activité du tirage doit constamment varier pour suivre les circonstances, très variables elles-mêmes, de la combustion. Dans la plupart des chaudières fixes, le tirage se règle à l'aide d'un *registre*, placé au bas de la cheminée.

Pour que le registre ait toute son efficacité, il faut que la résistance qu'il oppose au mouvement du courant gazeux soit prépondérante ; c'est-à-dire que la vitesse des gaz, au passage de l'étranglement soit beaucoup plus grande que dans le reste du parcours ; ce qui conduit à donner de grandes dimensions à la cheminée, aux carneaux et à la grille.

Alors le chauffeur est tout à fait maître de son tirage ; il marche à registre presque fermé, et le débit d'air est sensiblement proportionnel à l'aire d'ouverture du registre.

Pour réaliser ces conditions, avec une cheminée de hauteur moyenne (20 à 30 m.), on donne à la cheminée et aux passages de fumée une section égale au 1/5 ou au 1/6 de la surface de la grille, ce qui correspond à une consommation par heure d'environ 3 à 4 kilog. de houille par décim. carré de section de la cheminée ; on réduit un peu la section ainsi calculée, s'il s'agit de cheminées hautes, on l'augmente un peu pour les cheminées basses.

Si la combustion est active, c'est-à-dire la vitesse de l'air très grande en traversant la grille, c'est surtout au passage dans les interstices du combustible que se produit la perte de charge ; l'ouverture plus ou moins grande du registre a dès lors moins d'influence, et le feu est moins facile à bien conduire.

Avec les chaudières ordinaires, le service devient difficile quand la vitesse des gaz chauds dans les carneaux et la cheminée dépasse 5 à 6 m.

Quand les circonstances sont telles qu'il faille accepter des carneaux et une cheminée de petites dimensions (locomotives, locomobiles, etc.), on a recours au *tirage artificiel*.

251. Calcul du tirage. — Reprenons le cas où le registre règle, à peu près à lui seul, la quantité d'air appelée :

Soit H la hauteur de la cheminée ;

  T la température absolue des gaz dans la cheminée et au passage du registre ;

  T_0 la température absolue de l'air ambiant.

On peut admettre sans erreur sensible, que les gaz de la fumée ont, dans les mêmes conditions de température et de pression, la même densité que l'air atmosphérique.

La charge motrice, exprimée en hauteur du fluide à mettre en mouvement (gaz chauds), sera donc :

$$H\left(\frac{T_1}{T_0} - 1\right)$$

Et si S est la section rétrécie du registre, corrigée par un coefficient de contraction convenable, le volume de gaz chauds débité par seconde, sera :

$$ S \sqrt{2g\,H\left(\frac{T_1}{T_0} - 1\right)} $$

correspondant à un débit de gaz froids :

$$ S\,\frac{T_0}{T_1} \sqrt{2g\,H\left(\frac{T_1}{T_0} - 1\right)} = S\,\sqrt{2g\,H}\,\sqrt{\frac{T_0}{T_1}\left(1 - \frac{T_0}{T_1}\right)} $$

On voit qu'il n'y a pas intérêt, au point de vue du tirage, à pousser la température T_1 de s gaz au delà d'une certaine limite : car l'expression ci-dessus est maxima pour $T_1 = 2\,T_0$, et elle décroît quand T_1 dépasse cette valeur (1).

Il en est tout autrement si la section étroite est traversée, non par des gaz chauds, mais par des gaz froids, si, par exemple, le tirage est réglé par la porte du cendrier ; la charge motrice est alors représentée par la hauteur d'une colonne de gaz froid :

$$ H\left(1 - \frac{T_0}{T_1}\right) $$

et le débit en volume, proportionnel au débit en poids :

$$ S\,\sqrt{2g\,H\left(1 - \frac{T_0}{T_1}\right)} $$

croît de plus en plus, à mesure que la température intérieure s'élève.

Dans les deux cas, le débit croît proportionnellement à $\sqrt{H}$; mais d'autre part, le prix d'une cheminée croît presque comme le cube de H ; aussi quand on le peut, convient-il de limiter la hauteur des cheminées à 15 ou 20 mètres ; mais les règlements de police, ou les questions de salubrité et de convenance, obligent souvent à donner aux cheminées d'usine des hauteurs bien plus grandes.

252. Construction des cheminées. — Les petites cheminées se font souvent en tôle ; on les assemble sur un socle et on les haubanne solidement.

Les grandes cheminées sont ordinairement en briques, à section circulaire. L'épaisseur au sommet est de 0 m. 11 (*une demi-brique*) ou mieux de 0 m. 22 (*une brique*) ; elle croît jusqu'à la base. Le fût présente à l'extérieur un fruit de 0,025 à 0 m. 04, suivant l'aspect à donner.

L'épaisseur des parois croît à l'intérieur par redans successifs d'une demi-brique. Le chapiteau est en pierre ou en fonte, quelquefois en briques protégées par une feuille de cuivre contre la pluie ; souvent il détermine dans

(1) La température centigrade extérieure t° étant 15°, on aurait pour la température dans la cheminée, correspondant au maximum de débit, $t_1 = 303°$.

A cette température, la charge motrice correspond à une colonne d'eau d'environ 6 mm. pour 10 m. de hauteur de la cheminée.

la colonne gazeuse un rétrécissement qui nuit peu au tirage, s'il n'est pas trop prononcé, et atténue l'effet des coups de vent.

A l'intérieur de la cheminée, on dispose une échelle verticale en fer, en ayant soin de ménager des joints de dilatation.

La base de la cheminée est percée d'ouvertures pour l'arrivée de la fumée ; d'autres ouvertures, fermées par un briquetage, servent à la visite. Quand plusieurs foyers sont desservis par une même cheminée, on les fait déboucher dans des games séparées, pratiquées au moyen de cloisons dans le bas de la cheminée, et ayant quelques mètres de hauteur, afin que les courants gazeux ne se contrarient pas. Les parties exposées à rougir se font en briques et mortier réfractaires. Le mortier réfractaire est de l'argile sableuse, délayée dans de l'eau, et qui durcit sous l'action du feu. On l'emploie même, avec les briques ordinaires, dans les points où la température doit dépasser 2 à 300°. Partout ailleurs, le mortier de chaux est suffisant.

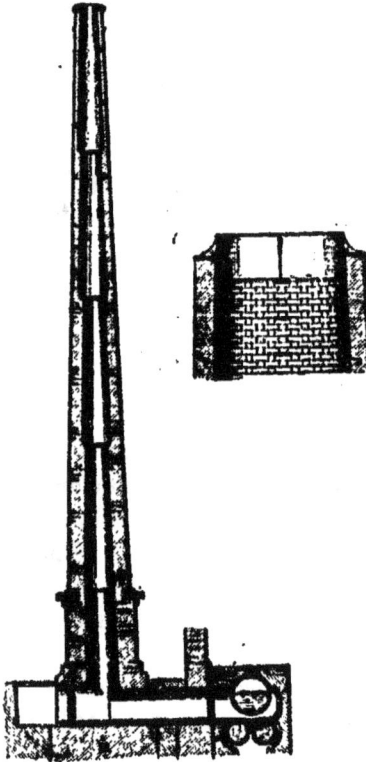

Fig. 176.

Les cheminées en briques sont souvent armées de cercles de fer, que l'on place, soit dans le massif de la maçonnerie, ce qui peut en compromettre la solidité, à cause des dilatations inégales, soit à l'extérieur.

La fondation doit être très solide : une fois le soubassement construit, on monte le fût au moyen d'un échafaudage volant qui s'élève en même temps que la maçonnerie et porte un petit treuil pour le montage des matériaux.

On a construit au Creusot de grandes cheminées en tôle, non haubannées, et qui se tiennent par leur poids et par un solide ancrage dans la maçonnerie de fondation.

La fig. 177 représente un registre ordinaire. C'est une plaque de tôle ou de fonte glissant entre deux rainures ; ce système

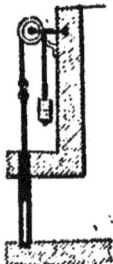

Fig. 177.   Fig. 178.

est fort simple ; il a l'inconvénient de laisser pénétrer l'air froid par la fente supérieure du carneau.

Pour ce motif, dans les constructions soignées, on préfère le registre tournant (fig. 178).

Le levier de manœuvre du registre doit toujours être sous la main du chauffeur.

253. Appel par entraînement. — Dans les locomotives, la cheminée est trop petite pour produire la combustion extrêmement intense qui est ici indispensable ; le tirage résulte de l'entraînement exercé sur la colonne d'air qui remplit la cheminée par la vapeur d'échappement lancée par la *buse d'échappement* A (fig. 179) ; l'effet est d'autant plus énergique que la détente est moins prolongée et le mouvement des pistons plus simple. On active encore le tirage en serrant les deux valves, a a, de manière à réduire l'orifice de la buse et, par conséquent, accroître la vitesse du jet de vapeur.

La fig. 179 représente la coupe de la *botte à fumée* d'une locomotive.

B B Plaque tubulaire ;

C C Prise de vapeur ;

D A Culotte d'échappement ;

G G Cheminée ;

F F Obturateur de la cheminée, fermé quand la machine est au repos ;

H Porte de la botte à fumée ;

J J Grille pour arrêter les flammèches.

Le soufflage du foyer par l'échappement est, on peut le dire, la partie vitale de la locomotive.

Dans les anciennes machines, brûlant du coke sous fortes épaisseurs, on avait besoin d'un tirage extrêmement actif, que l'on réglait en serrant plus ou moins les valves, ce qui avait l'inconvénient de créer de fortes contre-pressions derrière le piston.

Dans les nouvelles machines, à grand foyer, avec faible épaisseur de houille,

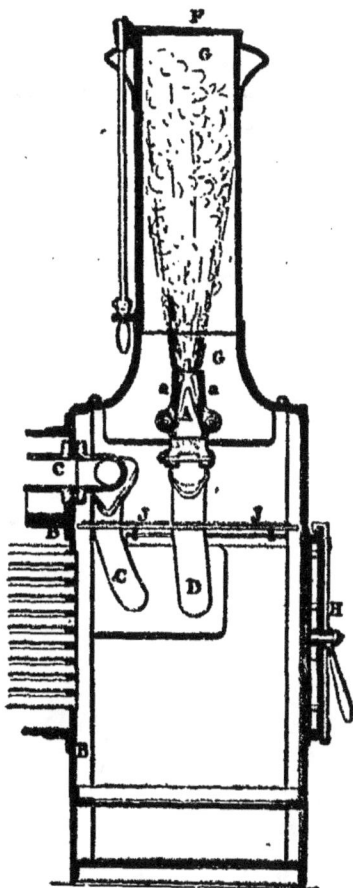

Fig. 179.

les valves sont presque toujours ouvertes, et l'on modère le tirage par la porte du cendrier (fig. 166).

Généralement, au centre de la buse, qui est l'appareil de soufflage en marche, on place un petit tuyau appelé *souffleur*, qui peut lancer dans la cheminée de la vapeur prise directement à la chadière : le souffleur sert pendant les stationnements, soit à faire disparaître la fumée, soit à activer la montée en pression.

Des expériences nombreuses ont été faites pour apprécier numériquement la puissance du tirage par jet de vapeur ; les résultats en sont assez contradictoires et il est difficile d'en tirer des conclusions bien nettes.

Depuis 1867, à la suite des travaux de M. de Mondésir, à l'Exposition universelle, les applications du système d'appel par entraînement se sont multipliées. On emploie aujourd'hui avec succès les jets d'air ou de vapeur, soit pour mettre en mouvement de grandes masses d'air, soit pour produire une compression ou un vide qui peut aller jusqu'à plus de 60 centimètres de mercure.

Dans quelques cas, on souffle de l'air sous le foyer soit par un ventilateur, soit par un jet de vapeur agissant par entraînement (appareils Kœrting).

CHAPITRE XIII

CHAUDIÈRES

254. Transmission de la chaleur. — La chaleur, dégagée dans le foyer, se communique aux parois de la chaudière, et, de là, à l'eau qui y est contenue.

Les lois physiques de la transmission de la chaleur sont mal connues. On possède cependant quelques données générales applicables aux chaudières et que nous allons rappeler.

1° La quantité de chaleur transmise croît rapidement avec l'écart entre la température du corps chauffé et celle du corps chauffant.

Cette loi est vérifiée par l'expérience de chaque jour.

2° Dans les chaudières à vapeur ordinaires, l'épaisseur et la conductibilité du métal ont peu d'influence sur la vaporisation.

Ce résultat, complètement confirmé par la pratique, s'explique comme il suit :

Pour passer du foyer à l'eau, la chaleur a successivement à franchir les deux surfaces et l'épaisseur de la tôle, c'est-à-dire que la *conductibilité* extérieure entre deux fois en jeu et la *conductibilité intérieure* une fois seulement. Les expériences de Péclet ont démontré que le passage de la chaleur du métal au liquide, et surtout des gaz chauds au métal s'opère très lentement (1).

Mais un exemple simple le prouvera nettement :

La vaporisation d'un morceau de chaudière plongé dans un feu ardent ne dépasse pas 150 kilogrammes d'eau à l'heure et par mètre carré, ce qui correspond à peu près à

$$150 + 650 = 98.000 \text{ calories.}$$

Or, en vertu des lois sur la conductibilité, la quantité de chaleur transmise par unité de temps et de surface par une plaque est donnée par l'équation :

$$Q = \frac{c\,(t_1 - t_0)}{l}$$

c coefficient de conductibilité intérieure ;

t_1, t_0 températures des faces de la plaque ;

l épaisseur de la plaque.

(1) Voir Péclet, *Traité de la chaleur*, 4e édition, G. Masson, 1878, p. 509 et suiv.

Si nous supposons la paroi en tôle de 12 mm. d'épaisseur, il faudra prendre : $l = 0$ m. 012, $c = 19$ (1).

On aura alors :

$$98\,000 = \frac{19\,(t_1 - t_0)}{0,012} \qquad t_1 - t_0 = 62°$$

Ainsi, tandis qu'entre le foyer et l'eau, l'écart de température est d'au moins 1500°, il n'est que de 62° entre les deux faces de la tôle. La conductibilité interne ne joue donc qu'un rôle insignifiant au cas actuel.

255. Circonstances qui influent sur la transmission. — Dans une chaudière bien nettoyée, la transmission de la chaleur entre le métal et l'eau se fait beaucoup plus rapidement que du foyer au métal ; la tôle prend une température voisine de celle de l'eau et ne se détériore pas, même au feu le plus ardent, lorsqu'elle est mouillée sur une de ses faces.

Il en est tout autrement si la tôle est encombrée de dépôts ; la vaporisation se fait mal et le métal reçoit facilement des coups de feu ;

La suie recouvrant l'extérieur de la chaudière gêne considérablement la transmission de la chaleur. La suie ne s'accumule guère dans les parties voisines du foyer, où elle est promptement brûlée par les gaz chauds et oxydants ; elle se dépose surtout sur les points de la chaudière éloignés du foyer.

Une portion de paroi horizontale transmet bien la chaleur si elle est couverte d'eau par dessus et chauffée par dessous ; les bulles de vapeur se dégagent rapidement et les parties les plus chaudes du gaz, en vertu de leur légèreté relative, s'élèvent constamment en s'éloignant de la tôle.

Une partie de paroi horizontale mouillée en dessous et chauffée par dessus, est fort dangereuse si la vapeur ne peut s'échapper facilement ; le matelas de vapeur qui se forme promptement au contact de la tôle, l'isole du contact de l'eau, et le métal rougit et se détériore.

Il semble certain que des mouvements rapides dans le liquide et dans les gaz chauds facilitent beaucoup la transmission de la chaleur ; de là l'idée des chaudières à *circulation* (fig. 193-194).

256. Différentes parties de la surface de chauffe. — La chaleur de combustion se dégage sous deux formes : 1° chaleur rayonnante ; 2° chaleur emportée par les gaz chauds se communiquant par contact.

La radiation est beaucoup plus active avec les combustibles à courte flamme, coke, charbon de bois, anthracite. Toutefois, la distinction entre ces deux formes de la chaleur manque de précision. Certaines flammes, les flammes éclairantes, celle de l'hydrogène, rayonnent très fortement ; d'autre part, les gaz chauds échauffent, par contact, les parois des carneaux, qui rayonnent à leur tour sur la chaudière.

---

(1) C'est le nombre proposé par Péclet pour le fer ; il est fort discutable, et pèche plutôt par défaut que par excès.

Au point de vue qui nous occupe, on distingue dans la surface de chauffe deux parties :

1° La surface de chauffe *directe*, c'est la partie de la surface de chauffe qui *voit* la grille ; on admet qu'elle est chauffée à la fois par rayonnement et par le contact des gaz chauds.

2° La surface de chauffe *indirecte*, qui ne voit pas la grille et n'est chauffée que par contact.

Cette division est assez arbitraire : la radiation du foyer est indépendante de l'étendue de la surface qui voit le feu ; elle est la même que cette surface soit grande ou petite ; les dimensions de cette surface ne sauraient lui servir de mesure.

Quoi qu'il en soit, au fur et à mesure que l'on s'éloigne du foyer, la température baisse, par le fait même de l'absorption de la chaleur par la chaudière ; l'écart entre la température des gaz et celle de l'eau va en décroissant, par conséquent, les dernières parties de la surface de chauffe donnent lieu à une vaporisation de moins en moins active.

Ces faits sont bien connus ; ils ont été étudiés et précisés dans des expériences faites par M. Geoffroy au Chemin de fer du Nord.

La chaudière d'une locomotive (fig. 180) fut divisée par quatre cloisons

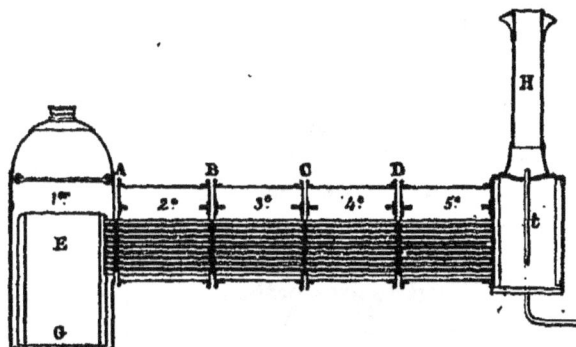

Fig. 180.

étanches, A, B, C, D, en cinq tronçons, parcourus successivement par le courant de gaz chauds produit dans le foyer E ;

G, grille ;

H, cheminée ;

t, tube souffleur ;

la quantité d'eau vaporisée par heure dans chaque compartiment était mesurée directement.

Voici quelques-uns des résultats :

	1er comp¹	2e comp.	3e comp.	4e comp.	5e comp.	TOTAUX	Par kilogr. de combustible
Surface de chauffe en m²	7m14	16.66	16.66	16.66	16.66	73.78	
1re EXPÉRIENCE							
Combustible (briquettes) brûlé par heure : 216 k.							
Vaporisation par heure :							
Totale......kil.	821	438	202.5	109	67	1637.5	7.58
Par m² de surface de chauffe.......	114.9	26.2	12.2	6 5	4 0	22.2	
2e EXPÉRIENCE							
Combustible (briquettes) brûlé par heure : 444 kil.							
Vaporisation par heure :							
Totale......kil.	1355	1136	558	352	228	3630	8.17
Par m² de surface de chauffe.......	189.7	68.1	33	21.1	9.6	49	

Ainsi, la puissance vaporisante décroît très rapidement à partir du foyer ; les derniers compartiments n'apportent qu'un contingent très faible et d'autant plus faible qu'ils sont plus éloignés ; le fait est général pour toutes les chaudières.

257. Proportions de la surface de chauffe. — Si donc on veut pousser un peu loin le refroidissement des gaz, il faut développer beaucoup les dernières parties de la surface de chauffe, c'est-à-dire, les moins efficaces ; et par suite la vaporisation moyenne par mètre carré baissera d'autant. Il y a d'ailleurs des limites spéciales à chaque cas, et qu'il convient de ne pas dépasser.

Dans les bonnes chaudières fixes ordinaires, il ne convient pas que la vaporisation moyenne descende au-dessous de 12 à 15 k. par heure et par mètre carré de surface de chauffe ; si l'on veut pousser plus loin le refroidissement de la fumée, il vaut mieux l'employer à réchauffer l'eau d'alimentation. Une vaporisation de 15 à 20 k. est une bonne allure courante.

Dans les locomotives, on va jusqu'à 40 et 50 k. ; mais ici la question de légèreté prime toutes les autres.

Le chiffre de 20 k. dans une bonne chaudière correspond à une consommation d'environ 3 k. de houille par heure et par mètre carré de surface de chauffe ; suivant donc que l'on brûlera sur la grille 0 k. 50 ou 1 k. par heure et par décimètre carré, la surface de grille sera 1/17 ou 1/33 de la surface de chauffe.

Indépendamment des pertes par la cheminée, que l'on atténue par un développement convenable de la surface de chauffe, il y a les pertes de chaleur par rayonnement ; on les combat par de bonnes enveloppes, et mieux encore, en plaçant le foyer dans l'intérieur de la chaudière ; mais cette disposition a l'inconvénient de conduire le plus souvent à des grilles étroites et des chambres de combustion basses.

Les pertes par rayonnement sont d'autant plus faibles que le volume extérieur de la chaudière est lui-même plus petit, ce qui donne, à ce point de vue, une certaine supériorité aux chaudières tubulaires ou autres analogues.

258. Eau entraînée et réservoir de vapeur. — Le niveau de l'eau dans la chaudière doit être maintenu à 0 m. 10 environ au-dessus des parties les plus élevées de la surface de chauffe. La capacité de la partie de la chaudière au-dessus de ce niveau est le *réservoir de vapeur*. Le volume plus ou moins grand de ce réservoir a une grande influence sur les entraînements d'eau.

Les bulles de vapeur, en crevant à la surface du liquide, projettent de l'eau en poussière, qui reste plus ou moins longtemps en suspension dans le réservoir, est en partie entraînée dans les cylindres, et occasionne une consommation de chaleur qui peut devenir notable (Voir chap. V).

Cette eau se dépose en partie dans le réservoir de vapeur, s'il est assez grand pour que les courants gazeux ne soient pas trop rapides.

Dans les chaudières fixes ordinaires, on lui donne 4 à 8 fois le volume de l'eau à vaporiser par heure. Il est relativement bien plus petit dans les locomotives, mais souvent aussi la cheminée crache : on dit alors que la machine prime.

Les circonstances principales qui favorisent les entraînements d'eau sont :

Réservoir de vapeur trop petit ou prise de vapeur trop basse ;

Eau visqueuse, grasse ou saturée de sel ;

Trop faible surface du niveau libre du liquide.

Quand la vaporisation est trop active par rapport au volume de l'eau, celle-ci se tuméfie et est entraînée en grande quantité dans les cylindres.

Pour diminuer les entraînements d'eau, on a essayé de créer des chicanes sur le parcours de la vapeur ; on a proposé aussi diverses dispositions de la prise de vapeur. Ces moyens ne semblent pas avoir donné de résultats bien favorables. Le seul artifice qui réussisse consiste à mettre la vapeur humide en contact avec de vastes surfaces chauffées : c'est le système de la *surchauffe*, dont nous aurons à reparler.

Du reste, il faut que l'eau entraînée soit fort abondante pour exercer une influence notable sur le rendement des machines.

On calcule quelquefois comme il suit la proportion d'eau entraînée : on mesure l'eau introduite pendant un temps déterminé, dans la chaudière.

D'autre part, on calcule le volume de vapeur dépensé dans le même temps d'après le volume à l'admission et le poids spécifique de la vapeur ;

la différence entre ces deux chiffres est considérée comme représentant l'eau entraînée.

Ce calcul est tout à fait inexact; il porte au compte de l'eau entraînée toute la vapeur condensée à l'admission. C'est ainsi qu'on est arrivé à des proportions de 60 et 80 0/0 d'eau soi-disant vésiculaire.

On ne connaît jusqu'ici qu'une méthode satisfaisante pour doser l'eau entraînée : c'est la méthode calorimétrique de M. Hirn, sur laquelle nous aurons à revenir.

Entre les mains des expérimentateurs habiles de Mulhouse, elle a donné, pour de grandes chaudières de manufacture, une proportion d'eau de 3 à 7 0/0 du poids du fluide.

259. Réservoir d'eau. — L'admission de la vapeur dans le cylindre a lieu d'une manière intermittente ; à chaque bouffée envoyée au cylindre, la pression baisse un peu dans la chaudière ; il y a donc vaporisation d'une partie de l'eau, et par conséquent, abaissement de température promptement restituée par le foyer.

Ces variations sont extrêmement faibles dans la pratique.

Exemple : soit une chaudière contenant $1^{m.3}$ d'eau à la pression de 5 k. (temp. 158°); pour fournir une admission de 75 litres, l'action du foyer étant supprimée, il suffirait d'un abaissement de température de 1/8 de degré, correspondant à une diminution de pression de moins de 2/100 d'atmosphère.

Le réservoir de vapeur joue ici un rôle tout à fait accessoire ; si, dans l'exemple précédent, au réservoir d'eau de 1 m.³ on substitue un réservoir de vapeur de même capacité, la pression pour une même admission de 75 litres, baisserait de plus d'1/3 d'atmosphère.

C'est donc le réservoir d'eau qui constitue le véritable magasin de travail. Suivant les conditions de la production et de la dépense de la vapeur, il devra être plus ou moins considérable.

Exemples de grands réservoirs d'eau : locomotive sans foyer du D' Lamm, employée en Amérique pour la traction sur les tramways (1); c'est une locomotive dont le réservoir d'eau est assez considérable (1600 litres) ; on met le réservoir en communication avec une chaudière fixe qui en élève la température jusqu'à 195° (13 atm. environ) ; la locomotive est alors chargée, et peut ainsi parcourir plusieurs kilomètres.

Artifice analogue employé au chemin de fer Métropolitain de Londres, pour traverser les souterrains sans les encombrer de gaz irrespirables.

Grues à vapeur ayant à produire un travail intermittent, très considérable pendant quelques instants et interrompu pendant plusieurs minutes ; ici la chaudière doit être grande et le foyer petit.

(1) Voir une étude sur ce sujet de M. Pierron de Mondésir, *Annales des Ponts et Chaussées*, 1875, 2° semestre.

Exemples de petits réservoirs d'eau : Pompes à incendie à vapeur ; ces machines doivent être légères et monter très rapidement en pression : donc très petit réservoir d'eau, grand foyer ; il n'est nullement nécessaire d'avoir une surface de chauffe en rapport avec les dimensions du foyer, car la question d'économie de combustible est complètement négligeable.

Les canots à vapeur sont à peu près dans le même cas.

La conduite d'une chaudière est beaucoup plus facile quand le réservoir d'eau est considérable ; le chauffeur a tout le temps de prévenir les variations de pression.

Dans les chaudières fixes, on donne souvent au réservoir d'eau 10 à 15 fois le volume de l'eau vaporisée par heure. Cette proportion est beaucoup plus faible dans les chaudières marines et de locomotives.

260 Du réservoir d'eau dans les explosions. — Le volume du réservoir d'eau joue un rôle important au point de vue des explosions. S'il est considérable, les explosions ont des conséquences plus graves ; la force vive emmagasinée dans l'eau, sous forme de chaleur, se dégage brusquement au moment de l'explosion, en lançant au loin les débris de la chaudière et du massif.

Le décret du 25 janvier 1865 classe les chaudières en trois catégories d'après le produit du volume (en mètres cubes) de la chaudière par la pression (absolue en kilogrammes par centimètres²) :

$$1^{re} \text{ catégorie} \ldots \ldots \text{produit} > 15.$$
$$2^o \quad — \quad \text{produit compris entre 5 et 15.}$$
$$3^o \quad — \quad \ldots \ldots \text{produit} < 15.$$

Des précautions, spéciales à chaque catégorie, sont imposées, dans le but de prévenir les conséquences des explosions.

Il faut remarquer que, lorsque le réservoir d'eau est petit, la conduite du feu exige plus d'attention, et que le chauffeur peut être trompé sur la hauteur réelle du niveau de l'eau par le fait d'ébullitions tumultueuses ; les explosions ont donc peut-être plus de chance de se produire dans ce cas ; mais leurs conséquences sont bien moins désastreuses.

261. Résistance des chaudières. — Les chaudières sont faites en feuilles de tôle rivées ; on donne, autant que possible, à leurs différentes parties les formes de solides de révolution, qui répartissent le mieux les efforts sur la section totale du métal ; la forme cylindrique est choisie de préférence, parce qu'elle s'obtient sans travail de forge et sans déchet, au moyen de feuilles de tôle rectangulaires, telles que les livre le laminoir.

La limite d'élasticité à la traction pour la tôle ordinaire, correspond à un travail de 12 à 14 k. par millimètre ² et la résistance à la rupture par traction est de 28 à 42 k. par millimètre ².

D'après d'anciennes expériences faites en Amérique, la ténacité du fer serait, à 250°, d'environ 15 0/0 supérieure à la ténacité à la température ordinaire ; au delà, elle diminuerait rapidement avec l'élévation de température.

262. Corps cylindrique.— Le corps d'une chaudière ou d'un bouilleur étant considéré comme un cylindre mince pressé à l'intérieur et tendant à s'ouvrir suivant une génératrice, le travail du métal est donné par la formule :

$$2 \, Re = pd \qquad\qquad R = \frac{pd}{2\,e}$$

p pression ;
d diamètre ;
e épaisseur du métal ;
R travail du métal par unité de surface.

L'ordonnance du 22 mai 1843 (abrogée par celle du 25 janvier 1865), prescrivait de donner au corps cylindrique des chaudières une épaisseur :

$$e = 1,8 \, (n\text{-}1) \, d + 3 \, ^m/_m.$$

e épaisseur en millimètres ;
d diamètre intérieur en mètres ;
n nombre d'atmosphères absolues ;

Le 2e terme du second membre ($3\,^m/_m$) est introduit en prévision de l'usure. Si l'on n'en tient pas compte, cette formule conduit à un effort de $2\,k.\,80$ par $^m/_m{}^2$. Dans les constructions de pont, on admet un travail de $6\,k.$ par $^m/_m{}^2$. Mais, dans les chaudières, la tôle est soumise à l'action du feu, et fort affaiblie par les lignes de rivure.

Le corps cylindrique des chaudières de locomotives n'est pas exposé à l'action du feu ; une décision ministérielle du 30 novembre 1852 en a fixé l'épaisseur aux 2/3 de celle donnée par la formule ci-dessus, soit

$$e = 1,2 \, (n\text{-}1) \, d + 2$$

formule ne s'appliquant, bien entendu, qu'à la tôle de fer, et à la condition qu'elle soit d'*excellente qualité*.

A la suite d'expériences sur une chaudière en acier fondu, une nouvelle décision ministérielle du 26 juillet 1861 accorda une tolérance de moitié sur l'épaisseur ci-dessus, pour les chaudières « construites en acier fondu, lorsqu'il sera constaté que ce métal possède à la fois une résistance à la rupture par traction de 60 k. par millim. ^{2} et un allongement proportionnel de 1/15 au moins (1) et que les rivures longitudinales seront faites à deux rangs de rivet ».

Pour les chaudières de locomotives en acier fondu, les décisions ministérielles de 1852 et de 1861 combinées conduisent à des épaisseurs qui ne sont que le *tiers* de celles proscrites par l'ordonnance de 1843, ce qui

_____

(1) Sans qu'il soit fait mention de la longueur initiale de l'échantillon essayé, ce qui est une lacune sérieuse.

correspond (abstraction faite du terme constant) à un travail de 8 k. 5 par $^m/_m{}^2$.

L'ordonnance de 1843 a été abrogée, sauf en ce qui concerne les appareils de navigation, par décret du 25 janvier 1865, qui laisse aux constructeurs toute liberté dans le choix des épaisseurs, sous réserve d'épreuves et de responsabilité déterminées.

Néanmoins, sauf pour les locomotives, les constructeurs sont restés assez généralement fidèles aux sages prescriptions de l'ordonnance de 1843.

Les appareils de navigation sont encore soumis au régime de cette ordonnance.

On peut aussi considérer un corps de chaudière comme tendant à se rompre suivant une section droite ; le travail du métal R, est alors donné par la formule :

$$R_i = \frac{pd}{4\,e}$$

Il est égal à la moitié du travail R dans le cas de rupture suivant une arête.

263. Autres parties des chaudières. — « Les épaisseurs de la tôle devront être augmentées s'il s'agit de chaudières formées, en partie ou en totalité, de faces planes, ou bien de conduites intérieures, cylindriques ou autres, traversant l'eau ou la vapeur. Ces chaudières et conduits devront, de plus, être, suivant les cas, renforcés par des armatures suffisantes » (Ordonnance de 1843).

Ces prescriptions sont assez vagues ; mais il serait impossible d'apporter plus de précision dans un sujet pareil.

Les *surfaces cylindriques pressées de dehors en dedans* reçoivent souvent une épaisseur égale à 1 1/2 fois l'épaisseur qu'on leur donnerait si la pression s'exerçait à l'intérieur. Il semble préférable de ne pas exagérer les épaisseurs et de raidir le tube par des contreforts circulaires appliqués de distance en distance.

Les *fonds plats* doivent être raidis par des armatures et soutenus par des tirants ou des équerres.

Les *fonds emboutis* sphériques ont une épaisseur donnée par la formule

$$e = \frac{pr}{2R}$$

p pression par unité de surface ;

r rayon de courbure ;

R travail du métal par unité de surface.

Pour un corps cylindrique se terminant par un fond sphérique embouti en tôle de même épaisseur que celle du cylindre, si l'on veut que la fatigue du métal soit la même dans toute la surface de la chaudière, il faut que le

rayon de la sphère soit égal au diamètre du cylindre, ou, ce qui revient
au même, que la calotte sphérique sous-tende un cône de 60° d'ouverture.

Il y a dans les chaudières certaines parties affaiblies par des assemblages
et dont il faut surveiller la construction :

L'ouverture sur laquelle se fixe le dôme de vapeur devra être renforcée.

S'il y a plusieurs bouilleurs, on aura soin que les cuissards n'aboutis-
sent pas, sur le corps de chaudière, en des points trop rapprochés ; ces ouvertures presque contiguës diminueraient dans une forte proportion la
résistance.

264. Observations diverses. — Il y a, dans la disposition des chaudières, à observer certaines précautions, dont l'oubli a amené des accidents
graves :

On ménagera de larges passages à l'eau et à la vapeur (cuissards, etc.).

On évitera que le niveau de l'eau descende au-dessous des parties léchées par la flamme et qui seraient ainsi exposées à rougir.

Il faut faire attention qu'il ne puisse pas se former de *chambres de vapeur* le long des parois en contact avec la flamme ; la tôle, isolée de l'eau,
rougirait promptement. On aura grand soin de ménager des accès faciles
pour nettoyer la chaudière dans toutes ses parties, tant intérieures qu'extérieures : il y a là une question capitale, non seulement de sécurité, mais
encore d'économie. Un gamin peut entrer avec peine dans un bouilleur de
0 m. 40 de diamètre ; il s'introduit plus facilement dans un carneau
n'ayant que 0 m. 30 de hauteur et une largeur de 0 m. 50.

Au point de vue du nettoyage, les chaudières tubulaires laissent beaucoup à désirer.

Veiller à ce que la dilatation de la chaudière puisse se faire librement.

Il arrive quelquefois que, par suite de tassements, une partie de la
chaudière est en porte-à-faux et même surchargée par la maçonnerie ; il en
résulte des ruptures dangereuses. C'est un point sur lequel l'attention doit
être éveillée.

265. Chaudières à foyer extérieur.— Nous allons passer rapidement
en revue les principaux types de chaudières, en commençant par les
chaudières à foyer extérieur.

a. *Chaudière de Watt* ou *à tombeau* (fig. 181). — C'est une chaudière à
basse pression. La flamme suit le parcours A B C D E F, les formes concaves
données aux parois ont pour but d'augmenter la surface de chauffe et la
section des carneaux. G registre ; le tuyau H forme manomètre ; quand la
pression s'élève, le flotteur I est soulevé et le registre se ferme. Le petit
réservoir K, alimenté par le tuyau L, est fermé dans le bas par une soupape
qui se soulève et laisse pénétrer l'eau d'alimentation quand le flotteur M ;

qui suit le niveau dans la chaudière, vient à s'abaisser; N soupape de
sûreté; O soupape du vide, qui s'ouvre quand la pression dans la chaudière est inférieure à la pression atmosphérique; p, p', robinets de
jauge.

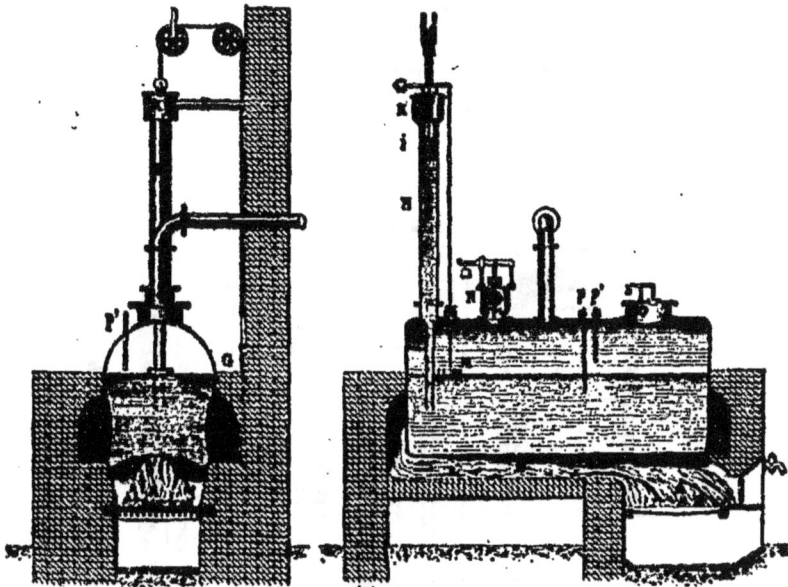

Fig. 181.

La chaudière de Watt ne peut convenir que pour des pressions dépassant peu la pression atmosphérique.

b. Chaudière à bouilleur dite française. — Cette chaudière a été déjà complètement décrite (fig. 1) et nous a servi de type pour les études générales
qui précèdent.

La fig. 1 représente une chaudière à deux bouilleurs. La chaudière des-
sinée fig. 182 comporte trois bouilleurs; la surface de chauffe est d'environ 65 mètres.

La grille représentée sur la figure est à une distance d'environ 0 m. 35 des
bouilleurs et disposée pour une combustion modérée, de 50 à 70 k. par
décimètre carré et par heure.

Une pareille chaudière peut donner, en bonne marche, 9 à 1200 k. de
vapeur à l'heure.

On ne fait guère de chaudières à bouilleurs de plus de 75 m. de surface
de chauffe; au delà, on emploie plusieurs corps de chaudière.

Ces chaudières sont faciles à construire, à entretenir, à visiter et à nettoyer. D'après les expériences de Mulhouse, leur rendement par kilogramme de combustible est le même que celui des chaudières à foyer
intérieur et tubulaires, quoique les pertes par rayonnement soient un peu

plus fortes. Les bonnes dimensions que l'on peut donner à la grille et aux passages de flammes expliquent bien ce résultat.

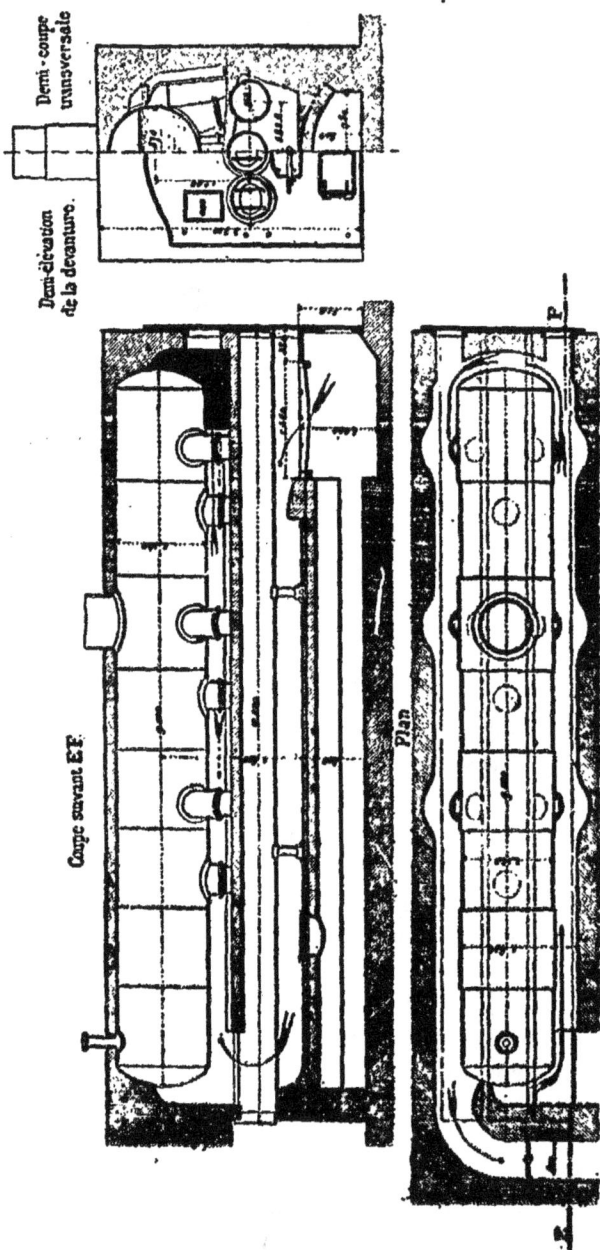

Fig. 182. — Chaudière à trois bouilleurs.

On remarquera sur la figure les dispositions des supports du corps de la chaudière et des bouilleurs, celles des voûtes et carneaux, ainsi que la répartition des cuissards et les moyens de visite et de ramonage.

c. Chaudière cylindrique. — Lorsqu'il s'agit de chaudières de petites dimensions, ayant moins de 8 à 10 m. de surface de chauffe, on supprime les bouilleurs et la chaudière se réduit à un simple corps cylindrique à un ou trois parcours de flammes.

d. Chaudière verticale. — Dans les forges, on utilise les flammes perdues des fours pour la production de la vapeur; le générateur doit donc être tout près du four, et comme la place est précieuse, on pose la chaudière debout.

La fig. 183 représente une des chaudières verticales du Creusot, placée à la suite d'un four à puddler A; elle occupe le centre d'une gaine en ma-

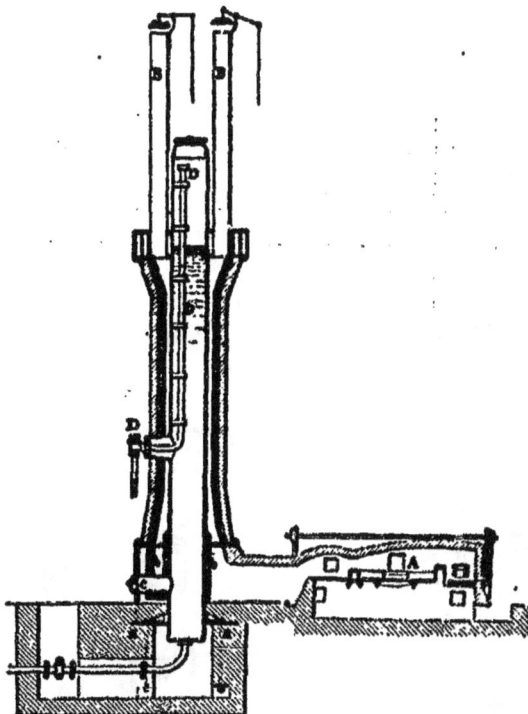

Fig. 183.

çonnerie réfractaire, qui forme à la fois cheminée et carneau; le tirage se fait par deux cheminées B, munies de clapets mis à portée du puddleur. La fondation doit être solide; elle consiste en une plaque de fonte a a, réunie à la chaudière par des goussets et tenue par des boulons à la maçonnerie; la partie attaquée par la flamme très corrosive du four est protégée par un masque b b réfractaire; le fond de la chaudière, où se réunissent les dépôts, est placé au-dessous du coup de feu; c'est par là qu'arrive l'eau alimentaire.

c, trou d'homme ; D D, prise de vapeur.

Les chaudières verticales laissent à désirer comme utilisation de la chaleur ; mais au cas particulier, c'est le bon service du four qui est la question principale.

266. Chaudières à foyer intérieur. — Dans les chaudières à foyer intérieur, la déperdition par rayonnement est plus faible et le volume du fourneau plus petit ; par contre, la nécessité de donner au corps de la chaudière un grand diamètre conduit à de fortes épaisseurs de tôle ; d'autre part, la grille et la chambre de combustion sont un peu à l'étroit.

a. Chaudière à un seul foyer (fig. 184). — Dans cette disposition, le plan d'eau doit être assez élevé et, par suite, le réservoir de vapeur un peu faible.

Quelquefois on met un bouilleur à l'intérieur même du tube qui contient le foyer et à la suite de celui-ci.

La chaudière ci-contre est à quatre parcours de flammes (1, 2, 3, 4) avec retour en dessous (5) allant à la cheminée.

Fig. 184.

b. Chaudière Lancashire (fig. 185). — Très usitée en Angleterre, elle comporte deux foyers renfermés dans une seule et grande enveloppe à fonds plats ; celle-ci, ayant un grand diamètre, est fort épaisse.

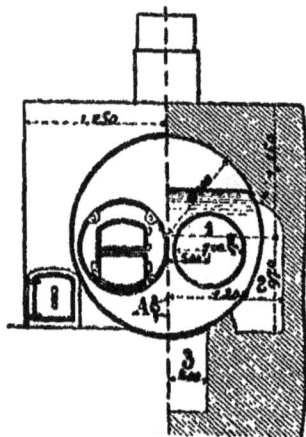

Fig. 185.

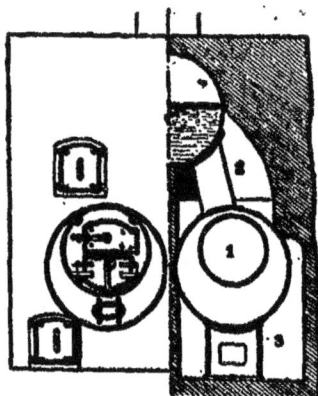

Fig. 186.

Le nettoyage est facile ; le trou d'homme A permet de pénétrer entre les deux bouilleurs.

c. Chaudière Fairbairn (fig 186). — Cette forme de chaudière n'exige pas des corps aussi volumineux que la chaudière Lancashire et se prête à un grand développement de surface de chauffe sous un volume assez restreint.

L'alimentation se fait par le bas des corps cylindriques inférieurs, parcourus par le 2ᵉ retour de flammes, et qui servent ainsi, dans une certaine
mesure, de réchauffeurs d'eau d'alimentation.

d. Chaudière Galloway (fig. 187). — Cette chaudière, bien étudiée et bien
exécutée, a eu beaucoup de succès depuis quelques années.

Les deux foyers intérieurs A A viennent aboutir à un carneau unique B B,
de forme ovale, traversé par un grand nombre de tubes C C C placés en
quinconce. Ces tubes, appelés *tubes Galloway*, sont la partie caractéristique du système ; ils sont soudés et non pas rivés : on les introduit dans le
haut du carneau elliptique par leur extrémité inférieure, plus étroite, et
on les rive sur les parois de ce carneau.

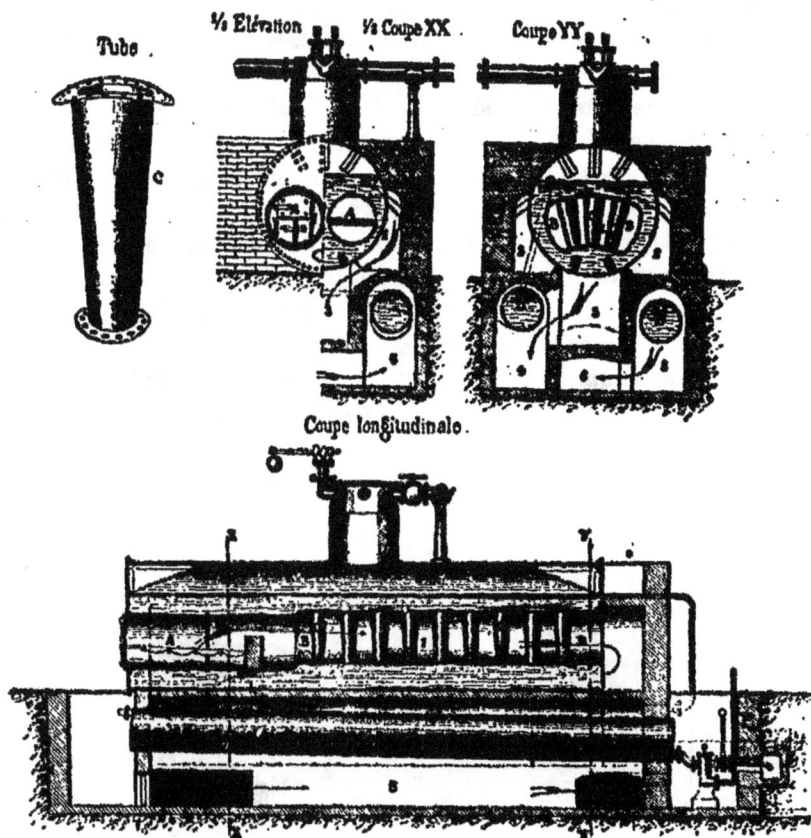

Fig. 187.

La flamme suit les parcours (1, 2, 3, 4, 5, 6) et rencontre sur son trajet
les bouilleurs réchauffeurs D D, inclinés et parcourus par l'eau froide, en
sens contraire du mouvement des flammes.

Cette chaudière participe à la fois des propriétés des chaudières à foyers intérieurs et de celles des chaudières tubulaires ; elle est, bien plus que ces dernières, d'un nettoyage facile dans toutes ses parties.

207. Chaudières tubulaires. — Dans un bouilleur cylindrique, l'épaisseur du métal est à peu près proportionnelle au diamètre, et la section proportionnelle au carré du diamètre.

Si on remplace un bouilleur par deux autres de diamètre moitié moindre, la surface de chauffe restera la même, mais le poids et le volume seront réduits de moitié.

En poussant plus loin le raisonnement, on arrive à la *chaudière tubulaire*. Elle est composée d'un faisceau de tubes de petit diamètre. Ces tubes sont traversés par les gaz de la combustion et plongés dans l'eau à vaporiser. Ils sont soudés à leurs extrémités à deux *plaques tubulaires* parallèles qui, avec un *corps cylindrique* entourant le faisceau tubulaire, constituent l'enveloppe de la chaudière.

Telle est la chaudière tubulaire imaginée en 1828 par Marc Séguin (1) appliquée presque immédiatement à la première locomotive à grande vitesse, The Rocket (la Fusée), de Robert Stephenson, qui remporta, en octobre 1829, le prix au célèbre concours de Liverpool.

Les applications de l'invention de Séguin sont aujourd'hui innombrables ; la chaudière tubulaire, et le soufflage par la buse d'échappement, qui se trouvaient l'un et l'autre dans The Rocket, sont restés les éléments essentiels et vitaux de toutes les locomotives.

Chaudières de locomotives. — Les tubes B des chaudières de locomotives (fig. 188) sont en laiton, quelquefois en fer ; leur diamètre est de 5 centi-

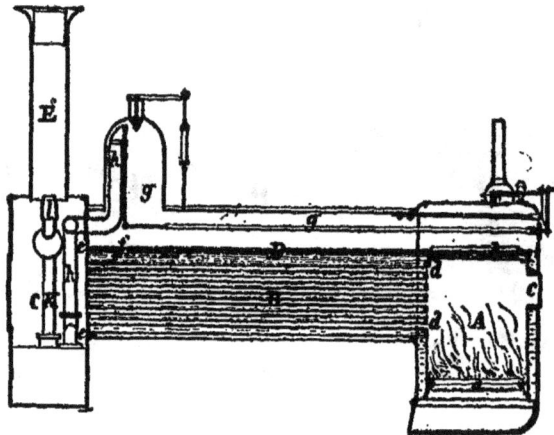

Fig. 188.

mètres, leur épaisseur est de 2 $^m/_m$ environ, leur nombre de 100 à 200 et

(1) Le brevet est du 22 février 1828.

même plus, ils présentent une surface de chauffe de 100 à 200 mètres carrés.

A foyer, entièrement enveloppé d'eau ;

a grille ;

b ciel du foyer ;

c porte du foyer ;

d d plaque tubulaire du foyer ;

C boîte à fumée ;

e e plaque tubulaire de la boîte à fumée

D corps cylindrique extérieur ;

f f niveau de l'eau ;

g g réservoir de vapeur ;

h h prise de vapeur ;

K l échappement ;

E cheminée.

268. Remarques sur les chaudières tubulaires. — Les qualités essentielles de la chaudière tubulaire sont la puissance et la légèreté portées à un très haut degré.

Accessoirement, son installation n'exige ni fourneau ni massif. Le volume extérieur étant faible et le foyer bien enveloppé, les pertes par rayonnement sont peu importantes ; la combustion peut être rendue complète dans une grande chambre comme celle figurée en A. Cette chaudière est donc bonne, comme production économique de vapeur, sans qu'à ce point de vue, sa supériorité sur les chaudières ordinaires semble bien notable.

Ses inconvénients principaux sont :

Le grand nombre de joints à tenir étanches ;

La difficulté du nettoyage ;

Et accessoirement, le faible volume des réservoirs d'eau et de vapeur, ce qui favorise les entraînements d'eau et rend la conduite du feu assujétissante.

Il faut accepter la chaudière tubulaire quand la légèreté, la puissance, le faible volume de l'appareil vaporisateur sont de première nécessité ; on doit s'attendre alors à un entretien coûteux, délicat, à des chômages fréquents ; et ces inconvénients s'accroissent très rapidement si les eaux d'alimentation sont corrosives ou incrustantes.

La chaudière de locomotive est employée comme chaudière fixe ; réduite comme dimensions et comme nombre de tubes, elle constitue le générateur de la plupart des locomobiles et des machines demi-fixes.

Le faisceau tubulaire a été disposé de bien des manières, debout, incliné, l'eau en dedans ou en dehors des tubes. Ne pouvant passer en revue toutes ces applications variées d'un même principe, nous nous arrêterons seulement aux plus importantes.

269. Variétés principales des chaudières tubulaires. — *a. Chau-dières de la marine à basse pression.* — L'on s'est tenu longtemps, dans la marine, aux *chaudières à galeries* ; la galerie est formée par deux parois en tôle parallèles et fortement entretoisées, renfermant entre elles une lame d'eau mince ; ces parois infléchies suivant des contours variés, forment une série de carneaux parcourus par les flammes et les gaz chauds.

Quand, les vitesses des navires devenant plus grandes, la puissance des machines a dû être augmentée, on en est venu au système tubulaire, que l'on a appliqué sous différentes formes.

Voici l'un des types adoptés pour la marine militaire (fig. 189).

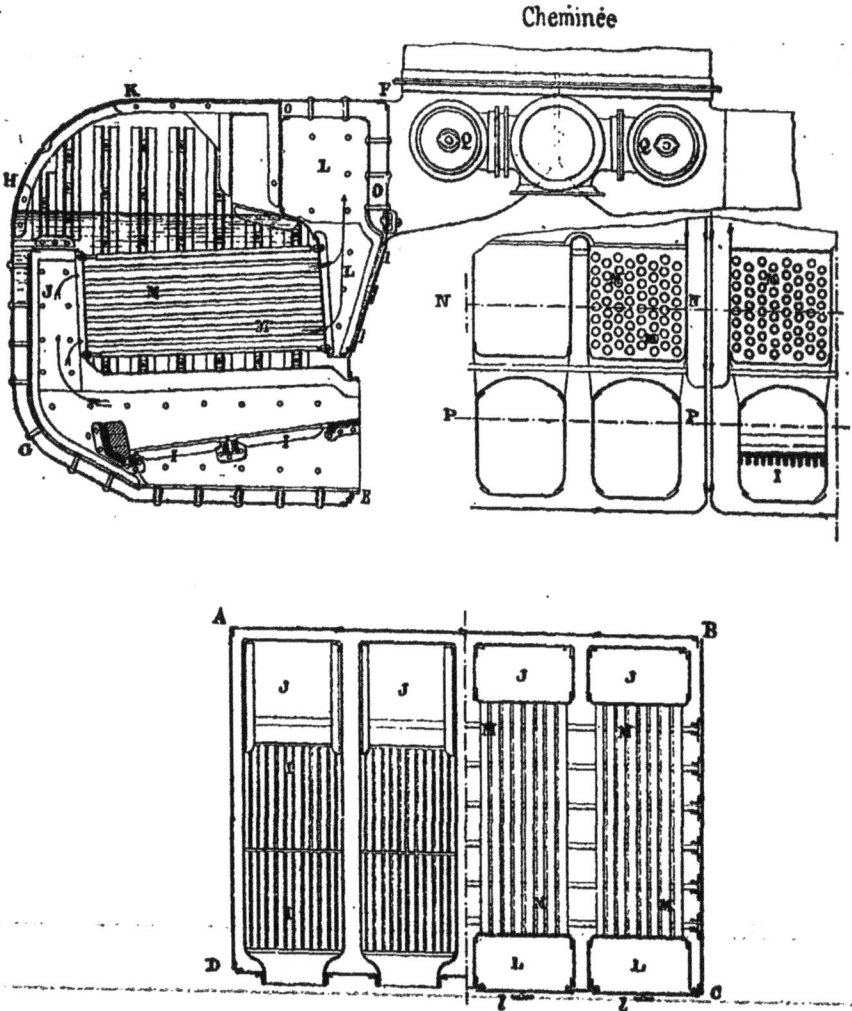

Fig. 189.

Le corps de chaudière A B C D est rectangulaire en plan ; en coupe, la paroi E F qui regarde la chambre de chauffe (c'est-à-dire l'emplacement où se tiennent les chauffeurs) est à peu près verticale, et le dos E G H de la chaudière épouse les formes de la coque ; le dessus K F est arrasé au-dessous de la flottaison. Dans ce gabarit, imposé par les conditions d'emplacement, se trouve inscrite la chaudière ;

I I, grille, placée dans un foyer en tôle enveloppé d'eau de toute part ;

J J, chambre à feu ;

L L, chambre à fumée, fermée par des portes *l l* ;

M M, faisceau tubulaire ;

O O, prise de vapeur à la partie supérieure de la chaudière. Cette prise de vapeur, en forme de galerie, contourne le haut de la boîte de fumée, et aboutit, en Q, à la soupape à vis conduisant la vapeur aux machines.

Les tubes sont un peu inclinés pour éviter qu'ils n'émergent quand le navire donne de la bande.

Un pareil corps de chaudière renferme quatre foyers et quatre faisceaux tubulaires ; il présente une surface de grille d'environ 6 mètres carrés et une surface de chauffe d'environ 200 mètres carrés. Pour fournir la vapeur à une machine, on groupe 4, 6 ou 8 corps pareils et même plus ; pour marcher sous petite vapeur, on ne met en feu qu'une partie de ces chaudières.

Malgré les nombreuses armatures dont sont encombrées les chaudières de ce type, on ne les emploie que pour de basses pressions (2 at. 75 absolues, soit 1 k. 80 effectif).

b. Chaudières de la marine à haute pression. — Pour les pressions élevées, jusqu'à 4 et 5 k., on donne (fig. 190) à l'enveloppe de la chaudière la

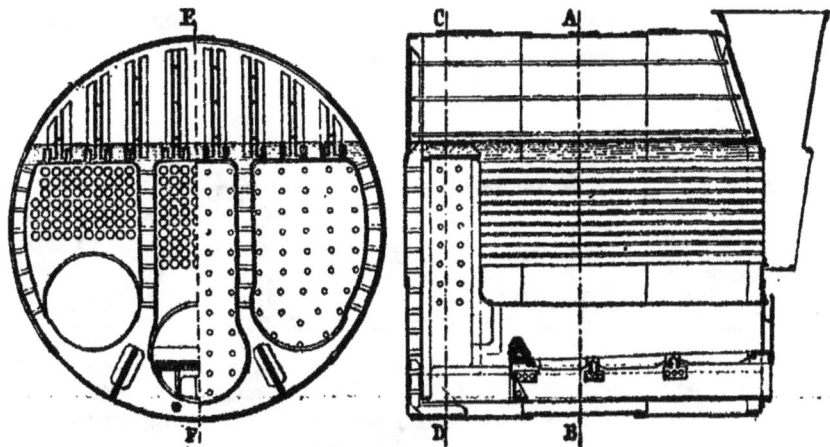

Fig. 190.

forme d'un cylindre de grand diamètre (3 m. 50) ; les foyers intérieurs ont la forme cylindrique, toutes les parties plates sont fortement entretoisées et soutenues.

Ces chaudières à haute pression sont d'un arrimage moins commode et occupent plus de place, à égalité de volume ; néanmoins la haute pression est de plus en plus en usage, depuis que les condenseurs par surface en ont permis l'introduction dans les appareils marins.

Les tôles de l'enveloppe doivent être très fortes, et tous les assemblages étudiés avec un grand soin.

c. Chaudières mixtes. — Entre les chaudières de manufacture, qui exigent un grand volume d'eau, et les chaudières de locomotives, qui ont besoin avant tout de légèreté, il y a place pour tous les intermédiaires ; c'est ainsi qu'on a été amené à construire des chaudières *mixtes*, composées d'une chaudière ordinaire accompagnée d'un faisceau tubulaire.

d. Chaudières à foyer démontable. — Le plus grave inconvénient des chaudières tubulaires est la difficulté de bien les nettoyer.

Dans les chemins de fer, on accepte cette difficulté ; la locomotive est munie d'un grand nombre d'ouvertures par lesquelles on peut introduire des grattoirs et des jets d'eau ; de plus, à chaque nettoyage, pour faciliter le travail, on retire un certain nombre de tubes, dont on doit, pour cela, buriner les extrémités ; ces tubes doivent être remplacés à neuf ; les tubes raccourcis sont réemployés dans d'autres locomotives. De pareils procédés ne sauraient être généralisés ; on a cherché à y suppléer en rendant mobile le faisceau tubulaire.

Dans la chaudière *Thomas et Laurent* (fig. 191), les fumées parcourent d'abord un bouilleur intérieur A B, puis une série de tubes *c c* réunissent les deux plaques tubulaires C et D. La plaque tubulaire D est réunie au corps extérieur de la chaudière par un grand joint F F, obtenu par bride et boulons, avec interposition d'une lame de caoutchouc. Ce joint peut se

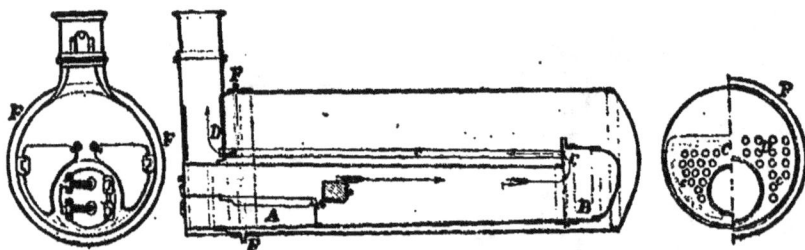

Fig. 191.

défaire, et alors on retire d'une seule pièce le foyer, le bouilleur A B, le faisceau tubulaire et les deux plaques tubulaires ; les tubes sont ainsi accessibles dans toutes leurs parties et peuvent être facilement nettoyés.

Différentes maisons ont aussi construit des chaudières tubulaires démontables. Malgré les artifices employés pour faciliter le démontage, cette manœuvre est délicate, et exige des soins particuliers.

270. Chaudières diverses. — En plaçant l'eau à l'intérieur d'un faisceau tubulaire et le chauffant par l'extérieur, on obtient un ensemble présentant une grande surface de chauffe sous un très petit volume ; telle est l'idée appliquée sous des formes très variées.

Elle a été poursuivie avec persévérance et succès par la maison Belleville. La *chaudière Belleville* (fig. 172) se compose d'une série de serpentins verticaux placés côte à côte ; chaque serpentin est constitué par deux plans parallèles de tubes inclinés en sens inverse et réunis deux à deux, de telle sorte qu'il n'y ait point de poche de vapeur.

Tout le système est chauffé par un foyer inférieur.

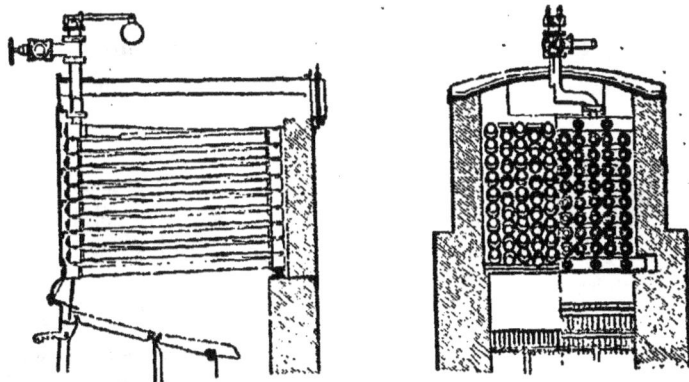

Fig. 192.

L'eau arrive par le bas, au moyen d'une conduite communiquant avec tous les serpentins. Ceux-ci versent leur vapeur dans un collecteur supérieur.

Les divers organes de la chaudière Belleville sont étudiés avec soin, dans le but d'atténuer les inconvénients inhérents au système : incrustations rapides, variations brusques du plan d'eau, insuffisance du réservoir de vapeur, ébullitions tumultueuses résultant de la très petite surface de dégagement de la vapeur, etc.

Le caractère essentiel de cette chaudière, c'est le très faible volume du réservoir d'eau, ce qui rend la montée en pression très rapide, avantage du plus haut prix dans certains cas (pompes à incendie, chaloupes à vapeur, etc.).

La chaudière *Field* (fig. 193) procède d'une idée différente et fort ingénieuse. Le plafond *a a* du foyer est percé d'un grand nombre de trous par lesquels pendent des tubes *b b* fermés par le bas ; à l'intérieur de chaque tube est suspendu un tube mince *c c* ouvert aux deux bouts ; la chaleur agissant sur la surface extérieure du tube fermé détermine un mouvement

16

de l'eau dans le sens des flèches, mouvement qui s'accélère, et qui devient très rapide lorsque l'ébullition se produit dans la zone annulaire comprise entre les deux tubes.

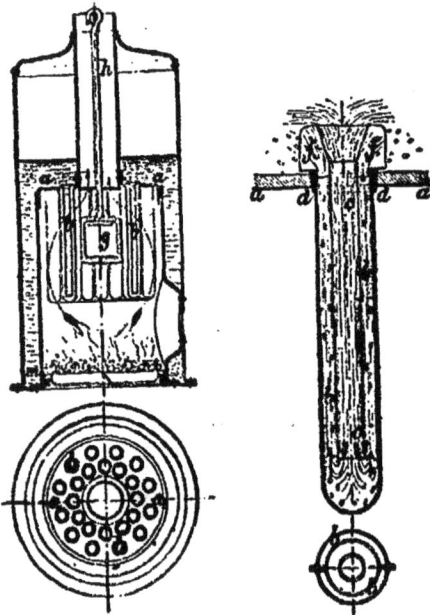

Fig. 103.

C'est ce qui a fait donner à ce système le nom de *chaudières à circulation*.

La grande vitesse de l'eau facilite la transmission de la chaleur et empêche la formation des incrustations ; les dépôts se forment surtout en *m*, où l'eau est relativement tranquille.

Les tubes sont en fer forgé, sans rivures ; ils sont simplement emmanchés par une partie conique *d d*, ajustée, de sorte que la pression de la vapeur serre le joint ; pour les démonter, il suffit de quelques coups de marteau appliqués par dessous. Le tube central repose simplement par deux

ailettes *f f*. Un obturateur, *g*, en terre réfractaire, suspendu à la cheminée *h*, sert de chicane au courant de flammes.

Dans la chaudière Field, les conditions d'une bonne utilisation de la chaleur semblent suffisamment réunies ; le nettoyage est facile, la surface du plan d'eau assez grande ; la construction est simple et robuste. Si la hauteur d'eau au-dessus du plafond *a a* est faible, le réservoir d'eau devient très petit, et, avec la très grande surface de chauffe offerte, sous un petit volume, on a ainsi une chaudière tout à fait convenable pour les pompes à incendie.

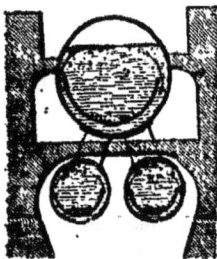

Fig. 104.

Si, après un service un peu prolongé, on vient à éteindre le feu, l'eau, très boueuse, dépose dans les tubes, les bouche, et ils peuvent crever lors de la mise en feu. Tel est l'inconvénient que l'usage de ces chaudières a révélé.

On peut, du reste, dans une chaudière ordinaire, obtenir la circulation, comme dans les tubes Field ; il suffit, comme l'a proposé M. Schmitz, de placer à l'intérieur de la chaudière et des bouilleurs (fig.

194) des portions de cylindres en tôle, excentrés afin d'obtenir un échauf-

fement plus rapide d'un côté que de l'autre ; le courant, une fois établi, se continue, et les dépôts sont rejetés à l'intérieur de ces bassins, où règne un repos relatif, et d'où il est facile de les retirer. Ce système a donné de bons résultats à la Compagnie du gaz.

271. Remarques sur les divers systèmes de chaudières. — Au point de vue de l'économie du combustible, il semble résulter des faits connus que tous les systèmes de chaudières sont à peu près équivalents. Ici, comme pour les foyers, ce sont surtout les bonnes proportions, eu égard à l'allure du générateur et à l'habileté du chauffeur, qui exercent une influence prépondérante.

On peut dire qu'une bonne chaudière, de n'importe quel système, bien conduite, bien proportionnée, doit, *en marche industrielle*, vaporiser 7 k. d'eau froide, par kilogramme de houille ordinaire. Dans les essais de quelques heures, ce chiffre peut être dépassé de 20 ou 30 0/0 sans qu'il en doive résulter une présomption en faveur du système essayé.

Dans chaque cas particulier, le choix d'un système de chaudière, les proportions relatives de la surface de grille, de la surface de chauffe, du réservoir d'eau, du réservoir de vapeur résulteront de l'étude attentive du service à faire : comme exemples extrêmes, disons qu'une chaudière à bouilleurs ne saurait convenir pour pompes à incendie : la spécialisation des types résulte ici de l'extrême variété des services auxquels la machine à vapeur est adaptée. Nous reviendrons sur ce sujet important.

Voici quelques chiffres résumant les proportions habituelles de quelques-uns des types de chaudières les plus usitées, dans les conditions ordinaires d'une bonne allure.

	PAR MÈTRE CARRÉ DE GRILLE			POUR 1 LITRE D'EAU VAPORISÉ PAR HEURE	
	Surface de chauffe 1	Réservoir d'eau 2	Réservoir de vapeur 3	Réservoir d'eau 4	Réservoir de vapeur 5
Chaudière cylindrique	25 m²	7 m³	4 m³ 1/2	18 lit.	10 lit.
Chaudière à bouilleurs	25	5 1/2	2	12	4 1/2
Chaudière ordin⁾ de la Marine	25	1.00	1.70	3 1/2	3
Chaudière de locomotive . . .	80	3	1 1/2	0.85	0.43
Chaudière Belleville	18	0.11	0.16	0.2	0.3

Ces chiffres ne sont que de simples indications grossièrement approximatives. Les rapports qu'ils représentent varient, même pour des cas fort analogues, dans des limites très étendues. D'après ces indications (Col. 4), l'eau, dans une chaudière cylindrique, se renouvelle complètement en 18 heures ; dans une chaudière à bouilleurs, en 12 heures ; dans les appareils marins en 3 k.1/2 ; dans les locomotives, en moins d'une heure, et, dans une chaudière Belleville, 5 fois par heure.

272. Réchauffeurs d'eau d'alimentation. — Les dernières parties de la surface de chauffe, celles qui sont éloignées du foyer, n'ont qu'une efficacité de plus en plus faible. Il serait illusoire de prolonger la surface de chauffe au delà de certaines limites. Pour bien utiliser la chaleur des fumées, il faut les mettre en contact avec un corps plus froid que la chaudière : tel est le but des *réchauffeurs d'eau d'alimentation.* Ce sont de longs tuyaux, placés entre la pompe alimentaire et la chaudière, parcourus, dans un sens par l'eau froide alimentaire, tandis que les gaz de la fumée les enveloppent en suivant le parcours inverse, de manière à produire un chauffage méthodique.

Exemple : Un générateur est alimenté d'eau à 15° ; la pression de la vapeur correspond à 150°, et la surface de chauffe cesse d'être pratiquement efficace quand l'écart entre la température des gaz et celle de l'eau descend au-dessous de 100°. Quel serait l'avantage d'un réchauffeur ?

Sans réchauffeur, les gaz s'échapperaient à $150 + 100° = 250°$, et la vaporisation d'un kilogramme d'eau exigerait :
$$606, 5 + 0, 305. 150 - 15 = 637 \text{ calories.}$$

Avec le réchauffeur, les gaz s'échappent à une température de $100 + 15 = 115°$, et, si la quantité de chaleur résultant de l'abaissement de $250 - 115 = 135°$ suffit pour élever à 120° la température de l'eau d'alimentation, le bénéfice sera :
$$120 - 15 = 105 \text{ calories, soit 16 0/0}$$

On donne à ces appareils des dispositions fort variées.

Si, dans une chaudière ordinaire à bouilleurs, la grille est placée sous le corps principal (fig. 195), de telle sorte que les bouilleurs soient chauffés par le retour de flammes, ceux-ci fonctionnent comme réchauffeurs, et leur surface de chauffe est un peu mieux utilisée que dans la disposition inverse.

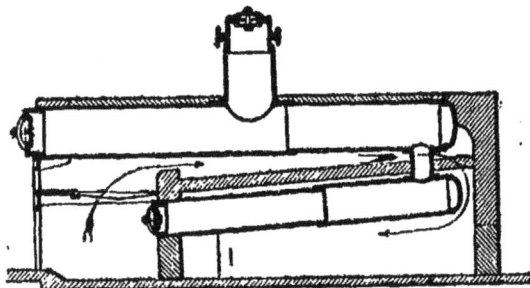 

Fig. 195.   Fig. 196.

Dans la chaudière *Artige* (fig. 196) la grille est placée au-dessous de trois corps vaporisateurs *aaa*, communiquant entre eux par de larges ouvertures, et l'eau d'alimentation parcourt, en sens inverse des flammes, une série de réchauffeurs *bbb*.

Voir aussi la chaudière Galloway (fig. 187).

Souvent on donne aux réchauffeurs la forme tubulaire.

La figure 197 représente l'*économiser de Green*, très usité en Alsace. L'eau froide arrive par le tube A, se répand dans les collecteurs B B, suit de bas en haut le faisceau de tubes C C, pour se déverser chaude dans les collecteurs D D et, de là, dans le tube E, qui la conduit à la chaudière.

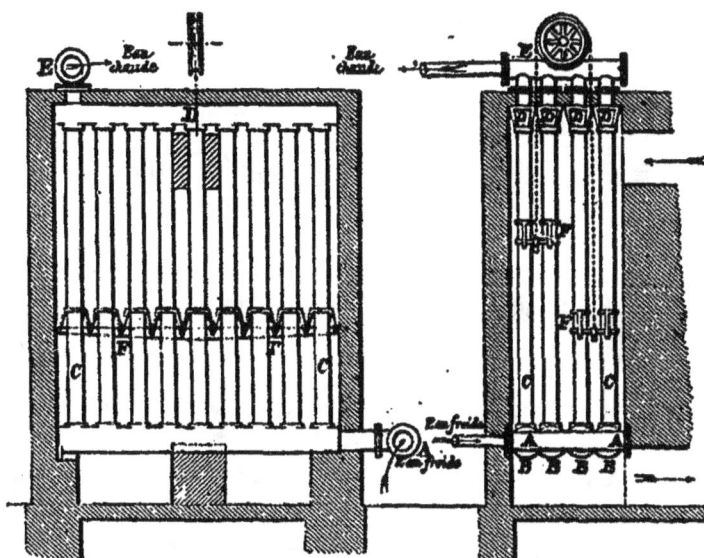

Fig. 197.

Les barres F F, armées de lames métalliques et mues par des chaînes, servent à ramoner l'appareil. Tous les tubes sont en fonte.

Ces *économises* ont deux à trois fois, et même plus, la surface de chauffe de la chaudière. En absorbant bien complètement la chaleur des flammes, ils permettent de chauffer avec excès d'air, c'est-à-dire dans des conditions meilleures pour la combustion.

L'emploi de ces appareils exige quelques précautions.

Les dépôts tendent à s'y localiser, ce qui, du reste, est fort avantageux pour les chaudières, qui se tiennent plus propres ; souvent ces dépôts gardent, dans les réchauffeurs, la forme boueuse ; en tout cas, il faut pouvoir nettoyer les réchauffeurs dans toutes leurs parties.

Les vapeurs d'eau des gaz chauds se condensent sur les surfaces refroidies des réchauffeurs, et dissolvent les acides de la fumée, ce qui donne lieu parfois à des corrosions dangereuses.

S'il y a des points hauts dans le réchauffeur, la vapeur s'y développe quand l'alimentation est un moment suspendue. Cette vapeur refoule l'eau dans la chaudière, de sorte que le chauffeur peut croire à un trop plein et ne rétablit pas l'alimentation. Il peut même se produire de brusques condensations, avec effets de marteau d'eau, ou de siphonnements dangereux, suivant les dispositions des appareils.

Les réchauffeurs se couvrent promptement de suie, ce qui les rend presque inefficaces, ainsi qu'on l'a nettement constaté à Mulhouse, si l'on n'a soin de les ramoner très fréquemment.

Dans les machines sans condensation, on se sert souvent de la vapeur d'échappement pour réchauffer l'eau d'alimentation. La vapeur traverse

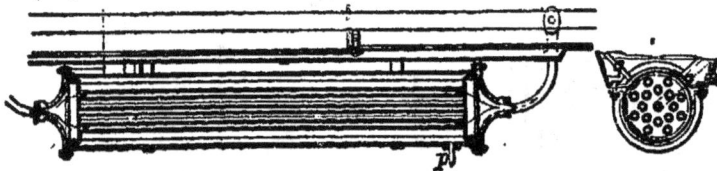

Fig. 198.

un tambour (fig. 198), occupé par un faisceau de tubes que parcourt l'eau alimentaire;

p, purgeur;

q, tuyau envoyant au besoin, directement la vapeur de la chaudière au réchauffeur.

273. Surchauffeurs de vapeur. — Une surchauffe de la vapeur, bien régulière et modérée, serait certainement avantageuse; mais elle est difficile à obtenir. Il faut, simplement pour sécher la vapeur humide, de grandes surfaces de chauffe à haute température, et les gaz des fumées semblent trop froides pour donner, dans ce cas, des résultats bien efficaces. On a essayé de les employer, pour cet objet, sur de grosses locomotives du Nord. Le résultat a été négatif et les surchauffeurs démontés au bout de quelques mois. Les expériences se poursuivent en Alsace.

CHAPITRE XIV

ACCESSOIRES DES CHAUDIÈRES

DÉTAILS DE CONSTRUCTION ET AUTRES

274. De l'eau d'alimentation. — Les qualités de l'eau destinée à l'alimentation ont une grande influence sur la durée et l'entretien des générateurs.

Laissons, pour le moment, de côté l'eau de mer.

L'eau ordinaire contient des matières étrangères, très diverses comme il suit, au point de vue qui nous occupe.

1° Matières en suspension : argile, sable, etc. ;

2° Sels en dissolution, se précipitant sous l'action de la chaleur : le carbonate de chaux se précipite par la disparition de l'acide carbonique en excès ; le sulfate de chaux passe à l'état anhydre et insoluble par la seule action d'une température de 140 à 150° : ces deux sels forment la majeure partie des dépôts dans les chaudières ; les eaux qui en sont chargées s'appellent *calcaires* (carbonate) ou *sélétineuses* (sulfate de chaux) ;

3° Sels restant en dissolution à la température de la chaudière : chlorure de sodium, de calcium, de magnésium, etc. Il faut qu'une eau soit bien chargée de sels de cette nature pour qu'ils arrivent à se déposer. Cependant, lorsque le réservoir d'eau est d'un faible volume (Chaudières Field et Belleville) les eaux peuvent atteindre leur saturation après quelques heures de marche, et donner lieu à des cristallisations très dures ;

4° Matières organiques : elles rendent l'eau mousseuse ;

5° Acides libres et sels acides, tels que le sulfate de fer ; ces eaux sont corrosives. Certaines matières grasses, en se décomposant sous l'action de la chaleur, dégagent des acides qui attaquent fortement les chaudières.

275. Dépôts et incrustations. — Les dépôts se forment dans les chaudières, sous divers aspects :

A l'état de boue, ils sont faciles à enlever, lors du nettoyage ;

A l'état d'incrustations : plaques dures, épaisses, appelées souvent *tartre* ; c'est la forme la plus dangereuse et la plus fréquente des dépôts ; c'est surtout le sulfate de chaux qui forme ces croûtes solides. L'argile et le carbonate de chaux donnent plutôt des dépôts à l'état boueux. Mais ces dépôts s'agglomèrent pendant la nuit, quand le feu est éteint, et durcissent à la remise en marche de la chaudière.

Les incrustations se localisent principalement aux points suivants :

Au débouché du tuyau d'alimentation, qui s'en trouve parfois obstrué ;

Dans les réchauffeurs d'eau d'alimentation ;

Dans tous les points où l'eau est tranquille ;

Au coup de feu.

Les eaux grasses forment parfois des composés visqueux qui empêchent la chaleur de se répandre par convection, et peuvent faire brûler la chaudière.

Les eaux calcaires déposent, dans les condenseurs, des incrustations quelquefois fort gênantes.

276. Des tartrifuges et déjecteurs. — Empêcher les incrustations de se former, ou tout au moins d'être nuisibles, c'est là une question fort importante, mais aussi fort difficile à résoudre. Les conditions dans lesquelles se produisent les dépôts sont très variables et, le plus souvent, assez obscures ; on ne saurait leur opposer de remède universel, et les succès d'un procédé ne prouvent nullement qu'il doive réussir ailleurs ; cela dépend de la nature des eaux, de l'allure de la vaporisation et de bien d'autres circonstances mal définies.

Cherchons à discerner les cas où l'on peut tenter, avec quelque chance, d'employer tel ou tel des nombreux tartrifuges proposés.

Au moment où se produit la précipitation chimique, le précipité est à l'état de particules très ténues, qui se tiennent en suspension dans l'eau et ne tombent que lentement, pendant les repos.

En rendant l'eau modérément visqueuse, on retarde cette chute et l'agglomération du précipité. Tel est, sans doute, le mode d'action de la *glycérine*, des *pommes de terre*, de l'*amidon* et autres matières amylacées qui, moyennant des précautions convenables, réussissent souvent à retarder la formation du tartre pierreux.

Ces procédés ne peuvent, en tout cas, être employés que dans les chaudières à grands réservoirs d'eau ou de vapeur, sous peine de produire des entraînements d'eau exagérés.

Le *campêche*, le *cachou* et autres matières tannantes forment, paraît-il, avec le carbonate de chaux, au moment de sa précipitation, une laque insoluble et qui ne s'agglomère plus. Avec les eaux séléniteuses, le même effet ne se produit pas.

Le *talc en poudre* semble avoir quelquefois agi utilement en s'interposant entre les couches pierreuses, de manière à les rendre friables.

On a essayé le *zinc métallique*, qui paraît posséder une certaine efficacité pour empêcher l'adhérence des dépôts calcaires, et les corrosions des chaudières alimentées avec des eaux acides.

On a proposé le *verre pilé*, les *tessons de bouteilles* et autres matières agissant mécaniquement. Ces matières, entraînées dans les cylindres, les raient et les détériorent rapidement.

Partant de l'idée que les dépôts ne s'agglomèrent que dans une eau tranquille, plusieurs inventeurs (Daméry, Schau, etc.) ont imaginé de faire circuler l'eau de la chaudière, une fois la précipitation chimique effectuée, dans des capacités où le mouvement serait très lent. Le principe semble rationnel ; mais, pour que cette décantation eût le temps de s'effectuer, il faudrait donner aux *déjecteurs* une capacité comparable à celle de la chaudière.

A ce point de vue, la chaudière à circulation de M. Schmitz (fig. 194) a donné de bons résultats.

Le même but est atteint par les bouilleurs-réchauffeurs (fig. 195-196).

On doit se défier de ces compositions bizarres, appelées *tartrifuges*, dont on voit l'éloge pompeux dans les prospectus : une bonne étude de l'eau et de l'allure des générateurs aidera à trouver, dans chaque cas particulier, les méthodes.les plus efficaces pour se débarrasser des incrustations ou en atténuer les inconvénients.

277. Choix et préparation des eaux. — Il y en a deux dont l'effet est certain :

En premier lieu, nettoyer complètement la chaudière assez fréquemment pour que le tartre n'ait pas le temps de durcir.

En second lieu, choisir des eaux pures et ne pas hésiter à faire quelques dépenses pour s'en procurer.

C'est à ce dernier parti que se sont arrêtées la plupart des Compagnies de chemins de fer.

A Paris, on emploie l'eau de Seine, qui contient, en moyenne, 0 gr. 24 de matière solide par litre ; les chaudières de locomotives sont d'abord lavées après chaque période de service et, de plus, soumises à un grand lavage après un parcours de 1000 à 2000 kilomètres, suivant les types, correspondant à une vaporisation d'environ 120 tonnes d'eau, contenant 30 kilog. de matières solides.

Quand on ne peut se procurer de l'eau suffisamment pure, on traite par des procédés chimiques l'eau dont on dispose.

A *Aigrefeuille* (ligne de Niort à la Rochelle) l'eau calcaire est traitée par la chaux caustique, puis décantée.

Au dépôt de la *Süd-Bahn*, à Vienne (Autriche), c'est également la chaux caustique qu'on emploie pour traiter les eaux calcaires ; mais ici la place est précieuse, la masse d'eau à fournir abondante (500 m. cubes par jour) et l'on a recours à la filtration pour séparer le précipité.

Les *condenseurs par surface* permettent de résoudre complètement la question. Cette solution, qui a parfaitement réussi dans la marine, est peut-être un peu délicate pour les cas ordinaires. En tout cas, il faut bien veiller à l'effet des eaux de condensation introduites dans les chaudières, ces eaux grasses deviennent facilement corrosives et, depuis quelques années, on a eu à déplorer de nombreux accidents qui n'ont pas eu d'autre cause.

278. Bouteille alimentaire. — Les appareils alimentaires usités sont la *pompe*, la *bouteille* et le *Giffard*.

Nous avons décrit la pompe alimentaire à la suite des machines.

La bouteille alimentaire (fig. 199) est un récipient B communiquant avec la chaudière A par le tuyau d'alimentation D, et avec le réservoir de vapeur par le tuyau C ; E est le tuyau d'aspiration d'eau froide.

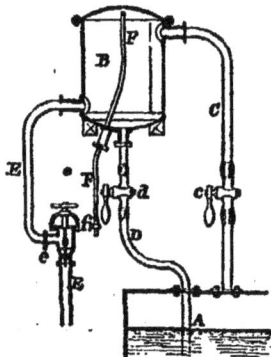

L'appareil ayant été purgé d'air par le tube F F, si l'on ferme les robinets f, c et d, la vapeur contenue en B se condense, l'eau froide est aspirée et remplit la bouteille. On ouvre alors c et d, et l'eau s'écoule dans la chaudière.

L'avantage de cet appareil, c'est qu'il est complètement indépendant de la machine.

On a eu bien souvent l'idée d'en rendre le jeu automatique en faisant, par exemple, manœu-

Fig. 199.

vrer les robinets par un flotteur suivant le niveau de l'eau dans la chaudière. Ces combinaisons, fort ingénieuses, n'ont pas eu jusqu'ici de succès durable, la fonction de régler l'alimentation est d'ailleurs trop importante pour qu'il semble prudent d'en décharger la responsabilité du chauffeur.

279. Des injecteurs. — Soit A (fig. 200) un récipient qui reçoit l'eau froide d'un réservoir B. Par la tuyère C arrive un jet de vapeur, cette vapeur en se condensant dans l'eau froide, lui communique une partie de la force vive dont elle est animée, et, si les proportions sont convenables, un jet d'eau s'élancera par le tube ascensionnel D (1).

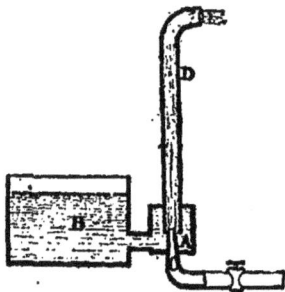

La hauteur d'élévation peut être telle qu'elle représente une pression supérieure à celle de la vapeur motrice, et alors l'appa-

Fig. 200.

reil peut remplacer la pompe alimentaire.

Tel est l'injecteur de *Krauss* (2).

L'invention de Krauss est postérieure à celle de Giffard et en dérive incontestablement ; mais, comme cela se voit souvent, le type dérivé est plus

(1) Cette disposition se retrouve dans un brevet pris par le Marquis de Mannoury d'Ectot, le 18 août 1818, décrit sous le nom de *Machine à communication de force motrice.*

(2) *Deutsche Industrie Zeitung* (février 1866).

simple que le type primitif, c'est pourquoi nous le décrirons en premier. On y reconnaîtra les mêmes organes que ci-dessus (fig. 201) :

A Arrivée de vapeur ;

a *tuyère* ;

C Arrivée d'eau ;

D Cheminée recevant le jet condensé et le lançant dans le tube divergent E ;

F Soupape de retenue se fermant quand l'injection s'arrête ;

B B Ouvertures d'introduction de l'eau dans la chaudière ;

K. Ouverture pour l'écoulement de l'eau qui échappe du divergent E.

L'injecteur Krauss diffère de l'appareil de Mannoury par l'addition des pièces suivantes :

Soupape de retenue F ;

Cheminée D. et cône divergent E, ayant l'un et l'autre pour objet d'assurer la direction des filets liquides ;

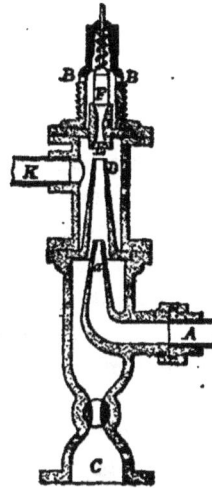

Fig. 201.

Enfin séparation entre la cheminée D et le cône divergent E par un intervalle dans lequel règne la pression atmosphérique par l'intermédiaire du tuyau de dégorgement K, de telle sorte que cet intervalle ne puisse être encombré d'eau tiède ou chaude.

L'injecteur Krauss ne fonctionne, comme celui de Mannoury, que lorsqu'il est placé *au-dessous* du *niveau de l'eau froide*; il n'est pas *aspirant*.

280. Injecteur Giffard.— M. Giffard a résolu du même coup le problème complet (1) ; l'injecteur Giffard est aspirant et foulant; de plus, il s'accommode de variations de pression très notables.

A. *Tuyère*; B. *Cheminée*; C. *Divergent*; D. *Regard*; F. *Arrivée de vapeur*; G. *Arrivée d'eau.*

Jusqu'ici, pas de différence avec le Krauss.

(1) Brevet du 8 mai 1858.

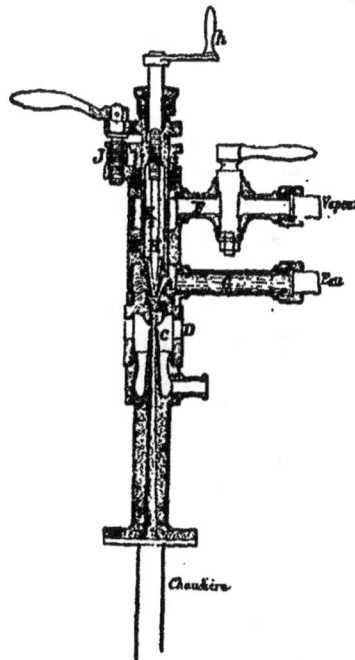

Fig. 202.

Pour produire l'aspiration, il faut d'abord faire remonter l'eau froide jusqu'en A ; on se sert, pour cela, d'un jet très fin de vapeur, qui chasse par entraînement l'air contenu dans la cheminée et dans le tuyau G ; ce filet de vapeur est obtenu en retirant très peu l'*aiguille* H au moyen de la manivelle h et de la vis h_1 ; l'appareil s'amorce ; l'eau froide arrive et jaillit par le regard D. A ce moment, on tire en grand l'aiguille H ; la force vive du jet devient de plus en plus grande et finit par l'emporter sur la pression de la chaudière ; le clapet de retenue est soulevé et l'alimentation se produit. La quantité d'eau débitée doit être en rapport avec sa température et la pression. On la modifie en rapprochant plus ou moins la tuyère A de la cheminée B : c'est l'orifice annulaire compris entre ces deux pièces qui règle le débit. La tuyère A se prolonge par un cylindre creux jusqu'en K, où elle porte une oreille mue par la vis régulatrice J.

De là, nécessité des dispositions suivantes : k et k_1, garnitures étanches de part et d'autre de l'arrivée de vapeur F ; la garniture k est en corde suiffée ou en caoutchouc ; la garniture k_1 est un presse-étoupe ; pour arriver jusqu'à la tuyère, la vapeur passe par les trous k_2.

281. Manœuvre du Giffard. — S'il est facile de se rendre compte, en gros, du fonctionnement de l'injecteur Giffard, la théorie complète et précise de cet appareil est encore à faire ; des calculs intéressants ont été présentés sur cette question, nous y renverrons le lecteur (1). Voici seulement quelques règles pratiques relatives à la manœuvre de l'injecteur.

La hauteur d'aspiration est toujours assez faible ; elle ne doit guère dépasser 1 m. à 1 m. 20 ;

Sous de faibles pressions, l'injecteur refuse son service, lorsqu'il est placé trop bas par rapport au niveau de l'eau dans la chaudière.

La température de l'eau d'alimentation doit être d'autant plus basse que la pression est plus élevée ; pour les locomotives, elle ne doit pas dépasser 40° environ.

La quantité d'eau envoyée à la chaudière par un injecteur en bon fonctionnement peut se calculer approximativement par la formule suivante :

$$q = ks \sqrt{p}$$

q. Débit en litres par seconde ;

k. 0.90 à 1 ;

s. Section minimum du *divergent* en centimètres ;

(1) Voir notamment :

Giffard, Notice théorique et pratique sur l'injecteur automoteur (*Annales des mines*, 1860) ;

Combes, Sur l'injecteur Giffard, *Bulletin de la Société d'encouragement* (1859) ;

Résal, *Traité de mécanique générale*, 4ᵉ vol., p. 180, Gauthier-Villars, 1876.

Zeuner, *Théorie mécanique*, p. 185, traduction Cazin et Aruthal, Gauthier-Villars, 1869.

Ledieu, *Nouvelles machines marines*, tome I, p. 324, Dunod, 1876.

p. Pression effective à la chaudière, en kilogramme par centimètre carré.

Ex. : Avec le Krauss figuré ci-contre (fig. 203) la section du divergent est

$$\pi \, \frac{0,9^2}{4} = 0,64$$

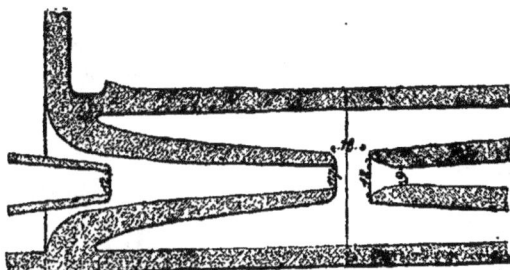

Fig. 203.

Supposons une pression effective de 9 kilogrammes, nous aurons :

$9 = (0,90 \text{ à } 1) \, 0,64 \times 3 = 1,7 \text{ à } 1,9$ litres par seconde.

Pour mettre un Giffard en marche, il faut :

1° Fermer complètement l'aiguille et ouvrir en plein le robinet F (fig. 202) d'arrivée de vapeur et le robinet d'eau ;

2° Entr'ouvrir l'aiguille jusqu'à ce que l'eau aspirée crache par les dégorgeoirs ;

3° A ce moment ouvrir l'aiguille en plein.

Quand un Giffard bien construit fonctionne mal, il crache ou se désamorce.

Il se désamorce facilement ou refuse de s'amorcer si la hauteur d'aspiration est trop grande ou l'eau trop chaude ; si l'aiguille a été d'abord trop ouverte ; s'il y a des fuites dans la garniture k, ce qui se traduit par un échauffement du tuyau G ; si l'aiguille ou la tuyère sont mal centrées ; si l'admission d'eau est trop faible ; s'il y a des fuites sur le tuyau d'aspiration.

Au moment où le Giffard se désamorce, la vapeur jaillit par tous les regards ; il faut alors fermer l'arrivée de vapeur, et recommencer la mise en train.

Le Giffard crache dans les cas suivants : aiguilles non complètement ouvertes ; admission d'eau trop petite ; hauteur de refoulement trop grande ; défaut de centrage des orifices ; vapeur contenant beaucoup d'eau en poussière.

Ces indications ne s'appliquent, bien entendu, qu'à un appareil bien proportionné et dont on a vérifié le fonctionnement : un Giffard mal construit ne saurait donner de bons résultats.

282. Variétés du Giffard. — Les divers perfectionnements apportés à l'injecteur ont eu pour objet d'en diminuer les dimensions et d'en rendre le jeu plus sûr.

Nous avons décrit plus haut l'injecteur *Krauss*.

Injecteur Friedmann non aspirant (fig. 204).

Et injecteur *Friedmann* aspirant (fig. 205).

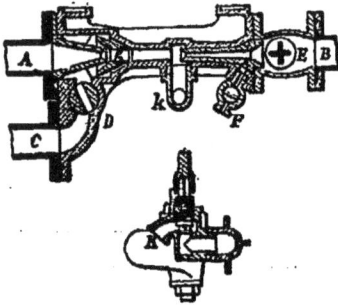

Fig. 204.

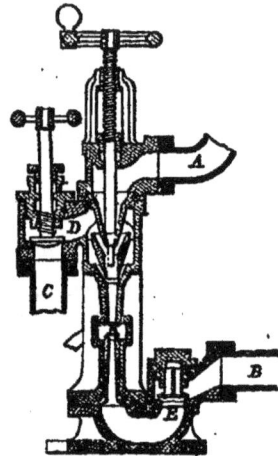

Fig. 205.

A. Arrivée de vapeur ;

B. Refoulement ;

C. Arrivée d'eau ;

D. Robinet de réglage de l'eau ;

E. Soupape de retenue ;

F. Robinet d'épreuve ;

K. Trop-plein ou dégorgeoir ;

g. Cônes directeurs.

Ces cônes, de l'invention de M. Friedmann, ont pour objet d'atténuer la perte de force vive (transformée en chaleur) due au choc de la vapeur contre l'eau ; cette perte est d'autant plus forte que le rapport des vitesses des deux fluides et le rapport inverse de leurs masses sont plus grands ; en offrant à la veine fluide des sections progressivement croissantes, en même temps qu'on augmente la quantité d'eau mise en jeu, on peut atténuer cette perte de force vive dans une large mesure.

283. Applications diverses du principe de l'injecteur. — Pour les injecteurs alimentaires, la question n'a pas d'importance.

Il en est tout autrement, lorsqu'on veut se servir de l'injecteur comme d'une pompe ; pompe fort défectueuse comme économie de vapeur, puisqu'elle donne, non seulement de l'eau montée, mais de l'eau chaude. Néanmoins, s'il s'agit d'opérer très promptement des épuisements importants avec des appareils de peu de volume (épuisement dans la cale d'un navire, etc.), l'*injecteur Friedmann* (fig. 206) peut rendre des services sérieux ; on voit qu'il est garni d'une série de cônes directeurs qui ont pour effet d'augmenter le rendement en eau montée, la hauteur d'élévation étant faible.

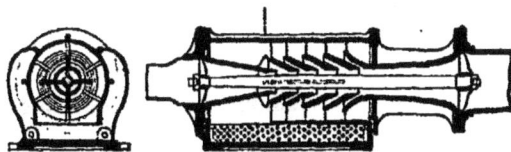

Fig. 206.

Nous avons vu, en parlant du tirage, quelques-unes des applications du principe de l'appel par entraînement. Le principe, tout à fait analogue, de l'injecteur Giffard, a reçu également les applications les plus variées.

Condenseur à jets (Kœrting) (fig. 207).

A. Arrivée d'eau froide sous une pression de 5 à 6 m. ;

B. Arrivée de la vapeur d'échappement ;

C. Départ de l'eau de condensation, par un tuyau vertical dont l'extrémité inférieure est tenue noyée ;

D D. Cônes directeurs.

C'est la force vive de la lame d'eau jaillissant par l'espace annulaire g g sous la pression de 5 à 6 mètres, augmentée du vide au condenseur, qui détermine le mouvement dans le tube C contre la pression atmosphérique.

284. Usages de l'injecteur alimentaire. — Pour en revenir au Giffard alimentaire, l'usage s'en est de plus en plus répandu. Il est précieux pour les locomotives, en ce qu'il permet l'alimentation en stationnement. Sa légèreté, son facile entretien, son prix peu élevé et la propriété précieuse qu'il possède d'alimenter sans que la machine soit en mouvement, en ont fait multiplier les applications.

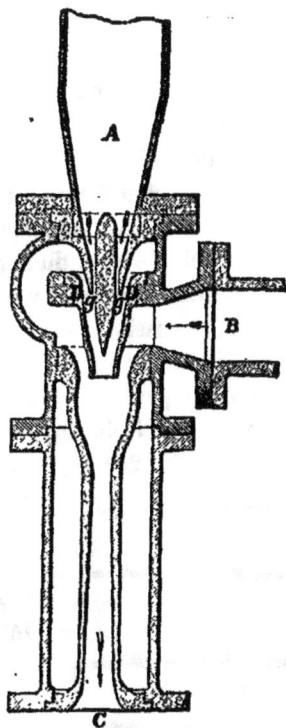

Fig. 207.

Lorsqu'on conserve les pompes alimentaires, on leur ajoute souvent un Giffard, comme appareil de secours.

Le Giffard ne peut pas s'alimenter avec les eaux chaudes de condensation ; son usage diminue notablement l'utilité des réchauffeurs d'eau d'alimentation.

Tels sont les motifs qui font conserver la pompe alimentaire, lorsque la question d'économie de combustible est importante.

285. Détails divers sur l'alimentation. — Pour terminer ce qui concerne l'alimentation, rappelons que le tuyau alimentaire doit se terminer par un clapet de retenue ; le point d'insertion doit être choisi de telle sorte que l'eau amenée par le tuyau ne reste pas stagnante aux abords, qui seraient alors très rapidement entartrés ; on l'éloignera du coup de feu, pour éviter la fatigue du métal, résultant des changements brusques de température.

Dans les locomotives, on réchauffe l'eau du tender en y envoyant de la vapeur prise à la chaudière par un robinet ; le réchauffeur fonctionne surtout quand la machine ne consomme pas de vapeur, dans les stationnements ou sur les pentes.

286. Disposition des tôles. — Les tôles pour chaudières sont fournies par les forges en feuilles rectangulaires dont la largeur maxima est de 1 m. 20 à 2 m. 20, suivant les usines, et la longueur, de plusieurs mètres. Pour faire une chaudière, on affranchit les tôles sur leurs rives, on les cintre et on les assemble par des cloures.

Il y a intérêt à ce que les feuilles de tôle soient grandes, afin de diminuer le nombre de joints.

Un corps de chaudière ou un bouilleur est constitué par un certain nombre d'anneaux de tôle ou *viroles*. Chaque virole est formée par une ou deux feuilles de tôle, le sens du laminage (*direction des fibres du métal*) étant dans la section droite. Il y a donc, par virole, une ou deux coutures, que l'on place, si possible, au-dessus du plan d'eau.

Deux viroles consécutives s'assemblent par emboîtement et cloure ; chaque virole peut être mâle à un bout, et femelle à l'autre (fig. 208 *a*), ou bien, à une virole enveloppante, succède une virole enveloppée aux deux bouts (fig. 208 *b*) ; dans tous les cas, il faut ménager des trous de vidange aux points bas, pour éviter les corrosions dues aux flaques d'eau restant dans la chaudière vide.

Fig. 208.

La virole du coup de feu est d'ordinaire en tôle de choix et plus longue que les autres ; elle est femelle afin que la tranche de la virole suivante ne soit pas exposée aux jets de chalumeau.

Les fonds se faisaient autrefois en forme de demi-sphère, avec de nombreuses coutures suivant les méridiens. Aujourd'hui, on les emboutit (fig. 182) en forme de calottes, raccordant par un congé l'amorce du cylindre ; autour de cette amorce vient se river la première virole.

Lorsque le corps cylindrique est de petit diamètre (*bouilleurs, dôme de vapeur*) et que le fond n'est pas exposé au feu, ce fond peut se faire en fonte épaisse, aux rebords cloués. On y place alors un trou d'homme (fig. 182) ou des appareils de sûreté.

Les armatures des fonds plats sont disposées de diverses façons : cornières rivées, fers à T, doubles cornières avec âme en tôle intercalée, on peut les soutenir par des tirants amarrés en des points suffisamment solides de la chaudière ; si la partie plate n'est pas trop étendue, l'armature se réduit à des goussets (fig. 187) assurant l'angle du fond et du corps cylindrique.

Aux abords des coutures longitudinales, les deux tôles sont légèrement infléchies, de telle sorte qu'elles soient dans le prolongement l'une de l'autre, de part et d'autre de la couture (fig. 209).

Fig. 209.

Les joints longitudinaux sont croisés d'une virole à l'autre, afin d'éviter la continuité des lignes de couture.

287. Rivures. — Les coutures, devant être étanches, se font à rivets plus rapprochés dans les chaudières que dans les ponts ou charpentes métalliques ; de plus, la tranche de la tôle est abattue suivant un chanfrein (fig. 210) que l'on matte, une fois la rivure faite.

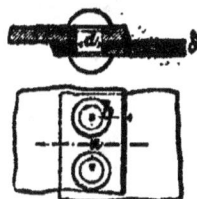

Les dimensions et distances des rivets varient d'un atelier à l'autre : voici quelques règles conseillées par Reuleaux :

Fig. 210.

δ étant l'épaisseur de chacune des tôles à réunir, on prend :

d. diamètre du rivet $= 4 \, \text{m/m} + 1,5 \, \delta$;

a. distance de deux rivets d'axe en axe $= 10 \, \text{m/m} + 2 \, d$.

b. distance de l'axe de la ligne des rivets à la rive de la tole $— 1,5 \, d$.

La résistance au droit d'une couture ainsi proportionnée est évaluée à 58 à 65 0/0 de celle de la pleine tôle.

Dans les chaudières de grand diamètre ou pour fortes pressions, les coutures longitudinales sont faites à deux rangs de rivets (fig. 211), ce qui

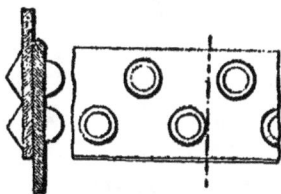

Fig. 211.

donne un supplément notable de résistance. Les grandes chaudières à haute pression de la marine sont clouées à trois rangs de rivets.

Les tôles étant percées et rapprochées, le rivet, dont l'une des têtes a été façonnée à l'avance (fig. 212 a), est chauffé au blanc et mis en place, la

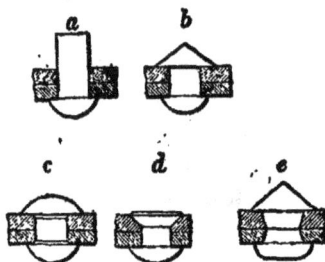

Fig. 212.

tête soutenue par un bloc pesant appelé *tête de turc*; les riveurs façonnent au marteau l'autre tête (b) et la cernent à coups de mattoir. Quand la tête est terminée à l'étampe, elle prend la forme (c), qui est aussi celle des rivets posés à la machine; dans certaines parties, où la saillie de la tête du rivet aurait des inconvénients, le trou est fraisé (d). Le forage, au poinçon, de la tôle donne d'ordinaire au trou une forme conique, la petite ouverture dirigée du côté du poinçon, les tôles percées au poinçon doivent être assemblées, les petites ouvertures étant en contact (e).

A l'intersection des coutures longitudinales et transversales, l'une des tôles est façonnée à la forge en forme de sifflet ou de *pince* (fig. 213).

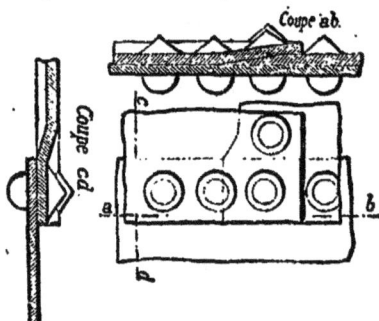

Fig. 213.

288. Chaudière de locomobile. — Voici (fig. 214) comme premier exemple, les détails d'une chaudière de locomobile.

A. Foyer; il est formé de trois feuilles de tôle, savoir:

a a. Pourtour du foyer, dans lequel est percée la porte b;

c c. Ciel du foyer, en tôle emboutie;

d d. Plaque tubulaire, plus épaisse, emboutie sur les bords;

B. Boîte à feu extérieure, enveloppant complètement le foyer, et formée également de trois feuilles de tôle, savoir:

e e. Partie cylindrique avec deux ouvertures:

l'une f, pour trou d'hommes;

l'autre b, pour porte du foyer;

g g. Partie cylindrique;

b h. Dôme, portant les soupapes de sûreté.

C C. Raccord avec le corps cylindrique, en une pièce avec une couture longitudinale ;

D D. Corps cylindrique ;

E E. Plaque tubulaire de la boîte à fumée, retournée d'équerre à la forge et rivée au corps cylindrique ;

i. Armature ;

F. Boîte à fumée ;

G. Cheminée en tôle ;

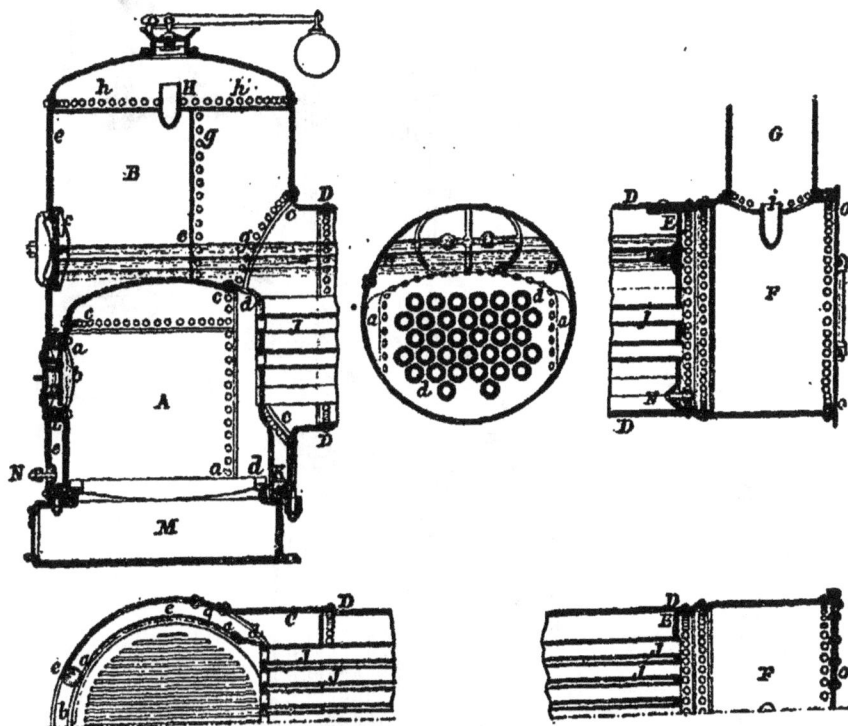

Fig. 214.

j j. Tubes en fer étiré, assemblés avec les deux plaques tubulaires par simple emboutissage ; l'assemblage du côté du foyer est consolidé par des bagues en acier ;

H. Prise de vapeur ;

I. Buse d'échappement ;

K. Cadre en fer forgé, pour la réunion du foyer et de la boîte à feu extérieure, au pourtour de la grille ;

L. idem, au pourtour de la porte ;

M. Cendrier en fonte ;

N N. Bouchons de nettoyage.

O O. Porte de la boîte à fumée, pour le ramonage des tubes.

289. Chaudière de locomotive. — La figure 215 donne les détails de construction d'une chaudière de locomotive.

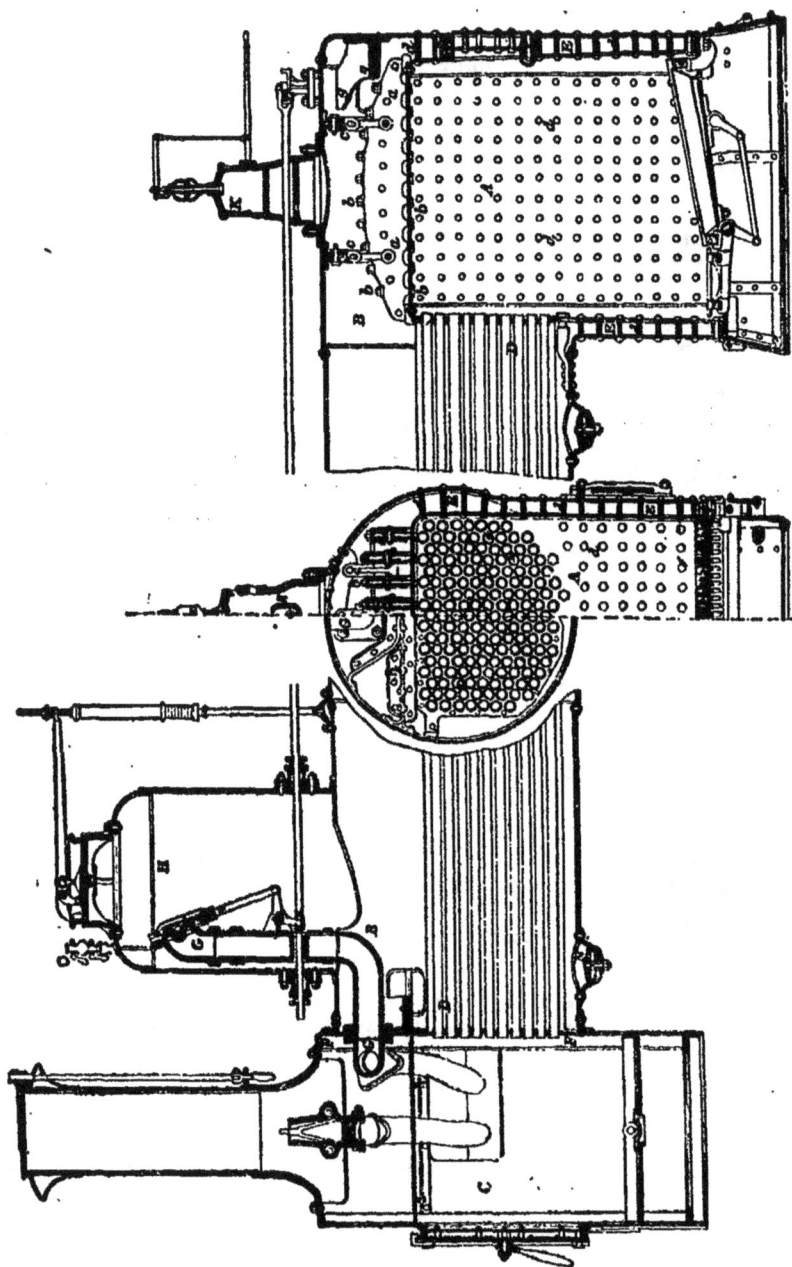

Fig. 215.

La disposition d'ensemble est la même que celle de la chaudière de locomobile ci-dessus.

A. Foyer ; B B. Corps cylindrique ; C. Boîte à fumée ; D D. Faisceau tubulaire.

Foyer A. — Il est en cuivre rouge, les parois latérales et le ciel sont formés d'une seule feuille de cuivre, de 12 mm. environ, rivée sur son pourtour à la plaque postérieure (12 mm.) et à la plaque tubulaire (18 à 25 ou 30 mm.) convenablement embouties sur les bords. Le cuivre est, moins que le fer, exposé à se détériorer sous l'action des dilatations inégales, et les incrustations y sont moins adhérentes. En Amérique, les foyers sont souvent en fer ou en acier.

Armature du ciel du foyer. — Pour que le ciel ne cède pas sous l'énorme pression qu'il supporte, on l'arme, au moyen de poutres en forme de solides d'égale résistance, *a a*, composées de couples de fers plats découpés et moisés, sur la tranche desquels s'appuient les boulons *b b b* qui soutiennent la tôle de cuivre. Pour que ces armatures n'écrasent pas, à leur tour, les parois verticales, elles sont soutenues par des étriers *c c c*, se rattachant à des cornières fixées au dôme de la chaudière.

Quelquefois, lorsque le foyer est très long, les armatures sont transversales. D'autres fois, l'armature est remplacée par un système d'entretoises reliant le ciel avec le dôme, et analogues à celles dont il va être question.

Armatures des parois verticales. — Le foyer est enveloppé, sur ses faces verticales, par la boîte à feu extérieure E E E. Les parois planes parallèles sont réunies par des entretoises *d d d* (fig. 215 et 216) en cuivre rouge, vissées à leurs extrémités dans les deux parois, puis rivées. Ces entretoises sont exposées à se rompre ; pour que le mécanicien soit prévenu à temps de cet accident, on les perce, suivant leur axe, d'un petit canal que l'on bouche ensuite à un bout (soit à l'extérieur, soit à l'intérieur) avec quelques coups de mattoir. Un cadre inférieur en fer forgé *e e* (fig. 215) et rivé, et le cadre de la porte *f f* complètent la réunion de la boîte à feu extérieure avec le foyer.

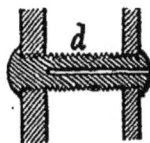

Fig. 216.

Boîte à feu extérieure. — Elle se compose d'une paroi postérieure plane, emboutie sur les bords du dôme, et des parois latérales — ces dernières prises souvent, avec le dôme, dans une seule feuille de tôle — et de la pièce de devant, qui s'élève jusqu'à la moitié à peu près du corps cylindrique et se raccorde, par des parties embouties, tant avec les parois latérales qu'avec le corps cylindrique. L'exécution de cette dernière pièce, à formes tourmentées, exige de bons forgerons et d'excellentes tôles.

Les dilatations inégales de la boîte à feu extérieure, qui est en fer, et du foyer, qui est en cuivre et exposé à l'action immédiate du feu, fatiguent les entretoises et les parois verticales du foyer.

La partie de la paroi postérieure qui s'élève au-dessus du foyer est consolidée par de fortes armatures *g g*.

Corps cylindrique. — Il se compose généralement de trois viroles à rivures longitudinales doubles.

Plaque tubulaire de la boite à fumée F F. — Elle est en tôle épaisse assemblée par des cornières avec le corps cylindrique et, par un rebord embouti
avec les parois latérales de la boîte à fumée. Souvent ces assemblages sont
disposés comme dans la figure 214.

La partie supérieure est consolidée par de fortes armatures *h h* et traversée par la prise de vapeur G G.

Tubulure. — Les tubes sont en laiton étiré d'environ 5 centimètres de
diamètre et 2 millimètres d'épaisseur. Les tubes en cuivre rouge seraient
promptement usés par les cendres et parcelles de coke entraînées par le
tirage ; ceux en fer adhèrent fortement aux incrustations, mais ils sont
meilleur marché et ils semblent moins fatiguer les plaques tubulaires par
leur dilatation ; la tubulure des locomotives américaines est presque toujours en fer étiré. La boîte à fumée est disposée de telle sorte que le ramonage des tubes soit facile. Quelquefois, pour faciliter l'enlèvement du
tartre, on dispose les tubes, non pas en quinconce, comme sur la figure,
mais par rangées verticales.

L'assemblage des tubes se fait en les rivant, à froid, dans les trous coniques alésés dans les plaques tubulaires (fig. 217) au moyen d'un petit ap-

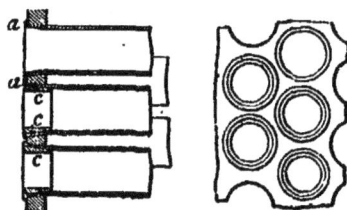

Fig. 217.

pareil appelé *Dudgeon*, — on rabat ensuite la collerette *a a*, puis on force,
à l'intérieur, une bague *c c*, conique, en acier ; — celle-ci est souvent supprimée du côté de la boîte à fumée.

Les tubes en laiton se *raboutent* facilement par l'adjonction d'un bout de
cuivre rouge, soudé à la soudure forte.

Lorsqu'un tube est écrasé par la pression, le mécanicien peut quelquefois arriver à arrêter la fuite en enfonçant, dans chaque extrémité du tube
crevé, un tampon de bois. Cet expédient a servi, de temps à autre, à empêcher un train de rester en détresse.

Démontage des tubes. — Il faut démonter quelques tubes pour nettoyer à
fond la chaudière ; pour cela on coupe le bout des tubes à démonter qui
sont alors sacrifiés.

M. *Behrendorf* a proposé le système suivant (fig. 218).

Les tubes sont terminés par des bouts coniques tournés, de diamètres

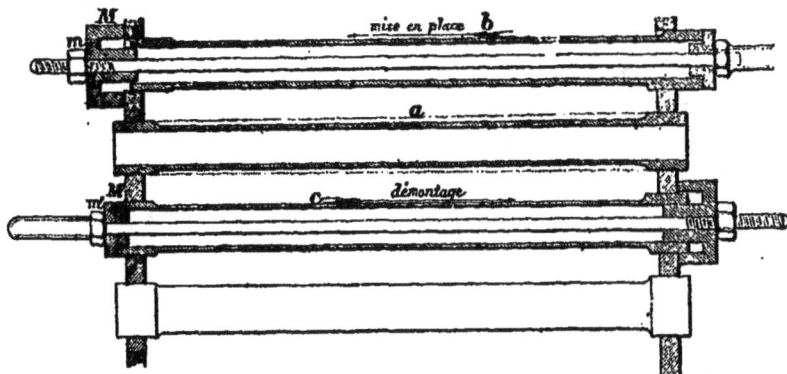

Fig. 218.

un peu inégaux (*a*) ; en poussant sur le tube dans un sens (*b*), on le force dans les plaques tubulaires ; en le tirant en sens inverse (*c*), on le dégage. Ce système a été appliqué dans les chaudières fixes.

Dômes. — On voit en H (fig. 215) le grand dôme avec prise de vapeur et soupapes de sûreté ; en K, K le petit dôme portant le sifflet et la prise de vapeur de l'injecteur.

Glissière. — La chaudière est fixée par l'avant sur le châssis ; le reste de la chaudière se dilate vers l'arrière en glissant sur des supports fixés au châssis L, et sur des glissières M boulonnées à la boîte à feu extérieure.

N,N bouchons de vidange fermés par des autoclaves.

Il y a des bouchons de vidange dans les angles de la boîte à feu extérieure et en différents points, de manière à permettre le nettoyage de toutes les parties de la chaudière.

290. Soupapes de sûreté. — La soupape de sûreté (fig. 219) est une soupape ordinaire, en bronze, bien guidée, soit par un appendice cylindrique A, soit par des ailettes. La partie *a a* est plate et très étroite, afin de délimiter sans incertitude l'aire sur laquelle s'exerce la pression de la vapeur.

Cette pression est contrebalancée par l'action d'un poids suspendu à l'extrémité d'un levier horizontal B B, tournant autour de l'axe C et qui agit exactement sur *h*, centre de la

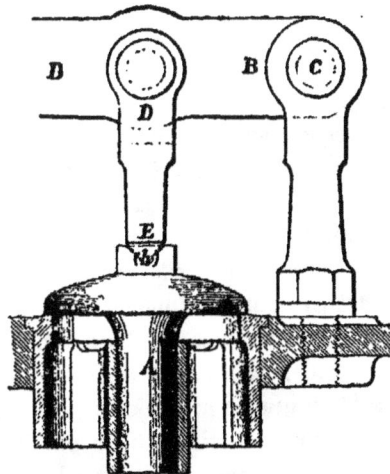

Fig. 219.

soupape, par l'intermédiaire de la petite bielle D E terminée en pointe.

« Chaque chaudière est munie de deux soupapes de sûreté, chargées de manière à laisser la vapeur s'écouler avant que sa pression effective atteigne ou tout au moins dès qu'elle a atteint la limite maximum imposée par le timbre (Décret du 25 janvier 1865). »

La charge à donner à la soupape est donc le produit de l'aire de la soupape (en centimètres carrés) par la pression effective indiquée par le timbre (en kilog.). D'après cette donnée et le rapport des bras du levier, on calcule le contrepoids.

Mais cela ne suffit pas ; il faut encore que : « chacune des soupapes offre une section suffisante pour maintenir à elle seule, quelle que soit l'activité du feu, la vapeur dans la chaudière à un degré de pression qui n'excède, dans aucun cas, la limite ci-dessus ».

Le calcul de la section nécessaire pour satisfaire à cette condition ne peut guère être établi que d'après des données empiriques. L'ordonnance de 1843 avait fixé les dimensions des soupapes, à la suite d'expériences nombreuses faites par une Commission spéciale, au moyen de la formule suivante :

$$d = 2,6 \sqrt{\frac{S}{p_a - 0,412}}$$

d. diamètre de chaque soupape en centimètres ;

S. surface de chauffe en mètres carrés ;

p_a. pression absolue en atmosphères.

Ces prescriptions, quoique légalement abrogées, sont encore observées par beaucoup de bons constructeurs.

La formule ci-dessus, ramenée aux unités actuellement en usage, devient :

$$d = 2,64 \sqrt{\frac{S}{p_k + 0,621}}$$

p_k. pression effective, en kilog., par millimètre carré, ou n^o du timbre ; les autres lettres comme ci-dessus.

Voici les autres prescriptions de l'ordonnance de 1843 :

« La largeur de la surface annulaire de recouvrement ne devra pas dépasser la trentième partie du diamètre de la surface circulaire exposée directement à la pression de la vapeur, et cette largeur, dans aucun cas, ne devra excéder deux millimètres. »

Sur les locomotives, la charge du levier de la soupape est obtenue, non par un poids, mais par un ressort en spirale enfermé dans un barillet (voir fig. 215), et que le mécanicien peut bander jusqu'à la tension correspondant à la pression limite fixée par le timbre. Les mécaniciens donnent à cet appareil le nom expressif de *balance*.

Autrefois, pour limiter la pression, on établissait, sur le réservoir de vapeur, des bouchons percés et fermés avec un alliage fusible de Darcet disposé de manière à fondre à une température peu supérieure à celle de la vapeur saturée correspondant à la pression limite. Cet usage a été abandonné parce qu'à la longue, la température de fusion de ces alliages s'élève notablement.

291. Manomètres. — « Toute chaudière est munie d'un manomètre en bon état, placé en vue du chauffeur, disposé et gradué de manière à indiquer la pression effective de la vapeur dans la chaudière. Une ligne très apparente marque, sur l'échelle, le point que l'index ne doit pas dépasser. Un seul manomètre peut servir pour plusieurs chaudières ayant un réservoir de vapeur commun (Décret de 1865). »

Les manomètres à colonne de mercure à air libre sont ceux qui donnent les indications les plus sûres et les plus exactes. Néanmoins, avec les pressions usuelles, ils ne sont plus guère employés, à cause de leur grande hauteur, de leur fragilité et de la prompte formation d'oxyde de mercure qui salit le verre et rend les lectures difficiles. Le manomètre à air comprimé donne des indications trop incertaines pour être d'un bon usage.

Dans les anciennes locomotives du Chemin de fer de Lyon à St-Étienne, on avait tourné la difficulté par un artifice fort ingénieux : le *manomètre Richard* (fig. 220) se composait d'une série de siphons en fer se succédant en forme de serpentin ; en ouvrant les bouchons à vis *a a a*, on remplissait de mercure les coudes inférieurs et d'eau les coudes supérieurs. Dans un pareil système, si l'on exerce une pression par l'orifice *b*, il y aura dénivellation dans les sommets des colonnes mercurielles ; d'une branche à l'autre, en allant de gauche à droite, la pression ira en croissant et, si le nombre de branches est assez grand, à une dénivellation de quelques centimètres en *c*, correspond une pression de plusieurs atmosphères en *b*. Le niveau du mercure en *b* se meut dans un tube en verre gradué débouchant à l'air libre.

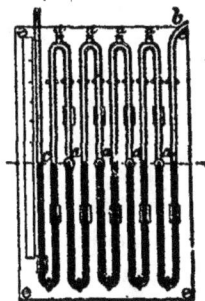

Fig. 220.

Aujourd'hui, on n'emploie plus que les manomètres métalliques.

Le *manomètre Bourdon* (fig. 221) se compose d'un tube métallique *a a* enroulé sur lui-même et dont la section est méplate ; par l'effet de la pression intérieure, la section tend à se rapprocher de la forme circulaire, ce qui force le tube à se redresser plus ou moins ; ce mouve-

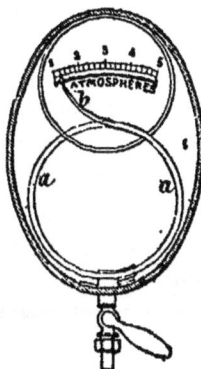

Fig. 221.

ment est traduit par une aiguille *b* se mouvant sur un cadre divisé.

D'autres manomètres métalliques sont construits de façons différentes : la pression de la vapeur fait fléchir un diaphragme flexible soutenu par un ressort ; ce diaphragme est formé soit d'une lame métallique mince (manomètre *Vidi*) rendue plus déformable par une série d'ondes circulaires, soit d'une feuille de caoutchouc (manomètre *Galy-Cazalat*). Les mouvements sont amplifiés par des leviers ou des engrenages.

Tous ces manomètres sont bons s'ils sont bien construits et bien tenus, et mauvais dans le cas contraire, qui malheureusement est assez fréquent.

On les gradue par comparaison avec de bons manomètres à mercure sous des pressions hydrauliques variées.

L'emploi des manomètres métalliques exige quelques précautions qu'il faut connaître :

Il faut éviter de les mettre en contact immédiat avec la vapeur chaude ; on les réunit à la chaudière par un assez long tube, cintré en forme de siphon, dans lequel l'eau s'accumule. Ce tube porte des robinets qui permettent d'interrompre la communication avec la chaudière et de l'établir avec l'atmosphère. Le manomètre étant en communication avec l'atmosphère, l'index doit revenir à l'origine de l'échelle. S'il n'en est pas ainsi, on retouche la position de l'aiguille au moyen des organes de rappel dont l'instrument est toujours pourvu.

Il convient de vérifier fréquemment la graduation ; à cet effet, on se sert d'un manomètre dit *étalon*, soigneusement gradué ; l'étalon se fixe, à l'aide d'une pince, sur une partie venue sur le pied du manomètre ; les deux manomètres, étant en communication avec la même chaudière, doivent donner la même indication. Si, de plus, l'aiguille revient bien à l'origine de l'échelle, quand la communication est établie avec l'atmosphère, l'essai peut être considéré comme satisfaisant.

L'étalon doit lui-même être fréquemment vérifié, par comparaison avec un manomètre à mercure. Certains manomètres sont gradués en kilog. effectifs, et alors l'origine de l'échelle porte zéro ; d'autres sont gradués en atmosphères, et la graduation part de 1.

Quelques chauffeurs ont l'habitude de surcharger leurs soupapes et de forcer la pression, ce qui peut amener des explosions. Pour empêcher cette manœuvre dangereuse, on établit parfois des manomètres spéciaux *a maxima*. L'aiguille pousse en avant un index, qui ne revient pas en arrière quand l'aiguille rétrograde ; ou bien les indications du manomètre sont enregistrées automatiquement sur un papier entraîné par un mouvement d'horlogerie. L'appareil est tenu sous clef, et les directeurs peuvent constater ainsi les infractions aux règlements. Ces installations décorées, dans les usines, du nom de *mouchards*, sont néanmoins fort utiles, quand les chauffeurs ne sont pas eux-mêmes des hommes très sûrs.

On monte d'ordinaire sur le condenseur un manomètre spécial appelé *indicateur du vide*, gradué en centimètres de mercure à partir de la pression atmosphérique ; on dira, par exemple, qu'un condenseur donne 60, 65 centim. de vide.

292. Indicateurs du niveau de l'eau. — *Décret de 1865. Art. 8* :

« Le niveau que l'eau doit avoir habituellement dans chaque chaudière doit dépasser d'un décimètre au moins la partie la plus élevée des carneaux, tubes et conduits de la flamme et de la fumée dans le fourneau.

« Ce niveau est indiqué par une ligne tracée d'une manière très apparente sur la partie extérieure de la chaudière et sur le parement du fourneau.

« Les prescriptions énoncées au § 1er du présent article ne s'appliquent point :

« 1o Aux surchauffeurs de vapeur distincts de la chaudière ;

« 2o A des surfaces relativement peu étendues et placées de manière à ne jamais rougir, même lorsque le feu est poussé à son maximum d'activité, telles que la partie supérieure des plaques tubulaires des boîtes à fumée dans les chaudières de locomotives, ou encore telles que les tubes ou parties de cheminées qui traversent le réservoir de vapeur, en envoyant directement à la cheminée principale les produits de la combustion ;

« 3o Aux générateurs dits à production instantanée et à tous autres qui contiennent une trop petite quantité d'eau pour qu'une rupture puisse être dangereuse.

« Art. 9. — Chaque chaudière est munie de deux appareils indicateurs du niveau de l'eau, indépendants l'un de l'autre, et placés en vue du chauffeur.

« L'un de ces indicateurs est un tube de verre disposé de manière à pouvoir être facilement nettoyé et remplacé, au besoin. »

Le *tube de niveau d'eau* (fig. 222) est un tube en cristal communiquant

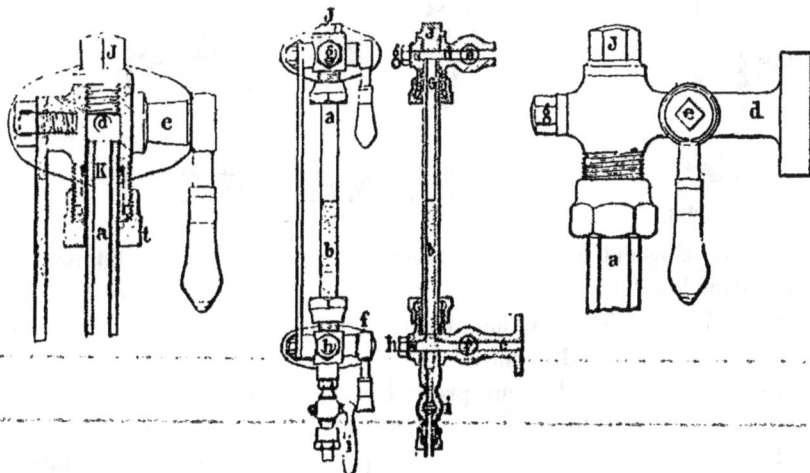

Fig. 222.

par le bas en *c*, avec le réservoir d'eau, et par le haut en *d*, avec le réservoir de vapeur.

Voici quelques détails sur le mode de fonctionnement et le montage de cet appareil :

Les robinets *e f* doivent être toujours ouverts ; on ne les ferme que si le tube vient à se briser ;

g h, tampons vissés qu'on démonte pour le nettoyage des conduits d'arrivée de vapeur ;

i, robinet de purge que l'on ouvre pour nettoyer le tube de cristal par un jet rapide de vapeur ;

j, tampon vissé qu'on retire pour mettre en place le tube de cristal.

Le joint du tube avec la garniture en bronze est fait au moyen d'un petit presse-étoupe agissant sur une bague K, en chanvre ou en caoutchouc ; le montage doit être tel que le cristal ne soit nulle part en contact avec le métal, sinon les ruptures sont fréquentes.

Souvent les communications *c d* sont prolongées à l'intérieur de la chaudière par des tubes recourbés allant puiser la vapeur vers le sommet du réservoir et l'eau dans le bas de la chaudière.

Le tube de cristal, lorsqu'il est en contact avec la vapeur chaude, est assez exposé à se rompre.

Voici (fig. 223) un dispositif propre à éviter cet accident. Un réservoir A est intercalé entre la chaudière et le tube, de telle sorte que ce dernier reste toujours froid ; les impuretés se déposent, non dans le tube, mais dans le réservoir A, d'où elles sont évacuées par le robi-

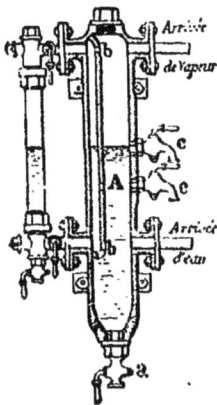

Fig. 223.

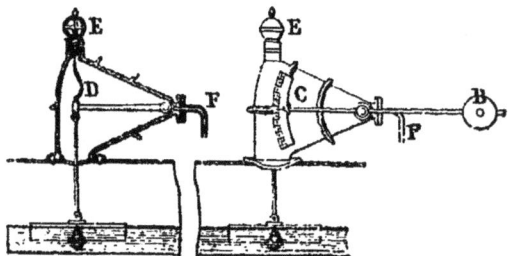

Fig. 224.

net *a* ; une cloison *b b*, percée d'ouvertures, modère les oscillations du niveau dans le tube ; le réservoir A porte deux ou trois *robinets de jauge c c*, ce qui lui a fait donner le nom de *clarinette*. Quelquefois, on y ajoute un flotteur avec sifflet d'alarme.

Le second appareil indicateur prescrit par les règlements est, dans les chaudières fixes, un flotteur : une pierre plate A, suspendue à un levier dont l'axe passe à travers un presse-étoupe, est équilibrée par un contrepoids B ; les mouvements du levier sont indiqués par une aiguille C.

Si l'eau vient à baisser au-dessous d'un certain niveau, le flotteur ouvre par l'intermédiaire de la chaînette D, une petite soupape, et le *sifflet d'alarme* E retentit.

La prise de vapeur pour le manomètre se fait souvent en F.

Le jeu de cet appareil est quelquefois incertain, à cause du frottement exercé par le presse-étoupe.

Cet inconvénient est évité dans *l'indicateur magnétique Lethuillier-Pinel* (fig. 225).

A. Flotteur formé d'une lentille étanche en tôle mince ;

B. Aimant agissant à travers la plaque mince a a sur l'aiguille ronde en acier b, qui suit tous les mouvements de l'aimant ;

d. Petit ressort très léger appuyant l'aimant contre la plaque a a.

C, D. Sifflets de *trop plein* et de *manque d'eau*, de tons différents, actionnés tour à tour par le buttoir E ;

F. Soupape de sûreté ;

G. Manomètre.

Ces appareils fonctionnent généralement bien.

Dans *l'Indicateur Perrotte*, l'attraction magnétique donne à une aiguille un mouvement de rotation.

Sur les chaudières mobiles (locomobiles, locomotives, chaudières marines) le flotteur est remplacé par deux ou trois *robinets de jauge* placés aux environs du plan d'eau normal.

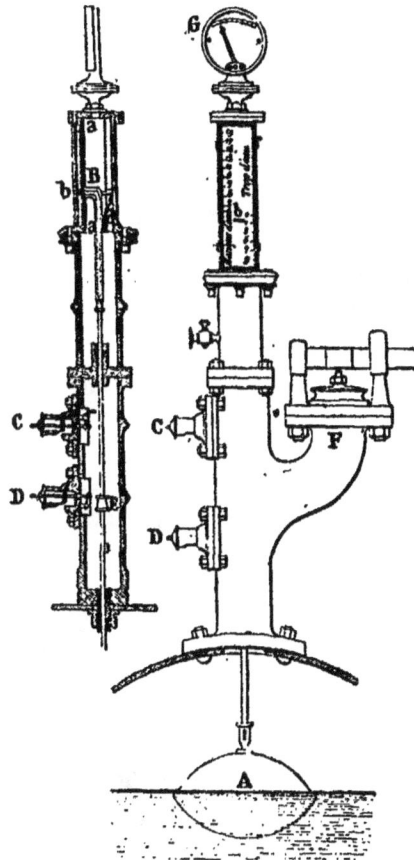

Fig. 225.

Souvent on dispose dans le ciel des foyers de locomotives un ou deux bouchons vissés, percés d'une ouverture dans laquelle on coule du plomb ; si l'eau vient à baisser dans la chaudière, le plomb fond et la vapeur, en se précipitant dans le foyer, éteint le feu.

203. Prise de vapeur. — La prise de vapeur est fermée par un obturateur appelé, assez improprement, régulateur (1) et qui est à la main du

_____

(1) On appelle souvent *régulateur* l'appareil à force centrifuge, auquel nous avons maintenu le nom de *modérateur*, pour éviter les confusions.

mécanicien. C'est un robinet, pour les petites machines ; pour les grandes, c'est une soupape à vis avec un tiroir, soit simple, soit à jalousie (fig. 215), Sur cette figure, on voit en O le graisseur du régulateur. Comme la manœuvre du régulateur est assez dure, elle se fait en deux temps : le premier mouvement ne découvre que le petit orifice l, qui suffit pour établir à peu près l'équilibre de pression de part et d'autre du régulateur, quand le mouvement de la machine est très lent, et permet, dès lors, d'ouvrir facilement les grands orifices. La prise de vapeur doit être placée aussi loin que possible du niveau de l'eau et dans une partie de la chaudière où l'ébullition soit tranquille. Dans les machines Crampton, elle est formée d'un tuyau longeant la génératrice supérieure du corps cylindrique, et percée, vers le haut, d'un grand nombre de trous ; ce tuyau aboutit à une boîte spéciale dans laquelle est placé le régulateur proprement dit. Cette disposition qui a pour but d'atténuer les entraînements d'eau, n'est que médiocrement efficace.

Il est important que le volume compris entre le régulateur et la boîte de distribution soit faible, afin que l'on puisse stopper promptement. Si la machine est un peu loin de la chaudière, le régulateur est placé sur la boîte de distribution, et on ajoute une soupape d'arrêt sur la chaudière même.

294. Trous d'homme. — Les trous d'homme (fig. 226) ont la disposition d'autoclaves et sont en fonte ; le diamètre *a a* de l'obturateur est plus

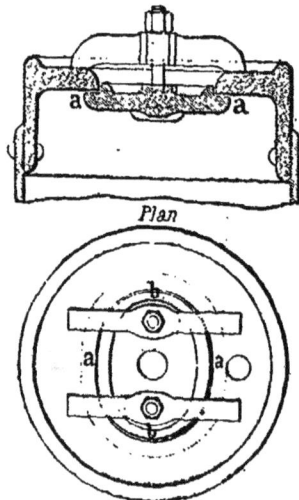

Fig. 226.

petit que le grand diamètre *b b* de l'orifice, afin que l'on puisse introduire l'obturateur de champ ; le joint se fait au minium.

Les trous d'homme, robinets, bouchons de vidange, doivent être disposés de telle sorte que l'on puisse vider et nettoyer toutes les parties de la chaudière : cette précaution est d'une grande importance.

295. Supports, Fourneau, Enveloppes. — La chaudière est supportée par des *oreilles* (fig. 227 a) en fonte ou en fer forgé qui lui sont rivées, et qui portent librement soit sur des barres de fer, formant glissières de dilatation encastrées dans la maçonnerie, soit sur des supports (b) en fonte.

Les bouilleurs reposent sur des *chandeliers* (c) en fonte.

Toutes les portées doivent se faire exactement et avec libre dilatation, sans quoi la chaudière est exposée à des efforts de flexion dangereux.

La chaudière une fois établie sur ses supports, on complète les maçonneries du fourneau, en employant la brique et le mortier réfractaires pour les parties léchées par la flamme ; le surplus se fait en briques et mortier de chaux. Le dessus de la chaudière n'est couvert que de cendres et de mâchefer ; on ménage autour du massif du fourneau des chambres vides pour réduire les pertes de chaleur par conduction. L'ensemble est convenablement maintenu par des armatures et tirants en fonte et fer. Le fourneau se dilate toujours

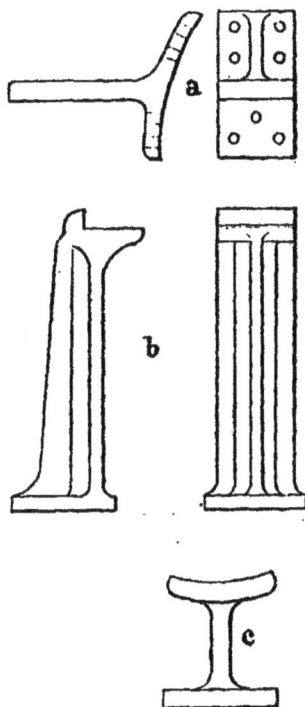

Fig. 227.

un peu, lors de la mise en feu, et la poussée qu'il exerce sur ses armatures les briserait, si l'on n'avait soin, soit de desserrer un peu les boulons et clavettes, soit d'interposer des cales en bois tendre.

Le dôme de vapeur, dans les chaudières fixes, est enveloppé d'une maçonnerie légère, avec un intervalle qu'on remplit de cendres ou de mâchefer.

Les chaudières mobiles, qui sont presque toujours à foyer intérieur, sont enveloppées de douves de bois reposant sur une couche de feutre et maintenues par des cercles de feuillard. Souvent, on se contente d'une simple enveloppe en tôle mince, avec couche d'air intercalée. Cette enveloppe est quelquefois faite en feuilles de laiton ; le pouvoir rayonnant de cet alliage est plus faible que celui de la tôle de fer, et il est moins exposé à l'oxydation.

296. Robinetterie. — Un bon robinet est chose assez rare. Ceux pour machines à vapeur se font exclusivement en bronze (fig. 228).

A. *Clef* du robinet sous forme de cône allongé ;

B. *Boisseau* :

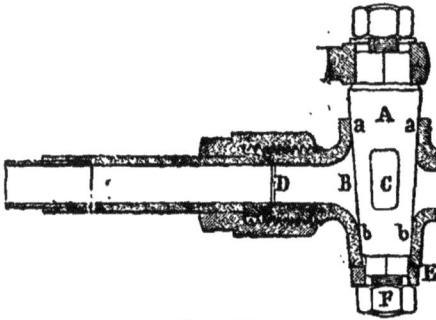
Fig. 228.

C. *Œil* ;

D. *Raccord* ;

E. *Rosette* ;

F. *Écrou de serrage.*

La clef et le boisseau sont d'abord tournés puis rodés à l'émeri fin et au rouge d'Angleterre. L'usure résultant de cette opération produit souvent des épaulements en a a et b b ; dès lors, la clef ne cède pas à l'action de l'écrou F et le robinet cesse d'être étanche. On évite cet inconvénient en pratiquant au tour un léger rétrécissement de la clef dans ces parties.

La rosette est percée d'un carré et tourne avec la clef ; le jeu entre l'écrou et le carré de la clef doit être assez grand pour permettre plusieurs rodages.

La manette de manœuvre est rapportée par un carré avec écrou, ou bien venue de fonte avec la clef ; elle est garnie de bois.

La figure 229 représente un robinet à trois voies.

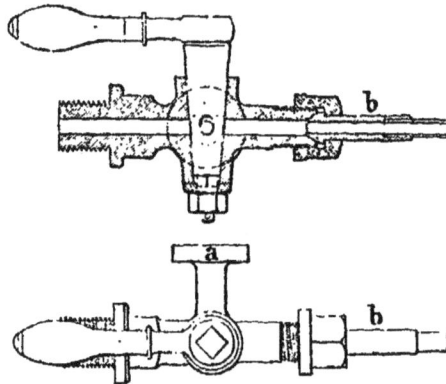
Fig. 229.

Les raccords se font soit par des brides (a), soit par des écrous avec cône en bronze tourné et soudé à l'extrémité du tuyau à raccorder, comme en b.

Le cône est souvent remplacé par une simple collerette rabattue à l'extrémité du tuyau à raccorder ; on fait alors le joint avec une rondelle de plomb enduite de céruse ou une bande de caoutchouc.

Pour les grandes ouvertures, on emploie des tiroirs glissants, simples ou à jalousies (fig. 215), ou des soupapes à vis.

Soupape d'arrêt de la marine (fig. 230).

Soupape à vis pour grosse conduite de vapeur (fig. 231).

Le joint entre la tige tournante et le chapeau est obtenu par le cône *a* poussé par le ressort à boudin *b*.

Sifflet de locomotive (fig. 232).

A. Cloche en bronze contre les bords de laquelle vient

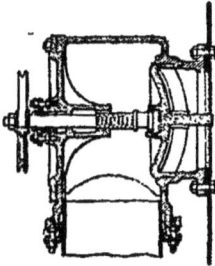
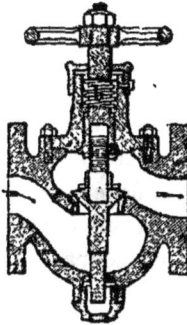
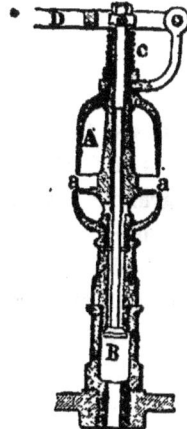

Fig. 230.   Fig. 231.   Fig. 232.

se briser le jet de vapeur lancé par l'ouverture annulaire *a a* ;

D. Levier de manœuvre ; il appuie sur la soupape B et est soutenu au repos par le ressort *c*.

297. Tuyauterie. — Les tuyaux pour machines à vapeur se font en cuivre, en fonte, en fer ou en tôle rivée.

Les tuyaux en cuivre sont les plus employés ; ceux de petit diamètre sont en cuivre rouge étiré et sans soudure. On les courbe facilement ; les assemblages se font par des raccords à vis décrits au paragraphe précédent.

Ceux de plus grand diamètre s'obtiennent au moyen de bandes de tôle de cuivre cintrées et soudées à la soudure forte. Pour les courber, on les remplit préalablement de résine qui les empêche de s'aplatir. Ils s'assemblent au moyen de brides en fonte ou en fer soudées au tube (fig. 233 a) ou pressant sur des collerettes (b) avec interposition de rondelles de plomb ou de chanvre gras.

Les tuyaux en fonte s'obtiennent à la fonderie avec leurs formes définitives, sauf le gras pour l'ajustage des portées. Les assemblages se font à brides ; on emploie aussi des joints en caoutchouc, de différents systèmes, et qui rendent de bons services.

Les tuyaux en fer soudé ou étiré se fabriquent aujourd'hui couramment sous des diamètres allant jusqu'à 0m25 et au delà. On les assemble à l'aide de manchons filetés (fig. 234) pour les

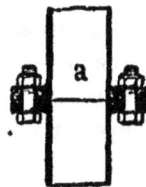
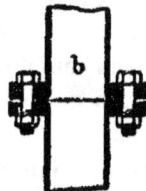

Fig. 233

petits diamètres,et au moyen de collets rabattus et de brides, pour les gros tuyaux.

Fig. 234.

On n'emploie guère la tôle rivée que pour les gros diamètres ; les assemblages se font comme pour les tuyaux en cuivre, ou mieux au moyen de brides en fonte ou en fer rivées.

Les grandes conduites de vapeur exigent des précautions spéciales :

On a soin de ménager, de distance en distance, des joints de dilatation, constitués d'ordinaire par de simples presse-étoupe ou par des bouts de tuyaux de cuivre recourbés en col de cygne. A chaque point bas, on dispose un robinet de purge, ou mieux, un réservoir muni d'un purgeur automatique ; flotteur qui soulève une soupape de purge quand le niveau de l'eau vient à s'élever.

Lorsque plusieurs chaudières desservent un même moteur, chaque corps de chaudière doit avoir sa soupape d'arrêt, branchée sur la conduite de vapeur, et son robinet d'alimentation, branché sur la conduite d'eau sous pression.Il serait très imprudent d'avoir,entre les différentes chaudières,des communications permanentes d'eau et de vapeur ; à l'état statique,le niveau de l'eau s'établirait bien à la même hauteur dans les différents corps ; mais si l'on vient à ouvrir les prises de vapeur, il se produit vite, d'un corps à l'autre, des différences de pression amenant des dénivellations variables et très dangereuses ; d'ailleurs, on s'interdirait ainsi la faculté de mettre hors feu un ou plusieurs corps, pour le nettoyage et les réparations.

Les longues conduites occasionnent des condensations abondantes, que l'on combat au moyen d'enveloppes en corps non conducteurs : feutre couvert de grosse toile ; douves de bois ou de liège maintenues par de la toile, des cercles ou du fil de fer ; argile pétrie avec de la paille hachée ; des étoupes ou des tresses de foin ; feuilles de toile mince ; compositions diverses, appelées calorifuges, etc.

208. Détériorations des chaudières. — Les chaudières, mises en service, se détériorent plus ou moins vite ; les détériorations sont quelquefois fort lentes ; dans certains cas, elles se produisent avec une telle rapidité qu'au bout de quelques semaines, le générateur est hors de service. Voici sous quelles formes se présentent les détériorations les plus fréquentes.

Corrosions intérieures. — Elles ont l'aspect de vermiculures, de piqûres disséminées, d'érosions plus ou moins étendues. Fréquemment elles se localisent en sillons le long de la pince intérieure des clouures ; elles percent la tôle sur toute son épaisseur. Ces corrosions ne se produisent d'ordinaire que dans la partie immergée de la tôle, elles sont dues, sans doute, à l'action corrosive de l'eau sur le métal ; mais les circonstances qui favorisent cette action sont encore mal connues.

Les parties où le métal a été travaillé, maté ou piqué sans précaution, lors des nettoyages ; celles où il subit des efforts de tension ou de pression exagérés, sont les plus exposées aux corrosions. Les eaux acides et, dans certains cas, les eaux grasses attaquent très énergiquement la tôle. Les chaudières froides sont rongées rapidement dans toutes les parties où on laisse l'eau séjourner.

Corrosions extérieures. — Les parties les plus froides des chaudières, les réchauffeurs d'eau d'alimentation, par exemple, qui condensent les eaux acides des fumées, sont quelquefois promptement corrodées.

Toute humidité permanente détermine des corrosions rapides, les fuites des clouures, même les plus faibles, sont, à ce point de vue, fort dangereuses ; l'eau qui suinte coule le long des coutures et y produit des sillons profonds.

Dans les chaudières de locomotives, il se produit souvent un sillon extérieur dans la partie emboutie de la plaque tubulaire de la boîte à fumée, joignant le corps cylindrique ; il semble dû à des causes multiples. Cette partie a des formes assez contournées et elle subit les efforts résultant de la dilatation inégale des tubes en laiton et du corps cylindrique en fer.

Fentes et criques. — Le bord de la tôle se crique assez souvent au droit d'un rivet ; cet effet peut provenir de l'aigreur du métal, d'une rivure faite sans précautions, de dilatations brusques et inégales ou d'efforts anormaux résultant soit d'un tassement dans les maçonneries soit d'obstacles à la libre dilatation de la chaudière.

Les criques dans le corps de la tôle, lorsqu'elle est de bonne qualité, sont beaucoup plus rares.

Coups de feu. — La partie de la chaudière placée au-dessus du foyer est la plus exposée à la plupart des détériorations qu'on vient d'énumérer. De plus, elle reçoit assez souvent des coups de feu proprement dits, qui se présentent sous les formes suivantes :

Gerçures, indiquant l'aigreur du métal altéré par des échauffements brusques et violents ;

Des soudures dans le corps de la tôle, si elle renferme des pailles ; la partie extérieure est alors promptement brûlée ;

Boursouflures ; s'il y a des incrustations, la tôle rougit et cède en se gonflant sous la pression de la vapeur.

Une chaudière avariée doit être promptement réparée, sans quoi l'explosion est imminente.

299. Des explosions. — Les circonstances dans lesquelles se produisent les explosions sont trop variées pour qu'on puisse les examiner en détail. Nous renverrons, sur ce sujet, aux statistiques et aux rapports insérés dans les *Annales des Ponts et Chaussées et des Mines.*

Parmi les causes immédiates des explosions, nous citerons seulement celles que l'on rencontre le plus fréquemment :

Défauts de construction.

Mauvaise qualité du métal : La tôle pour chaudière doit être douce et bien soudée. Une tôle est dite douce quand elle s'allonge notablement à la traction avant de se rompre ; cette qualité essentielle permet au métal de résister aux efforts résultant du brochage qui précède la rivure, et aux dilatations inégales, inévitables pendant le service ; elle n'est peut-être pas suffisamment constatée par l'épreuve des chaudières à la pression. Les tôles aigres se rompent sans prévenir et donnent une grande gravité aux accidents qui se produisent ;

Epaisseur insuffisante ;

Faiblesse des armatures : Le calcul des armatures des fonds plats et des tirants est difficile et incertain ; un grand nombre d'explosions sont dues à cette cause ;

Poches de vapeur dans les bouilleurs ou les réchauffeurs, provenant des dégagements insuffisants de la vapeur formée ;

Moyens de visite et de nettoyage incomplets.

Défaut d'entretien :

Les détériorations qui se produisent dans les générateurs peuvent très promptement amener des explosions ; on se met à l'abri de cette cause d'accidents par des visites fréquentes et attentives, toujours suivies des réparations reconnues utiles, et par des essais à la pression hydraulique périodiquement renouvelés.

Le défaut de nettoyage, tant intérieur qu'extérieur, est une des causes les plus fréquentes d'explosion.

Mauvais fonctionnement des soupapes de sûreté :

On aurait peine à croire que certains chauffeurs puissent pousser l'imprudence jusqu'à surcharger ou même attacher leurs soupapes, si des faits, malheureusement trop nombreux, ne venaient démontrer la fréquence de cette étrange pratique.

Si, dans une chaudière, on ferme tous les orifices par lesquels la vapeur peut s'échapper, la pression s'élève rapidement et dépasse, en quelques minutes, les limites de résistance des parois. Un calcul bien simple et des expériences nombreuses le démontrent péremptoirement (1).

_____

(1) Soit une chaudière de locomotive ; surface de chauffe, 100 mètres carrés ; réservoir d'eau, 3 mètres cubes ; vaporisation : 40 litres par heure et par mètre carré de surface de chauffe ; timbre : 8 k.

La vaporisation, par heure : de $100 \times 40 = 4.000$ litres d'eau, correspond à une ab-

Sans être chargées, les soupapes sont parfois collées par l'oxyde sur leur siège. Le chauffeur doit toujours s'assurer qu'elles lèvent librement.

Il faut veiller avec soin à ce que les manomètres soient toujours en bon état et bien réglés.

Baisse du plan d'eau :

Quand l'eau vient à découvrir des portions de parois chauffées par les flammes, ces parois rougissent, perdent leur cohésion et cèdent à la pression ; si le chauffeur, se voyant en faute, veut rétablir son niveau avant que l'explosion ne se soit produite, le contact de l'eau détermine dans le métal rougi des contractions brusques qui peuvent en amener la rupture, et, dans tous les cas, en diminuent la ténacité. C'est la négligence du chauffeur qui est la cause ordinaire de cet accident, d'ailleurs fréquent, et cette négligence se traduit, non seulement par un défaut de surveillance momentané, mais encore par le mauvais état des appareils indicateurs du niveau de l'eau.

Les enquêtes faites régulièrement par les Ingénieurs de l'Etat, à la suite des accidents qui surviennent aux générateurs, ont jeté de vives lumières sur les causes des explosions. Il est arrivé, dans certains cas que, par la force des choses, l'instruction a dû rester incomplète; mais lorsqu'il a été possible de retrouver des témoins, personnels ou matériels, de l'accident, celui-ci a pu être expliqué par des causes toutes naturelles. Quant aux phénomènes plus ou moins mystérieux que l'on a invoqués souvent : inflammation de mélanges détonnants ; courants électriques, eau à l'état sphéroïdal, rien n'est venu, jusqu'ici, en confirmer la réalité, et il convient de les reléguer au rang des hypothèses sans preuves.

Les conséquences des ruptures de chaudières, ont tous les degrés de gravité, depuis la simple fuite, l'ouverture d'une fissure, jusqu'à la projection en masse et à grandes distances des débris de l'appareil avec brûlures par l'eau et la vapeur, renversement des toitures et murailles, incendies, et cortège de nombreuses victimes.

Les accidents ont généralement bien moins de gravité quand la tôle est douce, le réservoir d'eau petit et la pression de vapeur faible.

La véritable sécurité repose dans une construction et un entretien soignés et bien entendus, et des visites fréquentes et complètes faites par des hommes compétents.

Les associations de propriétaires d'appareils à vapeur ont rendu, à cet

sorption de chaleur de 40.000 $\times$ 630 = 2.620.000 calories ; soit par minute : $\dfrac{2.620.000}{60} =$ 43.700 calories pouvant élever la température de l'eau contenue dans la chaudière de

$$\frac{43.700}{3.500} = 12^o,5$$

c'est-à-dire porter en deux minutes la pression à 15^k par centimètre carré, si l'écoulement de la vapeur est supprimé.

égard, de sérieux services à l'industrie et à l'humanité. La société organisée à Mulhouse a servi de modèle pour la fondation de sociétés analogues, qui fonctionnent aujourd'hui avec plein succès, à Lille, à Paris et
dans d'autres centres industriels. Les appareils engagés dans l'association sont visités périodiquement par des Ingénieurs spéciaux, chargés de
ce service, qui constatent l'état des générateurs et indiquent au propriétaire
les réparations à faire et les améliorations à introduire, tant dans l'état
des chaudières et de leurs accessoires que dans la conduite des feux et la
pratique du chauffeur.

En outre, sous la direction de ce personnel éminemment compétent, les
études les plus fructueuses ont été entreprises et menées à bonne fin, études embrassant les points les plus variés de la construction, de la conduite
et de l'entretien des appareils à vapeur, ainsi que la recherche des meilleures méthodes pour bien diriger l'éducation et le service des chauffeurs.

CHAPITRE XV

ACHAT, ESSAI ET EMPLOI DES APPAREILS A VAPEUR

300. Généralités. — Les questions qui seront examinées dans ce chapitre sont d'un ordre essentiellement pratique ; elles se rapportent à l'achat des moteurs à vapeur, à leur installation et à leur conduite.

Lorsqu'il s'agit de monter une force motrice à vapeur, les études préparatoires se présentent habituellement dans l'ordre suivant :

En premier lieu, il s'agit de définir le *travail* à exécuter (le mot « travail » étant pris dans son acception vulgaire) et les conditions, souvent fort multiples, auxquelles il est subordonné.

D'après cela, on trace le *programme* du moteur, on détermine sa puissance, son mode d'action, ses dispositions et proportions principales, les vitesses des différents organes, la pression de la vapeur, etc...

Les formes et la disposition des moteurs à vapeur sont aujourd'hui presque aussi variées que les usages auxquels ils sont adaptés ; mais, le plus souvent, une étude bien faite a pour effet de restreindre étroitement le choix du type à adopter.

Le programme étant bien arrêté, on passe à l'étude de détail du mécanisme. Souvent aussi ce programme sert de base à des marchés débattus avec des constructeurs spéciaux, et l'étude de détail se fait chez le constructeur et sous sa responsabilité.

Le moteur exécuté est monté sur place ; on procède alors aux *essais*, qui précèdent la réception. Puis commence la période de mise en service et d'entretien.

Dans ces différentes phases, les qualités personnelles de l'Ingénieur chargé de diriger l'installation jouent un rôle considérable. Les connaissances techniques et pratiques et, au moins au même degré, son bon sens, son tact, son jugement, l'étude attentive et intelligente des difficultés à surmonter doivent l'empêcher de faire fausse route et le conduire à la solution qui répond le mieux aux conditions du problème à résoudre.

Dans une matière aussi délicate, il ne saurait être question de règles absolues ; mais quelques indications générales pourront servir de guide. Il semble bon de les faire précéder d'un petit nombre d'exemples afin de préciser les points principaux sur lesquels l'attention doit être éveillée.

301. 1er Exemple : Moteur pour un entrepreneur de Travaux publics. — Une puissance de 5 à 6 chevaux est, en général, suffisante. L'appareil doit être facilement transportable, travailler 10 à 12 heures par jour, pendant 3 ou 4 mois de l'année, avec repos les dimanches et fêtes, être manœuvré par des mains assez brutales, se plier à des exigences variées de puissance et pouvoir, au besoin, fournir un fort coup de collier.

On voit d'ailleurs tout de suite que la question d'économie de combustible est accessoire.

On aura donc une chaudière légère (tubulaire) ; la machine sera montée sur la chaudière et le tout porté par des roues (forme locomobile). La machine sera très simple et robuste de construction ; vitesse assez grande : 100 à 150 tours ; pression de 6 à 7 kilog. ; pas de condensation ; échappement par la cheminée pour activer le tirage ; distribution simple par excentrique circulaire et tiroir en coquille ; détente aussi grande que le permet cette distribution, afin d'économiser la vapeur et, par suite, d'alléger la chaudière ; fort volant tourné à la jante, avec prolongement de l'arbre permettant d'y poser une poulie ; modérateur à grande vitesse agissant sur une valve.

La chaudière doit être avant tout légère et puissante ; donc grand foyer et surface de chauffe modérée, ce qui permettra, en augmentant la vitesse de rotation, de donner un coup de collier soutenu.

Le devis approché des dépenses est intéressant à examiner :

DÉPENSES ANNUELLES

Intérêt industriel à 7 % sur un prix d'achat de 4.000 fr. 280.00	} 880.00	
Amortissement, frais généraux : 15 % 600.00		
Gros entretien, transports, installations et faux frais . .	520.00	
Total	1.400.00	

DÉPENSES JOURNALIÈRES

Dépenses annuelles réparties sur 100 jours de travail, ci, par jour	14.00
Combustible : 4 kil. par heure et par cheval ; pour 5 chevaux et 12 heures de travail, soit 240 k. à 20 fr. la tonne	4.80
Chauffeur-mécanicien	4.50
Graissage, chiffons, petit entretien, divers	2.70
Total	26.00

La dépense de combustible n'entre dans ce total que pour 1/5 ; il n'y a pas grande économie à réaliser de ce chef.

Au contraire, l'entrepreneur peut réduire notablement les dépenses d'intérêt et d'amortissement en achetant une locomobile de rencontre, à la moitié ou au tiers du prix d'une machine neuve. Moyennant un entretien suffisant et des réparations convenables, cette machine, après une ou deux campagnes, pourra être revendue presque au prix d'achat.

On trouve ainsi, sur le marché de Paris, des locomobiles qui passent de main en main et se renouvellent pièce à pièce, sans cesser de rendre de fort bons services.

302. 2ᵉ Exemple : Machine de manufacture. — Il s'agit d'établir un moteur pour un grand atelier exigeant une parfaite régularité de marche. La puissance à développer varie de 150 à 200 chevaux. L'eau est en abondance et calcaire ; la houille de bonne qualité coûte 35 francs la tonne.

En présence du prix élevé de la houille et de la grande puissance de la machine, il convient de viser à l'économie de combustible. On pourra prendre les dispositions suivantes :

Machine : Woolf, à balancier, à condensation, détente variable, avec enveloppes complètes de vapeur, fournissant 240 chevaux indiqués à la détente au 1/6.

Consommation de vapeur prévue, par cheval effectif et par heure   9 k.

Soit, pour 200 chevaux. . . . . 1800 »

Chaudières à bouilleurs et réchauffeurs, ces derniers ayant une surface de chauffe au moins égale à celle des chaudières ; — vaporisation : 10ᵏ· à l'heure et au mètre carré — D'où surface de chauffe $\frac{1.800}{10} = 180^{m2}$.

On disposera 3 générateurs, dont un pour rechange, chacun d'une surface de 90ᵐ².

Les dépenses peuvent s'établir, *grosso modo*, comme il suit :

DÉPENSES D'INSTALLATION

Machine.	45.000 fr.
Chaudières	35.000 »
Bâtiments, massifs, cheminée, divers	55.000 »
	135.000 »

DÉPENSES ANNUELLES

On peut évaluer comme ci-dessous les dépenses annuelles :

Intérêts à 6 0/0 sur 135.000 fr.	8.100 fr.
Amortissement : 10 0/0 sur la partie mécanique et 5 0/0 sur les bâtiments, environ.	11.000 »
	19.100 »

Combustible : 1 k. 20 par tonne et par cheval effectif, pour 180 chevaux en moyenne à 11 heures de travail par journée.

Soit, par jour	2.376 k.
Allumage	124 »
	2.500 »

| | Report . . . . . . | 19.100 | fr. |

A 300 jours par an et à 35 francs la tonne de houille,
ci : 2500×300×35 =. . . . .   26.250   »
Personnel . . . .   6.000   »
Graissage et petit Entretien. . . . .'   5.000   »
Faux frais et frais généraux. . . . .   3.650   »
      Total des dépenses annuelles. . . . .   60.000   »

La dépense en combustible représente ici près de la moitié de la dépense totale. Si, au lieu de 1 k. 20 de houille par heure et par cheval, la consommation était de 2 kilogs, la dépense annuelle en combustible serait augmentée de . . . .   17.500   »

et il serait nécessaire d'ajouter au moins un corps de chaudière, ce qui accroîtrait les dépenses d'installation d'environ. . . . .   17.000 fr.

entraînant un accroissement de . . . .   2.500   »

dans les dépenses d'intérêt et d'amortissement

      Total de l'Excédent de dépenses. . . . .   20.000   »

Il y a donc tout intérêt à avoir une machine très parfaite.

303. 3e Exemple : Machine marine. — Examinons comment le problème a été résolu sur les navires de la *Compagnie Transatlantique* faisant le service de la ligne New-York.

Construits vers 1862, ils furent armés de roues mues par des machines à balancier.

Quelques années après, ils furent transformés et munis de machines Compound à hélice, à haute pression, avec condenseurs par surface.

Les résultats de cette transformation ressortent du tableau suivant :

	Avant transformation	Après transformation
Vitesse aux essais	13.5 nœuds	14.55 nœuds
RÉPARTITION DES POIDS :		
Machines et chaudières pleines. . .	1.200 t.	690 t.
Approvisionnement de charbon . .	1.400 t.	1.000 t.
Équipage et chargement	930 t.	1.939 t.
Total égal à l'exposant de charge.	3.530 t.	3.629 t.

Ainsi, sans presque rien changer aux conditions générales de la navigation, on a pu, par l'amélioration du moteur, gagner un nœud sur la vitesse et 1000 tonnes sur le fret.

Ce résultat remarquable est obtenu :

Par la substitution à la machine à marche lente d'un moteur rapide, et par conséquent léger.

Par une meilleure utilisation de la vapeur permettant de réduire la puissance de vaporisation et, par suite, le poids des chaudières ;

Par la suppression des balanciers, l'emploi de chaudières tubulaires, et en général une mise en usage plus judicieuse des matériaux.

Ces améliorations se traduisent :

Par une diminution sur le poids du moteur, de . . . . 510 t. soit 145 k. par cheval (le poids du moteur par cheval passant de 360 à 215 k.) ;

Par une réduction considérable de la consommation de combustible, permettant une réduction de . . . . , ... 400. sur l'approvisionnement de houille.

Ici, le problème se posait comme il suit : avec un bâtiment donné, pour une traversée à faire à une vitesse déterminée, obtenir le maximum de fret.

Ce qui conduit ; comme système mécanique, à des machines à grande vitesse et très économiques comme consommation. Et cette solution a été poursuivie et obtenue sous la pression de la nécessité, en dépit d'obstacles de toute nature : emplacement étroit, eau salée, mouvements du navire, etc. etc.

Mais, pour que des appareils installés dans de pareilles conditions puissent fonctionner régulièrement, il faut qu'ils soient d'une construction supérieure et desservis par un personnel nombreux et doué d'aptitudes spéciales ; ils doivent en outre, après chaque voyage, être soumis à une visite minutieuse et à des réparations souvent importantes ; enfin, ils ne doivent consommer que du combustible de première qualité.

304. Étude d'un programme. — Des exemples analogues pourraient être multipliés à l'infini. Sans aller plus loin, nous allons indiquer sommairement quelques-unes des circonstances principales auxquelles on doit avoir égard dans l'étude d'un moteur.

1° *Travail à exécuter et conditions de ce travail.*

La nature et la vitesse du mouvement à imprimer aux organes opérateurs est la question qui prime toutes les autres. On examinera :

Si l'effort à produire est régulier (filatures), ou s'il varie plus ou moins brusquement (laminoirs, pilons) ; s'il est intermittent (grues) ; si la vitesse à imprimer aux outils est plus ou moins considérable (bateaux à roues, ventilateurs, essoreuses) ; si le travail doit être soutenu jour et nuit ; on se rendra compte des arrêts permettant des réparations, de la régularité plus ou moins grande exigée ; on verra si les changements de marche sont fréquents (locomotives, machines d'extraction) ; si le moteur doit être fixe ou amovible (locomobiles, machines demi-fixes) ; souvent il est avantageux de faire agir directement la machine sur l'outil (pilons, machines élévatoires) ; d'autres fois, il est préférable de répartir entre plusieurs opérateurs le travail d'un moteur unique (ateliers divers).

On n'oubliera pas que, souvent, un chômage résultant d'un accident au moteur peut devenir une cause de ruine pour l'industrie.

2° *Puissance à développer.*

Souvent, elle ne peut être évaluée que par appréciation, ce qui expose à des mécomptes graves.

Le moteur doit être calculé d'après le maximum de résistance à vaincre ; mais il est important de savoir si les écarts au-dessus du travail moyen sont fréquents et de longue durée. On fera entrer en ligne de compte les accroissements de puissance que peuvent nécessiter les développements ultérieurs plus ou moins rapides de l'usine à desservir.

Les deux conditions générales qui viennent d'être indiquées constituent les bases essentielles du programme à dresser.

Celles que nous allons énumérer rapidement ont, suivant les cas, des importances fort inégales, mais qui deviennent parfois prépondérantes.

Emplacement disponible ;

Qualité et prix du combustible ;

Abondance et qualité des eaux ;

Prix d'achat : Il faut tenir compte du prix des fondations et des bâtiments ;

Facilités plus ou moins grandes d'entretien ;

Qualités du personnel qui doit conduire le moteur ;

Ordonnances de police ;

Questions de voisinage, de convenance, d'art, etc., etc., etc.

Il conviendra, le plus souvent, d'établir sur ces données, un devis estimatif du prix de revient de la force motrice ; ainsi qu'on l'a vu par les exemples ci-dessus, cette estimation serait tout à fait inexacte si, comme on le fait quelquefois, on ne tenait compte que de la dépense de combustible. Celle-ci ne joue un rôle décisif que s'il s'agit de moteurs d'une grande puissance ; les intérêts et l'amortissement forment assez souvent un plus gros chapitre. Il est donc utile d'avoir une idée des prix moyens des appareils à vapeur.

305. Prix des appareils à vapeur. — Les prix des appareils à vapeur varient beaucoup suivant les conditions économiques de la construction, la situation du marché et l'habileté du vendeur et de l'acheteur.

Voici quelques données générales se rapportant à des conditions moyennes et qu'il convient de ne regarder que comme de simples indications plus ou moins approximatives.

Chaudières fixes. — Pour *Chaudières à bouilleurs* de dimensions courantes, prix par mètre carré de surface de chauffe :

Chaudière avec ses accessoires . . . . 120 fr.

Construction du fourneau . . . . 60 fr. à 70 fr.

Chaudières à foyer intérieur et Chaudières tubulaires de dimensions courantes, par mètre carré de surface de chauffe, y compris accessoires. . . . . 160 fr. à 180 fr.

Le fourneau a beaucoup moins d'importance que dans le cas précédent.

Ces données ne s'appliquent pas aux chaudières de petites dimensions (au-dessous de 25 à 30^{mq}) qui sont beaucoup plus chères.

Prix d'une garniture complète de chaudière, appareils de sûreté et accessoires, environ

$$200 \text{ fr.} + 18 \text{ S}$$

S, surface de chauffe en mètres carrés.

Machines fixes. — On ne saurait établir le prix d'une machine fixe d'après la puissance développée, puissance qui varie dans les limites les plus étendues avec la pression, la vitesse et la détente.

Il semble plus rationnel de prendre pour base le volume du cylindre.

Pour de bonnes machines ordinaires de manufactures, à cylindre unique, horizontales, à connexion directe, à condensation, le prix d'achat peut être à peu près évalué par la formule :

$$5.000 \text{ fr.} + 90 \text{ V}$$

V, volume en litres du cylindre (produit de l'aire du piston par sa course) (1).

_____

(1) A l'aide du tableau ci-dessous, on peut rapidement calculer la puissance au moyen du volume du cylindre.

	Machines sans condensation	Machines avec condensation
Pression effective à la chaudière	6 k	5 k
Nombre de tours par seconde	1	1
	Puissance en chevaux par litre du cylindre	
Indice de détente : 2	1 chev.	0^{ch}98
3	0^{ch}78	0.80
5	0.53	0.68
7	»	0.46
9	»	0.39

On suppose que la détente a lieu suivant la loi de Mariotte.

On admet, pour la pression au condenseur, 0 k. 20,— et pour le coefficient de rendement : 0.75.

Exemple : Avec un cylindre de 100 litres, une machine à condensation détendant au 1/3 en faisant 40 tours par minute, développera : $100 \times 2/3 \times 0,68 = 45$ chevaux.

Elle coûterait : $5000 + 90 \times 100 = 14.000$ fr.

Pour développer la même puissance sans condensation, ni détente, il suffirait d'un cylindre de 30 litres à 90 tours.

$$30 \times 3/2 \times 1 = 45 \text{ chevaux.}$$

Et la machine ne coûterait que :

$5000 + 90 \times 30 =$	7.700 fr.
A défalquer : la condensation	1.200 »
Prix de la machine	6.500 »

au lieu de 14.000 fr.

Cette formule cesse de s'appliquer pour $V < 30$ litres.

La condensation entre dans ce prix pour 16 à 18 0/0.

Le prix diminue sensiblement quand le diamètre du cylindre est grand, par rapport à la course. Les machines à balancier coûtent notablement plus cher.

Comme on le voit dans la note ci-dessus, on peut développer la même puissance avec des machines de prix fort différents. On réduit beaucoup le prix d'achat en augmentant l'admission et la vitesse ; c'est ainsi que certains constructeurs peuvent livrer à très bas prix des machines puissantes.

Mais il ne faut pas oublier :

Que les grandes admissions exigent de grandes chaudières et une grande dépense de combustible ;

Que les grandes vitesses exagèrent les frais d'entretien et les chômages pour réparations.

306. Dépenses pour accessoires et bâtiments. — Les prix des fondations, des accessoires divers, comprenant la tuyauterie et les premières transmissions, et des bâtiments qui enveloppent et couvrent la machine et les chaudières, dépendent d'un grand nombre d'éléments très variables. Dans les cas courants et moyens et pour des appareils fixes, on peut évaluer cette dépense à 50 à 70 0/0 du prix des machines et chaudières mises en place.

307. Prix des locomobiles et demi-fixes. — Pour les petites forces, il convient d'ordinaire de réunir la machine à la chaudière, ce qui diminue très notablement les frais d'installation et ceux de personnel.

Dans les moteurs de ce genre, le prix de la chaudière et de ses accessoires entre pour plus de moitié.

Le prix d'une bonne machine demi-fixe, horizontale, peut s'évaluer par la formule

$$2800 + 370\,n.$$

n, puissance en chevaux, mesurée au frein à une bonne allure moyenne et soutenue.

Ce prix ne comprend pas le train pour les locomobiles proprement dites.

La formule peut s'appliquer entre 4 et 30 chevaux.

On doit se défier des indications fournies dans les prospectus. Les bonnes maisons se distinguent des autres en ce que la puissance qu'elles promettent est toujours inférieure à celle réalisée. Lorsqu'il s'agit d'acheter une locomobile, on aura soin, en comparant les offres des divers constructeurs, de tenir compte, non seulement de la puissance annoncée, mais surtout des dimensions du cylindre, de la vitesse d'allure, de la détente, etc. et de s'assurer que les surfaces de chauffe et de grille sont convenablement proportionnées.

308. Marchés pour moteurs à vapeur. — Nous donnons en annexe, à la fin du présent chapitre, le programme du concours pour l'installation de la *prise d'eau de Vacon* (canal de la Marne au Rhin).

Dans la rédaction d'un programme de cette nature, il est bon de laisser au constructeur une large part de responsabilité et, par conséquent, une part de liberté et d'initiative correspondantes.

La meilleure garantie d'une bonne exécution consiste dans la valeur industrielle et morale de la maison avec laquelle on traite.

Néanmoins, les dessins de détails devront être approuvés avant mise en œuvre.

La confection à l'usine des pièces du moteur devra faire l'objet d'une surveillance attentive.

La réception devra être précédée d'une vérification détaillée de tous les organes ; puis on procédera aux essais du générateur et de la machine.

Les épreuves à faire subir aux chaudières sont de deux natures : Epreuves de résistance ; épreuves de vaporisation.

309. Essai des chaudières à la pression. — *Décret du 21 janvier 1865 :*

« Art. 2.— Aucune chaudière neuve ou ayant déjà servi ne peut être livrée par celui qui l'a construite, réparée ou vendue, qu'après avoir subi l'épreuve ci-après.

« Cette épreuve est faite chez le constructeur ou chez le vendeur, sur sa demande, sous la direction des Ingénieurs des mines ou, à leur défaut, des Ingénieurs des Ponts-et-Chaussées ou des Agents sous leurs ordres.

« Les épreuves des chaudières venant de l'Etranger sont faites avant la mise en service, au lieu désigné par le destinataire dans sa demande.

« Art. 3. — L'épreuve consiste à soumettre la chaudière à une pression effective double de celle qui ne doit pas être dépassée dans le service, toutes les fois que celle-ci est comprise entre un demi-kilogramme et six kilogrammes par centimètre carré inclusivement. La surcharge d'épreuve est constante et égale à un demi-kilogramme par centimètre carré pour les pressions inférieures, et à six kilogrammes par centimètre carré pour les pressions supérieures aux limites ci-dessus.

« L'épreuve est faite par pression hydraulique.

« La pression est maintenue pendant le temps nécessaire à l'examen de toutes les parties de la chaudière.

« Art. 4. — Après qu'une chaudière ou partie de chaudière a été éprouvée avec succès, il y est apposé un timbre indiquant, en kilogrammes par centimètre carré, la pression effective que la vapeur ne doit pas dépasser. Les timbres sont placés de manière à être toujours apparents après la mise en place de la chaudière. Ils sont poinçonnés par l'Agent chargé d'assister à l'épreuve. »

Pour procéder à l'épreuve ci-dessus, il convient de prendre quelques précautions.

La chaudière doit être exactement remplie d'eau, et il ne doit point y rester d'air, dont la présence rendrait une rupture dangereuse pour l'opérateur.

La pression se donne avec une petite pompe à bras. Si la chaudière est étanche et bien purgée d'air, il suffit d'un ou deux coups de piston pour faire monter la pression de plusieurs atmosphères.

La pompe foulante est munie d'une soupape de sûreté, que l'on charge à la pression d'essai, et d'un manomètre très précis. D'ordinaire, pendant l'épreuve, les soupapes de sûreté du générateur sont calées. Quand on est arrivé à la pression voulue, on la maintient en pompant doucement.

Quelques suintements dans les coutures ne suffisent pas pour faire rejeter une chaudière : ils disparaissent après quelques jours de service.

Pendant que le générateur est en pression, on en sonde les diverses parties à l'aide de légers coups de marteau ; il faut porter l'attention sur les coutures et les fonds plats, prolonger l'épreuve, si l'on constate des déformations notables et rejeter le générateur, si ces déformations augmentent ou s'il se produit des fissures.

Il est prudent de renouveler l'épreuve à la pression hydraulique de temps à autre, par exemple, d'année en année.

310. Épreuve à la vaporisation. — L'épreuve de vaporisation se fait par les moyens indiqués plus haut pour l'essai industriel des combustibles (§ 216) ; mais, ici, la qualité et la provenance du combustible doivent être déterminées à l'avance dans les marchés.

Lorsqu'on le peut, on détermine l'eau entraînée, par la méthode calorimétrique de M. Hirn (1).

Pour pouvoir comparer entre eux les divers générateurs, on ramène assez ordinairement, par le calcul, les résultats bruts de l'expérience aux conditions suivantes :

Eau d'alimentation à 0° ;

Vapeur saturée et sèche ;

Houille à 10 0/0 de cendre et d'humidité.

Il convient, en outre, d'indiquer les pressions de la vapeur, quoique, dans les limites usuelles, les différences de pression influent assez peu sur la chaleur de vaporisation.

Toutefois, ces règles ne sont pas toujours observées, ce qui peut conduire à des comparaisons tout à fait erronées entre divers générateurs.

Exemple : Une chaudière qui produit, dans les conditions de la règle ci-

---

(1) Nous ne pouvons, pour le détail de ces essais, que renvoyer aux publications de la Société Industrielle de Mulhouse ; on consultera aussi avec fruit les bulletins des associations de propriétaires d'appareils à vapeur.

dessus, 8 kilog. de vapeur par kilogramme de bonne houille, peut être considérée comme excellente. Au contraire, une chaudière vaporisant, à la pression de 5 kilog. effectifs, 8 kilog. d'eau à 85°, par kilogramme de bonne houille à 5 0/0 de cendre serait assez médiocre ; car ramenée aux conditions ci-dessus, la vaporisation ne serait plus que de

$$8 \times \frac{0.90}{0.95} \times \frac{495 + 159.7 - 83.2}{495 + 159.7} = 6^k 62$$

311. Essais des machines. — L'essai d'une machine consiste à mesurer la puissance qu'elle développe à la dépense, soit de vapeur, soit de combustible.

Le travail développé se mesure sur l'arbre au frein de Prony (§ 313), ce qui donne le *travail sur l'arbre* ; ou bien sur les pistons, au moyen de *l'indicateur de Watt* (§§ 91 et 315) ce qui donne le *travail indiqué*. Quelquefois, le travail se mesure d'après le résultat utile des opérateurs conduits par le moteur.

Quand il s'agit de locomobiles ou de machines demi-fixes, la machine et la chaudière étant livrées ensemble par le même constructeur, on peut rapporter le travail développé à la consommation d'un combustible déterminé.

Mais, pour les machines fixes, il convient d'ordinaire de faire le départ entre les qualités du moteur et celles du générateur, et, par conséquent, de rapporter le travail à la consommation de vapeur et non pas à celle de combustible.

Ces épreuves doivent être faites à une allure spécifiée; soutenue pendant plusieurs heures, la résistance étant établie, la détente sera réglée de telle sorte que la machine conserve une vitesse donnée pour la pression voulue. S'il y a un modérateur, c'est la résistance qui devra être réglée de telle sorte que le degré de détente ou de fermeture de valve spécifié s'établisse. Souvent les essais se font successivement à diverses allures.

Depuis quelques années, les épreuves des moteurs à vapeur ont pris, entre les mains d'expérimentateurs habiles, le caractère de précision des véritables recherches scientifiques.

312. Mesure de la dépense de vapeur. — Pour mesurer la dépense de vapeur, on mesure ou on pèse l'eau introduite dans le générateur pendant un temps donné, le niveau de l'eau étant maintenu bien constant.

On défalque l'eau condensée dans les conduites et recueillie par des purgeurs disposés aux points bas.

Pour des expériences plus précises, on dose l'eau entraînée, par la méthode calorimétrique, et l'on tient compte de la chaleur perdue par rayonnement et conduction, et même de celle dégagée par le frottement du piston.

On arrive ainsi à mesurer la quantité de chaleur fournie à la chaudière ;

en la comparant au travail développé, on obtient un rapport qui caractérise la valeur du moteur, au point de vue de l'utilisation de la chaleur.

Le mesurage calorimétrique de la quantité de chaleur envoyée au condenseur peut se faire assez facilement ; en y ajoutant la chaleur équivalente au travail indiqué, on en déduit, plus commodément que par la méthode précédente, la chaleur fournie par la chaudière.

Il est bon, dans les machines à enveloppe de vapeur, de doser directement la vapeur condensée dans l'enveloppe.

313. Frein dynamométrique de Prony. — Le travail sur l'arbre se mesure par le frein de Prony (1) (fig. 235).

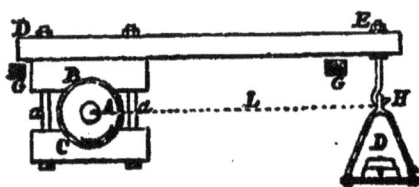

A. Poulie montée sur l'arbre de couche ;

B C. Mâchoires en bois, serrées par les boulons *a a* ;

D E. Levier chargé par les poids placés sur le plateau D ;

G G. Arrêts pour limiter les oscillations.

Fig. 235.

Pour faire un essai, on met la machine en mouvement, et l'on serre les boulons *a a* jusqu'à ce que l'allure d'essai soit obtenue ; on charge alors, en D, des poids jusqu'à ce que le levier reste horizontal ou ne fasse que de faibles oscillations, sans toucher à ses arrêts.

Représentons par P L le moment, autour du centre de rotation A, de la charge D et du poids propre de l'appareil ; lorsqu'il y a équilibre, le moment du frottement exercé par les mâchoires sur la poulie est évidemment égal à P L. Donc le travail en un tour, travail absorbé par le frottement, sera :

$$2 \pi \, PL$$

et la force en chevaux aura pour valeur :

$$F = \frac{2 \pi \, P \, L \, n}{60.75}$$

n, nombre de tours par minute.

Le tarage de l'appareil se fait en le plaçant sur une poulie de diamètre égal à A, bien équilibrée et portant, par son centre, sur des couteaux de balance.

Pendant l'expérience, on serre plus ou moins les deux boulons *aa*, de manière à maintenir le levier bien horizontal, .

On a soin de graisser les mâchoires et, au besoin, de les arroser avec un filet d'eau, pour empêcher l'échauffement.

(1) Voir Kretz, *Mémoire sur l'emploi du frein dynamométrique.* Gauthier-Villars, 1873.

Cet appareil constitue une véritable balance ; il doit donc en remplir les conditions, savoir :

Le crochet H, par lequel sont suspendus les poids, doit être su l'horizontale de A ;

Le centre de gravité de l'ensemble du levier et des pièces qui en sont solidaires : mâchoires, boulons, crochet de suspension, doit être un peu au-dessous de la même horizontale.

Lorsque, sur l'arbre de la machine, se trouve calé un volant tourné ou bien une poulie, on peut donner au frein dynamométrique la disposition fig. 236.

a a. Blocs de bois serrés par une bande de fer feuillard A A, au moyen de la double vis B ;

C. Suspension des poids par une corde s'enroulant sur un arc concentrique au volant ;

d d. Petites pièces de tôle empêchant le frein de sortir de la poulie.

M. Tresca conseille de limiter le frottement, par décimètre carré de surface frottante, à 5 ou 10 kilog. pour les freins

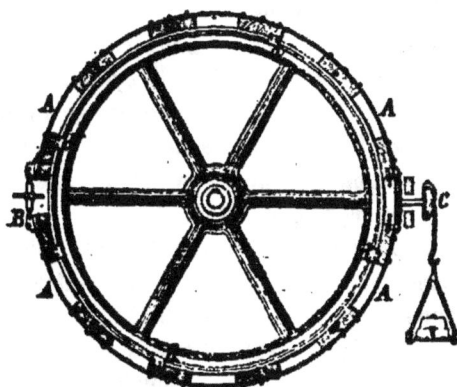

Fig. 236.

en feuillard (fig. 236) et à 40 ou 60 kilog. pour les freins à mâchoires sur poulies de petit diamètre (fig. 235) (1).

Le frein de Prony ne peut être appliqué pendant la marche industrielle du moteur ; il faut, au préalable, débrayer la commande de l'atelier, et des essais de cette nature ne sauraient être fréquemment renouvelés, malgré l'immense intérêt qu'ils présentent.

Pour éviter cet inconvénient, on a proposé divers systèmes de dynamomètres.

314. Dynamomètres divers. — Les dynamomètres de rotation ordinaires (celui du général Morin par exemple), qui mesurent l'effort transmis par la flexion d'un ressort interposé entre le moteur et la résistance, ne sont guère utilisables que s'il s'agit de petites forces.

Néanmoins, on construit aujourd'hui des appareils d'une grande puissance, fondés sur le même principe ; ce sont les dynamomètres Taurines ; ils s'appliquent spécialement aux grandes machines de navigation ; ils enregistrent d'une manière permanente l'effort de poussée de l'hélice et le moment de rotation de la machine (2).

(1) Tresca, *Cours de mécanique appliquée* (Ecole Centrale).
(2) Voir Ledieu, *Traité des appareils à vapeur de navigation,* pl. XXVII, Dunod, 1865.

M. Hirn a proposé, sous le nom de *pandynamomètres*, des appareils permettant de mesurer les efforts transmis, au moyen des déformations élastiques des organes mêmes de transmission.

Le *pandynamomètre de torsion* (1) sert à mesurer et à enregistrer l'angle de torsion des arbres de transmission.

Le *pandynamomètre de flexion* mesure et enregistre la flexion du balancier dans les machines verticales. Les indications de cet appareil sont d'une grande exactitude, et M. Hirn et ses collaborateurs en ont tiré un parti remarquable, dans des expériences d'une grande précision (2).

315. Indicateur de Watt. — Nous avons déjà résumé (§ 91) le principe de l'indicateur de Watt.

Le diagramme relevé à l'indicateur donne, à chaque instant de la course, la pression de la vapeur dans le cylindre ; de l'étude d'un diagramme, on peut donc déduire des conséquences de deux natures :

1º *Travail total par révolution.* — Ce travail est représenté par l'aire du diagramme ; comparé au travail relevé au frein, il sert à calculer le *rendement organique*.

L'indicateur peut fonctionner sans interrompre la marche de l'usine commandée par le moteur ; cet avantage précieux en a rendu l'emploi fréquent, surtout pour les machines de la marine. Mais l'indicateur ne donne pas directement, comme le frein dynamométrique, le travail moyen pour une période plus ou moins longue.

2º *Circonstances détaillées du travail.* — Une ordonnée quelconque d'un diagramme représente la pression pour la position correspondante du piston ; ce qui permet d'étudier dans le plus grand détail les circonstances de la distribution et les irrégularités qu'elle peut présenter. M. Hirn a tiré de cet instrument un parti remarquable, dans ses recherches scientifiques sur les moteurs à vapeur, et de nombreux expérimentateurs l'ont suivi dans cette voie féconde (3).

Depuis que l'usage de l'indicateur est devenu vulgaire, de nombreux perfectionnements ont été apportés à l'instrument primitif de Watt ; ils ont eu pour objet d'en rendre le fonctionnement plus certain, le tarage plus sûr, le maniement plus facile ; on est parvenu à atténuer les erreurs provenant de l'inertie des pièces de l'appareil, dans le cas des machines à grande vitesse, à rendre les indications continues, à abréger beaucoup l'intégration des aires des diagrammes, etc.

(1) G. A. Hirn, *Les pandynamomètres*, Gauthier-Villars, 1876.
(2) *Bulletin de la Société industrielle de Mulhouse*, mai 1877.
(3) Voir, en outre des ouvrages précédemment cités :
Mallet, *Étude sur les nouvelles machines marines*, Arthus Bertrand, 1873.
Utilisation de la vapeur dans les locomotives, et fonctionnement Compound, *Mémoires de la Société des Ingénieurs civils*, novembre et décembre 1877.

Pour les détails de construction et de maniement des indicateurs, nous ne pouvons que renvoyer aux ouvrages spéciaux. Du reste, les indicateurs livrés par les constructeurs doivent être accompagnés d'une brochure qui en explique le maniement (1).

316. Conduite et entretien des appareils à vapeur. — Les détails dans lesquels nous sommes entrés, au sujet des dispositions et de la construction des appareils à vapeur, suffisent pour donner une idée des règles à suivre dans la conduite et l'entretien de ces appareils.

Nous croyons devoir reproduire, à la suite du présent chapitre, les instructions données, pour la conduite des générateurs, par le Directeur de l'Association parisienne des propriétaires d'appareils à vapeur.

Voici, en outre, quelques renseignements sur deux des machines élévatoires employées au service des eaux de Paris (2).

	MACHINE du quai d'Austerlitz	MACHINE de Chaillot
Système de construction................	Système Wolf	Système Cornouailles
Nom du constructeur....................	Farcot	Le Creusot
Dimensions principales.		
Diamètre du piston....................	0m70 à 1m00	1m80
Course...............................	1m00 à 2m05	2m45
Nombre de coups de piston par minute...	15 coups simples	7 coups doubles
Pression aux générateurs..............	4at5	3at5
Puissance en eau montée...............	137 chevaux	200 chevaux
Consommation par heure et par cheval en eau montée.........................	1k42	3k00
Dépense en 1869 par cheval en eau montée.		
Personnel............................	186f00	209f00
Combustible..........................	438.00	806.00
Graisse, huile.......................	77.00	39.00
Entretien et réparations.............	68.00	311.00
Totaux...............	769.00	1.455.00

(1) Voir par exemple :
Ch. Porter, *Richard's steam engine indicator.* London.
(2) Gérardin, *Moteurs hydrauliques.* Gauthier-Villars, 1872.

PROGRAMME D'UN CONCOURS POUR L'INSTALLATION DE LA PRISE D'EAU DE VACON

(Canal de la Marne au Rhin)
PAR MACHINES A VAPEUR ÉLÉVATOIRES.

EXTRAITS DU CAHIER DES CHARGES.

Art. 1er. — Objet du cahier des charges.

Volume d'eau à refouler. — Art. 2. — Le volume d'eau à refouler, variable avec les ressources actuelles du bief de partage, pourra s'élever jusqu'à 500 litres par seconde, mais il pourra descendre à 200 litres.

Hauteur du refoulement. — Art. 3. — La hauteur utile du refoulement sera approximativement de 37m05.

. . . .

Consistance de l'entreprise. — Art. 6. — L'entreprise comprendra :

1o La fourniture, le transport et la pose des générateurs de vapeur principaux et de rechange, des moteurs, des pompes, des transmissions de mouvement, des réservoirs d'air, des robinets, des tuyaux d'aspiration et de la conduite de refoulement jusqu'à la tubulure de raccordement avec le double tuyau d'ascension inclusivement,' ainsi que la fourniture des pièces de rechange que les concurrents jugeraient nécessaires.

2o La fourniture des clefs, burettes, tarauds, crics, moufles différentiels et tous autres objets nécessaires à l'entretien ordinaire des machines, ainsi que les pelles, ringards et autres outils nécessaires aux chauffeurs.

3o La fourniture et l'installation d'un petit atelier de réparation qui renfermera notamment : une forge et son ventilateur, une machine à percer, une meule, une machine à raboter, un tour à fileter et à charioter, un banc d'étaux, un marbre à tracer et une petite machine à vapeur spéciale de la force nécessaire pour actionner ces divers outils ; ils devront d'ailleurs pouvoir être actionnés également par les machines alimentaires.

Nature et disposition des machines. — Art. 7. — L'usine comprendra au moins deux groupes distincts de moteurs et de pompes, susceptibles de marcher, soit simultanément, soit isolément.

Sauf cette condition, les concurrents auront la liberté la plus complète dans l'étude des projets qu'ils soumettront à l'Administration.

Ils pourront donc proposer, tant pour les générateurs que pour les moteurs, et pour les pompes, l'adoption du type, du nombre et des dispositions qui leur paraîtraient les plus convenables.

Il est bien entendu, d'ailleurs, qu'ils auront la faculté de présenter plusieurs combinaisons.

Maximum de consommation de combustible à garantir. — Art. 8. — Les concurrents devront garantir un maximum de consommation de combustible par cheval-vapeur et par heure ; la consommation et le travail étant mesurés comme il sera dit plus loin à l'article 18.

Ce maximum ne devra pas dépasser 1 k. 800.

Le combustible à employer pour le constater sera la briquette d'Anzin, de la qualité exigée par la Compagnie du Nord, ne laissant que 6 à 8 0/0 de cendres.

Division des ouvrages en deux groupes, au point de vue du prix. — Art. 9. — Les ouvrages se diviseront en deux catégories :

La première comprendra les générateurs, les moteurs, les pompes, les transmissions de mouvement, les clapets, les robinets, les outils et tous les autres objets qui se rattachent directement aux machines ; elle fera l'objet d'un forfait.

La seconde comprendra les tuyaux, à partir du clapet de retenue placé immédiatement à la sortie de chaque pompe, les réservoirs d'air et les autres pièces de fonte et de fer, qui seront payées au kilogramme.

Plans et devis à fournir par les concurrents. — Art. 10. — Les concurrents devront préparer, pour être remis à l'Administration :

1° Des plans, coupes et élévations des appareils, soigneusement cotés et suffisants pour permettre une appréciation exacte du système proposé ;

2° Un devis ou détail estimatif comprenant :

a) Le poids approximatif des diverses pièces ;

b) Le prix du forfait de la première catégorie d'ouvrages ;

c) Le prix du kilogramme de fonte et du kilogramme de fer pour la deuxième catégorie d'ouvrages ;

3° Un mémoire explicatif décrivant et justifiant les dispositions et dimensions proposées.

Les dessins devront être accompagnés de l'étude complète des massifs de fondation, des bâtiments et de la fumisterie, quoique ces travaux ne fassent pas partie de l'entreprise.

Art. 11 à 13. — Formalités de soumission et d'adjudication.

Exécution des ouvrages. — Art. 14. — Tous les ouvrages sont loyalement exécutés dans toutes leurs parties et composés de matériaux de la meilleure qualité.

L'entrepreneur devra soumettre tous ses dessins d'exécution à l'acceptation de l'ingénieur et lui en délivrer copie conforme : cette acceptation laissera intacte sa responsabilité au point de vue du bon fonctionnement et du rendement des machines.

L'entrée des usines et des ateliers où seront préparées les machines sera toujours accordée aux ingénieurs ou à leurs délégués, qui pourront y faire, aux frais du constructeur, les épreuves d'usage pour s'assurer de la qualité et de la résistance des matériaux employés.

Les diverses pièces ne pourront être mises en place qu'après avoir été examinées par l'ingénieur et reconnues, par lui, exemptes de défauts.

Le poids des pièces constituant les ouvrages de la première catégorie ne devra pas être inférieur de plus de $1/20^e$ au poids prévu dans le projet, faute de quoi, elles pourront être refusées ; dans le cas où elles seraient acceptées, l'entrepreneur subirait une retenue calculée, pour chacune des pièces ou groupe de pièces d'un poids trop faible, en multipliant le montant du forfait par le rapport entre la différence de leur poids prévu et de leur poids réel, d'une part, et le poids total porté au devis descriptif, d'autre part.

Le poids des pièces de la deuxième catégorie ne pourra différer de plus de $1/10^e$ pour chacune d'elles, ni de $1/20^e$ sur l'ensemble du poids prévu, faute de quoi, l'Administration sera libre de les refuser. Elles ne seront, en tout cas, payées que pour leur poids prévu, si elles le surpassent, et pour leur poids réel, si elles sont inférieures au poids prévu.

Délais d'exécution. — Art. 15. — L'usine devra être terminée et mise en état de fonctionnement dans un délai de douze mois, à partir de la notification de la décision ministérielle qui aura désigné l'entrepreneur, sans toutefois que celui-ci puisse disposer de moins de six mois, à partir du jour où il aura été régulièrement informé que les bâtiments et fondations destinés à recevoir les appareils sont terminés.

En cas de retard dans l'époque d'achèvement des ouvrages, il sera fait à l'entrepreneur une retenue de cent francs par jour.

Réception provisoire. — Art. 16. — Dès que l'entrepreneur aura déclaré que son installation est terminée, il sera fait un premier essai pour reconnaître si les appareils sont en état de fonctionner, et, dans le cas de l'affirmative, il sera procédé à la réception provisoire.

A la même époque et avant de recouvrir la conduite ascensionnelle, l'ingénieur fera mettre la conduite en charge, et constatera, par un procès-verbal régulier, en présence de l'entrepreneur, ou lui dûment appelé, qu'il ne s'y produit aucune fuite appréciable.

L'entrepreneur supportera tous les frais de ce premier essai, tels que personnel des ouvriers, combustible, huile, graisse, chiffons, éclairage, etc.

L'Administration se réserve, en outre, le droit de conserver les mécaniciens et chauffeurs de l'entreprise pendant le délai d'un mois, nécessaire pour l'organisation de son propre personnel.

Délai de garantie et fonctionnement des machines pendant cette période. — Art. 17. — Le délai de garantie sera de deux ans à partir de la réception provisoire.

Toutefois, si les besoins de l'alimentation ont occasionné un emploi suffisant des machines pendant la première année de garantie, l'Administration se réserve le droit de prononcer, à l'expiration de cette année, sur le rapport des ingénieurs, la réception ou le refus des machines.

Pendant le délai de garantie, l'entrepreneur restera complètement responsable du bon fonctionnement de ses appareils, et devra remplacer, à ses frais, toute pièce qui viendrait à manquer, soit par vice de construction ou de pose, soit par mauvaise qualité de la matière, soit par insuffisance dans les dimensions.

Il sera, en outre, chargé du nettoyage et du graissage de tous les appareils, et recevra de l'État pour cet objet, à titre de remboursement, un prix à forfait payé chaque mois, et qui se composera :

1° D'une somme fixe de 300 francs par mois à partir du jour où les machines seront mises en fonctionnement ;

2° D'un franc par heure d'activité de jour et de nuit.

Les manœuvres, à l'exception du nettoyage et du graissage, seront faites par les agents de l'Administration ; mais le constructeur pourra faire surveiller la marche des machines par un de ses agents, s'il le juge convenable.

Les réparations devront toujours être faites de manière à n'apporter aucune gêne dans la régularité du service.

La dépense de combustible et celle de l'éclairage pendant le délai de garantie seront à la charge de l'État pour ce qui concerne le service régulier.

Toute avarie survenue dans les appareils pendant le délai de garantie sera réparée d'office aux frais de l'entrepreneur, si celui-ci néglige de faire sans délai les réparations nécessaires, et après qu'un procès-verbal circonstancié de l'avarie aura été dressé et lui aura été régulièrement notifié.

Constatation de la consommation de combustible. — Art. 18. — A dater de la réception provisoire et pendant le délai de garantie, on fera sur chacune des machines les expériences nécessaires pour constater la puissance de l'appareil et la consommation de combustible.

Les épreuves consisteront à laisser marcher sans interruption la machine essayée jusqu'à ce que le régime de l'appareil soit devenu régulier; l'on observera ensuite, pendant douze heures, la quantité d'eau effectivement élevée dans la rigole, ainsi que la consommation de combustible. Les feux des fourneaux, ainsi que la pression dans les générateurs seront remis, à la fin de l'expérience, dans l'état où ils étaient au commencement.

Le volume d'eau refoulée sera mesuré par le nombre des coups de piston de la pompe. La hauteur de refoulement sera la différence de niveau entre le plan d'eau du bassin d'aspiration et celui de la rigole où débouchera la conduite ascensionnelle.

Enfin, le volume de l'eau montée par coup de piston sera vérifié directement, aussi souvent que l'Administration le jugera convenable, en le jaugeant au moyen d'une bâche installée au sommet de la conduite ascensionnelle.

La marche de chaque machine sera constatée par des bulletins spéciaux dont la forme sera donnée par l'ingénieur.

Ces bulletins, revêtus de l'acceptation de l'entrepreneur ou de son délégué, serviront à calculer la consommation moyenne de son combustible, par cheval et par heure, au moyen de la formule

$$p = P \frac{270.000}{Vh}$$

dans laquelle

p représente la consommation en combustible, par cheval et par heure en kilogrammes ;

P la consommation totale pendant la période considérée, en kilogrammes ;

V le volume de l'eau refoulée, en litres ;

h la hauteur du refoulement, en mètres.

Les expériences sur chaque machine pourront être poussées jusqu'au nombre de huit, à diverses époques de la garantie, soit à la demande de l'Administration, soit à la demande de l'entrepreneur.

On prendra, pour résultat définitif, les moyennes des expériences répétées.

Pénalités en cas d'excédent de la consommation de combustible. — Art. 10. — Si la quantité de combustible dépensée par cheval et par heure dépasse le maximum soumissionné, il sera opéré, sur le prix de la fourniture, une retenue de quinze mille francs par chaque hectogramme consommé en plus de ce maximum.

Enfin, si la consommation atteignait 2 kilogrammes, les machines pourraient être refusées. Dans ce cas, l'entrepreneur devrait les enlever à ses frais, dans le délai qui lui serait fixé, après avoir restitué tous les à-comptes qu'il aurait reçus.

Son cautionnement serait d'ailleurs acquis au Trésor.

L'Administration aurait toutefois la faculté de conserver les machines en location pendant une année, à partir de l'expiration du délai de garantie, en payant au constructeur un loyer calculé à raison de 10 0/0 sur le montant de sa soumission.

Mode de paiement. — Art. 20. — Le paiement s'effectuera comme il suit :

L'adjudicataire recevra, s'il y a lieu, des à-comptes montant :

à 3/10, lorsqu'il justifiera que les principales pièces sont en construction dans ses ateliers ;

à 3/10, après l'arrivée complète des pièces dans l'usine ;

à 2/10, après la réception provisoire.

Chacun des deux derniers dixièmes sera payé à l'expiration de la première et de la deuxième année de garantie.

ANNEXE II AU CHAPITRE XV

ASSOCIATION PARISIENNE
DES PROPRIÉTAIRES D'APPAREILS A VAPEUR

INSTRUCTIONS SUR LES MESURES DE PRÉCAUTION HABITUELLES A OBSERVER DANS L'EMPLOI DES CHAUDIÈRES A VAPEUR.

OBSERVATIONS GÉNÉRALES.

1° Le local des générateurs, les chaudières, et tous les appareils qui en font partie doivent toujours être tenus en parfait état de propreté;

2° L'entrée du local des chaudières et de la chambre des machines est interdite à toute personne étrangère au service des appareils à vapeur; le local doit être tenu fermé pendant les heures de repos. Le chauffeur ne doit jamais quitter son poste sans se faire remplacer;

3° Si une avarie quelconque se produit aux chaudières ou aux autres appareils, le chauffeur en informera immédiatement le propriétaire ou le directeur de l'usine.

CONDUITE DU FEU.

4° Le chauffeur, dès son arrivée, vérifiera la hauteur de l'eau dans la chaudière; si le niveau est bon, il allumera ou, si les feux ont été couverts la veille, il ouvrira le registre en grand, puis la porte du cendrier et, quelques instants après, la porte du chargement.

Il décrassera ensuite et fera progressivement l'allumage.

5° L'allumage étant fait, le chauffeur chargera, toutes les dix à quinze minutes au moins, par petites quantités, en couvrant également toutes les parties de la grille. Il cassera la houille en morceaux de la grosseur du poing, et ne laissera jamais, dans les foyers ordinaires, la couche de combustible dépasser une épaisseur de 0^{m}12 si c'est de la houille, et 0^{m}25, si c'est du coke.

Chaque fois qu'il ouvrira la porte du foyer, il fermera en partie le registre de la cheminée. Il maintiendra dans le cendrier une petite quantité d'eau.

6° Quand la grille, vue en dessous, cessera d'être claire, il la décrassera par moitié, en reportant successivement le bon combustible de chaque côté.

Pour décrasser, il fermera presque complètement le registre et profitera d'un moment où la pression peut descendre dans la chaudière sans inconvénient.

7° Le chauffeur maintiendra la pression nécessaire en ouvrant le registre aussi peu que possible.

Si la pression dépasse celle indiquée par le timbre, il alimentera en baissant le registre, et n'ouvrira les portes du foyer, qu'exceptionnellement.

8° Une demi-heure avant l'arrêt, le feu sera ralenti ; au moment de l'arrêt, le chauffeur couvrira la grille de cendres et de combustible mouillé, et fermera le registre, la porte du foyer puis celle du cendrier.

DES APPAREILS DE SURETÉ.

9° L'indicateur de niveau à tube de verre doit être placé en un point bien visible, bien éclairé et doit toujours fonctionner. Le chauffeur le purgera et le nettoiera plusieurs fois par jour, surtout si les eaux sont sales. Si le tube vient à casser, il doit être remplacé immédiatement.

10° Le flotteur, le sifflet d'alarme, les robinets de jauge doivent toujours fonctionner, ce dont le chauffeur s'assurera au moins une fois par jour.

11° Les soupapes de sûreté ne doivent être calées ni surchargées sous aucun prétexte. Le chauffeur les soulèvera légèrement au moins une fois par jour pour s'assurer qu'elles ne sont point collées.

Si les soupapes perdent, elles doivent être rodées au premier arrêt.

Si la perte a lieu sur une partie seulement du pourtour, le chauffeur vérifiera si le levier porte bien sur l'axe de la soupape et fera tourner celle-ci légèrement sur son siège, en ayant soin de ne jamais appuyer sur le levier.

12° Le manomètre, comme le tube de niveau, doit être placé en un point de la chambre de chauffe bien visible et toujours bien éclairé. Le chauffeur purgera de temps en temps le tube qui le relie à la chaudière, en ayant soin de ne jamais chasser toute l'eau qui se trouve dans le tube.

ALIMENTATION.

13° Les appareils d'alimentation doivent toujours bien fonctionner. La chaudière étant munie de plusieurs de ces appareils, le chauffeur en fera alternativement usage pour s'assurer de leur état.

14° Le chauffeur maintiendra toujours le niveau de l'eau dans la chaudière à la hauteur du trait réglementaire tracé sur la devanture.

Avant l'arrêt, il fera monter le niveau à une dizaine de centimètres au-dessus de cette ligne, pour n'avoir pas à alimenter le lendemain, avant l'allumage.

15° Si, par suite d'une cause quelconque, le niveau vient à baisser au point que l'eau ne soit plus visible dans le tube de verre, le chauffeur jettera bas les feux, ouvrira en grand le registre et les portes du foyer et, après un quart d'heure seulement, il alimentera jusqu'à ce qu'il ait ramené l'eau au niveau normal.

Ce fait ne se présentera pas, si le flotteur et le sifflet d'alarme sont tenus en bon état.

NETTOYAGE.

16° Pour vider la chaudière, on y maintiendra une pression d'un kilogramme environ, pour faire évacuer toute l'eau.

Avant d'ouvrir les bouilleurs, le chauffeur lèvera les soupapes.

17° Les chaudières et les réchauffeurs, s'il y en a, seront arrêtés pendant un temps assez long pour que l'accès de toutes les parties soit possible, et que les nettoyages (1) intérieurs et extérieurs puissent être faits convenablement.

Si l'accès ou le nettoyage de certaines parties n'est pas possible, le chauffeur en préviendra le chef de l'établissement.

18° Les tôles et les parties métalliques seront râclées et brossées extérieurement avec le plus grand soin.

Les carneaux seront complètement débarrassés des cendres et des suies.

19° Le nettoyage intérieur sera fait assez fréquemment pour que les dépôts ne soient pas adhérents. Si cependant un piquage était nécessaire, on emploierait des outils à tranchants arrondis et sans angles vifs, en ménageant surtout les joints.

Après l'enlèvement des boues, les chaudières, bouilleurs et réchauffeurs seront lavés à grande eau.

20° Le chauffeur chargé du nettoyage de la chaudière, dont il a la responsabilité, s'attachera particulièrement aux points suivants :

a) Il visitera avec soin le tuyau d'alimentation et le débarrassera complètement des incrustations qu'il renferme presque toujours ;

b) Il examinera s'il n'existe pas de fuites aux différentes clouures, tant de la chaudière que des réchauffeurs ;

c) Il sondera avec soin au marteau toutes les tôles et principalement celles du coup de feu et celles qui avoisinent l'entrée de l'eau d'alimentation, qui se corrodent souvent assez rapidement ;

_____

(1) On ne doit faire pénétrer les ouvriers dans les chaudières et carneaux qu'après refroidissement complet et ventilation convenable ; cette précaution négligée a amené fréquemment la mort, par asphyxie, des hommes chargés du nettoyage.

d) Il vérifiera si tous les sommiers et supports de la chaudière portent bien, sinon il les calera ;

e) Il vérifiera si le niveau à flotteur fonctionne bien ; si sa tige est bien droite et bien réglée, comme longueur, c'est-à-dire, l'eau étant à son niveau normal, si l'aiguille se trouve bien au zéro de l'échelle ou si le levier est bien horizontal ;

f) Il s'assurera si les tuyaux qui relient le niveau à tube et le manomètre à la chaudière ne sont pas bouchés, et si l'aiguille du manomètre est au zéro;

g) Enfin, il examinera avec soin les soupapes et les rodera s'il est nécessaire.

REMARQUES DIVERSES.

21° Les robinets d'eau ou de vapeur seront toujours ouverts ou fermés très lentement.

22° La partie supérieure du massif des chaudières doit être protégée avec le plus grand soin contre l'humidité.

S'il se produit, en marche, à la tuyauterie, des fuites qui ne peuvent être réparées immédiatement, le chauffeur placera, en dessous, un vase destiné à recevoir l'eau qui en coule.

23° Dans les établissements à marche continue, le chauffeur qui reprend le service doit s'assurer que tous les appareils sont en bon état de fonctionnement.

CHAPITRE XVI

LOCOMOTIVES

317. Généralités. — Tout le monde sait, d'une manière générale, ce que c'est qu'un chemin de fer : il se compose d'une *plateforme* sur laquelle sont fixées par l'intermédiaire de *traverses* enfoncées dans le ballast, de crampons et de *coussinets*, deux files de rails en fer ou en acier, qui forment la voie, sur laquelle roulent les véhicules ; ceux-ci sont attelés à la suite les uns des autres pour composer des *trains* ; en tête de chaque train est placée la *locomotive*, constituée par une chaudière et une machine à vapeur ; la machine fait tourner les roues et détermine ainsi le mouvement de progression de l'ensemble ; en arrière de la locomotive est le *tender*, portant l'approvisionnement d'eau et de combustible. Réparties de distance en distance sur la voie, se trouvent les *stations*, où s'embarquent et se débarquent voyageurs et marchandises. Le tout est complété par de nombreux bâtiments et accessoires.

La voie et le matériel sont décrits d'une manière complète dans un autre cours ; mais il est nécessaire d'en rappeler sommairement les dispositions et propriétés principales, avant de commencer l'étude de la locomotive, qui fait l'objet du présent chapitre (1).

318. Voie. — La largeur de la voie, c'est-à-dire la distance entre les faces internes des champignons des rails est, en alignement droit, de 1ᵐ44 à 1ᵐ45, généralement 1ᵐ45. Dans les courbes, la voie est un peu élargie et le rail extérieur est surhaussé, afin de combattre l'effet de la force centrifuge, qui tend à rejeter le train en dehors de la courbe.

L'axe de la voie présente, en plan, une succession d'alignements droits et de courbes, et, en profil longitudinal, une succession de paliers de pentes et de rampes.

Sur les lignes françaises formant artères de premier ordre, les rayons des courbes ne descendent pas au-dessous de 800 mètres, et les pentes ne dépassent pas 0ᵐ005, sauf sur certaines parties de peu de longueur.

(1) Voir :
Sévène, *Cours de chemin de fer* (École des ponts et chaussées).
Couche, *Voie et matériel roulant*. Dunod, 1876.
Deghilage et Morandière, *Les locomotives à l'Exposition de Vienne.*

Sur les lignes secondaires, les rayons de courbure descendent à 200ᵐ00 et au-dessous, et les pentes s'élèvent à 25 millimètres et au delà.

319. Matériel roulant. — Les roues des wagons sont en métal ; leur jante est enveloppée d'un *bandage* en fer ou en acier, qui forme cercle de roulement ; ce bandage est muni d'un *mentonnet* ou *boudin* saillant à l'intérieur de la voie, pour maintenir la roue sur le rail. Les deux roues montées sur un même essieu sont solidaires de cet essieu ; la rotation du système se fait sur deux *fusées* tournées, venues sur l'essieu, et sur lesquelles repose la voiture, par l'intermédiaire de *coussinets*, de *boîtes à graisse* et de *ressorts*.

Les boîtes à graisse portent des oreilles qui coulissent dans des guidages verticaux, ménagés dans des plaques de fer appelées *plaques de garde*.

Le corps de la voiture repose sur un châssis en charpente, auquel sont fixées les plaques de garde et les menottes des ressorts de suspension.

Chaque voiture est portée par deux et quelquefois trois essieux parallèles.

Tel est, dans son ensemble le matériel, dit *rigide*, généralement employé sur les voies françaises.

Pour assurer la facilité du mouvement et le passage dans les courbes, on apporte certains tempéraments à la rigidité du système :

1° La distance des faces extérieures des boudins est un peu inférieure à 1ᵐ45, de sorte que la paire de roues a un certain jeu dans le sens transversal de la voie ; ce jeu est d'environ 0ᵐ03, soit deux fois 0ᵐ015, en ligne droite et pour les bandages neufs ; par l'usure, il s'accroît jusqu'à environ 0ᵐ03, après quoi la paire de roues est remise sur le tour ;

2° Les boîtes à graisse ont également un jeu, tant longitudinal que transversal, dans les plaques de garde ;

3° La jante des bandages est, non pas cylindrique, mais légèrement conique, le petit diamètre à l'extérieur, cette conicité (1/16 à 1/20) a deux effets : dans les alignements droits, elle tend à ramener sans cesse les roues d'une même paire dans leur situation moyenne, de telle sorte que les deux cercles de roulement soient égaux et que les mentonnets n'arrivent qu'exceptionnellement au contact du rail ; dans les courbes, elle tend à ramener la paire de roues dans une situation telle que, le cercle de roulement extérieur étant plus grand que le cercle intérieur, l'ensemble des deux roues roule sans glissement, comme un cône ayant son sommet au centre de courbure.

320. Attelages. — Les voitures composant un train sont attelées entre elles et se transmettent, de l'une à l'autre, les actions de la locomotive et des freins. A cet effet, les deux extrémités du châssis des wagons sont munies d'un attelage.

Les efforts de traction sont transmis d'un wagon au suivant par un *ten-*

deur à vis agissant, par l'intermédiaire d'une *barre de traction* sur un *ressort de traction* transversal qui, à son tour, transmet son action au châssis et, par là, à l'autre attelage.

Les efforts de pression sont transmis par deux *tampons* à des ressorts de choc qui, souvent, se confondent avec les ressorts de traction ; comme les efforts de traction, ils se communiquent de proche en proche, par l'intermédiaire des châssis.

Enfin des *chaînes de sûreté* sont placées de part et d'autre du tendeur, et n'entrent en jeu qu'en cas de rupture des attelages.

Par l'interposition des ressorts de choc et de traction, un train forme un ensemble élastique pouvant s'allonger ou se raccourcir de quantités notables.

Pour les trains de voyageurs, on serre les tendeurs de manière à bander fortement les attelages, ce qui donne à l'ensemble du train de la rigidité, et atténue les mouvements irréguliers des voitures.

Pour les trains de marchandises, les attelages sont tenus plus lâches, afin de diminuer l'effort au démarrage et dans les courbes.

321. Composition des trains. — Les poids des véhicules varient d'une ligne à l'autre ; on peut compter, pour nos grandes lignes françaises, les poids moyens suivants :

	POIDS DES VÉHICULES	
	Vides	Chargés
Voitures à voyageurs		
1re classe........................	6 à 10.000ᵏ	8.000 à 12.000ᵏ
2e classe............................	5 à 7.000	7.500 à 10.000
3e classe	6 à 7.500	9.000 à 11.500
Les chiffres ci-dessus ne s'appliquent qu'aux voitures à deux essieux.		
Wagons à marchandises		
Pour une charge utile de 5.000ᵏ.................	3 à 4.000	8 à 9.000
— — 8.000	4 à 5.000	12 à 13.000
— — 10.000	5 à 6.000	15 à 16.000
Chiffres qui ne s'appliquent pas aux véhicules spéciaux : fourgons, wagons à bestiaux, à rails, etc.		

Sur les grandes lignes, les trains *express* se composent de 8 à 15 voitures comprenant un ou plusieurs fourgons à bagages et une ou quelquefois deux voitures pour la poste.

Les trains *omnibus* comportent jusqu'à 24 voitures.

Les trains de *marchandises* sont souvent beaucoup plus longs, mais ne comprennent guère plus de 80 véhicules.

Il y a en outre, des *trains directs*, des *trains mixtes*, des *trains spéciaux*, etc.

322. Vitesse des trains. — Un train parcourant une ligne ferrée s'arrête plus ou moins longtemps aux diverses stations. Si l'on divise la longueur du trajet par le temps total employé à le parcourir, on a la *vitesse de parcours*.

Par un procédé analogue, mais en retranchant du temps total les temps d'arrêt et les temps perdus à chaque station pour amortir et regagner la vitesse, on obtient la *vitesse moyenne de marche*.

Mais la vitesse d'un train en pleine marche varie constamment suivant les conditions du tracé, en oscillant autour de la vitesse moyenne. La vitesse maxima est assez souvent limitée à 50 0/0 au-dessus de la vitesse moyenne de marche (1).

Voici les vitesses ordinaires des trains sur les grandes lignes françaises, dans les parties à faible pente :

	VITESSES EN KILOMÈTRES A L'HEURE		
	de parcours	moyenne de marche	maxima
Trains express...............	45 à 65ᵏ	55 à 70ᵏ	80 à 100ᵏ
Trains omnibus..............	30 à 35	35 à 55	50 à 75
Trains de marchandises	»	25 à 40	40 à 60

La vitesse de parcours des trains de marchandises est extrêmement variable et souvent très petite, à cause des arrêts et manœuvres aux stations.

Sur les sections à profil accidenté et sur les lignes secondaires, les vitesses sont beaucoup plus faibles, cependant la vitesse ne descend guère au-dessous de 15 kilomètres à l'heure.

323. Résistance des trains. — Un train en marche oppose au mouvement une résistance dont l'importance dépend de circonstances très variables. Il convient de considérer séparément :

1° La résistance du train en palier et sur alignement droit ;

2° Le supplément de résistance provenant des courbes du tracé ;

3° Le supplément de résistance provenant des pentes du profil.

La résistance et ses éléments s'expriment, en général, en kilogrammes par tonne du train.

(1) Les vitesses de trains s'expriment en kilomètres par heure.
En divisant par 3,6 la vitesse ainsi exprimée, on obtient la vitesse en mètres par seconde.
Ex. : Une vitesse de 36 kilomètres à l'heure correspond à 10 mètres par seconde.

324. Résistance en palier et en alignement droit. — La résistance d'un train se mouvant sur une voie rectiligne et horizontale est la somme des résistances élémentaires suivantes :

a. *Résistance au roulement des roues sur le rail* : elle est proportionnelle à la charge, rapportée au poids du train, elle sera donc représentée par une constante. . . . . A
qui dépendra de la dureté et du poli des surfaces en contact ;

b. *Frottement des fusées contre les coussinets* : elle peut également être représentée par une constante. . . . .   B
qui dépend de la nature et du poli des surfaces frottantes, et surtout de la perfection du graissage ;

c. *Résistance due aux inégalités de la voie* : on admet qu'elle est proportionnelle à la charge et à la vitesse V du train   CV

La constante C dépend de la perfection de la pose, de la stabilité de la voie, de l'éclissage, de la conicité, de la rigidité des attelages, etc. ;

d. *Résistance de l'air.* — On peut admettre que, dans un air tranquille, elle est proportionnelle au carré V^2 de la vitesse et de la surface S que présente le front du train, en y comprenant toutes les saillies, et en y rapportant la résistance accessoire qu'éprouvent, dans l'air, les raies des roues par le fait de leur rotation. L'expression de cette résistance sera donc DSV^2

et, par tonne d'un train pesant P tonnes, elle sera. . . . . . $\dfrac{DSV^2}{P}$

On suppose, dans ce calcul, que l'air est complètement tranquille ; si le vent souffle en tête du train, la résistance sera augmentée, s'il souffle en queue, elle sera diminuée ; mais c'est surtout quand le vent souffle avec force par côté que cette résistance augmente dans des proportions considérables ; car alors l'air, s'introduisant dans l'intervalle qui sépare deux véhicules, crée sur le front de chacune des voitures une résistance spéciale ; de plus le vent, pressant sur la grande surface latérale du train, l'écarte de la situation moyenne dans laquelle les roues roulent sans glissement, ce qui engendre des frottements énergiques des jantes ou même des boudins sur les rails.

En réunissant les éléments précédents, on arrive, pour la résistance par tonne, sur palier et en alignement droit, à la valeur :

$$R_4 = (A + B) + CV + \frac{DSV^2}{P}$$

325. Formules empiriques. — Les valeurs pratiques à attribuer aux divers coefficients dépendent d'un grand nombre de circonstances, dont nous avons énuméré les principales. Leur recherche a fait l'objet de nombreuses expériences qui ont conduit à diverses formules empiriques ; les plus employées sont les suivantes, qui s'appliquent à une voie et un matériel ordinaires, en bon état et dans des circonstances atmosphériques favorables :

Formule de Harding, déduite par Scott Russel (1846) de nombreuses expériences faites par William Harding :

$$R_l = 2,72 + 0,094 \, V + \frac{0,00484 \, SV^2}{P}$$

V vitesse en kilomètres, à l'heure ;

P poids du train en tonnes ;

S surface de front du train, en mètres carrés : on peut prendre S = 5 à 7^{m2} pour le matériel ordinaire des grandes lignes.

Cette formule donne des résultats trop forts aux petites vitesses, mais elle convient bien pour les trains de voyageurs.

Formule du chemin de fer de l'Est, proposée par MM. Vuillemin, Guebhard et Dieudonné :

Vitesse de moins de 32 kilomètres à l'heure :

Graissage à l'huile   R = 1,65 + 0,05 V (1)

—   à la graisse R = 2,30 + 0,05 V

Vitesses de 32 à 50 kilomètres à l'heure :

$$1,80 + 0,08 \, V + \frac{0,009 \, SV^2}{P}$$

Vitesses de 50 à 60 kilomètres à l'heure :

$$1,80 + 0,08 \, V + \frac{0,006 \, SV^2}{P}$$

Vitesses au delà de 70 kilomètres à l'heure :

$$1,80 + 0,14 \, V + \frac{0,004 \, SV^2}{P}$$

Formule de Fink, très commode pour les calculs approximatifs :

Pour voie et matériel en bon état, graissé à l'huile, pas ou peu de courbes de moins de 500^m de rayon ; charge, plus de 100 tonnes brutes :

$$R = 2,5 + 0,001 \, V^2$$

Dans des conditions moins favorables, ajouter 50 0/0 en sus.

326. Résistance due aux courbes. — La théorie du mouvement des wagons dans les courbes est fort complexe et difficilement abordable par le calcul ; des éléments nombreux y entrent en jeu : rayon de courbure, position des voitures sur la voie, conicité des bandages, jeux de la voie et des boîtes à graisse, surhaussement du rail extérieur, empâtement des véhicules ; vitesse et longueur du train, serrage des attelages, etc. Il en résulte que les nombreuses expériences faites sur ce sujet ont donné des résultats assez contradictoires.

---

(1) Il est facile de déduire de ces formules que le coefficient de frottement descend beaucoup au-dessous du chiffre de 0,045 à 0,05 indiqué dans les aide-mémoire pour le frottement de bronze sur fer avec graissage abondant. L'exagération de ce chiffre est d'ailleurs démontrée par des expériences nombreuses et par la pratique journalière des machines et des ateliers.

On peut adopter les règles pratiques suivantes :

Pour un rayon de courbure de plus de 800ᵐ le surcroît de résistance est négligeable ; au-dessous de cette limite, on peut compter :

$$2^k \text{ pour un rayon de } 500^m ;$$
$$3 \quad — \qquad \text{de } 400^m ;$$
$$4^k \quad — \qquad \text{de } 300^m ;$$

327. Résistance due aux rampes. — L'inclinaison longitudinale de la voie s'exprime en millimètres par mètre ; on dit : *une pente* ou *une rampe* de 5, 10, 16 millimètres.

La résistance due à la gravité joue un rôle très important. Elle est facile à calculer.

Si le train remonte une rampe de *i* millimètres par mètre, le travail de la gravité, pour un parcours de 1ᵐ sera évidemment de *i* kilog. par tonne de train ; l'effort de traction correspondant sera donc également de *i* kilog.

On devra appliquer le coefficient *i* au poids du train tout entier, machine et tender compris.

Il va de soi que, sur les pentes, on appliquera la même méthode en prenant *i* négativement.

328. Résistance de la machine et du tender. — Nous avons actuellement les moyens de calculer le travail extérieur à demander dans chaque cas à la locomotive. De là nous pourrions passer directement au travail sur les pistons en nous servant d'une valeur convenable du coefficient de rendement organique.

Il est d'usage de procéder un peu différemment ; le travail absorbé par les résistances passives est ici plus grand que dans les machines fixes, à cause du poids même du moteur, qui pèse tout entier sur les fusées et introduit des frottements importants. On a l'habitude de rapporter tous ces frottements au poids même de la machine, à raison d'un certain nombre de kilog. par tonne.

Les valeurs des coefficients résultant des expériences nombreuses faites sur ce sujet sont fort variables.

D'après les expériences des ingénieurs de l'Est, aux vitesses et dans les conditions normales du service, la résistance totale, par tonne de machine, y compris le tender, peut être exprimée par les chiffres suivants :

Machines à roues libres	8 kilog.
— à 4 roues accouplées . . .	10.50
— à 6 — — . . .	12.50
— à 8 — — . . .	20.00

Cette résistance peut s'accroître considérablement dans les circonstances suivantes :

Dans les courbes raides, si la machine n'est pas construite spécialement dans le but de les franchir facilement ;

Pour les machines à essieux couplés, lorsque les bielles d'accouplement sont mal réglées ou les diamètres des roues accouplées inégaux.

329. Exemples divers. — Nous donnons ci-dessous le calcul des résistances d'un train dans diverses conditions de vitesse, de charge et de rampes.

1° Trains express.

Vitesses en kilomètres à l'heure.	50 kilom.	70 kilom.	90 kilom.
Poids du train : 9 voitures de 10 tonnes . .	90 tonnes	90 tonnes	90 tonnes.
Poids de la machine : machine, 30 tonnes (roues indépendantes); tender, 16 tonnes	46 —	46 —	46 —
Résistance par tonne du train, formule de l'Est, en supposant : $S = 6^{m2}$	6 k. 80	12 k. 90	16 k. 60.
Résistance totale, pour un train de 90 tonnes.	612 k.	1161 k.	1494 k.
Résistance de la machine : 8 k. $\times$ 46. . . .	368	368	368
Résistance totale en palier	980	1529	1862

Résistances sur les rampes, à raison d'un supplément de $90 + 46 = 136$ *kilog. par millimètre :*

Rampes de 0ᵐᵐ	980 k.	1529 k.	1862 k.
— 5ᵐᵐ	1660	2209	2542
— 10ᵐᵐ	2340	2889	3222
— 15ᵐᵐ	3020	3569	3902

2° Trains omnibus.

Vitesses en kilomètres à l'heure.	25 kilom.	40 kilom.	50 kilom.
Poids du train : 18 voitures de 10 tonnes. .	180 tonnes	180 tonnes	180 tonnes.
Poids de la machine : machine, 33 tonnes à 2 essieux accouplés; tender, 16 tonnes. .	49 —	49 —	49 —
Résistance par tonne du train en palier (formule de l'Est : $S = 6^{m2}$)	6 k. 90	5 k. 50	6 k. 50.
Soit, pour un train de 180 tonnes	522 k.	990 k.	1179 k.
Machine et tender : 10 k. 5 $\times$ 49	514	514	514
Résistance totale en palier	1036	1504	1693

Résistances sur les rampes, à raison de $180 + 49 = 229$ *kilog. par millimètre.*

Rampes de 0ᵐᵐ	1036 k.	1504 k.	1693 k.
— 5ᵐᵐ	2181	2649	2838
— 10ᵐᵐ	3326	3794	3983
— 15ᵐᵐ	4471	4939	5128

3° Trains de marchandises.

Vitesses en kilomètres à l'heure.	20 kilom.	30 kilom.	40 kilom.
Poids du train : 25 wagons de 12 tonnes . .	300 tonnes	300 tonnes	300 tonnes.
Poids de la machine : machine, 34 tonnes à 3 essieux accouplés; tender, 16 tonnes. .	50 —	50 —	50 —

Résistance en palier par tonne du train (for-
mule de l'Est : S = 6^{ms}) . . . . 2 k. 65   3 k. 15   5 k. 30.

Soit, pour un train de 300 tonnes	795 k.	945 k.	1590 k.
Machine et tender : 12 k. 5 × 50	625	625	625
Résistance totale en palier	1420	1570	2215

Résistances sur les rampes, à raison de
300 × 50 = 350 *kilog. par millimètre.*

Rampes de 0^{mm}	1420 k.	1570 k.	2215 k.
— 5^{mm}	3170	3320	3965
— 10^{mm}	4920	5070	5715
— 15^{mm}	6670	6820	7465

330. Composition générale des locomotives. — Une locomotive
est un véhicule portant en lui-même le principe de son mouvement. Elle se
compose d'une chaudière et d'une machine à vapeur ; le tout repose, comme
les autres voitures du chemin de fer, sur un châssis qui porte sur les essieux
par l'intermédiaire de ressorts ; les roues, armées de mentonnets, sont fixées
par paires aux extrémités des essieux.

La machine est composée de deux cylindres conjugués, placés horizontalement, et qui attaquent deux manivelles calées à angle droit sur un des
essieux, dit *essieu moteur* ; la rotation de cet essieu entraîne celle des
roues qui en sont solidaires et, si l'*adhérence* de ces roues sur le rail est
suffisante, la progression de tout le système en résulte, ainsi que celle du
train attelé à l'appareil.

Souvent aussi les mouvements de l'essieu moteur sont rendus solidaires
de ceux d'un ou plusieurs des autres essieux au moyen de *bielles d'accouplement.*

La distribution a lieu par tiroirs en coquille, avec avance et recouvrement, commandés par coulisse ; chacune des deux machines conjuguées a
sa distribution propre, mais le relevage des deux coulisses se fait par un
seul arbre commandé par un appareil de changement de marche unique, a
la main du mécanicien (§ 143 à 148).

Les essieux d'une locomotive sont généralement au nombre de trois, rarement deux, quelquefois quatre et même, dans des cas exceptionnels, cinq
et six.

La chaudière est tubulaire. Le tirage est déterminé par la vapeur d'échappement (§ 253) qui est lancée dans l'axe de la cheminée par une buse plus
ou moins étranglée.

331. Problème général de la traction. — Le problème de la traction est fort complexe ; pour le résoudre, il est utile de le décomposer en
ses éléments et de l'examiner sous ses diverses faces.

Posons-le d'abord sous la forme suivante :

Étant donnés un chemin de fer, un train et la locomotive qui doit le conduire, dans quelles conditions s'effectuera la traction ?

Il y a ici, au point de vue du moteur, deux éléments à étudier : 1° l'effort de traction, et 2° le travail dans l'unité de temps.

1° L'effort de traction varie, dans les plus larges limites, avec les conditions variables du tracé et surtout avec les inclinaisons de la voie. Sur les pentes, il est faible, nul ou même négatif ; sur les rampes, il croît très rapidement ;

2° La puissance du moteur, c'est-à-dire le travail par seconde sera, à chaque instant, le produit de l'effort de traction, variable, par la vitesse, également variable.

Il serait certainement fort avantageux, aussi bien au point de vue de l'économie de combustible qu'à celui de la bonne utilisation du matériel, que le travail, par seconde, fût toujours constant ; mais les tracés ordinaires sont incompatibles avec cette condition. Toutefois, le mécanicien peut s'en rapprocher plus ou moins, en faisant varier la vitesse du train dans des limites fixées à l'avance ; il ira plus vite sur les paliers et les pentes et moins vite sur les rampes.

332. Deux conditions essentielles. — Il résulte de là que la locomotive devra, avant tout, satisfaire aux deux conditions suivantes :

1° Pouvoir exercer un *effort de traction* au moins égal au maximum de la résistance du train ;

2° Pouvoir développer, par seconde, un *travail* au moins égal au maximum du travail dû à la résistance et à la vitesse.

Examinons ces deux conditions :

1° Pour que l'effort de traction ait une valeur déterminée, il faut que dans un tour de roue, le travail de la vapeur soit égal au travail des résistances, c'est-à-dire à l'effort de traction (y compris les résistances intérieures du mécanisme) multiplié par la circonférence des roues motrices.

Mais cela ne suffit pas ; il faut en outre que, sous l'action des pistons, les roues motrices ne glissent pas, au lieu de rouler, que leur *adhérence* sur le rail soit suffisante.

Remarquons tout de suite que, ces conditions étant remplies pour l'effort maximum de traction, le seront en général, à plus forte raison, pour les efforts de traction plus petits ; l'adhérence étant suffisante, c'est en agissant sur la distribution soit par étranglement, soit par détente variable, que le mécanicien modifiera l'effort de traction.

2° Si l'on considère en lui-même le mécanisme et qu'on le suppose constitué de telle sorte qu'il produise un effort moteur égal à l'effort résistant, il est clair que le travail par seconde sera, par cela même, égal au travail résistant ; mais cela ne suffit pas, il faut, en outre, que la chaudière puisse fournir assez de vapeur pour que la pression se soutienne.

C'est de là que découlent les proportions de la surface de chauffe, celles du foyer, de la cheminée et les dispositions de la buse d'échappement,

toutes calculées d'après la plus grande consommation de vapeur qu'exigera
le travail à produire dans l'unité de temps.

Ainsi, en résumé, d'un côté, de l'effort de traction maximum résultent le
minimum d'adhérence nécessaire et les proportions du mécanisme ; d'autre
part, du maximum du produit de la vitesse par l'effort de traction, combiné avec les conditions de la distribution à l'allure correspondante, résultent les proportions du générateur de vapeur.

Une locomotive étant établie d'après ces bases, n'aura, en général, à
fournir les maximums d'effort et de travail, pour lesquels elle a été calculée,
que sur une partie de son trajet ; sur les pentes plus faibles, l'effort de
traction sera plus petit, et, malgré l'accroissement de vitesse, il en sera, en
général, de même du travail. Le mécanicien modérera l'effort de traction
en modifiant la distribution (par étranglement ou par détente variable) et
conduira son feu de manière à maintenir sa pression.

Au point de vue de la production de vapeur, la locomotive jouit d'une
élasticité remarquable, résultant de son mode même de fonctionnement.
L'intensité du tirage augmente en même temps que la quantité de vapeur
émise à chaque échappement, c'est-à-dire en même temps que l'effort de
traction ; elle augmente aussi avec le nombre des coups d'échappement,
c'est-à-dire avec la vitesse de la machine. Ces deux éléments étant les deux
facteurs du travail, la production de vapeur se maintient d'elle-même, dans
des limites assez étendues, à la hauteur de la consommation, ce qui simplifie très heureusement le travail du chauffeur.

333. Circonstances particulières. — Il est des circonstances dont les
mécaniciens doivent tirer parti ; s'il se présente une rampe de longueur
modérée, le mécanicien, avant de l'aborder, pousse son feu pour atteindre
le maximum de pression et se lance à grande vitesse. Le train arrive ainsi
au pied de la rampe chargé, sous forme de force vive et de chaleur, d'une
provision de travail qu'il dépense peu à peu, au fur et à mesure qu'il
s'élève.

Le *démarrage*, c'est-à-dire la mise en mouvement d'un train partant du
repos, se fait dans des conditions spéciales ; ici l'effort de traction résulte
non seulement de la résistance normale du train, mais encore du travail
nécessaire pour imprimer progressivement à cette masse considérable sa
vitesse de marche. Comme il est toujours important, pour économiser le
temps, de démarrer vite, on fait produire à la machine le maximum d'effort ; mais, en même temps, la vitesse étant faible, la dépense de vapeur
est peu considérable.

Comme conséquence de l'accroissement constant du trafic sur les chemins de fer, la tendance aujourd'hui est d'augmenter la charge et la vitesse
des trains et, par conséquent, la puissance des machines ; mais tous les éléments de la locomotive : adhérence, dimensions du mécanisme et des géné-

rateurs, sont renfermés dans des limites étroites et rigoureuses, dans lesquelles la construction se trouve fort gênée. Nous examinerons ces limites, en même temps que les éléments eux-mêmes qui servent à établir les proportions des machines.

334. De l'adhérence. — La machine à vapeur étant supposée assez puissante pour imprimer aux roues motrices un mouvement de rotation, il peut se présenter deux cas :

Ou bien les roues roulent sur les rails et, par conséquent, la locomotive entraîne le train ;

Ou bien les roues glissent sur le rail en tournant sur place, et le travail de la vapeur est consommé en frottements ; on dit alors que la machine *patine*.

Pour que les roues adhèrent sans glisser, il faut que l'effort de traction soit inférieur au frottement du bandage sur les rails.

Le coefficient de frottement s'appelle ici coefficient d'adhérence ; désignons-le par f.

Le frottement sera égal à la charge totale π sur les roues motrices, ou poids adhérent, multipliée par f. On devra donc avoir pour l'effet de traction :

$$T \lesseqgtr \pi f.$$

L'effort limite π f que la machine peut exercer sans patiner est l'adhérence.

Quelle est la valeur du coefficient f d'adhérence ? Il est très variable, surtout avec les circonstances atmosphériques.

Les expériences très nombreuses, qui ont été faites à ce sujet, ont donné les résultats résumés ci-dessous :

Par des temps secs, le coefficient d'adhérence peut s'élever jusqu'à 1/5 et même exceptionnellement à 1/4 ;

Quand le temps est brumeux et le rail gras, c'est-à-dire légèrement humide, ce coefficient descend à 1/11 et même au-dessous ;

Lorsqu'une forte pluie a lavé les rails, il remonte au chiffre des temps secs : 1/5 à 1/6.

Le coefficient d'adhérence est faible dans les souterrains, où les rails sont toujours gras, par suite de l'humidité qui est permanente ; il descend à des chiffres très bas quand, à l'automne, les rails se couvrent de feuilles mortes, ainsi qu'en temps de verglas. On l'améliore en lavant les rails par un jet de vapeur, et surtout par l'emploi du sable.

Le réservoir à sable est placé sur le dos de la chaudière ; une petite trappe, à la main du mécanicien, laisse passer le sable qui, conduit par un tuyau, est déposé tout près et en avant du point de contact du rail avec la roue motrice. Le sable doit être siliceux et passé au four. L'usage du sable ne doit être que momentané, mais il est d'un grand secours.

En service ordinaire, on compte 1/7 pour le chiffre moyen de l'adhérence ; en été, on charge un peu plus les trains et un peu moins par les temps de brouillard.

Le patinage se produit fréquemment au démarrage pour les raisons suivantes : la vitesse des pistons étant faible, la pression de la vapeur se produit sans perte de charge, c'est-à-dire avec toute son intensité ; souvent aussi, le mécanicien doit à ce moment augmenter l'admission.

Dès que la machine patine, le coefficient de frottement diminue beaucoup, et le mécanisme prendrait une vitesse dangereuse, si l'on ne se hâtait de fermer le régulateur et de jeter du sable.

335. De l'accouplement. — Dans la valeur de l'adhérence πf, le coefficient f résulte des circonstances atmosphériques ; mais on est maître d'augmenter le poids adhérent, du moins jusqu'à une certaine limite.

Cette limite, c'est la charge qui ne doit pas être dépassée, sous peine de fatiguer et de détériorer rapidement la voie et les bandages.

On la fixe généralement aux chiffres suivants, par essieu :

Sur les rails en fer (voie ordinaire). . . . . 12 tonnes
Sur les rails en acier (voie solide) 13   —

Ainsi donc, pour une paire de roues motrices, l'adhérence sur rails d'acier, en service ordinaire, sera comptée au maximum, pour

$$\frac{13000}{7} = 1850^k$$

et l'effort de traction précédemment calculé ne devra pas dépasser ce chiffre (1).

Si l'effort de traction lui est supérieur, on *accouple* deux essieux ; à cet effet, chaque roue motrice porte une manivelle, qui est réunie à une manivelle d'égale longueur fixée à la roue voisine, par une bielle horizontale de longueur égale à la distance des axes des deux essieux ; l'ensemble de la *bielle d'accouplement* et des deux manivelles forme un parallélogramme déformable. Deux systèmes pareils sont disposés sur les deux flancs de la machine, les manivelles calées à angle droit ; de sorte que l'essieu moteur ne peut tourner sans que l'essieu accouplé tourne d'un angle égal ; ces deux essieux portent des roues d'égal diamètre, dont les mouvements sont concordants et dont les adhérences s'ajoutent.

On peut de même accoupler trois, quatre paires de roues ; les efforts de traction auront alors pour limites :

Avec :

2   3   4   essieux accouplés
3700 kil., 5550 kil., 7400 kil.

(1) Ceci n'est pas tout à fait exact : pour que la comparaison fût rigoureuse, il faudrait déduire, de l'effort de traction, la partie de cet effort correspondant au frottement de l'essieu moteur et à la charge qu'il porte ; mais l'approximation est suffisante pour les besoins de la pratique.

Si l'on compare ces chiffres à ceux du § 329, on arrive aux résultats suivants :

Pour les trains légers et rapides, l'adhérence d'un seul essieu suffit sur des rampes très faibles;

Il faut deux essieux couplés pour les trains express sur les rampes un peu fortes et pour les trains omnibus ;

Les trains de marchandises exigent presque toujours au moins trois essieux accouplés.

Sur les lignes à profil accidenté, tous les trains sont faits par des machines à trois essieux accouplés au moins. Sur les lignes à faible pente et à grand trafic, c'est-à-dire à trains très chargés, les trains express seront faits par machines à deux essieux accouplés.

Le supplément d'adhérence résultant de l'accouplement donne lieu aux inconvénients suivants :

Les résistances passives sont augmentées ; elles peuvent devenir très considérables si les longueurs des bielles d'accouplement ne sont pas rigoureusement égales aux distances des axes des essieux accouplés, ou si les roues accouplées n'ont pas exactement le même diamètre ;

Si le bandage d'une des roues accouplées vient à s'user, il faut remettre sur le tour le jeu entier des roues accouplées ; donc entretien plus coûteux et immobilisation du matériel en réparation.

Ces inconvénients s'accroissent très rapidement avec le nombre des essieux accouplés.

336. Dimensions principales du mécanisme. — Si p_i est la pression moyenne au cylindre,

d le diamètre des pistons,

t leur course,

le travail de la vapeur, en un tour, sera :

$$4 \frac{\pi d^2}{4} l \, p_i$$

Il est égal au travail extérieur, produit de l'effort de traction T par le chemin parcouru,

$$\pi D T$$

D, diamètre des roues motrices,

Il vient donc

$$T = \frac{d^2 l \, p_i}{D} \quad [1]$$

La pression moyenne p_i résulte de la pression à la chaudière et des circonstances de la distribution. On peut compter que, pour les admissions les plus étendues, en tenant compte des pertes de charge, la pression

---

(1) Dans l'effort de traction T, il est tenu compte des résistances organiques (§ 328).

moyenne p_1 est égale à 0,65 à 0,70 de la pression effective p dans la chaudière.

L'effort limite de traction est donc :

$$T_1 = (0,65 \text{ à } 0,70) \frac{p\, d^2\, l}{D}$$

Mais les locomotives de construction récente sont ordinairement disposées pour une large détente, de sorte que la pression moyenne p_1 est notablement inférieure à la limite ci-dessus, et les dimensions des cylindres sont plus grandes que celles qui résultent de cette formule.

Par suite, une locomotive étant réglée pour bien utiliser son adhérence en service normal, si le mécanicien essayait, pour obtenir un plus grand effort de traction, d'augmenter outre mesure l'admission, la machine patinerait (effet qui se produit fréquemment au démarrage). Pour éviter cet inconvénient, il faut que l'on ait

$$\frac{p_1\, d^2\, l}{D} < f\, \pi \quad \text{(1)}$$

Examinons les divers éléments qui entrent dans l'expression ci-dessus.

La pression moyenne p_1 dépend de la distribution et de la pression à la chaudière ; cette dernière est, en général, de 8 à 10 kilog. en France ; elle n'a cessé de s'accroître à mesure que les méthodes de construction devenaient plus parfaites ; elle est limitée surtout par la difficulté de tenir les joints et la crainte de faire gripper les tiroirs.

Pour ce qui concerne le diamètre D des roues motrices, ces roues se font aussi grandes que possible dans les machines rapides, afin de réduire la multiplicité des coups de piston. Mais les questions de poids, de rigidité et de hauteur du centre de gravité de la locomotive imposent des limites : on ne dépasse guère 2 m. 30 et, le plus souvent, on se tient au-dessous de 2 m. 20. Avec ce dernier diamètre, à une vitesse de 100 kilomètres à l'heure, le nombre de tours par seconde est encore de

$$\frac{100}{3,6 \times \pi \times 2,20} = 4 \text{ environ.}$$

_____

(1) Le couple de rotation agissant sur les essieux moteurs varie périodiquement comme dans une machine fixe ; à chaque révolution, il passe par quatre maxima et quatre minima.

Soit T l'effort moyen de traction, T' et T'' les valeurs maxima et minima de cet effort, en admettant, comme approximation, que les bielles sont infinies et la pression dans le cylindre constante, on aura :

$$\frac{T'}{T} = \frac{\sqrt{2}}{\frac{4}{\pi}} = 1,11 ; \quad \frac{T''}{T} = \frac{1}{\frac{4}{\pi}} = 0,78.$$

La valeur moyenne 1/7 du coefficient d'adhérence est, en général, suffisante pour empêcher le patinage quand l'effort moyen T est $< 1/7\, \pi$; mais il arrive quelquefois que les variations périodiques de l'effort moteur, favorisées par les perturbations dues aux masses en mouvement, entraînent, aux grandes vitesses, un patinage prononcé (Voir : *Comptes rendus de l'Académie des sciences*, 13 août 1874, note de M. Rabœuf).

Pour les locomotives devant traîner de fortes charges à des vitesses modérées, on fait les roues petites, afin de réduire les dimensions des cylindres ; on ne descend guère au-dessous de 1 m. 20 de diamètre, avec de plus petits diamètres, les têtes de bielles se rapprocheraient beaucoup du ballast et pourraient en toucher les inégalités.

Le diamètre des cylindres est généralement compris entre 0,35 et 0,55, et la course des pistons entre 0,45 et 0,65.

Les dimensions des cylindres sont calculées de manière à fournir une bonne allure économique sur le profil moyen et avec les charges ordinaires, sauf à sacrifier plus ou moins la marche en allure exceptionnelle et de peu de durée.

La vitesse moyenne du piston ne dépasse pas 5 mètres à 5 m. 20 ; cette limite n'est atteinte que dans les trains de grande vitesse, sur les paliers ou les pentes descendantes.

337. Distribution. — La distribution devra se faire en raison des circonstances très variables du service ; elle est corrélative des dimensions des cylindres et des roues, du poids adhérent, de l'effort de traction, de la pression et de la vitesse.

Pour les locomotives, plus encore que pour les machines fixes, le bon emploi de la vapeur est une nécessité de premier ordre ; c'est moins peut-être une question d'économie de combustible que l'obligation d'alléger la chaudière, qui constitue la partie la plus notable du poids total, et d'atténuer les entraînements d'eau, qui prennent parfois des proportions considérables.

Voici quelques indications à cet égard.

Avec les pressions habituelles, les admissions comprises entre 1/3 et 1/4 de la course peuvent être considérées comme les plus favorables.

L'avance à l'échappement et l'avance à la fermeture de l'échappement peuvent, sans inconvénient sérieux, s'étendre à 20 0/0 de la course et même au delà pour les grandes vitesses.

L'avance à l'admission est toujours beaucoup plus petite.

Le laminage de la vapeur par les lumières est bien moins à redouter à l'admission qu'à l'échappement ; une vitesse moyenne de 40 à 50 mètres à l'échappement (calculée d'après les indications du § 118) ne semble pas présenter d'inconvénient sérieux.

La marche ordinaire a lieu à détente assez prolongée, c'est-à-dire pour une position du levier de changement de marche (§ 145) assez éloignée des crans extrêmes ; par suite, la course du tiroir est plus petite que le diamètre d'excentricité, les lumières sont donc plus ou moins étranglées et cet effet (fig. 59) est d'autant plus sensible que l'avance angulaire est plus petite ; celle-ci est souvent réglée aux environs de 30°.

Les conduites d'amenée de vapeur à chaque cylindre reçoivent une section au moins égale à l'aire maxima d'ouverture des lumières d'admission ; la section des conduites d'échappement dépasse notablement (de 30 à 60 0/0) l'aire totale des lumières d'admission ; la buse d'échappement, complètement ouverte, présente un orifice un peu plus petit que la section de chacune des conduites d'échappement.

Au démarrage, le mécanicien place la vis de changement de marche aux crans extrêmes, afin d'éviter que les quatre lumières d'admission ne soient simultanément fermées, mais il ne donne la vapeur que par bouffées, pour éviter le patinage et la rupture des attelages, et ramène le coulisseau à une position intermédiaire, dès que le train a pris assez d'élan pour franchir les points morts.

338. Dimensions principales du générateur. — Les proportions du générateur de vapeur se calculent en prenant pour base le travail maximum à développer.

Voici comment on peut établir ce calcul pour répondre aux conditions ordinaires de la pratique :

On calculera la puissance sur les pistons en multipliant la vitesse, en mètres par seconde, par l'effort total de traction, y compris les résistances du mécanisme ; le résultat sera le nombre de kilogrammètres à développer par seconde ; divisé par 75, il donnera le nombre de chevaux-vapeur. Ce calcul sera fait pour le cas où le travail à développer doit être maximum.

On admettra, par cheval, sur les pistons, une consommation de 11 à 13 k. de vapeur par heure, pour une locomotive marchant à bonne détente (1), ce qui donnera la dépense totale de vapeur par heure.

Dans les conditions habituelles, on peut porter la production de vapeur à 38 à 40 k. par heure et par mètre carré de surface de chauffe, chiffres qui permettront de calculer cette surface.

On voit que le mètre carré de surface de chauffe représente $\frac{38}{11}$ à $\frac{40}{13}$, soit 3 à 3 1/2 chevaux sur les pistons.

Cette proportion ne s'applique que lorsque la locomotive développe toute sa puissance. Elle pourra être dépassée si la ligne à desservir ne présente que sur des longueurs modérées une déclivité exceptionnelle ; on fera alors la surface de chauffe plus petite, en raccourcissant les tubes, de manière à conserver, sur les paliers et les pentes faibles prédominant dans le tracé, les relations les plus favorables entre les divers éléments de la machine ; mais le foyer devra être assez puissant pour fournir le coup de collier au passage des fortes rampes.

Si c'est l'adhérence qui fait défaut, au lieu de charger la machine d'un poids mort inutile, il pourra, dans quelques cas, être au contraire avanta-

---

(1) Ces chiffres correspondent pour une bonne chaudière à 1 k. 7 à 2 k. 2 de houille par heure et par force de cheval sur l'essieu moteur.

geux d'allonger les tubes, pour tirer parti de ce qui reste de chaleur dans les fumées.

Dans les machines à grandes roues motrices, c'est-à-dire à grande vitesse, le corps cylindrique de la chaudière est nécessairement compris entre les faces internes des bandages de ces roues, dont la distance est de 1 m. 36 environ ; en tenant compte du jeu nécessaire, on voit que ce diamètre ne peut guère dépasser 1 m. 25.

Pour les machines à petites roues, cette limite n'existe pas, ce qui permet de gagner de la largeur.

La longueur des tubes est ordinairement comprise entre 3 m. 50 et 5 m. 50.

339. Dimensions du foyer. — La largeur de la grille dans les types ordinaires de locomotive, est fort étroitement limitée, parce que la boîte à feu, avec ses doubles parois et le jeu nécessaire, doit se placer entre les roues d'arrière ; cette largeur est de 1 mètre à 1 m. 02.

La longueur de la grille ne dépasse guère 1 mètre à 1 m. 25 lorsque le foyer est en porte à faux au delà de l'essieu d'arrière.

Il résulte de ces conditions restrictives que la grille est relativement bien plus petite et, par suite, la combustion bien plus active que dans les chaudières fixes. Dans les types ordinaires, sa surface est de 1/80 à 1/100ᵉ de la surface de chauffe.

Toutefois l'avantage des grands foyers étant bien reconnu, on est arrivé, dans les locomotives récentes, à tourner la difficulté de diverses manières.

On place un essieu armé de roues de petit diamètre sous la grille même, en le garantissant, par un écran, contre la chute des escarbilles. Cette disposition, impraticable quand on brûlait du coke sous des épaisseurs de 0 m. 50, dans des foyers d'une grande profondeur, devient possible avec la houille, chargée en couches minces; l'emploi de grilles inclinées facilite encore la solution.

On a même pu, dans certains cas, installer la grille tout entière non seulement au-dessus de l'essieu, mais au-dessus des roues d'arrière, ce qui affranchit de toute limitation en largeur. D'autres constructeurs ont placé le foyer franchement en porte à faux au delà des roues d'arrière et assez loin pour échapper ces roues et n'être gêné ni dans la largeur, ni dans la longueur; cet expédient ne saurait s'appliquer qu'à des machines très lourdes, très longues et marchant à de faibles vitesses.

Par ces artifices, on est parvenu à porter à 2ᵐ·² et au delà la surface de grille, qui jusqu'alors ne dépassait guère 1 m. 20 à 1 m. 30 et, dans quelques cas, le rapport à la surface de chauffe est ainsi descendu à 1/60.

La hauteur de la cheminée au-dessus du rail est limitée par le gabarit du chemin de fer, un peu variable d'un réseau à l'autre; elle est ordinairement de 4 mètres à 4 m. 45, y compris le pavillon.

La section intérieure de la cheminée peut se calculer à raison de 1 décimètre carré pour 8 1/2 à 9 mètres carrés de surface de chauffe.

340. Description des organes. — Nous avons donné, dans les chapitres précédents, la description des organes constituant la machine et la chaudière des locomotives, avec assez de détail pour qu'il soit superflu d'y revenir.

Nous n'insisterons que sur les parties qui n'ont pas d'analogues dans les machines fixes, c'est-à-dire le train, composé du châssis et des roues, et les dispositifs spéciaux par lesquels le train se relie tant au générateur qu'à la machine et au convoi.

341. Châssis. — La figure 237 représente, en coupe et en plan, le châssis d'une locomotive à trois essieux accouplés.

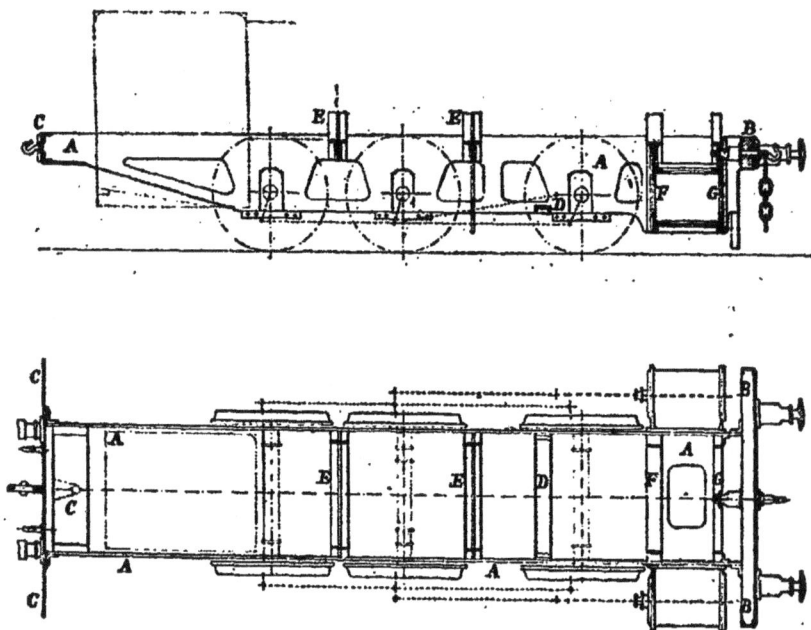

Fig. 237.

Il se compose de deux *longerons* A A ou *brancards* en fer plat découpé, de 25 à 35 millimètres d'épaisseur ; les deux longerons sont entretoisés par une série de traverses.

La traverse antérieure B B, en fer ou en bois, reçoit les tampons et le crochet d'attelage. A la suite, en F G, vient un fort coffre en tôle qui contrevente vigoureusement tout le système et sert de point d'attache aux deux cylindres et à la chaudière.

Les traverses suivantes D, E, E ont pour objet de maintenir l'écartement des longerons et servent de point d'appui aux pièces du mécanisme.

La traverse d'arrière C C, fortement armée, porte l'attelage avec le tendre.

Sur le châssis repose la chaudière, fixée à l'avant et se dilatant librement par l'arrière ; la boîte à feu descend entre les deux brancards.

Les boîtes à graisse des roues coulissent dans des échancrures ménagées au châssis et qui jouent le rôle de plaques de garde.

342. Roues et suspension. — Comme les roues de wagons, les roues des locomotives font corps avec l'essieu et tournent avec lui ; sur l'essieu est pratiquée une fusée A A (fig. 238), tournée et polie, qui glisse dans un demi-coussinet B B en bronze, garni quelquefois d'anti-friction ; celui-ci est maintenu par une boîte à graisse C en fer ou en fonte, laquelle coulisse entre deux guides verticaux D D, en fonte, fixés au châssis par de nombreux boulons. Ce guidage est complété et rendu plus précis au moyen d'un large coin E E que l'on peut élever ou abaisser, par le moyen d'un double écrou *a a*, de manière à rattraper le jeu ; le coin de rattrapage n'est appliqué que pour les roues motrices et accouplées, dont les axes doivent conserver une situation parfaitement fixe ; pour les roues simplement porteuses, un léger jeu ne présente pas d'inconvénient.

Le poids du châssis et des pièces qui y sont attachées est reporté sur les boîtes à graisse par l'intermédiaire d'une suspension élastique composé des pièces suivantes :

F F Ressort formé de lames d'acier trempé, disposées en étages ; il est saisi en son milieu par une chappe G ;

H Chandelle verticale, venue de forge avec la chappe G ; elle glisse dans un guidage *b b*, fixé au châssis ;

K K Paire de broches supportant le châssis par les goujons *c c*, et suspendues au ressort par les écrous et contre-écrous *d d*, qui peuvent être plus ou moins serrés.

Ainsi donc, le châssis est suspendu aux extrémités du ressort par les broches, et, à son tour, le ressort repose, en son milieu sur la boîte à graisse par l'intermédiaire de la chandelle.

Le châssis est fortement affaibli par l'entaille pratiquée pour loger la boîte à graisse ; on lui rend sa solidité en réunissant, dans le bas, les bords de cette entaille par une petite entretoise *e e*, rapportée, et sur laquelle les écrous *a* prennent appui.

On emploie quelquefois des ressorts à pincettes ou en hélice ; la forme des broches, chandelles, coussinets, etc., est aussi fort variable.

Les roues des locomotives sont aujourd'hui presque toutes en fer forgé et d'une seule pièce ; le moyeu est alésé et la portée de l'essieu est entrée de force à la presse hydraulique, sous une pression de 30 à 80 tonnes, suivant le diamètre ; l'assemblage est toujours consolidé avec des clavettes, s'il s'agit de roues motrices. Le bouton de manivelle s'assemble sur un renflement du moyeu, venu de forge, ainsi que le contrepoids, avec l'ensemble de la roue. Le bandage se pose à chaud et est maintenu par des rivets fraisés.

Coupe – longitudinale.

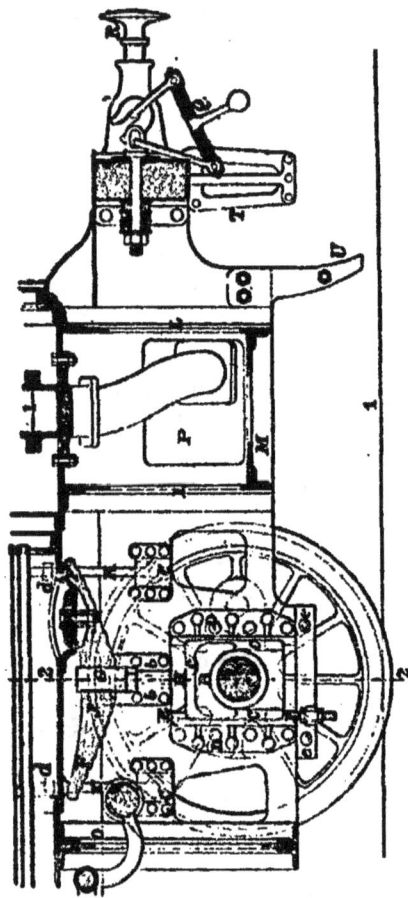

Coupe horizontale.

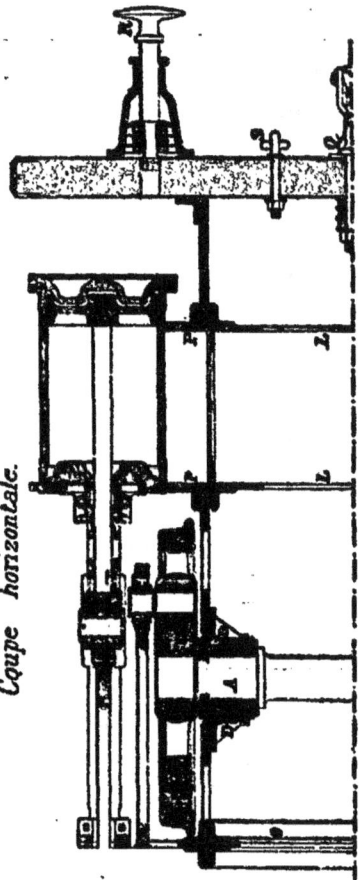

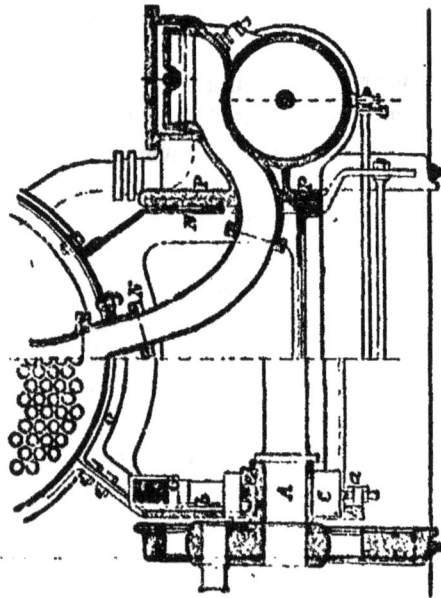

Elevation de face.

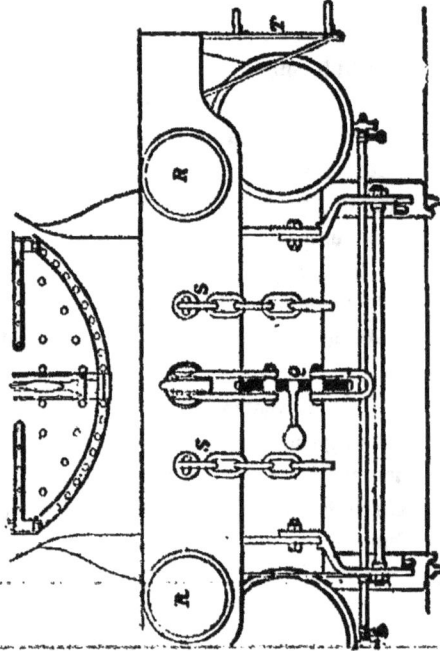

Fig. 238.

343. Attaches de la chaudière. — Les deux entretoises L L placées sous la boîte à fumée, sont fortement reliées entre elles par une tôle horizontale M et par les supports N N de la chaudière ; le tout forme un coffre très résistant et indéformable, boulonné solidement sous la boîte à fumée.

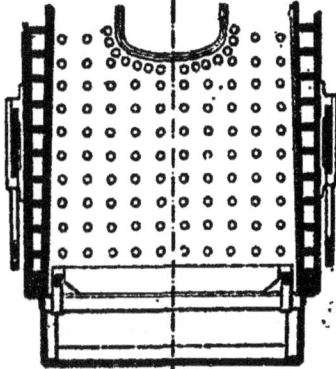

Fig. 239.

Les autres supports de la chaudière O ne constituent que de simples glissières permettant à la chaudière de se dilater librement vers l'arrière. Au droit du foyer, le châssis A A (fig. 239) passe à travers des pièces rapportées sur la boîte à feu extérieure et dans lesquelles il peut glisser.

344. Attaches des cylindres. — Les cylindres s'attachent au bâti par de fortes pattes latérales P P, venues de fonte, et ajustées sur leurs portées (fig. 238) ; les boulons d'assemblage servent en même temps à réunir les diverses parties du coffre d'avant, lequel forme, avec la boîte à fumée et les cylindres, un ensemble très solide.

Les pattes P P portent les amorces des tuyaux d'arrivée de vapeur et d'échappement, lesquels doivent être disposés de manière à ne pas gêner le ramonage des tubes.

345. Attelage d'avant. — La traverse d'avant (fig. 238) porte les pièces d'attelage suivantes, qui sont utilisées dans les manœuvres de gare et aussi dans les cas de double traction ou de marche en arrière :

Q. Tendeur à vis rattaché à un crochet de traction ;

R R. Tampons de choc.

Le tendeur et les tampons sont réunis à la traverse par l'intermédiaire de ressorts courts de caoutchouc ou d'acier (en hélice ou à pincettes).

S S. Chaînes de sûreté.

A la partie antérieure du châssis sont en outre fixés les marchepieds T T et les chasse-pierres U U.

346. Attelage d'arrière. — La traverse d'arrière a la forme d'une poutre creuse en tôle ; l'attelage avec le tender est composé (fig. 240) d'une

forte cheville en fer A, passant dans la manille du tendeur B, qui se manœuvre, soit par un levier ordinaire, soit par un levier à cliquet.

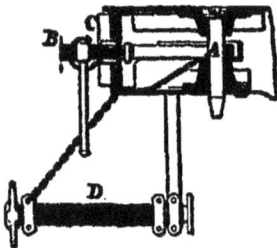

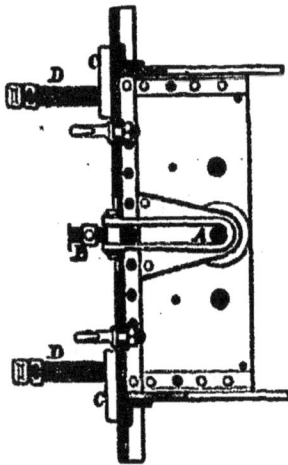

Les tampons du tender viennent appuyer
sur deux tampons *secs* (c'est-à-dire sans ressorts) CC, en bois ou en fer ; ces tampons
secs sont souvent très larges pour pouvoir
s'accorder avec les tampons des divers tenders, dont l'écartement est très variable.

De part et d'autre de l'attelage proprement
dit est un crochet pour chaîne de sûreté.

Le tuyau d'aspiration de la pompe alimentaire ou du Giffard se termine par une partie
flexible D, en cuir ou en caoutchouc, dont
l'extrémité porte un raccord, en forme de
rotule, qui peut s'assembler avec un bout
de tuyau correspondant, partant du fond du
réservoir d'eau du tender.

Le tender et la machine sont munis de
marchepieds.

Enfin, un petit tablier en tôle à charnière
vient couvrir la séparation entre la plateforme
de la machine et celle du tender.

Dans les machines tenders, l'arrière de la
machine est pourvu d'un attelage élastique,
analogue à celui des wagons ; de plus, comme
ces machines marchent fréquemment le foyer

Fig. 240.

en avant, on dispose à l'arrière des chasse-pierres.

Tous les organes que nous venons de décrire varient beaucoup de formes
et de dispositions, suivant le service que la machine doit faire, et même
suivant les idées particulières et les ressources du constructeur. Nous ne
pouvons entrer dans le détail de ces variantes.

347. Quelques prescriptions en usage. — Voici quelques indications utiles à connaître, qui se rapportent à certains usages généralement
adoptés sur les lignes françaises.

Sur les lignes à deux voies, les trains se meuvent sur la voie de gauche.

Le mécanicien se tient à droite de la plateforme, du côté de l'entrevoie,
ayant sous la main droite le levier du régulateur et la vis du changement
de marche ; le chauffeur est à gauche, ayant à sa portée les organes de
manœuvre du frein du tender, du Giffard principal (il y en a généralement
deux), du jette-feu, des portes du cendrier, et du réservoir à sable.

Les positions des deux manivelles de l'essieu moteur sont réglées de
telle sorte que, dans la marche en avant, la manivelle de droite *précède* de
90° celle de gauche.

Des quatre tampons qui arment un véhicule, il y en a deux légèrement bombés et deux plats ; les deux tampons plats sont sur une même diagonale ; l'observateur placé sur le véhicule et regardant l'avant ou l'arrière, voit le tampon plat à sa gauche.

Les axes des tampons sont à environ 1 m. 00 au-dessus du rail, et à une distance de 1 m. 70 à 1 m. 75 l'un de l'autre ; ces cotes varient un peu suivant les réseaux. Elles ne s'appliquent pas aux tampons d'avant des tenders.

Les véhicules qui circulent sur une ligne de fer ne doivent présenter aucune saillie assez prononcée pour rencontrer les obstacles voisins de la voie ; à cet effet, ils doivent passer librement sous un *gabarit* formé par des tringles de fer, dont le contour est inscrit à l'intérieur de tous ces obstacles.

Le gabarit n'est pas le même pour toutes les lignes, il est généralement plus étroit dans tous les sens sur les lignes anciennes que sur celles de construction récente. Ainsi la hauteur varie de 4 m. 00 (Est) à 4 m. 28 (P.-L.-M.) et 4 m. 45 (Orléans), sa largeur est de 3 m. 00 à 3 m. 40. Les exigences du gabarit sont quelquefois fort gênantes, surtout à cause de la faible hauteur imposée aux cheminées.

Voici quelques prescriptions qui se retrouvent dans tous les règlements :

Le mécanicien doit ralentir sa marche au passage des stations, changements et croisements de voies.

Les signaux rouges, disques, drapeaux ou fanaux, prescrivent l'arrêt. Les signaux verts prescrivent le ralentissement.

Le mécanicien siffle avant de se mettre en marche et aux approches des stations et des bifurcations. *L'appel aux freins* consiste en doubles coups de sifflet précipités ; à ce signal, les garde-freins serrent leurs freins ; ils les relâchent à un coup de sifflet prolongé.

348. Positions relatives des organes. — Les divers organes dont se compose une locomotive sont groupés entre eux de diverses manières, que nous allons passer en revue.

Voici d'abord quelques règles qui sont adoptées à peu d'exceptions près :

Le foyer se place à l'arrière de la machine, à portée du chauffeur, qui a lui-même sous la main le combustible approvisionné sur le tender.

A l'avant se trouvent les cylindres, faisant équilibre au poids du foyer ; ils sont horizontaux, ou du moins, leur inclinaison est faible, afin que la flexion variable des ressorts de suspension n'apporte pas de perturbation notable dans les mouvements des pistons.

Les pistons attaquent l'essieu du milieu, quelquefois l'essieu d'arrière, qui est un peu loin du cylindre, jamais l'essieu d'avant, qui en est trop près.

Types à essieu moteur indépendant.

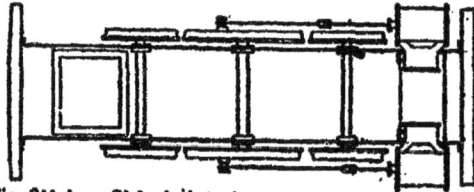

Fig. 241 A. — Châssis intérieur. — Cylindres extérieurs.

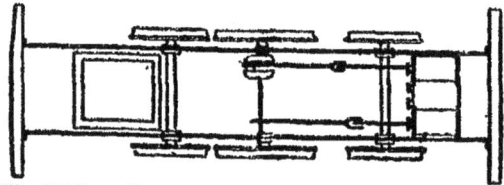

Fig. 241 B. — Châssis intérieur. — Cylindres intérieurs.

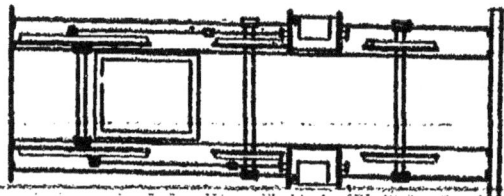

Fig. 241 C. — Type Crampton. — Châssis double. — Cylindres extérieurs.

Types à deux essieux accouplés.

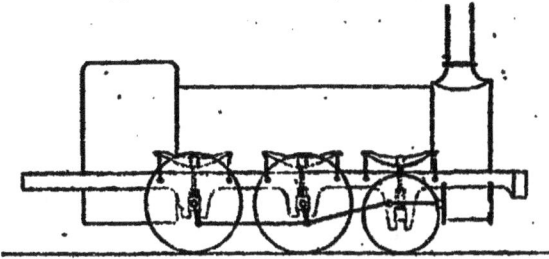

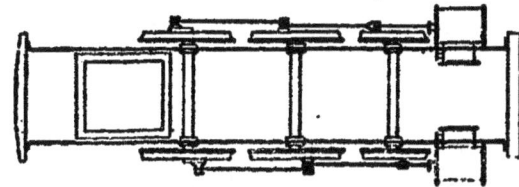

Fig. 241 D. — Châssis intérieur. — Cylindres extérieurs.

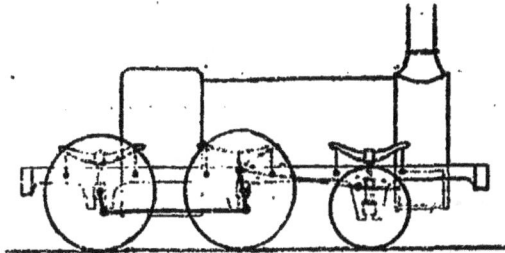

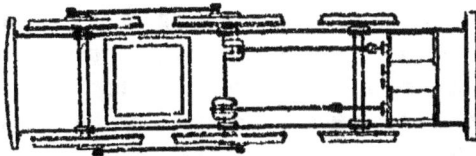

Fig. 241 E. — Châssis intérieur. — Cylindres intérieurs.

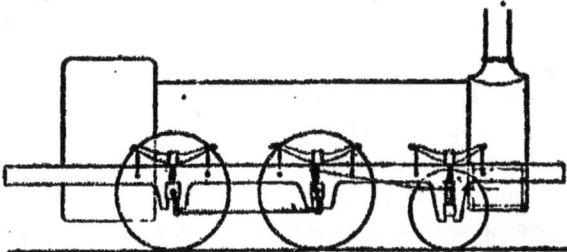

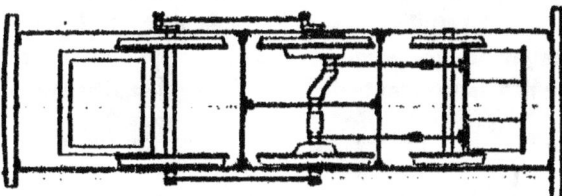

Fig. 241 F. — Châssis extérieur. — Cylindres intérieurs.

Les divers types de locomotives se distinguent :

1° Par les positions relatives des roues entre elles et par rapport à la chaudière ;

2° Par les positions relatives des roues, du châssis, des cylindres et de la distribution.

Les principaux types de locomotives, considérés au point de vue des situations relatives des organes, se trouvent réunis dans la figure 241.

Type à trois essieux accouplés.

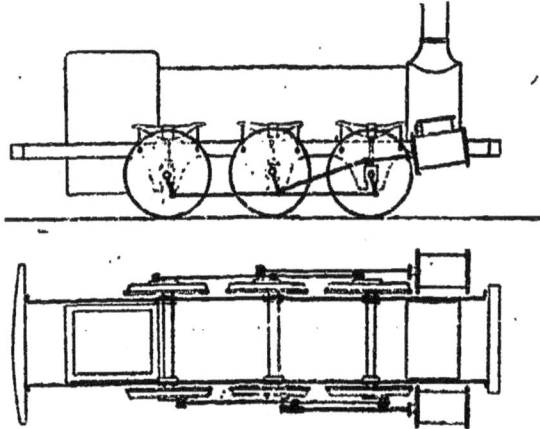

Fig. 241 G. — Châssis intérieur. — Cylindres extérieurs.

349. Positions des roues. — Dans ce qui va suivre, nous appellerons plus particulièrement *roues motrices* celles calées sur l'essieu moteur, celui qui est attaqué directement par les pistons, afin de ne pas les confondre avec les roues simplement *accouplées* et les *roues porteuses*.

Rappelons que les roues accouplées sont de même diamètre que les roues motrices, et que les roues porteuses sont généralement plus petites. Dans les machines à trois essieux, que nous avons principalement en vue, il y a suivant les cas :

Un essieu moteur et deux essieux porteurs (machines à essieu moteur indépendant),

Deux essieux accouplés et un essieu porteur (machines mixtes) ou trois essieux accouplés (machines à adhérence totale).

Examinons ces différents cas :

Machines à essieu moteur indépendant. — Les machines de ce type sont à adhérence faible, par conséquent à grande vitesse et à grandes roues motrices. L'essieu moteur se trouvant au milieu, les roues d'arrière peuvent se placer en avant du foyer (fig. 241 A, B), mais alors le foyer étant en porte-à-faux, sa longueur est restreinte ; la base d'appui étant petite, l'appareil est exposé à des mouvements de lacet et de galop, d'autant plus que l'essieu moteur est le plus chargé, ce qui fait que la charge sur les roues extrêmes est assez faible, et que les extrémités de la machine sont mal soutenues.

Ces inconvénients sont en partie évités si l'essieu porteur d'arrière est placé, soit en arrière du foyer, soit sous la grille.

Avec l'essieu moteur au milieu, le centre de gravité de la chaudière est élevé, ce qui diminue la stabilité.

Les machines de ces types, construites en premier lieu par Stephenson, ont rendu longtemps de bons services; mais la charge et la vitesse des trains de voyageurs augmentant de jour en jour, les inconvénients que nous avons signalés se sont aggravés.

Ils sont en partie évités dans le *type Crampton* (fig. 241 C) : l'essieu moteur est reporté à l'arrière du foyer, ce qui permet, avec de grandes roues, d'abaisser la chaudière, et par suite d'augmenter la stabilité.

La base d'appui est longue; la charge est répartie principalement entre l'essieu moteur et l'essieu d'avant, ce qui assure une grande stabilité d'allure; par contre, le passage dans les courbes raides est plus difficile. Pour réduire la longueur exagérée des bielles, on place les cylindres, non pas à l'avant, mais vers le milieu de la machine.

Machines mixtes. — Les machines à essieux indépendants n'ont pas assez d'adhérence pour les trains omnibus, ni même pour les express lourdement chargés ou circulant sur les rampes un peu fortes; on tend chaque jour à leur substituer des machines à deux essieux accouplés.

L'essieu moteur étant au milieu, l'essieu accouplé se place ordinairement à l'arrière, soit en avant du foyer (fig. 241 D, F), soit en arrière du foyer (E). On a souvent placé l'essieu accouplé en avant de l'essieu moteur; cette disposition n'est guère admissible avec de grandes roues : le mentonnet serait exposé à grimper sur le rail et à faire dérailler tout le train.

Machines à adhérence totale (fig. 241 G). — Ce sont essentiellement des machines à marchandises ou pour rampes; leur vitesse est modérée, et les questions de stabilité deviennent ainsi plus secondaires; aussi les trois essieux sont d'ordinaire compris entre la boîte à feu et la boîte à fumée.

350. Positions relatives des roues et du châssis. — Examinons le plan du mécanisme d'une locomotive.

Ce mécanisme comprend : les roues, le châssis, les cylindres et la distribution et chacun de ces organes peut être placé soit en dedans, soit en dehors des autres, ce qui constitue un grand nombre de combinaisons, dont nous n'examinerons que les plus usitées.

Les roues, portant sur les deux files de rails, déterminent deux plans verticaux, auxquels nous allons rapporter la position des longerons.

Longerons. — Les longerons du châssis sont disposés aussi près que possible des faces des roues, afin de réduire le moment de flexion de l'essieu résultant de la charge sur les fusées.

Ils sont à l'extérieur ou à l'intérieur des roues.

Avec e châssis extérieur (fig. 241 F) les fusées sont de plus petit diamètre, ce qui réduit un peu le travail du frottement ; l'appareil de suspension trouve plus facilement sa place ; on peut gagner quelques centimètres sur la largeur de la grille.

Le châssis intérieur offre, de son côté, les avantages suivants : l'entretoisement des deux longerons est commode et solide et présente à la chaudière des points d'appui faciles à établir ; l'accouplement s'obtient d'une manière beaucoup plus simple, et ce dernier avantage devient plus sensible à mesure que les types à essieux moteurs indépendants sont plus abandonnés.

Dans le *type Crampton* (fig. 241 C) les cylindres, attaquant les roues motrices placées en arrière du foyer, sont nécessairement extérieurs ; les roues porteuses devant tourner très vite à cause de leur petit diamètre et de la rapidité de la marche, on a cherché à réduire le diamètre de leurs fusées ; ce qui a conduit à un double châssis, l'un, extérieur, s'appuie sur les essieux porteurs ; l'autre, intérieur, porte sur l'essieu moteur ; ces deux châssis sont fortement entretoisés entre eux, soit en bout, par les traverses d'avant et d'arrière, soit au milieu par les cylindres.

La situation et la disposition du châssis sont, du reste, intimement liées à celles des autres organes, notamment des cylindres.

351. Positions des cylindres. — Les cylindres peuvent être placés, soit à l'*intérieur*, soit à l'*extérieur* des roues ; ces deux positions se combinent de quatre manières différentes avec celles que peuvent prendre les longerons :

châssis intérieur $\left\{\begin{array}{l} \text{cylindres extérieurs ;} \\ \text{cylindres intérieurs ;} \end{array}\right.$

châssis extérieur $\left\{\begin{array}{l} \text{cylindres extérieurs ;} \\ \text{cylindres intérieurs.} \end{array}\right.$

1° *Châssis intérieur, cylindres extérieurs* (fig. 241 A, D, G). — La transmission de mouvement est des plus simples : le moyeu de la roue motrice (fig. 242) porte un renflement dans lequel est fixée la soie d'un bouton de manivelle commandé directement par la bielle.

2° *Châssis intérieur, cylindres intérieurs* (fig. 241 B, E). — Le châssis étant interposé entre la roue et la manivelle, celle-ci prend la forme d'un vilebrequin, et l'arbre (fig. 243) doit comporter deux coudes à angle droit A, un pour chaque cylindre.

3° *Châssis extérieur, cylindres extérieurs.* — Les cylindres sont placés au delà de la fusée ; celle-ci doit donc être prolongée au delà du coussinet, pour recevoir une manivelle calée sur ce prolongement ; ce qui conduit à une saillie considérable du bouton de manivelle, et par suite, à un grand porte-à-faux des cylindres. On atténue un peu cet inconvénient au moyen de la *fusée-manivelle de Hall*(fig. 244).

C'est un anneau de fer portant une manivelle et qui vient s'assembler sur le prolongement de l'essieu ; le pourtour extérieur de cet anneau est tourné et remplace la fusée. Cet artifice diminue le porte-à-faux d'une longueur presque égale à celle de la fusée ordinaire ; mais alors la surface

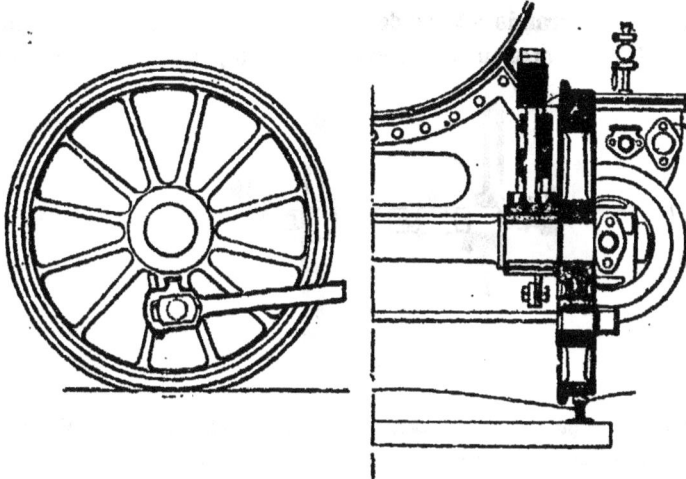

Fig. 242.

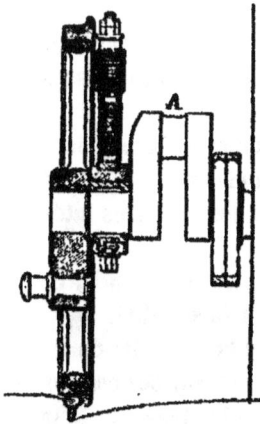

Fig. 243.

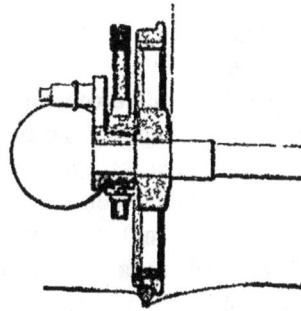

Fig. 244.

frottante a un diamètre plus grand que dans le cas du châssis intérieur, ce qui réduit beaucoup l'avantage du châssis extérieur ; de plus, cet assemblage est un peu suspect comme solidité, malgré les clavettes dont il est armé.

4° *Châssis extérieur, cylindres intérieurs* (fig. 244 F). Cette solution oblige à couder l'essieu moteur ; pour réduire le moment de flexion résultant de l'action des pistons sur l'essieu coudé, on cherche à rapprocher le plus possible la bielle du plan des roues ; ce qui conduit à supprimer l'une des branches du vilebrequin et à la confondre avec le moyeu de la roue (fig. 245 A). L'essieu n'est plus alors réellement coudé, mais simplement dévié et ses extrémités sont munies de portées s'assemblant dans le moyeu de la roue motrice : les essieux de ce genre, dits essieux Martin, sont usités pour les machines à grande vitesse de l'Ouest ; une portion de longeron central (fig. 241 F) reporte sur une fusée B (fig. 245), par un ressort très

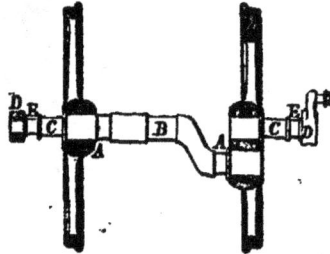

Fig. 245.

flexible, une petite partie de la charge des fusées extérieures C C ; l'accouplement est obtenu par une manivelle extérieure D D et les excentriques sont calés en E, entre la fusée de la roue et la manivelle d'accouplement.

Comparés aux cylindres extérieurs, les cylindres intérieurs ont l'avantage de concentrer les actions de la vapeur et celles dues à l'inertie des masses animées de mouvements alternatifs, pistons, bielles, manivelles, etc., dans le voisinage du plan vertical passant par l'axe longitudinal de la machine; il en résulte une allure plus tranquille, surtout aux grandes vitesses, et cet avantage est considéré comme fort important. En outre, les cylindres intérieurs sont mieux protégés contre le refroidissement.

Par contre, avec les cylindres intérieurs, l'essieu moteur est coudé, ce qui oblige à relever la chaudière, c'est-à-dire à diminuer la stabilité.

Mais l'inconvénient principal des essieux coudés est la difficulté de les obtenir bien sains à la forge et surtout les chances de rupture. Ces essieux se font aussi légers que possible, c'est-à-dire que le métal y travaille à un coefficient élevé; néanmoins, ce sont des pièces difficiles à forger; ils se rompent assez fréquemment en service ; 150.000 kilom. est déjà un beau parcours pour un essieu coudé.

Ces motifs ont paru suffisants à plusieurs ingénieurs pour rejeter absolument les cylindres intérieurs. On peut, du reste, par une bonne répartition des poids des pièces et un emploi judicieux des contrepoids, atténuer dans une large mesure les mouvements irréguliers des machines, même avec des cylindres extérieurs.

Les inconvénients des cylindres intérieurs sont fort atténués avec des essieux Martin bien construits.

352. Positions de la distribution. — On rencontre des tiroirs de distribution placés, pour ainsi dire, dans toutes les positions possibles : horizontaux au-dessus des cylindres, verticaux sur leur flanc, à l'intérieur ou à l'extérieur, inclinés en dessus ou en dessous, etc.

La position des excentriques et des coulisses résulte immédiatement de celle des tiroirs.

Beaucoup d'ingénieurs préfèrent la distribution à l'extérieur : les excentriques peuvent alors être de petit diamètre et même se réduire à de simples contre-manivelles, calées, soit sur le prolongement de l'essieu moteur, soit sur le bouton de manivelle ; de plus, tout ce mécanisme, délicat et compliqué, est très accessible, ce qui en rend le réglage, le graissage et l'entretien bien plus faciles, et est considéré comme un avantage fort sérieux.

353. Positions des bielles d'accouplement. — Les bielles d'accouplement se placent toujours à l'extérieur des roues ; lorsque les cylindres sont intérieurs, le bouton de manivelle d'accouplement est le plus souvent calé à 180° de la manivelle principale, afin d'équilibrer en partie les masses en mouvement autour de l'essieu moteur.

Quand les cylindres sont extérieurs, le bouton de manivelle d'accouplement a nécessairement son axe de figure sur le prolongement de celui de la manivelle motrice.

Dans les locomotives à deux essieux couplés à l'arrière (fig. 241 D), la bielle motrice, qui transmet tout l'effort, se place souvent en dedans de la bielle d'accouplement. Cette disposition n'est plus possible si l'un des essieux accouplés est en avant de l'essieu moteur, à moins de donner aux cylindres une inclinaison assez forte pour laisser à la manivelle accouplée la liberté de son mouvement. En pareil cas, il convient mieux de placer le bouton de manivelle principal en dehors et la manivelle d'accouplement tout contre les roues (fig. 241 G). Dans les machines à 3 ou 4 essieux accouplés, la bielle d'accouplement ne saurait être d'une seule pièce, car elle se romprait par l'effet des irrégularités de la voie ; on place une articulation a (fig. 241 G) tout près d'un des boutons de manivelle, et quelquefois on la fait coïncider avec l'axe même de ce bouton.

354. Types les plus usités. — Toutes ces questions de situations relatives des organes, ont donné lieu, à une certaine époque, à des discussions très vives ; on ne saurait dire que, de ces controverses, il soit sorti des solutions précises et générales ; cependant le nombre des types de machines en usage s'est restreint de plus en plus et, à quelques détails près, les machines usitées sur les diverses lignes françaises se ressemblent beaucoup et, suivant le service à faire, prennent l'une ou l'autre des formes suivantes :

Machines à marchandises. — 3 essieux accouplés, châssis intérieur, cylindres extérieurs, distribution intérieure ou extérieure ; tel est l'outil le plus usuel de nos chemins de fer ; il est répandu à plusieurs milliers d'exemplaires fort semblables entre eux ; c'est l'ouvrier chargé de la grosse besogne courante.

Machines d'express. — Les machines à essieu moteur indépendant sont de plus en plus délaissées, à cause de leur adhérence insuffisante ; c'est le type Crampton qui a survécu le plus longtemps. Les nouvelles machines de vitesse sont à deux essieux accouplés, placés à l'arrière ; mais les dispositions de ce type, relativement récent, présentent d'un réseau à l'autre de grandes variétés et l'on peut dire qu'il est encore à l'état d'étude :

Le châssis est tantôt intérieur, tantôt extérieur et quelquefois double ou mixte. Les deux essieux moteurs sont en avant du foyer, ou bien ils comprennent entre eux le foyer (Nord, Est) ; au P.-L.-M, un quatrième essieu, porteur, est placé sous le foyer.

Machines d'omnibus. — Entre ces types extrêmes se placent les machines d'omnibus, à deux essieux accouplés, placés généralement à l'arrière.

Machines spéciales. — Lorsqu'il s'agit de faire un service spécial, pour banlieue, pour manœuvres de gares, pour courbes ou rampes exceptionnelles, tramways, etc., on établit des types particuliers, dont nous examinerons quelques exemples.

355. Répartition des charges sur les essieux. — Ressorts. — Soit (fig. 246) une locomotive à 3 essieux dont le poids est P et le centre de gravité en G ; appelons A, B, C les pressions que chacune des paires de

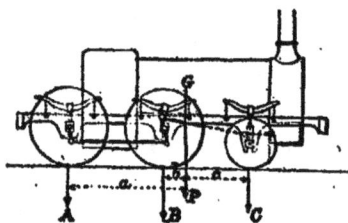

Fig. 246.

roues exerce sur les rails, et a, b, c les distances de chacun des essieux à la verticale du centre de la gravité.

Cherchons les trois composantes A, B, C ; nous aurons :

Equation de la somme des projections des forces verticales sur la verticale :

$$A + B + C = P$$

Equation des moments par rapport à la verticale du centre de la gravité :

$$Aa + Bb = Cc$$

Soit deux équations pour trois inconnues, le problème reste donc indéterminé avec ces données ; la répartition serait pratiquement indéterminée si la machine était un corps absolument rigide, car la moindre inégalité de la voie suffirait pour décharger complètement l'un ou l'autre des trois points d'appui et modifier entièrement les valeurs relatives des charges. C'est ici que l'action des ressorts intervient : au passage d'une saillie de la voie, la roue se soulève un peu, sans que, par suite de la flexion du ressort, la charge qui pèse sur elle augmente notablement. La répartition du poids de la locomotive entre ses différents essieux se règle et se modifie au moyen des doubles écrous de suspension (*d d*, fig. 238). La locomotive à régler est mise sur un *pont à bascule*, composé de deux files de rails divisées en tronçons ; chacun de ces tronçons est fixé sur le plateau d'une bascule et porte l'une des roues de la machine ; en agissant sur les écrous de suspension, on modifie la charge sur les divers points d'appui, jusqu'à ce que, les divers tronçons de rails étant de niveau, la répartition soit celle prévue à l'avance. Cette répartition n'est du reste pas tout à fait arbitraire, elle est toujours subordonnée aux deux équations ci-dessus ; combinées avec ces équations, les données fournies par le pont à bascule permettent de déterminer expérimentalement le poids total de la machine et la position du centre de gravité.

Les ressorts une fois réglés sur niveau, la répartition ainsi établie est constamment altérée en marche, par diverses causes et notamment par les inégalités de la voie, inégalités accidentelles ou résultant des passages aux changements de pente ou de courbure. Ces perturbations sont d'autant moins grandes que les ressorts sont plus flexibles ; d'autre part, des ressorts trop mous engendrent des oscillations exagérées ; la flexibilité des ressorts ordinaires de locomotives est généralement comprise entre 5 et 12 m/m par tonne.

Pour éviter ces variations continuelles de la répartition, on a souvent recours à l'artifice suivant : un balancier A B (fig. 247), tournant autour

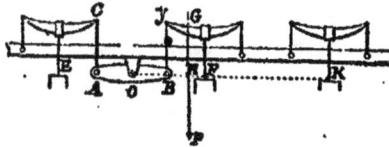

Fig. 247.

d'une articulation O fixée au châssis, reçoit à ses extrémités les bouts des broches A C, B Y, des ressorts voisins ; si les deux bras O A, O B du balancier sont égaux, les efforts de traction exercés sur les deux broches sont aussi égaux, et par suite, il en est de même des pressions exercées sur les deux boîtes à graisse des essieux voisins E, F ; dès lors, ces deux roues étant toujours également chargées, la répartition devient indépendante des irrégularités de la voie et résulte seulement des distances O H, H K de la verticale du centre de gravité au centre d'articulation O du balancier et à la boîte à graisse indépendante K. La même propriété subsiste si les deux branches du balancier sont inégales; mais alors les deux essieux voisins F, E sont inégalement chargés.

On peut donner aux balanciers un grand nombre de dispositions diverses, atteignant le même but, qui est de répartir la charge, entre les deux essieux conjugués, dans un rapport déterminé. Nous en verrons quelques exemples.

L'usage des balanciers, très fréquent en Allemagne, s'est beaucoup propagé chez nous dans ces dernières années, depuis surtout que l'on accouple deux essieux dans les machines à grande vitesse, à cause de la nécessité de répartir très également l'usure des bandages entre les paires de roues accouplées.

Des considérations analogues à celles que nous venons de développer s'appliquent aux locomotives ayant un nombre d'essieux différant de 3.

Dans une locomotive à deux essieux, la répartition de la charge est indépendante de la flexion des ressorts; les deux équations ci-dessus déterminent la charge sur chacun des deux essieux.

Lorsqu'il y a quatre essieux, l'indétermination est d'un degré plus élevée que pour 3 essieux; mais il suffit pour la lever de conjuguer deux paires d'essieux au moyen de balanciers.

Diverses causes modifient, sur la locomotive en mouvement, la répartition établie à l'état statique. Les principales sont, en outre des inégalités de la voie : les variations du niveau de l'eau, les pentes et les rampes, dont l'effet est d'incliner l'axe de la chaudière par rapport au plan d'eau, les variations de vitesse, produisant un effet analogue, l'effort de traction, qui crée un couple tendant à soulager les roues d'avant, enfin, les effets de l'inertie sur les pièces animées d'un mouvement alternatif. Le calcul de ces perturbations ne présente pas de difficulté sérieuse : il ne doit pas être négligé, car ces perturbations atteignent parfois une importance notable.

356. Description de quelques locomotives. — Nous donnons ci-après les croquis et les dimensions essentielles de quelques locomotives actuellement en service sur des chemins de fer français.

357. Machines Crampton de la Compagnie P.-L.-M. — La machine représentée ci-contre (fig. 248) a longtemps fait le service des express, et le fait encore sur les lignes à faibles pentes et à trafic modéré. Les roues motrices sont très grandes, l'appareil vaporisateur puissant (grille 1m²28, surf. de chauffe 96m²45, rapport 1 à 75). La position de l'essieu moteur, à l'arrière du foyer, a permis d'abaisser la chaudière (axe à 1 m. 60 au-dessus du rail); de plus les charges sont réparties surtout sur les essieux extrêmes (12000 k. sur chacun, 6190 k. sur l'essieu moyen); la machine est donc bien assise et très stable sur le rail. Son large empâtement (4 m. 60) ajoute à cette stabilité, mais ne lui permet pas d'aborder les courbes raides.

CHEMINS DE FER DE PARIS A LYON ET A LA MÉDITERRANÉE

Machine d'express, type Crampton

Constructeur : ANDRÉ KOECHLIN (1864).

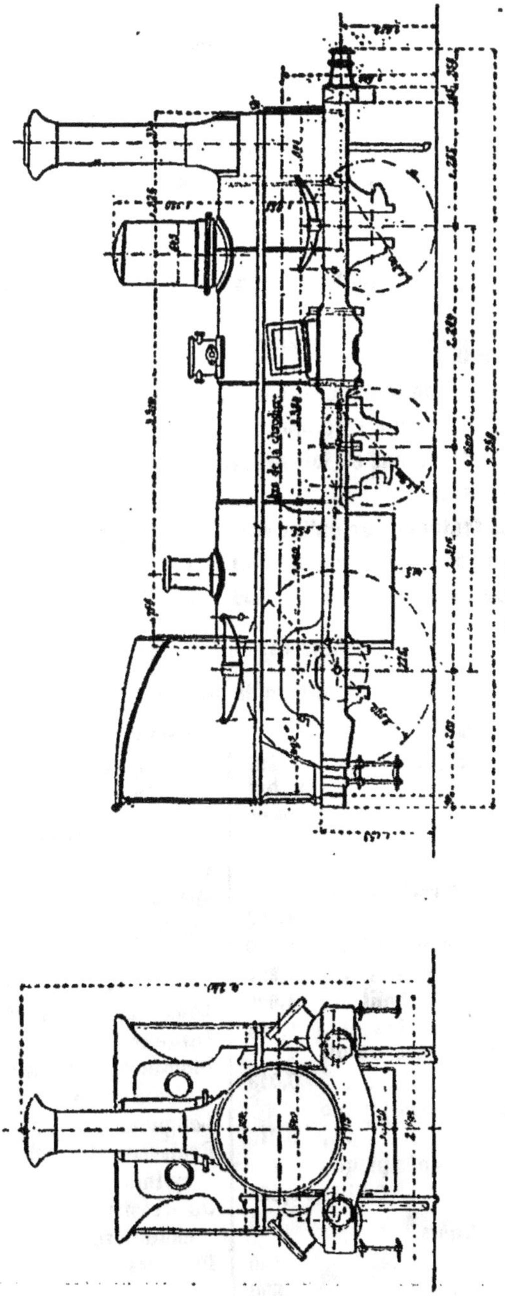

Fig. 248.

Le châssis est double ; les longerons extérieurs portent sur les fusées des petites roues, les longerons intérieurs sur l'essieu moteur.

L'installation des ressorts d'arrière est assez difficile, ces ressorts ne pouvant trouver leur place entre la roue et la boîte à feu. Dans la figure 248, ils ont été remontés au-dessus des roues, et s'attachent, d'une part, au châssis, de l'autre à la chaudière, disposition que l'on a critiquée ; sur d'autres machines Crampton, la suspension sur l'essieu moteur est composée d'un ressort unique placé transversalement.

L'effort de traction maximum résultant de l'adhérence (art. 334) est $\frac{12.000}{7} = 1700$ k.

L'effort de traction calculé d'après les dimensions des cylindres (336) est $\frac{0.70 \times 9 \times \overline{40}^2 \times 0.60}{2.09} = 2900$ k.

La machine est donc exposée à patiner lorsqu'on marche à pleine admission ; de fait, elle patine fréquemment au départ, ce qui oblige à ne démarrer que progressivement et fait perdre un temps qui est précieux, surtout pour les express.

Les charges traînées sur palier sont les suivantes :

Vitesses en kilom. à l'heure	30	40	50	60	70	75	80
Charges traînées en tonnes	332	261	213	176	131	113	97

Machine Crampton (fig. 248).

Principales dimensions.

Grille.

Longueur	1ᵐ 221
Largeur	1 , 044
Surface	1ᵐ²,28

Foyer.

Hauteur du ciel au-dessus du cadre	1,400
Longueur intérieure en haut	1,170
— — en bas	1,221
Largeur intérieure en haut	1,020
— — en bas	1,044
Epaisseur du cuivre des parois latérales	0,013
Epaisseur du cuivre de la plaque de porte	0,015
Epaisseur du cuivre de la plaque tubulaire	0,015 et 0,025

Tubes.

Nombre de tubes	180
Diamètre extérieur	0,050

Epaisseur	0,002
Longueur entre les plaques tubulaires	3,460

Surface de chauffe.

Foyer	6ᵐ²,45
Tubes	90,00
Totale	96,45

Chaudière.

Longueur de la boîte à feu	1,400
Largeur	1,220
Diamètre intérieur de la grande virole du corps cylindrique	1,268
Longueur du corps cylindrique	3,384
Epaisseur des tôles du corps cylindrique	0,0145
Du dessus du rail à l'axe de la chaudière	1,600
Du dessus du rail au-dessous du cadre du foyer	0,405

Longueur intérieure de la boîte à fumée 0,725

Diamètre intérieur de la boîte à fumée 1,239

Volume d'eau avec 0m,10 au-dessus du ciel du foyer. . . 2m3,750

Capacité totale de la chaudière. 4,230

Timbre de la chaudière. . . . 9 k.

Diamètre des soupapes 0,110

Cheminée.

Diamètre intérieur de la cheminée 0m420

Du dessus du rail au-dessus de la cheminée (tous accessoires compris). 4,280

Châssis.

Ecartement intérieur des longerons intérieurs. 1,256

Ecartement intérieur des longerons extérieurs. 2,360

Epaisseur des longerons. . . . 0,022

Longueur de la machine à l'extrémité des tampons 7,758

Roues.

Diamètre au contact	avant	. . .	1,340
	milieu	. . .	1,200
	arrière	. . .	2,090
Diamètre de la jante	avant	. . .	1,240
	milieu	. . .	1,100
	arrière	. . .	1,000
Ecartement des essieux	avant et milieu	. . .	2,284
	milieu et arrière	. .	2,316
	extrêmes.	. .	4,600

Entre les bandages 1,360

De milieu en milieu des fusées	avant	. . .	2,208
	milieu	. . .	2,232
	arrière	. . .	1,155

Fusées des essieux	avant	diamètre.	. .	0,150
		longueur	. .	0,270
	milieu	diamètre	. .	0,130
		longueur.	. .	0,250
	arrière	diamètre.	. .	0,180
		longueur	. .	0,260

Bouton de manivelle de la bielle motrice	diamètre	. .	0,130
	longueur.	. . .	0,102

Diamètre du calage des poulies d'excentriques 0,100

Ressorts.

Avant : 9 lames de 12/90, corde 0,860, flèche 0,080

Milieu : 7 lames de 12/90, corde 0,860, flèche 0,050

Arrière : 15 lames de 10/90, corde 0,990, flèche 0,070

Mouvement.

Longueur des barres d'excentriques 1,300

Diamètre des cylindres 0,400

Course des pistons 0m600

Longueur de la bielle motrice. 2,090

D'axe en axe des cylindres . . 1,840

D'axe en axe des tiges de tiroirs et des coulisses 2,124

Distribution.

Angle d'avance des poulies d'excentriques. . . . . . . 9°

Rayon d'excentricité. 0,080

Course maxima des tiroirs . . 0,1285

Recouvrement intérieur . . . 0,006

—   extérieur . . . 0,028

Introduction moyenne au maximum p. 0/0 . . . . 78.5

Lumières d'admission. 0,050 × 0,300

— d'échappement 0,080 × 0,300

Inclinaison de la distribution sur l'horizontale. . . . . 7°18'

Poids.

Machine vide . . . . 27.240 k.

Machine en pression	Roues d'avant.	12.000
	— du milieu.	6.190
	— d'arrière.	12.000
	Total.	30.190

358. Machine mixte de l'Ouest. — La machine représentée figure 249 fait les trains de voyageurs et une partie des trains de marchandises sur les sections à faible pente du réseau.

Les dimensions de son appareil évaporatoire (foyer 1 m.² 24, surface de chauffe 105 m.²) et de sa machine (cyl. 420 × 560), la pression élevée (9 k.) caractérisent une machine puissante, en même temps que le diamètre des roues motrices (1 m. 91) en fait une machine de vitesse. D'autre part, son adhérence (poids adhérent 24.800 k.) lui permet de traîner des convois déjà lourds. Cette machine peut donc faire, à elle seule, une grande partie du service, dans les conditions ordinaires du trafic qui se rencontrent sur les lignes de l'Ouest.

L'adhérence calculée au 1/7 est de $\dfrac{24.800}{7} = 3.540$ k.

L'effort de traction maximum résultant de la puissance de la machine est de $\dfrac{0.70 \times 9 \times \overline{42}^2 \times 0.56}{1.91} = 3.260$ k.

Cette machine est donc peu exposée à patiner en temps ordinaire.

Suivant les habitudes anglaises, les ingénieurs de l'Ouest préfèrent les cylindres intérieurs.

L'essieu d'arrière ne pouvait être moteur, sous peine d'exagérer outre mesure le porte-à-faux du foyer; c'est donc l'essieu intermédiaire qui reçoit l'action des pistons; cela conduit à rejeter les cylindres tout à fait en avant, au delà de la boîte à fumée. L'essieu moteur est du système Martin (fig. 241 F et 245), et maintenu en son milieu par une boîte à graisse chargée légèrement par un ressort intérieur; cette boîte à graisse joue dans un demi-longeron médian s'appuyant sur les entretoises du châssis, lequel est extérieur aux roues; sur le prolongement des fusées sont calées les manivelles d'accouplement, et, entre ces manivelles et le châssis, se trouve la distribution.

Voici les charges traînées par ces machines sur la ligne de Paris à Rouen, ne comportant que des rampes très faibles (moins de 0.006) et des courbes de plus de 1200 mètres.

Trains de vitesse.

		Nombre de voitures	
		Été	Hiver
Vitesses de 76 à 80 kilomètres à l'heure		11	10
—	69 à 75 — —	13	12
—	61 à 68 — —	15	14
—	53 à 60 — —	17	15
—	45 à 52 — —	18	16
—	39 à 44 — —	20	18

Trains ordinaires.

		Nombre de véhicules	Poids en tonnes
Vitesses de 32 à 38 kilomètres à l'heure		35	225
—	25 à 31 — —	42	275
—	20 à 24 — —	45	300

CHEMINS DE FER DE L'OUEST

Machine mixte (1878)

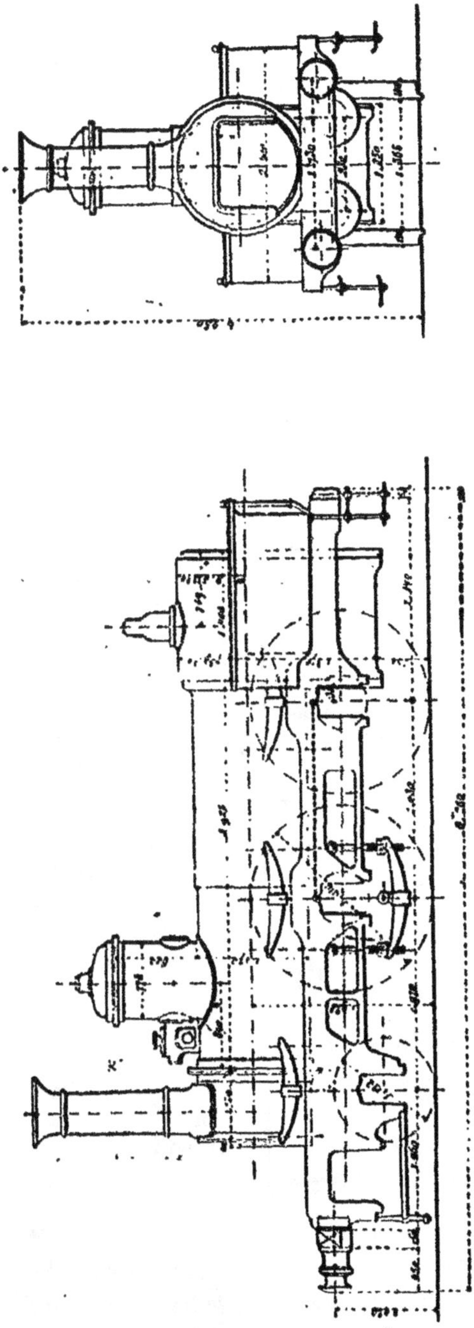

Fig. 249.

Machine mixte de l Ouest (fig. 249).

Dimensions principales.

Grille.

Longueur	1ᵐ153
Largeur.	1,075
Surface.	1,24

Foyer.

Hauteur du ciel au-dessus du cadre.	1,405
Longueur intérieure en haut. .	1,180
— — en bas . .	1,223
Largeur intérieure	1,075

Tubes.

Nombre de tubes	156
Diamètre extérieur	0ᵐ05
Longueur entre les plaques tubulaires	4,000

Surface de chauffe.

Foyer.	7ᵐ²37
Tubes.	98, 02
Totale.	105, 39

Chaudière.

Longueur de la boîte à feu . .	1,400
Largeur — —	1,250
Diamètre intérieur du corps cylindrique.	1,170
Longueur du corps cylindrique.	3,025
Du dessus du rail à l'axe de la chaudière	1,920
Longueur intérieure de la boîte à fumée	0,729
Diamètre intérieur de la boîte à fumée	1,170
Volume d'eau avec 0 m. 10 au-dessus du ciel.	2ᵐ³850
Capacité totale de la chaudière.	4,300
Timbre de la chaudière	9 k.

Cheminée.

Du dessus du rail au-dessus de la cheminée	4ᵐ250

Châssis.

Ecartement intérieur des longerons.	1ᵐ800
Longueur de la machine à l'extrémité des tampons	8,260

Roues.

Diamètre au contact, avant . .	1,110
— 2ᵉ et 3ᵉ essieux .	1,91
Ecartement des essieux avant et 2ᵉ.	1,970
Ecartement des essieux, 2ᵉ et 3ᵉ.	2,030
Ecartement des essieux, extrêmes	4,000
Entre les bandages	1,365

Mouvement.

Diamètre des cylindres	0,420
Course des pistons	0,560
D'axe en axe des cylindres . .	0,980
D'axe en axe des tiges des tiroirs.	2,070
D'axe en axe des bielles d'accouplement	2,600

Distribution.

Angle d'avance des poulies d'excentriques	20° 1/2
Rayon d'excentricité . . .	75 m/m
Recouvrement intérieur. .	2 1/2 m/m
— extérieur. .	38 m/m
Lumières d'admission .	40 × 360 m/m
— d'échappement.	80 × 360 m/m
Inclinaison de la distribution	2° 1/2

Poids.

Machine vide.	29.500 k.
Machine (roues d'avant. .	7.710
en (2ᵉ essieu. . . .	12.400
pression (essieu d'arrière.	12.400
Total.	32.110 k.

359. Machine d'express de la Compagnie P.-L.-M. — Cette machine (fig. 250) est destinée à faire les express très chargés et à grande vitesse de la ligne de Paris à Marseille ; cette ligne est à courbes et à pentes modérées (8 mm. au maximum sur une faible partie du parcours).

La chaudière est puissante (surface de chauffe 126 m.²), mais surtout le

CHEMINS DE FER DE PARIS A LYON ET A LA MÉDITERRANÉE

Machines d'express à 4 roues accouplées

Construite dans les ateliers de la Compagnie (1876).

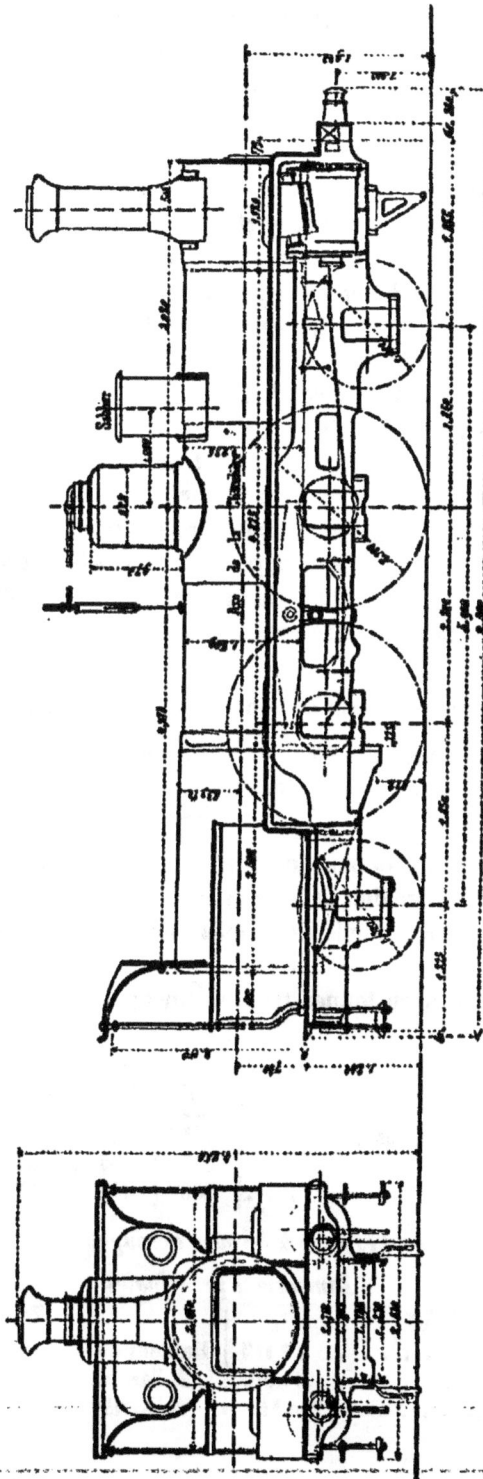

Fig. 250.

foyer est d'une dimension exceptionnelle (surface de grille 2 m.²14) ce qui permet une vaporisation très active ; les dimensions des cylindres (0.50 × 0.65) sont en rapport avec la puissance du générateur.

Les deux paires de roues accouplées, de grand diamètre (2 m.10), sont placées entre la boîte à feu et la boîte à fumée, et conjuguées par une paire de balanciers ; ceux-ci portent directement sur les boîtes à graisse et sont chargés en leur milieu par un ressort très résistant, qui supporte le châssis. En avant est un essieu porteur ; et sous le foyer se trouve un autre essieu porteur, ce qui donne un empâtement de 5 m. 90 ; un jeu convenable dans les boîtes à graisse des essieux porteurs et quelques dispositifs spéciaux permettent d'aborder à grande vitesse les courbes de 500 mètres que l'on rencontre sur le tracé et, à petite vitesse, les courbes, beaucoup plus raides, des gares et stations.

Le châssis est intérieur, mais, au droit du foyer, les boîtes à graisse de l'essieu porteur n'auraient pas trouvé leur place entre la roue et la boîte à feu ; en ce point, le longeron se dédouble, embrasse la roue et la branche extérieure repose seule sur la fusée par l'intermédiaire d'un ressort et d'une boîte à graisse. La distribution est extérieure ; les excentriques de petite dimension, sont calés sur une contre-manivelle venue à la suite de la manivelle principale.

Effort de traction résultant de l'adhérence $\dfrac{25.000}{7} = 3.570$ k.

Effort de traction calculé d'après les dimensions du mécanisme :

$$\frac{0.70 \times 10 \times \overline{50}^2 \times 0.60}{2.10} = 5.000 \text{ kil.}$$

Cette machine ne peut donc marcher, sans patiner, qu'à de grandes détentes et le démarrage doit se faire avec précaution.

Les dimensions des lumières semblent un peu faibles pour les grandes vitesses.

Voici les charges en tonnes traînées sur diverses rampes et à diverses vitesses :

Vitesses en kilomètres à l'heure	Rampes par mètre				
	0 m/m	2 m/m5	5 m/m	10 m/m	15 m/m
50 kilomètres	388 t.	259 t.	187 t.	109 t.	67 t.
60 —	277	189	137	78	45
70 —	208	145	105	57	30

Machine d'express à 4 roues accouplées (fig. 250).

Dimensions principales.

Grille.		Foyer.	
Longueur	2ᵐ 117	Hauteur du ciel au-dessus du cadre :	
Largeur	1,010	A l'avant	1ᵐ600
Surface	2 m.²14	A l'arrière	1,030

Longueur intérieure en haut. .	2,040
— — en bas . .	2,117
Largeur intérieure	1,010
Epaisseur du cuivre des parois latérales	0,015
Epaisseur du cuivre de plaque de porte.	0,015
Epaisseur du cuivre de plaque tubulaire. . . .	0.015 et 0.025

Tubes.

Nombre de tubes	164
Diamètre extérieur	0ᵐ050
Epaisseur.	0,002
Longueur entre les plaques tubulaires	4,930

Surface de chauffe.

Foyer..	9ᵐ²
Tubes	116,84
Totale	125,84

Chaudière.

Longueur de la boîte à feu. . .	2,300
Largeur de la boîte à feu en haut	1,275
— — en bas.	1,190
Diamètre intérieur de la grande virole du corps cylindrique. .	1,238
Longueur du corps cylindrique.	4,825
Epaisseur des tôles du corps cylindrique.	0,0145
Du dessus du rail à l'axe de la chaudière	1,940
Du dessus du rail au-dessous du cadre du foyer	0,522
Longueur intérieure de la boîte à fumée	1,098
Diamètre intérieur de la boîte à fumée	1,267
Volume d'eau avec 0ᵐ10 au-dessus du ciel	3ᵐᶜ700
Capacité totale de la chaudière.	6,000
Timbre de la chaudière	10 k.
Diamètre des soupapes de sûreté	0,110

Cheminée.

Diamètre intérieur de la cheminée	0,420
Du dessous du rail au-dessus de la cheminée	4,256

Châssis.

Ecartement intérieur des longerons	1,230
Epaisseur des longerons. . . .	0,030
Longueur de la machine à l'extrémité des tampons	9,560

Roues.

Diamètre au contact	avant et arrière . .	1,300
	2ᵉ et 3ᵉ essieux . .	2.100
Diamètre de la jante	avant et arrière. .	1,200
	2ᵉ et 3ᵉ essieux . .	2,000
Ecartement des essieux	avant et 2ᵉ essieu .	1,850
	2ᵉ et 3ᵉ essieux . .	2,200
	2ᵉ et 3ᵉ arrière . .	1,850
	extrêmes	5,900
Entre les bandages		1,360
De milieu en milieu des fusées	1ᵉʳ,2ᵒ et 3ᵒ essieux.	1,110
	4ᵒ essieu.	1,990

Fusées des essieux, avant :

Diamètre.	0,160
Longueur.	0,250
2ᵉ et 3ᵉ essieux . . . { diam. .	0,185
{ long. .	0,250
Arrière . . . . { diam. .	0ᵐ130
{ long. .	0,240

Boutons de manivelle :

De bielle motrice. . { diam. .	0,130
{ long. .	0,120
Pour grosse tête de { diam. .	0,120
bielle d'accouplement { long. .	0,090
Pour petite tête de { diam. .	0,100
bielle d'accouplement { long. .	0,090
Diamètre du calage des excentriques.	0,090

Ressorts.

Avant : 11 lames de 12/90, corde 0.860, flèche 0.080.

2ᵉ et 3ᵉ essieux : 16 lames de 15/90, corde 1.130, flèche 0.085.

Arrière : 9 lames de 12/90, corde 0.860, flèche 0.080.

Mouvement.

Diamètre des cylindres	0ᵐ500
Course des pistons	0,650
Longueur de la bielle motrice.	1,660

Longueur des barres d'excentriques.	1,370	Lumières d'admission. . 0.035×0.300	
D'axe en axe des cylindres . . .	1,900	Lumière d'échappement. 0.065×0.300	
— des tiges de tiroirs.	2,300	Introduction moyenne au maximum p. 0/0	71.5
D'axe en axe des coulisses. . .	2,400	Inclinaison de la distribution	7o 32' 42".
— des bielles d'accouplement.	2,130		

Distribution.

Poids.

Angle d'avance des poulies d'excentriques	30o	Machine vide	40.470k.
Rayon d'excentricité.	0,060	Machine en pression :	
Course maximum des tiroirs. .	0,118	Roues d'avant. . .	11.040
Recouvrement intérieur. . . .	0,005	2o essieu	12.780
— extérieur. . . .	0,030	3o essieu	12.220
		Arrière.	8.430
		Total.	44.470

360. Machines à marchandises de la Compagnie P.-L.-M. — Les machines de ce type, à quelques détails et dimensions accessoires près, fonctionnent en très grand nombre sur toutes les lignes françaises. Elles font presque tous les trains de marchandises, et, sur les rampes un peu fortes, les trains de voyageurs.

Dans la machine fig. 251, on remarquera les détails suivants : foyer en porte-à-faux, châssis intérieur, cylindres extérieurs, distribution intérieure, empâtement 3 m. 37, permettant de passer dans les courbes raides.

L'effort de traction au 1/7 du poids adhérent, est de

$$\frac{34.100}{7} = 4860 \text{ k.}$$

L'effort maximum de traction, calculé par la formule (art. 336)

$$\frac{0.70 \text{ p.d}^{2}l}{D} \text{ est de } 6.380 \text{ k.}$$

La machine est donc exposée à patiner à pleine admission ; aussi ne doit-elle marcher qu'à détente.

Les ressorts de l'essieu d'arrière, un peu gênés comme emplacement, ont reçu la forme dite à *pincettes*.

Ces machines, simples et robustes, font un très bon service. Quelques compagnies préfèrent la distribution extérieure, le dessous de la machine étant assez difficilement accessible à cause de la petitesse des roues.

Voici les charges en tonnes que traîne cette machine.

Vitesses (kilomètres à l'heure)	Rampes (millimètres par mètre)				
—	0 m/m	5	10	15	20 m/m
25 kilomètres.	965	400	236	159	115
35 —	675	306	185	114	88
45 —	480	235	144	96	67

CHEMINS DE FER DE PARIS A LYON ET A LA MÉDITERRANÉE

Machine à marchandises (1868).

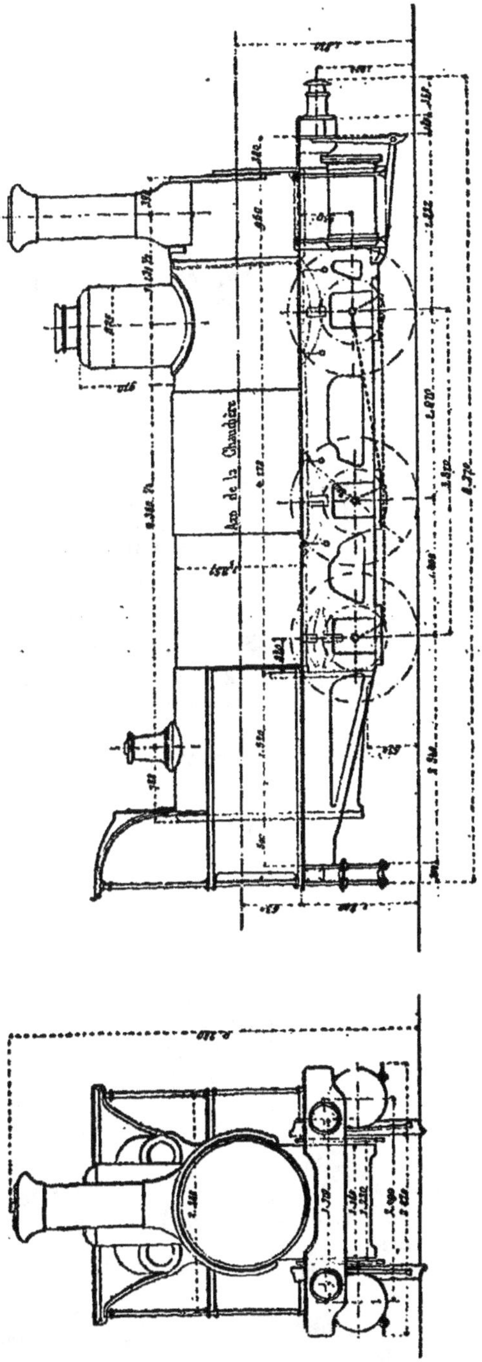

Fig. 251.

Machines à marchandises (fig. 251).

Dimensions principales.

Grille.

Longueur	1^{m}3405
Largeur	1,001
Surface.	1^{m}². 34

Foyer.

Hauteur du ciel au-dessus du cadre, à l'avant.	1^{m}520
Hauteur du ciel au-dessus du cadre, à l'arrière.	1,404
Longueur intérieure en haut.	1,290
Longueur intérieure en bas. .	1,3405
Largeur intérieure en haut. .	1,060
— en bas . .	1,001
Epaisseur du cuivre des parois latérales.	0,015
Epaisseur du cuivre de la plaque de porte.	0,015
Epaisseur du cuivre de la plaque tubulaire. . . .	0.015 et 0.025

Tubes.

Nombre de tubes	177
Diamètre extérieur.	0^{m}050
Epaisseur.	0,002
Longueur entre les plaques tubulaires.	4,252

Surface de chauffe.

Foyer	7^{m}²15
Tubes	108, 76
Totale	115, 91

Chaudière.

Longueur de la boîte à feu. .	1^{m}520
Largeur de la boîte à feu en haut	1,386
Largeur de la boîte à feu en bas.	1,180
Diamètre intérieur de la grande virole du corps cylindrique.	1,357
Longueur du corps cylindrique.	4,178
Epaisseur des tôles du corps cylindrique	0,0145
Du dessus du rail à l'axe de la chaudière	1,830
Du dessus du rail au-dessous du cadre du foyer	0,530

Longueur intérieure de la boîte à fumée	0,922
Diamètre intérieur de la boîte à fumée.	1,357
Volume d'eau avec 0 m. 10 au-dessus du ciel du foyer . .	3^{m}³960
Capacité totale de la chaudière	6^{m}³010
Timbre de la chaudière . . .	9 k.
Diamètre des soupapes. . . .	0^{m}110

Cheminée.

Diamètre intérieur de la cheminée	0,450
Du dessus du rail au-dessus de la cheminée	4,280

Châssis.

Ecartement intérieur des longerons	1^{m}230
Epaisseur des longerons. . . .	0,028
Longueur de la machine à l'extrémité des tampons	8,270

Roues.

Diamètre au contact.	1,300
— de la jante.	1,200
Ecartement des essieux :	
avant-milieu.	1,970
milieu-arrière	1,400
extrêmes.	3,370
Entre les bandages	1,360
De milieu en milieu des fusées	1,110
Fusées des essieux :	
avant et arrière. { diamètre.	0,180
{ longueur.	0,250
milieu. . . . . { diamètre.	0,190
{ longueur.	0,250
Boutons de manivelles :	
de bielle motrice { diamètre.	0,100
{ longueur.	0,110
de bielle d'accouplement {grosse tête { diamètre.	0,120
{ longueur.	0,085
{petite tête { diamètre.	0,085
{ longueur.	0,085
Diamètre du calage des excentriques.	0,185

Ressorts.

Avant et milieu : 11 lames de 12/90, corde 0.860, flèche 0.080.

Arrière à pincettes : 10 lames de 9/90, corde 0.550, flèche 0.036.

Mouvement.

Diamètre des cylindres	0ᵐ450
Course des pistons.	0,650
Longueur de la bielle motrice.	1,725
Longueur des barres d'excentriques.	1,140
D'axe en axe des cylindres. . .	2,090
— des tiges de tiroirs.	0,950
D'axe en axe des coulisses. . .	0,750
D'axe en axe des bielles d'accouplement :	
avant.	1,775
arrière.	1,865

Distribution.

Angle d'avance des poulies d'excentriques	12°19'
Rayon d'excentricité	0ᵐ075
Course maxima des tiroirs. . .	0,104
Recouvrement intérieur. . . .	0,005
— extérieur	0,025
Introduction moyenne au maximum 0/0	74.4
Lumières d'admission.	0.040 × 0.340
— d'échappement.	0.072 × 0.310

Poids.

Machine vide.		29.940 k.
Machine en pression	roues d'avant . .	11.350
	— du milieu.	11.500
	— d'arrière..	11.250
	Total	34.100

361. Machine de rampes de la Compagnie P.-L.-M. — La machine représentée fig. 252 est destinée à faire le service des marchandises sur les embranchements à forte rampe, dont le trafic est très actif : ligne de Paris à Nîmes par Brioude et Alais, avec longues rampes de 25 mm. et section de Chambéry à Modane, avec rampes de 30 mm.

L'appareil vaporisateur est très puissant (2 mq. 08 de grille et près de 200 mq. de surface de chauffe) et les cylindres proportionnés à cette puissance (0. 54 × 0. 66). Les quatre essieux accouplés utilisent pour l'adhérence le poids total de la machine.

Des balanciers conjuguent les deux essieux d'avant, d'autres balanciers conjuguent les deux d'arrière, de telle sorte que la répartition des charges est indépendante des inégalités de la voie.

Les cylindres et la distribution sont extérieurs. Les longerons intérieurs s'écartent vers l'arrière pour embrasser la boîte à feu ; le foyer, franchement en porte-à-faux, a pu ainsi recevoir une grande largeur.

Les essieux d'avant et d'arrière ont un jeu latéral de 25 mm. et les boutons d'accouplement ont une forme sphérique, ce qui permet à la machine, malgré son empâtement de 4 m. 05, de s'inscrire même dans des courbes de faible rayon.

L'effort de traction résultant de l'adhérence est de

$$\frac{51.200}{7} = 7.300 \text{ k.}$$

Le mécanisme peut donner un effort de traction de

$$\frac{0.70 \times 9 \times 54^2 \times 0.66}{1.26} = 9.620 \text{ k.}$$

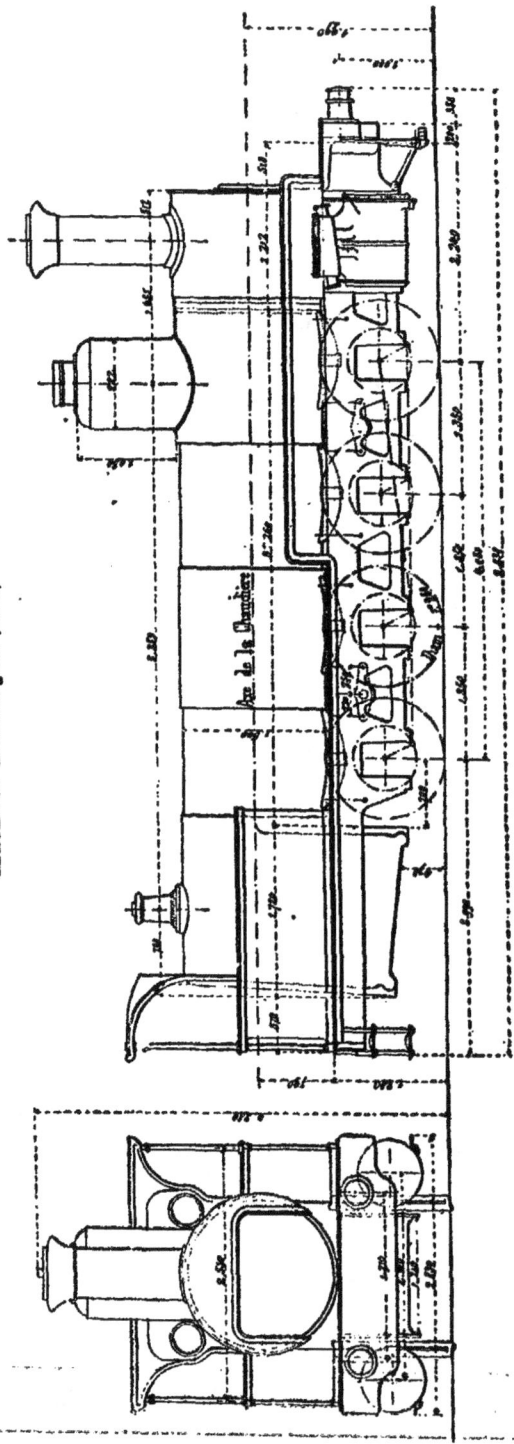

CHEMINS DE FER DE PARIS A LYON ET A LA MÉDITERRANÉE

Machine de rampes (1869)

Fig. 252.

Voici le tableau des charges traînées exprimées en tonnes.

Vitesses	Rampes (en millimètres par mètre)						
(Kilomètres à l'heure)	0 m/m	5 m/m	10 m/m	15 m/m	20 m/m	25 m/m	30 m/m
15 kilomètres. . .	2330 t.	865 t.	508 t.	348 t.	256 t.	198 t.	157 t.
20 — . . .	1845	726	432	296	217	167	130
25 — . . .	1425	592	355	241	175	132	101
30 — . . .	1175	510	307	209	151	112	85

Machines de rampes (Fig. 252)

Dimensions principales.

Grille.

Longueur. 1m5365
Largeur 1,350
Surface. . . . . 2 mq. 08

Foyer.

Hauteur du ciel au-dessus du cadre à l'avant. 1m795
Hauteur du ciel au-dessus du cadre à l'arrière. 1,624
Longueur intérieure en haut . 1,300
— intérieure en bas. . 1,5365
Largeur intérieure en haut . . 1,290
— intérieure en bas . . 1,350
Epaisseur du cuivre des parois latérales. 0,015
Epaisseur du cuivre de plaque de porte. 0,015
Epaisseur du cuivre de plaque tubulaire . . . . 0.017 et 0,025

Tubes.

Nombre de tubes 245
Diamètre extérieur. 0,050
Epaisseur à la plaque tubulaire 0,003
Epaisseur à la plaque de boîte à fumée. 0,002
Longueur entre les plaques tubulaires. 5,360

Surface de chauffe.

Foyer 9mq71
Tubes 189, 77
Totale 199, 48

Chaudière.

Longueur de la boîte à feu en haut. 1m620

Longueur de la boîte à feu en bas. 1,720
Largeur de la boîte à feu. . . . 1,531
Diamètre intérieur de la grande virole du corps cylindrique . 1m500
Longueur du corps cylindrique. 5,260
Epaisseur des tôles du corps cylindrique 0,0155
Du dessus du rail à l'axe de la chaudière. 1,990
Du dessus du rail au-dessous du cadre du foyer 0,470
Longueur intérieure de la boîte à fumée 1,180
Diamètre extérieur de la boîte à fumée 1,557
Volume d'eau avec 0,15 au-dessus du ciel du foyer. . . 6m3150
Capacité totale de la chaudière. 8,250
Timbre de la chaudière . . . . 9 k.
Diamètre des soupapes 0,130

Cheminée.

Diamètre intérieur de la cheminée. 0,340
Du dessus du rail au-dessus de la cheminée 4,280

Châssis.

Ecartement intérieur des longerons à l'avant. 1,210
Ecartement intérieur des longerons à l'arrière 1,630
Epaisseur des longerons. . . . 0,030
Longueur de la machine à l'extrémité des tampons. . . . 9,838

Roues.

Diamètre au contact. 1,260

Diamètre à la jante	1,160	Course des pistons . . . . . .
Ecartement des essieux :		0,660
intermédiaires	1,350	Longueur de la bielle motrice .
extrêmes	4,050	2,560

Diamètre à la jante 1,160
Ecartement des essieux :
  intermédiaires 1,350
  extrêmes 4,050
Entre les bandages 1ᵐ360
Jeu latéral des roues avant et
  arrière 0,025
Fusées des essieux :
1ᵉʳ, 2ᵉ et 4ᵉ essieux { diamètre. 0,180
                      { longueur. 0,250
3ᵉ essieu . . . . . { diamètre. 0,200
                    { longueur. 0,250
Boutons de manivelles :
  3ᵉ essieu moteur :
    bielle motrice. { diamètre. 0,130
                    { longueur. 0,140
    bielle d'accou- { diamètre. 0,140
    plement. . .   { longueur. 0,101
  2ᵉ essieu :
    bielle d'accou- { diamètre. 0,083
    plement. . .   { longueur. 0,086
  1ᵉʳ et 4ᵉ essieux :
    accouplement { diamètre. 0,108
    sphérique. . { longueur. 0,086
De milieu en milieu des fusées :
  1ᵉʳ, 2ᵉ et 4ᵉ essieux 1,090
  3ᵉ essieu moteur 1,070
Diamètre du calage des excen-
  triques. 0,090

Ressorts.

12 lames de 12/90 , corde
0,860, flèche 0,080

Mouvement.

Diamètre des cylindres 0,540

Course des pistons 0,660
Longueur de la bielle motrice. 2,560
Longueur des barres d'excen-
  triques 1,400
D'axe en axe des cylindres . . 2,100
D'axe en axe des tiges de ti-
  roirs 2,290
D'axe en axe des coulisses . . 2,530
D'axe en axe des bielles d'ac-
  couplement :
    avant et arrière 1,742
    intermédiaires. 1,815

Distribution.

Angle d'avance des poulies
  d'excentriques. . . . . . . 35°
Rayon d'excentricité. 0,070
Course maximum des tiroirs . 0,140
Recouvrement intérieur . . . 0,0005
    —   extérieur . . . 0,029
Introduction moyenne au maxi-
  mum 0/0 . . . . 80.3
Lumière d'admission. . 0,045 × 0,360
Lumière d'échappement. 0,090 × 0,360
Inclinaison de la distribution
  sur l'horizontale . . . . . 7° 42'

Poids.

Machine vide. 44.800ᵏ
Machine {1ᵉʳ essieu avant. . 12.150ᵏ
en   {2ᵉ   —   interm. 12.150
pression{3ᵉ   —   moteur. 13.450
        {4ᵉ   —   arrière. 13.450
            Total 51.200ᵏ
Traverse d'avant 1.800ᵏ
Combustible dans le foyer. . 250ᵏ

362. Des perturbations dans le mouvement des locomotives.
— La marche d'une locomotive est loin d'être tranquille et régulière ; la machine éprouve des trépidations, des oscillations, des soubresauts ; si ces mouvements anormaux deviennent trop violents, ils causent dans tout le mécanisme des réactions destructives et peuvent même amener le déraillement. Il convient de les étudier avec soin.

Ces mouvements irréguliers peuvent se décomposer en mouvements élémentaires plus simples, auxquels on a donné des noms particuliers :

Quand la locomotive oscille autour de son axe longitudinal, c'est le *roulis* ;

Lorsqu'elle s'élève et s'abaisse alternativement de l'avant et de l'arrière, c'est le *galop* ;

Si elle éprouve des déplacements transversaux de telle sorte que les boudins viennent alternativement en contact avec le rail de droite et celui de gauche, c'est le *lacet* ;

Enfin, quand la vitesse de translation éprouve des variations rapides, comme si la machine était alternativement poussée en avant et en arrière, on a le mouvement de *recul* ou *tangage* (1).

Imaginons un système de trois axes coordonnés rectangulaires : l'un Z vertical (2), l'autre X parallèle à la voie, et le troisième Y perpendiculaire aux deux premiers ; supposons ce système animé d'un mouvement uniforme correspondant au mouvement moyen de la machine ; les mouvements relatifs de la locomotive par rapport à ce système d'axes seront les perturbations.

Ces mouvements se réduisent à six : trois translations parallèles aux trois axes, trois rotations, autour de chacun des trois axes ; et nous aurons ainsi :

rotation autour de X. . . . . *roulis* ;

    «   «   Y. . . . . *galop* ;

    «   «   Z. . . . . *lacet* ;

translation parallèle à X . . . . *recul ou tangage* ;

    «   «   Y confondue sous la dénomination de *lacet* ;

    «   «   Z confondue sous la dénomination de *galop*.

Les mouvements de roulis et de galop sont rendus possibles par la flexibilité des ressorts ; celui de lacet par le jeu de la voie, celui de tangage par la flexibilité du ressort d'attelage ; en outre, l'élasticité des pièces rigides et des assemblages, le jeu des boîtes à graisse, des chandelles des ressorts dans leurs guides, etc., ont aussi une influence, assez limitée du reste.

363. Causes des perturbations. — Tous les véhicules qui circulent sur les chemins de fer éprouvent, dans leurs mouvements, des perturbations dues principalement aux imperfections de la voie et du matériel ; ces perturbations peuvent être considérablement atténuées par une construction soignée et rationnelle ; et aujourd'hui, on voit sur toutes les grandes lignes des voitures extrêmement douces à toutes les allures.

Mais, en dehors de ces effets, communs à tous les véhicules, il existe, pour les locomotives, des perturbations provenant de causes spéciales, inhérentes au mécanisme qui produit la progression ; ces causes sont : les actions alternatives de la pression de la vapeur sur les pistons et l'inertie des masses en mouvement.

Pour faciliter l'étude de ces questions complexes, nous supposerons,

(1) Dénomination assez impropre, mais généralement adoptée.
(2) Ou, plus exactement, perpendiculaire à la voie, ce qui comprend le cas des rampes et des pentes.

dans tout ce qui va suivre, que le train se meut sur une voie en palier et en alignement droit et que le régime de marche peut être considéré comme permanent, c'est-à-dire que la vitesse moyenne est uniforme.

Décomposons le problème en ses éléments, en étudiant successivement et séparément :

1° les effets résultant de l'action périodique de la vapeur ;

2° les effets provenant de l'inertie des pièces en mouvement.

364. Perturbations dues à l'action de la vapeur. — Considérons d'abord un des côtés de la machine, le côté droit, par exemple, et admettons, comme première approximation, que tous les organes, bielle, tige, piston, etc., se meuvent dans le plan même de la roue motrice.

Les forces extérieures agissant sur ce système sont :

La gravité ;

L'effort de traction ;

Les pressions de la vapeur ;

Les réactions du rail, qui se décomposent en réactions verticales et réactions horizontales.

Nous examinerons en leur lieu les effets de l'inertie ; en n'en tenant pas compte pour le moment, nous pouvons appliquer à ces diverses forces les équations de l'équilibre, en les projetant horizontalement et verticalement et prenant les moments autour de l'un des points du plan considéré.

1° *En projection horizontale.* — Les projections horizontales de la gravité et de la réaction verticale du rail sont nulles ;

Les pressions de la vapeur sont des forces intérieures qui s'équilibrent ;

Reste l'effort de traction, qui fait équilibre à la réaction horizontale du rail.

Cette dernière varie périodiquement, comme le moment de rotation résultant de l'action du piston sur l'arbre de couche. Il en est donc de même de l'effort de traction, et par conséquent de la flèche du ressort de traction : elle tendra à être maxima quand le piston sera près de sa position moyenne, et minima quand il sera aux extrémités de sa course.

Sur le côté gauche de la machine les choses se passeront de même ; mais les deux manivelles étant à angle droit, le maximum sur le côté gauche correspond au minimum à droite et réciproquement.

Ces actions sur les deux faces de la machine peuvent se composer en une force unique et un couple :

la force, horizontale et dirigée suivant le ressort de traction, est variable et tend à produire un mouvement de *tangage* ; à chaque tour de la machine, on voit facilement qu'elle passe par quatre maxima (manivelles à 45° à peu près) et quatre minima (manivelles sensiblement horizontales ou verticales) ;

le couple tend à faire tourner la machine une fois vers la gauche, une fois vers la droite dans un tour de roue motrice, et à produire un mouvement de *lacet*.

Le mouvement de tangage est peu sensible aux grandes vitesses, à cause de la rapidité avec laquelle la force qui le produit change de sens (4 fois par tour de roue); mais il est très notable au démarrage, surtout si l'attelage du train est un peu lâche.

Quant au mouvement de lacet, il dépend d'un grand nombre d'éléments, parmi lesquels l'écartement des cylindres joue un rôle important. Nous avons supposé que l'axe du mécanisme agissait dans le plan de la roue; il n'en est pas ainsi, et, sans qu'il soit besoin d'insister, on voit que la tendance au lacet, qui serait nulle si les deux cylindres étaient placés dans le plan médian de la machine, est beaucoup moindre avec les cylindres extérieurs; elle dépend en outre d'autres circonstances: un grand empattement, un attelage serré, une conicité convenable des jantes permettent de l'atténuer beaucoup.

2° *En projection verticale*. — En projection verticale, nous n'avons pas à considérer les forces horizontales; le poids de la machine est équilibré par la composante verticale de la réaction des rails.

Mais la bielle, transmettant obliquement la pression sur le piston, produit une réaction verticale, qui d'une part tend à appuyer la roue motrice sur le rail, et, d'autre part, à soulever la glissière et le bâti qui y est attaché; ce dernier mouvement est rendu possible par la flexibilité des ressorts de suspension. Cette réaction est nulle quand la manivelle est horizontale et maxima quand elle est verticale, c'est-à-dire deux fois par révolution.

En composant les actions analogues qui agissent sur les deux côtés de la locomotive, on trouve facilement qu'il en résulte:

Un mouvement de *galop*, dont la période est un demi-tour de roue;

Un mouvement de *roulis*, dont la période est également d'une demi-révolution.

Ces perturbations s'exagèrent si les bielles sont trop courtes ou les ressorts trop flexibles; elles changent de nature, si les cylindres ne sont pas horizontaux.

Comme dans le cas des perturbations verticales, la position des cylindres a de l'influence; avec des cylindres intérieurs, le galop est plus fort et le roulis moindre; le contraire a lieu pour les cylindres extérieurs.

Les mouvements que nous étudions donnent lieu à une observation intéressante, qui se représentera encore dans le cours de cette étude.

Une locomotive étant au repos, si l'on vient à la faire danser sur ses ressorts, elle prendra un mouvement oscillatoire dont la période sera fonction de la flexibilité des ressorts et du moment d'inertie autour de l'axe d'oscillation. Il peut arriver, pour certaines allures, que la durée de cette période coïncide avec celle des actions périodiques qui causent les perturbations ; en pareil cas, les mouvements oscillatoires iront en croissant d'amplitude et pourront même devenir dangereux.

C'est là un fait qui se présente assez souvent, surtout pour le galop : telle machine, très dure à certaines vitesses, est au contraire fort douce à des vitesses plus grandes ou plus petites ; c'est qu'alors l'oscillation propre n'est pas synchrone avec les causes perturbantes.

Inutile de faire observer que la période du roulis est toujours fort différente de celle du galop.

3° *Couple vertical.* — Nous avons vu que l'effort de traction est périodiquement variable ; cet effort constitue avec la réaction horizontale du rail un couple vertical d'intensité variable, qui tend ainsi à produire un mouvement de galop, mais, les variations de ce couple autour de sa valeur moyenne se succèdent trop rapidement (quatre fois par tour de roue motrice) pour causer des perturbations notables.

365. Perturbations dues à l'inertie des pièces. — Dans un mécanisme quelconque, toutes les pièces animées d'un mouvement rapide de rotation doivent être soigneusement équilibrées et centrées, c'est-à-dire que l'axe de rotation doit coïncider avec l'un des axes principaux d'inertie ; sans cela, il se produit sur les tourillons des efforts latéraux considérables. C'est ainsi que l'on centre avec soin les meules de moulin et que les plus grandes précautions sont apportées dans le montage des roues de chemin de fer destinées à marcher à de grandes vitesses.

Soit, par exemple. une roue de 1 mètre de diamètre roulant à la vitesse de 80 kilomètres à l'heure ; si l'on suppose que la matière soit inégalement répartie autour du centre, et que l'on puisse représenter cette irrégularité par un certain poids placé à la jante, l'effet de la force centrifuge sera équivalent à une pression supérieure à 90 fois ce poids excentrique : s'il est de 50 kilogs, à chaque tour de roue la pression sur le rail sera alternativement augmentée et diminuée de plus de 4500 kilogs ; la roue pourra être soulevée et déterminer un déraillement.

Les essieux moteurs et accouplés d'une locomotive sont forcément excentrés par l'effet des manivelles et des masses très lourdes qui y sont attachées ; mais ici le problème est plus compliqué par suite de l'équipage des bielles et pistons, dont l'inertie entre aussi en jeu ; il nécessite une étude plus attentive.

Les perturbations dues à ces causes ont été étudiées par M. Lechâtelier qui a indiqué les moyens simples et rationnels d'y porter remède (1) ; les calculs qu'il a présentés sont appliqués aujourd'hui, avec certaines modifications, par tous les constructeurs de locomotives.

(1) Lechâtelier, *Étude sur la stabilité des locomotives*, 1849. Voir aussi : Couche, *Voie, matériel roulant et exploitation*, 1873, t. II, p. 386.

Dans l'étude des perturbations dues à l'inertie, nous pourrons faire abstraction de celles résultant de l'action de la vapeur, dont nous avons déjà fait le compte ; considérons donc la locomotive comme se mouvant librement sur les rails, sans vapeur dans ses cylindres, d'un mouvement moyen uniforme, auquel nous rapporterons les mouvements des diverses pièces.

Étudions d'abord un des côtés de la machine, en supposant le système du piston et de son équipage contenu dans le plan vertical des roues. Appliquons à ce système le théorème des projections des quantités de mouvement, en prenant pour axe de projection la verticale OY et l'horizontale OX passant par le centre de l'essieu moteur (fig. 253).

1° En projection horizontale, nous aurons à chaque instant :

$$\Sigma\, m\, d\, v = X\, d\, t$$

m, masse d'un point quelconque du système considéré,

v, sa vitesse relative projetée sur l'horizontale,

X, projection horizontale de l'effort

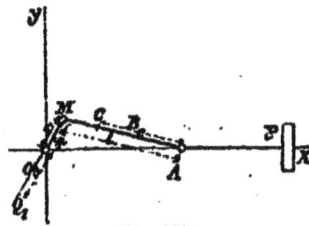

Fig. 253.

exercé sur l'essieu par la boîte à graisse, ou, ce qui revient au même, de l'effort exercé par l'essieu sur le châssis par l'intermédiaire de la boîte à graisse pris en signe contraire.

Les masses en mouvement relatif se composent de la roue, de la manivelle, de la bielle et du piston avec sa tige (1).

La roue étant supposée symétrique par rapport à son centre, disparaît de l'équation.

La manivelle, y compris le renflement du moyeu, et autres masses non symétriques, fixées à l'essieu, exerce une action qui peut être assimilée à celle d'un poids M fixé au centre du bouton, à une distance r de l'axe de rotation. Si nous appelons ω la vitesse angulaire constante, α l'angle de la manivelle avec l'horizontale, la vitesse du bouton sera r ω, et, en projection sur OX, elle aura pour valeur : — r ω sin α.

Ce qui correspondra dans $\Sigma\, m\, d\, v$ à une valeur

$$-\frac{M}{g}\, r\, \omega \cos \alpha\, d\alpha$$

soit, en tenant compte de la relation $\dfrac{d\,\alpha}{d\,t} = \omega,$

$$-\frac{M}{g}\, r\, \omega^2 \cos \alpha\, dt.$$

En négligeant l'obliquité de la bielle, nous pouvons admettre que chacun des points de la bielle et du piston, y compris la tige et la crosse, est animé,

(1) Nous négligeons les excentriques et leur équipage, dont la vitesse relative est petite.

en projection horizontale, d'un mouvement égal à celui de la projection de la manivelle. En désignant donc par B le poids de la bielle, par P celui du piston et de son attirail, nous aurons pour ces pièces :

$$- \frac{B + P}{g} r \omega^2 \cos \alpha \, dt$$

Et l'équation des quantités de mouvement devient :

$$- \frac{M + B + P}{g} r \omega^2 \cos \alpha = X.$$

X est donc un effort périodique, alternativement positif et négatif, atteignant son maximum (en valeur absolue) quand la manivelle est horizontale; il tend à engendrer des mouvements de lacet et de tangage, de la même manière que les actions alternatives de la vapeur, mais avec cette différence que les maximums de ces actions de natures différentes ne coïncident pas.

Les valeurs de X étant proportionnelles à ω^2, c'est-à-dire au carré de la vitesse de translation, deviennent considérables aux grandes vitesses.

On peut supprimer complètement ces perturbations horizontales, en plaçant à l'opposé de la manivelle, à une distance d du centre, un contrepoids Q, qu'il est facile de calculer.

Il est clair en effet que si nous prenons :

$$Q_1 \, d = (M + B + P) \, r,$$

L'équation $\Sigma \, m \, d \, v = X \, dt$ deviendra :

$$\frac{Q_1}{g} \, d \times \omega^2 \cos \alpha - \frac{M + B + P}{g} r \omega^2 \cos \alpha = X$$

d'où

$$X = 0.$$

2° En projection verticale, l'équation des quantités de mouvement pourra s'écrire :

$$\Sigma \, m \, du = Y \, dt,$$

u projection verticale de la vitesse d'un point de masse m.

Soit U la projection de la vitesse du bouton de manivelle ; on aura, en opérant comme ci-dessus :

$$dU = - r \omega^2 \sin \alpha \, dt$$

$$\frac{M}{g} \, dU = - \frac{M}{g} r \omega^2 \sin \alpha \, dt.$$

Le piston et son attirail se meuvent suivant une horizontale, et par conséquent, leur vitesse verticale est constamment nulle et n'entre pas dans l'équation.

Quant à la bielle, supposons-la réduite à son axe de figure, soit l sa longueur, c la distance à la crosse A d'un point C, dont le poids est dp et la vitesse verticale u. La vitesse verticale de A est nulle ; il est donc clair que les vitesses verticales des divers points sont les mêmes que si la bielle tournait autour de A, c'est-à-dire proportionnelles à leurs distances à A ; on aura donc :

$$\frac{u}{U} = \frac{c}{l}$$

$$du = \frac{c}{l} \times dU = - \frac{c}{l} r \omega^2 \sin \alpha \, dt$$

et pourtoute la bielle, on aura :

$$\Sigma \, m \, du = - \frac{r}{gl} \omega^2 \sin \alpha \, dt \int_0^b c \, dp$$

Si nous désignons par b la distance au point A du centre de gravité de la bielle, nous avons :

$$\int_0^b c \, dp = B \, b$$

et pour la bielle :

$$\Sigma \, m \, du = - \frac{B}{g} \frac{b}{l} r \omega^2 \sin \alpha \, dt.$$

L'équation des quantités de mouvement projetées sur la verticale deviendra ainsi :

$$- \frac{M + B \dfrac{b}{l}}{g} r \omega^2 \sin \alpha = Y$$

La force Y tend alternativement à appuyer la roue sur le rail ou à la soulever, c'est-à-dire à fatiguer outre mesure la voie ou à provoquer le patinage ou même le déraillement.

Il est donc indispensable d'équilibrer cette force. On peut y arriver, comme dans le cas précédent, en appliquant en Q_1 à l'opposé de la manivelle, et à la distance d du centre de rotation, un contrepoids Q_2 dont la valeur serait :

$$Q_2 \, d = \left(M + B \frac{b}{l} \right) r \quad (1)$$

de telle sorte que l'équation $\Sigma \, m \, du = Y \, dt$ devienne :

$$Y = \frac{Q_2 \, d}{g} \omega^2 \sin \alpha - \frac{M + B \dfrac{b}{l}}{g} r \omega^2 \sin \alpha = 0.$$

366. Des contrepoids. — Pour établir l'équilibre en projection horizontale, le contrepoids Q doit avoir une valeur :

(1) Si pour un déplacement angulaire infiniment petit d α de la roue, du contrepoids Q_2 et de la bielle, déplacement compatible avec les liaisons du système, nous calculons le travail de la pesanteur, nous trouvons :

$$Q_2 \, d \times d \, \alpha - \left(M + B \frac{b}{l} \right) r \, d \, \alpha = 0.$$

Ce travail étant nul, le système est en équilibre statique, ce qui permet de déterminer empiriquement le contrepoids Q_2 de l'équilibre vertical :

L'essieu étant suspendu par son axe sur les pointes d'un tour, on suspend par un fil vertical suffisamment long l'extrémité A de la bielle, et l'on augmente le poids Q jusqu'à ce que l'équilibre existe dans toutes les positions que peut prendre la roue autour de son axe.

$$Q_1 = \left(M + B + P \right) \frac{r}{d}$$

Pour l'équilibre vertical, sa valeur devrait être :

$$Q_2 = \left(M + B\, \frac{b}{l} \right) \frac{r}{d}$$

Ces deux valeurs sont incompatibles ; b étant $< l$, Q_2 est toujours $< Q_1$. Il est donc impossible de détruire à la fois la tendance aux mouvements irréguliers (lacet et tangage) et les variations de pression sur le rail. Si l'on veut supprimer les premiers, le contrepoids devient trop fort pour l'équilibre vertical et les variations de pression se reproduisent en sens inverse de ce qu'elles seraient sans contrepoids, mais avec les mêmes inconvénients.

Quelques constructeurs se contentent du contrepoids de l'équilibre vertical ; d'autres adoptent des contrepoids plus forts : il n'y a pas d'inconvénient, en effet, à introduire des variations modérées de la pression des bandages, si ces variations ne dépassent pas les limites au-delà desquelles elles deviennent fâcheuses ; si par exemple on dispose d'un excès d'adhérence et que la charge par essieu ne soit que de 11500 k., on pourra, sans inconvénient, faire varier la pression sur le rail de 1000 à 1500 k. de part et d'autre de cette moyenne, et profiter de cette latitude pour atténuer le lacet dans une large mesure.

367. Contrepoids des bielles d'accouplement. — Soit D M (fig. 254)

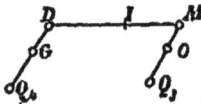

Fig. 254.

une bielle d'accouplement conjuguant deux manivelles O M, G D. Un point I quelconque de cette bielle décrira un cercle identique à ceux des boutons de manivelles D et M et, avec la même vitesse ; ses accélérations seront donc les mêmes que celles de ces boutons et, par conséquent, les forces d'inertie se répartiront comme les poids. Pour les équilibrer, il suffira de deux contrepoids Q_3, Q_4, qui seront calculés de telle sorte qu'à l'état statique chacun d'eux fasse équilibre à la résultante des actions de la gravité sur chacun des boutons de manivelle D, M ; l'équilibre ainsi obtenu sera complet. Inutile d'ajouter que si O M est la manivelle motrice, le poids Q_3 devra se composer avec celui correspondant à la bielle motrice et au piston avec son attirail.

368. Remarques diverses sur les perturbations. — Nous avons supposé, jusqu'ici, que les organes d'un côté de la chaudière se mouvaient dans le plan des roues ; il n'en est pas exactement ainsi et, notamment dans le cas des cylindres intérieurs, cette hypothèse s'éloigne notablement de la vérité. Il faut alors composer les actions des masses agissant de part et d'autre de la machine, ce qui conduit à placer les contrepoids en dehors du prolongement de la manivelle. Nous n'avons pas à entrer dans ces détails de calcul.

Les contrepoids sont d'ordinaire venus de forge avec le corps de la roue, qui porte aussi le moyeu et le renflement sur lequel se place la manivelle.

Comme nous l'avons vu, les contrepoids sont presque toujours trop faibles pour assurer l'équilibre horizontal, il en résulte une tendance au lacet. D'autre part, si l'on considère une locomotive posée sur la voie et écartée de sa position moyenne, de telle sorte que les boudins des roues d'un des côtés touchent le rail, cette machine tendra à revenir à cette position moyenne par une série d'oscillations ; la période de ces oscillations dépend de circonstances multiples, parmi lesquelles figurent l'empattement de la machine, la conicité des bandages, etc. Si cette période est synchrone avec la durée d'un tour de roue, les mouvements de lacet tendront à s'accroître et pourront devenir dangereux. Nous avons déjà eu occasion de faire une remarque analogue.

On a proposé divers moyens pour combattre les perturbations :

Stephenson a construit une locomotive de grande vitesse à 3 cylindres : un cylindre médian, deux cylindres latéraux ; les manivelles latérales sont parallèles et calées à 90° de la manivelle médiane.

M. Hasswell, des chemins autrichiens, a essayé de placer de chaque côté de la locomotive une paire de cylindres commandant des manivelles opposées.

Ces moyens, et d'autres aussi compliqués, ont été abandonnés.

Avec des contrepoids bien établis, des ressorts bien réglés, une bonne répartition des poids et une conicité convenable, les perturbations n'ont plus rien de dangereux, ni même de fâcheux.

On les atténue encore en augmentant suffisamment l'empattement et en serrant les attelages pour les grandes vitesses.

369. Locomotives pour fortes rampes. — Sur les lignes à inclinaisons modérées, et aux vitesses ordinaires des trains, l'appareil vaporisateur des locomotives doit être assez puissant et par suite assez lourd, pour que l'adhérence ne fasse guère défaut.

Sur les fortes rampes, la question est à envisager à un autre point de vue : la machine doit, non seulement traîner le convoi et se traîner elle-même, mais encore s'élever avec son tender sur la rampe à gravir.

Si la rampe est un peu raide et la vitesse grande, la plus grande partie de la puissance de la machine sera consacrée à élever le poids même de la machine et du tender, et le faible excédent de puissance disponible ne permettra de remorquer qu'un convoi insignifiant.

On est donc conduit, pour les trains lourds, à réduire le plus possible la vitesse, et à prendre comme vitesse normale celle où, l'effort de traction étant égal à l'adhérence totale, la puissance développée correspond à celle de l'appareil vaporisateur : à une vitesse inférieure, le poids traîné ne serait pas plus fort, puisque l'adhérence ferait défaut ; à une vitesse plus grande, le poids traîné décroîtrait rapidement.

Avec les proportions actuelles des machines, la vitesse ainsi calculée ne descend guère au-dessous de 15 kilomètres à l'heure. Les trains de voyageurs marchent généralement, même en fortes rampes, à une vitesse plus grande.

Même en s'en tenant à la limite résultant de l'adhérence, on trouve que le poids du train remorqué devient très petit si la pente est un peu forte :

Soit P le poids en tonnes du train ;

a la résistance du train en palier, en kilog. par tonne ;

p le poids en tonnes de la machine, supposée à adhérence totale ;

π le poids du tender en tonnes ;

b la résistance par tonne de la machine et du tender ;

i l'inclinaison en millim. par mètre de la rampe à gravir ;

f le coefficient d'adhérence.

On aura, à la limite d'adhérence :

$$1000 \, pf = P(a + i) + (p + \pi)(b + i)$$
$$P = \frac{1000 \, pf - (p + \pi)(b + i)}{a + i}$$

Prenons pour exemple un train de marchandises, posons :

$$a = 3^k \quad p = 35^t \quad \pi = 16^t \quad b = 12^k5 \quad f = \frac{1}{7}$$

En donnant successivement à i diverses valeurs, il vient :

i rampes en millim.	0	5	10	20	30	40	50
P poids remorqué en tonnes	1454	513	296	145	86	54	34.

On voit avec quelle rapidité décroît la charge remorquée lorsque la pente augmente.

On a proposé quelquefois d'accroître l'adhérence en lestant la machine d'un poids en fonte ; cet expédient serait plus nuisible qu'utile : au lieu de charger la locomotive d'un poids mort qu'elle aurait à remonter en pure perte à chaque voyage, il vaut bien mieux, si les charges des essieux laissent un certain disponible, en profiter pour augmenter la puissance de la chaudière et de la machine.

Sur les rampes un peu fortes, les machines ordinaires de marchandises sont souvent insuffisantes ; on a été conduit ainsi à construire des types plus puissants à quatre, cinq et même six essieux accouplés ; on semble revenir aujourd'hui à des proportions plus modérées, et le type à quatre essieux accouplés paraît prévaloir comme machines de rampe. Au besoin, pour les trains très chargés, on pratique la double traction, en attelant soit deux machines en tête, soit une machine en tête et l'autre en queue. Ce dernier mode de remorquage est appliqué sur plusieurs lignes, il fatigue moins les attelages, et s'ils viennent à se rompre il peut éviter de graves accidents ; par contre il est difficile à appliquer aux trains un peu longs sur les lignes à fortes courbures.

En réduisant autant que possible le poids du mécanisme et de la chaudière, on peut arriver, sans dépasser la charge limite des essieux, à placer sur la machine des caisses renfermant l'approvisionnement de l'eau et du combustible, et par conséquent à supprimer le tender. On réalise ainsi le type dit : *machine-tender*. Ce type offre cet avantage sérieux, que le poids mort transporté est beaucoup plus faible. Il ne peut, du reste, être appliqué que sur les lignes où les prises d'eau sont assez multipliées, car la provision d'eau doit être assez petite pour que ses variations n'influent pas beaucoup sur le poids adhérent et la répartition des charges. On a proposé ou essayé un grand nombre de systèmes spéciaux pour augmenter la puissance des locomotives sur les rampes : tender-moteur (tender armé d'une machine empruntant sa vapeur à la locomotive), machines à 4 cylindres, etc., etc. Aucun de ces expédients n'est entré jusqu'ici dans la pratique courante.

370. Exemples de lignes à fortes rampes. — Voici quelques exemples remarquables de tracés à fortes inclinaisons : les rampes de 15 mm. se rencontrent sur un grand nombre de lignes à médiocre trafic, et même sur des lignes importantes tracées en pays montagneux (Nord de l'Espagne, Forbach à Niederbronn, etc.). Des rampes de 18 mm. sont déjà plus rares sur les lignes à fort trafic.

On exploite encore avec des machines à 6 roues accouplées, poids 37 tonnes, la ligne de Mouchard à Neufchâtel par Pontarlier : elles traînent sur une rampe continue de 20 mm. sur 17 kilomètres, des charges de 156 tonnes à la vitesse de 15 kilomètres.

Un grand nombre de traversées de hautes chaînes de montagnes se font à l'aide de rampes de 25 à 28 mm. :

Traversée des Alpes au Brenner, entre Batzen et Innsbrück, rampes de 25 mm., machines à 8 roues accouplées, pesant 47 tonnes garnies, trains de 369 tonnes, traînés par deux machines, l'une en tête, l'autre en queue.

Traversée des Apennins entre Bologne et Pistaja, rampes de 25 mm.

Traversée des Alpes sur la ligne de Vienne à Trieste, au Semmering entre Glogguitz et Mürzzuschlag. Rampes de 25 millimètres et courbes de 190 mètres. C'est au Semmering que, pour la première fois, une voie ferrée franchit les Alpes. La ligne une fois construite (en 1852), le système de traction à adopter fut mis au concours ; le prix fut adjugé à la *Bavaria*, machine dans laquelle la puissance motrice était transmise par des chaînes de Galle aux roues du tender ; le service fut mauvais, et on substitua au type Bavaria une machine étudiée par M. Engerth et composée d'une puissante chaudière portée par six essieux accouplés, reposant par son arrière, au moyen d'articulations fort compliquées, sur les longerons du tender ; les roues du tender étaient commandées, par l'intermédiaire d'engrenages, par le dernier essieu accouplé ; les engrenages se comportèrent mal et on ne tarda pas à les abandonner. Aujourd'hui, on exploite cette ligne, par des locomotives à 4 essieux accouplés pesant 46 tonnes et traînant 175 tonnes.

Traversée des montagnes du Lyonnais, entre Amplepuis et Tarare : rampes de 26 millimètres. Le Cantal est franchi, entre Murat et Aurillac, par des rampes de 30 millimètres. L'exploitation est faite par des locomotives à 8 roues accouplées et des machines-tenders à 10 roues accouplées.

Les abords du souterrain du Mont-Cenis sont réglés à la pente maxima de 30 millimètres.

La ligne de Turin à Gênes traverse les Apennins au delà d'Alexandrie, puis redescend sur Gênes par des pentes dont l'inclinaison atteint 35 millimètres ; cette ligne fut tracée par grands alignements droits, dans la pensée de permettre, au besoin, l'exploitation par machines fixes ; dès l'origine, on fit la traction sur cette ligne au moyen de deux machines-tenders, chacune portée par deux essieux accouplés ; ces deux machines sont attelées dos à dos, les foyers en regard, de manière à constituer une plateforme unique sur laquelle se tiennent un mécanicien et deux chauffeurs. Cette solution très simple et très satisfaisante, d'un problème fort difficile, a rendu les meilleurs services. Aujourd'hui, on remplace ces machines devenues trop faibles, par d'autres disposées dans le même système, mais à 6 roues accouplées, pesant 35 tonnes, soit 70 tonnes pour les deux ; on fait aussi la traction par des machines à 8 roues accouplées. Pour les trains de marchandises, il y a toujours une machine en queue ; il est vrai que les courbes ne sont pas très raides (400 mètres de rayon minimum).

La rampe de 35 millimètres sur un kilomètre environ de longueur, qui réunit le Pecq à St-Germain-en-Laye, était desservie dans l'origine par un système de machines fixes faisant le vide dans un long tuyau couché entre les deux rails ; un piston, glissant dans ce tuyau, transmettait son mouvement au train, auquel il était fixé. Ce système, appliqué sur une rampe que l'on considérait comme impraticable pour les locomotives, a été abandonné, et c'est aujourd'hui avec des machines-tenders à six roues accouplées que se fait ce service.

Il existe quelques exemples de sections de chemins de fer comportant des inclinaisons de plus de 35 millimètres desservies par des locomotives. On peut les considérer comme des exceptions. Sur des rampes aussi raides, la locomotive agissant par simple adhérence n'est plus sur son terrain, et il convient le plus souvent de recourir à des systèmes spéciaux de traction.

371. Locomotives au point de vue des courbes. — La question du passage dans les courbes se pose avec toutes ses difficultés sur les chemins de montagne, dont le tracé comporte à la fois des pentes très fortes et des courbes très raides ; les machines devant, sur ces lignes, être puissantes, c'est-à-dire s'appuyer sur les rails par un grand empattement, le problème devient, par ce fait, beaucoup plus ardu.

Lorsqu'un wagon à deux essieux se meut, sur une voie courbe, le jeu de la voie et des boîtes à graisse et la conicité permettent aux roues de se placer de telle sorte qu'elles roulent sans glisser.

Il n'en est pas de même pour les locomotives.

Supposons d'abord une machine à trois essieux sans jeu dans les plaques de garde. Cette machine étant placée sur une voie courbe, la conicité des bandages tendra à faire prendre à chacun des essieux une situation telle, qu'il y ait roulement, sans glissement des jantes ; dans cette situation (fig. 255), chaque essieu A B prolongé viendrait couper la ligne des con-

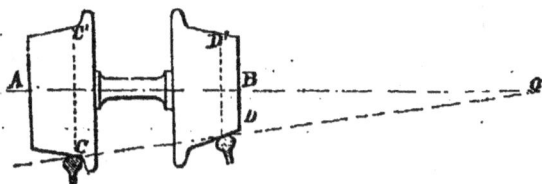

Fig. 255.

tacts des jantes avec les rails C D en un point O qui serait précisément le centre de courbure. Pour arriver à cette situation, il faudrait que, par rapport à sa situation normale en alignement droit, chacun des essieux exécutât deux mouvements :

1º En plan, un mouvement de convergence vers le centre de courbure ;

2º Un déplacement transversal à la voie, de manière à augmenter le cercle de roulement C C' extérieur et à diminuer le diamètre du cercle de roulement intérieur D D'.

Ces deux déplacements ne sont pas possi-

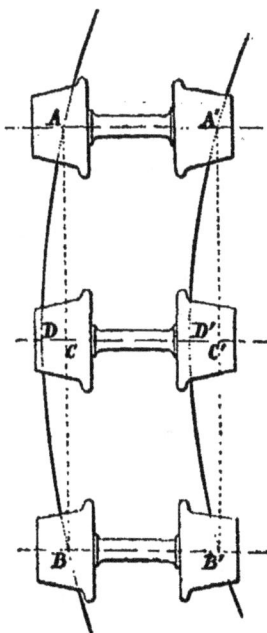

Fig. 256.

bles ; le premier, par suite du parallélisme des trois essieux ; le deuxième, parce que si les deux essieux extrêmes prennent la situation convenable, les contacts D, D' (fig. 256) de l'essieu moyen se feront en dehors de la ligne des contacts A B, A' B' des essieux extrêmes, et par conséquent cet essieu moyen ne se trouvera pas dans la situation convenable pour annuler le glissement à la jante.

Tant que l'on n'a affaire qu'à des courbures modérées (voir le tableau ci-dessous) (1), ces inconvénients ne sont pas graves. Mais ils s'accroissent rapidement avec la courbure et l'empattement des machines ; et même sur des courbes assez douces, une machine puissante, c'est-à-dire, à grand empattement, use rapidement ses bandages et fatigue la voie ; si l'on ne facilite pas, par des tempéraments convenables, son *inscription* dans la courbe.

Ces tempéraments peuvent se classer en trois catégories :

1° Modifications du profil des bandages et du jeu de la voie ;

2° Jeu des essieux dans le sens transversal à la voie ;

3° Artifices permettant la convergence des essieux vers le centre de courbure.

372. Modification du profil des bandages. — La première paire de roues guide tout le train et produit la déviation progressive qui amène la rotation successive de la machine autour du centre de courbure. On lui donne généralement une conicité plus forte qu'aux autres bandages.

On a quelquefois supprimé la conicité et les mentonnets de la deuxième paire de roues ; on facilite ainsi l'inscription dans les courbes ; mais cet artifice est considéré comme dangereux, en ce qu'il entraîne forcément un déraillement général si la première paire de roues vient à quitter le rail. On se borne le plus souvent à réduire la conicité et à augmenter le jeu des mentonnets dans la voie.

La conicité des divers bandages et le jeu des mentonnets doivent être convenablement coordonnés avec l'empattement de la machine et les autres tempéraments dont nous allons parler.

373. Jeu transversal. — Le jeu transversal des essieux combiné avec une conicité convenable sont regardés comme suffisants pour toutes les courbes des lignes françaises : il faudrait des courbes bien raides pour que la convergence fût indispensable. Pour les machines très longues, dont l'essieu d'arrière n'est pas accouplé, on laisse aux boîtes à graisse de cet essieu un jeu longitudinal permettant la convergence.

Cette liberté ne peut être laissée aux essieux moteurs ou accouplés, qui doivent rester rigoureusement perpendiculaires aux longerons ; il en est de même du premier essieu, celui qui attaque le rail, sous peine d'engendrer des mouvements de lacet intolérables, mais tous les essieux peuvent

---

(1) Le tableau ci-dessous donnera une idée des valeurs que prennent les flèches des rails dans les courbes pour divers empattements.

Empattements......	Flèches en millimètres			
	2ᵐ	3ᵐ	4ᵐ	5ᵐ
Courbes de 500ᵐ	1ᵐ/ᵐ00	2ᵐ/ᵐ25	4ᵐ/ᵐ00	6ᵐ/ᵐ25
— 400	1 » 25	2 » 81	5 » 00	7 » 81
— 300	1 » 67	3 » 75	6 » 67	10 » 42
— 200	2 » 50	5 » 62	10 » 00	15 » 62
— 100	5 » 00	11 » 25	20 » 00	31 » 25

avoir un jeu transversal à la voie. Cependant, sur les tracés peu tourmentés, ce jeu lui-même est d'ordinaire supprimé pour les essieux moteur et accouplés.

Le jeu transversal s'obtient par divers procédés : le plus simple consiste à donner aux fusées une longueur plus grande que celle du coussinet ; mais il a l'inconvénient de faciliter l'introduction des poussières et d'exposer ainsi au grippement.

D'ordinaire le jeu est ménagé entre les boîtes à graisse et les plaques de garde ; la boîte à graisse se déplace en glissant sous la tête de la chandelle sur laquelle appuie ce ressort.

La liberté de ces déplacements transversaux doit être réglée et maintenue ; c'est surtout utile pour les roues d'avant, qui doivent imprimer la direction au châssis. A cet effet, on place quelquefois des ressorts horizontaux, qui tendent à ramener l'essieu dans sa position moyenne quand il s'en est écarté.

M. Polonceau et plus tard, M. Forquenot, ont employé un dispositif très simple, qui résout bien le problème :

Le coussinet A (fig. 257) a du jeu dans la boîte à graisse B (qui est ici

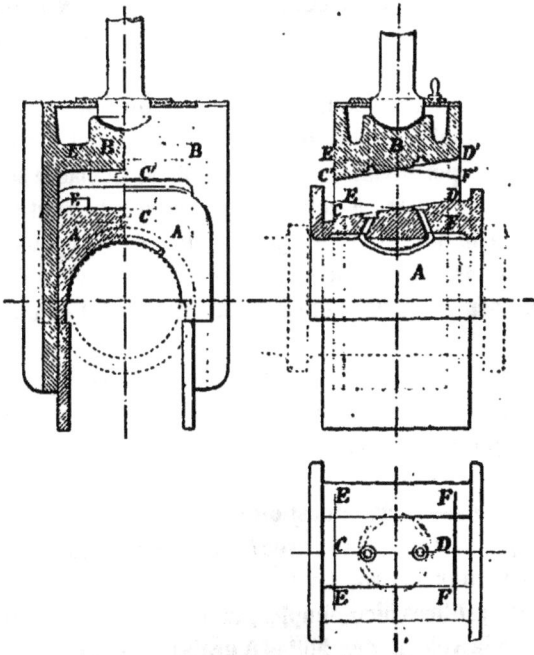

Fig. 257.

représentée enlevée de manière à montrer le dessus du coussinet et la face inférieure de la boîte à graisse), le dessus du coussinet est taillé dans le milieu suivant un plan incliné C D, et sur les côtés suivant un plan E E F F incliné en sens opposé ; la face d'appui de la boîte à graisse est taillée de même suivant C' D' E' F', de manière à s'appliquer exactement sur la face supérieure du coussinet. Si le coussinet s'écarte à droite ou à gauche, la composante horizontale de la pression de la chandelle, due à l'obliquité du plan d'appui, tend à le ramener à sa position moyenne. Cet artifice est appliqué avec avantage aux roues d'avant et donne des résultats satisfaisants.

Dans le cas des machines très longues devant passer dans des courbes raides, M. Beugnio! a employé le système suivant pour coordonner le jeu des différents essieux (fig. 258) ; cette figure représente le plan d'une machine du Nord à marchandises à six essieux, réunis par deux groupes de trois essieux accouplés, chacun de ces groupes étant commandé par une paire de cylindres.

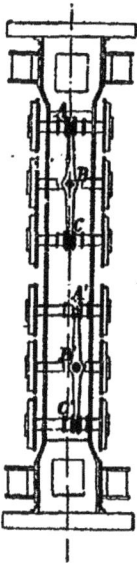

Fig. 258.

Les deux essieux extrêmes d'un même groupe sont conjugués au moyen d'un balancier A C oscillant horizontalement autour de son centre B fixé au châssis, de telle sorte que le déplacement de l'essieu A soit égal et opposé à celui de l'essieu C; chacun des groupes d'essieux prend donc, indépendamment de l'autre, la situation la plus favorable pour le passage dans les courbes.

Lorsque des essieux accouplés ont un jeu notable, il convient d'appliquer aux bielles d'accouplement des dispositifs spéciaux permettant aux essieux de se déplacer sans forcer les articulations ; à cet effet, on donne aux boutons de manivelle la forme d'une portion de sphère, épousée par les coussinets ; quelquefois, dans ce cas, les bielles d'accouplement sont articulées dans le sens horizontal comme dans le sens vertical.

Les procédés ci-dessus sont suffisants dans presque tous les cas de la pratique et il est bien rare qu'il devienne absolument nécessaire de recourir aux moyens permettant aux essieux de converger rigoureusement vers le centre de courbure.

374. Convergence. — Cette question de la convergence des essieux a beaucoup préoccupé les ingénieurs ; avec les courbures ordinaires de nos voies ferrées, comme nous l'avons vu, elle ne présente qu'un intérêt secondaire : quelques artifices bien simples, une conicité convenable combinée avec le jeu de la voie et des boîtes à graisse, permettent de l'esquiver.

Mais, dans quelques cas, le problème doit se poser impérieusement, et il n'est pas hors de propos d'indiquer sommairement quelques-unes des nombreuses solutions qui ont été proposées pour le résoudre.

La ligne de Paris à Sceaux a été construite, avec des courbures extrêmement fortes, pour être exploitée par un matériel fort ingénieux, imaginé
par M. Arnoux ; ce matériel, dit *articulé*, s'écarte complètement du système
rigide dont nous nous sommes occupés jusqu'ici ; chaque roue est folle sur
son essieu et les essieux, tournant en leur milieu sur une cheville ouvrière,
sont guidés par un système de chaînes ou de bielles qui leur assure une
position normale à l'axe de la voie. La locomotive est à quatre roues accouplées, très rapprochées et portées par des essieux parallèles ; en outre,
deux essieux porteurs, l'un à l'avant, l'autre à l'arrière, sont munis, comme
les véhicules ordinaires, de roues folles, et peuvent converger en tournant autour d'une cheville ouvrière ; chacun de ces essieux est dirigé normalement à la voie par quatre galets inclinés à 45° et qui viennent prendre
appui sur la face latérale du rail. Les roues motrices sont cylindriques, sans
mentonnets, et ont 0 m. 30 de largeur de jante ; néanmoins, dans les fortes
courbes, elles quitteraient la voie, et l'on a dû, en ces points, établir deux
files de rails supplémentaires du côté de la concavité. Cette machine, et
le train qu'elle remorque, passent, sans trop de difficultés, dans la courbe
de 30 mètres de rayon, en forme de raquette, établie dans la gare terminus
pour éviter l'emploi d'aiguilles ou de plaques tournantes.

Sur les chemins de fer américains, circulent des véhicules différant
beaucoup de ceux de l'ancien continent ; ces voitures, très longues, sont
portées à leurs deux bouts par des trucs ou *bogie-frames*, formés d'un
châssis qui repose sur deux et quelquefois trois essieux très rapprochés ;
chacun de ces trucs est réuni à la caisse par une cheville ouvrière ; ce matériel peut ainsi circuler dans des courbes de très petit rayon.

Les locomotives sont construites sur un principe analogue : à l'arrière
se trouvent deux ou trois roues motrices, et l'avant repose sur un avant-
train à deux essieux, mobile autour d'une cheville ouvrière. Toutefois,
cette solution convient beaucoup moins pour les locomotives ; si l'on suppose en effet (fig. 259), dans une courbe, le train d'arrière dans sa position

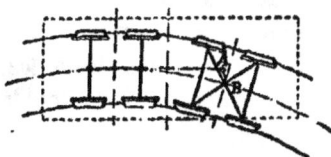

Fig. 259.

moyenne, il est clair que la cheville ouvrière qui est solidaire de ce train
sera projetée en A en dehors de l'axe de la voie, et que, par conséquent,
l'avant-train ne pourra être dans sa position moyenne, correspondant à la
position B de la cheville ouvrière.

Si l'on veut que l'avant-train ne cesse pas d'occuper sa position normale
il y a deux moyens :

Ou bien il faut placer la cheville ouvrière, non pas sur le milieu de l'avant-train (fig. 259), mais en un point A (fig. 260) tel que les normales

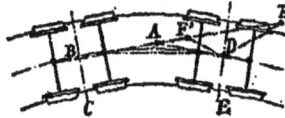

Fig. 260.

B C et D E élevées au milieu des deux trains se rencontrent sur la bissectrice de l'angle B A D ;

Ou bien faire porter la cheville ouvrière par un bras F D ou F'D articulé en un point quelconque F ou F' solidaire de l'arrière-train.

De ces trois solutions, la première (avant-train américain), plus simple, quoique imparfaite, est appliquée sur la plupart des machines du nouveau continent ; les deux autres, appelées *avant-train Bissel*, ont été pratiquées avec succès sur diverses lignes à tracé tourmenté.

Ces solutions peuvent être d'ailleurs remplacées par d'autres présentant les mêmes propriétés cinématiques ; elles ont un inconvénient commun, celui de n'utiliser, pour l'adhérence, qu'une partie du poids de la machine. Il y a d'autres moyens plus radicaux encore : on peut constituer le moteur par deux mécanismes complets ; chacun d'eux est composé d'une machine à deux cylindres avec bâtis et essieux accouplés parallèles et très rapprochés, et tourne d'une pièce autour d'une cheville ouvrière ; les deux chevilles ouvrières sont réunies par un châssis général qui porte la chaudière unique ; la tuyauterie est rendue flexible, soit par des articulations étanches, soit par l'élasticité même des tuyaux ; la chaudière peut être simple (Meyer), ou se composer de deux corps de chaudières solidaires, accolées par les foyers et dans le prolongement l'un de l'autre, auquel cas, les portes des foyers sont rejetées sur le côté (Fairlie).

Enfin, on peut aller plus loin et se contenter d'atteler, comme sur la rampe de Giovi, deux locomotives complètes dos à dos, ou même, retombant sur les types ordinaires, se contenter de la double traction, qui offre certainement de très sérieux avantages.

375. Des freins. — Les freins ordinaires en usage sur les chemins de fer ne diffèrent que par leur puissance de ceux appliqués aux véhicules circulant sur les routes : ils se composent d'un sabot en fer, en fonte ou en bois, manœuvré par un volant à main, qui permet de l'appliquer avec une grande force sur la jante des roues, de manière à créer un frottement énergique.

Les principales circonstances dans lesquelles on fait usage des freins dans le service courant sont les suivantes :

1° En présence d'un obstacle ou pour prévenir un accident, les freins sont serrés fortement afin d'obtenir un arrêt aussi prompt que possible ;

2. Sur les longues pentes, les freins sont modérément serrés et manœuvrés de manière à maintenir la vitesse du train dans les limites déterminées ;

3° A l'arrivée à une station ou dans les manœuvres de gare, la vitesse des trains étant déjà fort amortie, on serre les freins pour s'arrêter exactement au point voulu.

Pour remplir convenablement le but, il faut que l'action des freins soit à la fois prompte, énergique et qu'elle puisse être graduée à volonté. La sécurité des voyages et la précision des manœuvres sont à ce prix.

Une roue de wagon serrée par un frein se trouve soumise à deux actions opposées : la réaction tangentielle du rail, ou adhérence, qui tend à la faire tourner et le frottement du sabot qui tend à arrêter son mouvement de rotation. La première de ces forces est à peu près proportionnelle à la charge sur la roue ; l'action de la seconde pourra donc être d'autant plus énergique que la charge sur la roue sera plus grande.

En conséquence, on arme de freins les véhicules les plus chargés. Ces véhicules sont répartis dans le train conformément aux prescriptions administratives, qui tiennent compte de la composition et de la nature du train, ainsi que des inclinaisons de la voie ; chaque frein est manœuvré par un garde-frein, attentif aux signaux du mécanicien. Le tender est toujours muni de freins, agissant, autant que possible. sur toutes les roues, et manœuvrés par le chauffeur.

Quant à la locomotive, ce véhicule étant toujours le plus lourd du train, il y aurait grand avantage à l'armer de freins ; on ne le fait guère cependant sur les lignes à faible pente : pour les machines à roues indépendantes, il faudrait, pour obtenir un effet notable, agir sur toutes les roues, ce qui compliquerait beaucoup le mécanisme. Quant aux machines à roues accouplées, l'action des freins sur une des paires de roues est transmise aux autres paires par l'intermédiaire des bielles d'accouplement, ce qui produit des réactions violentes, destructives du matériel ; de plus l'usure très rapide des bandages attaqués par les sabots est très fâcheuse.

Ces inconvénients doivent être acceptés pour les machines-tenders sur les fortes rampes ; on atténue un peu le dernier en faisant les sabots en bois.

Les conditions dans lesquelles se développe la force retardatrice due à l'action des sabots ne sont pas bien exactement connues.

Il semble résulter d'expériences récentes (1) que le coefficient de frottement du sabot sur la jante est beaucoup plus élevé que celui de la jante sur le rail ; ce coefficient est notablement plus fort aux petites vitesses

(1) Exécutées par M. le capitaine Douglas-Galton sur le chemin de fer de Londres à Brighton.

qu'aux grandes ; il décroît très rapidement après quelques secondes de contact, ce qui peut provenir de l'élévation de température résultant du frottement.

Il est d'ailleurs un fait bien connu, c'est que, lorsque les roues sont calées, la force retardatrice baisse immédiatement. Pour qu'un frein agisse avec toute sa puissance, il faut qu'il exerce une pression légèrement inférieure à celle qui amènerait le calage des roues.

Le calage des roues a en outre l'inconvénient très grave de produire un méplat sur la partie de la jante qui frotte sur le rail.

La pression du sabot doit, néanmoins, être fort énergique ; pour l'obtenir, on dispose entre le volant manœuvré par le garde-frein et les sabots, une transmission par vis, par leviers ou par engrenages, calculée de telle sorte qu'à plusieurs tours du volant corresponde un faible mouvement des sabots ; d'autre part, le rapport des déplacements du volant et du sabot ne doit pas être assez grand pour enlever à la manœuvre la promptitude indispensable ; ce rapport est souvent d'environ $\dfrac{500}{1}$.

On a appliqué sur quelques locomotives des freins à vapeur, manœuvrés par un piston spécial ; l'action de ces freins est très prompte et très énergique, mais on n'est pas maître de la modérer.

On s'est aussi servi sur les pentes de Giovi (§ 370) de sabots glissant directement sur les rails ; l'action retardatrice des freins de cette espèce est de même nature que celle des roues lorsqu'elles sont calées, c'est-à-dire moins énergique que celle des freins ordinaires.

370. Contrevapeur. — Aujourd'hui, on fait fréquemment usage de la *contrevapeur*.

Nous avons vu (§ 145) que, dans une distribution par coulisse de Stephenson, plus le coulisseau s'approche du point milieu de la coulisse, plus le travail par tour est réduit. Au point milieu même, il se produit encore un certain travail ; mais si le coulisseau est placé notablement au delà, le travail devient négatif et la machine agit comme un frein puissant.

Examinons la question de plus près :

Considérons d'abord une locomotive marchant en arrière ; le coulisseau sera placé près de l'extrémité de la coulisse correspondant à la marche en arrière. Le diagramme théorique sera (fig. 261 a et b) A C D D' E F B' B A, admission de B en C, échappement de B en F, détente de C en D, compression de F en B'.

Si maintenant, le coulisseau restant au même point, c'est-à-dire les ouvertures et fermetures des lumières se produisant aux mêmes positions de la manivelle, on suppose que la machine marche, non plus en arrière, mais en avant, il est facile de voir que le diagramme sera tel qu'il est représenté (fig. 261 c et d) en A B F F' E D C C' A : aspiration par la lumière d'échappement de F' en E, compression de D en C, refoulement dans la chaudière de C' en A, admission de A en B, détente de B en F ; il y aura non plus production, mais absorption de travail.

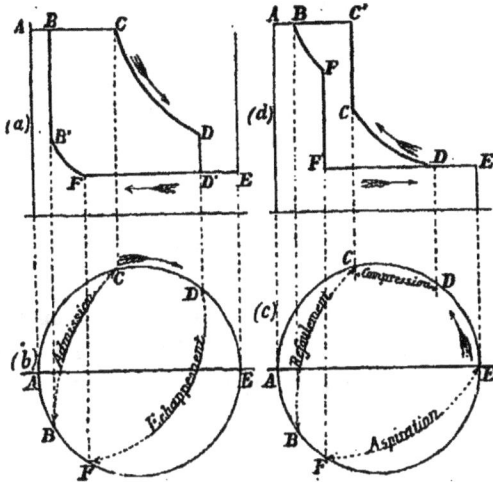

Fig. 261.

Ainsi donc, dans la marche en avant, en plaçant le coulisseau près du point de la coulisse commandé par l'excentrique de la marche en arrière, on développe une résistance au mouvement ; cette résistance, il est facile de le voir, est d'autant plus grande que le coulisseau est plus près de l'extrémité de la coulisse. C'est là ce qu'on appelle la *contrevapeur*.

Le fait était connu depuis longtemps, et pour arrêter promptément un train, les mécaniciens savaient qu'il suffit de battre contrevapeur ; mais ils ne recouraient qu'avec répugnance à ce moyen considéré comme extrême, et cela pour deux raisons :

En premier lieu, le levier de changement de marche employé jusqu'alors (§ 144 et fig. 56) est très dangereux à manœuvrer, tant que le régulateur n'est pas fermé : en outre, pour peu que la marche à contrevapeur se prolonge, les cylindres s'échauffent rapidement, les garnitures se brûlent et les pistons ne tardent pas à gripper.

Le premier obstacle a été levé par l'emploi du changement de marche à vis (§ 144 et fig. 57). Quant à l'échauffement des cylindres et au grippement, on attribuait ces phénomènes à l'aspiration de gaz brûlés et très chauds, mélangés d'escarbilles, que le piston puise dans la cheminée pendant la période F'E (fig. 261 d). L'explication est juste en elle-même, mais elle n'est pas complète : une grande partie de la chaleur développée provient du travail absorbé pendant la période de compression D C et de l'afflux de vapeur à grande vitesse en C C'. Il n'est donc pas étonnant que dans le essais tentés en faisant aspirer, non pas le gaz de la cheminée, mais l'air extérieur, on n'ait pas atténué beaucoup l'échauffement.

Les travaux de MM. Lechâtelier et Ricour (1) ont permis de lever cette difficulté par un moyen fort simple : il suffit d'injecter, dans le bas de la buse d'échappement, un mélange d'eau chaude et de vapeur puisé dans la cheminée ; la vapeur empêche les gaz chauds d'être aspirés ; l'eau mélangée à la vapeur absorbe la chaleur développée pendant la compression. Les quantités d'eau et de vapeur injectées sont dosées au moyen de robi‑nets spéciaux ; on doit en envoyer assez pour que ces deux fluides soient en faible excès ; la vapeur doit s'échapper en léger panache par la chemi‑née et cette vapeur doit rester humide et *primer* un peu. Quelques mécani‑ciens se contentent d'envoyer de l'eau chaude qui, se réduisant partielle‑ment en vapeur, produit les effets voulus.

Ces procédés réussissent bien et sont d'un usage assez commode ; le mé‑canicien est bien maître de son train, il peut tenir la vitesse, sur les lon‑gues déclivités, par une simple manœuvre de la vis de changement de mar‑che et sans faire appel aux freins, ce qui est fort avantageux pour la conser‑vation de la voie et des bandages.

On remarquera que toute la chaleur correspondant au travail absorbé est renvoyée à la chaudière ; aussi, malgré la perte de vapeur par la cheminée et la suppression presque complète du tirage, n'est-il pas rare, sur les lon‑gues rampes descendues à contrevapeur, de voir la pression s'élever et les soupapes souffler. Cet emmagasinement, dans la chaudière, du tra‑vail de la gravité ne manque pas d'un certain intérêt théorique et pourra même, quelque jour, recevoir des applications.

L'emploi judicieux de la contrevapeur exige une certaine habileté ; le dosage de l'eau et de la vapeur injectées demande des soins. Si la distri‑bution est trop renversée, les roues se mettent à patiner et tournent en sens inverse de la marche du train (2) ; alors le coefficient de frottement s'abaisse rapidement, d'autant plus rapidement que la vitesse relative des surfaces glissantes est plus grande ; la machine n'agit presque plus comme frein, et, si l'on est sur une pente un peu longue, la situation peut devenir embarrassante.

Au chemin de fer des Dombes, au lieu d'un mélange d'eau et de vapeur, on se contente d'injecter, par un petit orifice, de l'eau froide prise dans

(1) Il s'est élevé une polémique très vive au sujet de l'invention des procédés dont nous parlons ; il semble hors de doute que les ingénieurs distingués que nous citons ont tous deux contribué, dans une très large mesure, à rendre pratique l'usage de la contrevapeur ; mais il serait peut-être plus difficile de faire avec rigueur la part de chacun dans cette invention.

(2) On remarquera, sur la fig. 261, que le travail négatif à contrevapeur est beaucoup plus petit que le travail positif en marche directe, correspondant à une même position du coulisseau.

le tender, au-dessous d'une soupape qui ferme la buse d'échappement ; l'eau est appelée du tender par le vide partiel produit par le mouvement des pistons (frein Harmignies et Jouffret) ; la manœuvre est très simple : la distribution étant renversée, un seul mouvement de levier suffit pour fermer la buse d'échappement et ouvrir l'admission d'eau froide.

377. Des freins continus. — Avec les moyens que nous venons de décrire et dans les conditions ordinaires du service, pour arrêter complètement un train lancé, il faut un parcours de 800 à 1200 mètres, et quelquefois beaucoup plus, si le chemin est en pente, ou les rails gras ; ce parcours correspond au temps nécessaire pour apercevoir le signal d'arrêt, siffler aux freins, serrer les freins et amortir la vitesse.

Il serait d'un intérêt considérable de réduire ce parcours ; et ce problème, en lui-même fort important, est aujourd'hui posé impérieusement par la rapidité et la charge des trains, chaque jour de plus en plus grandes.

La solution de ce problème difficile intéresse à la fois :

1° *La sécurité des trains* : la faculté d'arrêter en 200 ou 300 m. au lieu de 1200 suffirait pour atténuer dans une très large mesure les chances d'accident ;

2° *La capacité de circulation des lignes à grand trafic* : des trains à arrêts rapides peuvent se suivre à de courts intervalles ;

3° *La vitesse de parcours sur les lignes à stations multipliées,* en donnant le moyen de gagner du temps sur les arrêts.

Les études pour trouver cette solution sont poursuivies avec persévérance par les ingénieurs des chemins de fer, et divers systèmes sont aujourd'hui pratiqués ; nous examinerons rapidement les plus en usage (1).

Il serait sans doute fort simple d'armer tous les véhicules d'un train de freins à main ; mais, d'une part, on serait conduit ainsi à des dépenses de personnel inacceptables ; d'autre part l'action de ces freins n'est pas regardée comme assez prompte : il y a un temps perdu notable à chaque manœuvre.

Mettre dans les mains du mécanicien la manœuvre de tous les freins, quel qu'en soit le nombre, telle est évidemment la solution à chercher ; c'est à un système ainsi constitué qu'on a donné le nom de *freins continus.*

Mais, posée dans ces termes généraux, la question est loin d'être résolue

(1) Voir, sur ce sujet, deux brochures autographiées récentes : *Rapport sur les freins continus,* par G. Marié, ingénieur du matériel de la Cie P.-L.-M. (décembre 1877).

Conférence sur les freins continus, faite, au Trocadéro, le 28 septembre 1878, par D. Banderali, ingénieur du matériel au Chemin de fer du Nord.

elle se complique des exigences très multiples résultant du service même à faire.

Pour qu'un système de freins fût complètement satisfaisant, il devrait répondre aux conditions suivantes :

1° En ce qui concerne la manœuvre des freins, elle doit être parfaitement sûre ; elle doit être très rapide et permettre d'appliquer presque instantanément les sabots ; la pression des sabots doit être énergique et pouvoir être graduée à volonté pour la descente des longues pentes ; il est désirable que la manœuvre puisse être faite, non seulement par le mécanicien, mais aussi par les conducteurs du train, et même au besoin par les voyageurs ;

2° Il est utile qu'en cas de rupture d'attelage, les freins se serrent d'eux-mêmes ; il faut, tout au moins, que la partie séparée de la tête du train ne soit pas abandonnée à elle-même ;

3° Comme conditions générales, le système doit être simple, facile à comprendre et à mettre en action, — constitué d'une manière durable, — se prêter à l'attelage rapide des voitures à la suite les unes des autres ; il doit être d'un usage journalier, les appareils qui ne sont appelés à fonctionner qu'exceptionnellement n'étant presque jamais en état au moment du besoin ; il ne doit pas être trop cher à établir, ni d'un entretien trop coûteux ; il est désirable que l'on puisse intercaler un véhicule quelconque entre ceux munis de freins, et même que l'entente puisse s'établir entre les diverses administrations, de telle sorte qu'un véhicule quelconque d'un réseau puisse être placé dans un train quelconque des réseaux voisins.

Telles sont les principales conditions à remplir ; elles sont satisfaites à des degrés fort inégaux par les différents systèmes de freins continus ; nous allons en examiner quelques-uns.

Nous les classerons d'après la nature des moyens employés pour transmettre les mouvements aux sabots répartis sur la longueur du train.

378. Transmission par les attelages. — *Frein Guérin*. On a expérimenté, pendant plusieurs années, sur divers réseaux, un système de freins fort ingénieux, imaginé par M. Guérin : il convient d'en dire quelques mots.

Lorsqu'on presse sur les tampons d'un wagon, ceux-ci cèdent en vertu de l'élasticité des ressorts de choc ; dans le frein Guérin, ce mouvement est utilisé pour produire la pression des sabots : quand le mécanicien, en serrant les freins du tender, détermine, sur la tête du train, une force retardatrice, tous les tampons se trouvent comprimés, et, par conséquent, les sabots serrés. Divers dispositifs, très bien conçus, permettaient le refoulement à petite vitesse dans les manœuvres de gare.

Ce frein, remarquable non moins par le principe ingénieux qui préside à son fonctionnement que par sa grande simplicité, n'a été essayé que sur des véhicules isolés ; il est à peu près abandonné aujourd'hui.

379. Transmission par chaînes. — Il est pratiquement impossible d'actionner à la main tous les freins d'un train au moyen d'un système de chaînes : la pression exercée sur les roues serait ou extrêmement faible, ou très lente à produire, quand bien même on surmonterait les difficultés résultant de l'élasticité des attelages.

Ce n'est pas ainsi que l'on procède : il faut une force motrice plus puissante que la main d'un homme.

Une poulie de friction est calée sur un axe horizontal suspendu au véhicule et que l'on peut rapprocher de l'un des essieux, de manière à mettre la poulie en contact avec la jante des roues. Dès que le contact est établi, la poulie tourne et, sur l'axe dont elle est solidaire, s'enroule une chaîne qui serre les sabots. Quant à l'axe mobile, il est manœuvré à distance par le mécanicien au moyen d'une corde ou d'une chaîne spéciale.

Ce principe a été appliqué sous bien des formes ; l'entraînement de la poulie de friction est déterminé par son contact soit avec la jante, soit avec le boudin, soit avec un plateau spécial monté sur l'essieu. Dans des expériences récentes faites par M. Becker sur le chemin du Nord de l'Autriche, la chaîne qui sert à manœuvrer l'axe mobile est à l'état de tension permanente pendant la marche normale ; pour serrer les freins, il faut que le mécanicien relâche cette chaîne ; s'il survient une rupture d'attelage, la chaîne devenant lâche, les freins se serrent immédiatement.

380. Transmission électrique. — Un circuit électrique peut produire facilement des embrayages et des débrayages extrêmement prompts. M. Achard en a proposé depuis longtemps l'application aux freins de chemins de fer pour jouer le même rôle que la chaîne de manœuvre du système que nous venons de décrire ; en faisant passer dans le circuit un courant électrique, on détermine l'embrayage de la poulie de friction ou de l'organe analogue, et les sabots sont rapidement serrés ; ils se desserrent dès que l'on rompt le courant.

Ce système est très rapide dans son action ; il a l'inconvénient d'être difficile à modérer et de donner tout ou rien. Quelques ingénieurs n'ont qu'une confiance médiocre dans les courants électriques et les trouvent trop capricieux pour leur confier un service aussi important pour la sécurité.

381. Transmission par l'air comprimé. — Nous ne parlerons que pour mémoire des tentatives faites pour agir sur les sabots par l'intermédiaire de la vapeur ou de l'eau comprimée ; ces fluides se congèlent par le froid, et c'est là un des principaux obstacles à leur emploi.

Il n'en est pas de même de l'air comprimé, qui a été appliqué de la manière la plus heureuse par M. *Westinghouse* à la manœuvre des freins.

Disons cependant que l'emploi de l'air, soit comprimé, soit raréfié, a été proposé, il y a bientôt 20 ans (brevet de 1860), par MM. Martin et du Tremblay ; voici comment était constitué le système :

Une pompe disposée sur la machine fait le vide ou comprime l'air dans une conduite flexible qui parcourt toute la longueur du train ; sur cette conduite sont branchées des conduites secondaires communiquant avec des cylindres placés sous les wagons ; chaque cylindre renferme un piston qui actionne les sabots d'une voiture ; ainsi, par la simple ouverture d'un robinet, on met en prise tous les freins, et l'on peut même graduer à volonté leur pression.

Le frein Westinghouse, dans sa forme primitive, ne différait guère du frein du Tremblay que par l'adjonction d'un réservoir d'air comprimé ; mais, par des perfectionnements successifs, M. Westinghouse a amené son système à satisfaire à la plupart des conditions que nous avons énumérées plus haut ; il lui a notamment donné cette faculté précieuse d'enrayer les roues aussitôt qu'il y a une rupture d'attelage.

Voici la description du frein Westinghouse :

Une pompe à air, à action directe, refoule l'air comprimé dans un réservoir placé sur la machine et, de là, dans une conduite générale qui parcourt tout le train ; sous chaque voiture est placé un réservoir, communiquant avec la conduite générale par un branchement, et un cylindre, actionnant les sabots, est mis en relation, par un tuyau, avec le même branchement.

Au point de réunion des deux branchements allant au cylindre et au réservoir, est placé un organe spécial, appelé *triple valve*, lequel commande le tiroir de distribution du cylindre et met ce dernier en communication, soit avec l'atmosphère, auquel cas les freins sont desserrés, soit avec l'air comprimé dans le réservoir, et alors les freins sont immédiatement serrés. La triple valve est disposée de telle sorte, que les variations de pression dans la conduite générale déterminent les mouvements du tiroir ; si donc l'air est comprimé dans la conduite, les freins seront lâches ; si on fait communiquer cette conduite avec l'atmosphère, les freins se serrent ; ce dernier résultat est évidemment obtenu si l'un des attelages vient à se rompre.

La triple valve est un appareil extrêmement ingénieux dont nous allons donner la description (fig. 262).

A. Communication avec la conduite générale ;

B.   —   avec le réservoir d'air comprimé ;

C.   —   avec l'atmosphère ;

D.   —   avec le cylindre renfermant le piston qui actionne les sabots.

Dans la situation représentée par la figure, ce piston est mis en relation avec l'atmosphère par l'intérieur du tiroir E F ; par conséquent les freins sont desserrés. Mais, si le tiroir est déplacé sur sa glace de telle sorte que la lèvre E vienne en G, le piston se trouvera mis en relation par D et B avec le réservoir d'air comprimé, et les sabots se serreront immédiatement.

Le mouvement du tiroir est commandé par le petit piston auxiliaire H H au moyen de deux talons K et L ; dès que, par l'ouverture d'un robinet, on laisse échapper l'air comprimé de la conduite générale, l'air comprimé contenu sous le piston H H s'échappe par le tuyau M N A et le piston, cé-

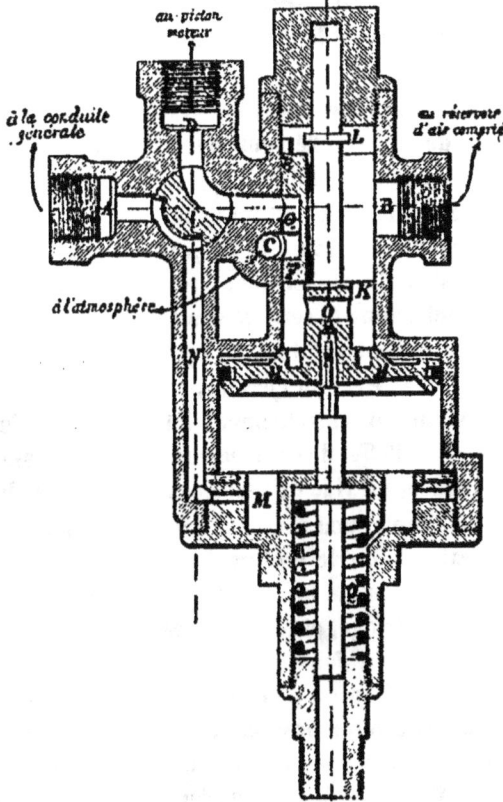

Fig. 262.

dant à la pression du réservoir, s'abaisse en entraînant le tiroir ; en même temps le petit trou O est fermé par la broche P, ce qui empêche le réservoir de se vider par cet orifice, et le ressort Q est comprimé. Dès qu'on rétablit la pression sous le piston H H, il se relève, et, le trou O cessant d'être fermé, l'air comprimé afflue de nouveau de la conduite générale au réservoir.

Tous les organes du système sont étudiés avec un soin et une entente remarquables ; chaque voiture porte un tronçon de la conduite générale, formé par un tuyau de fer, terminé à ses deux extrémités par des bouts de tube de caoutchouc ; un joint fort ingénieux sert à réunir très promptement ce tronçon avec celui porté par la voiture voisine ; des organes spéciaux permettent au mécanicien de régler la pression des sabots et atténuent les inconvénients des petites fuites, fort difficiles à éviter ; la pompe foulante est parfaitement comprise et fonctionne très bien.

Entre les mains de son habile inventeur, le frein Westinghouse est devenu un appareil tout à fait pratique ; il est actuellement mis en service sur plusieurs lignes et l'on en est satisfait.

Quelques ingénieurs redou tent la grande complication de ce mécanisme délicat.

382. Transmission par l'air raréfié. — Le brevet Martin et du Tremblay prévoyait l'usage de l'air raréfié pour le serrage des freins ; cette idée a été reprise et complétée par M. Smith.

L'organe moteur des freins Smith est un cylindre creux, en caoutchouc, en forme de lanterne vénitienne, muni de deux fonds qui se rapprochent, sous l'action de la pression atmosphérique, quand on fait le vide à l'intérieur : ce mouvement détermine le serrage des sabots.

Mais, ce qui constitue le trait original du système, c'est le moyen employé pour produire le vide : c'est un *éjecteur*, sorte de Giffard, dans lequel un jet de vapeur, agissant par entraînement latéral, aspire l'air contenu dans la conduite générale ; l'effet de cet éjecteur est très puissant et produit, en quelques secondes, un vide de plusieurs décimètres de mercure.

Cet appareil est très simple, peu coûteux, facile à manœuvrer et à modérer ; ce sont là les raisons qui le font quelquefois préférer au Westinghouse, quoiqu'il n'ait pas, comme lui, la propriété d'agir sur la queue du train en cas de rupture d'attelage, et que les arrêts soient moins prompts, par suite du temps perdu pour faire le vide dans la conduite et les cylindres de caoutchouc. Comme il suffit, pour mettre les freins en action, d'ouvrir le robinet mettant en communication la chaudière avec l'éjecteur, on peut faire manœuvrer ce robinet par un déclenchement électrique. On a réalisé ainsi, au Chemin de fer du Nord, des expériences fort curieuses : une intercommunication électrique était disposée, dans toute la longueur d'un train, avec des commutateurs convenables dans chaque compartiment ; en manœuvrant l'un quelconque de ces commutateurs, on arrêtait le convoi en quelques secondes. On a pu aussi, en installant, sur la voie, des contacts électriques mis en relation avec la machine au moyen d'une brosse métallique, arrêter le train en manœuvrant un commutateur placé en un point quelconque de la ligne.

Il est inutile de faire remarquer que la plupart des freins continus se prêtent également bien à la manœuvre électrique à distance.

383. Remarques sur les freins continus. — Nous sommes loin d'avoir passé en revue tous les systèmes de freins continus qui ont été proposés ou essayés : ils sont fort nombreux. C'est à la pratique à décider quel sera celui qui remplira le mieux les conditions multiples de ce difficile problème. Les expériences se poursuivent sur la plus large échelle, aussi bien à l'étranger qu'en France.

Les résultats déjà acquis sont considérables ; l'arrêt, par freins continus, a lieu sur un parcours au moins trois fois plus court qu'avec les freins à main et, en matière de chemins de fer, quelques décamètres sont parfois une affaire de vie ou de mort. Cette rapidité d'action est due à ce que le poids tout entier d'un train est mis en jeu avec les freins continus, mais elle résulte aussi de la réduction du temps perdu : le mécanicien serre les freins dès qu'il voit le danger, sans avoir à appeler l'attention du garde-frein, dont la manœuvre manuelle est elle-même fort lente.

Cette question de sécurité est celle qui prime toutes les autres ; aussi les freins continus ne sont-ils guère appliqués jusqu'ici qu'aux trains de voyageurs et surtout aux trains rapides. Si le problème a fait plus de progrès en Amérique qu'en Europe, cela tient peut-être à la nature du matériel : les voitures américaines sont très longues ; chaque train n'en compte qu'un petit nombre, de sorte que l'inconvénient de compliquer les attelages devient bien moins sensible que chez nous.

384. Prix de revient de la traction. — Voici quelques données sur les prix de revient des locomotives et de la traction.

On peut admettre qu'actuellement, en France, le prix d'une locomotive de type courant est, en moyenne, par kilogramme, de 1 fr. 70 décomposé comme il suit :

Main-d'œuvre.	0 fr. 40
Matières premières	1 » 05
Frais généraux	0 » 25
Le prix moyen du kilogramme de tender, dans les mêmes conditions, est de	0 fr. 65 à 0 fr. 70

Nous donnons ci-dessous la décomposition des prix de revient du train-kilomètre sur les réseaux de la Compagnie P.-L.-M. pour l'année 1876 :

	Ancien réseau	Nouveau réseau
Nombre de kilomètres parcourus par les trains.	35.582.174 k.	3.309.133 k.
Dépenses par kilomètre de train.		
Traction :		
Personnel général (ingénieurs, chefs et sous-chefs de dépôt) . ⁚	0'0342	0'0342
Mécaniciens et chauffeurs	0.1712	0.1711
Combustible.	0.4050	0.4048
Eclairage et graissage des machines en service	0.0308	0.0308
Approvisionnement d'eau	0.0151	0.0152
Entretien des machines et tenders . .	0.2132	0.2130
Total pour la traction	0.8695	0.8691
Matériel (entretien et divers).	0.2974	0.2968
Exploitation.	1.0770	1.1970
Administration centrale et services généraux	0.1670	0.1850
Entretien et surveillance de la ligne . .	0.2950	0.7230
Dépense totale par train-kilomètre.	2.7059	3.2709
Nombre moyen de véhicules composant :		
Un train de voyageurs.	11.911	12.459
Un train de marchandises.	3.258	32.498

Sur l'ancien réseau, les frais de combustible forment les 15/100 et les dépenses de traction les 32/100 de la dépense totale.

Les mêmes chapitres ne s'élèvent qu'à 12/100 et 26/100 sur le nouveau réseau, où le trafic est beaucoup moins actif.

Pour faire ressortir l'influence des pentes sur les dépenses d'exploitation, prenons comme exemple la ligne de Vienne à Trieste. Cette ligne, comme nous l'avons vu (§ 370), franchit les Alpes, au Semmering au moyen de longues rampes de 25 ᵐ/ₘ sur les deux versants. En comparant les dépenses par train-kilométrique sur l'ensemble du réseau avec celles sur le Semmering, nous pourrons apprécier la part afférente à ces pentes.

Les indications qui suivent se rapportent à l'exercice 1876.

	Ensemble du réseau	Section du Semmering
Parcours des trains	8.696.791 k.	564.029 k.
Dépenses par kilomètre de train :		
Conduite	0.182	0.271
Combustible	0.236	0.429
Traction Graissage	0.026	0.044
Eau	0.010	0.016
Réparations	0.214	0.568
Frais généraux	0.045	0.031
Dépense totale de traction	0.713	1 359
Prix de traction par tonne kilométrique brute de train	0'00.4815	0'01.044
Augmentation des frais de traction due aux pentes du Semmering :		
Par train kilométrique	90 0/0	
Par tonne kilométrique brute	116 0/0	

385. Types exceptionnels de locomotives. — Machines américaines. — Les locomotives que nous avons étudiées jusqu'ici rentrent dans les types courants, usités sur presque tous les chemins de fer. Il sera bon de mentionner quelques locomotives dont les dispositions s'écartent plus ou moins des données ordinaires. Nous n'aurons pas à nous occuper des systèmes, en nombre presque infini, qui ont été successivement essayés et abandonnés ; l'historique de ces tentatives, quelques-unes d'un grand mérite, nous entraînerait beaucoup trop loin.

Commençons par les machines américaines.

La plupart des locomotives qui font le service des chemins américains diffèrent beaucoup des nôtres comme aspect extérieur : l'ensemble est lourd et passablement disgracieux, malgré le luxe de dorures, de peintures et de cuivreries dont toutes les parties sont surchargées.

A l'arrière est une grande cabine à châssis vitrés pour le mécanicien ; à l'avant, un énorme fanal, à la base de la cheminée, et près du rail un cow-catcher (*filet à vache*), espèce de grosse lanterne conique destinée à écarter les bestiaux qui errent sur les voies sans clôtures ; sur la chaudière, une grosse cloche, un fort sifflet et les dômes de prise de vapeur : lorsque le combustible est du bois, la cheminée est enveloppée d'un énorme entonnoir en tôle, l'ouverture en haut ; cet appareil est destiné à retenir les flammèches ; à cet effet le haut de la cheminée est muni d'un appendice en forme de turbine, qui imprime au courant gazeux un mouvement giratoire et le dépouille des particules solides entraînées, lesquelles retombent entre le cône et la cheminée proprement dite.

L'avant de la machine repose sur un *bogie frame* ; les cylindres sont extérieurs et attaquent, par une bielle généralement fort longue, les roues motrices et accouplées placées à l'arrière.

Le châssis est intérieur et composé de barres de fer carrées ou méplates assemblées par rivets et boulons ; il n'a pour fonction que de maintenir l'écartement des essieux et des cylindres, mais il ne saurait résister à la flexion, et c'est à des points d'appui pris sur la chaudière qu'il emprunte sa rigidité, ce qui n'est guère à recommander ; la dilatation de la chaudière se fait par l'avant.

La chaudière, généralement à très grand foyer, est formée de tôle de fer ou d'acier fort mince. La distribution est donnée par la coulisse de Stephenson ou ses variétés.

Voici quelques détails sur deux locomotives construites par l'importante usine de Baldwin :

La première est une machine à marchandises, à 4 essieux accouplés.

La deuxième, une machine à voyageurs, à 2 essieux accouplés.

Locomotives américaines.

Dimensions principales.

	Machine à voyageurs	Machine à marchandises
Pistons :		
Diamètre.	0ᵐ 508	0ᵐ 431
Course	0. 609	0. 609
Distribution :		
Longueur des lumières.	0. 438	0. 408
Largeur des lumières d'admission . . .	0. 031	0. 031
— d'échappement . .	0. 063	0. 063
Recouvrement extérieur.	0. 019	0. 019
— intérieur.	0. 007	0. 000
Course maxima du tiroir	0. 127	0. 127
Roues :		
Diamètre des roues motrices.	1. 270	1. 574
— du truck.	0. 711	0. 711
De centre en centre des essieux accouplés extrêmes	4. 165	2. 590
Empattement total	6. 553	6. 848

Chaudière :		
Diamètre intérieur du corps cylindrique (plus petite virole)	1. 356	1. 239
Epaisseur de la tôle.	0. 009	0. 007
Tubes :		
Nombre.	138	155
Longueur	3m937	3m251
Diamètre extérieur	0. 063	0. 057
Boîte à feu :		
Longueur intérieure.	2. 438	1. 844
Largeur —	0. 876	0. 885
Hauteur, en avant.	1. 550	1. 701
— en arrière	1. 067	1. 701
Epaisseur des tôles :		
De la plaque tubulaire	0. 012	0. 012
De la plaque de porte	0. 007	0. 007
Des parois latérales et du ciel. . . .	0. 007	0. 007
Surface de grille	2m²137	1m²672
Surface de chauffe :		
De la boîte à feu	8m²547	9m²847
Des tubes	108. 321	90. 206
Totale.	116m²868	100m²053
Poids en ordre de marche :		
Sur les roues motrices et accouplées . .	36. 100k	20. 800k
Total.	41. 600	32. 400

Les chaudières sont en acier fondu, ainsi que les boîtes à feu, les tubes en fer étiré.

On remarquera la faible épaisseur des tôles de la chaudière et de la boîte à feu : néanmoins, le poids total, rapporté au mètre carré de surface de chauffe, est assez élevé :

Pour la machine à voyageurs. . . . . 324 k.

Pour la machine à marchandises . . . . 358 k.

Les locomotives françaises n'atteignent pas des poids aussi forts, avec leurs tôles de 14 à 15 mm.

La surface de grille est considérable ($\frac{1}{55}$ et $\frac{1}{60}$ de la surface de chauffe) ; le combustible est du charbon bitumineux.

La machine à marchandises est portée par 10 roues : 8 roues accouplées en fonte et 2 roues d'avant-train Bissel, en fer forgé ; les trois essieux d'arrière sont conjugués par des balanciers ; le ciel du foyer est fortement en pente, et entretoisé avec le dessus de la boîte à feu extérieure qui lui est presque parallèle. Cette machine traîne, à la vitesse de 24 kilomètres, sur des rampes de 6 à 7 mm., un train de 35 wagons pesant 747 tonnes.

La machine à voyageurs est portée par quatre essieux : deux essieux accouplés, comprenant le foyer, et deux essieux formant avant-train américain. Les deux essieux accouplés sont conjugués par des balanciers. Cette machine traîne, à la vitesse de 45 kilomètres, sur des rampes de 6 à 7 millimètres, un train de 103 tonnes, composé de deux grandes voitures à voyageurs et de deux wagons-dortoirs du système Pullmann.

386. Locomotives de gare. — Dans la plupart des gares importantes, la manœuvre des wagons est faite à l'aide de locomotives, et l'on construit souvent, dans ce but, des locomotives spéciales.

Le programme des conditions à remplir est fort simple ; ces machines doivent :

Démarrer rapidement, même avec de lourdes charges ;

Passer facilement dans les courbes raides des changements de voie :

Marcher à vitesse réduite et, indifféremment, en avant et en arrière.

Donc :

Grande puissance de traction, comme adhérence et dimensions des cylyndres ;

Petites roues, toutes accouplées et très rapprochées.

Appareil vaporisateur de médiocre puissance.

Ces machines ne devant pas travailler hors de portée des magasins et des grues hydrauliques, on utilisera pour l'adhérence le poids de l'approvisionnement de combustible et d'eau, en leur donnant la disposition de machines-tenders.

L'appareil sera muni de freins énergiques et du changement de marche à vis.

Voici quelques-unes des dimensions d'une machine de gare de la Compagnie P.-L.-M.

Machine de gare à 6 roues accouplées.

Surface de grille		0^{m2}94
Surface de chauffe. Foyer	5^{m2}15	
Tubes	57, 15	
Total . . .	62, 30	
Timbre de la chaudière		9^{k}00
Cheminée. **Diamètre intérieur :**		0^{m}34

Roues. Diamètre au contact	1,050
Écartement des essieux extrêmes . .	2,600
Mouvement. Diamètre des cylindres.. . . .	0,400
Course des pistons	0,460
Caisse à eau. Volume	3mc 00
Combustible. Dans la soute	1.250k,00
Poids. Machine vide	22.980k,00

Machine en pression
- Roues d'avant   7.200k
- »   du milieu   11.340
- »   d'arrière   10.840

Total. . . .   29.380   29.380k,00

Les deux essieux d'arrière sont conjugués par un balancier.

387. Locomotives diverses. — Le programme qui vient d'être tracé pour les machines de gare peut s'appliquer, dans la plupart des cas, aux machines pour terrassements.

Il en est de même pour les locomotives destinées au service des petits chemins de fer d'intérêt local, comportant des courbes raides et des pentes assez fortes, et exploités à vitesse réduite. Si les charges à traîner sont peu considérables, on pourra souvent se contenter de faire porter la machine sur deux essieux accouplés.

On construit, pour les chemins de fer à voie étroite, de petites locomotives qui font bien leur service, et qui ne diffèrent guère des grandes locomotives que par leurs dimensions.

Disons, pour terminer, que M. Mallet a proposé d'appliquer aux locomotives le fonctionnement Compound (1) : l'un des deux cylindres est d'un diamètre plus grand que l'autre, et la vapeur d'échappement du petit cylindre agit dans le grand avant de se rendre dans la cheminée ; les deux manivelles sont à angle droit. Des locomotives ainsi construites sont en fonctionnement depuis quelques mois. Il ne paraît pas que la dissymétrie des cylindres soit nuisible à la stabilité ; d'autre part, la suppression de la moitié des coups d'échappement diminue évidemment le tirage et la vaporisation ; mais cela n'a pas d'inconvénient s'il est vrai que le Compound réalise une notable économie de vapeur. Là est toute la question : ce mode de détente, si favorable dans les machines à condensation, peut n'avoir pas les mêmes avantages au cas actuel ; c'est à l'expérience à prononcer.

Les locomotives Compound de M. Mallet font le service de la ligne de Bayonne à Biarritz.

Voici les dimensions principales de l'une d'entre elles :

(1) Mémoires de la Société des Ingénieurs civils, 1877, p. 832.
Le mémoire de M. Mallet contient une étude intéressante sur les locomotives et sur les machines à vapeur, en général.

Surface de grille. . . . .   1^{m}200

Surface de chauffe :

    du foyer . . . .   1^{m}260

    des tubes . . . .   40·, 50
                              ——————

               Totale. . . . .   45^{m}210   45^{m}210

Timbre de la chaudière. . . . .   10 k.

Cylindres :

    Diamètre du petit cylindre . . . . .   0^{m}24

    — id — du grand cylindre. 0, 40

    Rapport des surfaces 2. 78

    Course des pistons. 0, 450

Roues. Nombre de roues   6

    Nombre de roues accouplées   4

    Diamètre des — id — . . . . . .   1^{m}20

Poids en service :

    Adhérent. . . . .   15.200 k.

    Total 19.500

Ces machines portent leur approvisionnement d'eau et de combustible. Un régulateur spécial permet au besoin de faire agir directement dans les deux cylindres la vapeur venant de la chaudière, ce qui donne une grande élasticité de puissance et permet de démarrer rapidement.

Ces machines traînent, à la vitesse moyenne de marche de 32 kilomètres, des trains d'environ 50 à 60 tonnes sur des rampes maxima de 15 millimètres.

388. Locomotives pour tramways. — La question de l'exploitation des petits chemins de fer nous amène à parler de celle des tramways (1).

En rase campagne ou sur l'accotement des routes, le tramway se confond, pour ainsi dire, avec le petit chemin de fer. Mais, dans les villes, il en est autrement, et des convenances fort impérieuses viennent compliquer le problème.

Offrir une sécurité complète ; — ne produire ni bruit, ni fumée ; pouvoir s'arrêter très promptement ; — passer dans les courbes les plus raides, et enfin être aussi économique que les chevaux, telles sont les conditions essentielles qu'un pareil moteur doit remplir. Si elles sont satisfaites, le moteur mécanique présentera de sérieux avantages.

Sans augmentation notable de dépenses, il peut traîner des charges bien plus fortes qu'une paire de chevaux ; très élastique comme puissance, il aborde sans ralentissement notable, des rampes qui exigeraient l'adjonc-

(1) Voir les Conférences faites à l'Ecole des Ponts et Chaussées sur les tramways par M. Saint-Yves (1878).

tion de chevaux de renfort : il ne consomme que lorsqu'il travaille, ce qui permet, sans grands frais, d'utiliser les jours de grande affluence du matériel tenu en réserve ou en réparation ; enfin, il peut marcher vite dans les parties du trajet dégagées d'obstacles.

Il est donc à prévoir que la traction mécanique ne tardera guère à s'établir sur la plupart des lignes de tramways ; mais jusqu'ici, on en est resté à la période des tâtonnements.

Comme principe, les machines de tramways ne diffèrent pas des locomotives ; un moteur met en mouvement des roues suffisamment chargées, et la rotation de ces roues détermine, par adhérence sur les rails, la progression de l'appareil. La machine motrice peut être placée sur la voiture même qu'il s'agit de faire mouvoir et actionner l'un des essieux de cette voiture ; elle peut aussi être portée par un véhicule indépendant, qui s'attelle à la voiture à remorquer. Les deux systèmes ont leurs avantages et leurs inconvénients, et l'un ou l'autre doit être préféré, suivant le cas.

Quant à la machine motrice en elle-même, les expériences ont porté, jusqu'à ce jour, sur trois systèmes principaux :

La machine à vapeur ordinaire ;

La machine à vapeur sans foyer, système Lamm ;

La machine à air comprimé, système Mékarski.

Nous dirons quelques mots de ces trois systèmes.

389. Locomotives à vapeur pour tramways. — Nous prendrons, comme exemple de locomotives pour tramways, celles qui ont fait la traction, pendant plusieurs mois, à Paris, sur la ligne de la gare Montparnasse à la Bastille. Elles étaient du système Harding et construites par Merryweather. Chaudière tubulaire, deux essieux accouplés, chauffage au coke. L'échappement se faisait par un tuyau couvert d'une enveloppe réfractaire, traversant le foyer et la chaudière avant d'arriver à la cheminée, afin de réduire le panache de vapeur. En outre, des réservoirs étaient disposés sur le trajet de la vapeur d'échappement, de manière à atténuer le bruit, qui était peu sensible.

Tout l'appareil était enfermé dans une cabine vitrée, dont les parois se prolongeaient vers le bas jusqu'à raser le rail, afin d'écarter les obstacles accidentels ; vers le milieu de la cabine étaient les leviers du changement de marche et de la prise de vapeur ; la machine marchait indifféremment en avant ou en arrière.

La durée du parcours était sensiblement moindre qu'avec des chevaux, parce que, sur les parties peu encombrées du boulevard Montparnasse, on marchait assez vite, et qu'on ne ralentissait pas sensiblement pour gravir les rampes de la ligne. Les arrêts étaient très prompts, le panache de vapeur et le bruit assez faibles pour n'être pas incommodes. Le service s'est fait sans plus d'accidents qu'avec les chevaux.

Voici les dimensions de l'une de ces locomotives :

Surface de grille . . . . $0^{m2}34$

Surface de chauffe :

    Foyer . . . . $2^{m2}17$

    Tubes . . . . $9^{m2}03$

          Total. . . . . $11^{m2}20$ $11^{m2}20$

Timbre de la chaudière . . . .   8 k.

Cylindres :

    Diamètre . . . . 0^m15

    Course des pistons. . . . . 0^m23

Roues :

    Diamètre . . . . 0^m62

Poids en service . . . .   4760 k.

Ces machines coûtaient fort cher d'entretien ; après quelques mois de service, elles ont été retirées de la circulation, faute d'une entente entre la Compagnie des tramways et l'entreprise de la traction.

390. Locomotive sans foyer. — Nous avons vu que, dans une chaudière, le réservoir d'eau doit être considéré comme un magasin de puissance qui peut fournir des quantités de travail fort grandes, s'il contient beaucoup d'eau à une température élevée.

C'est sur ce principe qu'est fondée la locomotive sans foyer imaginée par le docteur Lamm et mise en service par lui, en 1873, sur les tramways de la Nouvelle-Orléans (1).

C'est une petite locomotive dont la chaudière est composée simplement d'un corps cylindrique assez volumineux, très solide, et bien enveloppé de matières non conductrices de la chaleur. L'eau de cette chaudière, étant mise en relation avec la vapeur d'une chaudière fixe, condense cette vapeur et s'échauffe jusqu'à ce qu'il y ait équilibre de température et de pression. La locomotive est alors chargée. On la sépare de la chaudière fixe, et elle peut fournir ainsi un trajet de plusieurs kilomètres.

La quantité de vapeur que peut produire l'eau ainsi surchauffée est facile à calculer :

Prenons 1 k. d'eau à la température absolue T_1 ; quel poids x de vapeur aura-t-il donné, si on laisse le fluide se détendre sans lui fournir de chaleur (adiabatiquement) jusqu'à ce que sa température absolue soit devenue T ?

Les formules de la théorie mécanique de la chaleur donnent immédiatement la solution du problème : on aura, en effet (§ 81) :

---

(1) Voir : *Annales des Ponts et Chaussées*, 1878, 2e semestre, p. 261, une étude intéressante de M. Lavoinne.

$$\frac{x_1 r_1}{T_1} - \frac{xr}{T} + \int_T^{T_1} \frac{cdT}{T} = 0$$

x_1, x proportions de vapeur dans le mélange de vapeur et d'eau ;

r_1, r chaleurs de vaporisation ;

  c chaleur spécifique de l'eau.

Remarquons que $x_1 = 0$, puisque nous sommes parti d'un kilogramme d'eau chaude, sans mélange de vapeur ;

D'autre part, c est sensiblement constant et égal à 1.

On peut donc écrire :

$$\int_T^{T_1} \frac{cdT}{T} = \log.\ \text{nep.}\ \frac{T_1}{T}\ ;$$

l'équation devient ainsi :

$$\frac{xr}{T} = \log.\ \text{nep.}\ \frac{T_1}{T}$$

$$x = \frac{T}{r} \log.\ \text{nep.}\ \frac{T_1}{T}$$

Prenons, par exemple :

$t_1 = 200°$ (pression effective 15 k.), d'où $T_1 = 273 + t_1 = 473°$;

$t = 140°$ (—   2 k.75), d'où $T = 273 + t = 413°$;

Il vient :

$$r = 466$$

$$\log.\ \text{nep.} = \frac{T_1}{T} = 0{,}136$$

$$x = 0\ \text{k.}\ 12.$$

Chaque kilogramme d'eau chaude fournira donc 0 k. 12 de vapeur, en passant de 200° à 140° ; un réservoir de 1000 kilogrammes d'eau donnerait ainsi 120 kilogrammes de vapeur. Si la puissance développée est de 5 che-vaux, et que chaque cheval-vapeur consomme, par heure (sans condensa-tion) 15 kilogrammes de vapeur, les 1000 kilogrammes d'eau pourront ali-menter la machine pendant

$$\frac{120}{5 \times 15} = 1^h40'$$

M. L. Francq a perfectionné les machines sans foyer du Dr Lamm en y ajoutant divers organes parmi lesquels il faut noter le *détendeur* et le con-denseur.

Le détendeur est un orifice étroit placé sur le trajet de la vapeur, de telle sorte qu'elle n'arrive aux cylindres qu'avec une pression modérée ; la chute de pression ainsi produite n'est pas très fâcheuse, au point de vue de l'effet utile de la vapeur, tant que la pression est suffisamment élevée dans le ré-servoir.

L'orifice d'écoulement est ouvert par la très faible levée d'une soupape équilibrée ; cette soupape est manœuvrée par un piston recevant, sur une face, l'action de la vapeur qui a franchi l'étranglement, et sur l'autre face, la pression d'un ressort qu'on peut tendre à volonté ; la pression dans la conduite d'amenée aux cylindres est donc constante et déterminée par la tension du ressort.

Le condenseur se compose d'une série de tubes, refroidis intérieurement par un courant d'air, et placés dans un récipient où se rend la vapeur d'échappement. Cette vapeur se condense en grande partie ; l'excédent, formant un léger nuage, est évacué sans bruit dans l'atmosphère.

Des machines de ce système font le service des tramways de Rueil à Marly. La chaudière contient 1700 kilogrammes d'eau chaude et est timbrée à 15 kilogrammes. Les roues ont 0 m. 75 de diamètre ; l'empattement est de 1 m. 30, ce qui, grâce à quelques artifices, permet de passer dans des courbes de 15 mètres de rayon. Les pistons ont 0 m. 23 de diamètre et 0 m. 25 de course.

Entre Rueil et Port-Marly, ces machines traînent jusqu'à quatre voitures de tramways portant près de 200 voyageurs. Elles remorquent encore deux voitures sur la pente très raide de Port-Marly à Marly-le-Roy.

391. Locomotives à air comprimé. — La traction par l'air comprimé, système Mekarski, a été appliquée sur les tramways, principalement sous forme de voitures automobiles (1).

Sous la voiture qui porte les voyageurs sont fixés des réservoirs en tôle d'acier contenant de l'air comprimé à 25 ou 30 kilog. On remplit ces cylindres en les mettant en rapport avec de grands réservoirs fixes d'air comprimé, répartis le long du tracé et alimentés par des pompes à vapeur.

La voiture porte, en outre, des cylindres moteurs agissant sur l'un des essieux par bielles et manivelles et actionnés par l'air comprimé emmagasiné dans les réservoirs.

Si l'air comprimé était délivré directement par les réservoirs aux cylindres moteurs, le refroidissement résultant de cette énorme détente serait tel, que tout l'appareil serait promptement congelé (Voir table III, § 85). M. Mekarski évite cet inconvénient en interposant, sur le trajet de l'air, une *bouillotte* ou petite chaudière sans foyer bien enveloppée et renfermant de l'eau chauffée à 170° ; l'air traverse cette eau chaude sous forme de bulles et se réchauffe au contact ; puis il arrive à un *détendeur* analogue, comme principe, à celui de M. Francq, avant d'être admis aux cylindres moteurs.

Une voiture automobile, avec 2000 litres de réservoir, suffisant pour

(1) *Bulletin de la Société d'encouragement*, novembre 1878. Rapport de M. Collignon. *Comptes rendus de la Société des Ingénieurs civils*. Années 1876 et 1877.

un parcours de 8 à 10 kilomètres, pèse, à charge complète, environ 10.000 kilog.

Dans les essais faits avec ces voitures, l'appareil s'est montré puissant et docile. Des expériences spéciales, faites sur les réservoirs en tôle d'acier, ont prouvé qu'ils ne présentent aucun danger comme résistance.

Le grand avantage du système Mekarski est évidemment de ne donner ni bruit, ni fumée. Quant aux avantages économiques, en est encore réduit aux conjectures.

392. Systèmes de traction sur les rampes exceptionnelles. — Sur les chemins de fer ordinaires, la simple adhérence due au poids du moteur suffit pour faire le service, même sur des rampes allant à 35 mm. ou un peu au delà.

Mais il peut être d'un intérêt très considérable d'aborder des rampes sur lesquelles la locomotive, agissant par adhérence, deviendrait impuissante. Il faut alors recourir à d'autres systèmes. Nous allons décrire sommairement ceux qui semblent avoir donné les meilleurs résultats, en les divisant en deux catégories (1).

1° *Systèmes dans lesquels l'appareil moteur est mobile et se transporte avec le train* ; c'est généralement la vapeur qui fournit le travail. Ce qui différencie ces divers systèmes, ce sont surtout les moyens employés pour fournir au moteur un point d'appui pour progresser ; nous décrirons seulement le système Fell et celui du Rigi ;

2° *Systèmes dans lesquels le moteur est fixe et communique le mouvement au convoi par l'intermédiaire d'une transmission.*

Exemples :

Plans inclinés funiculaires ;

Systèmes divers.

393. Système Fell. — En 1863, à l'époque où les travaux du grand souterrain du Mont-Cenis étaient encore peu avancés, où il était même difficile de prévoir exactement l'époque de leur achèvement, un ingénieur anglais, M. Fell, s'inspirant, sur une base plus sérieuse, des idées émises avant lui par divers inventeurs, expérimenta, près de Manchester, un système de construction et d'exploitation permettant d'aborder avec sécurité des inclinaisons et des courbes extrêmement raides.

En attendant que les travaux du grand souterrain et de ses abords fussent terminés, M. Fell installa, sur l'accotement de la route qui franchit le col du Mont-Cenis, un chemin de fer qui fut construit et exploité d'après son système.

Le problème était redoutable : les pentes s'élevaient à 83 millimètres et n'étaient pas, en moyenne, inférieures à 77 millimètres. Le tracé franchis-

---

(1) Voir une étude complète à ce sujet dans l'ouvrage de M. Couche.

sait une altitude de plus de 2000 mètres ; les rayons de courbure descendaient à 40 mètres. La voie, sur la plus grande partie de son parcours, était établie au bord de précipices profonds, et le moindre accident fût devenu une catastrophe.

Voici comment le problème fut résolu.

La voie Fell se compose de deux rails ordinaires, distants de 1 m. 10 et, sur l'axe de la voie, d'un troisième rail à double champignon, posé à plat, élevé de 0 m. 27 au-dessus des rails latéraux, et porté par de fortes consoles solidement établies.

Chaque véhicule, en outre des roues ordinaires, porte deux paires de galets verticaux qui embrassent le rail central et s'opposent d'une façon absolue au déraillement. Des dispositifs spéciaux déterminent la convergence des essieux au passage des courbes.

En outre du frein ordinaire, agissant sur les roues porteuses, chaque voiture porte un frein spécial, composé d'une paire de mâchoires que le garde-frein peut serrer énergiquement sur le rail central.

La locomotive est portée sur deux essieux accouplés ; mais comme, sur des pentes pareilles, l'adhérence eût été insuffisante, elle a été munie d'organes spéciaux qui en constituent le caractère distinctif.

Deux paires de roues horizontales, mises en mouvement par l'action de la vapeur, viennent presser latéralement le rail central, la pression de ces roues peut être graduée à volonté par le mécanicien au moyen d'engrenages et de ressorts.

Tel est le mécanisme qui donne le supplément d'adhérence que l'on ne pouvait demander aux roues porteuses.

Ces roues horizontales sont commandées, au moyen d'engrenages, par deux cylindres à vapeur spéciaux, qui n'entrent en jeu qu'à la volonté du mécanicien.

La machine est munie en outre, comme tous les véhicules, d'un frein à mâchoires et de galets directeurs. Elle porte avec elle son approvisionnement.

Voici les dimensions principales d'une de ces locomotives :

Surface de grille.		1m²155
Surface de chauffe :		
du foyer	5m²87	
des tubes	78m²03	
Totale.	83m²90	83m²90
Pression à la chaudière.		10 k.
Nombre de cylindres		4
Diamètre des cylindres		0m33
Course des pistons		0m46

Diamètre des roues verticales. . . . . 0 , 85

—   — horizontales. . . . . . 0 . 50

Nombre de tours des roues horizontales pour un

tour de l'engrenage intermédiaire . . . . . 1 , 66

Poids en service. . . . . 26.000 k.

La pression sur les roues horizontales pouvait atteindre 24.000 kilog.

Cette machine traînait 30 tonnes à la vitesse de 18 kilomètres.

Le système Fell comportait de nombreux détails fort ingénieux. Il a fait, sans accident sérieux, un service qui n'était interrompu qu'assez rarement par les encombrements de neige.

En 1871, il a dû céder la place au chemin de fer direct par le souterrain du Mont-Cenis.

Le système Fell vient de recevoir une nouvelle application au Brésil, sur la ligne de Rio-de-Janeiro au district de Cantagallo. Cette expérience, comme celle du Mont-Cenis, ne peut manquer d'être fort intéressante.

394. Chemin de fer du Rigi. — L'idée d'employer une crémaillère fixe pour servir de point d'appui à une roue motrice dentée est plus ancienne que la locomotive ; elle fut abandonnée aussitôt qu'on se fût rendu compte de la valeur réelle de l'adhérence et ne reparut que lorsqu'il s'agit de franchir des rampes sortant complètement des conditions ordinaires des chemins de fer.

A la suite d'essais heureux tentés dans cette direction par des ingénieurs américains, MM. Riggenbach, Naeff et Zschokke résolurent d'établir, dans ce système, un chemin de fer pour transporter les touristes au sommet du Rigi, à 1800 m. d'altitude. Le tracé part de Vitznau, s'élève par des rampes presque continues de 0 m. 25 par mètre, avec courbes de 180 mètres, passe par Kaltbad, Staffelhöhe et arrive au Rigi-Kulm, au sommet de la montagne. La longueur est de 7 kilomètres ; la hauteur franchie de 1363 mètres. La ligne fut ouverte jusqu'à Staffelhöhe en 1871, et le succès qu'elle obtint provoqua immédiatement la création d'une nouvelle ligne, partant d'Arth, sur le lac des Quatre-Cantons, pour aboutir également au Rigi-Kulm, après un parcours de 11 kilomètres sur des rampes de 0 m. 20.

D'autres lignes, construites et exploitées dans des conditions analogues, sont actuellement exécutées ou en projet.

Au Rigi, la crémaillère est composée de deux flasques parallèles formées de fer en U, sur lesquelles sont rivées les extrémités de traverses en fer qui constituent les dents d'engrenage.

La locomotive est composée d'une chaudière qui est verticale sur les rampes de 0 m. 19 ; elle est fixée sur un châssis porté par quatre roues folles sur leurs essieux ; les pistons commandent, par manivelles à angle droit, un faux essieu qui agit par engrenages sur l'axe de la roue dentée motrice, lequel se confond avec l'essieu d'arrière.

Timbre de la chaudière. . . . .   12 atm.
Pistons :
   Course 0ᵐ 40
   Diamètre . . . .   0 , 27

Les engrenages sont tels, que l'appareil progresse de 0 m. 69 pour un tour du faux essieu.

Cette machine met en mouvement un seul wagon ; il n'y a pas d'attelage proprement dit ; la machine est toujours placée à l'aval du wagon, qui pèse simplement sur elle par l'intermédiaire des tampons.

En outre de la roue dentée motrice, l'essieu porteur de la machine et les deux essieux du wagon sont armés de roues dentées pareilles, que des freins à main très énergiques peuvent actionner.

A la descente, c'est d'ordinaire la roue motrice seule qui sert à modérer la vitesse ; à cet effet, la distribution étant renversée, on introduit, par la lumière d'échappement, de l'air frais pris en dehors, et un filet d'eau froide ; le travail de la gravité est employé à comprimer cet air, qui s'échappe ensuite par un orifice étroit dont on peut régler l'ouverture.

La machine garnie pèse. . . . .   12.500 k.
Le wagon chargé pèse . . . .   8.000 »
La vitesse, à la descente comme à la montée,
   est de . . . .   5 k.

Cette solution d'un problème difficile est certainement des plus remarquables ; elle procure, au moins au même degré que le système Fell, une grande sécurité, avec des moyens plus simples ; elle permet, bien mieux que les systèmes de traction par machines fixes, d'aborder des rampes d'une notable longueur et des tracés s'écartant beaucoup de la ligne droite.

395. Systèmes funiculaires. — Les câbles en fil de fer sont fort employés dans les mines pour faire mouvoir les wagonnets. Si, par exemple, l'orifice d'extraction du puits ou de la galerie de mine est situé à flanc de coteau, on dispose une double voie descendant en pente et, autant que possible, en ligne droite, jusqu'au fond de la vallée. Un câble en fil de fer est placé sur l'axe de chaque voie, reposant sur des galets ; ce câble, au sommet du plan incliné, s'enroule sur une poulie, dont le diamètre est égal à la distance, d'axe en axe, des deux voies. Un train chargé de minerai est attelé sur l'un des brins ; un train de wagonnets vides est attaché à l'autre brin ; une fois l'appareil en mouvement, le train chargé remonte le train vide ; un frein agit sur la poulie pour régler la vitesse.

Une disposition analogue peut être employée sur les plans inclinés des chemins de fer. Si le trafic est à peu près le même dans les deux sens, le train montant et le train descendant s'attellent au câble avec leurs locomotives, et c'est l'action de ces machines qui détermine et modère le mouvement. Si le trafic, à la remonte, est le plus important, ou si l'on ne veut pas subir la sujétion de faire toujours coïncider la remonte d'un train avec la descente d'un autre train à peu près du même poids, il faut recourir aux machines fixes.

Les plans inclinés funiculaires, assez nombreux autrefois, ont à peu près complètement disparu sur les grands chemins de fer ; la locomotive les a remplacés, même au prix de remaniements coûteux du tracé. On leur reproche, avec raison, les sujétions nombreuses qu'ils imposent, l'exploitation coûteuse, l'usure rapide des câbles, etc.

Néanmoins, ils peuvent rendre d'utiles services, lorsqu'il s'agit de lignes de faible longueur, dont les points extrêmes sont à des niveaux très différents ; on les emploie, dans plusieurs villes, pour desservir des quartiers placés sur la hauteur et difficilement accessibles.

Le plan funiculaire de la *Croix-Rousse*, à Lyon, dessert des communications très actives entre le quartier des Terreaux, qui est le centre des affaires, et le quartier très populeux de la Croix-Rousse, où habitent les ouvriers tisseurs. La différence de niveau, de près de 80^{m}00, est rachetée par une rampe de 0^{m}16 sur 490^{m}00.

Le tracé est rectiligne.

Les trains se composent de deux wagons et pèsent, en tout, 30.000 k. environ. Le train descendant fait plus ou moins équilibre au train montant, et le mouvement est donné par une machine à vapeur fixe.

Sur toute la longueur, le câble, en fil de fer, est supporté par des galets de roulement.

Au sommet du plan, les deux brins du câble sont renvoyés par des poulies horizontales, sur un grand tambour de 4^{m}50 de diamètre, sur lequel le câble fait plusieurs tours, de manière à produire une forte adhérence. Ce tambour est mû directement par une paire de machines à vapeur conjuguées, à renversement de marche ; il est actionné par un frein énergique.

Des dispositions fort remarquables ont été imaginées pour prévenir les conséquences terribles qu'entraînerait la rupture du câble. Les freins, appliqués à toutes les voitures, sont de deux espèces : un frein à ruban, enveloppant une circonférence qui fait corps avec la roue, et un frein à mâchoires, qui saisit fortement le rail. Ces freins peuvent, l'un et l'autre, être serrés à la main, mais leur manœuvre devient automatique, en cas de rupture du câble : le câble étant rompu, l'effort de traction qu'il exerce sur le ressort d'attelage cesse brusquement ; celui-ci se détend, et ce mouvement déclenche les appareils d'enrayage automatique. Pour le frein à ruban, c'est un simple poids qui vient donner au ruban la tension voulue ; pour le frein à mâchoires, c'est un galet à gorge qui tombe sur le rail, et dont la rotation détermine le serrage énergique des mâchoires, jusqu'à arrêt complet.

L'exploitation s'est faite jusqu'ici sans accident ; disons que cette sécurité est due surtout aux soins particuliers que l'on apporte à l'entretien, au renouvellement et aux essais périodiques du câble, qui ne s'est jamais rompu en service.

396. Systèmes divers. — *Chemin de fer atmosphérique.* — Ainsi que nous l'avons vu (§ 370), sur le chemin de fer de Paris à St-Germain, la rampe de 35 mm. qui termine le tracé, a été longtemps exploitée par le système atmosphérique. Un large tube, placé sur l'axe de la voie, était parcouru par un piston attelé au train ; ce piston se mouvait par l'effet du vide produit par des pompes pneumatiques placées en haut de la rampe et actionnées par des machines à vapeur. Une des difficultés que l'on rencontra dans cette installation, fut la liaison du train avec le piston mobile. Voici comment elle fut surmontée :

Sur l'arète supérieure du tube règne une fente longitudinale continue, fermée par une longue soupape en cuir gras, doublé de tôle ; le wagon de tête du train porte une pièce de fer plate et mince, qui passe à travers cette rainure et soulève partiellement la soupape, au fur et à mesure de la progression du convoi ; cette pièce s'assemble au milieu d'une tige de fer assez longue, disposée suivant l'axe du tube, laquelle porte à une extrémité le piston, et à l'autre des contrepoids qui lui font équilibre ; le piston se trouve ainsi bien en avant de la partie de la soupape qui est soulevée.

Nous ne décrirons pas les détails ingénieux de cette installation, qui a disparu depuis plusieurs années. Les fuites étaient fort importantes, et l'effet utile des machines très faible.

Système Agudio. — On a fait en Italie, des expériences fort intéressantes sur un système curieux imaginé par M. Agudio. La puissance motrice est fournie par des machines fixes, à vapeur ou hydrauliques, et transmise, au moyen de câbles télédynamiques, à des poulies portées par un chariot mobile, qui utilise cette puissance pour se louer sur une crémaillère fixe. Les câbles de transmission en fil de fer marchent à grande vitesse ; ils peuvent donc transmettre de grandes puissances même sous une assez faible tension et, par conséquent, un petit diamètre. L'idée est ingénieuse, et les détails de cette expérience fort intéressants.

Système Girard. — Un hydraulicien distingué, M. Girard, a fait des expériences en petit sur un système, appelé *Chemin de fer glissant*, qu'il avait imaginé : les véhicules sont des traîneaux glissant sur de larges rails par des patins en métal ; le frottement est presque annulé par l'interposition d'une couche d'eau très mince ; cette eau est injectée sous forte pression, au contre des patins, qui sont creusés de cannelures concentriques destinées à réduire la dépense de liquide.

397. Observations générales. — On a proposé un grand nombre d'autres systèmes que nous ne saurions décrire ; comme ceux que nous venons de passer en revue, ils ne sont évidemment applicables que dans des circonstances tout à fait particulières. Sur une voie ferrée d'une certaine étendue, ou reliée au réseau général des chemins de fer, s'il se rencontre une chaine de montagnes à franchir, il y aura presque toujours intérêt, même au prix de dépenses importantes, à ne pas sacrifier, pour un parcours de peu de longueur, l'unité dans les méthodes d'exploitation, ce qui conduira et a conduit presque partout à donner au tracé un développement suffisant, des inclinaisons assez douces pour ouvrir l'accès à la locomotive.

Néanmoins, dans certains cas, les solutions que nous avons indiquées présentent un intérêt sérieux : elles permettent d'atteindre des points réellement inaccessibles aux locomotives. Presque toutes ont leurs avantages et leurs inconvénients spéciaux.

Les plans funiculaires sont simples et sûrs de construction et d'exploitation ; mais, de même que tous les systèmes fondés sur la transmission de la puissance motrice développée par des moteurs fixes, ils cessent bien vite d'être avantageux pour peu que la distance à parcourir soit un peu longue ; leur tracé, en plan, est nécessairement fort rigide et ne comporte guère que des alignements droits raccordés par des courbes en petit nombre.

Les systèmes dans lesquels le moteur se transporte avec le convoi qu'il remorque sont bien plus élastiques ; ils se prêtent à des parcours assez prolongés et aux inflexions que les obstacles naturels imposent au tracé. La locomotive Fell pourrait difficilement aborder les fortes rampes que gravit aisément la locomotive à crémaillère ; les succès qu'a déjà obtenus ce dernier moteur semble lui avoir ouvert une carrière assez étendue.

Quoique, le plus souvent, dans les exploitations de cette nature, la dépense de combustible soit un assez petit accessoire, on peut remarquer que l'eau chaude ou l'air comprimé permettent d'emmagasiner, sous un faible poids, des réserves de puissance importantes et qu'il ne serait pas bien difficile, comme cela a été fait sur une échelle immense pour le percement des souterrains du Mont-Cenis et du St-Gothard, d'utiliser à cet effet les chutes d'eau si fréquentes dans les montagnes. Peut-être même pourrait-on parvenir à tirer parti, dans ce but, du travail même de la gravité à la descente. Le système ainsi constitué représenterait alors une véritable balance dans laquelle, sauf les pertes et résistances passives inévitables, le travail final à dépenser se réduirait à élever l'excédent des charges montantes sur les charges descendantes.

CHAPITRE XVII

MACHINES A VAPEUR APPLIQUÉES A LA NAVIGATION[1]

398. Généralités. — Intérêt considérable que présente l'étude des machines de navigation.

1° Au point de vue professionnel, les ingénieurs de l'État ayant à surveiller des bateaux à vapeur et à s'occuper des questions de navigation, de touage et de remorquage;

2° A un point de vue plus général : conditions très étroites entre lesquelles se trouve resserrée la construction des machines marines; eau salée; faible consommation; faible poids; emplacements limités; solutions inattendues qui ont jailli de ces nécessités mêmes, influence de ces solutions nouvelles sur l'art de la construction mécanique et les idées théoriques antérieures.

399. Déplacement et répartition des poids. — Un navire flottant sur une eau tranquille déplace, en vertu du principe d'Archimède, un poids d'eau égal à son propre poids.

Le *déplacement* est le volume immergé de la carène, multiplié par le poids spécifique de l'eau de mer (1.026 en moyenne).

Le déplacement se décompose en deux parties :

1° Le *poids de la coque*, comprenant la coque elle-même et tous les objets qui lui sont indissolublement attachés pour assurer la solidité ou le service : membrures, ponts, aménagements intérieurs, boiseries, etc.,

2° L'*exposant de charge*, comprenant tous les objets amovibles : machines, mâture, cuirasse, gréement, chargement, artillerie, approvisionnements, équipages, etc.

Dans les navires en bois, le poids de coque est en général de 45 à 500/0

(1) Ouvrages à consulter :
de Fréminville, *Cours professé à l'École du Génie maritime* (1861)
Ledieu,   *Appareils à vapeur de navigation.* Dunod (1866)
——   *Nouvelles machines marines.* Dunod (le 1er volume seul a paru jusqu'ici).
Dislère,   *La marine cuirassée.* Gauthier-Villars (1873)
——   *Les Croiseurs*   —   (1875)
——   *La guerre d'escadre*   —   (1876)
Mallet,   *Les nouvelles machines à vapeur marines.* Arthus-Bertrand (1878).
Audenet,   *Brochures diverses sur les machines et chaudières marines.* Arthus-Bertrand.
         Revue maritime et coloniale (passim).
         Mémorial du Génie maritime (passim).

du déplacement ; cette proportion est d'ordinaire plus faible pour les navires en fer.

L'établissement du *devis des poids*, c'est-à-dire la répartition des poids dont l'ensemble compose le déplacement, est un des problèmes les plus importants et les plus difficiles que le constructeur ait à résoudre. Nous aurons à y revenir.

400. Stabilité. — La *stabilité* d'un navire est la tendance qu'il a à se relever lorsque, pour une cause quelconque, il a été écarté de sa position d'équilibre.

Un cylindre en bois, par exemple, flotte horizontalement en équilibre, en roulant indifféremment autour de son axe de figure ; mais si l'on suppose qu'on ait ajouté sur l'une de ses arêtes un certain poids et enlevé sur l'arête opposée une quantité de matière équivalente, il est clair que le déplacement sera le même, mais que l'équilibre deviendra stable, correspondant à une position telle que le centre de gravité du système se trouve sur la verticale du centre de gravité du volume d'eau déplacé : la stabilité sera d'autant plus grande que le poids excentré sera plus fort. Un raisonnement analogue peut être appliqué à un corps flottant quelconque.

Comme on le voit par l'exemple ci-dessus, pour qu'un navire soit stable, il n'est pas nécessaire que le centre de gravité de la carène soit au-dessous de celui du volume d'eau déplacé ni même au-dessous du niveau de l'eau ; mais l'abaissement du centre de gravité a toujours pour effet d'augmenter la stabilité (1).

401. Résistance au mouvement. — On admet que la résistance opposée par l'eau au mouvement d'un navire est proportionnelle :

A la surface immergée du maître-couple, c'est-à-dire de la plus grande section transversale de la carène : B (en mètres carrés) ;

Au carré de la vitesse V (en mètres par seconde) (2).

D'où la valeur de la résistance (en kilogrammes) :

$$R = A B V^2$$

A. Coefficient dit de *résistance*.

Ce coefficient est d'autant plus faible que le navire est plus fin de formes et mieux taillé.

Les anciens navires à voiles avaient un coefficient de résistance de 10 à

---

(1) Cet abaissement a donc pour résultat de raccourcir la durée des oscillations du navire autour de la verticale ; s'il en résulte que ces oscillations deviennent isochrones avec celles des vagues, le navire, quoique très stable, roulera très fortement ; il y a donc, dans certains cas, avantage à réduire la stabilité théorique, et à relever le centre de gravité.

(2) Souvent, on exprime les vitesses des navires en *nœuds marins* et on les obtient directement au moyen du *loch* ; un nœud représente une vitesse de 0 m. 5144 par seconde, ou de 15 m. 43 par 30" (durée du sablier qui accompagne le loch) ou enfin de 1852 m. à l'heure.

15^k; sur les navires fins et rapides, on arrive à abaisser le coefficient A à 5^k, 4^k et même au-dessous.

Les navires allongés, en dehors de leurs autres avantages comme vitesse, peuvent évidemment · recevoir des formes beaucoup plus fines que les navires courts.

Le *travail à développer* par seconde pour imprimer au navire une vitesse V contre une résistance R est évidemment

$$R V \text{ ou } A B V^3$$

Tel est le travail absolu ; mais le travail *indiqué* à développer par la machine comprendra, en plus, toutes les résistances dues au fonctionnement imparfait du propulseur ou aux frottements du mécanisme ; il aura donc pour valeur :

$$A' B V^3$$

A' étant $>$ A, et la puissance F de la machine en chevaux indiqués sera :

$$\frac{A' B V^3}{75}$$

ou

$$F = C B V^3$$

C coefficient dépendant des formes de la carène, du rendement du propulseur et du rendement organique de la machine.

402. Déformation de la coque. — La coque des navires est exposée à des déformations résultant du relâchement des assemblages et de l'élasticité de la matière ; ces déformations, parfois considérables sur les navires en bois, sont encore notables sur ceux en fer ; les extrémités, dont le déplacement est moindre pour un même poids, s'affaissent, et le navire prend de l'arc ; les parties latérales fléchissent également. Il est indispensable que les arbres, quelquefois fort longs, qui communiquent le mouvement au propulseur, puissent se prêter à ces mouvements et soient formés de tronçons convenablement articulés (181, fig. 123-124, et 414).

403. Facultés giratoires. — Sous l'action de son gouvernail, le navire se dévie de sa route avec une docilité plus ou moins grande ; les *facultés giratoires* ont une haute importance ; pour les navires de guerre, combattant par l'éperon ou par l'abordage, la promptitude d'évolution est aussi essentielle que la promptitude de la main dans un combat à l'épée ; pour tous les navires, cette qualité seule permet d'échapper au danger de ces abordages terribles, où les bâtiments se perdent corps et biens, et qui deviennent chaque jour plus fréquents, au fur et à mesure que les navires deviennent plus longs, plus lourds et plus rapides.

404. Bateaux de rivière. — Les indications générales qui précèdent s'appliquent également aux bateaux à vapeur circulant sur les rivières et les canaux ; mais, ici, les circonstances de la navigation sont souvent fort différentes.

Sur les rivières, le tirant d'eau est parfois très limité ; d'autre part, on a peu à craindre la *dérive* ou entraînement résultant de l'action d'un vent latéral ; enfin l'action des vagues n'est guère à redouter.

Par conséquent, la coque est en général, légère, très longue par rapport à sa largeur ; elle ne comporte pas de quille, et les formes du maître couple sont presque carrées ; par suite, malgré la grande longueur, la résistance au mouvement est assez forte.

Souvent les dimensions, en hauteur et en largeur, sont limitées par les ponts ou même les écluses. Le bateau doit être assez court pour pouvoir se retourner bout pour bout.

D'autres exigences viennent parfois s'imposer : nécessité de ne pas trop agiter l'eau ; de ne point corroder le fond et les rives, d'aborder et de repartir promptement, dans le cas de stations multipliées, etc. Dans les cours d'eau à courant rapide, la coque doit être fine, longue, le moteur puissant et la vitesse assez grande à la remonte, sans quoi le travail serait en grande partie dépensé stérilement à faire tourner le propulseur sur place et sans avancer.

405. Poids des machines marines. — Les machines marines absorbent souvent une part considérable de l'exposant de charge, tant par le poids du moteur et des chaudières que par celui de l'approvisionnement de combustible.

En principe, les appareils marins se font aussi légers que possible : machines rapides, chaudières tubulaires ou Belleville. Mais cette question importante doit être examinée de plus près.

Soient :

P', P'', P''' les poids de la machine, des générateurs et de l'approvisionnement ;

P, le poids total de l'appareil moteur $= P' + P'' + P'''$;

V, la vitesse ;

L, la longueur de la traversée ;

F, la puissance du moteur en chevaux indiqués ;

p, le poids de combustible consommé par unité de temps et par cheval indiqué ;

a et b, les poids de la machine et des générateurs par cheval indiqué.

On aura :

$$P' = a F \text{ ou } P' = a C B V^3$$
$$P'' = b F \text{ ou } P'' = b C B V^3$$

La durée de la traversée sera $\frac{L}{V}$.

L'approvisionnement de combustible, au départ, devra donc être :

$$P''' = p F \frac{L}{V} \text{ ou } P''' = p C B V^3 \cdot \frac{L}{V}$$

Poids total :

$$P = C\ B\ V^3\ (a + b + p\ \frac{L}{V}).$$

. Différents cas à distinguer :

1° *La vitesse n'est pas imposée :*

Si la vitesse est faible, le poids P décroît rapidement. Exemple : Bâtiments de commerce mixtes, à voiles et à vapeur, où l'on ne met l'appareil
en mouvement que par calme, par vent contraire ou pour manœuvre à l'approche des ports ;

2° *Une grande vitesse est exigée.* Ex. : Navires de guerre, Transatlan-
tiques.

Pour les longues traversées $p\ \dfrac{L}{V}$ est prépondérant ; donc machines et
chaudières très économiques comme consommation.

.Pour les voyages de peu de durée, il faut réduire a et b, mais surtout b,
l'économie de poids obtenue par une machine médiocre entraînant une augmentation de poids sur la chaudière.

On a obtenu un grand accroissement de chargement disponible en cou-
pant des navires en deux et les allongeant par le milieu, ce qui augmente
beaucoup le déplacement sans changer notablement la résistance.

Cet allongement a été pratiqué sur un grand nombre de navires rapides
et a presque toujours donné d'excellents résultats. Cependant il y a des limites à cette amélioration : si l'allongement est poussé trop loin, la solidité
de la coque est diminuée ainsi que la puissance du gouvernail ; enfin, le
navire ne trouve plus que dans un petit nombre de ports des bassins de
dimensions suffisantes.

La résistance de l'eau est proportionnelle à la surface du maître-couple,
c'est-à-dire, pour des navires semblables, au carré des dimensions homologues. Il en est donc de même de la puissance et du poids du moteur dans
les mêmes conditions de vitesse, de rendement, etc... D'autre part, le déplacement, le poids de coque, et, par conséquent, l'exposant de charge,
sont à peu près proportionnels au volume du navire, c'est-à-dire au cube
des dimensions homologues.

Il en résulte que le chargement disponible par tonne de déplacement,
pour une vitesse donnée, croît avec les dimensions du navire. Un navire
de faible échantillon serait dans l'impossibilité, même sans chargement
utile, de faire une traversée un peu longue, qu'un bâtiment plus fort exé-
cutera avec une cargaison importante, dans les mêmes conditions de vitesse.

C'est ainsi que l'on a été conduit, pour les paquebots à grande vitesse
aussi bien que pour les navires de guerre fortement armés ou cuirassés, à
augmenter d'année en année toutes les dimensions.

406. Le Great-Eastern. — Le Great-Eastern a été la conséquence de ces considérations, conséquence logique, mais singulièrement outrée.

Cet immense bâtiment, construit en 1857, sur les plans de Brunel, devait, dans les idées de son auteur, porter 5000 tonnes de fret et 4000 passagers.

La coque en fer, a été construite par Scott-Russell ; elle porte 7 mâts ; en voici les dimensions principales

Longueur	210^{m}60
Largeur	25, 30
Largeur hors tambours	36, 65
Tirant d'eau à pleine charge	9, 15
Surface immergée du maître-couple à pleine charge . . .	210 m²
Déplacement à pleine charge	28500 T^s.

L'appareil propulseur se compose d'une paire de roues à aubes et d'une hélice.

Roues		**Hélice.**	
Diamètre	17^{m}00	Diamètre.	7^{m}30
Longueur des aubes .	3, 97	N. d'ailes	4
Largeur des aubes . .	0, 92	N. de tours par 1'	50
Nombre d'aubes . . .	30		
N. de tours par 1'. . .	14		

Les machines qui mettent ces propulseurs en mouvement ont les dimensions suivantes :

	Machine à roues	Machine à hélice
Constructeur.	Scott-Russell	Watt
Système	Oscillante à 45°	Horiz. connex. dir^{te}
Puissance indiquée, environ . . .	5000 Ch^x	6.200 Ch^x
Nombre de cylindres	4	4
Diamètre des cylindres.	1^{m}88	2^{m}13
Course des pistons	4. 27	1. 22
Nombre de tours par 1'	14	50
Pression (absolue) aux chaudières. .	2^{at}75	2^{at}75
Nombre de corps de chaudières . .	8	12
Nombre de foyers	40	72
Surface de chauffe totale. . . .	1784^{m2}	2727^{m2}

La vitesse atteignait 14 n. 1/2.

La construction de cet immense navire était fort soignée.

Le résultat fut un échec financier. Jamais on ne put faire la traversée avec chargement complet : le tirant d'eau, à charge complète, était trop fort pour les bassins ordinaires ; le bâtiment se tenait en rade ; il fallait lui amener, au moyen de petites embarcations, un fret difficile à réunir en aussi grandes masses ; de là, temps perdus énormes.

On peut dire que ce bâtiment était en avance sur son époque ; qu'il répondait à une intensité de trafic et à des installations de bassins et des moyens de chargement qui n'existaient pas encore ; ce n'est que par étapes successives qu'on arrivera utilement à des navires de pareil échantillon.

Le Great-Eastern a servi à la pose de plusieurs câbles télégraphiques à travers l'Océan, opérations qu'il eût été peut-être difficile d'exécuter avec des navires de moindre déplacement.

407. Progrès réalisés dans la construction des machines marines. — La première machine à vapeur installée en France, sur un navire de guerre, fut celle du *Sphinx*, livrée par Fawcett, constructeur à Liverpool (1829) :

Puissance nominale. . . . . 160 ch.
Nombre de tours par minute 21
Poids par cheval :
  Machines et propulseur. . . . . . . 613 k.
  Chaudières et accessoires . . . . . . 391 »
                                          _____
            Total . . . . 1.004 »   1.004 k.
Poids total de l'appareil moteur . . . . 160.000 k.

Cette machine était à balanciers latéraux (108, fig. 156) commandant une paire de roues à aubes ; les chaudières à basse pression, étaient à galeries (269ª) ; le *Sphinx*, aviso de 42 mètres sur 6 m. 70 de large, atteignait, sous l'impulsion de ce moteur, des vitesses de plus de 9 nœuds ; la consommation était d'environ 4 k. par heure et force de cheval.

Depuis cette époque, d'importants progrès ont été successivement réalisés ; toutes les parties de la construction ont été simplifiées et allégées ; la substitution de l'hélice aux roues à palettes a conduit à imprimer aux machines une grande vitesse de rotation ; on a remplacé les chaudières à galeries par des chaudières tubulaires (269, fig. 189).

C'est ainsi que, vers 1860, on était arrivé à construire des appareils ne pesant guère, par cheval indiqué, que 350 kilogrammes, répartis à peu près également entre la machine et le générateur, consommant 2 kilogs de charbon et donnant une vitesse de 12 à 13 nœuds.

La détente Compound, la condensation par surface et l'usage des hautes pressions qui en est la conséquence, ont marqué une nouvelle étape. Aujourd'hui, les grands appareils marins ne pèsent guère que 190 à 200 kil. et consomment, aux essais, moins d'un kilogramme par cheval indiqué. Au prix d'une consommation un peu plus forte, les moteurs pour petites embarcations arrivent à des poids bien moindres.

Il est à croire que l'emploi de pressions encore plus élevées permettra de gagner notablement sur le poids des appareils et sur leur consommation.

406. Roues à palettes. — Les propulseurs ordinaires sont les roues à palettes et l'hélice.

La *roue à palettes*, à *pales* ou à *aubes* se compose d'un certain nombre d'aubes *a a*... (fig. 263) ou madriers solidement fixés sur les rayons d'une

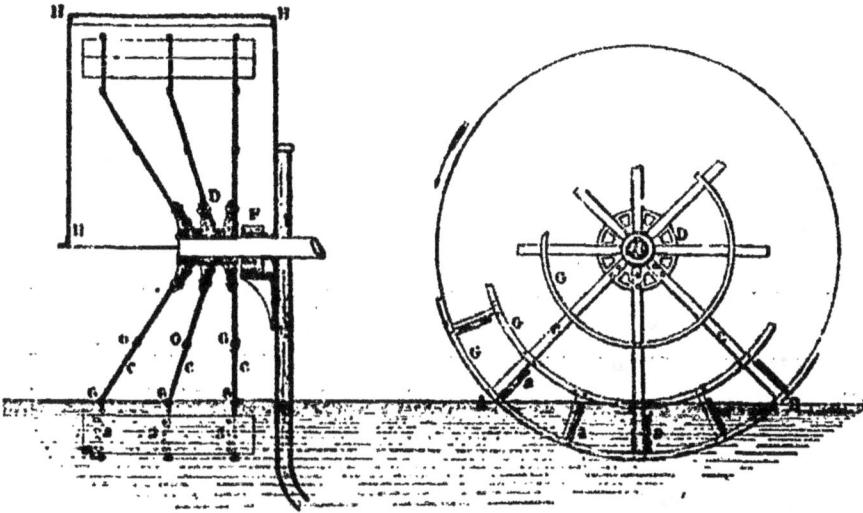

Fig. 263.

roue solidaire de l'arbre de couche de la machine ; deux roues pareilles sont disposées sur les flancs du navire ; lorsque la roue tourne, les aubes viennent successivement s'immerger, et la résistance que l'eau oppose à leur mouvement détermine la progression du navire.

Si, au lieu de s'appuyer sur l'eau, les palettes prenaient appui sur une crémaillère fixe, la vitesse relative des palettes, par rapport au navire, mesurée sur la circonférence primitive de la roue, serait évidemment égale à la vitesse absolue de progression du navire.

Il n'en est pas ainsi : l'eau fuit sous la pression, et la roue prend une vitesse plus grande ; cet excès de vitesse s'appelle le recul.

La mesure du recul est donnée par la formule

$$\frac{V' - V}{V'}$$

V vitesse du navire ;

V' vitesse relative de la roue sur la circonférence passant par le centre de gravité des aubes.

Le rendement du propulseur décroît rapidement quand le recul prend des proportions notables.

Le recul devient important et, par conséquent, le rendement du moteur mauvais, quand le coefficient A de résistance de la carène est grand ou bien que l'aire d'appui des aubes sur l'eau est petite par rapport au maître-couple.

Dans le remorquage, la résistance à surmonter est due, non seulement au remorqueur lui-même, mais encore à tout le convoi qu'il traîne ; l'effet utile du propulseur est donc faible ; on ne peut l'améliorer qu'en donnant aux aubes une très grande surface.

Parmi les causes importantes de pertes de travail dans les roues à aubes, il faut compter l'obliquité des pales à leur entrée dans l'eau en A (fig. 263) et à leur émersion en B ; de cette obliquité résulte une composante verticale de la résistance, et le travail consommé à surmonter cette composante est entièrement perdu. Pour atténuer cet inconvénient, on donne aux roues un grand diamètre ou bien l'on a recours aux *roues articulées*, comme nous le verrons plus bas.

Les roues à palettes (fig. 263) sont généralement en fers méplats assemblés sous forme de bras C C et de couronnes G G ; le tout est monté sur des tourteaux en fonte D assemblés par clavettes sur l'arbre de la machine ; celui-ci est porté par un palier F, fortement relié à la coque, tant verticalement qu'horizontalement.

Les palettes *a a* sont de forts madriers en bois assemblés sur la roue par des boulons à crochets qui permettent de les démonter facilement.

L'ensemble de la roue est couvert par un tambour H H H porté par une solide charpente en bois et fer.

409. Roues articulées. — Pour atténuer les inconvénients résultant de l'obliquité des pales à l'immersion et à l'émersion, on emploie les roues articulées.

Les pales, au lieu d'être fixées aux rayons de la roue, sont articulées sur ces rayons (fig. 264) en *a a a* au moyen d'un court levier *a b* dont la queue est maintenue par des tringles *b c* s'articulant à un contre fixe C placé sur l'horizontale du centre O de la roue.

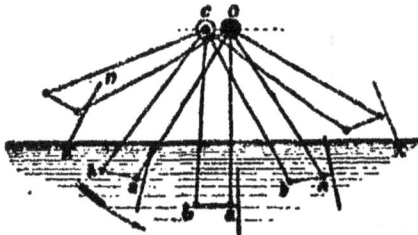

Fig. 264.

Si cette distance C O était égale à *b a*, et si C *b* était égal à O *a*, il est clair que *b a* serait toujours horizontal et, par conséquent, les pales toujours verticales. Mais la composante horizontale de la vitesse des pales, proportionnelle au sinus de l'angle *a* O C, est plus petite à l'immersion et à l'émersion que sur la verticale du centre de la roue ; si donc le recul était faible, il pourrait arriver qu'aux environs de E et de X, les pales opposent une résistance à la progression du navire. Pour éviter cet inconvénient et régulariser l'action des aubes, on ménage un certain *angle d'entrée* D E X en prenant C O $<$ *b a*.

Le centre fixe C est constitué par un disque (fig. 265), tournant autour d'un axe C fixé au tambour, et sur lequel s'assemblent les tringles qui gui-

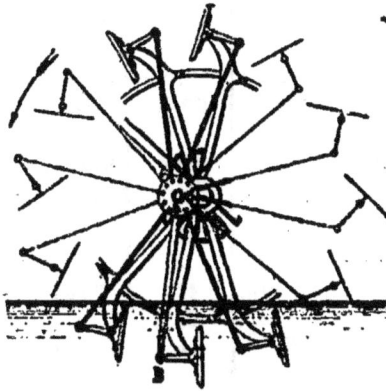

Fig. 265.

dent les queues des aubes ; l'une de ces tringles A B est solidaire du disque et en détermine le mouvement ; les autres lui sont simplement articulées.

Quelquefois, le disque est porté par la coque et non par le tambour ; il se compose alors d'un collier embrassant à frottement doux un large excentrique, dont le contour enveloppe celui de l'arbre de couche.

Les roues articulées comportent des aubes plus hautes que les roues fixes, et leur diamètre peut être notablement moindre ; la vitesse de rotation est ainsi plus grande et la machine plus légère.

Par contre, elles sont moins solides, moins simples et plus difficiles à démonter et à remonter.

410. Données numériques sur les roues. — Voici les principales données concernant les propulseurs de quelques navires à roues :

Nom du bâtiment.	Parisien n° 2	Mouette	Persia	Aigle	Shannon
Nature du service . . . . *Coque.*	Saône Voyageurs	Aviso français	Paquebot C¹⁰ Anglaise Cunard	Yacht français	Paquebot anglais Royal-Mail
Longueur	67^m00	49^m00	109^m50	82^m00	100^m00
Largueur	4.09	8.10	13.68	10.50	13.30
Surface immergée du maître-couple B.	$3.^s20$	$14.^s74$	$75.^s26$	$36.^s20$	$59.^s86$
Roues.					
Espèce des roues.	Fixes	Fixes	Fixes	Articulées	Articulées
Diamètre extérieur.	4^m85	6^m10	11^m70	7^m50	10^m94
Nombre d'aubes par roue.	14	20	28	13	15
Espacement moyen des aubes	0^m98	0^m863	1^m24	1^m74	2^m00
Longueur des aubes.	2.60	2.36	3.24	3.20	3.34
Hauteur des aubes	0.45	0.60	0.94	0.85	1.37
Nombre d'aubes trempantes.	2.5	3.45	6.93	2.07	3.19
Surface des aubes trempantes (pour les 2 roues) S.	$5^{m2}85$	$9^{m2}78$	$42^{m2}80$	$11^{m2}24$	$29^{m2}22$
Rapport au maître-couple $\frac{S}{B}$	1.83	0.60	0.55	0.31	0.51
Résultats.					
Nombre de tours par minute	34	21.7	17	24.80	20.25
Vitesse en eau calme { En nœuds. . . .	»	9^n30	15^n00	12^n91	14^n41
{ En kil. à l'heure.	19^k	17^k20	27^k80	23^k00	26^k70
Recul	0.32	0.235	0.217	0.232	0.27
Puissance en chevaux indiqués F. . .	»	314^{ch}	3020^{ch}	1810^{ch}	3840^{ch}
Rapport au maître-couple $\frac{F}{B}$	»	21.30	40.21	50	67.54

411. De l'hélice. — Les roues à aubes présentent des inconvénients
sérieux pour la navigation maritime : les tambours offrent beaucoup de
prise au vent et sont assez souvent endommagés par les coups de mer ;
quand le navire roule, l'une des roues émerge et l'autre est tellement plon-
gée qu'elle oppose au mouvement une résistance énorme ; sur les navires
de guerre, ce propulseur est très exposé aux coups de l'ennemi ; la vitesse
de rotation étant faible, la machine est lourde et volumineuse ; enfin les
variations du tirant d'eau sont très limitées, l'effet utile décroissant rapidement lorsque l'immersion des aubes s'écarte un peu de la moyenne la
plus convenable.

L'hélice, au contraire, tourne vite ; placée au-dessous de l'eau, elle est
à l'abri des coups de mer, des boulets ennemis, de l'action du vent et de
celle du roulis ; les variations du tirant d'eau peuvent être très notables
sans inconvénient.

On remarquera que les aubes n'agissent que pendant leur immersion,
c'est-à-dire pendant une faible fraction de tour de roue, tandis que toutes
les ailes de l'hélice exercent constamment leur action, ce qui rend ce propulseur beaucoup plus léger, à puissance égale.

Au point de vue du rendement, les premières hélices étaient fort inférieures aux roues ; elles ont été progressivement perfectionnées et, aujourd'hui, une hélice bien proportionnée ne le cède en rien aux meilleures roues à aubes.

L'hélice n'agit bien qu'en eau profonde ; sur les cours d'eau à faible tirant d'eau, la roue est seule admissible ; l'hélice est également inférieure à la roue lorsque le résistance de la carène est considérable ou dans les applications au remorquage.

L'hélice est constituée par un hélicoïde gauche dont la génératrice rectiligne est perpendiculaire à l'axe ; c'est une surface de vis à filets carrés dont l'axe est parallèle à la quille du navire ; lorsque l'hélice tourne autour de cet axe, elle se visse dans l'eau et détermine la progression du navire.

Si l'eau était immobile, le navire avancerait, à chaque tour de l'hélice, d'une longueur égale au pas et avec une vitesse V'. Le liquide fuyant plus ou moins sous la pression, la vitesse est un peu plus petite V ; il y a donc un recul dont l'expression est :

$$\frac{V' - V}{V'}$$

Les effets du recul de l'hélice sont analogues à ceux du recul des roues à aubes. Quelquefois, dans les marches de vitesse, le recul est *négatif*, l'hélice se mouvant dans une masse d'eau entraînée elle-même, dans une certaine mesure, par le mouvement de progression du navire.

412. Dispositions générales de l'hélice. — L'étude théorique et surtout la pratique ont conduit à adopter pour l'hélice les dispositions suivantes :

Le diamètre est aussi grand que le permet le tirant d'eau, le bord supérieur de l'hélice doit être immergé d'une profondeur notable et d'autant plus grande que l'hélice est plus grande.

L'hélice se compose de plusieurs *ailes* identiques, disposées symétriquement autour de l'axe ; c'est comme une vis à plusieurs filets. Il y a, suivant les cas, deux, trois, quatre et jusqu'à six ailes. Chaque aile est étroite dans le sens de la largeur, et l'ensemble des ailes, projetées sur un plan normal à l'axe, n'occupe qu'une fraction de la surface du cercle décrit par leurs extrémités ; cette fraction est d'ailleurs d'autant plus petite que le cercle décrit est plus grand par rapport au maître-couple, et que les formes du navire sont plus fines ; pour les bateaux de rivière, à faible tirant d'eau, cette fraction s'approche davantage de l'unité.

La figure 206, représente l'hélice d'un grand bâtiment à vapeur ; elle est à quatre ailes ; les ailes, amincies vers les bords, ont une épaisseur croissant de l'extrémité vers le centre ; le moyeu a une forme qui facilite le glissement de l'eau ; le bout de l'arbre de la machine vient s'y assembler en traversant l'étambot renflé en ce point ; deux coussinets, garnis de bronze ou de bois de gaïac supportent ce bout d'arbre ; ils sont fixés sur l'étambot et sur le faux étambot, qui, avec le prolongement de la quille, forment la cage dans laquelle tourne l'hélice.

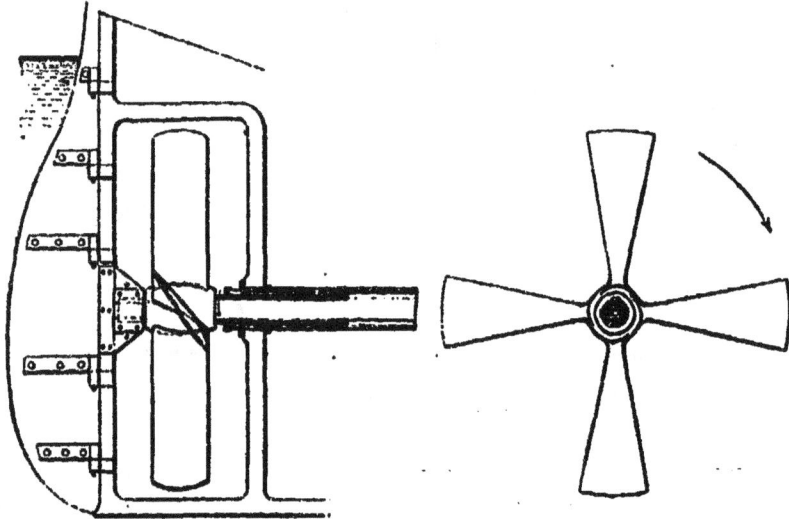

Fig. 266.

Les hélices destinées à la navigation maritime sont le plus souvent en bronze ; celles pour la navigation fluviale sont d'ordinaire en fonte.

L'emploi de l'hélice réagit sur les formes de la coque ; pour que l'eau arrive facilement au propulseur, il faut que les lignes d'arrière soient fines et dégagées. L'effet utile de l'hélice étant meilleur lorsqu'elle est profondément immergée et de grand diamètre, on a été conduit à augmenter la *différence* d'immersion dans les navires à hélice, c'est-à-dire à faire davantage plonger l'arrière ; la différence est quelquefois très grande dans les petites embarcations, ce qui permet, même avec un très faible déplacement, de donner à l'hélice un diamètre suffisant ; en pareil cas, l'axe du propulseur plonge plus ou moins vers l'arrière.

413. Variétés de l'hélice. — Comme surface géométrique, l'hélicoïde de la vis à filet carré est adopté d'une manière assez générale ; mais un grand nombre d'autres surfaces ont été essayées : hélicoïdes à génératrices courbes ou obliques sur l'axe ; hélices dites à *pas croissant*, dans lesquelles la directrice tracée sur le cylindre donne, dans son développement, non plus une droite, mais une courbe concave vers l'arrière. Pour atténuer les vibrations occasionnées par le passage des ailes rectilignes devant les étambots, on courbe quelquefois les ailes dans un plan perpendiculaire à l'arbre.

L'hélice est, en général, fondue d'une seule pièce ; pour les propulseurs de grandes dimensions, les ailes sont rapportées par un pas de vis sur un moyeu sphérique traversé par le bout d'arbre.

Souvent, au lieu d'être comprise entre deux paliers, l'hélice est suspendue en porte-à-faux à l'extrémité de l'arbre, au sortir de l'étambot ; cette disposition, simple et solide, tend à se généraliser.

Lorsqu'on marche à la voile, l'hélice oppose une certaine résistance à la progression du navire et en diminue notablement la vitesse. De nombreuses tentatives ont été faites pour atténuer cet inconvénient.

Les hélices *amovibles* sont comprises entre deux paliers fixés à un cadre placé entre l'étambot et le faux-étambot ; ce cadre est mobile et peut être enlevé avec l'hélice en passant dans un puits ménagé à l'arrière du navire. Cette disposition affaiblit et alourdit l'arrière du navire et présente, comm solidité et facilité de manœuvre, des inconvénients sérieux.

Les hélices à deux ailes peuvent, pour la marche à la voile être placées verticalement ; dissimulées ainsi derrière l'étambot, elles n'opposent plus qu'une résistance assez faible ; on peut aussi disposer l'une derrière l'autre deux hélices à deux ailes en les orientant de telle sorte que, vues de l'arrière elles se projettent l'une sur l'autre (hélice Mangin), il semble résulter des essais qu'une hélice ainsi disposée n'est pas notablement inférieure à l'hélice à quatre ailes développées.

Souvent, on se contente, pour la marche à la voile, de rendre l'hélice folle en désembrayant deux tronçons de la ligne d'arbres, ou bien l'on fait tourner l'hélice à petite vapeur, ce qui ne donne lieu qu'à une faible dépense de combustible.

Sur les navires dont le tirant d'eau est faible, on emploie deux hélices, l'une à tribord, l'autre à bâbord. La double hélice permet de virer sur place ce qui offre, dans certains cas, des avantages.

414. Commande de l'hélice. — La machine motrice ne saurait trouver sa place dans les formes fines de l'arrière ; elle doit être reportée assez loin en avant de l'étambot ; l'action de la machine doit donc être transmise à l'hélice par une longue ligne d'arbres ; les tronçons de la ligne d'arbres sont supportés par des paliers et réunis entre eux par des embrayages qui communiquent de l'un à l'autre la rotation, tout en permettant les petites dénivellations résultant de la flexibilité de la coque.

La ligne d'arbres comporte différents organes que nous allons énumérer en allant de l'arrière à l'avant.

Le tronçon qui porte l'hélice est garni d'un fourreau en bronze qui adoucit les frottements et empêche la corrosion par l'eau de mer ; au delà du coussinet d'étambot, il pénètre dans la cale en suivant l'axe d'un long tube d'étambot, en bronze ou en fonte, qui se termine, du côté de la cale, par un presse-étoupe destiné à éviter l'irruption de l'eau de mer. Ce tronçon aboutit au *palier de butée*, qui reçoit et transmet à la carène la poussée de l'hélice. Pour qu'ils puissent résister, sans chauffer, à cette charge, les coussinets de ce palier sont munis de cannelures (fig. 128) emboitant des saillies correspondantes pratiquées sur le tronçon d'arbre et destinées à répartir la poussée sur une grande surface.

La ligne d'arbres comporte en outre :

Un *frein* à friction pour arrêter le mouvement de l'hélice, lorsqu'elle est affolée ;

Un *vireur à bras* pour faire tourner la ligne d'arbres et l'amener dans la position qui convient pour l'embrayer ;

Un *embrayage* permettant de rendre à volonté l'hélice folle ou solidaire de la rotation de la machine ;

Enfin un *joint à la Cardan* interposé entre l'arbre de couche de la machine et le premier tronçon de la ligne d'arbres, et qui rend la machine complètement indépendante des flexions de la coque.

Une tuyauterie spéciale permet d'arroser à grande eau tous les paliers en cas de chauffage.

Lors des premières applications de l'hélice, pour obtenir les grandes vitesses de rotation exigées par ce propulseur, on interposait, entre la machine et la ligne d'arbres, des engrenages multiplicateurs de la vitesse ; plus tard, on reconnut que, moyennant des soins convenables de construction et d'entretien, les machines à vapeur peuvent, sans inconvénient, tourner fort vite ; depuis lors la commande directe est seule usitée, et la grande vitesse des pistons ainsi obtenue réagit de la manière la plus heureuse sur la légèreté de la machine.

415. Données numériques sur les hélices. — Voici les principales données relatives aux propulseurs de quelques bâtiments à hélice :

Nom du navire....	Suffren	Infernet	France	Arbalète		Furet
Nature du service...	Cuirassé de 1er rang	Corvette	Paquebot Cie transatlant	Canonnière	Chaloupe porte torpille	Yacht de plaisance
Coque.						
Longueur......	86m20	78m60	120m00	24m70	27m75	12m00
Largeur......	17.24	10.92	13.50	4.90	3.30	2.20
Surface immergée du maître-couple (B).	119m²93	39m²22	63m²00	4m²97	1m²87	0m²913
Tirant d'eau....	moy.8m20	moy.4m78	moy.5m62	moy.1m41 {	0m42 1.70	0m65 1m15
Déplacement....	7.508 t.	1.919 t.	5.493 t.	87 t.	30 t. 90	4 t. 75
Hélice. Description sommaire.	Moyeu sphérique. Ailes rapportées (bronze)	Ordinaire (bronze)	Ordinaire (en fonte)	Ordinaire (en fonte)	Thornycroft ailes courbes et inclinées (en bronze)	Ailes courbes (en bronze)
Diamètre......	6m00	4m20	5m80	1m16	1m67	1m00
Nombre d'ailes...	4	4	4	4	3	3
Pas.........	7m50	4m00	8m70	1m48	1m84	1m50
Immersion du bord supérieur......	2m47	1m51	Emersion 0m16	»	»	0m07
Surface du cercle décrit par les ailes (S).	28m²27	13m²85	26m²42	1m²057	2m²19	0m²79
Surface projetée des ailes (s).....	8m²82	3m²33	8m²72	0m²34	0m²526	0m²274
Rapport $\frac{s}{S}$....	0,312	0,244	0,33	0,321	0,24	0,347
Rapport $\frac{s}{B}$....	0,236	0,353	0,42	0,213	1,171	0,865
Résultats.						
Nombre de tours par minute......	63 t. 91	95 t. 41	64 t.	210 t.	320 t.	220 t.
Vitesse en eau calme :						
En nœuds.....	14 n. 30	14 n. 43	14 n. 54	7 n. 75	18 n.	
En kil. à l'heure..	26 k. 45	26 k. 70	26 k. 90	14 k. 33	33 k. 33	16 à 17k.
Recul........	0,070	0,048	0,108	0,228	0,061	»
Puissance en chevaux indiqués F....	4181 ch.	1784 ch.	3361 ch.	86 ch.	320 ch.	16 ch.
Rapport au maître-couple $\frac{F}{B}$....	36 ch. 44	45 ch. 5	53 ch. 35	17 ch. 30	171 ch.13	17 ch. 52

416. Appareils à vapeur marins. — Les appareils à vapeur sur mer doivent répondre aux conditions générales suivantes, différentes do celles imposées aux machines fixes :

1° Les emplacements à occuper sont très étroitement mesurés ;

2° Le poids du moteur doit être aussi petit que possible ;

3° La consommation de combustible doit être faible ;

4° Enfin, l'alimentation des chaudières se fait à l'eau salée ;

D'autres conditions spéciales viennent s'imposer, qui varient suivant le service à faire ; nous aurons à y revenir :

Les conditions 2° et 3° sont remplies par l'emploi de chaudières tubulaires (268 et suivants) ou Belleville (270) et de machines à mouvements rapides, à connexion directe et à détente Compound ; nous en verrons divers emplois.

Pour ce qui concerne la première condition, nous avons déjà examiné (206 et suivants) les dispositions très variées que l'emplacement extrêmement réduit attribué aux machines marines, a conduit à adopter.

Quant à l'alimentation par l'eau de mer, elle exige un examen spécial.

417. Alimentation par l'eau de mer. — La composition de l'eau de mer varie d'une mer et d'une saison à l'autre ; en moyenne, elle est à peu près la suivante, par kilogramme :

Eau pure	965 gr. 00
Chlorure de sodium	26 » 5
Sulfate de chaux . . . . ·	1 » 5
Sels divers: sulfates, chlorures, bromures, iodu- dures de potassium, de magnésium, etc. . .	7 » 0
	1000 gr. 0

L'eau de mer contient, en outre, des matières organiques et fréquemment des vases et matières en suspension.

La densité est, en moyenne 1.026

Lorsqu'on vient à chauffer et à vaporiser de l'eau de mer, les diverses matières qu'elle contient se déposent ; mais les circonstances dans lesquelles se forme ce dépôt dépendent de celles qui accompagnent la vaporisation.

Le chlorure de sodium est soluble à chaud à peu près comme à froid. Si l'on évapore, sous une pression quelconque, une solution de ce sel, cette solution se concentre, et elle devient saturée lorsqu'elle contient environ 35 0/0 de son poids de sel. Avec un kil. d'eau de mer la solution sera saturée lorsque son poids sera réduit à $\frac{26.5}{0.35} = 73$ grammes ou qu'il aura été évaporé $1000 - 73 = 927$ grammes d'eau.

A partir de ce moment, le dépôt de 1 gramme de sel exigera la vaporisation de $\frac{1 - 0.35}{0.35} =$ environ 2 grammes d'eau.

Le sulfate de chaux se comporte tout autrement ; la solubilité de ce sel décroît rapidement quand la température dépasse 100° ; à 140° (tension de la vapeur d'eau saturée : 3 k. 75), il est pratiquement insoluble ; il se dépose alors sur les parois du récipient, quel que soit son état de dilution, intercepte la communication de la chaleur et passe à l'état de croûte dure et anhydre. A une température inférieure, il se comporte, d'une manière générale, comme le chlorure de sodium.

Les autres sels et matières n'interviennent que d'une manière accessoire.

Si donc, on alimentait sans précaution les générateurs à l'eau de mer, ils seraient rapidement encombrés de dépôts et mis hors de service.

On remédie à ces inconvénients par deux moyens :

1° Les *extractions* combinées avec la basse pression ;

2° La *condensation par surface*.

418. Des extractions. — L'eau renfermée dans la chaudière est, en vertu de l'évaporation à laquelle elle a été soumise, plus concentrée que l'eau de mer. On peut maintenir le degré de concentration constant en pratiquant des extractions : On fait écouler de la chaudière un certain volume d'eau, en même temps qu'on règle l'alimentation de manière à ne pas laisser baisser le plan d'eau. Il est clair qu'au bout d'un certain temps, il s'établira un état de régime dans lequel la quantité de sel emportée par les extractions sera précisément égale à celle apportée par l'alimentation ; dès lors, la salure de l'eau de la chaudière restera constante et d'autant plus faible que le rapport de l'eau introduite à l'eau extraite sera plus grand.

Avec l'eau de mer ordinaire, si on veut que l'eau de la chaudière ne contienne que 10 0/0 de son poids de sel, il faut pour 1 kilog d'eau extraite, fournir environ 4 kilos d'eau alimentaire, dont 2 kilogs seront vaporisés et 1 kilog représentera les fuites et l'eau entraînée. Telles sont les proportions assez souvent suivies. On est guidé, du reste, par la densité de l'eau de la chaudière, que l'on mesure au moyen d'aéromètres spéciaux appelés *saturomètres*.

On voit que les extractions entraînent la perte d'une quantité notable de chaleur.

Les extractions bien faites atténuent beaucoup les dépôts, mais ne sauraient les supprimer complètement ; il est notamment impossible d'éviter la précipitation, au moins partielle, du sulfate de chaux.

L'inconvénient le plus grave de l'alimentation à l'eau de mer est de ne pas permettre l'usage des hautes pressions : on peut atteindre, sans trop graves inconvénients, des pressions de 2 à 2 1/4 atmosph. (absolues), mais au delà, le sulfate de chaux se précipiterait en totalité et encombrerait promptement le générateur.

419. Condensation par surface. — Quand l'usage des hautes pressions vint s'imposer à la marine, on dut recourir à la *condensation par surface*.

Imaginons un faisceau de petits tubes placés dans le condenseur et parcourus par un courant d'eau froide ; la vapeur arrivant de la machine se condense au contact de cette paroi refroidie et très étendue ; l'eau distillée résultant de cette condensation est reprise par les pompes alimentaires et renvoyée aux chaudières pour repasser, sous forme de vapeur, à la machine et au condenseur. C'est toujours la même eau, sauf les pertes, qui

décrit un circuit continu ; de sorte que si l'on a rempli, au départ, les chaudières avec de l'eau douce, l'action des sels de la mer est complètement
éliminée.

La condensation par surface fut essayée par Hall, vers 1830 ; le système
ne réussit pas, par suite de quelques défectuosités de détail.

Les condenseurs par surface en usage aujourd'hui sont composés de
tubes de laiton d'environ 20 mm. de diamètre AA (fig. 267) ; les extrémités

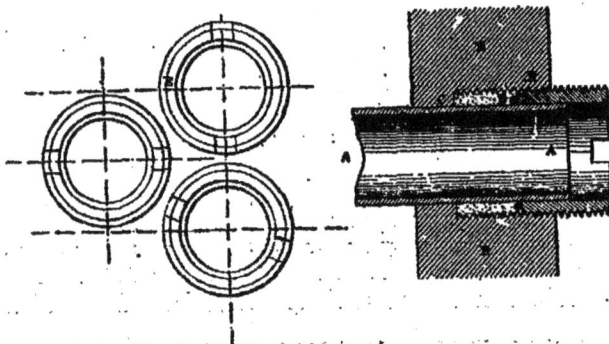

Fig. 267.

de ces tubes s'assemblent avec les plaques tubulaires en bronze par un
joint qui doit être très bien fait. C'est une rondelle en caoutchouc C serrée
par un chapeau fileté E, avec intercalation d'un anneau en bronze D ; le
joint ainsi obtenu est bien étanche, en même temps qu'il laisse aux tubes
leur libre dilatation et permet de les démonter facilement.

L'eau est lancée dans les tubes par une pompe, dite de *circulation*, qui
est fréquemment centrifuge ou en forme de turbine.

Un système de chicanes dirige le courant ainsi obtenu de manière que
l'eau ne reste stagnante dans aucun des tubes, ce qui réduirait beaucoup
l'efficacité du condenseur.

Les plaques tubulaires s'assemblent, d'une part avec les boîtes par lesquelles arrive et s'échappe l'eau de circulation ; d'autre part, avec le coffre
formant le corps du condenseur et qui enveloppe la tubulure ; ces joints
surtout le dernier, doivent être faits avec soin et la vapeur d'échappement
doit arriver dans le condenseur par des orifices bien évasés ; dans le bas
du condenseur débouche la conduite amenant à la pompe à air l'eau condensée, ainsi que l'air qui pénètre toujours plus ou moins par les joints.
Au sortir de la pompe à air, l'eau est reprise et renvoyée à la chaudière
par les pompes alimentaires.

Grâce à l'emploi des condenseurs par surface, on a pu, dans les appareils marins, faire usage des hautes pressions et réaliser ainsi des économies importantes, tant sur la consommation de combustible que sur le
poids des machines.

La condensation par surface exige quelques précautions, dont l'omission a contribué aux insuccès des essais de Hall.

En premier lieu, les joints, fort étendus, doivent être bien étanches.

Hall laissait circuler l'eau autour des tubes et la vapeur à l'intérieur ; la disposition inverse est préférable ; le volume offert à la vapeur au moment de l'échappement est ainsi beaucoup plus grand, et par conséquent la contre-pression aux cylindres baisse plus vite.

L'eau résultant de la condensation est renvoyée aux chaudières et, avec elles, les graisses entraînées par la vapeur. Au bout d'un certain temps de fonctionnement, tous les corps gras employés pour graisser les pistons et les tiroirs se concentrent dans le condenseur et le générateur ; les parois de la chaudière se corrodent et se couvrent d'un savon ferrugineux ; les tubes du condenseur s'enveloppent également d'une couche graisseuse et cessent de bien fonctionner.

Pour mieux conserver les chaudières, on les remplit, au départ, non pas d'eau douce, mais d'eau de mer ; il se dépose, sur la tôle et les tubes un léger tapis de sulfate de chaux qui les protège contre la corrosion des acides gras ; en route, les pertes sont compensées par de l'eau de mer ; après chaque traversée un peu longue, on nettoie les tubes des condenseurs au moyen d'une lessive de potasse.

Souvent, on se trouve bien d'étamer, à l'extérieur, les tubes des condenseurs.

On a essayé récemment un système imaginé par M. Hétet, et qui semble devoir donner de bons résultats : au sortir des bâches à eau chaude, l'eau de condensation est traitée par de l'eau de chaux, la chaux se combine avec les corps gras pour former un savon calcaire insoluble, qu'on sépare par décantation ou filtration ; l'eau ainsi préparée est ensuite livrée aux pompes alimentaires. Si l'opération est bien conduite, cette eau, après filtrage et aération devient assez bonne pour servir à l'alimentation.

Les condenseurs par surface peuvent être d'un grand secours, même pour les machines terrestres, dans les cas où l'on ne dispose que d'eau fortement chargée de sels.

420. Marine militaire. — Depuis l'époque où la vapeur a été appliquée à la propulsion des navires, la guerre maritime a complètement changé d'aspect.

Aujourd'hui, les armes offensives des navires de guerre sont surtout : l'artillerie, l'éperon et les torpilles ; l'arme défensive est la cuirasse.

Enfin, il faut compter au premier rang la vitesse et la maniabilité, qui permettent de refuser le combat, de l'accepter avec avantage ou de l'imposer à l'ennemi,

421. Artillerie et cuirasse. — La cuirasse fut introduite pour la première fois pendant la guerre de 1854 pour protéger des batteries flottantes destinées à opérer contre les forteresses maritimes ; ces batteries avaient une cuirasse de 0ᵐ11 d'épaisseur ; le bombardement du fort de Kinburn prouva la grande valeur de ce système de construction.

Deux ans après, M. Dupuy de Lôme proposa de passer, sans intermédiaire, de ces premiers essais un peu grossiers à des navires cuirassés possédant toutes les qualités des meilleurs bâtiments de la flotte. C'est ainsi que fut créée, vers 1862, une magnifique escadre, composée de frégates fines et rapides, mues par des machines puissantes, protégées de bout en bout par une cuirasse de 0ᵐ12 à 0ᵐ15 descendant au-dessous de la flottaison, et impénétrable aux projectiles alors usités.

Le défi était jeté à l'artillerie ; il fut promptement relevé ; de nouveaux canons, plus puissants, furent construits, qui perçaient les cuirasses ; il fallut augmenter l'épaisseur de ces dernières ; la lutte engagée entre la cuirasse et l'artillerie s'est continuée jusqu'à ce jour et n'est pas terminée ; d'année en année l'épaisseur des cuirasses et, en même temps, la puissance des pièces d'artillerie n'ont cessé d'augmenter. On est arrivé aujourd'hui, sur certains navires, à des cuirasses de 0ᵐ61 (1) et à des pièces de canon pesant 100 tonneaux (2).

Jusqu'où ira-t-on dans cette voie ?

C'est ce qu'il serait peut-être téméraire de prévoir. Néanmoins, des considérations d'un autre ordre font voir nettement qu'il y a certaines limites qui ne sauraient être dépassées.

L'artillerie et la cuirasse constituent un poids énorme ; dès qu'on voulut dépasser les épaisseurs de cuirasse de 0ᵐ15 à 0ᵐ18, il fallut renoncer à blinder la totalité du navire ; on dut abandonner aux projectiles ennemis les parties hautes du bâtiment et se contenter de protéger les parties vitales ; la cuirasse se réduit aujourd'hui à une ceinture générale de peu de hauteur, protégeant la flottaison, et à un fort central, dans lequel sont réunis l'artillerie, le moteur et les soutes à charbon et à poudre ; les pièces, en petit nombre, tirent par des sabords, en barbette, ou bien sont placées dans des tourelles blindées tournant sur des galets, de telle sorte que leur tir puisse embrasser un secteur aussi grand que possible.

On doit, en outre, dans l'exposant de charge, réserver au moteur une

---

(1) Cuirasse de l'*Inflexible* (Anglais). Elle se compose de deux plaques de 305 mm. chacune, séparées par un matelas en bois de 275 mm., et reposant, par l'intermédiaire d'un 2ᵉ matelas de 152 mm., sur un bordé en fer de 38 mm. ; d'où épaisseur totale de la muraille du navire, 1 m. 075.

(2) Le *Dandolo* et le *Duilio*, navires italiens, sont armés de pièces pareilles construites par Armstrong ; ces pièces sont en acier et longues d'environ 10 m. ; diamètre extérieur à la culasse : 1 m. 96 ; diamètre de l'âme : 532 mm. ; 27 rayures ; poids du projectile, environ 915 k. ; poids de la charge : 130 à 160 k. La vitesse du projectile à la sortie de la bouche, dépasse 440 m. Dans des expériences faites à la Spezzia, ces projectiles ont traversé des masques de fer de 560 mm. appuyés sur un matelas en bois de 750 mm.

Ces énormes pièces sont manœuvrées, chargées et pointées par une machinerie spéciale.

part suffisante pour imprimer au navire une grande vitesse ; il faut aussi des approvisionnements permettant de tenir la mer assez longtemps pour n'être pas, au bout de quelques jours, et faute de combustible, à la merci des ennemis.

Pour répondre à ces exigences, on a été obligé de recourir à des bâtiments d'un échantillon très fort, présentant un déplacement considérable. Et, même dans ces conditions, la part faite à la provision de combustible est resserrée dans des limites fort étroites ; à toute vitesse, cet approvisionnement serait dépensé en 4 ou 5 jours : à vitesse réduite il durerait une ou deux semaines; le rayon d'activité de ces immenses constructions se trouve ainsi fort limité.

D'autre part, elles sont peu maniables, à cause de leur grande longueur, ce qui les place dans des conditions fort désavantageuses pour le combat à l'éperon.

Elles sont en outre extrêmement coûteuses ; leur prix de revient est d'autant plus excessif que le progrès même met souvent hors de mode des bâtiments à peine construits ; l'inconvénient est sérieux de concentrer des dépenses très fortes sur un petit nombre d'unités puissantes que, même en pleine paix, un simple accident de route peut anéantir, ainsi qu'on en a vu récemment plusieurs exemples.

Enfin, l'augmentation incessante des dimensions oblige à transformer à grands frais les bassins, les écluses, les arsenaux, les apparaux de chargement, etc.

Quoi qu'il en soit, toutes les nations maritimes sont engagées dans cette lutte.

422. Éperons et torpilles. — Tous les navires de guerre portent à l'avant un *éperon* en saillie, destiné à éventrer l'adversaire.

La puissance de l'éperon a été mise hors de doute par plusieurs faits de guerre, et même par des abordages accidentels, dans des manœuvres d'escadre. Un coup d'éperon suffit, le plus souvent, pour couler un navire. La cuirasse est impuissante contre l'éperon.

Dans le combat à l'éperon, les conditions sont tout l'opposé de celles du combat d'artillerie : entre deux adversaires, l'un puissant, l'autre agile, l'avantage est tout entier à ce dernier ; les qualités à rechercher sont ici la vitesse et surtout la maniabilité ; ce qui conduirait à des bâtiments de faible échantillon armés de puissantes machines.

L'introduction, assez récente, des *torpilles* dans la guerre maritime, a encore compliqué le problème ; une simple chaloupe à grande vitesse peut, en échappant aux boulets, poser une torpille dans les flancs de son ennemi et faire sauter le plus puissant cuirassé. Des expériences à grande échelle et plusieurs faits d'armes récents ont démontré l'efficacité de ce genre d'attaque.

423. Navires de guerre spéciaux. — En outre des bâtiments destinés à combattre en escadre, une flotte de guerre comporte des navires affectés à des services spéciaux.

Les croiseurs ont pour objet la destruction du commerce maritime de l'ennemi ; leur principale qualité, c'est la vitesse ; appelés à opérer sur toutes les mers, ils doivent tenir le large pendant longtemps ; de là les conditions de leur établissement: puissante machine; grands approvisionnements et, par conséquent, déplacement considérable, grande longueur et formes fines. Les navires de cette catégorie n'ont pas de cuirasse ; ils portent une artillerie relativement légère, leur vitesse leur permettant d'éviter le combat; cette vitesse va jusqu'à 17 nœuds, grâce à une machine développant 90 ch. indiqués par m² du maître-couple.

Puis viennent un grand nombre de navires destinés aux services les plus divers et recevant les formes et les dispositions les plus variées : avisos, garde-côte, canonnières, chaloupes, etc., etc.

424. Dimensions principales de quelques navires de guerre. — Sans sortir de la catégorie des grands navires de guerre, on voit à quelles conditions multiples et essentiellement contradictoires est subordonnée leur construction ; ce problème, qui intéresse au plus haut degré la sécurité des nations, est fort loin d'être résolu.

Nous donnons ci-après les principales dimensions et la répartition des poids de quelques-uns des grands bâtiments de guerre, récemment construits :

Nom du navire Nationalité	Dévastation France	Alexandra Russie	Inflexible Angleterre	Dandolo Italie	Duquesne France
Dessin d'ensemble	Cuirassé à la flottaison ; fort central à 2 batteries ; artillerie sur les gaillards.	Cuirassé à la flottaison ; fort central à 2 batteries.	Pont blindé au-dessous de la flottaison ; fort central cuirassé ; 2 tour³ blindées.	Pont blindé au-dessous de la flottaison ; fort central cuirassé ; 2 tour³ blindées.	Croiseur sans cuirasse
Coque					
Longueur	95m00	99m06	97m34	103m30	100m70
Plus grande largeur	21.25	19.40	24.67	19. 0	15.30
Surface immergée du maître-couple	137m240	131m230	136m240	136m200	74m202
Cuirasse					
Épaisseur du fer (max.)	360m/m + 30m/m	305m/m + 38m/m	4×363m/m + 48m/m	550m/m + 38m/m	
Épaisseur du matelas en bois (maximum)	320m/m	254m/m	116m/m + 134m/m	450m/m	
Artillerie					
Nombre de pièces	14	16	4	4	27
Calibre	32,27 et 14 cent.	30 et 25c. 20 liv.	36 cent. (81 t.)	53 cent. (100 t.)	16 et 14 centim.
Machine					
Puissance	6.000 ch.	8.000 ch.	8.500 ch.	7.500 ch.	6.000 ch.
Vitesse (réalisée ou calculée)	14 nœuds	14 nœuds	13 nœuds 40	15 nœuds	17 nœuds
Répartition des poids	Tonneaux	Tonneaux	Tonneaux	Tonneaux	Tonneaux
Coque	3.760	3.600	3.700	3.620	2.686
Artillerie	580	700	810	860	265
Cuirasse et matelas	2.830	2.370	4.100	3.360	
Moteur	1.110	1.360	1.860	1.250	1.300
Combustible	610	610	1.200	1.150	660
Divers	710	800	840	700	525
Total ou déplacement	9.630	9.640	11.690	10.650	5.436

425. Marine commerciale. — Il y a lieu de distinguer, dans la marine commerciale, les bâtiments destinés au transport des voyageurs et des marchandises de prix, des bâtiments ne chargeant que des marchandises lourdes et encombrantes.

Pour les premiers, la vitesse est indispensable et, comme pour la marine de guerre, elle conduit à donner aux navires de très grandes dimensions.

Pour les navires de la seconde catégorie, le problème du moteur est fort simplifié ; la machine n'est souvent qu'un accessoire de la mâture et n'est mise en mouvement que pour échapper à des calmes ou à des vents tout à fait contraires.

Voici les dimensions de deux grands paquebots, La *France* et l'*Annamite*.

La *France* fait partie de la flotte de la Cie Transatlantique et fait le service du Havre à New-York ;

L'*Annamite*, transport de l'Etat, a été étudié pour faire le service entre la Cochinchine et la France.

Nom du navire	*France* Cie transatlantique	*Annamite* Transport de l'Etat
Nature du service.		
Coque :		
Longueur	120^{m}00	105^{m}60
Largeur	13.50	15.33
Surface immergée du maître-couple.	63^{m}02	75^{m}25
Machine :		
Puissance	3.400 ch^x.	2.640 ch^x.
Vitesse réalisée (en nœuds) . . .	14 nœuds 54	13 nœuds 06
Répartition des poids.	Tonneaux	Tonneaux
Coque, mâture, apparaux	3.800	3.160
Moteur	690	618
Charbon	1.200	702
Equipage, provisions, lest et chargement	2.025	1.144
Total ou déplacement. . .	7.715	5.624

426. Détails sur les machines marines. — Les grandes machines marines sont presque toutes aujourd'hui du système Compound avec condenseur par surface.

Très souvent, il y a trois cylindres accolés et agissant sur trois vilebrequins calés sous des angles de 120°, la vapeur est admise dans le cylindre du milieu, d'où elle s'échappe dans un système de conduites formant réservoir intermédiaire ; elle agit ensuite sur les deux cylindres extrêmes. Cette disposition, imaginée par M. Dupuy de Lôme (1), assure une grande régularité au couple de rotation.

Beaucoup de machines ne comportent que deux cylindres, à haute et basse pression, avec manivelles à 90°.

Dans les appareils très puissants, le cylindre admetteur est sur le prolongement du cylindre détendeur ; deux et quelquefois trois et même quatre groupes, composés ainsi de deux cylindres, actionnent des manivelles calées sous des angles de 90° ou de 120°.

Les machines à hélice sont toujours à mouvements rapides, ce qui conduit à de grandes dimensions pour les tiroirs et nécessite l'usage de tiroirs équilibrés ou de compensateurs de pression (132, fig. 27 à 29).

Souvent les tiroirs sont à jalousies (fig. 30).

Installés sur l'arbre de couche, les excentriques auraient des dimensions énormes ; on préfère commander les tiroirs par un arbre spécial, parallèle à l'arbre de couche, qui l'actionne au moyen d'une paire de roues dentées égales ; le mouvement est alors donné aux tiroirs par des vilebrequins venus sur cet arbre auxiliaire.

Le changement de marche est obtenu soit par un toc (142) soit par la coulisse de Stephenson (144 et suivants) ; dans ce dernier cas, qui est aujourd'hui le plus fréquent, la coulisse sert aussi à faire varier la détente. Les déplacements de la coulisse s'obtiennent, à la main, au moyen d'un changement de marche à vis, ou mieux, par un *servo-moteur*. Avec le servo-moteur, tous les mouvements de la machine peuvent être commandés à distance, par des chaînes de transmission ou même par l'électricité ; des dispositions analogues s'appliquent également pour mouvoir le gouvernail.

Dès lors, pour les évolutions exigeant une grande promptitude et une grande précision, par exemple, dans un combat à l'éperon, tous les organes de manœuvre sont concentrés sous la main du commandant qui devient absolument maître des mouvements de son navire.

Sur les navires de guerre, la machine est horizontale et à bielle en retour (203, fig. 161) ; les cylindres sont sur un bord, les condenseurs sur le bord opposé : les pompes à air actionnées par une potence venue sur l'une des tiges du piston ; l'ensemble repose sur un solide bâti fixé aux carlingues. La machine très ramassée et bien balancée autour de l'arbre de l'hélice, se trouve ainsi tout entière au-dessous de la flottaison et à l'abri des projectiles.

Sur les paquebots et les transports, on préfère le type à pilon (207,

---

(1) Dans les machines du type Dupuy-de-Lôme, les manivelles extrêmes font un angle droit, qui est bissecté par le prolongement de la manivelle moyenne de sorte que les angles des manivelles extrêmes sont de 135° de part et d'autre de la manivelle moyenne.

fig. 162) qui tient moins de place en plan horizontal : les pompes à air sont conduites, soit par un balancier en fer prenant son mouvement sur la crosse du piston, soit par un excentrique calé sur l'arbre de couche ou sur l'arbre de distribution. Les condenseurs se logent dans un des montants.

Les pompes de circulation et alimentaires sont conduites, soit par la grande machine, soit par de petites machines spéciales ; la tuyauterie est disposée pour les faire servir, au besoin, de pompes d'épuisement pour vider la cale.

Les chaudières sont à foyer intérieur avec tubulure en retour (260). Sur les navires de combat, on s'en tient encore, en France, aux pressions modérées (2 k. 25) et l'on emploie les chaudières à faces planes (fig. 189) ; mais, pour les transports et paquebots, la haute pression (4 k., 5 k. et plus) est devenue générale, avec l'usage des grandes chaudières cylindriques (fig. 190). Les fumées se rendent dans une ou plusieurs cheminées s'élevant au-dessus du pont. Quelquefois un souffleur installé dans la cheminée permet, au moment décisif, de forcer l'allure en augmentant le tirage.

L'éclairage et la ventilation des espaces étroits dans lesquels sont renfermés ces immenses appareils, qui rayonnent des torrents de chaleur, sont souvent fort difficiles, et ont amené plus d'un échec. Le constructeur doit aussi veiller attentivement à faciliter l'accès et le démontage de toutes les pièces ; la question de graissage est d'une importance capitale pour des machines qui doivent soutenir une allure rapide pendant des semaines entières, c'est là qu'on voit appliqués les *lécheurs* qui, à chaque tour d'arbre, déposent une goutte d'huile dans les articulations importantes.

427. Dimensions de quelques machines marines. — Voici les principales proportions de quelques grands appareils marins :

Nom du navire		Suffren	Redoutable	Anaxmite	France
Nature du service		Cuirassé (V. §415-425)	Cuirassé	Transport (Voir § 425)	Paquebot (Voir § 415)
Coque :					
Longueur		86m20	100m7	105m00	120m00
Largeur		17.24	19.6	15.35	13.50
Surface immergée du maître-couple.		119m²93	125m²6	75m²25	63m²
Déplacement		7.508 t.	8.796 t.	5.624 t.	5.493 t.
Machine :					
Puissance prévue (en chevaux indiqués)		4.000 ch.	6.000 ch.	2.640 ch.	3.400 ch.
Nombre de tours par minute (prévu).		62	68	66	64
Cylindres admetteurs	Diamètre . .	2m10	1m38	1m40	1m041
	Course . . .	1.30	1.25	1.00	1.294
Cylindres détendeurs	Diamètre . .	2.10	2.16	1.86	1.010
	Course . . .	1.30	1.25	1.00	1.294
Distribution :					
Dimensions des lumières d'admission aux :					
Cylindres admetteurs	Largeur . .	0m175	2×0m0645	2×0m045	0m076
	Longueur . .	1.670	0m760	0m800	0.787
Cylindres détendeurs	Largeur . .	0.175	2×0m0645	2×0m045	2×0m070
	Longueur . .	1.670	1m500	1m350	1m136
Admission en fraction de la course (moyenne) :					
Aux cylindres admetteurs		0.900	0.70 } var.	0.70 } var.	0.721 var.
Aux cylindres détendeurs		0.780	0.70	0.70	0.702
Condensation :					
Surface extérieure des tubes		720m²	1.280m²	550m²	552m²
Pompes à air, volume total engendré par seconde		»	0m³492	0m³300	»
Pompes de circulation, volume total débité à l'heure		»	2.400m³	1.100m³	»
Chaudières :					
Pression effective (kilog. par cm²). .		1 k. 75	2 k. 25	4 k.	4 k.
Nombre de corps		8	8	8	8
Nombre de foyers		32	40	16	24
Surface de grille		58m²88	73m²60	33m²50	40m²00
Surface de chauffe		1.488m²00	1.822m²00	780m²00	980m²00
Résultats des essais :					
Vitesse en nœuds		14 n. 30	14 n. 89	13 n. 00	14 n. 54
Nombre de tours par minute		63 t. 91	70 t.	69 t. 56	64 t.
Puissance indiquée		4.181 ch.	6.500 ch.	2.562 ch.	3.361 ch.
Consommation de charbon par heure et par cheval indiqué		1 k. 33	»	1 k. 04	1 k.

428. Le Suffren. — Le *Suffren* est un cuirassé déjà ancien ; l'hélice est à 4 ailes déployées et de 6 mètres de diamètre. La machine est horizontale, bielles en retour, trois cylindres côte à côte ; vilebrequins à 90° et 135°. La vapeur est admise dans le cylindre milieu ; elle s'échappe dans la tuyauterie formant réservoir intermédiaire, pour être reprise par les cylindres extrêmes.

La distribution est faite par des tiroirs en D, type de Dupuy de Lôme, arbre de distribution commandé par un engrenage, avec changement de marche à toc. Chaudières tubulaires à faces planes, du type haut réglementaire ; la détente est assez faible, les deux cylindres détendeurs étant égaux au cylindre admetteur ; le coefficient de détente n'est que de :

$$\frac{2}{0.90} = 2,22$$

429. Le Redoutable. — Le *Redoutable* vient de faire récemment ses essais ; il est cuirassé à la ceinture (épaisseur de la cuirasse 0m35), avec fort central cuirassé et batteries en deux étages. Un pont cuirassé se relie à la ceinture.

Hélice à 4 ailes déployées ; diamètre : 6m30.

La machine est composée de trois groupes de deux cylindres Woolf, l'admetteur dans le prolongement du détendeur ; elle est horizontale, à bielles en retour, vilebrequins à 120°, coefficient de détente :

$$\frac{\overline{2.16}^2}{\overline{1.38}^2 \times 0,70} = 4,4$$

pour la marche de vitesse.

La distribution est faite par tiroirs à doubles orifices avec compensateurs, et commandés par une coulisse de Stéphenson ; celle-ci est actionnée par un servo-moteur.

Les chaudières sont tubulaires, à faces planes, type haut.

On peut faire passer, momentanément, la puissance de 6000 à 8000 ch. par une légère modification de la commande des tiroirs, et en activant le tirage par un jet de vapeur lancé dans la cheminée.

430. L'Annamite. — L'*Annamite* est mû par une hélice double, système Mangin ; diamètre : 550 ; pas : 6m50.

La machine, à trois cylindres côte à côte, est du système pilon ; admission dans le cylindre milieu ; détente dans les cylindres avant et arrière. Coefficient de détente, avec l'admission à 0,70

$$\frac{\overline{2,186}^2}{0,70 \times \overline{1,40}^2} = 6$$

Tiroirs en coquille et à double orifice, conduits par des coulisses de Stéphenson actionnées par un arbre parallèle à l'arbre de couche et mû par engrenages. L'arbre de distribution conduit aussi les pompes alimentaires et de cale ; l'arbre de couche actionne les pompes à air au moyen d'excentriques.

La manœuvre du changement de marche se fait, soit à la main, par une vis, soit à la vapeur, par un cylindre spécial avec frein hydraulique.

Les chaudières sont cylindriques et tubulaires avec retour de flammes.

Une machine spéciale actionne les pompes de circulation, qui sont centrifuges ; deux petits chevaux du système Behrems servent, au besoin, à l'alimentation.

Dans des expériences postérieures aux essais de recette, on a pu en réduisant l'admission à 0 m. 40 environ et ne marchant qu'à 53 t. 1/2, développer une puissance de 1236 ch., avec une consommation de 0 k. 951 par cheval et par heure. Avec une marche pareille, le coefficient de détente devient :

$$\frac{2 \times \overline{1,86}^2}{0,40 \times \overline{1,40}^2} = 8,8$$

431. La France. — La *France* a pour propulseur une hélice à 4 ailes déployées ; la machine est du système Woolf à pilon ; 2 groupes de cylindres actionnant 2 vilebrequins à 90° ; dans chaque groupe, l'admetteur est dans le prolongement et au-dessus du détendeur.

La distribution est faite, dans l'admetteur, par deux tiroirs superposés, système Meyer, et dans le détendeur par un tiroir en coquille à deux orifices ; la commande, par une coulisse de Stéphenson, avec excentriques calés sur l'arbre de couche ; coefficient de détente :

$$\frac{\overline{1,910}^2}{0,721 \times \overline{1,041}^2} = 4.7$$

Les pompes à air sont conduites par un balancier actionné par la crosse du piston ; les pompes de circulation sont centrifuges et mues par une machine spéciale. Les chaudières sont cylindriques, tubulaires et à retour de flammes.

432. Navigation fluviale (voyageurs). — Depuis l'établissement des chemins de fer, la navigation par bateaux à vapeur rapides, autrefois très active sur nos grands fleuves, a perdu beaucoup de son importance ; les magnifiques flottilles du Rhône et de la Saône ont à peu près disparu. Elle, comptaient des bateaux remarquables par leurs dimensions, par leur puissance et par l'appropriation de leurs organes à un service fort difficile.

A l'étranger, il existe d'assez nombreux services de steamers pour voyageurs, bien installés et confortablement administrés ; ce sont surtout, en Europe, des navigations de plaisance ; sur les lacs de la Suisse, sur le Rhin sur le Danube. Mais, notamment sur les cours d'eau rapides, où le courant et les maigres rendent la remonte fort difficile, les chemins de fer ne laissent guère à la navigation que les voyageurs qui ont du temps et de l'argent à dépenser.

Les steamers américains ont une réputation universelle de luxe, de vitesse et d'audace dans leurs allures.

En France, le bateau à vapeur pour voyageurs a pris une forme nouvelle. Grâce aux travaux qui ont procuré à la Seine et à la Saône un tirant d'eau élevé et permanent, on a pu établir, à Paris et à Lyon, des services de bateaux omnibus avec des stations rapprochées. Ces petits steamers sont mus par une hélice; légers, élégants, rapides, très maniables, ils s'arrêtent et repartent promptement, tournent dans un cercle restreint et abordent avec précision leurs nombreux pontons.

433. Navigation fluviale (marchandises) (1). — Le champ est beaucoup plus étendu pour le transport, par eau, des marchandises.

La navigation, établie dans de bonnes conditions, peut facilement tenir tête aux chemins de fer pour le bon marché des transports lourds et encombrants.

Elle peut se faire, soit au moyen de *bateaux porteurs*, soit au moyen de *toueurs* ou de *remorqueurs* traînant des bateaux chargés. La solution à intervenir dépendra des cas.

a. *Cours d'eau.*

La navigation ne peut lutter avec avantage contre le chemin de fer que si le tirant d'eau est régulier et assez grand, et le courant faible. Ces circonstances ne se présentent, en France, sur des longueurs un peu notables, que pour les rivières canalisées. Dans ces conditions, une puissance motrice minime suffit, à une vitesse modérée, pour donner le mouvement à des charges immenses.

Au point de vue commercial, non moins qu'au point de vue technique, il y a grand intérêt à répartir cette charge sur un grand nombre de véhicules; de là l'emploi, très général aujourd'hui, du remorquage ou du touage.

Sur les rivières sans courant notable, le remorquage donne de bons résultats : le service n'exige pas de frais élevés d'établissement, et le remorqueur jouit d'une grande liberté d'allures.

Pour peu qu'il y ait de courant, le remorqueur doit céder le pas au toueur. Celui-ci exige l'installation préalable d'une chaîne ou d'un câble continus, c'est-à-dire des dépenses d'établissement qui ne peuvent être couvertes que par un trafic actif.

Sur les cours d'eau, les écluses ont de grandes dimensions; elles sont

(1) Voir dans les *Annales des Ponts et Chaussées*: 1863, 2e sem., p. 229, *Mémoire sur la traction des bateaux*, par MM. Chanoine et de Lagrené; 1877, 1er sem., p. 72, *Traction des bateaux dans l'État de New-York*, par M. Lavoinne.

fort espacées, et la navigation, par toueurs ou remorqueurs, se fait en convois considérables.

b. *Canaux.*

Sur les canaux, la question est compliquée par la présence de nombreuses écluses n'admettant qu'un seul bateau à la fois. Dans le prix du transport entrent, non seulement les frais de traction, à peu près proportionnels à la distance, mais aussi les frais généraux : intérêt et amortissement du matériel, personnel, etc., qui sont proportionnels au temps et constituent la majeure partie de la dépense totale. Toute perte de temps est donc une perte d'argent. Or l'éclusage un à un des bateaux constituant un convoi occasionnerait une perte de temps très coûteuse et, le plus souvent, inacceptable. La solution normale est donc la navigation par bateaux isolés, chacun portant sa machine motrice.

Dans ces conditions, le touage permettrait de faire les transports à des prix très bas ; deux chevaux de force médiocre suffisent, sur nos canaux, pour haler des bateaux chargés de 150 à 250 tonnes, à une vitesse de 1800 à 2500 mètres à l'heure ; une petite machine de 4 à 5 chevaux suffirait pour fournir une vitesse double, et son poids, y compris la provision de combustible, ne serait qu'une très petite fraction du chargement.

Malheureusement, il n'existe pas encore de moyen simple et pratique de faire franchir rapidement les écluses à un système pareil ; le câble ou la chaîne constituent un embarras sérieux. C'est là un problème dont la solution ferait faire un pas immense à la navigation économique sur les canaux.

A défaut de cette solution, on a recours aujourd'hui à des bateaux-porteurs ; mais la vitesse est petite ; les façons de la coque sont pleines et lourdes ; la largeur des passages étant très limitée, les roues ne peuvent plus être en saillie, elles sont rejetées à l'arrière ; l'eau arrive mal au propulseur, roues ou hélice. Pour toutes ces causes, le rendement est faible, le moteur mal utilisé et, par conséquent, puissant ; mais cette puissance ne s'obtient qu'au prix d'un poids élevé de la machine, de la chaudière et des approvisionnements, le tout aux dépens du chargement utile.

Il se présente ici une autre circonstance qu'il convient de mentionner : sur les bateaux de canal, le poids de coque est très faible : 1/6 et jusqu'à 1/9 du poids du chargement. Le tirant d'eau variant de 0 m. 20 à 1 m. 60 ou plus, suivant que le bateau est lège ou chargé, l'immersion du propulseur est extrêmement variable, ce qui est éminemment nuisible à son rendement.

On se tire quelquefois d'affaire en chargeant l'arrière de tout le poids de la machine et de la chaudière, de manière à y maintenir un tirant d'eau à peu près constant ; mais alors, quand le bateau marche à vide, il lève le nez et émerge de l'avant sur une grande longueur ; l'effort de flexion qui se

produit ainsi sur la coque oblige à donner à celle-ci un excédent de solidité, c'est-à-dire de poids, qui fait perdre un des plus grands avantages du
transport par canal, la faiblesse du poids mort.

Le bateau porteur sur canaux et rivières canalisées semble n'être qu'un
expédient provisoire : la traction mécanique sur les canaux devient chaque
jour une nécessité impérieuse ; on peut croire que, sous cette pression, la
solution ne se fera pas longtemps attendre.

   c. *Cas divers.*

Souvent aussi, la navigation doit se faire dans des conditions intermédiaires, se rapprochant plus ou moins soit de celle des rivières à grandes
écluses espacées, soit de celle des canaux à petites écluses rapprochées. La
solution à intervenir résulte alors de l'étude approfondie de tous les éléments du problème. Nous nous en tiendrons aux indications qui précèdent,
en laissant de côté également les cas spéciaux, tels que bacs à vapeur, remorquage ou transports à petites distances, etc.

434. Petites embarcations à grande vitesse. — Voici un exemple
remarquable des résultats auxquels peut amener une bonne entente des
proportions relatives des organes d'un moteur, en vue de résoudre un problème déterminé.

Il s'agissait d'imprimer à de légères embarcations des vitesses que n'a-
vaient jamais atteintes même les navires les plus puissants.

Au mois de septembre 1876, MM. Thornycroft et Cie, constructeurs à
Chiswick, livrèrent à Mme la baronne de Rothschild un yach de plaisance à
vapeur « La Gitana ».

Cette embarcation, dont la longueur n'est que de 27 m. 60 et la largeur
de 4 m. 10, fut essayée sur le lac de Genève, entre Genève et Villeneuve,
sur une base de près de 70 kilom. et atteignit la vitesse de 38 k. 1/2 à
l'heure, qu'elle soutint pendant 1 h. 3/4.

Les divers gouvernements ont fait construire, sur les mêmes principes,
un certain nombre d'embarcations destinées à porter des torpilles.

Voici quelques-unes des dimensions d'un bateau porte-torpilles (Voir
415).

Coque. Longueur. . . . . 27 m. 75
         Largeur . . . . 3 m. 30
         Tirant d'eau :
         Avant. . . . . 0 m. 42
         Milieu. . . . . 0 m. 79
         Arrière.. . . . . 1 m. 70
         Surface immergée du maître-couple. 1 m.²87
         Déplacement. . . . . 30 t. 90

Hélice. Grâce à la grande inclinaison de la quille et au prolongement de
l'arrière, on a pu donner à l'hélice un diamètre de 1 m. 67. Le pas est de

1 m. 84 ; il y a 3 ailes courbes et fort inclinées en arrière, de manière à atténuer les vibrations énergiques qui se produiraient dans leur passage près de l'étambot.

Machine. Puissance indiquée.	320 ch.
Soit par mètre carré du maître-couple.	171 ch.
Poids (machine, chaudières pleines, hélice et arbres).	15.000 k.
Soit par cheval indiqué	42 k.
Vitesse. . . . . . :	18 n. ou 33 k. 1/3 à l'heure

Cette vitesse doit pouvoir se soutenir pendant 3 heures.

Voyons maintenant comment on a pu réaliser ce résultat merveilleux de réduire le poids du moteur à 42 kilogrammes par cheval.

La machine marche à haute pression (8 k. 1/2) et à grande vitesse (320 tours par minute) ; elle est du système Compound, à pilon, à trois cylindres ; un admetteur à un bout et deux détendeurs. Les trois cylindres sont à enveloppe de vapeur et le tout est plongé dans un récipient formant réservoir intermédiaire.

Les vilebrequins sont à 120 degrés et toutes les masses soigneusement équilibrées ; les frottements se font par de larges portées nageant dans l'huile, qui est distribuée en surabondance ; condenseur par surface, pompes à air à plongeur conduites par la crosse du piston.

Voici les principales dimensions :

Nombre de tours par minute.	320
Diamètres { Cylindre admetteur	$0^m.350$
{ Cylindres détendeurs.	$0^m.420$
Course (commune)	$0^m.350$
Introduction maxima.	$0^m.65$
Surface de condensation	$60^{m2}.25$
Pompe de circulation, débit à l'heure.	240^{m3}.

La pompe de circulation est une turbine actionnée par l'arbre de couche au moyen d'un engrenage par friction.

La distribution est faite par de simples tiroirs à recouvrement, conduits par une coulisse au moyen d'excentriques calés sur l'arbre de couche.

Lumières d'admission : longueur.	$0^m.320$
largeur	$0^m.050$
Recouvrement { intérieur.	$0^m.030$
{ extérieur	nul
Rayons d'excentricité { admetteur	$0^m.0625$
{ détendeur.	$0^m.0535$
Avance angulaire	42°

Ainsi donc, forte pression, grande vitesse, fortes avances, détente perfectionnée : tels sont les caractères d'une machine à la fois puissante, légère et économique comme consommation de vapeur.

La chaudière a la forme des chaudières de locomotives, mais avec un foyer très grand et des tubes peu nombreux et très courts.

	Totale	Par cheval
Surface de grille.	1^{m2}96	0$^{décim.2}$61
Surface de chauffe	58^{m2}28	0^{m2} 182

En supposant, par heure et par cheval, une consommation de 8 k. de vapeur et de 1 k. 30 de charbon, cela donnerait, par heure :

Charbon brûlé par décimètre carré de grille . . . . 2 k. 15
Vaporisation, par mètre carré de surface de chauffe. . . . . 50 k.

La combustion est donc très vive, analogue à celle que l'on obtient sur les locomotives.

Quant à la vaporisation, elle est des plus intenses, résultat obtenu en réduisant les tubes à une faible longueur (1 m. 70) et sacrifiant la partie de la surface de chauffe éloignée du foyer.

Pour obtenir le tirage nécessaire, on a enfermé la machine et les chaudières dans une chambre close, dans laquelle deux ventilateurs insufflent de l'air pris au dehors, de manière à y produire une pression de quelques centimètres d'eau. Le diamètre des ventilateurs est de 1 m. 15, ils sont conduits directement par une machine spéciale faisant 800 à 1000 tours par minute.

Ainsi, pour obtenir un moteur ne pesant que 42 k. par cheval indiqué, les moyens employés se résument comme il suit :

Machine à haute pression, à grande vitesse et très économique comme consommation de vapeur ;

Chaudière à grande grille, avec foyer soufflé et faible surface de chauffe, c'est-à-dire peu économique comme consommation de combustible.

Nous terminons nos études sur les machines de navigation par cette remarquable application des principes développés dans les chapitres précédents.

CHAPITRE XVIII

MACHINES A VAPEUR DIVERSES

435. Division. — Nous avons étudié jusqu'ici les machines fixes de manufactures, les locomobiles et mi-fixes, les locomotives et les machines marines.

La machine à vapeur comprend bien d'autres variétés : en se vulgarisant, en s'adaptant à tous les ouvrages, elle s'est diversifiée à l'infini et a pris mille aspects différents.

Ne pouvant passer en revue qu'un petit nombre de ces applications multiples des mêmes principes, nous choisirons seulement les plus remarquables parmi celles dont la pratique a démontré la valeur.

Les machines que nous avons considérées, comportent toutes un arbre de couche animé d'un mouvement de rotation continu, actionné par un piston à mouvement rectiligne alternatif, et actionnant à son tour la distribution de vapeur.

Sans sortir de ces données générales, nous aurons d'abord à mentionner quelques moteurs destinés à certains services spéciaux, ce qui leur imprime un caractère particulier.

Mais le travail développé par la vapeur peut être recueilli au moyen des organismes les plus variés et différant beaucoup du type ordinaire ci-dessus rappelé ; nous aurons à décrire, dans cet ordre d'idées :

Les machines constituées par un piston animé d'un mouvement rectiligne alternatif, mais actionnant l'organe opérateur sans l'intermédiaire d'un arbre de couche ;

Les machines dans lesquelles le mouvement de rotation est produit directement par l'action de la vapeur, sans l'intermédiaire d'un piston animé d'un mouvement alternatif ;

Les machines élévatoires sans piston ;

Les machines dites *servo-moteurs*.

Commençons par quelques exemples de machines ordinaires affectées à des services spéciaux. Nous passerons rapidement en revue :

Les locomotives routières ;

Les machines soufflantes ;

Les pompes à incendie à vapeur ;

Les moteurs domestiques ;

Les machines à mouvements rapides.

436. Locomotives routières. — Ce n'est que dans des cas assez rares qu'il y a avantage à se servir de la locomotive pour la traction sur les routes de terre.

Si le trafic à desservir est peu important, la traction mécanique ne saurait procurer d'économie ; s'il est plus considérable, on trouvera presque toujours avantage à établir une paire de rails et à construire sur l'accotement de la route un petit chemin de fer.

Toutefois, le dernier mot n'est peut-être pas dit sur cette question.

La traction à vapeur ne s'applique économiquement que lorsque le chargement à transporter est assez important pour nécessiter l'emploi de plusieurs véhicules attelés en convoi ; dès lors, il faut que la route à parcourir soit large, à courbes assez douces et à inclinaisons faibles, car la montée et surtout la descente, sur une pente rapide, d'un convoi qui n'est pas maintenu par des rails, ne laissent pas que de présenter des inconvénients sérieux ; la route doit être, en outre, en fort bon état et assez peu fréquentée pour que la longueur du convoi ne soit pas une gêne pour les voitures ordinaires.

Dans ces conditions, si les transports à faire sont importants et surtout s'ils ne doivent avoir qu'une durée limitée, le mode de traction dont il s'agit, peut présenter de sérieux avantages. C'est ainsi que l'Administration de la guerre l'a utilisé pour le transport des munitions destinées aux forts des environs de Paris. Les chariots de l'artillerie employés à cet usage sont munis d'un système directeur qui fait converger les essieux d'avant-train, de telle sorte que dans les courbes, toutes les roues suivent à peu près la même piste. La locomotive attelée en tête est une locomobile dont l'arbre attaque, par un engrenage, les roues d'arrière, qui sont munies de larges jantes. L'avant-train pivote sur une cheville ouvrière, et ce mouvement est obtenu par la manœuvre d'un volant mis sous la main du conducteur.

Les locomobiles agricoles, surtout celles employées au labourage, sont disposées de manière à pouvoir se déplacer elles-mêmes. Un simple embrayage permet de communiquer le mouvement aux roues ; mais, ici la fonction de locomotive n'est qu'accessoire : la fonction essentielle est la puissance du moteur une fois mis en station. Tant qu'elle a à se déplacer, la machine n'a rien à remorquer, si ce n'est un petit chariot portant son propre approvisionnement ou quelques outils agricoles ; c'est là du reste une besogne assez difficile dans les chemins montueux et défoncés ou au milieu des terres labourées. Une fois arrivée en place, la machine est mise en service pour tirer de lourdes charrues au moyen d'un câble en fil de fer, pour manœuvrer une grue, une batteuse, etc. Dans toutes ces locomotives, dont le déplacement est peu rapide, il ne faut pas songer à attaquer directement les roues motrices : cela entraînerait à des mouvements de piston très lents et, par suite, à des cylindres énormes : la transmission se fait toujours par engrenages ou par chaines de Galle. L'appareil : moteur, chaudière et machine, ne diffère pas des locomobiles ordinaires.

437. Rouleaux compresseurs. — Les rouleaux compresseurs à vapeur, qui servent à cylindrer les chaussées de Paris, sont établis à peu près comme des locomotives routières (fig. 268).

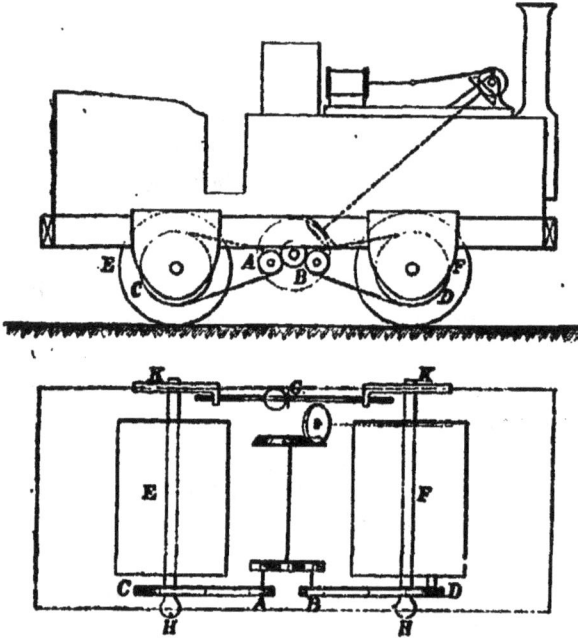

Fig. 268.

La machine à vapeur actionne, par une série d'engrenages, deux pignons, A et B, qui commandent, au moyen de chaines de Galle, deux roues dentées, C et D, fixées sur les axes des deux rouleaux en fonte E F qui portent tout l'appareil.

Pour tourner dans les courbes, on fait converger les axes des rouleaux au moyen de la double vis G mise en mouvement par le conducteur et qui rapproche ou éloigne les plaques de garde K K ; afin que cette convergence soit possible, les fusées H H des essieux des rouleaux sont sphériques, du côté opposé à la vis G.

Le cylindrage se fait de préférence la nuit, dans les quartiers où la circulation est active.

Les rouleaux en usage à Paris pèsent de 18.000 à 25.000 k. et marchent à la vitesse d'environ 2500 m. à l'heure. Ces cylindres ont un diamètre de 1 m. 20 à 1 m. 50 et une longueur de 1 m. 50 à 1 m. 90. Le cylindrage d'un mètre cube exige de 6 à 8 tonnes kilométriques.

438. Machines soufflantes. — La figure 269 représente les nouvelles machines soufflantes installées au Creusot pour le service des hauts-fourneaux :

A A. Cylindre à vent ;

B B. Cylindre à vapeur ;

C C. Té ou traverse guidée par les glissières D D D D fixées au bâti ;

E E. Bielles pendantes latérales attaquant par les mannetons F F le double volant G G calé et monté sur un arbre transversal H H passant en dessous du cylindre à vapeur ;

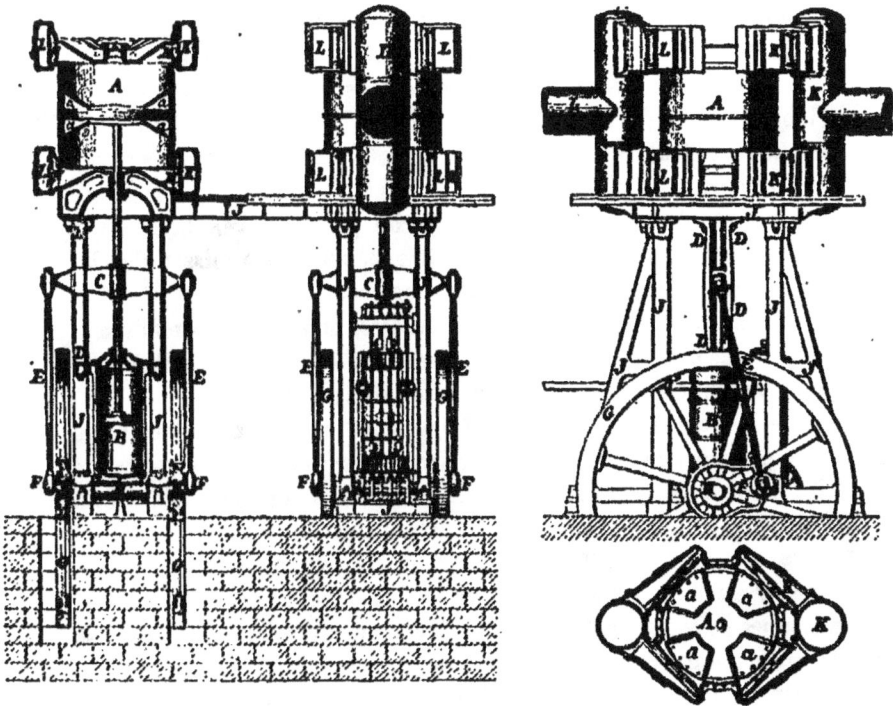

Fig. 269.

J J. Montants et bâtis supportant et entretoisant les différentes pièces ;

K K. Conduites prenant l'air frais au dehors ;

L L. Conduites amenant l'air comprimé au haut-fourneau ;

M M. Clapets d'aspiration ;

N N. Clapets de refoulement ;

Ces machines fournissent de l'air comprimé à 0 m. 16, à 0 m. 18 de mercure :

Diamètre du cylindre à vapeur. . . . . 1^m25

Diamètre du cylindre soufflant. 3 00

Course des pistons. 2 50

La vitesse est d'environ 12 tours et le débit de 320 m³ d'air par minute, la vitesse moyenne des pistons est d'environ 1 mètre par seconde.

Pour que l'effet utile de machines de cette nature ne soit pas fort réduit, il faut que la vitesse de l'air, au passage des clapets d'aspiration ou de refoulement soit très petite. De là deux conditions : faible vitesse des pistons et grande ouverture des clapets ; cette dernière condition conduit, pour le cylindre à vent, à des espaces nuisibles considérables, dont une partie a été supprimée par l'addition, sur le piston, des coffres en tôle creuse *aaaa*.

La distribution se fait par des cames portées par un arbre *bb* conduit par engrenages. Ces cames actionnent des soupapes de Cornouailles, système très simple et excellent pour des appareils à faible vitesse.

Les volants ont pour objet essentiel de faire passer les points morts. Dans leurs jantes sont ménagés des contrepoids destinés à équilibrer la masse mouvante. Le mouvement de rotation de ces volants est loin d'être régulier. Le travail moteur, supérieur au travail résistant pendant la pleine pression, lui devient rapidement inférieur pendant la détente, et la masse des volants a été, à dessein, faite assez petite pour que, vers la fin de la course, la vitesse de rotation devienne faible, de manière à laisser aux clapets le temps de se fermer et de s'ouvrir sans choc.

Il existe des machines soufflantes horizontales, mais de moindres dimensions que celles que nous venons de décrire ; d'autres sont à balanciers, le piston à vapeur à un bout, le piston à vent de l'autre.

Le genre de transmission représenté figure 269, et composé d'une paire de bielles en retour avec volant en arrière du cylindre est souvent usité pour les petits chevaux alimentaires ; les deux cylindres, à vapeur et à eau, sont placés en prolongement suivant un axe vertical ou horizontal.

439. Pompes à incendie à vapeur. — L'usage des pompes à incendie à vapeur est devenu très fréquent depuis quelques années.

Ces pompes se composent d'une machine à vapeur, accompagnée de sa chaudière, actionnant une pompe foulante, le tout monté sur un chariot.

Pour rendre des services sérieux, l'appareil doit être prêt à fonctionner très promptement. La pompe à vapeur, tenue en parfait état, est remisée à côté du poste de pompiers ; sa chaudière est pleine d'eau et son foyer bourré de copeaux et de fagots ; les tuyaux en cuir, tout montés, sont arrangés sur le chariot. Deux chevaux harnachés sont dans une écurie voisine.

A l'annonce d'un incendie, signalé par un télégraphe spécial, le feu est allumé dans le foyer, les chevaux attelés ; les pompiers montent sur le chariot ; on part au trot et, en quelques minutes, on est sur le lieu du sinistre ; la chaudière a dû atteindre sa pression pendant le trajet.

Les deux qualités essentielles d'un appareil de cette nature sont : légèreté, rapide montée en pression.

La chaudière sera donc à petit réservoir d'eau (259) ; à faible surface de chauffe (257) ; à grande surface de grille (238), et à combustion active par tirage forcé (253).

Quant à la machine, les pompes à eau ne se prêtant pas à des mouvements rapides, on doit, pour la faire légère, recourir à des artifices particuliers sur lesquels nous reviendrons (445).

Les pompes de *Merryweather* se composent d'une chaudière Field (270) et d'une machine sans arbre de couche dont le piston actionne directement le piston à eau ; l'échappement de la vapeur a lieu dans la cheminée ; le tout est solide, léger et porté par un chariot qui peut tourner dans les rues les plus étroites.

Une pompe, fournissant par minute 2400 litres, et donnant un jet de 54 mètres de hauteur, ne pèse guère, chariot et accessoires compris, que 2000 kilos.

440. Petits moteurs domestiques. — Il s'est posé, depuis quelques années, un problème d'une extrême importance industrielle et même sociale ; il convient d'en dire un mot.

Il s'agirait de mettre entre les mains des *ouvriers en chambre* un petit moteur simple, peu coûteux, présentant toute sécurité, très facile à conduire et à entretenir et fournissant, à bas prix, une puissance motrice minime ; en un mot, il faudrait remplacer le manœuvre qui tourne à la manivelle ou le pied de l'ouvrière sur la pédale de la machine à coudre.

Le problème n'a pas encore été résolu, du moins d'une manière générale : la machine à vapeur, et surtout la chaudière à vapeur exigent trop de soins et d'attentions ; l'homme chargé de les conduire ne peut guère s'occuper d'autre besogne, et son salaire pour les très petites forces devient, relativement parlant, une grosse dépense.

On a essayé de se servir du gaz d'éclairage comme combustible ; la conduite du feu devient alors très simple, et d'ingénieux inventeurs ont construit de petites machines à vapeur chauffées au gaz et marchant plusieurs heures sans qu'on ait à s'en occuper ; malheureusement, le gaz d'éclairage est un combustible trop cher, et la machine à vapeur utilise trop mal la chaleur produite dans le foyer pour que cette solution devienne pratique ; les *machines à gaz* proprement dites (Chap. XIX) se rapprochent davantage du but, à cause de leur faible consommation.

Pour des puissances qui ne sont pas très petites : un ou deux chevaux, de petites machines demi-fixes simples et solides peuvent convenir ; exemple : Machine de *Baxter* avec chaudière verticale, portant une petite machine verticale ; pour une force de 2 chevaux, prix : 2000 francs ; 300 révolutions par minute ; construction fort bien entendue et d'une exécution remarquable.

La solution du problème a été cherchée dans une autre direction : un moteur central engendre une grande puissance, qui est ensuite transmise et détaillée entre un grand nombre de petits ateliers. Avantages économiques d'une pareille organisation, malgré la perte de puissance, souvent considérable, résultant des résistances passives.

Le moteur central peut être une machine à vapeur ou, si les conditions locales le permettent, une chute d'eau.

La transmission peut avoir lieu par systèmes funiculaires ou par l'eau sous pression.

Voici des exemples de transmissions par systèmes funiculaires.

Cités ouvrières de Paris : ce sont de grands bâtiments divisés en une multitude de petits ateliers ; une puissante machine à vapeur, établie au centre, distribue, au moyen d'arbres et de courroies, la force motrice à tous les étages ; chaque atelier est loué avec la force motrice correspondante.

Cités industrielles de Schaffhouse et de Bellegarde : les chutes du Rhin et du Rhône fournissent une puissance motrice considérable, recueillie par des turbines, envoyée et répartie à des grandes distances dans la vallée et à des ateliers grands et petits au moyen de câbles en fil de fer.

Dans quelques villes, on se sert de l'eau sous pression qui circule dans les conduites alimentaires pour actionner, soit de petites turbines, soit de petites machines à colonne d'eau ; c'est surtout avantageux pour les nombreuses industries qui n'ont besoin de force motrice que par intermittence ; on ouvre le robinet d'admission pour mettre la machine en marche, on le ferme pour arrêter et on ne paie que l'eau réellement dépensée.

Quant à la mise en charge des conduites, elle est obtenue soit par des travaux de dérivation des cours d'eau, soit par des pompes à vapeur.

Le système n'est admissible que si l'eau est vendue à très bon marché et sous forte pression ; un petit moteur d'un demi-cheval, actionné par de l'eau sous une pression de 40 m., réduite à moitié par les pertes de charge, en consommerait, par heure :

$$\frac{1}{2}\ \frac{75 \times 3,600}{20} = 6^{m3},5$$

soit, à raison de 4 heures de travail, 26 m.³ par jour ; avec les prix de vente de l'eau, à Paris et dans la plupart de nos grandes villes, ce serait une dépense inabordable.

Il en est autrement dans un certain nombre de villes de Suisse, où l'on a tiré parti des circonstances locales pour installer des distributions fournissant l'eau sous de fortes pressions et à très bon marché.

C'est pour ce cas particulier que M. *Schmid*, habile constructeur à Zurich, a installé le petit moteur représenté figure 270 et dont nous donnons la description comme un exemple de dispositif très simple et bien adapté au service à rendre :

A. Cylindre oscillant autour d'un axe O ;

B. Arrivée de l'eau en pression ;

C. Echappement ;

D E. Glace cylindrique ayant son centre en O ;

F. Arbre de couche ;

F G. Vilebrequin ;

P. Piston.

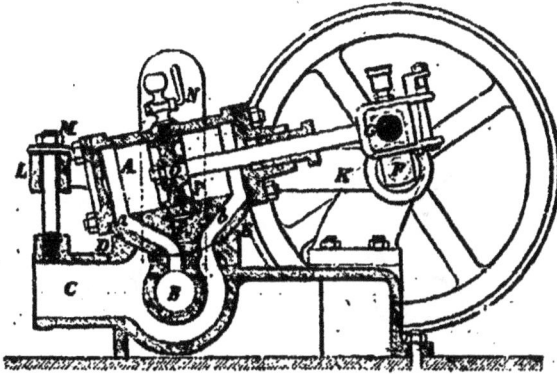

Fig. 270.

L'oscillation du cylindre autour de son axe détermine la communication alternative des lumières *a* et *b* avec l'admission B et l'échappement C ; les tourillons O sont pressés sur la glace par les bras K L au moyen de l'écrou M, et cette pression est réglée de manière à faire seulement équilibre à la sous-pression de l'eau arrivant par la conduite B.

N. Réservoir d'air pour amortir les coups de bélier.

Cette machine peut, à la rigueur, marcher à la vapeur.

441. Machines à mouvements rapides. — Dans certains cas, la grande vitesse de marche d'une machine devient très commode ; elle permet de supprimer des transmissions et engrenages multiplicateurs, lorsqu'il s'agit d'actionner des outils à mouvements rapides (ventilateurs, pompes centrifuges, scies circulaires, machines magnéto-électriques, etc.) et d'obtenir, sous un faible volume, une puissance considérable.

Les machines rotatives (449) résoudront peut-être un jour ce problème. En voici une autre solution qui a eu déjà de nombreuses applications, c'est la *machine à trois cylindres de Brotherood* (fig. 271).

Elle se compose de trois cylindres à simple effet A A A fondus d'une seule pièce, divergeant sous des angles de 120° autour de l'arbre de couche O et dont les pistons actionnent directement, au moyen de bielles B B B, une manivelle unique C ; la distribution est obtenue par un robinet tournant D (122) mû par une contre-manivelle E et sur lequel est monté un petit modérateur F qui ouvre plus ou moins l'arrivée de vapeur.

On remarquera que les bielles sont toujours en pression, ce qui supprime

444   CHAPITRE XVIII

complètement les chocs qui, dans les machines à double effet, ont lieu à
chaque bout de course, quand les pièces ont pris du jeu ; une usure, même
notable, n'empêche pas le fonctionnement.

Toutes les pièces sont d'une construction simple, solide et bien entendue ; les frottements se font entre larges surfaces, acier et bronze phos-
phoré, avec graissage surabondant ; la vitesse du piston atteint 6 à 7 m.
et le nombre de tours 1500 et au delà par minute.

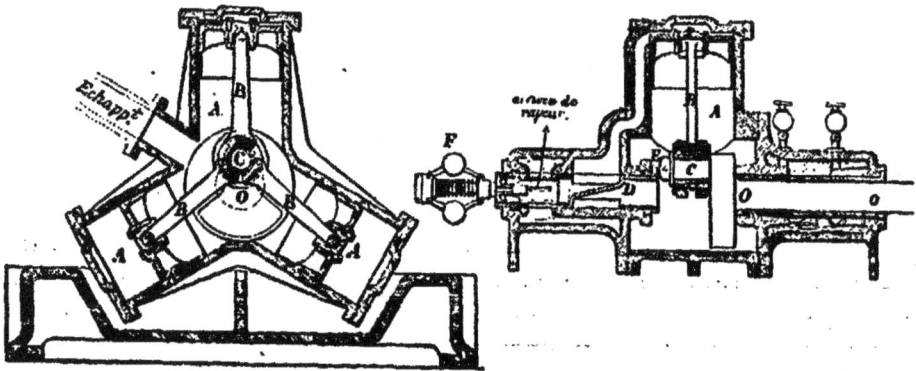

Fig. 271.

Cette machine a été imitée de bien des manières ; certains constructeurs
ont réduit à deux le nombre des cylindres et, en faisant les deux cylindres
d'inégal diamètre, essayé d'appliquer le fonctionnement Compound ; d'autres ont placé les trois cylindres côte à côte, les pistons, à simple effet,
agissant sur trois vilebrequins à 120°.

Il nous est impossible de décrire ces dispositifs variés, dérivant d'une
même idée et dont quelques-uns ne sont cependant pas sans intérêt.

442. Machines sans arbre de couche. — Nous comprenons sous la
dénomination de *machines sans arbre de couche*, toutes celles qui comportent un piston animé d'un mouvement rectiligne alternatif, mais dans lesquelles ce mouvement alternatif est transmis directement à l'outil opérateur, sans passer par l'intermédiaire d'un arbre animé d'un mouvement
de rotation continue ; on les désigne quelquefois sous le nom de *machines
à action directe*.

Depuis quelques années, ce dispositif est fort usité, comme petit cheval,
pour conduire la pompe alimentaire des grandes chaudières.

Si la résistance opposée par l'opérateur est sensiblement constante pendant la course du piston, il est clair qu'il doit en être de même de la puissance ; il ne saurait donc y avoir de détente, à moins cependant, que les
masses mises en mouvement ne soient très considérables.

Au point de vue de la distribution, il faut distinguer deux cas :

1° Distribution faite à la main : nous citerons les marteaux à vapeur et les grues Chrétien ;

2° Distribution automatique : pompes diverses, machine de Cornouailles.

443. Marteaux à vapeur. — Un marteau à vapeur ou marteau pilon se compose d'un cylindre vertical A (fig. 272) porté par deux jambages en fonte B B ; la tige du piston C porte un lourd mouton D en fonte, guidé par deux glissières ; sous le mouton est fixée une *frappe* E qui vient battre sur l'*enclume* F ; le tout est supporté par une lourde masse de fonte G, appelée *chabotte*, fixée à de solides fondations.

La distribution se fait le plus souvent à la main, au moyen d'un tiroir H manœuvré par un levier K ;

L. Arrivée de vapeur ;

M. Echappement.

Pour les grands appareils, le tiroir, qui serait trop dur à manœuvrer à la main, est équilibré au moyen d'un compensateur (132), ou remplacé par des soupapes équilibrées (139). L'action est à simple effet : la vapeur étant introduite sous le piston, le mouton est soulevé ; puis on abaisse le tiroir, la vapeur s'échappe, et le mouton retombe par son propre poids.

La partie supérieure du cylindre porte un fond N, et le volume d'air O ainsi confiné, constitue un ressort ou rabat d'air ; quand le piston descend, cet espace se remplit d'air par la soupape P ; au moment de l'ascension du piston, cet air se comprime, et sa pression est limitée par la soupape Q, chargée d'un ressort dont on peut régler la tension.

L'air, ainsi comprimé, réagit pour accélérer la descente.

La soupape Q joue encore un autre rôle : si, par la maladresse du conducteur, le piston s'élève trop haut, il pourrait heurter et briser le fond supérieur du cylindre ; mais, dès qu'il a dépassé l'ouverture R, la vapeur enfermée au-dessous s'échappe en partie par la soupape Q, en même temps que l'air confiné au-dessus du piston forme matelas et arrête l'ascension.

Pour que le fer à forger n'ait pas le temps de se refroidir, il faut que les mouvements du marteau soient rapides ; on donne donc au piston un diamètre notablement plus fort que celui rigoureusement nécessaire pour soulever le mouton ; la vapeur agit par détente, l'excès de travail pendant l'admission s'emmagasinant dans la masse du marteau.

Le marteau-pilon, exposé à des chocs violents, doit être construit très solidement ; la tige du piston, assez mince pour vibrer isolément sans

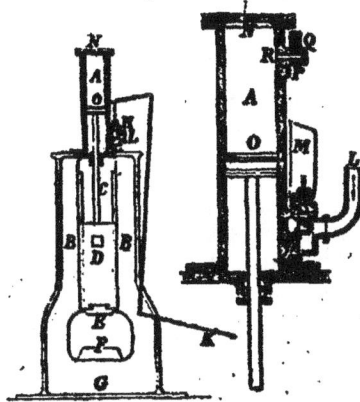

Fig. 272.

transmettre les chocs au mécanisme, est d'ordinaire forgée d'une pièce
avec le piston. Certains marteaux-pilons sont à double effet, la vapeur
agissant alternativement au-dessous et au dessus du piston ; la tige est
alors très massive et la distribution automatique : ces marteaux, dont les
coups sont multipliés, sont réservés pour le martelage des pièces de petites dimensions.

On construit des pilons pour tous les usages, de toutes les dimensions
et de tous les poids : depuis quelques kilogs jusqu'à 50 tonnes et au delà.

Le Creusot vient de construire un marteau-pilon dont la partie agissante
(mouton, frappe, piston et tige) pèse 75 tonnes ; la levée est de 5 mètres ;
le diamètre du cylindre, de 1 m. 90 ; poids de la chabotte 750 tonnes ; hauteur totale, à partir du sol : 17 m. 50. C'est le plus grand pilon qui existe
aujourd'hui.

Le marteau-pilon a été inventé presque en même temps par M. Bourdon, au Creusot, et par M. Nasmyth, en Angleterre ; on peut dire que
cette invention a complètement transformé l'art du forgeron.

Le marteau à vapeur est employé avec grand avantage pour le fonçage
des pieux ; dans ce cas, le cylindre est mobile ; il est guidé par les montants d'une charpente, et descend au fur et à mesure de l'enfoncement
des pieux.

444. Grue Chrétien. — Dans la grue imaginée par M. Chrétien, la volée
est constituée par un cylindre à vapeur A prolongé par une poutre en fer
portant la poulie B.

Fig. 273.

La course du piston est multipliée au moyen
d'une chaîne mouflée C C de manière à obtenir
la hauteur de levage nécessaire.

La distribution est faite à la main par le levier
D ; la chaudière E, verticale et à foyer intérieur,
fait contre-poids à la volée et l'ensemble tourne
autour d'un pivot F fixé sur un chariot roulant
sur des rails.

Le mouvement de rotation horizontal est donné à la main, par engrenages, au moyen du volant G.

Cet appareil est commode pour lever, en peu de temps et à une hauteur
à peu près constante, un grand nombre de charges d'un poids modéré.

**445. Machines sans arbre de couche à distribution automati-
que.** — Dans une double excursion, le piston passe deux fois par la même
position : une fois à l'aller, une fois au retour ; pour que la distribution
puisse se faire, il est nécessaire que la position du distributeur ne soit pas
la même dans le premier cas que dans le second, c'est-à-dire qu'à une position donnée du piston correspondent deux positions différentes du distributeur. Si donc les mouvements des pistons sont liés à ceux des distri-

buteurs, suivant une loi géométrique et continue, l'équation exprimant cette relation ne saurait être linéaire ; elle doit être au moins du second degré ; ce dernier cas est, en négligeant les obliquités des bielles, celui de la commande par excentrique circulaire.

Si toutes les pièces d'une machine ne sont animées que de mouvements alternatifs rectilignes (ou se rapprochant de la ligne droite, comme dans le cas de leviers décrivant des arcs d'une faible amplitude) il est clair que cette condition ne saurait être remplie. Il devient donc nécessaire que, pendant au moins une partie de la course, le mouvement du distributeur soit indépendant de celui du piston.

La solution a été obtenue de bien des manières ; très souvent les mouvements du distributeur sont déterminés par le contact momentané de pièces se mouvant avec le piston. Voici le diagramme d'un de ces dispositifs (fig. 274).

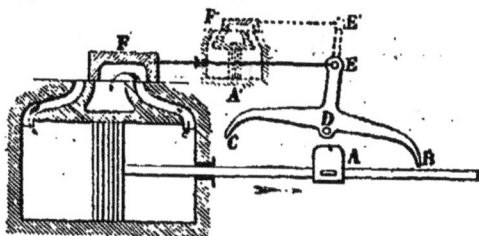

Fig. 274.

La tige du piston porte un doigt A qui, vers le bout de course, rencontre un toc B, solidaire d'un levier B D E oscillant autour du point D et dont l'autre E, commande le tiroir F ; quand le toc est repoussé, la distribution se trouve renversée.

On voit que le tiroir est indépendant du piston pendant la presque totalité de la course de ce dernier.

Ce système offre des inconvénients : si les masses en mouvement sont petites et les vitesses faibles, le mouvement cesse aussitôt que le levier a basculé assez pour que les deux lumières soient simultanément couvertes par les barrettes du tiroir, c'est-à-dire avant que le piston soit tout à fait à fond de course : c'est un point mort auquel la machine s'arrête fréquemment.

On tourne la difficulté en se servant d'un piston auxiliaire A' (figuré en pointillé) qui commande le tiroir F et dont le tiroir F' est commandé par le levier E' D B; le tiroir principal F ne commence son mouvement rétrograde que lorsque la distribution en F' est régulièrement renversée, et, sous l'action du piston A', son déplacement s'achève complètement.

Voici un exemple de ce mode de distribution (fig. 275).

Les deux petits pistons auxiliaires A et A', limitant la boîte à vapeur, entraînent dans leurs mouvements le tiroir principal B, étant d'égale surface ils se font équilibre et leur mouvement, dans uh sens ou dans l'autre, dépend des pressions qui règnent derrière eux, en C et C'. C'est le piston principal E qui, en poussant successivement les deux obturateurs D et D', déter-

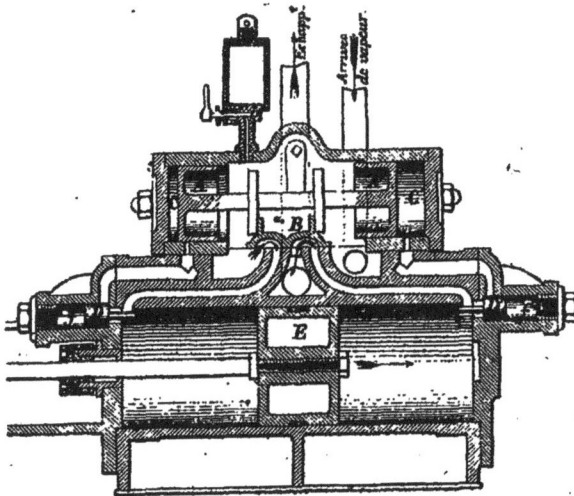

Fig. 275.

mine ce mouvement. Ces deux obturateurs sont constamment appuyés sur leur siège par la vapeur pénétrant par les petits trous $f f'$. Le piston arrivé à bout de course pousse, par exemple D'; l'espace C' se trouve mis en communication avec la face droite du piston, c'est-à-dire avec l'échappement; par conséquent, le tiroir B est déplacé et le mouvement renversé.

Les pompes à vapeur de Merryweather (439) ont une distribution de ce genre, à part quelques différences de détail.

Nous allons actuellement décrire une application très ancienne et d'une grande importance, des principes de la distribution sans arbre de couche.

446. Machines de Cornouailles. — Les machines usitées dans le Comté de Cornouailles pour l'épuisement des eaux des mines dérivent directement de celles construites par Watt pour le même objet; ce modèle est resté presque sans changement et a toujours fourni d'excellents résultats.

Ces machines sont à *simple effet*, c'est-à-dire que la pression de la vapeur n'agit que sur une des faces du piston.

La tige du piston A (fig. 276) attaque, par un parallélogramme, le solide balancier B C tournant autour d'un axe D; à l'autre extrémité C du balancier est attachée une longue et lourde poutre verticale appelée *maîtresse tige* K, laquelle va, sur plusieurs centaines de mètres de profondeur, actionner les divers étages de pompes foulantes échelonnés sur toute la hauteur du puits de mines ; le poids de la maîtresse-tige est tel qu'il dépasse un peu la résultante des pressions exercées par la colonne d'eau ascendante sous les pistons des pompes.

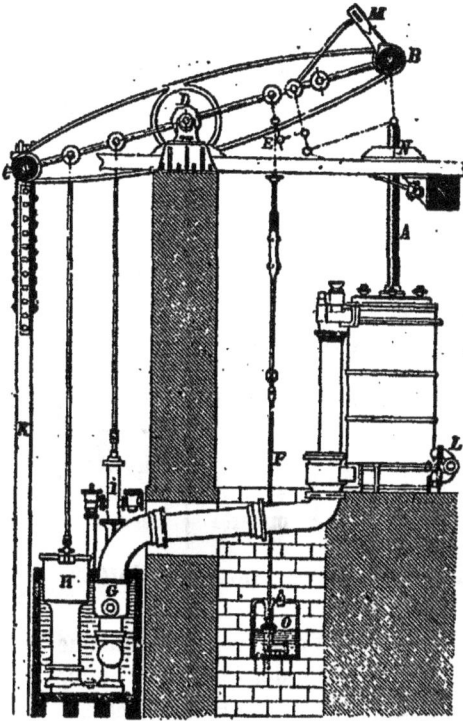

E F. Poutrelle verticale manœuvrant la distribution ;

G. Condenseur ;

H. Pompe à air ;

I. Pompe alimentaire ;

O. Cataracte ;

M. Buttoirs appuyant sur les arrêts N.

Fig. 276.

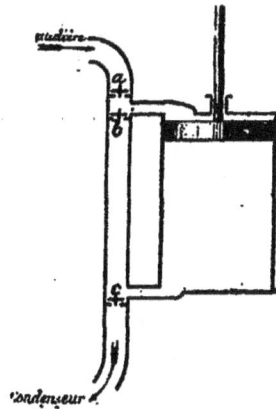

Fig. 277.

Le diagramme ci-contre (fig. 277) nous servira à expliquer le jeu de la distribution.

Elle a lieu au moyen de soupapes de Cornouailles (139, fig. 47) manœuvrées par la poutrelle E F de la figure précédente.

Ces soupapes sont au nombre de trois :

La soupape d'admission *a*, la soupape d'équilibre *b*, la soupape d'exhaustion *c*.

Soit le piston en haut de sa course, *c* ouvert et *b* fermé ; si on ouvre *a*, la vapeur venant de la chaudière vient presser sur la face supérieure du piston.

La surface du piston est calculée de telle sorte que la résultante des pressions à l'admission l'emporte notablement sur le poids de la maîtresse-tige suspendue à l'autre bout du balancier. Le piston va donc descendre avec un mouvement accéléré, en soulevant cette poutre ; au bout d'un instant la soupape *a* se referme ; alors la détente commence ; la pression baisse ; elle ne tarde pas à devenir insuffisante pour équilibrer le poids de la maîtresse-tige ; le mouvement descendant du piston se continue néanmoins, en vertu de la vitesse acquise par les masses énormes mises en mouvement, mais en se ralentissant de plus en plus.

Lorsque le piston arrive près du bas de sa course, la soupape d'exhaustion *c* se ferme, et immédiatement la soupape d'équilibre *b* s'ouvre à son tour ; les deux faces du piston communiquant ainsi par le tuyau *b c*, le poids de la maîtresse-tige l'emporte, et le piston remonte ; mais le mouvement ascensionnel se fait lentement et régulièrement, parce que c'est dans cette période que la colonne liquide est soulevée par les pompes.

Quand le piston arrive vers le haut de sa course, la soupape d'équilibre *b* se ferme, et, immédiatement après, les soupapes d'exhaustion *c* et d'admission *a* s'ouvrent, et la période d'admission recommence.

Nous résumons ci-dessous les mouvements des soupapes :

	Admission *a*	Equilibre *b*	Exhaustion *c*
Période d'admission	ouverte	fermée	ouverte
» de détente.	fermée	fermée	ouverte
» d'ascension du piston. .	fermée	ouverte	fermée

L'étude de cette machine donne lieu à quelques remarques intéressantes.

Vers la fin de la période descendante, le mouvement n'est entretenu que par la vitesse acquise ; sitôt que cette vitesse est amortie, il faut que le piston remonte ; la période ascendante doit donc suivre sans intervalle.

Il n'en est pas de même à la fin de la période ascendante ; les forces en jeu sont le poids de la maîtresse-tige et celui de la colonne d'eau, qui se font presque équilibre ; les mouvements sont lents et à peu près uniformes ; la soupape d'équilibre étant fermée un peu avant la fin de la course, le matelas de vapeur confiné au-dessus du piston a bien vite amorti la vitesse. La machine peut rester indéfiniment en équilibre dans cette position.

On a tiré parti de cette propriété de la manière suivante :

Les soupapes d'exhaustion *c* et d'admission *a* sont ouvertes, non pas par la machine elle-même, mais par un organe spécial, une espèce de clepsydre appelée *cataracte* (447) que la machine ne fait que remonter, et dont la vitesse, complètement indépendante, est réglée à volonté La machine reste immobile, le piston étant en haut de sa course, jusqu'à ce que le mouvement de la cataracte déclenche des contrepoids, qui soulèvent brusquement la soupape d'exhaustion et, presque tout de suite après, celle d'admission ; le piston part immédiatement ; il fait une double excursion, puis s'arrête en haut de sa course, attendant le nouveau signal donné par la cataracte.

Suivant donc que le mouvement de la cataracte sera plus ou moins rapide, les oscillations du piston seront plus ou moins fréquentes, ce qui permet d'accommoder l'activité des épuisements à l'intensité très variable des infiltrations.

Le dessus du piston n'est jamais en communication avec le condenseur; ainsi se trouve réalisée la condition essentielle de la détente Woolf (108). De plus, ces machines sont à enveloppe de vapeur (fig. 276) ; le tuyau L sert à faire communiquer l'enveloppe cylindrique avec l'enveloppe du fond inférieur. Pendant la longue période d'arrêt en haut de la course, les parois du cylindre se réchauffent et se sèchent. De ces circonstances résulte une marche très économique.

447. Détails de la distribution. — La figure 278 représente la *cataracte*, dont il a été question dans le paragraphe précédent.

C'est une pompe à piston plongeur A, qui aspire l'eau de la bâche B par la soupape C, et la refoule par l'orifice D ; la montée du piston se fait sous

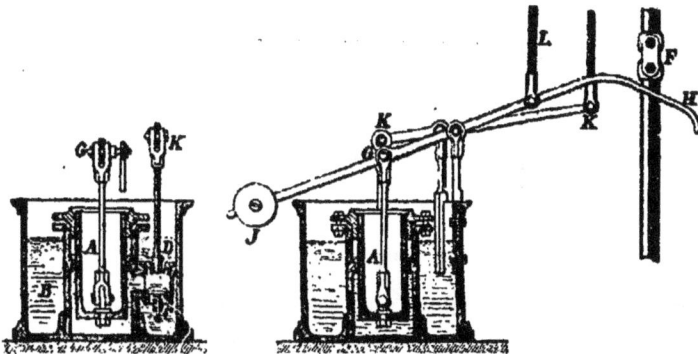

Fig. 278.

l'action de la poutrelle F de la machine, laquelle, dans son mouvement descendant, appuie sur la queue du levier G H que le contrepoids J tend constamment à relever, en enfonçant le piston A. Le mouvement de ce piston est modéré par l'ouverture plus ou moins grande de l'orifice D réglée par un cône obturateur que l'on manœuvre au moyen du levier et de la tringle K ; enfin, la tringle verticale L, conduite par le levier G H, actionne la distribution ; cette tringle se relèvera donc d'autant plus lentement que l'orifice D aura été plus serré.

Cette tringle L' (fig. 279), lorsqu'elle s'est suffisamment relevée, soulève une clenche A B, qui tenait fermée l'une des soupapes de distribution (c'est la soupape d'admission qui est ici représentée) ; le déclenchement effectué, le levier C D E qui commande cette soupape prend, sous l'action du poids F, la position (figurée en pointillé) C D' E' et ouvre la soupape. Celle-ci est, au moment voulu, refermée par la poutrelle F dans son mouvement de

descente, au moyen d'un taquet tel que G qui vient s'appuyer sur la queue
du levier E'.

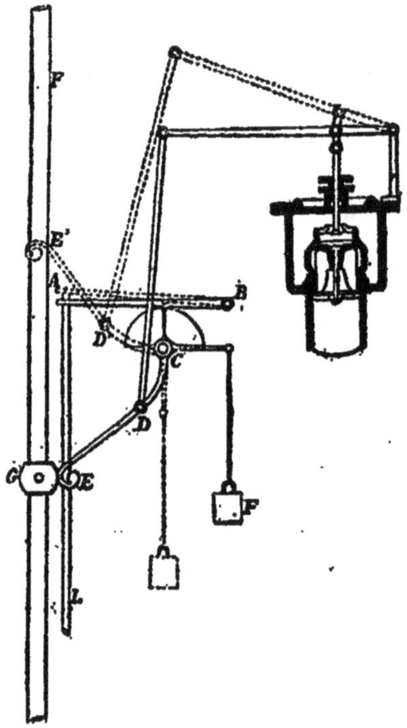

Fig. 279.

Les mouvements des soupapes d'admission et d'exhaustion sont gouver-
nés par la cataracte ; ceux de la soupape d'équilibre sont produits directement par la poutrelle agissant comme dans les procédés exposés au paragraphe 445 ci-dessus.

448. Observations sur les machines de Cornouailles. — Les
machines de Cornouailles, quoique fonctionnant à des pressions très
modérées (2 à 4 kgs absolus) ont, depuis longtemps, réalisé, dans la consommation du combustible, des économies qui n'ont pas été dépassées
depuis cette époque (1). En outre, elles sont peu coûteuses d'entretien, leur

---

(1) Voir : Combes, *Traité de l'exploitation des mines*, Carilian-Gœury et Dalmont,
1844-1846. — Th. Wicksteed, *Mémoire sur les machines élévatoires d'Oldfort*, près Londres, 1841, traduction par Lefort, insérée dans les *Annales des ponts et chaussées*, 1852,
1er semestre, p. 257. Dans ce mémoire remarquable à plus d'un titre, on trouve mentionné, comme résultant de constatations de longue durée : le chiffre de 264.365 kilogrammètres développés par kilog. de houille consommée, soit 1 k. de houille par
heure et par force de cheval, dans les conditions suivantes : le travail est mesuré non
pas à l'indicateur mais en eau montée, c'est-à-dire défalcation faite de toutes les pertes
afférentes, non seulement à la machine, mais encore aux pompes. La houille est du
menu de Newcastle.

vitesse est facile à régler au moyen de la cataracte : toutes ces qualités sont précieuses pour la sécurité des vastes exploitations souterraines.

La conduite de ces machines demande une certaine habileté ; le poids de la maîtresse-tige doit être calculé pour donner au mouvement ascensionnel du piston une vitesse modérée, et les emplacements des taquets, déterminés de manière à arrêter le piston avant la fin de sa course. Si la pression à l'admission augmente, la vitesse descendante augmente aussi, et le piston vient toucher le fond du cylindre. C'est pour éviter cet accident que la tête du balancier est garnie de deux buttoirs M (fig. 276) qui viennent toucher deux arrêts élastiques N en bois ; le mécanicien, averti par le bruit, étrangle un peu plus l'arrivée de vapeur au moyen d'une soupape spéciale appelée *governor* (régulateur).

C'est en partie pour échapper à cet inconvénient que l'on arme quelquefois le balancier d'une bielle actionnant un arbre de couche avec volant ; les machines d'épuisement pour mines construites par l'usine de Seraing sont disposées de cette façon ; la distribution se prend alors sur l'arbre de couche.

D'autres constructeurs, pour régler les variations de l'effort moteur, ont disposé un fort contrepoids porté sur un bras perpendiculaire au balancier ; le moment de ce contrepoids, autour de l'axe du balancier, alternativement positif, nul et négatif, vient se composer avec celui résultant de l'action de la vapeur.

On a récemment construit en Angleterre des machines analogues, comme principe, à celles de Cornouailles, mais dans lesquelles le balancier est supprimé et le piston placé verticalement au-dessus de la maîtresse-tige, qui lui est directement reliée.

449. Machines rotatives. — On désigne sous le nom de *machines rotatives* des machines dans lesquelles le piston, faisant corps avec l'arbre de couche, est animé d'un mouvement de rotation autour de cet arbre.

C'est un des sujets sur lesquels les inventeurs, depuis et y compris Watt, se sont le plus exercés (1), et bien rarement avec succès. Voici seulement deux exemples de machines rotatives :

Le cylindre A (fig. 280) est terminé par deux fonds plats et traversé parallèlement à son axe par l'arbre de couche O, qui est excentré par rapport

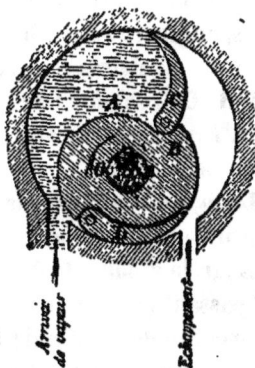

Fig. 280.

(1) Voir dans Reuleaux, *Cinématique*, traduction Debize, Savy, 1877, une étude très intéressante sur ce sujet. Si grands que soient le nombre et la variété des machines rotatives décrites par Reuleaux, il en a été proposé beaucoup d'autres, non mentionnées par cet auteur.

au cylindre ; sur cet arbre est fixée la pièce B portant deux palettes C et D, qui se développent sous les actions combinées de la pression de la vapeur et de la force centrifuge ; le mode d'action se comprend facilement sur la figure, où la vapeur sous pression est figurée par des hachures horizontales légères.

La figure 281 représente la machine rotative de *Behrens.*

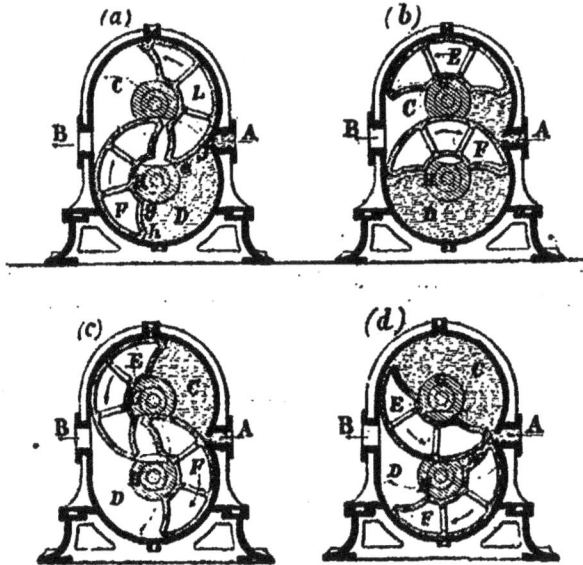

Fig. 281.

C D, Demi-cylindres fixes ;

E F, Cames mobiles.

Ces deux cames, en dehors du tambour formé par les deux demi-cylindres fixes, ont leurs axes reliés par deux roues dentées égales, de sorte que leurs vitesses angulaires sont égales et de sens opposés ;

G H, Obturateurs fixes;

A, Arrivée de vapeur ;

B, Echappement.

La figure représente la machine dans quatre positions successives, la vapeur sous pression occupant l'espace haché légèrement.

En *a*, la résultante des pressions de la vapeur sur la surface cylindrique *e f* passant par le centre du cylindre, c'est-à-dire par l'axe de rotation, son moment moteur est nul ; l'action de la vapeur ne produit un moment que par sa pression sur la face *g h* de la came inférieure. On verrait de même que le moment moteur s'exerce seulement :

En *b*, sur la came E,

En *c*, sur la came E,

En *d*, sur la came F.

La machine Behrens a reçu un certain nombre d'applications comme petit cheval alimentaire : sur le prolongement de son axe est montée une pompe rotative ayant des dispositions tout à fait semblables à celle de la machine elle-même.

Il est facile de voir, en effet, que cet appareil est *reversible* ; c'est-à dire qu'il peut servir à volonté de moteur ou de machine à élever ou à comprimer, suivant le sens de la rotation.

Mais les pertes de travail, sous forme de frottements et surtout de fuites sont ici considérables, et c'est là une difficulté qui s'est toujours présentée dans les applications des machines rotatives, et en a fait restreindre l'application à des cas très rares ; la machine de Behrens, plus encore que celle de la figure 280, est exposée à ce reproche.

L'inconvénient, très grave, des fuites, s'atténue beaucoup aux grandes vitesses que les organes à mouvements continus comportent beaucoup mieux que ceux à mouvements alternatifs ; on arrive ainsi à développer beaucoup de puissance sous un faible volume.

Du reste, si la force à développer n'est pas grande, la question d'économie de consommation, à laquelle il n'y a pas à songer avec les machines rotatives, devient accessoire.

Telles sont les raisons qui ont fait adopter fréquemment la rotative Behrens pour mouvoir les pompes alimentaires ou de circulation dans la marine.

450. Le pulsomètre. — Le pulsomètre, pompe à vapeur sans piston, inventée par l'Américain H. Hall, n'est que la reproduction, fort ingénieuse, d'une des premières machines à vapeur, une machine rudimentaire, celle de Th. Savery, construite à la fin de XVIIe siècle.

Le vase A (figure 282) communique, par son sommet c, avec un générateur de vapeur ; par le clapet f, avec la conduite d'aspiration D ; par le clapet h, avec la conduite de refoulement ..

Le récipient A étant supposé plein d'eau, si l'on ouvre c, la pression de la vapeur va fermer f et pousser l'eau, par le clapet de refoulement h, dans la conduite ascensionnelle.

Si ensuite on ferme c, la vapeur contenue dans A se condensant, le vide produit aspirera l'eau par le clapet f.

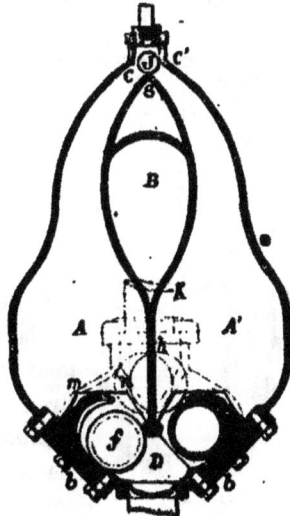

Fig. 282.

Pour que le mouvement d'ascension soit continu, on dispose deux vases symétriques A et A', dont l'un se remplit quand l'autre se vide, et sur la conduite de refoulement est placé un réservoir d'air B.

Ce qui constitue la nouveauté du système, c'est le moyen employé pour ouvrir et fermer successivement l'arrivée de vapeur. C'est une soupape à boule J, à deux sièges, en équilibre instable, et qui peut alternativement fermer c ou c'.

Dès que le niveau de l'eau, en A, a baissé au-dessous de m n, la vapeur s'échappe en masse par la soupape de refoulement ; l'eau vivement agitée, condense ce qui reste de vapeur en A ; il s'y produit un vide partiel ; la boule J est sucée ; elle vient s'appliquer sur le siège c et ouvre c' ; le même effet se produit sur l'autre face.

Deux très petites soupapes dont on peut régler la levée, introduisent, à chaque pulsation, un peu d'air dans les réservoirs A et A', afin de diminuer les chocs et la dépense de vapeur, et d'entretenir le réservoir d'air.

Le pulsomètre est un outil très simple, mais comme, du reste, la plupart des pompes, il dépense beaucoup de vapeur. Comme il n'exige pas de fondations, qu'il fonctionne bien suspendu à une simple chaîne, il peut rendre des services sérieux, surtout dans les installations provisoires.

Quoique cette machine ne comporte qu'un petit nombre de pièces mobiles, son jeu ne laisse pas que d'être un peu délicat et quelquefois capricieux.

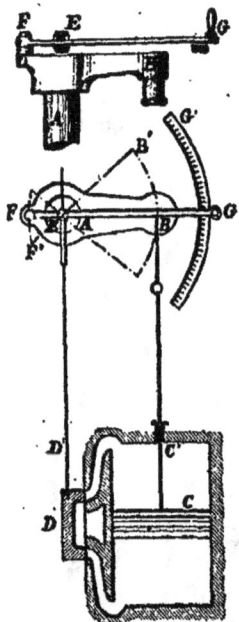

Fig. 283.

451. Le servo-moteur. — Lorsqu'il s'agit de manœuvrer avec précision des appareils présentant beaucoup de résistance, comme le gouvernail d'un grand navire, le changement de marche d'une machine marine ou la tourelle d'un bâtiment de guerre, il devient très utile de substituer aux efforts d'un grand nombre d'hommes, un moteur puissant et très docile. Tel est l'objet du *servo-moteur*.

Supposons qu'il s'agisse de manœuvrer le gouvernail d'un navire.

A, Mèche du gouvernail ;

B. Manivelle montée sur cette mèche et actionnée par le cylindre à vapeur C ;

D, Tiroir du cylindre C ; les barrettes des tiroirs ont la largeur des lumières et les recouvrent simultanément lorsqu'il est dans sa position moyenne ; le tiroir est manœuvré à la main par le levier F G tournant autour du point F fixé sur le prolongement de la manivelle ; le tiroir est dans sa position moyenne quand l'articulation E de sa tige D E se trouve sur l'axe de l'arbre A, c'est-à-dire quand le levier F G est dans le plan vertical de la manivelle A B.

Si l'on porte G vers G', le tiroir D sera déplacé vers D' ; par conséquent le piston sera poussé vers C' et la manivelle B vers B' ; dans ce mouvement, F se déplacera vers F', ce qui tendra à ramener le tiroir vers D. Le tiroir reprendra sa position moyenne et les lumières seront fermées quand l'articulation E sera revenue sur le prolongement de A, c'est-à-dire quand la manivelle aura rejoint le levier F G.

On voit que la manivelle suivra exactement tous les mouvements du levier F G en avant ou en arrière ; qu'elle ne pourra rester en équilibre que lorsqu'elle se projettera exactement sous ce levier ; on pourra donc, avec un très petit effort, conduire à la main le gouvernail, au moyen de la manette G, absolument comme si l'on disposait de toute la force résultant de l'aire du piston C et de la pression de la vapeur.

Tel est le principe du *servo-moteur*, appliqué à la manœuvre du gouvernail. En pratique, les conditions auxquelles est assujettie cette manœuvre entraînent l'adjonction de divers organes et des détails dont la description sortirait de notre sujet (1).

Ce principe peut être modifié de bien des manières ; il peut s'appliquer aussi bien aux machines à rotation continue qu'à celles à mouvement rectiligne.

Sous toutes ses formes, le servo-moteur se compose essentiellement des organes suivants :

1° Un *moteur* à renversement de marche, l'appareil de renversement comportant un point mort, c'est-à-dire une position de la distribution dans laquelle la puissance motrice est suspendue, tandis qu'elle tend à produire le mouvement direct ou rétrograde quand la distribution s'écarte de part ou d'autre du point mort (le cylindre C dans le cas précédent) ;

2° Des *rênes* ou organes permettant de modifier à la main la distribution, en l'écartant du point mort (la manette G) ;

3° Un organe modificateur de la distribution, conduit par le moteur lui-même et agissant en sens inverse des rênes (la petite contre-manivelle A F).

Le moteur marche toujours dans le sens qui lui est indiqué par les rênes, et l'équilibre n'est possible que quand la distribution a été ramenée au point mort, c'est-à-dire, pour une position déterminée du moteur correspondant à une position donnée des rênes.

(1) Voir :
Farcot (Joseph), *Le servo-moteur*, Baudry, 1873.
La priorité d'invention du servo-moteur est discutée ; mais la maison Farcot a fait, de ce principe, nouveau ou non, des applications si nombreuses, si variées et si bien entendues, qu'on ne saurait lui contester la plus large part dans cette œuvre de vulgarisation.

Ce n'est pas à dire que l'appareil une fois lancé, s'arrêtera net à la position indiquée par les rênes ; mais il ne pourra qu'osciller autour de cette position, à laquelle il finira par se fixer.

Nous n'insisterons pas sur les applications nombreuses et remarquables qui ont été faites récemment de ces principes ingénieux.

CHAPITRE XIX

MACHINES THERMIQUES DIVERSES

452. Des machines thermiques, en général. — Dans les machines motrices que nous avons considérées jusqu'ici, c'est l'eau en vapeur qui sert de véhicule à la chaleur pour la transformer en travail.

Théoriquement, un corps quelconque peut remplacer la vapeur d'eau pour cet objet ; pratiquement, il est nécessaire que les variations de volume soient grandes afin que le travail recueilli ne soit pas insignifiant, comparé aux quantités du véhicule entrant en action. Tel est, au premier chef, l'immense avantage des vapeurs ; les gaz permanents ne le possèdent pas de beaucoup au même degré ; les corps restant solides ou liquides aux températures employées ne remplissent nullement cette condition essentielle.

L'eau, au contraire, y répond au plus haut degré : à des températures faciles à réaliser elle passe, du petit volume qu'elle occupe à l'état liquide, au volume énorme de sa vapeur ; elle peut donc, même à des pressions modérées, développer beaucoup de travail, et se prête ainsi à un usage éminemment commode pour la production de la puissance motrice.

Mais, de nos jours, une autre question s'est posée : dans quelle mesure la machine à vapeur d'eau utilise-t-elle la chaleur dégagée par le combustible ?

453. De la machine à vapeur comme machine thermique. — La réponse est donnée par la théorie mécanique de la chaleur.

Une machine à vapeur d'eau, si excellente qu'elle soit, ne transforme, au plus, en travail (86) que le 1/12 de la chaleur contenue dans le combustible qu'elle consomme.

Le surplus se disperse de la manière suivante :

1° La machine à vapeur proprement dite, comme toutes les machines, n'a qu'un rendement limité ;

2° Une partie importante de la chaleur est perdue par le rayonnement, par les gaz chauds de la fumée, par combustion incomplète, etc. ;

3° Enfin et surtout l'écart des températures entre la chaudière et le condenseur est trop petit ; donc le coefficient économique maximum (64-65) est faible ; donc une partie importante de la chaleur prise à la chaudière est forcément envoyée, sans produire de travail, au condenseur.

Étudions séparément ces trois causes de *déperdition* en nous rendant compte des améliorations que l'on peut espérer voir réaliser.

454. Rendement de la machine à vapeur. — 1° *Imperfection de la machine proprement dite.*

L'effet utile maximum que puisse théoriquement donner une machine à vapeur serait obtenu si elle fonctionnait suivant le cycle de Carnot (65). Dans ces conditions, elle transformerait en travail une fraction de la chaleur qui lui est communiquée, représentée par le coefficient économique de ce cycle.

Comparons à ce coefficient la fraction de chaleur pratiquement utilisée.

1ᵉʳ Exemple : *Machine marine* :

Pression à la chaudière 4 k. effectifs ; température du condenseur 35° ; consommation par heure et par force de cheval, 1 k. de bonne houille, soit 8 k. de vapeur.

De ces données on déduit, par cheval et par heure :

Chaleur fournie par la chaudière : 8×500 [1] $= 4.000$ calories ;

Chaleur correspondant au travail d'un cheval en une heure :

$$\frac{75 \times 3.600}{424} = 635 \text{ calories}$$

Rapport au rendement thermique :

$$\frac{635}{4.000} = 0,16$$

Coefficient économique du cycle de Carnot :

$$\frac{151 \, [1] - 35}{273 + 151} = 0,27$$

Rapport :

$$\frac{0,16}{0,27} = 59 \, 0/0$$

2° Exemple : *Locomotive.*

Pression : 8 k. effectifs ; consommation (338) 13 k. de vapeur par heure et par force de cheval.

Chaleur fournie par la chaudière : 13×483 [1] $= 6279$ calories ;

Chaleur correspondant au travail d'un cheval en une heure : 635 calories.

Rendement thermique :

$$\frac{635}{6.279} = 0,10$$

Coefficient économique du cycle de Carnot :

$$\frac{174, 4 \, [1] - 100}{273 + 174, 4} = 0,16$$

Rapport :

$$\frac{0,10}{0,16} = 62 \, 0/0$$

[1] Voir le tableau V.

Transformer utilement 59 et 62 0/0 de la chaleur disponible, ce sont là des résultats industriels fort satisfaisants, et l'on peut dire que la machine à vapeur, en tant que machine et eu égard aux conditions pratiques dans lesquelles elle fonctionne, est actuellement très perfectionnée, et n'est plus guère susceptible de progrès importants.

455. Pertes à la chaudière. — 2° *Pertes à la chaudière.* Une bonne chaudière (233) utilise 55 à 60 0/0 de la chaleur contenue dans le combustible ; ce sont encore là des coefficients pratiquement satisfaisants, et qui ne laissent qu'une marge assez restreinte pour les progrès ultérieurs.

456. Coefficient économique. — 3° *Écart des températures* (1). — Avec les pressions en usage, le coefficient économique du cycle de Carnot ne dépasse guère 0,25 à 0,30 pour les machines à condensation, et 0,15 à 0,18 pour les machines sans condensation.

Voilà des chiffres sur lesquels il y a beaucoup à gagner.

Raisonnons sur les machines à condensation.

On peut augmenter l'écart soit en abaissant la température du condenseur, soit en élevant celle de la chaudière.

L'abaissement de température du condenseur ne saurait être bien considérable, car il est limité par la température même de l'eau dont on dispose pour opérer la condensation.

Pour ce qui concerne l'élévation de température de la chaudière, il y a deux cas à distinguer :

Si l'on se sert de *vapeur saturée*, les pressions s'élèvent avec une grande rapidité ; sous une pression de 15 kilog., le coefficient économique ne dépasserait pas 30 0/0. De ce côté, la marge n'est pas très étendue.

On peut employer la vapeur *surchauffée* et arriver ainsi, sans dépasser les limites de pression acceptables, à augmenter dans une large mesure le coefficient économique. Une forte surchauffe serait très avantageuse ; mais, avec les méthodes actuelles de construction, d'entretien et de graissage, l'usage de la vapeur surchauffée s'est heurté à des difficultés pratiques qui en ont jusqu'ici paralysé le développement. Cependant la question semble loin d'être tranchée définitivement.

Toutefois, du moment que l'on renonce à la vapeur saturée les commodités d'emploi que présente ce fluide ne semblent pas, à beaucoup près, être offertes au même degré par la vapeur surchauffée, et l'on ne voit pas bien, *a priori*, pour quelles raisons elle serait préférée, par exemple, aux

---

(1) Nous admettons, dans tout ceci, que le 2° principe de la thermodynamique est bien démontré ; mais les conséquences de nos raisonnements sur la machine à vapeur seraient encore exactes, même si ce principe n'était pas général, attendu que les lois physiques qui régissent l'eau et sa vapeur sont en concordance, au moins approximative, avec les résultats déduits du principe dont il s'agit.

Il en est, à plus forte raison, de même de tout ce qui concerne les machines à air chaud.

gaz permanents, puisqu'elle présente au moins les mêmes difficultés pratiques.

457. Résumé et division du chapitre. — Résumons en quelques mots ces considérations.

Le rendement calorifique des moteurs thermiques à vapeur est faible :

Parce que la chaleur n'est transmise du foyer à l'arbre de couche qu'en passant par la chaudière et la machine, et que les déperditions s'accumulent dans cette longue transmission, composée d'organismes multiples ;

Parce que la chute de température disponible entre le foyer et le condenseur n'est utilisée qu'en très faible partie.

Dans les conditions actuelles de l'emploi de la vapeur d'eau, les améliorations à espérer sont assez étroitement limitées dans tous les sens, en réservant peut-être l'usage de la vapeur surchauffée.

Ce qui précède justifie les tentatives faites pour substituer à la vapeur d'eau d'autres fluides élastiques.

Nous allons passer en revue quelques-uns de ces essais, en les classant dans l'ordre suivant :

Moteurs employant d'autres vapeurs que la vapeur d'eau ;

Moteur à air chaud.

458. Machines à vapeur d'éther ou d'autres liquides. — M. du Tremblay inventa et fit construire, vers 1852, plusieurs machines à vapeur d'éther.

Ces machines dites *à vapeurs combinées*, sont constituées par un moteur à vapeur ordinaire avec condenseur par surface (419). Au lieu d'eau froide les tubes de ce condenseur sont remplis d'éther, qui se volatilise en empruntant la chaleur à la vapeur d'eau, laquelle se condense à l'extérieur des tubes. Cette vapeur d'éther agit à son tour sur un piston moteur, puis s'échappe dans un second condenseur par surface rafraîchi par un courant d'eau froide ; l'éther qui résulte de la condensation est renvoyé au premier condenseur qui fait ainsi office de chaudière.

Au point de vue théorique, ce système ne saurait procurer aucune économie sur la machine à vapeur d'eau : entre deux températures données, celle de la chaudière, et celle du second condenseur, le coefficient économique maximum est indépendant du corps ou des corps intermédiaires.

Au point de vue pratique, il peut en être tout autrement.

Supposons que les machines fonctionnent suivant le cycle de Carnot :

Soit (fig. 284) A B C D le cycle d'une machine à vapeur d'eau fonctionnant entre les températures T_1 et T_0 ; arrêtons la détente en E à la température T et servons-nous de la chaleur restant dans la vapeur d'échappement pour vaporiser de l'éther ; le cycle de la machine à vapeur d'eau sera réduit à A B E F ; celui de la machine à vapeur d'éther sera G H K L, entre les températures T et T_0 ; la surface de ce cycle sera, en vertu du principe de Carnot, équivalenté à celle du cycle F È C D. Le travail produit avec la même dépense de chaleur sera le même ; mais, les écarts de pression étant plus considérables, le volume final $O\,g + g\,k$ avec les vapeurs combinées sera notablement plus petit que le volume $O\,c$ avec la vapeur d'eau seule. On aura donc une machine moins volumineuse et plus légère.

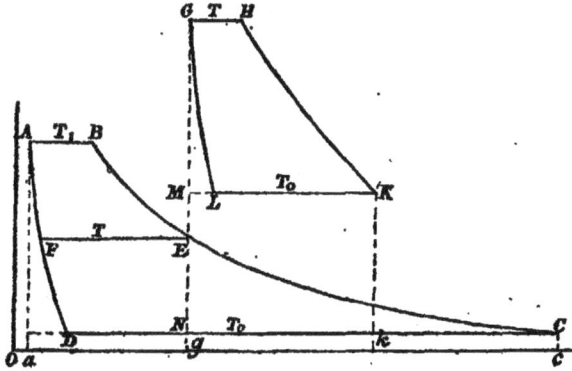

Fig. 284.

En fait, il faut remarquer qu'on introduit, entre le foyer et l'arbre de couche, de nouveaux organes, c'est-à-dire de nouvelles causes de déperdition.

Plusieurs machines de grande puissance furent construites dans ce système.

L'une d'elles servit à armer le *Du Tremblay* et fit le service entre Marseille et Alger.

Puissance	70 chevaux
Nombre de tours par minute	32
Coefficient de détente	2
Pression à la chaudière d'eau	1 at 3/4 absolue
Pression à la chaudière d'éther	1 at 7/8 —
Cylindre à vapeur d'eau { Diamètre	0 m 65
Course	0 m 75
Cylindre à vapeur d'éther { Diamètre	0 m 80
Course	0 m 75
Vide au condenseur d'eau	0 m 55
Vide au condenseur d'éther	0 m 10
Consommation de houille par heure et par cheval	1 k 11

Ce dernier résultat, constaté dans une traversée, était d'autant plus merveilleux, que la même machine, alimentée à la vapeur d'eau, consommait 4 k 1/2 au lieu de 1 k 11.

Le système fut appliqué à plusieurs navires : mais, en service courant, la consommation s'éleva à 1 k 75 ; la machine était coûteuse d'achat, il y eut des fuites d'éther, des réparations importantes, l'usage de ce liquide inflammable n'était pas sans danger. Après avoir essayé de remplacer l'éther par le chloroforme, l'alcool méthylique et le chlorure de carbone, on finit par abandonner les machines à vapeurs combinées.

Cette tentative n'était pas sans mérite et n'a peut-être échoué que par des détails de construction : rappelons qu'à cette époque, on ne savait pas encore se servir des condenseurs par surface. Aujourd'hui, l'essai n'aurait plus le même intérêt.

M. Frot, ingénieur de la Marine, exposa, en 1867, une machine fonctionnant au gaz ammoniac : dans une chaudière se trouve une dissolution de ce gaz qui, par l'élévation de température, laisse échapper une partie de son gaz ; celui-ci, après avoir agi sur un piston moteur, vient se refroidir au contact d'un faisceau de tubes rafraîchis par un courant d'eau, puis se dissout dans une solution faible et refroidie empruntée à la chaudière ; la solution presque saturée ainsi obtenue est renvoyée au générateur.

Cette tentative fut arrêtée par un accident, indépendant d'ailleurs du système.

On ne voit pas que la substitution de l'ammoniac à la vapeur d'eau puisse procurer de grands avantages.

459. Machines à air chaud. — Si l'on veut remplacer la vapeur d'eau par un gaz permanent, c'est l'air atmosphérique qui est tout indiqué, et de nombreux essais ont été faits dans cette direction.

La première idée qui se présente, c'est de constituer le moteur à air chaud comme la machine à vapeur, savoir :

Un récipient, chauffé par le foyer, remplaçant la chaudière ;

Une machine à piston moteur ;

Un réfrigérant, remplaçant le condenseur ;

Une pompe pour refouler dans la chaudière l'air pris dans le réfrigérant, et remplaçant la pompe alimentaire.

Un appareil fonctionnant dans ces conditions ne donnerait évidemment que des résultats fort médiocres.

Il ne faut pas songer à le faire marcher aux températures usitées pour la vapeur ; car, avec le faible coefficient de dilatation de l'air, la pompe à air absorberait une fraction beaucoup trop considérable du travail développé par le piston moteur, de sorte que l'effet dynamique serait en grande partie consommé par les résistances passives.

Il faut donc que la température de l'air chaud soit élevée.

Le coefficient économique maximum se trouvera ainsi plus fort que dans les machines à vapeur ; par contre, cette élévation de température entraîne les inconvénients suivants :

1° Entre surfaces fortement chauffées, les frottements ne peuvent plus se faire convenablement, tout au moins dans les conditions habituelles de la construction mécanique, et, par suite, les résistances passives sont considérables ;

2° Il est pratiquement impossible de faire fonctionner l'appareil dans des conditions se rapprochant de celles du cycle de Carnot, qui ne pourrait être réalisé qu'avec des pressions ou des volumes énormes (Voir 461), et, si l'on s'en écarte notablement, le travail réalisé, déduction faite de tout le travail négatif de la pompe à air, est en grande partie absorbé par les résistances passives ;

3° Enfin, la paroi de la chaudière étant en contact, non plus avec un liquide, mais avec un gaz, la transmission de la chaleur se fait mal ; donc, destruction rapide du métal et pertes de chaleur par la cheminée.

Les efforts des inventeurs ont eu pour objet de combattre l'un ou l'autre de ces inconvénients. De là, trois espèces de machines à air chaud :

A. Celles dans lesquelles on s'est efforcé d'atténuer les inconvénients des frottements entre surfaces fortement chauffées ;

B. Celles dans lesquelles on a cherché à améliorer le cycle ;

Enfin, celles dans lesquelles on a eu pour objet d'atténuer les déperditions de chaleur, que nous diviserons en deux catégories :

C. Machines à combustion intérieure ;

D. Machines à explosion.

460. Classe A. — Machine Laubereau. — Dans la machine étudiée par M. Laubereau, entre l'air chaud et le piston moteur est intercalé un matelas d'air froid, soumis à des alternatives de compression et de détente, et qui transmet le travail sans transmettre la chaleur.

Un piston A (fig. 285), composé de matières peu conductrices de la chaleur, se meut dans un cylindre avec un jeu suffisant pour que l'air puisse passer librement sur tout son pourtour.

Le fond B du cylindre est refroidi par une enveloppe à circulation d'eau, le fond C chauffé par un foyer (les formes de ce fond sont disposées de manière à fournir une grande surface de chauffe).

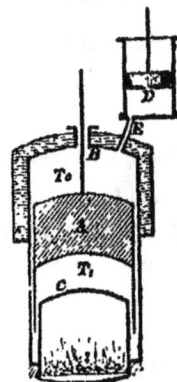
Fig. 285.

Si le piston A s'élève, l'air contenu dans la partie froide B passe dans la partie chaude C et, par conséquent, la pression augmente ; dans le mouvement inverse la pression diminue ; on remarquera que la même pression règne toujours sur les deux faces du piston A, qui ne fait que déplacer la masse d'air enfermée dans le cylindre ; ce piston se meut d'ailleurs sans frottement ; sa mise en mouvement n'absorbe donc que très peu de travail.

Les variations de pression sont transmises à un piston moteur D par un conduit E prenant l'air dans la partie froide ; les frottements entre surfaces chauffées sont ainsi évités.

En résumé, l'appareil se compose de deux parties distinctes : un *générateur de pression* C B et une *machine motrice* D.

Disons tout de suite que l'idée d'obtenir des variations de pression par le déplacement, sans dépense de travail, d'une masse de gaz, est bien antérieure à la machine dont nous nous occupons (voir 461).

Voyons quel est l'emploi théorique de la chaleur dans cette machine.

Nous supposerons que l'air renfermé en C est à la température absolue T_1 et que celui contenu soit en B, soit en D, est maintenu à la température constante T_0.

Une petite masse d'air M prise dans la partie froide, va changer de volume suivant les variations de pression, et son point figuratif décrira l'isothermique 1-2 (fig. 286) à la température T_0. A ce moment la molécule passera de la partie froide à la partie chaude suivant 2-3 et prendra la température T_1 ; elle décrira l'isothermique 3-4, puis repassera à la partie froide, suivant 4-1.

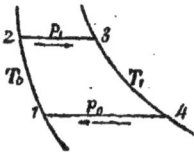

Fig. 286.

Prenons pour unité le poids de la masse d'air M, et soient :

p_1 et p_0 les pressions constantes en 2-3 et en 1-4 ;

v_1, v_2, v_3, v_4 les volumes aux points 1, 2, 3, 4 ;

c la chaleur spécifique sous pression constante.

On aura, pour la chaleur fournie au gaz :

Suivant 2-3

$$c\,(T_1 - T_0)$$

Suivant 3-4

$$A\,p_1\,v_3 \log.\ \text{nep.}\ \frac{p_1}{p_0}$$

Mais, en appelant R la quantité constante, $\dfrac{pv}{T}$ (46), dans laquelle

p est la pression,

T la température absolue

et v le volume d'un kilogramme d'air, nous aurons :

$$\frac{p_1\,v_3}{T_1} = R$$

d'où

$$p_1\,v_3 = R\,T_1.$$

La quantité de chaleur à fournir à la température T_1 sur le parcours 2-3-4 est donc :

$$Q_1 = c\,(T_1 - T_0) + A R T_1 \log.\ \text{nep.}\ \frac{p_1}{p_0}$$

De même, sur le parcours 4-1-2 la quantité de chaleur enlevée à la température T_0 par l'eau réfrigérante sera :

$$Q_0 = c\,(T_1\text{-}T_0) + ART_0 \text{ log. nep. } \frac{p_1}{p_0}$$

d'où la chaleur transformée en travail :

$$Q_1\text{-}Q_0 = AR\,(T_1\text{-}T_0) \text{ log. nep. } \frac{p_1}{p_0}$$

Les pressions p_1 et p_0 sont celles qui règnent dans l'appareil au moment où la molécule considérée passe de l'espace froid à l'espace chaud, et réciproquement.

Pendant une course du piston A (fig. 285) ces pressions varient entre la pression maxima p_1 et la pression minima p_0, dont le rapport $\frac{p_1}{p_0}$ est nécessairement inférieur à $\frac{T_1}{T_0}$.

En posant donc $\frac{p_1}{p_0} = \frac{T_1}{T_0}$ nous aurons une limite supérieure et assez éloignée du travail qui peut être réalisé.

Prenons un exemple :

Soient 15° et 303° les températures extrêmes, on aura :

$$T_0 = 273 + 15 = 288 \qquad T_1 = 273 + 303 = 576$$

$$\frac{T_1}{T_0} = 2 \qquad T_1 - T_0 = 288$$

$$Q_1 = 0{,}238 \times 288 + \frac{29{,}27 \times 576}{424} \text{ log. nep. } 2 = 96{,}1$$

$$Q_0 = 0{,}238 \times 288 + \frac{29{,}27 \times 288}{424} \text{ log. nep. } 2 = 82{,}3$$

Différence ou chaleur transformée en travail. . . . $\overline{13{,}8}$

Rapport ou rendement thermique. $\frac{13{,}8}{96{,}1} = 0{,}14$

Le coefficient économique du cycle de Carnot serait :

$$\eta = 1 - \frac{T_0}{T_1} = 0{,}50$$

$$\text{Rapport : } \frac{0{,}14}{0{,}50} = 0{,}28$$

qui n'est qu'une limite très supérieure.

On voit combien le cycle de cette machine est imparfait.

Dans les machines de ce genre, les pertes résultant de la mauvaise transmission de la chaleur sont également très grandes.

Les considérations qui précèdent s'appliquent non seulement à la machine de Laubereau, mais encore à toutes celles dans lesquelles le gaz passe, directement et sans intermédiaire, de l'espace froid à l'espace chaud.

Ces machines sont fort nombreuses, généralement simples de construction et n'offrant aucun danger d'explosion, elles peuvent rendre des services pour les faibles puissances, lorsque la question d'économie de combustible n'est que secondaire.

Néanmoins ce type offre, à tous les points de vue, une infériorité notable sur ceux que nous allons décrire.

Cette infériorité résulte de l'extrême imperfection du cycle ; toute la chaleur dépensée pour échauffer le gaz suivant le trajet 2-3 (fig. 286) est restituée au réfrigérant suivant le trajet 4-1 ; elle est donc dépensée sans produire de travail.

461. Classe B.—Des régénérateurs de chaleur. — On a eu l'idée de recueillir cette chaleur sur un corps intermédiaire, dans le passage du gaz du chaud au froid, pour la restituer dans le passage en sens inverse. L'idée n'est pas nouvelle : elle a été proposée, vers 1816, par Robert Stirling (1) (fig. 287).

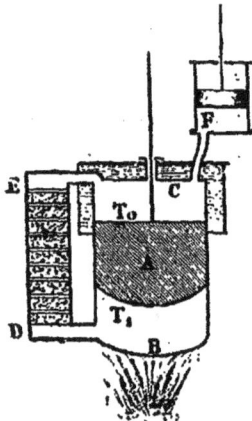

La machine de Stirling comporte, comme celle de Laubereau, un générateur de pression et un cylindre moteur ; le générateur de pression est un piston A, massif et non conducteur, se mouvant sans frottement, mais avec un faible jeu, dans un cylindre dont le bas B est chauffé par un foyer et le haut C refroidi par une circulation d'eau, le haut et le bas du cylindre communiquant d'une manière permanente, non plus par le pourtour du piston, mais par un conduit spécial D E rempli de tiges de métal et de verre, offrant ainsi une très grande surface pour la communication de la chaleur : c'est le *régénérateur de chaleur* ; lorsque le régime de marche est établi, le bas du régénérateur est à la température T_1 du bas du cylindre, et le haut du régénérateur à la température T_0 de l'espace C ; quand le courant d'air marche du chaud vers le froid, il dépose sa chaleur dans les mailles du régénérateur et sort par le haut à peu près à la température T_0 ; il reprend cette chaleur dans sa marche en sens inverse, et sort par le bas à une température voisine de T_1.

Fig. 287.

L'air froid, alternativement comprimé et dilaté, agit sur le cylindre moteur F.

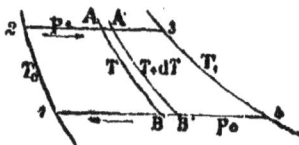

Fig. 288.

Admettons que le régénérateur fonctionne d'une manière parfaite entre les températures absolues T_1 et T_0 ; comme pour la machine de Laubereau, le cycle d'une molécule M (en négligeant le volume du régénérateur) se composera (fig. 288) de deux isothermiques 1-2 (T_0) et 3-4 (T_1) et de deux

(1) Rankine, *Steam engine and other prime movers*.

horizontales aux pressions p_1 et p_0, les changements de température se produisant en 2-3 et 4-1 dans les passages de la molécule à travers le régénérateur.

La chaleur fournie en 2-3 par le régénérateur lui est restituée en 4-1, de sorte que le foyer n'a plus à fournir que la chaleur correspondant au travail développé suivant 3-4, et le réfrigérant à absorber que la chaleur résultant du travail négatif de la compression suivant 1-2. Le cycle est donc dans les mêmes conditions que celui de Carnot et doit avoir le même coefficient économique.

C'est ce qu'il est facile de démontrer en appliquant l'équation de Clausius.

$$\int \frac{d\,Q}{T} = 0 \quad (66)$$

Conservons les notations de l'article 460.

Si nous menons, entre T_1 et T_0 une série d'isothermiques, et que nous considérions deux isothermiques infiniment voisines A B et A' B' aux températures T et $T + d\,T$, nous aurons :

Entre A et A'

$$\int \frac{d\,Q}{T} = \frac{c\,d\,T}{T}$$

Entre B' et B

$$\int \frac{d\,Q}{T} = -\frac{c\,d\,T}{T}$$

Ces deux quantités s'annulent ; il en est de même sur toute la longueur des deux trajets 2-3 et 4-1.

Il ne reste donc à tenir compte que de la quantité de chaleur Q_1 fournie au gaz suivant 3-4 et de la quantité Q_0 absorbée par le réfrigérant suivant 1-2 ; il vient ainsi :

$$\int \frac{d\,Q}{T} = \frac{Q_1}{T_1} - \frac{Q_0}{T_0} = 0.$$

d'où

$$\frac{Q_1 - Q_0}{Q_1} = \frac{T_1 - T_0}{T_1}$$

Ce qu'il fallait démontrer.

Ce raisonnement est général et s'applique à toute machine munie d'un régénérateur d'assez grande surface pour réaliser les conditions que nous avons supposées, quels que soient, du reste, les moyens employés pour transmettre ou développer le travail et la chaleur.

Le cycle de la machine avec régénérateur l'emporte de beaucoup sur celui de la machine Laubereau et, à un autre point de vue, il offre aussi de grands avantages sur celui de Carnot.

Le cycle de Carnot (61) se compose d'isothermiques (fig. 289) A-4 et 2-B dont l'équation est $pv = $ const., et d'adiabatiques A-2 et 4-B dont l'équation est $pv^m = $ const.

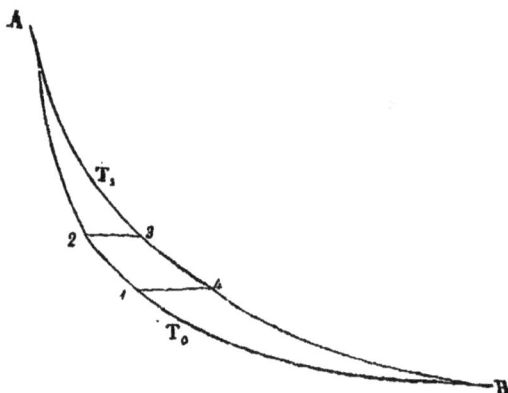

Fig. 289.

Ces lignes s'entre-coupent sous des angles très aigus et les sommets A et B du quadrilatère curviligne sont très éloignés, c'est-à-dire les volumes très grands en B et les pressions très fortes en A.

Le cycle avec régénérateur, inscrit en 1-2-3-4 dans le cycle de Carnot, a pour effet de retrancher les parties 2-A-3 et 4-B-1 les plus difficiles à réaliser pratiquement et de donner un polygone comparable, comme dimensions, au diagramme des machines à vapeur.

Les travaux de Stirling furent patiemment poursuivis pendant de longues années ; des études dans le même sens furent entreprises vers 1840, par Franchot, et, un peu plus tard, par le capitaine J. Ericsson. Les expériences de ce dernier furent faites sur une grande échelle ; elles ont eu beaucoup de retentissement. Il convient de les mentionner (1).

462. Machine d'Ericsson. — Dans la machine d'Ericsson, le régénérateur est composé d'un paquet de toiles métalliques en fil de fer (fig. 290).

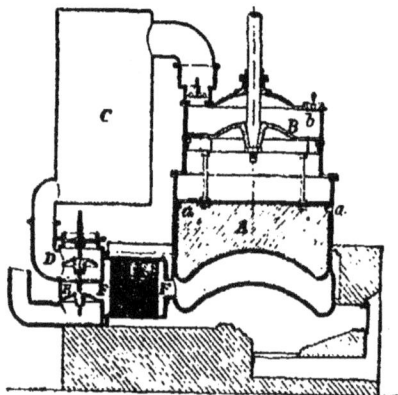

Fig. 290.

A. Piston moteur à simple effet se mouvant à joint *étanche*, dans un cylindre en fonte alésée a, a, segments élastiques.

Le vide de ce piston est rempli de matières non conductrices de la chaleur.

B. — Pompe alimentaire, solidaire du piston moteur, et refoulant l'air aspiré par les soupapes b dans le réservoir C ;

(1) Lissignol, *Études sur les machines à air chaud d'Ericsson*, Dalmont. 1853 ; Combes, *Annales des mines*, 1853, t. III. p. 775 ; Combes, *Annales des mines*, t. IV, p. 431 ; Ericsson (John), *Contributions to the Centennial Exhibition*, New-York, J. Ross et C°. 1876.

D. soupape d'admission ;

E. soupape d'échappement.

Ces deux soupapes sont mues par des cames.

FF. Régénérateur de chaleur.

Voici les proportions principales d'une machine construite en 1851 pour mettre en mouvement le bateau l'*Ericsson* (1).

Piston moteur :

    Diamètre . . . . 4 m 27

    Course . . . . 1 m 83

Pompe alimentaire :

    Diamètre . . . . 3 m 48

    Course . . . . 1 m 83

Régénérateur :

    Nombre de toiles métalliques. 50

    Dimension de chaque toile . . . . 1 m 83 ✕ 1 m 22

    Diamètre du fil de fer . . . . 1 m/m 6

    Nombre de mailles par toile . . . . 500.000 (?)

Résultats d'un essai exécuté le 11 janvier 1853.

    Pression effective . . . . 0 k. 56 par cc²

    Détente. . . . . Fermeture de l'admission aux 63/100 de la course.

    Nombre de tours par minute. 9

    Température extérieure . . . . 15°, 6 ⎫

    Température à l'échappement . . . . . 32°, 3 ⎬ Chiffres douteux.

    Température au cylindre chaud . . . . 226°, 6 ⎭

Il y avait quatre machines pareilles agissant sur un arbre de couche unique.

Pas de données sur la puissance développée et sur la consommation ; cette dernière semble avoir été plus faible qu'avec les machines à vapeur de cette époque.

Malgré les comptes-rendus très élogieux qui furent faits de ces essais, la machine ne tarda pas à être mise au rebut et l'expérience abandonnée.

Avec les chiffres ci-dessus, le coefficient économique maximum ne serait que de :

$$\frac{226,6 - 32,3}{273 + 226,6} + 0,39.$$

Encore est-il bien probable, d'après les expériences du Havre, que la température à l'échappement devait être notablement plus élevée. Tel qu'il est, ce rapport a une valeur assez faible, et il est clair que les frottements et les pertes par la cheminée devaient être considérables.

(1) Ces chiffres sont tirés de la brochure, citée plus haut, du capitaine Ericsson : ils ne sont pas très concordants, et quelques-uns semblent douteux.

463. Variétés des machines à régénérateur. — La machine d'Ericsson donna la volée à une foule d'inventions qui en empruntaient l'idée essentielle : le régénérateur. Les deux cylindres furent mis à côté ou dans le prolongement l'un de l'autre ; on réédita le dispositif de Stirling en plaçant le régénérateur dans le piston, etc. Pendant longtemps, rien de pratique n'est sorti de ces essais.

Voici une petite machine à air chaud fondée sur les mêmes principes et qui, grâce à des dispositions bien entendues, s'est répandue en Amérique. C'est la machine de *Rider* (fig. 291).

A. Cylindre froid, avec piston plongeur et circulation d'eau froide E ;

B. Cylindre chaud avec piston plongeur DD, chauffé par un foyer L ;

H. Régénérateur, composé de minces plaques de fonte juxtaposées ;

M M. Arbre de couche à deux manivelles calées à angle droit, reliées aux pistons par les bielles J ;

N. Volant.

La pression est la même dans les deux cylindres, et c'est toujours la même masse d'air qui voyage d'un cylindre à l'autre, en traversant le régénérateur.

Quant au mode d'action de cette

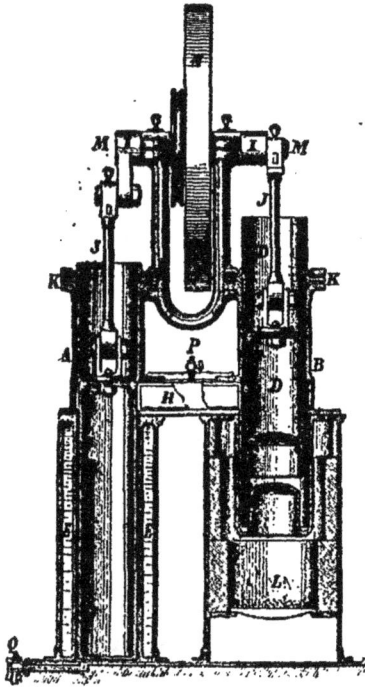

Fig. 291.

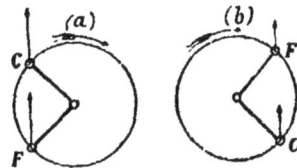

Fig. 292.

pression, on le comprend sur la fig. 292, dans laquelle F est la manivelle reliée au piston froid, et C la manivelle reliée au piston chaud :

En supposant les diamètres des deux pistons égaux, on voit que le moment sur l'arbre de couche est maximum quand les deux manivelles sont à environ 45° et du même côté de la verticale.

Mais en (a) le piston chaud est vers le haut de sa course ; en (b) il est vers le bas ; la pression sera donc plus forte en (a) qu'en (b) et, par suite, la machine tournera dans le sens de la flèche, le volant déterminant la continuité de la rotation dans les parties de la révolution où le travail est négatif.

On remarquera (fig. 291) les précautions prises pour développer les sur-

faces de chauffe et de refroidissement ; pour guider les pistons par de grandes surfaces ; pour éloigner autant que possible de la chaleur le joint
étanche K, lequel est constitué par un cuir embouti. La petite soupape Q
sert à réparer les fuites d'air ; elle s'ouvre quand la pression minima devient inférieure à la pression atmosphérique.

On arrête la machine en ouvrant le robinet P ; pour la mettre en marche,
on ferme ce robinet, et on fait faire au volant un tour à la main.

Le combustible employé est du coke.

La marche de cette petite machine est régulière ; la conduite extrêmement simple ; elle est employée dans les fermes et maisons isolées pour
divers services, notamment pour élever l'eau domestique, dont les Américains font un grand usage.

464. Classe C. — Machines à combustion intérieure. — M. *Belou*
brûlait le combustible sous pression dans un réservoir garni intérieurement de briques réfractaires.

Sa machine se composait d'un cylindre moteur, actionné par les produits
de la combustion, et d'un cylindre soufflant envoyant l'air comprimé sous
le foyer.

Le cycle est le même que celui de la machine de Laubereau, par conséquent fort défectueux ; d'autre part, la difficulté des frottements entre
surfaces chaudes se présentait tout entière.

M. Belou l'atténuait en injectant au-dessus de la grille une partie de l'air
froid, de manière à abaisser la température ; c'était en même temps réduire
beaucoup l'effet utile.

M. *Pascal* remplaça cette injection d'air frais par une injection d'eau en
poussière, qui se vaporisait immédiatement.

Ces machines n'ont pas eu de succès pratique.

Les mêmes idées ont servi de point de départ pour la construction d'un
grand nombre de machines ; le but ainsi poursuivi est moins l'économie
de combustible que la commodité et la sûreté du moteur pour la production de petites puissances ; dès lors, le mérite de ces appareils réside
surtout dans le bon agencement des détails. C'est par là que s'est fait remarquer la machine de *Hock* qui semble avoir eu quelque succès en Autriche, et qui a figuré à l'Exposition de 1878.

465. Classe D. — Machines à explosion. — Dans les machines à explosion, le combustible est à l'état gazeux ; il est introduit dans le cylindre
en même temps que l'air à la pression atmosphérique, de manière à former un mélange détonant ; l'inflammation de ce mélange détermine une
élévation brusque de température et de pression, et le gaz chaud, ainsi
produit agit par sa détente sur le piston, pour être ensuite expulsé pendant la course rétrograde.

Le diagramme théorique serait donc représenté comme il suit (fig. 293) :

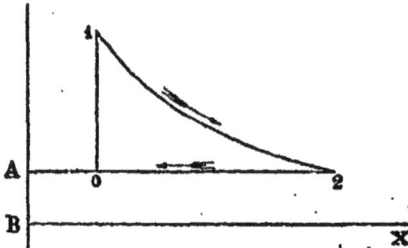

Fig. 293.

A-2. Ligne de pression atmosphérique ;

A-0. Aspiration du mélange détonant ;

0-1. Explosion ;

1-2. Détente ;

2-A. Expulsion des gaz brûlés.

La haute température déterminée par l'explosion donne un coefficient économique maximum fort élevé ; mais, d'autre part, le cycle s'éloigne beaucoup de celui de Carnot.

Calculons le rendement calorifique en supposant que les gaz brûlés se comportent comme un gaz permanent, que la détente 1-2 est adiabatique, et que le volume des produits de la combustion est le même que celui du mélange initial dans les mêmes conditions de température et de pression.

Prenons pour unité de poids le gaz contenu dans l'appareil et appelons :

T, v, p la température absolue, le volume et la pression en les distinguant par les indices des trois sommets ;

C et c les deux chaleurs spécifiques (41).

Nous aurons :

Chaleur développée par la détonation :

$$\text{Suivant } 0\text{-}1 \quad \ldots\ldots\ldots\ldots\ldots\ldots \quad Q_1 = c\,(T_1\text{-}T_0)$$

Chaleur correspondant au travail :

$$\text{Suivant } 1\text{-}2. \quad \ldots\ldots\ldots\ldots\ldots\ldots \quad c\,(T_1\text{-}T_2)$$

$$\text{Suivant } 2\text{-}0. \quad \ldots\ldots\ldots\ldots\ldots\ldots \quad -\,A\,p_0\,(v_2\text{-}v_0)$$

$$\text{Total} \quad \ldots\ldots\ldots \quad q = c\,(T_1\text{-}T_2) - A\,p_0\,(v_2\text{-}v_0)$$

Mais, d'autre part, on a, suivant l'adiabatique 1-2 (74) :

$$T_2\, v_2^{\,m-1} = T_1\, v_0^{\,m-1}$$

et, entre les points 2 et 0 :

$$\frac{v_2}{T_2} = \frac{v_0}{T_0}$$

Multipliant membre à membre, on obtient :

$$v_2^{\,m} = v_0^{\,m}\frac{T_1}{T_0} \quad \text{ou } v_2 = v_0\left(\frac{T_1}{T_0}\right)^{\frac{1}{m}}$$

$$\text{et } T_2 = T_0\left(\frac{T_1}{T_0}\right)^{\frac{1}{m}}$$

Substituons dans la valeur de q et posons, pour simplifier ;

$$\frac{T_1}{T_0} = K$$

Il vient :

$$q = c\,T_1 \left(1 - K^{\frac{1}{m}}{K}\right) - A\,p_0\,v_0 \left(K^{\frac{1}{m}} - 1\right)$$

$$Q_1 = c\,T_1 \left(1 - \frac{1}{K}\right)$$

D'où :

$$\frac{q}{Q_1} = \frac{1 - K^{\frac{1}{m}}{K} - \frac{A\,p_0\,v_0}{c\,T_1}\left(K^{\frac{1}{m}}\ 1\right)}{1 - \frac{1}{K}}$$

Mais l'on a :

$$\frac{A\,p_0\,v_0}{c\,T_1} = \frac{A\,p_0\,v_0}{c\,T_0}\,\frac{T_1}{T_0} = \frac{A\,R}{c\,K} \quad (46)$$

et, d'autre part

$$A\,R = C - c\,^{(1)} \text{ ou } \frac{A\,R}{c} = \frac{C - c}{c} = m - 1$$

Donc :

$$\frac{A\,p_0\,v_0}{c\,T_1} = \frac{m - 1}{K}$$

Il vient, en substituant et réduisant :

$$\frac{q}{Q_1} = 1 - \frac{K^{\frac{1}{m}} - 1}{K - 1}$$

Soit, par exemple, 17° la température en 0

               1177° »   en 1

On aura :

$$T_1 = 1177 + 273 = 1450,\ T_0 = 273 + 17 = 270,\ \frac{T_1}{T_0} = 5 = K$$

Le coefficient économique du cycle de Carnot serait :

$$1 - \frac{1}{K} = 0,80$$

Le rapport $\dfrac{q}{Q_1}$ ou rendement thermique devient : $0,25$

$$\text{Utilisation } \frac{0,25}{0,80} = 0,31$$

Dans ces conditions la température à l'échappement serait de 624° centigr., et le volume final en 2 serait :

$$v_2 = 3,13\ v_0$$

On est du reste bien loin d'atteindre, dans la pratique, le chiffre de $0,25$ pour le rapport $\dfrac{q}{Q_1}$ qui mesure l'utilisation ; il y a surtout deux causes de pertes importantes :

---

(1) Zeuner, *Théorie mécanique*: Gauthier-Villars, 1869, page 113.

D'abord la détente n'est pas poussée jusqu'en 2 (fig. 293), et l'échappement commence bien avant ce point ;

En second lieu, il y a une déperdition considérable par les parois, ce qui fait baisser très rapidement la courbe de détente 1-2.

466. Moteurs Lenoir et Hugon. — Lebon, l'inventeur de l'éclairage au gaz, avait déjà proposé le principe dont il s'agit.

Les premières applications pratiques ont été faites par M. Hugon et M. Lenoir.

Les machines construites par ces ingénieurs sont fort répandues ; elles marchent au gaz d'éclairage ; elles ont, comme dispositions générales, la forme d'une machine à vapeur horizontale à connexion directe ; le cylindre est à double effet et parcouru par un piston métallique ; il est enveloppé d'une circulation d'eau froide ; la distribution est faite par tiroirs.

Dans la machine de Lenoir, l'inflammation du mélange détonant est obtenue par une étincelle d'induction, qui éclate, au moment voulu, entre deux pointes de platine.

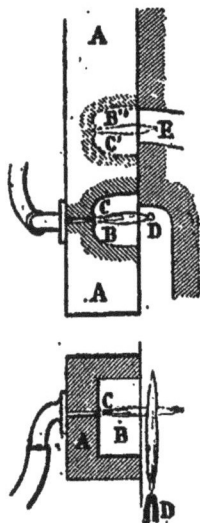

Dans la machine de Hugon, l'inflammation s'obtient par un artifice ingénieux (fig. 294). Un tiroir A A est percé d'une cavité B au fond de laquelle débouche, par un petit orifice c, un courant de gaz qui s'enflamme au contact de la flamme d'un bec D ; au moment voulu, le tiroir est déplacé brusquement, la cavité B vient en B', vis-à-vis la lumière E du cylindre, et la flamme C' détermine l'explosion du mélange détonant ; cette explosion éteint la flamme C' ; mais alors le tiroir est ramené à son emplacement primitif, et la flamme est rallumée par le bec fixe D.

La combustion est assez médiocre dans ces machines ; il se dépose sur les parois du cylindre des produits oxygénés et mal brûlés ; de plus la déperdition par les parois est considérable.

La consommation est d'environ 2 à 2 1/2 m³ de gaz par heure et par cheval.

Fig. 294.

A raison de 2m³ on arrive à la comparaison suivante :

Chaleur correspondant à 1 cheval, en 1 heure.

$$\frac{75 \times 3600}{424} = \quad \dots \dots \dots \dots \quad 635 \text{ calories}$$

Pour 2 m³ de gaz à 5300 calories . . . . . 10.600 —

$$\text{Rapport } \frac{635}{10.600} = \dots \dots \dots \dots \quad 6 \text{ 0/0}$$

Les machines Lenoir et Hugon ont été imitées de bien des manières. On a essayé aussi de remplacer le gaz d'éclairage par le pétrole ou la vapeur d'essence minérale. Ces tentatives ne sont pas sans intérêt dans les pays étrangers. En France, le pétrole et ses dérivés sont frappés de droits tellement élevés que la calorie de pétrole est plus chère que la calorie de gaz.

467. Machines Otto et Langen. — MM. Otto et Langen se sont appliqués à améliorer les machines à gaz, en augmentant le rendement du cycle et diminuant les déperditions. Le moyen employé consiste à donner au piston une grande vitesse pendant la détente, de telle sorte que celle-ci se rapproche beaucoup de la détente adiabatique, à réduire au contraire cette vitesse pendant la compression, qui devient ainsi presque isothermique, et enfin à étendre la détente très loin.

La machine se compose d'un grand cylindre vertical A (fig. 295) ouvert par le haut, et dans lequel se meut le piston B, dont la tige C, dentée en crémaillère, engrène avec une roue E ; cette roue est folle sur l'arbre du volant ; mais cet arbre porte un encliquetage F disposé de telle sorte que la roue E ne puisse tourner dans le sens de la flèche G sans en-

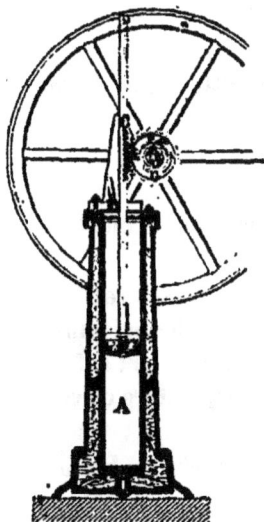

Fig. 295.

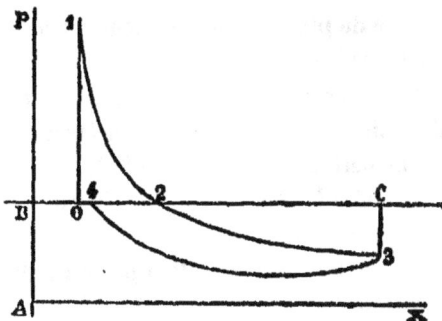

Fig. 296.

traîner le volant. Le piston est donc libre dans son ascension et n'agit sur l'arbre du volant que dans sa descente ;

HH Chemise à circulation d'eau froide.

La fig. 296 est le diagramme théorique :

A X Ligne des pressions nulles.

B C Ligne atmosphérique.

Entre B et O se fait l'aspiration du mélange détonant.

En O a lieu l'inflammation ; la pression s'élève subitement de O en 1 ; sous cette pression, le piston, qui n'a à surmonter que la pression atmosphérique est lancé comme un projectile ; son mouvement (*abstraction faite des frottements*) s'accélère jusqu'en 2, où la pression atmosphérique est égale à la pression intérieure ; puis il se ralentit et s'arrête en 3 quand

le travail résistant 2 C 3 est devenu égal au travail moteur O 1 2 ; à partir
de ce point, le piston redescend en agissant, par l'encliquetage, sur l'arbre
du volant ; pendant ce mouvement très lent de descente du piston, l'enveloppe réfrigérante agit énergiquement et la pression baisse encore ; en 4,
la température étant encore un peu supérieure à la température ambiante,
l'expulsion des gaz brûlés commence. Quand le piston est revenu en B, au
bout de sa course un levier spécial le relève de B en O pour produire l'aspiration du mélange détonant.

En somme, le travail développé représenté par l'aire O 1-2-3-4-0 est,
à égalité de chaleur dépensée, supérieur à celui du cycle de la machine
Lenoir (fig. 293) de la surface 2-3-4 ; en outre, la courbe de détente 1-2
est beaucoup plus tendue, par suite de la rapidité du mouvement ascensionnel du piston.

La consommation, par heure et par force de cheval dans les puissances
de 2 à 3 chevaux, ne dépasse guère 1 m³ de gaz.

Le rapport de la chaleur transformée en travail à la chaleur dépensée est
donc d'environ

$$\frac{635}{3.300} = 12 \, ^{o/o}$$

c'est-à-dire de plus de 1/3 supérieur au rapport analogue dans les meilleures machines à vapeur.

Il est très remarquable de voir une machine d'une faible puissance utiliser ainsi bien mieux la chaleur que les moteurs à vapeur les plus puissants
et les plus perfectionnés. Ce résultat, obtenu en dépit d'un cycle fort défectueux, est dû à la combustion intérieure, et surtout à la température élevée
du point de départ du cycle.

L'allumage du mélange a lieu par un procédé analogue à celui de la machine Hugon.

La machine Otto et Langen a une marche fort bruyante : en outre, malgré des perfectionnements récents, le fonctionnement de l'encliquetage est
assez délicat.

Voici la disposition d'une nouvelle machine à gaz imaginée par M. Otto
et qui figurait à l'Exposition de 1878.

On a cherché, dans cette machine, à produire beaucoup de puissance sous
un faible volume, c'est-à-dire à opérer sous de fortes pressions. A cet effet,
le mélange détonant est comprimé avant d'être enflammé.

Le piston, à simple effet, est relié directement, par bielle et manivelle, à
l'arbre du volant qui tourne fort vite ; il sert successivement de piston moteur et de pompe de compression.

Le cycle comprend deux révolutions de l'arbre, c'est-à-dire quatre excursions du piston, et est représenté (fig. 297).

4° Aller de 0 en 1 : le piston aspire le mélange détonant à la pression atmosphérique ;

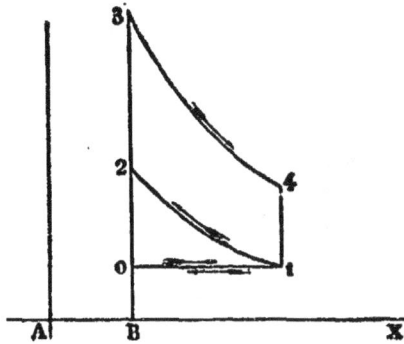

Fig. 297.

2° Retour de 1 en 2 : compression du mélange détonant. Explosion du mélange de 2 en 3 ;

3° Aller de 3 en 4 : Détente des gaz brûlés ; 4-1, ouverture à l'échappement ;

4° Retour de 1 en 0 : Expulsion des produits brûlés.

Le cycle est moins favorable que celui de la machine précédente ;

La grande vitesse du piston diminue beaucoup le bruit, qui est à peine sensible.

Diverses combinaisons ingénieuses   rent une bonne inflammation et une marche régulière.

468. Sonnette balistique de Shaw. — Il convient de mentionner, à la suite des machines à explosion, la *sonnette balistique* de Shaw, qui sert à enfoncer les pieux par l'explosion de la poudre (1).

Cette sonnette comprend : un canon coiffant le pieu à battre, et un mouton qui forme le projectile. L'âme du canon est alésée et le mouton porte un piston à cercles élastiques qui s'engage dans l'âme du canon.

Supposons le canon descendu, la bouche en l'air, sur le pieu, et le mouton suspendu, à une certaine hauteur par un encliquetage. Un homme jette dans le canon une cartouche ; on déclenche le mouton, qui tombe, maintenu par un solide guidage ; le piston s'engage dans l'âme, comprime l'air, et cette compression rapide suffit pour enflammer la poudre : par l'effet du recul, le canon et le pieu qu'il coiffe s'enfoncent, pendant que le mouton est lancé en l'air et ressaisi par l'encliquetage.

Ce système semble fonctionner avec succès aux États-Unis.

469. Résumé. — Jusqu'ici, les machines à air chaud n'ont été guère employées que pour les petites forces ; les machines à gaz surtout se sont

(1) *Annales des Ponts et Chaussées*, 1877, 1er sem., p. 511 : note de M. Lavoinne.

répandues dans la petite industrie ; elles ne présentent pas de danger d'explosion, n'exigent pas la présence assidue d'un chauffeur ; elles se mettent en train sans préparatif au moment voulu et, dès qu'elles cessent de marcher, elles cessent de dépenser, ce qui est précieux quand le travail est intermittent.

Au point de vue de l'utilisation de la chaleur, les machines à gaz sont, comme nous l'avons vu, très supérieures aux meilleures machines à vapeur. Malheureusement, la calorie de gaz, dans nos villes, est extrêmement chère (1), dix fois plus chère au moins que la calorie de houille. Dès que la puissance dépasse un ou deux chevaux, et que le travail est continu, la dépense de gaz devient inacceptable.

On pourrait, il est vrai, fabriquer le gaz à domicile, comme on fabrique la vapeur ; mais ce n'est possible que pour de grandes puissances et, dans ce cas, la machine à explosion ne semble pas pouvoir être admise.

Si l'on pouvait réunir dans une machine à air chaud ces trois conditions: haute température obtenue par combustion intérieure, cycle avec régénérateurs et frottements modérés, il paraît hors de doute que l'on réduirait beaucoup la dépense du combustible consommé aujourd'hui par unité de travail. Mais, pour réaliser ce programme, il faudrait employer d'autres matériaux et d'autres procédés de mise en œuvre que ceux usités actuellement dans l'art de la construction mécanique, dont les méthodes ont toutes pour point de départ l'emploi de la vapeur d'eau à des températures modérées. On ne doit pas désespérer de voir résoudre ce problème important, lorsque la nécessité de la solution deviendra impérieuse.

(1) On peut compter comme suit le prix de la chaleur fournie par les divers combustibles à Paris.

	Prix des 1000 calories (centimes)
Houille, 8500 calories au kilog. à raison de 42 fr. la tonne en moyenne.	0,50
Coke de gaz : 6500 calories au kilog. à raison de 45 k. l'hectolitre coûtant 2 fr.	0,68
Huile lourde de gaz : 9.500 calories au kilog., coûtant 20 fr. les 100 k.	2,10
Pétrole raffiné ; 12.000 calories au kilog. coûtant 0 fr. 90	7,50
Gaz d'éclairage : 5.300 calories par mètre cube, coûtant 0 fr. 30 . . .	5,65

CHAPITRE XX

TRANSMISSION DE LA PUISSANCE MOTRICE

470. Objet du chapitre. — Les organismes employés pour transmettre la puissance sont très nombreux et très variés. Nous n'examinerons, dans ce chapitre, que quelques-uns des plus usités, en les considérant surtout à un point de vue pratique.

Nous passerons successivement en revue les transmissions ordinaires des ateliers et les transmissions à de grandes distances.

471. Transmissions d'ateliers. — Ce qu'on appelle, en terme d'atelier, la *transmission*, se compose de longues files d'arbres animés d'un mouvement de rotation, et portant, de distance en distance, des roues d'engrenages ou des poulies avec courroies, *pour distribuer à tous les outils répartis dans l'atelier le mouvement qu'ils reçoivent de la machine motrice.*

Ces arbres reposent, au moyen de coussinets et de paliers, sur des *chaises*, pièces de fonte fixées, soit aux murs, soit à des colonnes ou des chevalets spéciaux, soit à la charpente.

Ils sont tournés sur toute leur longueur, afin qu'on puisse fixer, en n'importe quel point une poulie, suivant les besoins variables de l'atelier. Ils sont en fer ; ils doivent être assez forts pour ne pas flamber entre deux appuis sous leur propre poids et sous la tension des courroies.

Pour des appuis espacés de 3 à 4 mètres, on leur donne un diamètre de 70 à 90 millimètres.

La vitesse de rotation de ces arbres est assez grande, afin qu'ils puissent transmettre beaucoup de travail avec des courroies de dimensions modérées. Elle est de 60 à 120 tours par minute dans les ateliers de construction en fer et dépasse souvent 200 tours dans les ateliers à bois dont tous les outils marchent à grande vitesse.

Les tronçons dont est formée la ligne d'arbres sont réunis entre eux par des manchons de diverses formes. La figure 298 représente un manchon en fonte en deux pièces réunies par des boulons *aa*, avec clavettes *bb*.

Fig. 298.

Les arbres et leurs manchons ne doivent présenter aucune saillie pouvant accrocher les blouses des ouvriers.

Ils doivent se dilater librement; et, à cet effet, il convient de ne pas pratiquer d'épaulement de part et d'autre des coussinets, si ce n'est pour un seul des paliers qui soutiennent la ligne.

Quand deux tronçons consécutifs font un petit angle, ou bien que l'on craint les tassements dans un des appuis intermédiaires, on laisse un peu de jeu dans l'assemblage par manchon.

Si l'angle est plus grand, il faut avoir recours à des engrenages ou à des joints universels.

Les embrayages de différentes natures sont usités dans les cas où certaines parties de la transmission ne doivent fonctionner que par intermittence.

472. Paliers et chaises. — Les coussinets et paliers des transmissions d'ateliers ne diffèrent pas essentiellement des pièces analogues pour machines à vapeur (182). Les coussinets sont en bronze et en deux pièces.

Le palier fait souvent corps avec la chaise qui le supporte.

En voici deux exemples :

(Fig. 299). Chaise à fixer contre un mur. Les quatre trous du patin sont ovales afin de permettre la mise exacte à hauteur, les boulons de fixation étant rarement scellés avec une précision rigoureuse.

(Fig. 300). Chaise de suspension. Le chapeau *a* du palier est

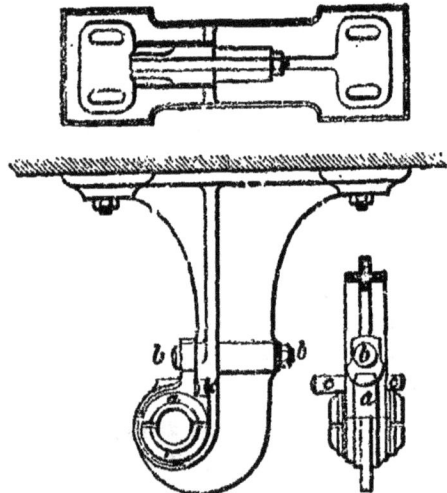

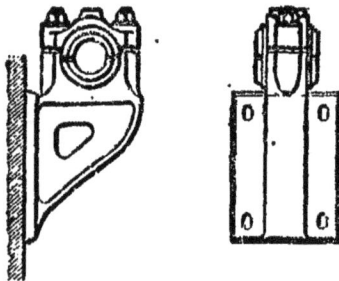

Fig. 299.   Fig. 300.

tenu par un boulon *b* qui n'est serré à bloc que lorsque le coussinet a été mis en contact avec l'arbre, au moyen de la clavette *c c*.

473. Paliers graisseurs. — La question du graissage de ces longues lignes d'arbres, qui absorbent une grande partie du travail moteur, est fort importante. Souvent, on se contente du godet graisseur ordinaire (fig. 183) avec mèche de coton.

Mais cette solution est bien imparfaite ; les hommes chargés de renouveler l'huile et les mèches doivent circuler sans cesse au milieu des courroies, sur des galeries légères jetées d'un palier à l'autre ; il y a gaspillage d'huile et chances d'accidents, et les galeries de graissage sont fort gênantes pour le passage des courroies.

Au contraire, les paliers à graissage continu peuvent fonctionner longtemps sans qu'on ait à s'en occuper. Ils comportent un réservoir d'huile assez vaste placé au-dessous de l'arbre ; par divers procédés cette huile est élevée jusqu'à l'arbre à graisser, l'excédent retombe dans le réservoir inférieur pour être remonté de nouveau.

Dans le palier graisseur *Decoster* (fig. 301) qui est un des plus anciens, l'élévation de l'huile est produite par un disque mince A, tournant avec l'arbre ; l'huile retombe sur l'arbre directement, ou bien est projetée par la force centrifuge sur le chapeau, pour retomber ensuite sur les coussinets C et D ; deux rondelles de cuir E E empêchent les pertes d'huile par l'extérieur.

Fig. 301.

Le graissage est souvent obtenu par une mèche ou une éponge plongeant en partie dans le liquide et pressée sur l'arbre par un ressort ; — par un galet immergé en partie dans l'huile et appuyé contre le dessous de l'hélice ; — par des rainures hélicoïdales creusées dans les coussinets et en communication, par un tube, avec le réservoir d'huile, le mouvement même de l'arbre déterminant l'aspiration du liquide, etc.

Quel que soit le système, il convient d'éviter que l'huile soit trop vivement battue, ce qui la ferait promptement rancir ; il est bon aussi que le liquide en excès se déverse dans une cavité spéciale où il puisse laisser déposer les poussières métalliques provenant de l'usure des coussinets, avant de rentrer dans le réservoir principal.

474. Courroies. — Dans les ateliers, la transmission entre l'arbre général et les divers outils se fait presque toujours par courroies et poulies ; le plus souvent, on s'arrange pour que les axes des deux poulies accouplées soient parallèles, ce qui donne lieu à deux dispositions (fig. 302) :

(*a*) Courroie *directe*, les deux poulies accouplées tournent dans le même sens ;

(*b*) Courroie *croisée*, les deux poulies accouplées tournent en sens contraires.

Les courroies de transmission se font communément en peau de vache, quelquefois de veau, en caoutchouc ou en crin tressé et imprégné de mastics spéciaux.

En dehors des très petites courroies, qui

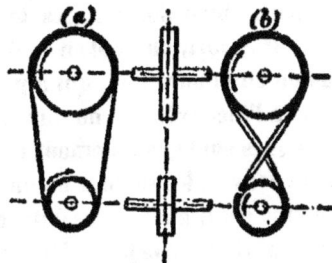

Fig. 302.

sont en cuir mince, les courroies ordinaires en cuir ont 3 à 5^m/$_m$ d'épaisseur, et leur largeur va jusqu'à 0^m 30 ; pour transmettre de grandes puissances, on fait des courroies en deux ou trois doubles ; on les compose de pièces cousues et on leur donne jusqu'à 1^m et plus de largeur.

Pour qu'une courroie transmette convenablement le mouvement, il faut qu'elle adhère sans glisser sur l'arc de poulie qu'elle embrasse. L'adhérence résulte, à la fois, des tensions des deux brins, de l'angle mesuré par l'arc embrassé et du coefficient de frottement de la courroie sur la jante. Le calcul de ces divers éléments se trouve dans tous les traités de mécanique ; mais les applications de ce calcul sont fort incertaines, parce qu'on ne connaît généralement ni les tensions de la courroie, ni le coefficient de frottement, et on en est réduit à appliquer des règles empiriques.

Une courroie ordinaire de 0^m 20 de large, marchant à une vitesse de 10^m par seconde et enveloppant les poulies sur une demi-circonférence, suffit pour transmettre une puissance de 10 chevaux ; la largeur peut être réduite à 0^m 15 quand les circonstances sont très favorables.

Partant de cette donnée, on déterminera la largeur des courroies proportionnellement à la puissance en chevaux, et en raison inverse de la vitesse. Toutefois, les petites courroies, étant plus minces, recevront une largeur plus grande que celle indiquée ci-dessus ; au contraire, pour les grandes forces, les courroies seront épaisses et par conséquent moins larges.

Les courroies doubles ou triples font l'objet de calculs spéciaux.

Les petites courroies sont cousues avant d'être montées ; les grandes courroies se montent sur les deux poulies conjuguées ; on saisit les deux extrémités par des mâchoires ; on les rapproche l'une de l'autre, en produisant la tension voulue au moyen de boulons filetés et l'on coud ensemble les deux bouts qui flottent entre les deux mâchoires. La couture se fait, au fil de chanvre ciré, au fil de fer, par agrafes métalliques ou par boulons à tête plate ; quelquefois on amincit les bouts en becs de flûte, et on les réunit par une colle spéciale.

Une courroie neuve se détend rapidement et glisse ; il faut alors refaire la couture ou bien donner, dès le début une tension exagérée. Si le mou n'est pas trop fort, on peut se contenter de jeter sur la courroie de la résine fondue ou en poudre fine, qui a pour effet d'augmenter l'adhérence ; mais la résine a l'inconvénient de durcir le cuir et de le rendre cassant.

Les poulies sont généralement en fonte ; on les fait souvent en deux pièces pour pouvoir les monter en un point quelconque de la transmission. Si leur vitesse est grande, elles doivent être soigneusement centrées et équilibrées. La vitesse à la jante dépasse rarement 15 à 18 mètres par seconde.

475. Particularités diverses des transmissions par courroies. — Dans une courroie en marche, le brin conducteur est plus tendu que le brin conduit ; par conséquent, il marche plus vite. Il en résulte, pour la poulie conduite, un retard qui est d'autant plus grand que la courroie est plus extensible et soumise à des variations de tension plus considérables ; ce retard, dans les cas ordinaires, est de 1/2 à 2 0/0 ; avec des courroies en caoutchouc souple, il peut être beaucoup plus important, ainsi que l'a démontré M. Kretz, auquel est due l'analyse de ce phénomène. Ce retard est nécessairement accompagné d'un glissement qui se produit sur chacune des poulies, aux environs du point où la courroie quitte la poulie.

La jante de la poulie reçoit un bombement (fig. 303) de 1/10e à 1/20e, destiné à empêcher la courroie de se déplacer latéralement.

Il y a, sur les causes, qui tendent à déplacer une courroie ou à la maintenir, quelques observations utiles à faire.

Lorsqu'une courroie (fig. 304) s'enroule sur un cylindre A B et que le brin *montant* D F est oblique sur les génératrices C D du premier contact, la courroie tend à se déplacer dans la direction D E du côté de l'angle aigu E D F.

De même (fig. 305) une courroie s'enroulant sur un tronc de cône tend

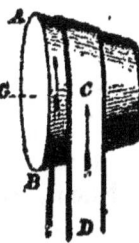

Fig. 304.   Fig. 304.   Fig. 305.

à se déplacer du côté de la grande base A B du tronc de cône, tant que le brin montant C D n'est pas trop oblique sur l'axe G du cône.

Il résulte de là que, si la jante d'une poulie est formée de deux troncs de cône accolés par leur grande base, une courroie placée à cheval sur l'arète commune ne tendra pas à s'écarter de cette position, où elle sera en équilibre stable. Il en sera de même si la jante est bombée.

Mais cela ne sera vrai qu'à la condition que le *brin montant* ne soit pas trop oblique sur l'axe de la poulie ; il faut, en outre, qu'il y ait adhérence, car une courroie qui glisse tombe bientôt, si elle n'est pas guidée.

Soient données deux poulies à jantes bombées dont les axes sont parallèles et dont les plans moyens se confondent. Supposons-les conjuguées par une courroie ; si l'on vient à repousser obliquement un des brins, le brin conducteur, par exemple, lequel est brin montant pour la poulie conductrice, la courroie se déplacera sur cette poulie et finira par tomber. Si ensuite on met la courroie en prise par le bord seulement de deux jantes et qu'on fasse tourner les deux poulies, la courroie viendra d'elle-même se replacer dans sa position médiane.

476. Variétés et détails des transmissions par courroies. — Ces propriétés sont utilisées à chaque instant dans les ateliers.

Presque toutes les machines-outils ne doivent fonctionner que par intermittence, ce qui nécessite un embrayage que les courroies réalisent dans d'excellentes conditions.

La machine-outil porte 2 poulies montées sur son axe principal et très voisines l'une de l'autre : la première est calée sur cet axe ; l'autre est folle. Sur l'arbre général de l'atelier est monté un tambour cylindrique dont la largeur correspond à celle de l'ensemble des deux poulies ; une courroie, de la largeur d'une jante de poulie étant posée sur la poulie calée, la machine-outil fonctionne ; pour arrêter la machine, il suffit de pousser la courroie sur la poulie folle ; on remet en mouvement, avec autant de facilité, en faisant passer la courroie de la poulie folle sur la poulie fixe.

Un embrayage de même nature sert à imprimer alternativement à la même machine un mouvement direct ou rétrograde ; exemple : raboteuses, etc. Ces embrayages agissent sans qu'il faille arrêter la transmission générale ; ils sont en outre très doux, parce que la courroie glisse jusqu'à ce que les pièces aient progressivement acquis leur vitesse normale.

Les *monte-courroie* sont des appareils fondés sur les mêmes principes ; ils permettent de monter une courroie sur deux poulies conjuguées sans arrêter le mouvement de la poulie conductrice et sans exposer les ouvriers à ces terribles mutilations, malheureusement trop fréquentes dans les ateliers encombrés de transmissions (1).

Lorsque deux poulies accouplées sont de diamètres différents, leurs vitesses de rotation sont en raison inverse des diamètres.

On se sert de cette propriété pour la commande des outils qui, comme les tours à métaux; ont besoin de vitesses variables. Sur l'axe de la machine-outil est montée une *poulie à gradins* composée d'une série de jantes de poulies accolées et de diamètres décroissants ; sur l'arbre de transmission générale ou, plus souvent, sur un arbre intermédiaire commandé par poulie folle et poulie fixe, est montée une poulie à gradins pareille, mais tournée en sens inverse.Pour faire varier la vitesse, on fait passer la courroie d'un gradin à l'autre à la fois sur les deux poulies. Ce système porte le nom, assez impropre, de transmission par *cône* et *contre-cône*.

Pour régler la tension de la courroie, on se sert souvent d'un *tendeur*, galet appuyé sur un des brins par un poids ou un ressort. Une courroie lâche,avec tendeur manœuvré à la main,constitue un embrayage très simple et fort usité.

(1) Voir les *Bulletins de l'Association pour prévenir les accidents de machines.* Mulhouse.

Nous avons supposé jusqu'ici que les deux arbres accouplés étaient parallèles. On peut se servir d'une courroie pour transmettre le mouvement d'un arbre B (fig. 306) à un arbre A non situé dans le même plan ; mais il faut, pour cela, que, sur chaque poulie, le brin montant se présente dans le plan de la poulie ; que, par conséquent, le point C, où la courroie quitte la poulie A, soit dans le plan de la poulie B, et de même que D soit dans le plan de la poulie A. Si le sens du mouvement est renversé, la courroie tombe immédiatement.

En ayant recours à des arbres intermédiaires, on peut, au moyen d'une seule courroie, transmettre le mouvement d'un arbre à un autre arbre placé d'une manière quelconque par rapport au premier (1).

477. Transmissions par câbles en chanvre. — Pour transmettre le travail, notamment lorsqu'il s'agit de grandes puissances, on emploie, depuis quelques années des câbles en chanvre au lieu de courroies.

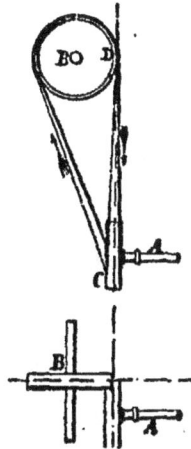

Fig. 306.

Les deux bouts du câble sont réunis par une épissure. Les jantes des poulies sont creusées d'un certain nombre de gorges, dans chacune desquelles vient se loger un câble. Ces gorges sont tantôt demi-rondes dans le fond, au diamètre du câble, tantôt taillées en V (fig. 307) de manière à augmenter l'adhérence.

A une vitesse de 20 mètres, un câble de 50 millimètres de diamètre peut transmettre de 30 à 35 chevaux-vapeur.

On a pu ainsi, en logeant sur une large jante 20 câbles et plus, transmettre des puissances s'élevant jusqu'à 1000 chevaux, ce qui eût été impossible avec des courroies.

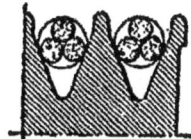

Fig. 307.

Ce genre de transmission donne des mouvements très doux et très réguliers ; l'infléchissement du câble sur des rouleaux de renvoi s'obtient facilement dans toutes les directions ; les distances de transmission sont moins restreintes qu'avec des courroies.

478. Transmissions à grandes distances. — Le problème de la transmission du travail à de grandes distances présente des difficultés toutes spéciales. Jusqu'ici les organes rigides : arbres, leviers, engrenages, etc., n'ont pas résolu la question d'une manière satisfaisante ; ils donnent lieu à des résistances passives trop considérables (Ex. ancienne machine de Marly).

(1) Voir : Reuleaux, *Le Constructeur*. Traduction Debize et Mérijot : Savy, 1873, p. 358 et suiv.

Il existe aujourd'hui trois solutions très remarquables de ce problème :

Les transmissions télédynamiques ;

Les transmissions par l'eau sous pression ;

Les transmissions par l'air comprimé.

470. Câbles télédynamiques. — Sur deux poulies à gorge tournant dans un même plan vertical, s'enroule un câble continu en fil de fer. Ce câble est animé d'une grande vitesse ; il peut donc, même sous une tension modérée, transmettre une puissance motrice considérable.

Telle est, en quelques mots, l'invention de M. Hirn, connue sous le nom de *transmission télédynamique*.

Une pareille transmission comprend, en outre des deux poulies principales, un certain nombre de poulies-supports, également à gorge.

Voici quelques détails de construction.

Les poulies sont en fonte ; la gorge a la forme représentée (fig. 308) ; le fond de la gorge est rempli de morceaux de cuir gras, a, placés de champ normalement au câble b, et fortement serrés ; le tout est tourné après mise en place.

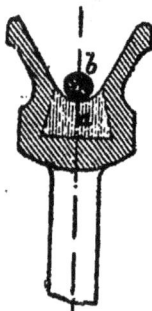

Le câble est en fil de fer, composé d'un certain nombre de torons avec âme en chanvre. Sa vitesse est très grande, de 15 à 25 mètres et au-delà par seconde.

Dans de bonnes conditions, un câble de 12 m/m de diamètre, à la vitesse de 20 mètres par seconde, peut transmettre une puissance de 100 à 120 chevaux.

Le diamètre des poulies principales doit être d'au moins 200 fois celui du câble. Les poulies de support peuvent avoir un diamètre moitié moindre.

Fig. 308.

La réunion des deux bouts du câble se fait par épissure sur plusieurs mètres de longueur ; il est généralement nécessaire de raccourcir le câble après quelques jours de marche.

La distance la plus convenable entre les supports est de 70 à 110 mètres.

Quand la transmission est fort longue, il convient de la subdiviser en un certain nombre de relais, de manière à ne pas donner à un câble unique une longueur démesurée ; à chaque station, deux poulies sont montées sur un même arbre : l'une commandée, l'autre motrice ; car deux poulies sont souvent confondues en une seule poulie à double gorge.

Lorsque la ligne à parcourir n'est pas droite, on la divise en relais rectilignes raccordés par des engrenages d'angle.

Ce genre de transmission doit être installé avec soin ; les poulies seront bien centrées, bien équilibrées et tourneront deux à deux dans un même plan vertical.

Dans ces conditions, si le câble est régulier et que la puissance transmise ne varie pas trop brusquement, les deux brins du câble restent parfaitement stables, et leur mouvement n'est pas perceptible malgré sa grande rapidité ; la transmission se fait sans bruit, avec une extrême douceur ; la perte de travail par les frottements est très petite, même aux grandes distances. Dans les cas contraires, le câble fouette violemment et peut se rompre ou sauter hors des gorges des poulies.

Ce mode de transmission convient surtout pour les grandes travées ; le câble prend alors une flèche très accusée, qui peut servir de mesure fort précise à sa tension ; les supports intermédiaires ne s'emploient que pour empêcher le câble de s'approcher trop près de terre ou des obstacles voisins, ou les deux brins de se toucher.

480. Exemples de transmissions télédynamiques. — Voici quelques exemples d'installations de cette nature (1) :

A Schaffouse, le cours du Rhin, très rapide, est barré et la chute ainsi obtenue actionne trois turbines placées sur la rive gauche, et donnant 750 chevaux.

La moitié environ de cette puissance (soit 331 ch.) est envoyée sur la rive droite, répartie au moyen de six stations, sur plus de 600 mètres le long du quai ; chacune de ces stations donne le mouvement, au moyen de câbles secondaires, aux usines locatrices.

La transmission est faite par deux câbles parallèles dont les tensions sont équilibrées par des artifices fort ingénieux. Les poulies ont un diamètre de 4 m. 50.

Dans la partie voisine des turbines, les câbles se composent de 8 torons comprenant chacun 10 fils de 1 mm. 85 de diamètre ; la vitesse est de près de 19 m. ; les portées franches varient de 100 à 135 mètres.

Une installation analogue existe à Zurich pour utiliser une force de 300 ch. obtenue par le barrage de la Sarine.

A Bellegarde, on a pensé à utiliser la *Perte du Rhône*, rapide à très forte pente, pour créer une puissance de près de 10000 chevaux et l'envoyer, par des câbles, à des usines à construire dans la plaine. Jusqu'ici on n'a établi que deux turbines, donnant chacune 630 chevaux.

481. Transmission par l'eau sous pression. — L'emploi de l'eau sous pression pour transmettre à distance des efforts considérables a été vulgarisé par Armstrong, et s'est beaucoup répandu depuis quelques années.

Le système comporte :

1° Un moteur, machine à vapeur ou autre, actionnant des pompes foulantes ;

---

(1) Voir *Annales des Mines*, 1875, t. VIII, p. 229. Mémoire de M. Achard sur les transmissions télédynamiques.

2° Un *accumulateur*; c'est un piston de presse hydraulique, chargé d'un poids considérable, soulevé par l'eau, envoyée par les pompes foulantes;

3° Une conduite générale d'eau comprimée, avec branchements sur les appareils récepteurs;

4° Des appareils récepteurs, grues, presses, etc., constitués essentiellement par un piston de presse hydraulique recevant la pression de l'eau de la conduite.

Le trait caractéristique de l'installation Armstrong, c'est l'accumulateur; il emmagasine le travail des pompes et permet de le dépenser rapidement sur un point donné de la conduite.

La figure 309 représente un accumulateur:

A. Cylindre en fonte;

a. Arrivée de l'eau refoulée par les pompes;

b. Départ vers la conduite générale;

B. Piston plongeur;

c,c. Charge en fonte suspendue au sommet du piston par les croisillons DD et les boulons EE.

Il est clair que la pression, dans les conduites, est proportionnelle à la charge *cc* et en raison inverse de la section du piston P. Cette pression varie, suivant les cas, de quelques kilog. à plusieurs centaines de kilog. par centimètre carré.

Quant aux appareils récepteurs, ils sont généralement fort simples et se composent d'un piston de presse hydraulique avec distribution à la main.

L'immense avantage de ce système, c'est la simplicité des manœuvres; un seul homme suffit pour mettre en action une grue puissante, soulever des fardeaux, faire mouvoir les masses les plus pesantes avec la plus parfaite précision, grâce à l'incompressibilité de l'eau; en outre, les tuyaux de conduite se placent n'importe où, ne gênent pas et ne prennent pas de place.

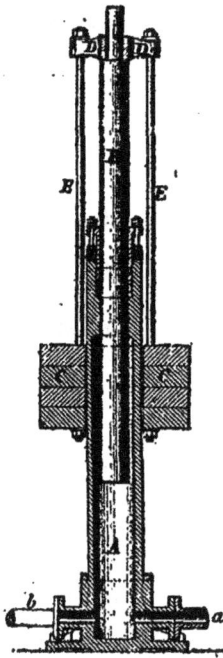

Fig. 309.

D'autre part, il faut s'attendre à ne retrouver, sur les récepteurs, qu'une assez faible fraction du travail développé par le moteur. En effet, dans une conduite un peu longue, les frottements sont toujours considérables; en second lieu, que la charge à élever soit lourde ou légère, un même outil dépense toujours un même volume d'eau pour un déplacement donné du piston, c'est-à-dire la même quantité de travail, l'excès du travail moteur sur le travail résistant étant absorbé par l'étranglement produit par le distributeur, lequel constitue un véritable frein.

Ce système est donc surtout applicable quand le travail est intermittent et que, par suite, la dépense totale de travail par jour est assez faible ; exemple : dans une grue, même très puissante, faisant une vingtaine d'opérations par heure, le travail est beaucoup moindre que dans une petite machine à vapeur qui donne, dans le même temps, plusieurs milliers de coups de piston.

482. Exemples de transmissions par l'eau sous pression. — Nous allons montrer, par quelques exemples, quel merveilleux parti on tire aujourd'hui de ce mode de transmission.

Dans plusieurs gares de chemins de fer, les manœuvres des wagons, leur chargement ou leur déchargement, s'opèrent au moyen d'appareils hydrauliques, grues, cabestans, etc. (1).

Dans les aciéries Bessemer, la manipulation des énormes cornues et des masses d'acier fondu se fait presqu'entièrement par l'eau comprimée.

Faire mouvoir le convertisseur et la poche qui reçoit, à chaque opération, plusieurs milliers de kilogrammes d'acier fondu ; verser l'acier dans les moules, démouler, enlever et charger les lingots sur wagons, toutes ces manœuvres sont exécutées par un contre-maître qui a sous la main le jeu des robinets et qui n'est aidé que par un petit nombre d'ouvriers.

Le découpage, l'étampage, le poinçonnage des tôles s'exécutent avec grand avantage par des outils à pression hydraulique, ce système permet de faire la rivure dans des conditions de perfection et d'économie que ne saurait atteindre le travail à la main (2).

Depuis quelques années, le forgeage des grosses pièces à la pression hydraulique est pratiqué avec succès par plusieurs usines.

Les docks de Marseille sont desservis par une immense canalisation d'eau sous pression (3) de plusieurs kilomètres de longueur, fonctionnant à la pression de 52 atm. Des branchements établis sur tout le parcours desservent les grues de déchargement des navires, les monte-charge, etc. De plus, l'eau sous pression sert à la manœuvre de deux ponts tournants : l'un, sur la traverse de la Joliette ; l'autre à l'entrée des bassins de radoub.

Le pont tournant des bassins de radoub a une longueur de 62 mètres, une largeur de 15 m. 60 ; il pèse 742.000 kilos ; il porte sur un pivot cons-

---

(1) Voir dans les *Annales des Ponts et Chaussées* :
1871, 1er semestre, p. 98, Malézieux, *Chemins de fer anglais* ;
1876, 1er semestre, p. 163, Poulet et Luneau, *Cabestans hydrauliques* ;
1876, 2e semestre, p. 203, Sartiaux, *Gare maritime d'Anvers*.
(2) M. Berrier-Fontaine, *Outillage hydraulique de Toulon* ;
Congress of mechanical Engineers, Paris, 1878.
(3) Barret, *Annales des Ponts et Chaussées*, 1875, 1er semestre, p. 413, Pont tournant de Marseille.
Barret, *Note sur les appareils hydrauliques*, Marseille, 1879.
Collection de dessins distribués aux élèves de l'École des Ponts et Chaussées :
3e série, sect. C, pl. 23 à 26, Ponts tournants de Marseille ;
11e série, sect. E, Appareils pour l'eau comprimée.

titué par un piston de presse hydraulique, de 0 m. 58 de diamètre ; l'eau agissant sous ce piston est comprimée à 270 atm. au moyen d'un système spécial de presses mis en mouvement par l'eau de la conduite générale, comprimée à 52 atm. Une fois le pont soulevé, le mouvement de rotation est donné par deux presses horizontales. Un seul homme ayant sous la main les jeux de robinets, suffit pour la manœuvre. Une opération complète : ouverture et fermeture ne dure que quelques minutes.

Mentionnons enfin les ascenseurs, qui sont devenus d'un usage courant dans les hôtels et maisons de Paris. Ils sont actionnés par la pression de l'eau des conduites de distribution. La manœuvre des ascenseurs est aujourd'hui tellement sûre et facile, qu'elle peut être confiée sans inconvénient au public qui se sert de l'appareil. Pendant l'Exposition de 1878, les deux tours du Trocadéro étaient desservies par des ascenseurs franchissant d'un seul jet une hauteur de 62 m 50.

483. Transmissions par l'air comprimé. — Une transmission par l'air comprimé est très simple en principe : elle se compose des mêmes éléments que la transmission hydraulique :

Un moteur actionnant un compresseur d'air ;

Un réservoir d'air comprimé ;

Une conduite et des récepteurs à piston plus ou moins analogues à des machines à vapeur.

L'air peut parcourir à grande vitesse de grandes longueurs de conduite, sans pertes de pression bien notables. A ce point de vue, ce mode de transmission convient bien quand la distance à parcourir est considérable, et d'autant mieux que la conduite peut être de faible diamètre et se plie à toutes les inflexions imposées au tracé par les circonstances locales.

Cependant, il y a des causes de perte de travail toujours très importantes : il y a d'abord celles résultant de la complication même de la transmission ; il y a en outre, celles qui sont la conséquence des propriétés physiques des gaz permanents : l'air s'échauffe dans la pompe de compression, par le fait même de la réduction de volume ; cette chaleur se dissipe dans le parcours de la conduite ; arrivé au récepteur, l'air se détend et se refroidit beaucoup en développant du travail ; il est clair que le travail de la compression dépasse celui de la détente d'une quantité correspondant à la chaleur perdue en route.

Supposons que la compression et la détente s'opèrent adiabatiquement, et soient :

T_0 la température absolue ambiante,

T_1 la température absolue après la compression.

Le travail de la compression sera, à celui de la détente, dans le rapport $\frac{T_1}{T_0}$.

Exemple: la pression dans le réservoir étant de 6ᵏ 061 effectifs (*Table III*, p. 48, col. 2) le travail rendu par la détente ne peut dépasser les 0,5664 du travail de la compression (col. 4).

Si la pression était de 13ᵏ effectifs, le rapport se réduirait à 0,4642.

Il est évident qu'en pratique, le rendement descend bien au-dessous de ces chiffres théoriques.

On l'améliore un peu en refroidissant les parois de la pompe de compression, et en injectant dans l'intérieur de l'eau pulvérisée. Il faudrait aussi réchauffer l'air dans le cylindre moteur, ce qui, jusqu'ici ne paraît praticable que dans des cas bien rares.

En fait, l'air comprimé n'est employé, comme véhicule du travail, que lorsqu'il s'agit de faire mouvoir des outils dans des galeries de mines, où la ventilation est difficile. Il présente alors des avantages pratiques considérables.

484. Exemples de transmissions par l'air comprimé. — L'emploi de l'air comprimé a été proposé, vers 1852, par M. Colladon pour le percement du tunnel du Mont-Cenis. L'application de ces procédés permit de réaliser l'œuvre colossale, considérée jusqu'alors comme à peu près impraticable.

La compression de l'air était produite par les chutes d'eau qui se rencontrent en si grande abondance dans les pays de montagne.

L'air comprimé était emmagasiné dans des réservoirs et amené, par des conduites en fonte jusqu'au fond de la galerie d'attaque ; là, il était délivré, au moyen de tuyaux en caoutchouc, à des *perforatrices*, petites machines à piston, mettant en mouvement les fleurets pour le percement des trous de mine. L'air servait donc à la fois à la transmission du travail mécanique des chutes d'eau et à la ventilation du tunnel.

Les mêmes principes ont été appliqués, sur une échelle plus vaste encore, au percement du tunnel du St-Gothard (1). Les chutes d'eau utilisées donnent une puissance théorique de 2500 chevaux et les pompes qu'elles mettent en mouvement aspirent 300 mètres cubes d'air par minute et l'envoient dans les réservoirs sous une pression de 7 atmosphères. Un système de circulation et d'injection d'eau froide prévient l'échauffement de l'air et des pièces métalliques. Ici, comme au Mont-Cenis, l'emploi de l'air sous pression a permis d'imprimer à ces travaux difficiles une rapidité inattendue. Lorsque les galeries sont assez avancées, il est devenu avantageux d'extraire les déblais par des trains mus mécaniquement, au moyen de locomotives marchant par l'air comprimé.

De nombreuses applications de dispositifs analogues sont aujourd'hui en activité pour l'exploitation des mines.

(1) Voir les rapports du Conseil Fédéral Suisse sur la ligne du St-Gothard, Berne, C. J. Wyss.

485. Résumé et divers. — Pour résumer ce qui concerne les trans-missions à grandes distances, on peut dire :

Les câbles en fil de fer transmettent le travail sans perte notable ; le tracé est un peu raide et ne se prête pas à toutes les inflexions : l'application de ce système trouve sa place quand la puissance motrice doit être économisée et que le travail à produire est continu.

La transmission par l'eau comprimée est surtout applicable aux travaux intermittents exigeant de grands efforts ; tracé très flexible.

L'air comprimé est jusqu'ici limité aux travaux souterrains, où la ventilation a une grande importance.

Signalons aussi la transmission du travail par l'électricité : une machine électro-magnétique est actionnée par le moteur ; au moyen d'un conducteur isolé, elle envoie son courant à une autre machine électro-magnétique placée à distance, qui fait l'office de récepteur et actionne les outils.

CHAPITRE XXI

HISTOIRE DE LA MACHINE A VAPEUR[1]

486. Antiquité. — Les philosophes de l'antiquité n'ont fait qu'entrevoir confusément les propriétés des fluides élastiques. *Aristote* et *Sénèque* attribuent les tremblements de terre à l'action de l'eau échauffée. *Héron d'Alexandrie* décrit divers éolipyles dans lesquels les effets de la dilatation de l'air par la chaleur se confondent plus ou moins avec ceux de la vapeur d'eau.

487. Moyen âge. — D'une note publiée en 1826, il résulterait qu'en 1543, le capitaine *Blasco de Guray* aurait construit une machine faisant mouvoir un navire de 200 tonneaux ; l'expérience aurait eu lieu le 17 juin, dans le port de Barcelone. Mais ces documents ne présentent aucune garantie d'authenticité, et le mécanisme dont il s'agit n'a pas été décrit.

A diverses reprises, pendant le XVIe siècle, on essaya, on proposa des appareils se rapprochant plus ou moins des éolipyles de Héron. *Léonard de Vinci* parle de l'eau chauffée dans un tube, qu'il appelle *architonnerre* pour lancer les projectiles de guerre.

Il faut arriver au XVIIe siècle pour trouver quelques notions un peu nettes sur la nature et les propriétés de la vapeur d'eau.

488. Salomon de Caus. — En 1615, *Salomon de Caus* (ou de Caux) donne une idée précise [2] des pressions que peut exercer l'eau lorsqu'elle est chauffée dans une enceinte fermée ; voici un des appareils qu'il décrit

---

(1) Arago (œuvres de François), Gide et Baudry, 1855, tome 2 ;
Clapeyron, *Cours de machines à vapeur à l'Ecole des Ponts et Chaussées*, 1858-1859;
Mallet, *Machines à vapeur marines*. Arthus Bertrand, 1873 ;
Baron Ernouf, *Denis Papin*, Hachette, 1874 ;
R. H. Thurston, *Growth of the Steam-Engine*. New-York, Appleton and Cᵒ, 1878.
(2) Salomon de Caus, *Les raisons des forces mouvantes*, Francfort en la boutique de Norton, 1615.
L'on a bâti sur Salomon de Caus tout un roman de persécutions imaginaires; il vécut honoré des faveurs des cours d'Angleterre, d'Allemagne et de France, et mourut avec le titre d'Ingénieur du Roy.

(fig. 310) : dans un récipient fermé A, que l'on remplit d'eau au moyen du robinet à entonnoir B, plonge un tube C ; si l'on vient à chauffer le récipient, l'eau, pressée par la vapeur, jaillit par le tube C.

Le *Marquis de Worcester* publia, en 1663, un livre intitulé : A *Century of Names and Scantling of inventions*, ouvrage assez obscur dans lequel semble reproduit le dispositif de Salomon de Caus.

En 1683, *Samuel Moreland*, maître des machines du roi d'Angleterre, écrit : « que l'eau étant évaporée par le feu, « ses vapeurs occupent incontinent un espace 2000 fois plus grand », chiffre remarquable pour l'époque, car, sous la pression atmosphérique, le volume spécifique de la vapeur saturée (1650) en est assez voisin.

Fig. 310.

Jusqu'alors, les idées des philosophes touchant les propriétés des gaz et des vapeurs étaient assez obscures.

Mais sous l'impulsion de génies tels que *Pascal, Galilée, Torricelli, Boyle,* etc., l'esprit scientifique allait faire des progrès inattendus ; les propriétés de l'air, sa force élastique, sa pesanteur furent démontrées et étudiées et les fondements de la science expérimentale définitivement assis.

489. Denis Papin. — En s'appuyant sur ces bases solides, *Denis Papin* put, à son tour, s'élever à de nouvelles connaissances, démontrer la véritable nature et les propriétés de la vapeur, ainsi que la possibilité d'appliquer cet agent à la production de la puissance motrice.

Denis Papin naquit à Blois, le 22 août 1647, d'une famille calviniste ; il fut successivement élève de Huyghens et de Boyle.

En 1681, il publia la description de son *Digesteur* (appelé aussi *Marmite de Papin*), où l'on voit figurer, pour la première fois la *soupape de sûreté,* dont Papin calcule exactement la charge, ce qui prouve qu'il possédait déjà, dès cette époque, des notions très nettes sur la pression de la vapeur.

Après divers essais peu heureux, Papin publia, en 1690, en latin, dans les *Acta Eruditorum* de Leibnitz, un Mémoire sur une *nouvelle manière de produire à peu de frais des forces motrices immenses,* contenant une définition très précise des deux propriétés mécaniques essentielles de la vapeur d'eau : la *force expansive* et la *condensation par le froid.*

Il fit plus : il exécuta de ses mains un petit appareil dans lequel un piston de 2 1/2 pouces de diamètre, se mouvant librement dans un cylindre contenant de l'eau, se soulevait lorsqu'on venait à chauffer le cylindre, puis, lorsqu'on éloignait le feu, s'abaissait en entraînant, par des cordes, un poids de 60 livres. Telle est, on peut le dire, la *première machine à vapeur à piston* qui ait été construite.

Sûr désormais des principes sur lesquels il s'appuyait, il songea à en faire l'application pratique, et se mit à travailler à la construction d'un bateau à vapeur. Une machine à vapeur à plusieurs pistons devait mettre en mouvement deux roues à palettes placées sur les flancs du bateau (ces roues avaient été imaginées précédemment par le prince Rupert, frère de Charles II, d'Angleterre). Pendant plus de quinze années, il consacra à ce travail tout le temps et les faibles ressources dont il pouvait disposer. En septembre 1707, le bateau était prêt; il le fit manœuvrer sur la Fulda, à Cassel; le succès fut complet.

Décidé à gagner l'Angleterre, où il espérait trouver à propager son invention, il se confia à son bateau à vapeur avec sa famille et son pauvre mobilier, et partit pour Brême vers la fin de septembre. La navigation fut heureuse jusqu'à Münden. Mais, en ce point, le fleuve tombait sous la juridiction d'une corporation de bateliers, qui mit en pièces le bateau et son appareil.

Papin était ruiné au physique et au moral. Il acheva son existence dans la misère et l'obscurité.

Parmi les nombreuses inventions de Papin, il faut remarquer le *robinet de distribution à quatre voies* (122), divers mécanismes pour transformer en mouvement de rotation continu le mouvement alternatif des pistons, et, enfin, l'emploi de la *vapeur à haute pression sans condensation*.

490. Savery. — En 1698, un Anglais, le capitaine Savery, construisit la première machine à vapeur qui ait donné des résultats industriels. Cette machine fut répétée à un grand nombre d'exemplaires et servit à des épuisements de mines et à des distributions d'eau.

A. Arrivée de vapeur (fig. 311);

B. Tuyau d'aspiration;

CD. Réservoirs;

EF. Robinets de vapeur;

G. Tuyau de refoulement.

Les réservoirs sont arrosés, à l'extérieur, par de l'eau froide.

Le réservoir D étant rempli d'eau et le robinet F ouvert, l'eau est refoulée par la pression de la vapeur, à travers la soupape *a* dans le tuyau G; quand le réservoir D ne contient plus d'eau, on ferme le robinet F; la vapeur se condense et l'eau est aspirée par le tuyau B à travers la soupape *b*. Le réservoir C agit alternativement avec D, et assure la continuité de la marche (1).

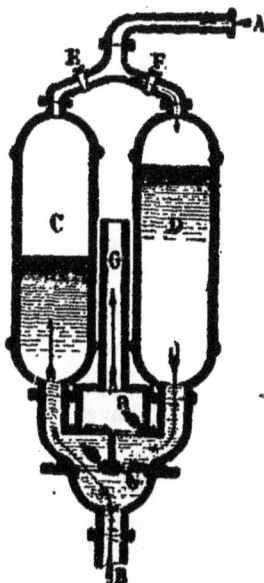

Fig. 311.

(1) Le pulsomètre de Hall (430) n'est autre chose que la machine de Savery dans

32

341. Newcommen. — En 1705, *Newcommen*, forgeron, et *Cawley*, vitrier, tous deux habitants de Darmouth, dans le Devonshire, firent patenter des machines d'épuisement dans lesquelles ils faisaient usage « d'un « cylindre à vapeur contenant un piston comme celui de Papin, pour action-« ner une pompe ordinaire ». Ils s'associèrent, du reste, avec Savery, auquel ils empruntaient la condensation par l'eau froide injectée extérieurement.

La première machine qu'ils construisirent date de 1711. Ils éprouvèrent de grandes difficultés pour faire le joint entre le piston et le cylindre, et, pour y suppléer, ils plaçaient au-dessus du piston une couche d'eau. Cette disposition les amena à un grand perfectionnement : une fissure s'étant un jour ouverte au piston d'une de leurs machines, la descente du piston se produisit avec une grande rapidité, ce qui les conduisit à injecter directement de l'eau froide dans le cylindre au lieu de le refroidir extérieurement.

Dans les premières machines de Newcommen, la distribution était obtenue au moyen de robinets manœuvrés à la main. Un enfant, *Humphry Patter*, eut l'idée de disposer un système de ficelles et de morceaux de bois qui faisaient automatiquement cette manœuvre ; ce mécanisme fut adopté par Newcommen et perfectionné, en 1718, par *Beighton*.

La figure 312 représente une machine de Newcommen, après ces divers perfectionnements :

A. Chaudière à basse pression ; le tuyau *a* sert à la fois de manomètre, de soupape de sûreté et de tube alimentaire ;

B. Cylindre ;

C. Piston attelé au balancier D E par une chaîne et un arc en bois ;

F. Poutre commandant les pompes ;

G. Pompe alimentaire fournissant l'eau au réservoir H ;

J. Injection d'eau froide, commandée par le robinet K ;

L. Admission de vapeur ;

M. Distributeur d'admission, soupape tournant autour d'un axe vertical ;

N. Évacuation de l'eau de condensation, avec clapet s'ouvrant du dedans au dehors ;

O. Robinet entretenant une couche d'eau sur le piston ;

P. Reniflard avec robinet et clapet, pour chasser l'air ;

QQ. Poutrelle commandant au moyen de broches, de leviers, de ficelles et de contrepoids le robinet d'injection K et la soupape d'admission M.

Les machines de Newcommen se répandirent beaucoup et, pendant 50 ans, il ne fut apporté à leur construction aucun changement important.

_____

laquelle les deux robinets E, P, sont remplacés par une soupape à mouvement automatique.

En 1772, *John Smeaton*, célèbre ingénieur, puis, en 1775, le *duc de Bridgewater* et son ingénieur *Brindley* en améliorèrent les détails et les proportions.

C'est à Smeaton qu'on doit la *cataracte*.

Nous arrivons enfin à *Watt*.

492. James Watt. — James Watt naquit à Greenock, le 19 janvier 1736. Ses parents étaient pauvres et sa santé délicate. Il avait un goût très

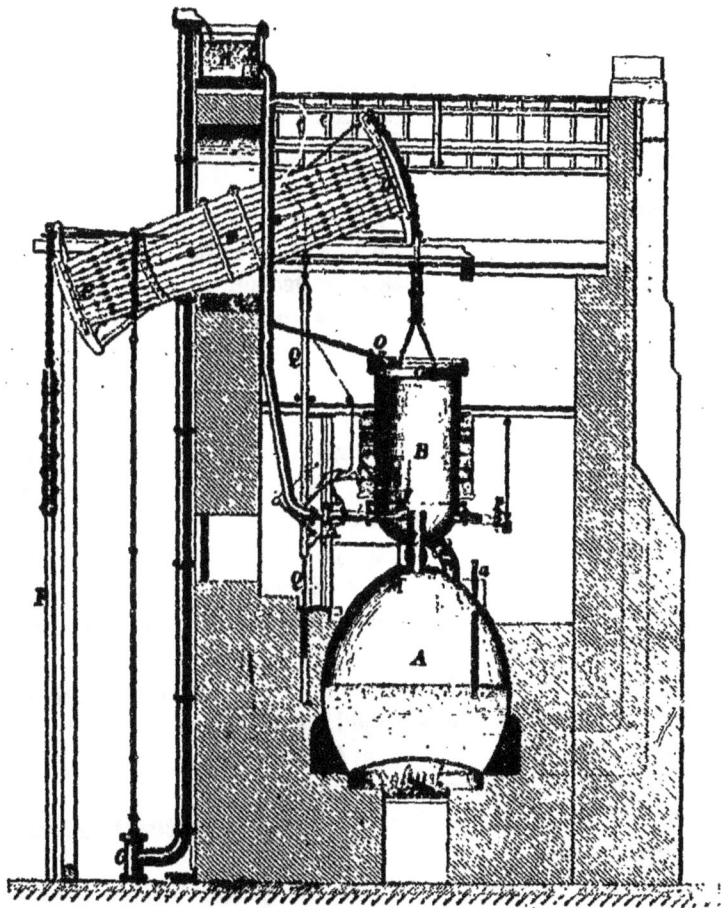

Fig. 312.

prononcé pour la physique et, après avoir travaillé chez un opticien de Londres, il s'établit pour son compte à Glasgow.

En 1763, il eut à réparer, pour l'Université de cette ville, le modèle d'une machine de Newcommen, ce qui appela son attention sur les machines à vapeur.

Le condenseur. — La dépense de combustible était énorme dans les machines de Newcommen, à cause des condensations à l'admission, au contact de l'eau froide et des parois refroidies du cylindre. Watt imagina le *condenseur*, récipient indépendant du cylindre, et la pompe à air qui en est le complément indispensable.

La chemise de vapeur. — Pour atténuer encore la condensation à l'admission, il enveloppa le cylindre d'une *chemise* dans laquelle il faisait circuler la vapeur provenant de la chaudière.

La machine de Cornouailles. — Puis, pour éviter le refroidissement produit par le contact de l'air atmosphérique, il ferma le haut du cylindre, fit passer la tige du piston par un presse-étoupe et arriver la vapeur au-dessus du cylindre. Il constitua ainsi les éléments principaux de la machine à simple effet que nous avons décrite sous le nom de machine de Cornouailles (446).

Ces améliorations considérables ne pouvaient être réalisées que par un ajustage bien exécuté du cylindre, du piston et de sa tige. Mais par le fait même de la vulgarisation des machines de Newcommen, l'art des constructions mécaniques avait fait de grands progrès ; on savait aléser un cylindre et, quant au presse-étoupe, les essais persévérants de Watt parvinrent à le faire fonctionner convenablement.

Recherches physiques. — Watt était resté physicien habile et expérimentateur consciencieux : il donna, entre autres résultats, des déterminations fort approchées de la chaleur de vaporisation de l'eau et de la relation entre la température et la tension de la vapeur saturée.

Résultats obtenus. — Ayant pris patente en 1769, il s'associa avec le Docteur *Roebuck* et construisit, pour les mines de houille de la Duchesse de Hamilton, une machine qui, après des essais pénibles, finit par fonctionner avec succès.

Roebuck ayant fait de mauvaises affaires, céda, en 1775, sa part dans l'association (2/3 des bénéfices) à un grand manufacturier de Birmingham *Mathew Boulton* ; le brevet de Watt ayant été prorogé jusqu'en 1800, cette nouvelle société entra dans une ère de prospérité.

Watt et Boulton traitaient, en général, avec les propriétaires de mines sur les bases suivantes :

La consommation en combustible des anciennes machines de Newcommen étant constatée pour l'élévation d'une quantité d'eau déterminée, on constatait de même la consommation de la nouvelle machine de Watt pour produire le même travail ; le propriétaire s'engageait à payer une redevance annuelle représentant le tiers de la valeur du charbon économisé, en prenant pour base cette expérience comparative et le travail de l'année mesuré par le nombre annuel de coups de piston (1).

_____

(1) Constaté par un compteur inventé par Watt.

Watt remplaça trois machines de Newcommen à la mine de Chacewater, en Cornouailles, et le succès fut tel que le propriétaire se racheta de sa redevance par une rente annuelle de 60.000 francs.

Au bout de quelques années, Boulton et Watt fondèrent à Soho, près Birmingham, un grand atelier pour la construction des machines à vapeur et cet établissement ne tarda pas à acquérir une grande célébrité.

La machine à double effet. — Watt imagina ensuite la *machine à double effet* et s'efforça de lui faire produire la rotation d'un arbre de couche.

Mais la réalisation de ce genre de machine ne laissa pas que de présenter de grandes difficultés. Il s'agissait de relier les deux extrémités du balancier : d'une part, au piston, d'autre part à l'arbre de couche.

Le parallélogramme. — Après bien des recherches, Watt finit par résoudre le premier de ces deux problèmes au moyen du parallélogramme (102).

Quant à la liaison du balancier à l'arbre de couche, depuis Papin, qui s'était servi de roues à rochet, on avait imaginé plusieurs dispositifs plus ou moins compliqués, et comprenant tous des encliquetages et des roues dentées.

On oubliait la manivelle du remouleur. Un anglais, *Washbrough*, de Bristol, proposa cette transmission par bielle et manivelle, et la fit patenter en 1778.

Pour se soustraire à l'effet de ce brevet, Watt imagina le *planétaire* (fig. 313) composé de deux roues dentées égales, l'une A, fixée à la bielle, l'autre B calée sur l'arbre de couche, les distances des centres de ces deux roues étant maintenues constantes par un lien A B ; la roue B fait deux tours pour une double oscillation de la bielle.

Watt renonça à ce système dès que l'expiration du brevet de Washbrough lui permit de revenir à la simple manivelle.

On voit, sur la figure 313, un volant calé sur l'arbre de couche. Le volant avait été imaginé en 1758 par *Keane Fitzgerald*.

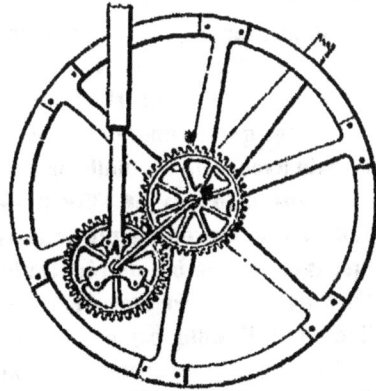

Fig. 313.

Le modérateur centrifuge. — On doit également à Watt l'application du modérateur à force centrifuge à la manœuvre du papillon. Cet organe était, du reste, déjà connu et employé dans les moulins à blé.

Watt songea aussi à faire usage de la détente ; toutefois, dans les machines qu'il construisit, la *détente* n'était appliquée que dans des limites fort restreintes.

L'indicateur de pression. — Enfin, c'est à Watt que l'industrie est rede-

vable de l'indicateur de pression, qui a servi de point de départ aux enre-
gistreurs des physiciens.

Jusqu'alors, la distribution était obtenue au moyen d'obturateurs, robinets ou soupapes, mus par une poutrelle armée de chevilles.

En 1801, *Murray*, de Leeds, imagina le *mécanisme du tiroir* et de *l'excentrique*, et c'est à cet ingénieur qu'on doit le tiroir désigné habituellement
sous le nom de tiroir en D de Watt (132).

La machine à balancier, telle que nous l'avons décrite art. 191, était dès
lors constituée dans tous ses éléments.

L'œuvre de James Watt est considérable ; en partant de la machine rudimentaire de Newcommen, il est arrivé à créer de toutes pièces deux types
complets de machines à vapeur : la machine à balancier et la machine
de Cornouailles, qui ont subi, sans modifications importantes, l'épreuve de
près d'un siècle. En outre des inventions nombreuses dont il a enrichi la
mécanique, il sut choisir avec discernement, parmi celles de ses prédéces-
seurs ou de ses contemporains, et les adapter judicieusement à ses propres
constructions. L'action considérable qu'il a exercée sur les méthodes d'éla-
boration et de mise en œuvre des matériaux n'est pas moins importante,
au point de vue des progrès de l'humanité, et l'on peut-dire que James
Watt est le créateur de la mécanique industrielle moderne.

Parvenu à un âge avancé, Watt quitta les affaires commerciales et se re-
tira dans sa maison de Heatfield, près de Birmingham. Possesseur d'une
brillante fortune, fruit de ses nobles travaux, entouré de l'estime et du
respect du monde entier, le patriarche de l'industrie britannique, toujours
bienveillant, modeste et réservé, coulait des jours paisibles dans la société
d'un petit nombre d'amis (1).

Il mourut le 25 août 1819, à la suite d'une courte maladie, à l'âge de
quatre-vingt-quatre ans. Cette fin, douce et glorieuse, fait un douloureux
contraste avec celle du malheureux Denis Papin.

493. Hornblower et Woolf. — Watt avait indiqué la détente, mais
plutôt comme moyen d'amortir la vitesse du piston aux extrémités de sa
course que dans le but de réduire la dépense de vapeur.

En 1781, *Jonathan Hornblower* se fait patenter pour l'emploi de deux
cylindres, et il indique que la même vapeur, après avoir agi dans le premier
cylindre, exerce une seconde fois son action par expansion dans le deuxième.
Mais cette idée eut peu de succès d'abord et ne fut réalisée pratiquement
que plus tard, en 1804, par Arthur *Woolf*, qui l'appliqua aux machines à
haute pression.

494. Trevithick et Vivian. — Comme nous l'avons vu, Papin avait,
le premier, indiqué l'usage de la haute pression sans condensation. Watt

(1) Arago.

avait pensé aussi à s'en servir dans les cas où l'eau serait rare. Mais les premières applications pratiques sont dues à *Trevithick* et *Vivian* (1802) sous forme de machines transportables avec foyer intérieur, cylindre vertical sans balancier et distribution par robinet à quatre voies de Papin.

495. Bateaux à vapeur. — On a vu plus haut que Papin construisit, vers 1707, un bateau à vapeur avec roues à palettes.

Des essais dans le même sens furent entrepris, sans succès, à diverses époques ; en 1737, par *Jonathan Hull* ; en 1775 par M. *Périer*.

En 1778, M. *le marquis de Jouffroy* fit, sur une grande échelle, des expériences à Baume-les-Dames sur le Doubs ; il construisit, en 1781, un grand bateau à vapeur qui navigua avec quelque succès sur la Saône. Ces essais furent interrompus par les événements de 1789.

Des tentatives du même genre, tout aussi infructueuses, sont faites en Angleterre en 1791, 1795 et 1801 par *Miller*, *Lord Stanhope* et *Symington*, et en Amérique par *John Ficht* (1788).

Le point défectueux de tous ces essais était évidemment la puissance insuffisante du moteur.

496. Fulton. — En 1803, MM. *Livingstone* et *Fulton*, tous deux Américains, essayèrent sur la Seine un bateau à vapeur qui marcha assez bien, et proposèrent leur invention, en même temps qu'un système de torpilles qu'ils avaient imaginé, au Premier Consul, qui se préparait à opérer une descente en Angleterre ; leurs offres furent rejetées. Fulton retourna en Amérique et construisit, à New-York, en 1807, le premier bateau à vapeur qui ait fait un voyage sérieux. Ce bateau s'appelait le *Clermont* ; il avait 40 mètres de long, 5 m. 40 de large. La machine avait été construite en Angleterre, par Boulton et Watt. Le cylindre avait 0 m. 72 de diamètre et 1 m. 20 de course ; la force (nominale) était de 18 chevaux. Le cylindre, vertical avec bielles pendantes, commandait les roues à palettes au moyen de balanciers coudés. Le *Clermont* fit un voyage d'essai de New-York à Albany (230 kilom.) en 32 heures de marche. Après cette expérience décisive, Fulton organisa un service régulier de transports sur l'Hudson.

L'Angleterre se hâta d'imiter l'exemple donné par l'Amérique, et, dès 1812, on vit le bateau à vapeur *La Comète* circuler sur les eaux de la Clyde.

La France resta longtemps en arrière, et ce ne fut qu'en 1829 que la Marine de l'Etat se décida à faire venir d'Angleterre la machine du *Sphinx* ; elle fut livrée par *Fawcett* et servit de modèle aux engins que construisaient les arsenaux français.

497. L'hélice. — Jusque là, le seul propulseur en usage était la roue à palettes. L'hélice ne fut adoptée que beaucoup plus tard.

Il semble qu'on doive attribuer à Du Quest (1727) la première idée de l'hélice propulsive ; citons, parmi les auteurs qui se sont occupés de ce sujet : *Bernouilli* (1752) ; *Paucton* (1768) ; le *capitaine Dallery* (1791), l'américain *John Fitch* (1796) ; enfin le capitaine du génie *Delisle* (1823), qui fit une étude très précise de cet organe, et *Sauvage*, mécanicien à Boulogne, qui prit patente en 1832.

Les premières applications pratiques de l'hélice semblent dues à *John Ericsson* et à *F. P. Smith* (1836).

L'hélice d'Ericsson ressemblait en tous points à celle proposée par Delisle ; celle de Smith était constituée par un hélicoïde gauche faisant deux révolutions complètes, qu'à la suite d'expériences ultérieures on réduisit à une fraction de tour.

498. La locomotive. — L'idée d'appliquer la vapeur au transport des fardeaux paraît avoir pris naissance en Angleterre ; le docteur *Robison* semble l'avoir suggérée à Watt en 1759.

En 1770 *Cugnot* construisit et essaya une voiture à vapeur qui existe encore au Conservatoire des Arts et Métiers, à Paris.

Citons encore les patentes de *Watt*, en 1784, les essais de *Murdoch*, de la même année, et ceux de *Trevithick* et *Vivian* en 1802.

Toutes ces tentatives n'eurent aucune suite jusqu'à ce qu'on en fût arrivé à essayer la traction par la vapeur, non plus sur une route inégale, mais sur des rails de fer.

499. Les chemins de fer. — A toute époque, on a employé, sur les chantiers, des madriers en bois pour faciliter le roulage des chariots sur le sol inégal et détrempé ; ce moyen était en usage dans les mines, d'une manière générale, dès le XVIIᵉ siècle.

En 1767, *Reynold* proposa de remplacer les madriers par des barres de fonte à rebords, et l'usage de ces *chemins à ornières en fonte* se répandit rapidement. En 1789, *Sessop* leur substitua des rails saillants en fonte, en mettant des rebords sur les roues. Vers 1820, on commença à remplacer ces rails en fonte par des rails en fer laminé.

Le fait d'une construction aussi coûteuse que celle d'une voie de fer suppose des transports considérables, et, par conséquent, une cavalerie nombreuse ; la pensée de substituer à la traction animale la traction mécanique plus puissante et plus économique, était dès lors, toute naturelle. Malheureusement, le progrès dans cette direction fut longtemps retardé par les idées fausses qu'on se faisait sur l'adhérence d'une roue en fer sur un rail. Les inventeurs se fatiguaient à chercher les moyens les plus compliqués pour prendre appui sur le sol. On essaya de garnir les jantes des roues de têtes de clous. En 1811, *Blenkinsop* armait les roues de sa locomotive d'une roue dentée mordant sur une crémaillère, disposition reproduite depuis au Chemin de fer du Rigi (394), etc.

D'autres inventeurs imaginèrent de pousser la locomotive au moyen de béquilles prenant alternativement appui sur le sol, comme les jambes d'un homme qui tire un chariot.

Enfin, en 1812, *William Hedley* et *Blacket* démontrèrent que l'adhérence sur le rail de roues lisses, convenablement chargées, suffit pour déterminer le mouvement de progression et la traction de poids considérables.

500. G. Stephenson. — En partant de ces données, *Georges Stephenson* exécuta, en 1814, une machine locomotive de beaucoup supérieure à toutes celles construites avant cette époque. La chaudière, à foyer intérieur, était portée sur six roues ; deux cylindres verticaux, placés sur le dos de la chaudière, agissaient par des bielles pendantes sur les deux essieux extrêmes, et une chaîne de galle accouplait les trois essieux. Quelques années plus tard, cette chaîne fut remplacée par des bielles d'accouplement.

Il fut ainsi construit un assez grand nombre de locomotives, qui faisaient à petite vitesse la traction des chariots chargés de charbon.

501. Concours de Liverpool. — Cependant, l'usage des chemins de fer sur les parcours à grand trafic devenait de plus en plus général. En 1826, un bill concéda le chemin de fer de Liverpool à Manchester, et les travaux furent exécutés sans que l'on sût encore à quel mode de traction on aurait recours.

Une polémique très vive s'engagea ; plusieurs ingénieurs proposaient l'emploi de machines fixes avec câbles ; Stephenson soutint énergiquement la traction par locomotives. Son opinion l'emporta, et la Compagnie concessionnaire publia, le 25 avril 1829, le programme d'un concours de locomotives.

Comme conditions essentielles, la machine ne devait pas peser plus de 6 tonnes et, à ce poids maximum, traîner, sur chemin de niveau, un convoi de 20 tonneaux à la vitesse de dix milles (16 kilom.), à l'heure.

Le concours eut lieu le 1er octobre 1829.

Les machines présentées étaient au nombre de cinq :

La Fusée (The Rocket) pesant 4 t. 05 à M. *Robert Stephenson* ;
La Nouveauté, 3 t. 01 à MM. *Braithwaite* et *Ericsson* ;
La Sans-pareille, 4 t. 155 à M. *Hachworth* ;
Le Cyclope, 3 t. à M. *Brandreth* ;
La Persévérante, 2 t. 17 à M. *Burstall*.

Divers accidents survenus dans les épreuves préliminaires mirent presque toutes ces machines hors de service.

502. La Fusée. — Seule, la Fusée supporta avec succès toutes les épreuves du concours ; elle traînait une charge de 12 t. 14 à une vitesse de 14 milles (22 kilom.) à l'heure. Débarrassée du poids qu'elle remorquait, elle atteignit une vitesse de 35 milles (56 kilom.).

Le succès de la machine de Stephenson était dû avant tout à la grande puissance de sa chaudière. C'était la chaudière tubulaire imaginée par Marc

Séguin, en 1828 ; le tirage était activé par l'injection, dans la cheminée, de la vapeur d'échappement (1).

La figure 314 représente *La Fusée* de Stephenson.

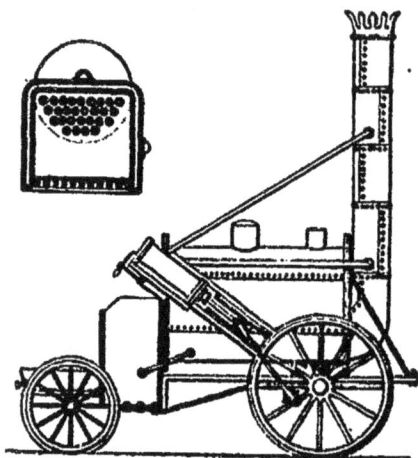

Fig. 314.

Les principes qui ont guidé l'illustre auteur de *La Fusée* ont présidé, sans modification, à la construction des nombreuses locomotives qui parcourent nos réseaux de chemins de fer. Mais l'application en a été singulièrement étendue et, comme poids, comme puissance et comme vitesse, la *Fusée* n'est guère comparable aux locomotives modernes.

503. Période moderne. — On peut dire que le concours de Liverpool a clos l'ère des grandes inventions, en fait de moteurs à vapeur : les propriétés mécaniques de la vapeur d'eau avaient été démontrées par Papin ; la machine fixe est créée par Watt ; le bateau à vapeur par Fulton, et la locomotive par Stephenson.

Mais, pour être moins brillante, l'œuvre des successeurs de ces maîtres ne laisse pas que d'avoir été laborieuse et utile. Pas à pas, mais d'une manière continue et persévérante, le progrès s'est fait et ne cesse de se faire. La théorie s'est établie ; les données numériques ont été précisées, ainsi que les propriétés des matériaux ; tous les détails de la construction ont été successivement étudiés, perfectionnés et, on peut le dire, réinventés, et à ce labeur patient, mais éminemment utile, les grandes maisons de constructions mécaniques qui se sont élevées en France ont pris une large part. Il faut citer, parmi nos plus anciens constructeurs, *Cavé, Cail, Bourdon, Farcot, Le Creusot, Le Normand, Gâche, Mazeline*, les arsenaux militaires, etc. Les ingénieurs français ont apporté un puissant concours à cette grande œuvre de civilisation ; parmi ceux qui ne sont plus, rappelons les noms de *Carnot, Reech, Clapeyron, de Pambour, Perdonnet, Polonceau, Regnault, Lechâtelier*, etc.

FIN

(1) Arago attribue cette disposition à Pelletan, ingénieur civil français.

ERRATA ET ADDITIONS

Page 13, art. 35. — Depuis que ces lignes ont été écrites, on est parvenu à liquéfier les gaz considérés jusqu'alors comme incondensables.

Page 21. Hypothèse de Carnot. — De nouveaux documents il résulte que Sadi-Carnot s'était formé des idées très nettes sur l'équivalence entre la chaleur et le travail ; voici quelques extraits des papiers particuliers de Carnot :

« La chaleur n'est autre chose que la puissance motrice ; c'est un mouvement. Partout où il y a destruction de puissance motrice, il y a en même temps production de chaleur en quantité précisément proportionnelle à la quantité de puissance motrice détruite. Réciproquement, partout où il y a destruction de chaleur, il y a production de puissance motrice.

« D'après quelques idées que je me suis formées sur la théorie de la chaleur, la production d'une unité de puissance motrice (1) nécessite la destruction de 2,70 unités de chaleur (2) ».

Page 58, note. — Dès 1843, M. Combes signalait nettement la condensation de la vapeur à l'admission.

Page 75, note. — La machine du *Sphinx* a été livrée par *Fawcet*, de Liverpool.

Page 86, fig. 35. — Mettre la lettre K au point d'intersection du cercle passant par Q' avec la perpendiculaire à Z élevée en K'.

---

(1) Il s'agit ici de 1.000 kilogs élevés à 1 m.
(2) Ce qui conduisait au chiffre de 370 kilogrammètres pour l'équivalent mécanique d'une calorie.

TABLE DES MATIÈRES

Imp. O. Saint-Aubin et Thevenot. — J. Thevenot, successeur, Saint-Dizier (Haute-Marne).

Cours de l'Ecole des ponts et chaussées publiés dans l'Encyclopédie des travaux publics.

Cours de Routes.
Cours de Lever des plans et nivellement.
Cours de Ponts.
Cours de Chemins de fer.
Cours de Navigation intérieure.
Cours de Ports maritimes.
Cours de Résistance des matériaux.
Cours d'Hydraulique.
Cours de Géologie.
Cours de Machines à vapeur.
Cours de Chimie appliquée.
Cours de Géométrie descriptive et de géométrie infinitésimale.
Cours de Physique.

— La même collection a publié les cours d'Architecture, de Chemins de fer, d'Exploitation des mines, d'Electricité industrielle, de Droit industriel, de Coupe de pierres professés à l'Ecole Centrale — le cours de *Législation des mines* française et étrangère de l'Ecole supérieure des mines, et divers cours du Conservatoire des arts et métiers, etc.

Imp. G. Saint-Aubin et Thevenot.— J. Thevenot, successeur, Saint-Dizier (Hte-Marne).